从逻辑思路到实战应用

# 轻松掌握Excel

韩小良　杨传强◎编著

中国铁道出版社有限公司
CHINA RAILWAY PUBLISHING HOUSE CO., LTD.

图书在版编目（CIP）数据

从逻辑思路到实战应用，轻松掌握Excel/韩小良，杨传强编著．—北京：中国铁道出版社有限公司，2019.6

ISBN 978-7-113-25572-5

Ⅰ．①从…　Ⅱ．①韩…　②杨…　Ⅲ．①表处理软件　Ⅳ．①TP391.13

中国版本图书馆CIP数据核字（2019）第036059号

书　　名：从逻辑思路到实战应用，轻松掌握Excel
作　　者：韩小良　杨传强　编著

责任编辑：王　佩　　　　读者热线电话：010-63560056
责任印制：赵星辰　　　　封面设计：MXK DESIGN STUDIO

出版发行：中国铁道出版社有限公司（100054，北京市西城区右安门西街8号）
印　　刷：中国铁道出版社印刷厂
版　　次：2019年6月第1版　2019年6月第1次印刷
开　　本：787 mm×1092 mm　1/16　印张：24.5　字数：601千
书　　号：ISBN 978-7-113-25572-5
定　　价：69.80元

# 前 言

记得一次在《Excel 人力资源数据量化分析模型》课程上，跟学员聊天，说起了招聘的事情，其中一个同学恰好是企业的招聘面试官，我问，你们招聘面试时，是不是要问应聘者加班的问题？她说，会的，应聘者的回答多种多样，但不外乎是听公司的安排（里面有糊弄的成分，为了能够得到 Offer）。

加班，已经是很多企业对员工尤其是管理层的要求之一（尽管不是明文规定），似乎在企业里不加班就有点另类了。但是，我接触过很多欧美企业，他们的理念就是不提倡加班，该做的事情就在班上高效的做完，下班就赶紧回家，不要再浪费公司的水、电、办公等资源。

企业是个讲究效率和结果的地方，高效率地利用工作时间，良好的计划性，这是作为一名职场人士应该具备的最基本的素养，因此我认为加班并不是一件非常值得夸耀的事情。如果公司出现临时、突发、紧急的工作，需要在一定的期限内完成，那么作为一名员工的责任意识，必须根据公司的需要，按照上级和工作任务的要求，按时、按量完成工作。

然而，现实情况是，我们的绝大多数企业，加班加点已经成为常态，五加二和白加黑，让多少正值壮年的员工猝然倒下。细细想来，其实很多情况下是不需要加班加点来做的，之所以加班加点的没命地干，除了公司的突发紧急事情外，大多数情况是自己的工作效率太低，低到令人无法忍受。话又说回来，即使遇到突发紧急情况，还是照旧的那样磕磕绊绊低效率地处理工作！

不论是公司高级领导，还是中层管理人员，或者普通的办事人员，每天上班的第一件事就是打开电脑，打开一个一个的数据表格，开始了日复一日、年复一年的数据处理，其中时不时夹杂着焦虑的电话沟通，脾气也变得越来越差。在处理分析数据时，使用最频繁的就是 Excel 工具了。可以这么说，Excel 已经成为职场人士必须掌握的一项基本技能，不懂得怎么用 Excel，后果就是不断低效率的重复劳动，因为很多人对 Excel 的认识和使用，仅仅是把 Excel 当成一个高级计算器，只会高级的加减乘除，把自己当成了一个在表格之间辛勤劳作的数据搬运工，对于制作高效自动化、有说服力的数据分析报告所必须掌握的 Excel 正确理念和核心技能，并没有真正地去用心理解、掌握和应用，而热衷于一些快捷键和小技巧的使用，或者只会生搬硬套。

近 20 年的 Excel 培训实践，举办了数千场的大型公开课，给上千家企业举办了个性化内训，也开展过网络直播授课，但是越发让我强烈地感觉到，Excel 已经发展到了高智能化的 2016 版，数据处理分析功能越来越强大，但是国内的绝大多数人仍旧是手工加班加点处理数据，实在是有点让人匪夷所思，也是感到极度的悲哀。

那么，如何快速掌握 Excel 工具，从此脱离数据苦海，走出数据泥潭？仅仅通过一两次公开课的学习是远远不够的，需要系统的、进阶的来学习和应用。基于此目的，经过几年的沉淀，我有了编写一本全面介绍 Excel 的想法，在几个学生的帮助下，在出版社的鼓励下，终于成稿了。

本书从 Excel 的基本理念开始，让每个读者都有一个对 Excel 的正确认识，然后是 Excel 常用工具的高效灵活使用，三大核心工具（函数、透视表、图表）的深入浅出的详解，创建公式的逻辑思路；以及对数据分析的逻辑思考，如何建立高效数据分析仪表盘模板，让数据分析真正实现自动化和高效化，让分析报告更有说服力。

本书自始至终贯彻一个坚定的理念：逻辑思路是 Excel 的核心！

本书介绍的大量实际案例，都是来自于作者培训的第一线，具有非常大的实用价值，大部分案例实际上就是现成的模板，拿来即可应用于您的实际工作中，让您的工作效率迅速成倍提高。

在本书的编写过程中，还得到了很多学员的帮助，参与了部分章节案例素材的提供和文字编写，这些同学包括杨传强、李盛龙、董国灵、李满太、石正红、毕从牛、高美玲、程显峰、陈兴、李青、隋迎新、汤德军、谭舒心、张群强等，在此表示衷心的感谢！中国铁道出版社有限公司苏茜老师和王佩老师也给予了很多帮助和支持，使得本书能够顺利出版，在此表示衷心的感谢。本书的编写还得到了很多培训班学员朋友和企业管理人员的帮助，并提供参考了一些文献资料，在此一并表示感谢。

由于认识有限，作者虽尽职尽力，以期本书能够满足更多人的需求，但书中难免有疏漏之处，敬请读者批评指正，我们会在适当的时间进行修订和补充，作者联系方式：hxlhst@163.com。也欢迎加入 QQ 群一起交流，QQ 群号：580115086。

作　者

2019 年 3 月

# Excel 的思考

每次的培训课上，我都会结合大量的实际数据分析案例，给大家讲解 Excel 分析数据的思路是什么？工具是什么？效果是什么？不论是数据管理，还是数据分析，**逻辑思路**永远是第一位的。

但是，光有思路没有工具，就像战国时期的赵括一样纸上谈兵，最终结果是兵败自杀；光有工具没有思路，就像水浒里的黑旋风李逵一样，拿着板斧嗷嗷的叫，却不知去砍什么，最终是一杯鸩毒酒把命送掉。

能够把思路和工具结合起来，方能称为 Excel 大家，这就是王阳明所说的“知行合一”。不过，迄今为止，我也做不到知行合一，但是我会努力地去弄明白每一个表单的逻辑思路，弄明白每一个任务的实质，弄明白每一个公式的来由，搞清楚自己要做什么，熟练运用手头现有的工具，并寻找更先进的工具。

我记得 2014 年，在浦东机场，由于天气原因，飞机延误，无奈之下，回顾了两天的课程及学员的状况，写下了《E 思》的初稿，发布于朋友圈和 QQ 日志。2016 年，中国资本市场出现了前所未有的事件，又有了新的感想，将此稿进行修订完善，发布到了 QQ 日志。今天拿出来，稍作修改，供大家探讨。

## 《E 思》

今日之职场，电脑为案几主要设备之一，电脑中，Excel 又为重要工具。每日上班，先开电脑，劳作于横平竖直表格，苦苦思索分析报表，以复领导之意。

然企业之报告，唯数据分析最为难做。何为数据分析？财务经营分析也！业财融合分析也！企业犹似在大海航行之船，大海即市场，时而风平浪静，时而波涛汹涌，平静如镜水面下或有暗礁重重，危机四伏。身为船长之总经理董事长，时时刻刻关注船之航行，深恐偏离预定方向，深忧触礁沉没，担忧船员饥饿无食，以致夜不能寐，昼夜操劳，心力交瘁。船长看何物？深度运营分析报告也！

运营分析，集回顾与展望于一体，重于预测与纠偏，而非仅陈述既成之事实。犹如中医之望闻问切，望闻观目前，问知过去事，切解全部因，故以此辩证实施，方能无病者防病养生，有病者对症下药，重病者起死回生。

运营数据分析，已离不开洋人之 Excel，盖因其好学易用之故。然不会使用者众，不求甚解者众，不知变通者众，似懂装懂者甚众，误人庸师者众！究其原因，无非是理、思、行、用四字耳！

1. 理

问曰，何为理？吾尝以驾校学车为例说之，车乃工具，吾欲驾驭，首学者乃交规也！规则不明，规则不守，终归懵懵懂懂，成马路杀手，最终车毁人亡，不亦悲乎？或曰，吾常如此，亦数十载未遇异常，何需守交规？此语为愚蠢至极，不可救药！

学用 Excel，首当明正理，解规则，做善始事。正如欲春播以获秋实，应选时节以播优种，方能发芽，方能成根，方能成干，方能抽枝，方能长叶，方能开花，方能结实。此为正理也。奈何世人欲得实而不善播种者甚众，又无工具躬耕禾田，只希天降雨而免辛劳，想他人代做而不劳而获。

不规则无有方圆。企业管理终为数据精细化管理，如何精细化管理？需使数据各归其位，顺序叠加，彼此独立而又联系。比如欲与敌交战，需先马步兵排好阵势，方能不乱阵脚，进退自如。然今世人喜大而全表，又诸多合并，不仅衣冠不整，阵仗凌乱，且无目的散兵于野，如此兵不知将，将不知兵，调兵排兵困难，正是未出兵已露败象，未杀敌而损自身。故设计科学规范之基础数据表单，是极重要之事，且不可随心所欲也！

然，如今表格杀手何其多也！

2. 思

问曰，何为思？人与草木之本质区别，乃是一个思字，故要正思。思为思想，为思考，为逻辑，为规划，为计划，为为何而如何。

初，需思要做何事，解何问题，达何效果。比如欲做应付款管理分析，管理谁？供货商也，发票也，付款也，故需单独设计三个表单以分别管理之。至于统计分析，无非实时汇总监控，随时制作对账单，此皆非难事，四五函数即可。然世人多依己之喜好，不守管理之规，把一个原本极简单之事，搞得复杂起来，还曰不会 Excel。须知 Excel 仅为工具，用之不难，汝觉难者，无扎实之基础也。太极拳诀曰，虚浮之病需往腰腿求之。王阳明曰“知行合一”。

三军已得，需主帅熟读兵书，熟演阵法，故需结合具体企业、具体业务、具体问题来审之，以求解决方案。求字尤要重视，吾将上下而求索，何为上？何为下？何为索？上者企业管理之要求，下者企业数据之支持，索者思考思路也。前日会一学员，谈起全面预算之顶层设计，终是高高在上而无地气，何也？皆因无数据颗粒化采集，无偏差分析，无跟踪监控，无价值分析树，无总经理驾驶舱！须知现代企业经营分析，实为业务分析，实为经营偏差分析，实为纠偏分析，故任何分析，须思分析之目的，如销售者做业绩达成分析、客户分析、市场分析、预测分析等；生产者做生产计划分析、产品合格率跟踪分析、成品获得率跟踪分析等；人事者做考勤统计分析、人力资源状况跟踪分析、人工成本跟踪管控分析等；财务者责任尤为重大，马虎不得，粗心不得，大意不得，盖财务部不发生销售、生产、人事、成本诸数据，但所有数据皆归集到财务部门，犹如数据硬盘，故需财务者梳理数据，分析现状，预测未来，做好战略规划，将财务作用提升至 CPU。董事长如皇上，总经理如元帅，财务如军师，运筹帷幄，决胜千里之外，何为运筹，何为决策？皆经营偏差之分析也。然今职场人，八股文式报表多，深度运营分析报告少；假大空者多，接地气者少；应付差事者多，独立思考者少；打工混日子者多，参与公司主人管理意识者少。此风有愈演愈烈之势，皆因无思也！

今说 Excel 最强之函数公式，觉难学者甚众，为何？因不解原理逻辑思路，不去思考。王阳明曰，不去天理上着功夫，徒弊精竭力，从册以上钻研，名物上考索，行迹上比拟，则天理愈蔽。又曰，道之全体，圣人亦难以语人，须是学者自修自悟。又曰，如人走路一般，走得一段，方认得一段；走到歧路时，有疑便问，问了又走，方渐能到欲到之处。人不用功，莫不自以为知，实则无知矣。今吾亦总结十余年之经验心得，得三句话：表格决定思路，思路决定函数，函数决定公式；今再补一句：善思者得其理，以勤学苦练，一日一练，一日多练，熟能生巧，愈练愈精。一个任务，一个表格，一个数据，一个函数、一个公式，皆必先思之。

又说图表，动辄以柱子示之，动辄以折线示之，动辄以比萨饼示之，全不思数据信息如何，欲表达什么，欲分析什么，欲揭示什么，欲汇报什么，尤重要者，此数据表达之业务执行如何，对公司影响如何，原因如何，解决方案如何，诸如此类，皆是无思之故。故说图表是思考，无思考不为图。

**3. 行**

问曰，何为行？行即立志，勿做伸手党人，故要正行。王阳明曰，知者行之始，行者知之成：圣学只一个功夫，知行不可分作两事。立志用功，如种树然。方其根芽，犹未有干；及其有干，尚未有枝；枝而后叶，叶而后花实。初种根时，只管栽培灌溉，勿作枝想，勿作叶想，勿作花想，勿作实想。悬想何益！但不忘栽培之功，怕没有枝叶花实？

近多闻“吾忙加班，无有闲暇学习”，或“有无免费学之径？”之语，以至于学习停滞不前，浪费多少青春年华，耗费几何光阴！此为不行之典例。静问自己，为何总是加班不断？为何不思改变现状？学习无有免费之说，总要耗用时间和精力，何能称为免费？再者，说太忙没有时间，无非是为不学找借口，故此类人，要么真是忙得四脚朝天，无有时间静下心来看书学习，要么是真懒人。另有一类人，不去思，不去行，只求现成之模板，拿来主义甚重。须知别人之经验可以借鉴，却不能照搬套用！

行非乱行，需定目标，立大志，循计划，方能循序渐进，逐步成功。王阳明曰，与其为数顷无源之塘水，不若为数尺有源之井水，生意不穷。凡事有个渐进，所以生生不息。故行非一日之功，更非朝夕之力，需日复一日的勤思勤做，焉能不成功？故行，是思行，是己行，是渐行，是无顾他行，只管辛勤耕耘，哪管阴天与晴天！

**4. 用**

又问，何谓用？用者，目标也，方法也，逻辑也，思路也，效果也，解决问题也，决策也！无有揭示问题，无有解决方案，无有决策参考，终不能称之为用，只可称之为纸上谈兵，盖脱节于实际。故要正用，以建立企业内部经营管理报表模板体系为终极目标，方不负自身十几年之学业，不负国家数十年之培养，不负领导精心之栽培，不负企业给予衣食之恩。如此，则为真用！

**5. 结语**

学为用，用以学。奈世人多学而不用，或用而不学，学用脱节，徒耗精力，徒费时光，却无大收获，究其原因，谓不正用，不正学，不正理，不正思，不正技，不正师，故学得一堆技巧却不得要领，学得几个函数却不知贯通，学得几个模板却不知逻辑，日常工作仍然是加班加点，制作报告仍是不被认可，呜呼！

# 目 录

## 第 1 部分 不可忽视的 Excel 基本规则

# 第 4 部分　规则与逻辑思路，是函数和公式的核心

## 第 6 部分 彻底掌握函数和公式应用，高效处理文本数据和日期数据

## 第 8 部分　彻底掌握函数和公式应用：数据查找与引用

## 第 9 部分 彻底掌握函数和公式应用：财务计算与分析

## 第 10 部分 综合测验练习，检查一下自己掌握了多少

# 01

# 第 1 部分

# 不可忽视的 Excel 基本规则

我经常拿学开车来比喻学习 Excel。到驾校学开车的第一堂课，不是让你去摸车，更不是让你去开车，而是把你领入一个教室，安安静静地坐好，学习开车前必须了解和掌握的重要东西：交规！

学习 Excel 也是一样的。我们学习和应用 Excel 的第一堂课，不是学习什么小技巧、小窍门，也不是马上就学习函数公式，更不是学习如何做数据分析，而是彻底地了解和熟知 Excel 的重要规则，并能够把这些规则用到实际数据管理、数据处理和数据分析中。

Excel 的重要规则，包括：

- 表单设计规则
- 数据管理规则
- 数据处理规则
- 函数运用规则
- 公式设计规则
- 数据分析规则

不论是一个简单的表单设计，还是简单的日常数据处理，或者是复杂的数据分析，都离不开这些重要规则。

例如，很多人喜欢设计大而全的表格，在这样的表格里，既有手工输入的基础数据，又有公式计算的结果，更有一些让人愤怒的合并单元格多行标题，那么，这样的表格是管理数据的，还是分析数据的？管理数据方便吗？取数容易吗？汇总简单吗？分析数据快吗？不妨自己问问自己。

当在公式中输入一个文本常量“北京”时，有人会直接输入公式“= 北京”，结果就出现了 #NAME? 错误，为什么？

有人喜欢输入诸如“2018.5.23”这样的日期，或者输入诸如“78.12.1”这样的出生日期，那么，这样的日期数据能计算吗？如果不能计算，那为什么还要这么输入呢？

为了使用 SUMIF 函数计算单元格 D2 指定的某个日期之前的销售量合计数，结果有人输入了这样的公式“=SUMIF(A:A, “<=D2” ,C:C)”，那么，这样设置的条件，还能随着单元格 D2 的日期变化而变化吗？你可能会纳闷了，我会用 SUMIF 函数啊，怎么计算结果是 0 啊？

……

Excel 其实是不难的。之所以很多人认为 Excel 很难学，是因为你一开始就走入了旁门左道，觉得应该重点去学习一些小技巧，去学习函数公式，想着一星期成为函数高手，半个月玩转 Excel，而把 Excel 重要规则抛之脑后，最终是非常勤劳辛苦地把自己培养成了一名冷酷的表格杀手，每天打开电脑，打开 Excel 表格，立即变得杀气腾腾起来。

规则，是世间万物的法则，不论是宏观宇宙，还是微观世界，即便是看似无生命意识的 Excel 表格，都是受着规则的约束。

规则，是 Excel 学习的第一步，离开了规则，忽视了规则，将表不表，数不数，最终是事倍功半，进步很小。

# 第 1 章 现状惨点：你是否把 Excel 当成了 Word 来用

我们上班的第一件事，就是打开电脑，打开要处理的 Excel 表格，然后就开始处理各种表格数据。但是，很多人对 Excel 的使用是随心所欲的，想怎么做就怎么做，全然不理会 Excel 的各种规则，把自己培养成了表格“杀手”，可以任意地画线条，可以任意的输入数据，可以任意的设计表格，就像一个人在马路上开车，眼睛里没有交规，想怎么开就怎么开。我也经常听到某些企业领导这样说，我们公司都安装了 ERP 软件，Excel 有什么学的啊，不就是电子表格吗？随便用用就得了。

然而现实中，你是如何使用 Excel 的？你把最重要的 Excel 表单设计成什么样子了？为什么你做一个报告特别费劲，而别人几分钟就能搞定？

## 1.1 实际案例剖析之一：大而全的表格

### 1.1.1 病表现状

小蔡望着电脑上的一个同事离职时留下的应付款表格，发着呆，心中充满了焦虑。领导要看上个月的前十大供货商的数据，不仅要看每个供应商的当前余额汇总表，还要看每个供应商的发票明细、汇款明细等。

小蔡实在是不想再折腾这样的表格了，要命的是，这样的表格不仅数据维护不方便，领导要的几个汇总表（比如各月的汇总表，各个供应商的对账单，等等）做起来太费劲了，简直是折磨人的工作。在一次现场培训课堂上，小蔡拿出了这个表格，问我：老师，您能帮我设计一个应付管理表单吗？

小蔡的表格如图 1-1 所示。

| 供应商名称 | 方向 | 年初金额 | 1月 | | | 2月 | | | 3月 | | | 4月 | | | |
|---|---|---|---|---|---|---|---|---|---|---|---|---|---|---|---|
| | | | 入票 | 汇款 | 结余 | 入票 | 汇款 | 结余 | 入票 | 汇款 | 结余 | 入票 | 汇款 | 结余 | 入票 |
| [illegible] | 贷 | [illegible] | | | 22,750.00 | | 22,750.00 | 0.00 | | | 0.00 | 67,740.00 | | 67,740.00 | 6,000.0 |
| 北京金盾金属制品有限公司 | 贷 | 5060.22 | | | 5060.22 | | | 5060.22 | | | 5060.22 | | | 5060.22 | |
| [illegible] | 贷 | [illegible] | [illegible] | | [illegible] | [illegible] | | [illegible] | [illegible] | | 63,723.73 | 11,085.00 | 46,363.94 | 28,444.79 | |
| 北京华维电子有限公司 | 贷 | 63383.30 | | 30,000.00 | 33,383.30 | | | 33,383.30 | | | 33,383.30 | 29,252.20 | 33,383.30 | 29,252.20 | |
| 北京鑫利贸易有限公司 | 贷 | 366.00 | | | 366.00 | | | 366.00 | | | 366.00 | | | 366.00 | |
| 北京马路电子科技有限公司 | 贷 | 119510.26 | | 40,000.00 | 79,510.26 | | | 79,510.26 | | | 79,510.26 | 68,897.50 | 20,000.00 | 128,407.76 | 12,112.1 |
| 北京卓越工业控制设备有限公司 | 贷 | 2800.00 | | | 2,800.00 | 2,750.00 | | 5,550.00 | | | 5,550.00 | 5,950.00 | 5,550.00 | 5,950.00 | 3,650.0 |
| 北京国驰五金机电有限公司 | 贷 | 2700.00 | | | 2,700.00 | | | 2,700.00 | | | 2,700.00 | | | 2,700.00 | |
| 北京京晶电器联合发展有限公司 | 贷 | 17100.00 | 19,000.00 | | 36,100.00 | 20,750.00 | | 56,850.00 | 20,000.00 | 56,850.00 | 20,000.00 | 88,500.00 | | 108,500.00 | |
| 北京意顺风发展有限公司 | 贷 | 831.50 | 12,600.00 | 831.50 | 12,600.00 | 4,400.00 | 12,600.00 | 4,400.00 | 5,292.00 | | 9,692.00 | 3,355.00 | | 13,047.00 | 3,020.5 |

图 1-1 原始的应付款表格

## 1.1.2 病表诊断

这是一个典型把Excel当成Word来使用的例子。实际上，这个表格仅仅是一个每个供应商、每个月的汇总表报告，而不是原始应付数据的管理表单。在实际工作中，把表格设计成这样结构的不在少数。这样的表格存在主要问题是：

1．没弄明白什么是基础数据，什么是汇总数据；

2．数据管理逻辑混乱，比如某个月的入票数据和汇款数据，是手工合计后填写的，每个月的余额，也是根据上个月的入票额和汇款额用简单的加减公式计算出的（每个月的公式还不一样），工作量很大；

3．表格中存在着两个性质截然不同的数据信息：一是几个重要的、属于不同管理性质的基础数据信息，比如供应商资料信息、年初余额信息、入票信息、汇款信息，二是根据基础数据计算出来的汇总数据信息，比如每月计算出的结余数据，但这个表格却把这些信息数据弄到了一个表格上，做成了一个大而全的表格，不仅输入数据不方便，看各月数据不方便，计算汇总更加不方便；

4．使用大量的合并单元格，使用多行标题，表格结构不是一个数据库的架构，而是一个典型的Word表格结构（实质上是报告的结构）。

## 1.1.3 开方下药

那么，这样的表格该怎么设计呢？如何做到科学规范的应付款管理，并能自动得到领导要的各种报告？

首先明确，应付款管理的基本数据信息都是什么，如何管理维护这些基本信息数据，以及如何根据这些基础数据制作出领导要的汇总分析报告。

图1-2是应付管理系统基本逻辑架构图。

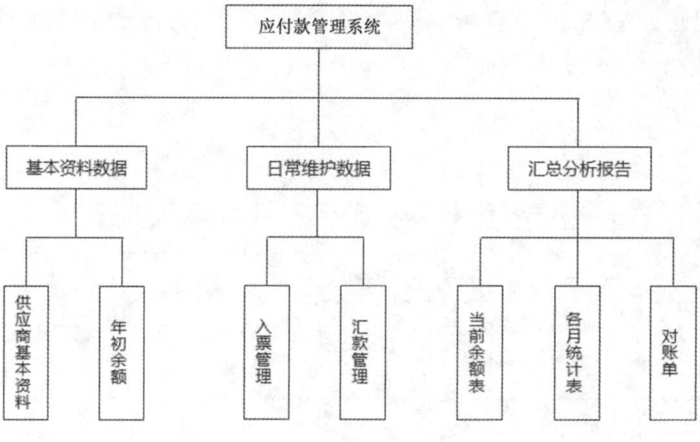
应付款管理系统
基本资料数据
日常维护数据
汇总分析报告
供应商基本资料
年初余额
入票管理
汇款管理
当前余额表
各月统计表
对账单

**图1-2 应付管理系统架构**

在这些数据信息中，供应商基本资料是相对固定不变的数据，包括供应商编码、供应商名称、地址、邮编、联系人、电话、邮箱，等等。这些信息单独建立一张工作表进行保存，单独管理，新增加的供应商按行依次往下保存，不再联系的供应商仍旧保存其数据（不能删除），这样，表格结构设计如图 1-3 所示。

| | A | B | C | D | E | F | G | H | I | J |
|---|---|---|---|---|---|---|---|---|---|---|
| 1 | 供应商名称 | 地址 | 邮编 | 联系人 | 电话 | 邮箱 | QQ | 微信 | 传真 | …… |
| 2 | 北京瑞高星科技有限公司 | | | | | | | | | |
| 3 | 北京金盾金属制品有限公司 | | | | | | | | | |
| 4 | 北京双星电子有限公司 | | | | | | | | | |
| 5 | 北京华维电子有限公司 | | | | | | | | | |
| 6 | 北京淼利贸易有限公司 | | | | | | | | | |
| 7 | 北京马哈电子科技有限公司 | | | | | | | | | |
| 8 | 北京卓越工业控制设备有限公司 | | | | | | | | | |
| 9 | 北京国驰五金机电有限公司 | | | | | | | | | |
| 10 | 北京京晶电器联合发展有限公司 | | | | | | | | | |
| 11 | 北京意顺风发展有限公司 | | | | | | | | | |
| 12 | | | | | | | | | | |

**图 1-3　供应商基本资料管理表单**

年初余额也是固定不变的数据，每年初把上年度的年末余额复制粘贴过来即可。如果本年度增加了新供应商，那么该供应商往下依次输入，年初余额输入 0。年初余额表设计如图 1-4 和图 1-5 所示。

| | A | B | C |
|---|---|---|---|
| 1 | 供应商名称 | 方向 | 年初金额 |
| 2 | 北京瑞高星科技有限公司 | 贷 | 22,750.00 |
| 3 | 北京金盾金属制品有限公司 | 贷 | 5,060.22 |
| 4 | 北京双星电子有限公司 | 贷 | 23,369.24 |
| 5 | 北京华维电子有限公司 | 贷 | 63,383.30 |
| 6 | 北京淼利贸易有限公司 | 贷 | 366.00 |
| 7 | 北京马哈电子科技有限公司 | 贷 | 119,510.26 |
| 8 | 北京卓越工业控制设备有限公司 | 贷 | 2,800.00 |
| 9 | 北京国驰五金机电有限公司 | 贷 | 2,700.00 |
| 10 | 北京京晶电器联合发展有限公司 | 贷 | 17,100.00 |
| 11 | 北京意顺风发展有限公司 | 贷 | 831.50 |
| 12 | | | |
| 13 | | | |

**图 1-4　供应商期初余额表单**

| | A | B | C |
|---|---|---|---|
| 1 | 供应商名称 | 方向 | 年初金额 |
| 2 | 北京瑞高星科技有限公司 | 贷 | 22,750.00 |
| 3 | 北京金盾金属制品有限公司 | 贷 | 5,060.22 |
| 4 | 北京双星电子有限公司 | 贷 | 23,369.24 |
| 5 | 北京华维电子有限公司 | 贷 | 63,383.30 |
| 6 | 北京淼利贸易有限公司 | 贷 | 366.00 |
| 7 | 北京马哈电子科技有限公司 | 贷 | 119,510.26 |
| 8 | 北京卓越工业控制设备有限公司 | 贷 | 2,800.00 |
| 9 | 北京国驰五金机电有限公司 | 贷 | 2,700.00 |
| 10 | 北京京晶电器联合发展有限公司 | 贷 | 17,100.00 |
| 11 | 北京意顺风发展有限公司 | 贷 | 831.50 |
| 12 | 苏州金辉环保科技有限公司 | 平 | - |
| 13 | 上海动力源新技术股份有限公司 | 平 | - |

**图 1-5　新增供应商后的表单**

日常维护的表格包括入票管理表单和汇款管理表单，它们要设计成流水结构（数据库结构），用简单的几个字段来保存最主要的发票和汇款信息，一笔一行记录，如图 1-6 和图 1-7 所示。

| | A | B | C | D |
|---|---|---|---|---|
| 1 | 日期 | 供应商名称 | 发票号 | 发票金额 |
| 35 | 2017-08-08 | 北京瑞高星科技有限公司 | 4150066 | 48,445.00 |
| 36 | 2017-08-12 | 北京双星电子有限公司 | 3040011 | 15,597.40 |
| 37 | 2017-08-22 | 北京卓越工业控制设备有限公司 | ·071234 | 2,750.00 |
| 38 | 2017-09-02 | 北京意顺风发展有限公司 | 2848412 | 315.00 |
| 39 | 2017-09-03 | 北京华维电子有限公司 | 6599195 | 34,598.30 |
| 40 | 2017-09-05 | 北京双星电子有限公司 | 3056960 | 34,400.28 |
| 41 | 2017-09-08 | 北京京晶电器联合发展有限公司 | 6849329 | 36,300.00 |
| 42 | 2017-10-10 | 北京双星电子有限公司 | 3086902 | 7,762.50 |
| 43 | 2017-10-15 | 北京瑞高星科技有限公司 | 4150123 | 27,540.00 |
| 44 | 2017-10-16 | 北京京晶电器联合发展有限公司 | 6850101 | 57,700.00 |
| 45 | 2017-10-22 | 北京卓越工业控制设备有限公司 | 6002393 | 2,750.00 |
| 46 | 2017-11-01 | 北京双星电子有限公司 | 3105455 | 7,146.50 |
| 47 | 2017-11-06 | 北京京晶电器联合发展有限公司 | [illegible] | [illegible] |
| 48 | | | | |

**图 1-6　入票数据表单**

| | A | B | C | D |
|---|---|---|---|---|
| 1 | 日期 | 供应商名称 | 票号 | 汇款金额 |
| 26 | 2017-08-20 | 北京马哈电子科技有限公司 | 104982 | 20,000.00 |
| 27 | 2017-08-20 | 北京京晶电器联合发展有限公司 | 104983 | 8,400.00 |
| 28 | 2017-09-28 | 北京瑞高星科技有限公司 | 104984 | 6,000.00 |
| 29 | 2017-10-11 | 北京京晶电器联合发展有限公司 | 104985 | 40,280.00 |
| 30 | 2017-10-12 | 北京瑞高星科技有限公司 | 104986 | 48,445.00 |
| 31 | 2017-10-15 | 北京双星电子有限公司 | ·4987 | 39,005.50 |
| 32 | 2017-10-16 | 北京卓越工业控制设备有限公司 | 104988 | 6,400.00 |
| 33 | 2017-10-18 | 北京华维电子有限公司 | 104989 | 22,813.50 |
| 34 | 2017-10-22 | 北京意顺风发展有限公司 | 104990 | 10,410.00 |
| 35 | 2017-11-09 | 北京双星电子有限公司 | 104991 | 15,597.40 |
| 36 | 2017-11-09 | 北京马哈电子科技有限公司 | 104992 | 10,000.00 |
| 37 | 2017-11-09 | 北京卓越工业控制设备有限公司 | 104993 | 5,500.00 |
| 38 | 2017-11-09 | 北京京晶电器联合发展有限公司 | 104994 | 36,300.00 |
| 39 | | | | |

**图 1-7　汇款数据表单**

有了这 4 个基础表单，那么就可以利用函数公式来制作自动化的统计分析报告。

图 1-8 是各个供应商的汇总表。

图 1-9 是各个供应商各个月的统计分析表。

图 1-10 和图 1-11 是制作指定供应商、全年或指定时间段的对账单。

这些报告的制作原理和逻辑思路，我们在后面的函数章节中会做详细介绍。

| 供应商名称 | 年初金额 | 本年累计收票 | | 本年累计汇款 | | 当前结余 | |
|---|---|---|---|---|---|---|---|
| | | 发票张数 | 收票金额 | 汇款次数 | 汇款金额 | 发票张数 | 发票金额 |
| 北京瑞高星科技有限公司 | 22,750.00 | 4 | 149,725.00 | 4 | 144,935.00 | 0 | 27,540.00 |
| 北京金盾金属制品有限公司 | 5,060.22 | 1 | 28,833.17 | 0 | 0.00 | 1 | 33,893.39 |
| 北京双星电子有限公司 | 23,369.24 | 10 | 155,351.67 | 6 | 129,411.63 | 4 | 49,309.28 |
| 北京华维电子有限公司 | 63,383.30 | 3 | 86,664.00 | 4 | 115,449.00 | (1) | 34,598.30 |
| 北京淼利贸易有限公司 | 366.00 | 0 | 0.00 | 0 | 0.00 | 0 | 366.00 |
| 北京马哈电子科技有限公司 | 119,510.26 | 2 | 81,009.60 | 6 | 130,000.00 | (4) | 70,519.86 |
| 北京卓越工业控制设备有限公司 | 2,800.00 | 7 | 23,350.00 | 4 | 23,400.00 | 3 | 2,750.00 |
| 北京国驰五金机电有限公司 | 2,700.00 | 0 | 0.00 | 0 | 0.00 | 0 | 2,700.00 |
| 北京京晶电器联合发展有限公司 | 17,100.00 | 11 | 322,911.00 | 7 | 260,284.23 | 4 | 79,726.77 |
| 北京意顺风发展有限公司 | 831.50 | 9 | 47,847.59 | 6 | 48,679.09 | 3 | 0.00 |
| 合计 | 257,870.52 | 47 | 895,692.03 | 37 | 852,158.95 | 10 | 301,403.60 |

图 1-8　自动汇总统计各个供应商的应付数据

| 供应商名称 | 方向 | 年初金额 | 1月 | | | 2月 | | | 3月 | | | 4月 | |
|---|---|---|---|---|---|---|---|---|---|---|---|---|---|
| | | | 入票 | 汇款 | 结余 | 入票 | 汇款 | 结余 | 入票 | 汇款 | 结余 | 入票 | 汇款 |
| 北京瑞高星科技有限公司 | 贷 | 22750.00 | | | 22,750.00 | | 22,750.00 | | | | | 67,740.00 | |
| 北京金盾金属制品有限公司 | 贷 | 5060.22 | | | 5,060.22 | | | 5,060.22 | | | 5,060.22 | 28,833.17 | |
| 北京双星电子有限公司 | 贷 | 23369.24 | 22,994.70 | | 46,363.94 | 13,159.79 | | 59,523.73 | 4,200.00 | | 63,723.73 | 11,085.00 | 46,36 |
| 北京华维电子有限公司 | 贷 | 63383.30 | | 30,000.00 | 33,383.30 | | | 33,383.30 | | | 33,383.30 | 29,252.20 | 33,38 |
| 北京淼利贸易有限公司 | 贷 | 366.00 | | | 366.00 | | | 366.00 | | | 366.00 | | |
| 北京马哈电子科技有限公司 | 贷 | 119510.26 | | 40,000.00 | 79,510.26 | | | 79,510.26 | | | 79,510.26 | 68,897.50 | 20,00 |
| 北京卓越工业控制设备有限公司 | 贷 | 2800.00 | | | 2,800.00 | 2,750.00 | | 5,550.00 | | | 5,550.00 | 5,950.00 | 5,55 |
| 北京国驰五金机电有限公司 | 贷 | 2700.00 | | | 2,700.00 | | | 2,700.00 | | | 2,700.00 | | |
| 北京京晶电器联合发展有限公司 | 贷 | 17100.00 | 19,000.00 | | 36,100.00 | 20,750.00 | | 56,850.00 | 20,000.00 | 56,850.00 | 20,000.00 | 93,481.00 | 4,95 |
| 北京意顺风发展有限公司 | 贷 | 831.50 | 12,600.00 | 831.50 | 12,600.00 | 4,400.00 | 12,600.00 | 4,400.00 | 5,292.00 | | 9,692.00 | 3,355.00 | |
| 合计 | | 257870.52 | 54594.70 | 70831.50 | 241633.72 | 41059.79 | 35350.00 | 247343.51 | 29492.00 | 56850.00 | 219985.51 | 308593.87 | 11025 |

图 1-9　自动汇总统计各个供应商各个月的应付数据

| 选择供应商: | 北京京晶电器联合发展有限公司 | | | | |
|---|---|---|---|---|---|
| 期初余额: | 17,100.00 | 发票张数: | 11 | 汇款次数: | 7 |
| 目前结余: | 79,726.77 | 发票合计: | 322,911.00 | 汇款合计: | 260,284.23 |
| 入票明细 | | | 汇款明细 | | |
| 入票日期 | 发票号 | 金额 | 汇款日期 | 票号 | 金额 |
| 2017-01-12 | 6849321 | 19,000.00 | 2017-03-19 | 104964 | 56,850.00 |
| 2017-02-12 | 6849365 | 20,750.00 | 2017-04-18 | 104965 | 4,954.23 |
| 2017-03-12 | 6849366 | 20,000.00 | 2017-06-18 | 104971 | 108,500.00 |
| 2017-04-12 | 6849367 | 44,250.00 | 2017-07-01 | 104973 | 5,000.00 |
| 2017-04-22 | 6849394 | 49,231.00 | 2017-08-20 | 104983 | 8,400.00 |
| 2017-06-18 | 6849368 | 5,000.00 | 2017-10-11 | 104985 | 40,280.00 |
| 2017-07-22 | 6849369 | 8,400.00 | 2017-11-09 | 104994 | 36,300.00 |
| 2017-08-08 | 6849370 | 40,280.00 | | | |
| 2017-09-08 | 6849329 | 36,300.00 | | | |
| 2017-10-16 | 6850101 | 57,700.00 | | | |
| 2017-11-06 | 6850135 | 22,000.00 | | | |

图 1-10　制作指定供应商全年的对账单

| 选择供应商: | 北京京晶电器联合发展有限公司 | | | | |
|---|---|---|---|---|---|
| 选择开始日期: | 2017-1-1 | | | | |
| 选择截止日期: | 2017-6-30 | | 请仔细核对发票和汇款 | | |
| 期初余额: | 17,100.00 | 期内发票张数: | 6 | 期内汇款次数: | 3 |
| 期末结余: | 5,026.77 | 期内发票合计: | 158,231.00 | 期内汇款合计: | 170,304.23 |
| 入票明细 | | | 汇款明细 | | |
| 入票日期 | 发票号 | 金额 | 汇款日期 | 票号 | 金额 |
| 2017-01-12 | 6849321 | 19,000.00 | 2017-03-19 | 104964 | 56,850.00 |
| 2017-02-12 | 6849365 | 20,750.00 | 2017-04-18 | 104965 | 4,954.23 |
| 2017-03-12 | 6849366 | 20,000.00 | 2017-06-18 | 104971 | 108,500.00 |
| 2017-04-12 | 6849367 | 44,250.00 | | | |
| 2017-04-22 | 6849394 | 49,231.00 | | | |
| 2017-06-18 | 6849368 | 5,000.00 | | | |

图 1-11　制作指定供应商、指定时间段内的对账单

## 1.1.4　案例总结

任何一个基础数据表单，不能凭想象和喜好来设计，更不能按照领导要求的报告格式来设计，

因为领导要的永远是结果，而不是基础数据。作为数据表单的维护人员和数据分析人员，我们应该根据领导的要求来反推这样的报告需要由哪些基础数据来完成，这些基础数据如何采集，基础表单架构如何设计，用几个字段（几列）保存管理数据，每个字段如何维护等。

当基础表单按照数据管理的要求设计好后，我们就可以使用最简单的函数公式或者数据透视表来制作自动化数据统计分析报表，完成领导布置的任务，甚至还可以进一步制作各种灵活的分析报告。

目前很多人的做法是：把基础表单设计成了最终报告的结构，那么，这样的表格能解决什么问题呢？无非就是一张带边框的 Word 而已。

对于本节案例而言，由于应付款管理的基本数据信息有 4 个：供应商、年初余额、发票明细、汇款明细，它们的性质不同，管理的内容和重点不同，因此要分 4 个基础表单来管理维护这些基础数据，而不能做成一个大而全的表格。

## 1.2 实际案例剖析之二：大量的重复结构表格

### 1.2.1 病表现状

在一次培训课堂上，一个学生拿着一个表格问我：老师，我每个月都要做固定资产折旧表，每个月的表格都要计算当月的累计折旧，要引用上一个月的累计折旧额，几年下来，已经做了几百个表格了，太累人了，还经常出错。老师，有没有简单的方法呢？

先看看这位同学的实际表格长什么样吧！图 1-12 就是这位同学提交的固定资产表格。感兴趣的读者可以仔细观察这个表格存在哪些问题。

| | A | B | C | D | E | F | G | H | I | J | K |
|---|---|---|---|---|---|---|---|---|---|---|---|
| 1 | | | | | | | | | | | |
| 2 | 机器 | | | | | | | | | | |
| 3 | 资产编号 | 名称 | 启用年限 | 原值 | 残值 | 净值 | 1月折旧额 | 累计折旧额 | | | 累计折旧额 |
| 4 | 1 | 设备1 | 02.01 | 2980000.00 | 149000.00 | 455691.32 | 23591.67 | 2524308.68 | | | 2500717.01 |
| 5 | 2 | 设备2 | 03.01 | 2956408.33 | 147820.42 | 475488.93 | 23404.90 | 2480919.40 | | | 2457514.50 |
| 6 | 3 | 设备3 | 11.01 | 2219999.00 | 110999.95 | 497649.97 | 17574.99 | 1722349.03 | | | 1704774.04 |
| 7 | 4 | 设备4 | 04.01 | 5456000.00 | 272800.00 | 1439020.30 | 43193.33 | 4016979.70 | | | 3973786.37 |
| 53 | 50 | 设备50 | 05.01 | 9401.71 | 470.09 | 8806.27 | 74.43 | 595.44 | | | 521.01 |
| 54 | | | | | | | | | | | |
| 55 | | | | 25536991.05 | 1276849.55 | 6630474.13 | 202167.86 | 18906516.92 | | | 18704349.06 |
| 56 | 电子 | | | | | | | | | | |
| 57 | 资产编号 | 名称 | 启用年限 | 原值 | 残值 | 净值 | 1月折旧额 | 累计折旧额 | | | 累计折旧额 |
| 58 | 1 | 设备51 | 09.01 | 2780.00 | 139.00 | 138.80 | | 2641.20 | | | 2641.20 |
| 59 | 2 | 设备52 | 08.01 | 6290.00 | 314.50 | 314.60 | | 5975.40 | | | 5975.40 |
| 60 | 3 | 设备53 | 06.01 | 5690.00 | 284.50 | 107.12 | | 5582.88 | | | 5582.88 |
| 61 | 4 | 设备54 | 10.01 | 16780.00 | 839.00 | 839.20 | | 15940.80 | | | 15940.80 |
| 62 | 5 | 设备55 | 12.01 | 8650.00 | 432.50 | 432.40 | | 8217.60 | | | 8217.60 |
| 63 | 6 | 设备56 | 09.01 | 6700.00 | 335.00 | 335.20 | | 6364.80 | | | 6364.80 |
| 64 | 7 | 设备57 | 08.01 | 3000.00 | 150.00 | 150.00 | | 2850.00 | | | 2850.00 |
| [illegible] | 8 | [illegible] | [illegible] | [illegible] | [illegible] | [illegible] | [illegible] | [illegible] | | | [illegible] |
| [illegible] | | | | | | | | | | | |
| 67 | | | | | | | | | | | |
| 68 | | | | 52607.95 | 2630.40 | 4906.18 | 43.03 | 47701.77 | | | 47658.74 |
| [illegible] | 运输 | | | | | | | | | | |
| [illegible] | [illegible] | [illegible] | [illegible] | [illegible] | [illegible] | [illegible] | [illegible] | [illegible] | | | [illegible] |
| 71 | 1 | 设备59 | 08.01 | 172815.59 | 8640.78 | 431.84 | | 172383.75 | | | 172383.75 |
| 72 | 2 | 设备60 | 08.01 | 163958.49 | 8197.92 | 410.49 | | 163548.00 | | | 163548.00 |
| 73 | 3 | 设备61 | 01.01 | 157319.93 | 7866.00 | 7865.93 | | 149454.00 | | | 149454.00 |
| 74 | 4 | 设备62 | 01.01 | 100761.00 | 5038.05 | 5038.20 | | 95722.80 | | | 95722.80 |
| 75 | 5 | 设备63 | 12.01 | 248560.00 | 12428.00 | 8492.67 | | 240067.33 | | | 240067.33 |

1月 2月 3月 4月 5月 6月 7月 8月 9月 10月 11月 12月

图 1-12 固定资产折旧表

### 1.2.2 病表诊断

在这个表格中，每个月一张表，但是，这样的表格存在以下几个方面致命缺陷：

1．每个月要计算累计折旧，而该月的累计折旧要引用上个月的累计折旧值，这样就需要每个月做一个公式。是比较累的，也是比较烦琐的。

2．按不同类别，将固定资产分成几组，每组下计算合计数。那么，如果某月在某类下有新增的固定资产怎么办？肯定是要插入一行了。但是，以前月份是不是也要在相同位置插入行？如果不这样做，每个月的累计折旧公式怎么办？

3．存在着大量的空行，每个类别分组保存。那么，如何快速汇总并分析所有的数据？如何快速制作指定类别、指定固定资产明细表？如何制作每个月的折旧费用分配表？

4．C 列的启用年限输入太随性，诸如“03.02”这样的日期，在 Excel 里面是属于“文本字符”，并不是真正的日期，因此无法进行计算。很多人都有这样的日期输入习惯。那么这样的日期，如何实现折旧的自动计算？如何用函数自动判断某个资产在某个月是否已提足月数？我问该学生这个问题，她回答说：眼睛看、掰着手指头算，然后判断。

5．每个固定资产的使用年限数据在哪里？

## 1.2.3　开方下药

本案例中，我们管理的对象就是一个：固定资产。也许您说了，不仅要记录每项固定资产的基本数据，还要计算每个月的当月折旧、累计折旧、净值等数据呢，要不我怎么做财务报表啊。但是，目前表格做法的麻烦在于：工作量很大，容易出错，需要人工判断是否计提完毕，每个月都要做这样重复的工作，工作强度是很大的，耗费时间精力是巨大的，那么怎么办？

其实，我们没必要每个月做一张固定资产折旧表报表，可以通过设计一个固定资产总流水明细表，自动计算指定月份的固定资产折旧，并还可以制作自动化的固定资产明细表，随时筛选那些指定类别的固定资产以及自动计算指定月份的折旧费用分配表。

这样的表格结构如图 1-13 所示。

| | A | B | C | D | E | F | G | H | I | J | K | L |
|---|---|---|---|---|---|---|---|---|---|---|---|---|
| 1 | 折旧月份 | 17年9月 | | | | | | | | | | |
| 2 | 资产编号 | 名称 | 类别 | 启用年限 | 使用年限 | 到期日 | 原值 | 残值 | 已计提月数 | 本月折旧 | 累计折旧 | 净值 |
| 3 | 1 | 设备1 | 机器 | 09年2月 | 120 | 19年1月 | 2,980,000.00 | 149,000.00 | 104 | 23,591.67 | 2,453,533.33 | 526,466.67 |
| 4 | 2 | 设备2 | 机器 | 08年3月 | 120 | 18年2月 | 2,956,408.33 | 147,820.42 | 115 | 23,404.90 | 2,691,563.42 | 264,844.91 |
| 5 | 3 | 设备3 | 机器 | 08年11月 | 120 | 18年10月 | 2,219,999.00 | 110,999.95 | 107 | 17,574.99 | 1,880,524.15 | 339,474.85 |
| 6 | 4 | 设备4 | 机器 | 09年4月 | 120 | 19年3月 | 5,456,000.00 | 272,800.00 | 102 | 43,193.33 | 4,405,720.00 | 1,050,280.00 |
| 7 | 5 | 设备5 | 机器 | 09年6月 | 120 | 19年5月 | 2,680,000.00 | 134,000.00 | 100 | 21,216.67 | 2,121,666.67 | 558,333.33 |
| 8 | 6 | 设备6 | 机器 | 09年7月 | 120 | 19年6月 | 2,707,560.00 | 135,378.00 | 99 | 21,434.85 | 2,122,050.15 | 585,509.85 |
| 9 | 7 | 设备7 | 机器 | 09年7月 | 120 | 19年6月 | 2,023,000.00 | 101,150.00 | 99 | 16,015.42 | 1,585,526.25 | 437,473.75 |
| 10 | 8 | 设备8 | 机器 | 10年3月 | 120 | 20年2月 | 3,755,000.00 | 187,750.00 | 91 | 29,727.08 | 2,705,164.58 | 1,049,835.42 |
| 11 | 9 | 设备9 | 机器 | 10年3月 | 120 | 20年2月 | 17,880.00 | 894.00 | 91 | 141.55 | 12,881.05 | 4,998.95 |
| 12 | 10 | 设备10 | 机器 | 09年4月 | 120 | 19年3月 | 2,600.00 | 130.00 | 102 | 20.58 | 2,099.50 | 500.50 |
| 13 | 11 | 设备11 | 机器 | 08年2月 | 120 | 18年1月 | 2,700.00 | 135.00 | 116 | 21.38 | 2,479.50 | 220.50 |
| 55 | 53 | 设备53 | 电子 | 08年6月 | 60 | 13年5月 | 5,690.00 | 284.50 | 已提足月数 | | | |
| 56 | 54 | 设备54 | 电子 | 08年10月 | 60 | 13年9月 | 16,780.00 | 839.00 | 已提足月数 | | | |
| 57 | 55 | 设备55 | 电子 | 08年12月 | 60 | 13年11月 | 8,650.00 | 432.50 | 已提足月数 | | | |
| 58 | 56 | 设备56 | 电子 | 09年9月 | 60 | 14年8月 | 6,700.00 | 335.00 | 已提足月数 | | | |
| 59 | 57 | 设备57 | 电子 | 08年8月 | 60 | 13年7月 | 3,000.00 | 150.00 | 已提足月数 | | | |
| 60 | 58 | 设备58 | 电子 | 16年10月 | 60 | 21年9月 | 2,717.95 | 135.90 | 12 | 43.03 | 516.41 | 2,201.54 |
| 61 | 59 | 设备59 | 运输 | 07年8月 | 60 | 12年7月 | 172,815.59 | 8,640.78 | 已提足月数 | | | |
| 62 | 60 | 设备60 | 运输 | 07年8月 | 60 | 12年7月 | 163,958.49 | 8,197.92 | 已提足月数 | | | |
| 63 | 61 | 设备61 | 运输 | 10年1月 | 60 | 14年12月 | 157,319.93 | 7,866.00 | 已提足月数 | | | |
| 64 | 62 | 设备62 | 运输 | 10年1月 | 60 | 14年12月 | 100,761.00 | 5,038.05 | 已提足月数 | | | |
| 65 | 63 | 设备63 | 运输 | 08年12月 | 60 | 13年11月 | 248,560.00 | 12,428.00 | 已提足月数 | | | |
| 66 | 64 | 设备64 | 运输 | 11年12月 | 60 | 16年11月 | 43,505.00 | 2,175.25 | 已提足月数 | | | |
| 67 | 65 | 设备65 | 运输 | 10年12月 | 60 | 15年11月 | 260,000.00 | 13,000.00 | 已提足月数 | | | |

1月　2月　3月　4月　5月　6月　7月　8月　9月　10月　11月　12月　基础数据

图 1-13　设计一个固定资产明细表

在这个总流水明细表中，需要手工输入的基础数据包括资产编号、名称、类别、启用年限、使用年限、原值，而到期日、残值、已计提月数、本月折旧、累计折旧、净值则是用公式直接计算得出。

左上角单元格 B1 是要手工输入的当前折旧月份，只要改变这个单元格的日期，那么一个新的折旧明细表就自动出来，如图 1-14 所示。

折旧月份　18年12月

| 资产编号 | 名称 | 类别 | 启用年限 | 使用年限 | 到期日 | 原值 | 残值 | 已计提月数 | 本月折旧 | 累计折旧 | 净值 |
|---|---|---|---|---|---|---|---|---|---|---|---|
| 1 | 设备1 | 机器 | 09年2月 | 120 | 19年1月 | 2,980,000.00 | 149,000.00 | 119 | 23,591.67 | 2,807,408.33 | 172,591.67 |
| 2 | 设备2 | 机器 | 08年3月 | 120 | 18年2月 | 2,956,408.33 | 147,820.42 | 已提足月数 | | | |
| 3 | 设备3 | 机器 | 08年11月 | 120 | 18年10月 | 2,219,999.00 | 110,999.95 | 已提足月数 | | | |
| 4 | 设备4 | 机器 | 09年4月 | 120 | 19年3月 | 5,456,000.00 | 272,800.00 | 117 | 43,193.33 | 5,053,620.00 | 402,380.00 |
| 5 | 设备5 | 机器 | 09年6月 | 120 | 19年5月 | 2,680,000.00 | 134,000.00 | 115 | 21,216.67 | 2,439,916.67 | 240,083.33 |
| 6 | 设备6 | 机器 | 09年7月 | 120 | 19年6月 | 2,707,560.00 | 135,378.00 | 114 | 21,434.85 | 2,443,572.90 | 263,987.10 |
| 7 | 设备7 | 机器 | 09年7月 | 120 | 19年6月 | 2,023,000.00 | 101,150.00 | 114 | 16,015.42 | 1,825,757.50 | 197,242.50 |
| 8 | 设备8 | 机器 | 10年3月 | 120 | 20年2月 | 3,755,000.00 | 187,750.00 | 106 | 29,727.08 | 3,151,070.83 | 603,929.17 |
| 9 | 设备9 | 机器 | 10年3月 | 120 | 20年2月 | 17,880.00 | 894.00 | 106 | 141.55 | 15,004.30 | 2,875.70 |
| 10 | 设备10 | 机器 | 09年4月 | 120 | 19年3月 | 2,600.00 | 130.00 | 117 | 20.58 | 2,408.25 | 191.75 |
| 11 | 设备11 | 机器 | 08年2月 | 120 | 18年1月 | 2,700.00 | 135.00 | 已提足月数 | | | |
| 53 | 设备53 | 电子 | 08年6月 | 60 | 13年5月 | 5,690.00 | 284.50 | 已提足月数 | | | |
| 54 | 设备54 | 电子 | 08年10月 | 60 | 13年9月 | 16,780.00 | 839.00 | 已提足月数 | | | |
| 55 | 设备55 | 电子 | 08年12月 | 60 | 13年11月 | 8,650.00 | 432.50 | 已提足月数 | | | |
| 56 | 设备56 | 电子 | 09年9月 | 60 | 14年8月 | 6,700.00 | 335.00 | 已提足月数 | | | |
| 57 | 设备57 | 电子 | 08年8月 | 60 | 13年7月 | 3,000.00 | 150.00 | 已提足月数 | | | |
| 58 | 设备58 | 电子 | 16年10月 | 60 | 21年9月 | 2,717.95 | 135.90 | 27 | 43.03 | 1,161.92 | 1,556.03 |
| 59 | 设备59 | 运输 | 07年8月 | 60 | 12年7月 | 172,815.59 | 8,640.78 | 已提足月数 | | | |
| 60 | 设备60 | 运输 | 07年8月 | 60 | 12年7月 | 163,958.49 | 8,197.92 | 已提足月数 | | | |
| 61 | 设备61 | 运输 | 10年1月 | 60 | 14年12月 | 157,319.93 | 7,866.00 | 已提足月数 | | | |
| 62 | 设备62 | 运输 | 10年1月 | 60 | 14年12月 | 100,761.00 | 5,038.05 | 已提足月数 | | | |
| 63 | 设备63 | 运输 | 08年12月 | 60 | 13年11月 | 248,560.00 | 12,428.00 | 已提足月数 | | | |
| 64 | 设备64 | 运输 | 11年12月 | 60 | 16年11月 | 43,505.00 | 2,175.25 | 已提足月数 | | | |
| 65 | 设备65 | 运输 | 10年12月 | 60 | 15年11月 | 260,000.00 | 13,000.00 | 已提足月数 | | | |

1月　2月　3月　4月　5月　6月　7月　8月　9月　10月　11月　12月　基础数据

图 1-14　只要改变单元格 B1 的日期，新的折旧表自动生成

根据这个折旧明细表，我们可以制作需要的统计汇总分析报表。比如分类统计表，比如快速制作指定类别的固定资产明细表，比如快速制作已过期或正在使用的固定资产明细表，等等，如图 1-15～图 1-18 所示。

| 类别 | 原值 | 残值 | 累计折旧 | 净值 |
|---|---|---|---|---|
| 机器 | 25,536,991.05 | 1,276,849.55 | 20,437,012.71 | 5,094,378.34 |
| 电子 | 52,607.95 | 2,630.40 | 516.41 | 2,201.54 |
| 运输 | 1,146,920.01 | 57,346.00 | - | - |
| 合计 | 26,736,519.01 | 1,336,825.95 | 20,437,529.12 | 5,096,579.88 |

图 1-15　分类统计表

指定类别　电子

| 资产编号 | 名称 | 类别 | 启用年限 | 使用年限 | 到期日 | 原值 | 残值 | 已计提月数 | 本月折旧 | 累计折旧 | 净值 |
|---|---|---|---|---|---|---|---|---|---|---|---|
| 51 | 设备51 | 电子 | 08年9月 | 60 | 13年8月 | 2,780.00 | 139.00 | 已提足月数 | | | |
| 52 | 设备52 | 电子 | 08年8月 | 60 | 13年7月 | 6,290.00 | 314.50 | 已提足月数 | | | |
| 53 | 设备53 | 电子 | 08年6月 | 60 | 13年5月 | 5,690.00 | 284.50 | 已提足月数 | | | |
| 54 | 设备54 | 电子 | 08年10月 | 60 | 13年9月 | 16,780.00 | 839.00 | 已提足月数 | | | |
| 55 | 设备55 | 电子 | 08年12月 | 60 | 13年11月 | 8,650.00 | 432.50 | 已提足月数 | | | |
| 56 | 设备56 | 电子 | 09年9月 | 60 | 14年8月 | 6,700.00 | 335.00 | 已提足月数 | | | |
| 57 | 设备57 | 电子 | 08年8月 | 60 | 13年7月 | 3,000.00 | 150.00 | 已提足月数 | | | |
| 58 | 设备58 | 电子 | 16年10月 | 60 | 21年9月 | 2,717.95 | 135.90 | 12 | 43.03 | 516.41 | 2,201.54 |

图 1-16　自动制作指定类别的明细表

| | 资产编号 | 名称 | 类别 | 启用年限 | 使用年限 | 到期日 | 原值 | 残值 |
|---|---|---|---|---|---|---|---|---|
| 2 | 13 | 设备13 | 机器 | 06年6月 | 120 | 16年5月 | 5,600.00 | 280.00 |
| 3 | 51 | 设备51 | 电子 | 08年9月 | 60 | 13年8月 | 2,780.00 | 139.00 |
| 4 | 52 | 设备52 | 电子 | 08年8月 | 60 | 13年7月 | 6,290.00 | 314.50 |
| 5 | 53 | 设备53 | 电子 | 08年6月 | 60 | 13年5月 | 5,690.00 | 284.50 |
| 6 | 54 | 设备54 | 电子 | 08年10月 | 60 | 13年9月 | 16,780.00 | 839.00 |
| 7 | 55 | 设备55 | 电子 | 08年12月 | 60 | 13年11月 | 8,650.00 | 432.50 |
| 8 | 56 | 设备56 | 电子 | 09年9月 | 60 | 14年8月 | 6,700.00 | 335.00 |
| 9 | 57 | 设备57 | 电子 | 08年8月 | 60 | 13年7月 | 3,000.00 | 150.00 |
| 10 | 59 | 设备59 | 运输 | 07年8月 | 60 | 12年7月 | 172,815.59 | 8,640.78 |
| 11 | 60 | 设备60 | 运输 | 07年8月 | 60 | 12年7月 | 163,958.49 | 8,197.92 |
| 12 | 61 | 设备61 | 运输 | 10年1月 | 60 | 14年12月 | 157,319.93 | 7,866.00 |
| 13 | 62 | 设备62 | 运输 | 10年1月 | 60 | 14年12月 | 100,761.00 | 5,038.05 |
| 14 | 63 | 设备63 | 运输 | 08年12月 | 60 | 13年11月 | 248,560.00 | 12,428.00 |
| 15 | 64 | 设备64 | 运输 | 11年12月 | 60 | 16年11月 | 43,505.00 | 2,175.25 |
| 16 | 65 | 设备65 | 运输 | 10年12月 | 60 | 15年11月 | 260,000.00 | 13,000.00 |

图 1-17　已过期的固定资产明细表

| | 资产编号 | 名称 | 类别 | 启用年限 | 使用年限 | 到期日 | 原值 | 残值 | 已计提月数 | 本月折旧 | 累计折旧 | 净值 |
|---|---|---|---|---|---|---|---|---|---|---|---|---|
| 2 | 1 | 设备1 | 机器 | 09年2月 | 120 | 19年1月 | 2,980,000.00 | 149,000.00 | 104 | 23,591.67 | 2,453,533.33 | 526,466.67 |
| 3 | 2 | 设备2 | 机器 | 08年3月 | 120 | 18年2月 | 2,956,408.33 | 147,820.42 | 115 | 23,404.90 | 2,691,563.42 | 264,844.91 |
| 4 | 3 | 设备3 | 机器 | 08年11月 | 120 | 18年10月 | 2,219,999.00 | 110,999.95 | 107 | 17,574.99 | 1,880,524.15 | 339,474.85 |
| 5 | 4 | 设备4 | 机器 | 09年4月 | 120 | 19年3月 | 5,456,000.00 | 272,800.00 | 102 | 43,193.33 | 4,405,720.00 | 1,050,280.00 |
| 6 | 5 | 设备5 | 机器 | 09年6月 | 120 | 19年5月 | 2,680,000.00 | 134,000.00 | 100 | 21,216.67 | 2,121,666.67 | 558,333.33 |
| 7 | 6 | 设备6 | 机器 | 09年7月 | 120 | 19年6月 | 2,707,560.00 | 135,378.00 | 99 | 21,434.85 | 2,122,050.15 | 585,509.85 |
| 8 | 7 | 设备7 | 机器 | 09年7月 | 120 | 19年6月 | 2,023,000.00 | 101,150.00 | 99 | 16,015.42 | 1,585,526.25 | 437,473.75 |
| 9 | 8 | 设备8 | 机器 | 10年3月 | 120 | 20年2月 | 3,755,000.00 | 187,750.00 | 91 | 29,727.08 | 2,705,164.58 | 1,049,835.42 |
| 10 | 9 | 设备9 | 机器 | 10年3月 | 120 | 20年2月 | 17,880.00 | 894.00 | 91 | 141.55 | 12,881.05 | 4,998.95 |
| 11 | 10 | 设备10 | 机器 | 09年4月 | 120 | 19年3月 | 2,600.00 | 130.00 | 102 | 20.58 | 2,099.50 | 500.50 |
| 12 | 11 | 设备11 | 机器 | 08年2月 | 120 | 18年1月 | 2,700.00 | 135.00 | 116 | 21.38 | 2,479.50 | 220.50 |
| 13 | 12 | 设备12 | 机器 | 08年3月 | 120 | 18年2月 | 4,500.00 | 225.00 | 115 | 35.63 | 4,096.88 | 403.13 |
| 14 | 14 | 设备14 | 机器 | 08年4月 | 120 | 18年3月 | 3,200.00 | 160.00 | 114 | 25.33 | 2,888.00 | 312.00 |
| 15 | 15 | 设备15 | 机器 | 08年6月 | 120 | 18年5月 | 3,200.00 | 160.00 | 112 | 25.33 | 2,837.33 | 362.67 |
| 16 | 16 | 设备16 | 机器 | 09年10月 | 120 | 19年9月 | 3,200.00 | 160.00 | 96 | 25.33 | 2,432.00 | 768.00 |
| 17 | 17 | 设备17 | 机器 | 08年5月 | 120 | 18年4月 | 2,600.00 | 130.00 | 113 | 20.58 | 2,325.92 | 274.08 |
| 18 | 18 | 设备18 | 机器 | 08年10月 | 120 | 18年9月 | 2,392.00 | 119.60 | 108 | 18.94 | 2,045.16 | 346.84 |
| 19 | 19 | 设备19 | 机器 | 08年10月 | 120 | 18年9月 | 3,200.00 | 160.00 | 108 | 25.33 | 2,736.00 | 464.00 |

图 1-18　正在使用的固定资产明细表

## 1.2.4　案例总结

大多数情况下，基础表单的设计需要依数据管理性质的不同，设计成几个单独而又有关联的基础表，正如前面第一个案例介绍的应付款管理那样。在其他一些情况下，如果设计成几个表格来管理数据，这种做法可能就会把简单问题复杂化了，比如本案例的固定资产折旧管理，此时，我们先设计一个总表，再根据总表制作的需要的各种统计分析表。

# 1.3　实际案例剖析之三：按照 Word 的习惯管理数据

## 1.3.1　病表现状

韩老师，领导要我做每个月的人力资源月报，分析各个维度的人数分布，现在的员工花名册分析起来非常费劲，要命的是，领导的要求一会儿一变，都来不及做（因为要花几个小时），结果经常挨领导的批评。老师，我该怎么办啊？

该学生一脸的无奈。

我看着表，也一脸的苦笑，如图 1-19 所示。

| | A | B | C | D | E | F | G | H | I | J | K | L | M | N | O | P | Q | R | S | |
|---|---|---|---|---|---|---|---|---|---|---|---|---|---|---|---|---|---|---|---|---|
| 1 | | | | | | | | | | | | 学历情况 | | | | | | | | |
| 2 | 序号 | 部门 | 职 务 | 姓 名 | 性别 | 工号 | 进公司时间 | | | 出生年月日 | 籍贯 | 学历 | 毕业时间 | 毕业学校 | 所学专业 | 政治面貌 | 入党（团）时间 | 技术职称 | | |
| 3 | | | | | | | 年 | 月 | 日 | | | | | | | | | 职称 | 取得时间 | |
| 4 | 1 | 公司总部 | 总经理 | 王嘉木 | 男 | 100001 | 2008 | 8 | 1 | 660805 | 北京市 | 硕士 | 2008年6月 | 中欧国际工商学院 | 工商管理 | 党员 | 1985年4月 | 高级工程师 | 2001-12-14 | |
| 5 | 2 | 公司总部 | 党委副书记 | 丛赫敏 | 女 | 100002 | 2004 | 7 | 1 | 570103 | 北京市 | 大专 | 1996年12月 | 中央党校函授学院 | 行政管理 | 党员 | 1988年6月 | 政工师 | | |
| 6 | 3 | 公司总部 | 副总经理 | 白留洋 | 男 | 100003 | 2004 | 7 | 1 | 630519 | 广州番禺 | 本科 | 1984年7月 | 南京工学院土木工程系 | 道路工程 | 党员 | 2000年8月 | 高级工程师 | 1999-8-20 | |
| 7 | 4 | 公司总部 | 副总经理 | 张丽莉 | 男 | 100004 | 2007 | 1 | 12 | 680723 | 福建厦门 | 本科 | 1990年6月 | 南京林业大学机械工程系 | 汽车运用工程 | 党员 | 1998年9月 | 高级工程师 | 2007-7-28 | |
| 8 | 5 | 公司总部 | 总助兼经理 | 蔡晓宇 | 男 | 110001 | 2007 | 4 | 17 | 720424 | 湖北荆州 | 本科 | 2006年6月 | 工程兵指挥学院 | 经济管理 | | | | | |
| 9 | 6 | 公司总部 | 副经理 | 祁正人 | 男 | 110002 | 2009 | 1 | 1 | 750817 | 湖北武汉 | 本科 | 2000年7月 | 西南政法大学 | 法学 | 党员 | 1999-12-28 | 助理经济师 | 2001-3-1 | |
| 10 | 7 | 公司总部 | 业务主管 | 孟欣然 | 男 | 110003 | 2004 | 10 | 1 | 780119 | 江苏南京 | 本科 | 2005年12月 | 中共中央党校函授学院 | 经济管理 | | | | | |
| 11 | 8 | 公司总部 | 科员 | 毛利民 | 女 | 110004 | 2005 | 8 | 1 | 820812 | 江苏无锡 | 本科 | 2005年9月 | 苏州大学文正学院 | 新闻学 | | | | | |
| 12 | 9 | 公司总部 | 科员 | 马一晨 | 女 | 110005 | 2006 | 7 | 10 | 831227 | 江苏苏州 | 本科 | 2006年6月 | 苏州大学文正学院 | 汉语言文学 | 党员 | 2005年11月 | 助理政工师 | 2008-7-21 | |
| 13 | 10 | 公司总部 | 科员 | 王浩忌 | 女 | 110006 | 2007 | 5 | 1 | 730212 | 北京市 | 本科 | 1998年12月 | 中共中央党校函授学院 | 经济管理 | | | | | |
| 14 | 11 | 公司总部 | 科员 | 刘晓晨 | 女 | 110007 | 2008 | 8 | 26 | 850522 | 上海市 | 本科 | 2008年7月 | 江苏教育学院 | 广播电视编导 | | | | | 工 |
| 15 | 12 | 公司总部 | 办事员 | 刘颂峙 | 女 | 110008 | 2004 | 10 | 28 | 631204 | 上海市 | 本科 | 2007年12月 | 中共中央党校函授学院 | 法律 | 党员 | 2007-6-25 | | | |
| 16 | 13 | 公司总部 | 办事员 | 刘冀北 | 女 | 110009 | 2005 | 9 | 8 | 830127 | 浙江金华 | 本科 | 2005年6月 | 苏州大学文正学院 | 工商管理 | | | | | |
| 17 | 14 | 公司总部 | 经理 | 吴雨平 | 男 | 120001 | 2004 | 7 | 1 | 570906 | 浙江金华 | 大专 | 1991年6月 | 南京大学国际商学院 | 企业管理 | 党员 | 1980年11月 | 助理经济师 | 1995-12-19 | |
| 18 | 15 | 公司总部 | 副经理 | 王浩忌 | 女 | 120002 | 2004 | 9 | 1 | 621209 | 河北保定 | 本科 | 1997年12月 | 中共中央党校函授学院 | 经济管理 | 党员 | 1991年1月 | 工程师 | 1993-9-1 | |

图 1-19　员工花名册

## 1.3.2　病表诊断

这个表格，更像是一个原始的 Word 类的花名册表格。主要问题是：

- 大量的合并单元格；
- 多行标题；
- 出生日期数据不正确；
- 进公司时间居然按照年月日三个数分成了三列输入，真是不怕麻烦人啊，信息主次不分，一些辅助数据和重要数据保存在一个表内。

## 1.3.3　开方下药

员工花名册是保存员工重要信息数据的表格，但在企业管理中，并不是每个数据都是需要进行分析。例如，对于大多数企业来说，领导会关心政治面貌吗？会了解党员多少人、群众多少人、团员多少人吗？会花时间了解他哪年入党、入团的吗？还有，哪里毕业的，领导也很少关注吧？再有，家庭住址也不是公司领导所关注的吧？还有职称，有多少企业的领导还像过去那样那么关注你是高级工程师还是低级工程师？

作为人力资源数据的重要组成部分，针对本表来说，应当把这个表格的数据分成两个表格来管理：基本信息和辅助信息。

基本信息，是员工的重要信息数据，是为企业经营管理服务的，包括：工号、姓名、部门、职务、身份证号码、性别、出生日期、年龄、进公司日期、司龄、学历、专业等。

辅助信息，是员工的其他一些必需的信息，仅仅是一个信息备存，例如毕业院校、毕业时间、政治面貌、入党（团）时间、技术职称及取得时间、家庭地址、联系电话等。

两个表格信息数据，依据每个员工的工号和姓名进行链接。

下面是基本信息表的结构设计及数据管理，如图 1-20 所示。

| 工号 | 部门 | 姓名 | 性别 | 出生日期 | 年龄 | 职务 | 进公司时间 | 司龄 | 学历 | 所学专业 |
|---|---|---|---|---|---|---|---|---|---|---|
| 100001 | 公司总部 | 王嘉木 | 男 | 1966-8-5 | 51 | 总经理 | 2008-8-1 | 9 | 硕士 | 工商管理 |
| 100002 | 公司总部 | 丛赫敏 | 女 | 1957-1-3 | 61 | 党委副书记 | 2004-7-1 | 13 | 大专 | 行政管理 |
| 100003 | 公司总部 | 白留洋 | 男 | 1963-5-19 | 54 | 副总经理 | 2004-7-1 | 13 | 本科 | 道路工程 |
| 100004 | 公司总部 | 张丽莉 | 男 | 1968-7-23 | 49 | 副总经理 | 2007-1-12 | 11 | 本科 | 汽车运用工程 |
| 110001 | 公司总部 | 蔡晓宇 | 男 | 1972-4-24 | 46 | 总助兼经理 | 2007-4-17 | 11 | 本科 | 经济管理 |
| 110002 | 公司总部 | 祁正人 | 男 | 1975-8-17 | 42 | 副经理 | 2009-1-1 | 9 | 本科 | 法学 |
| 110003 | 公司总部 | 孟欣然 | 男 | 1978-1-19 | 40 | 业务主管 | 2004-10-1 | 13 | 本科 | 经济管理 |
| 110004 | 公司总部 | 毛利民 | 女 | 1982-8-12 | 35 | 科员 | 2005-8-1 | 12 | 本科 | 新闻学 |
| 110005 | 公司总部 | 马一晨 | 女 | 1983-12-27 | 34 | 科员 | 2006-7-10 | 11 | 本科 | 汉语言文学 |
| 110006 | 公司总部 | 王浩忌 | 女 | 1973-2-12 | 45 | 科员 | 2007-5-1 | 11 | 本科 | 经济管理 |
| 110007 | 公司总部 | 刘晓晨 | 女 | 1985-5-22 | 32 | 科员 | 2008-8-26 | 9 | 本科 | 广播电视编导 |
| 110008 | 公司总部 | 刘颂峙 | 女 | 1963-12-4 | 54 | 办事员 | 2004-10-28 | 13 | 本科 | 法律 |
| 110009 | 公司总部 | 刘冀北 | 女 | 1983-1-27 | 35 | 办事员 | 2005-9-8 | 12 | 本科 | 工商管理 |
| 120001 | 公司总部 | 吴雨平 | 男 | 1957-9-6 | 60 | 经理 | 2004-7-1 | 13 | 大专 | 企业管理 |
| 120002 | 公司总部 | 王浩忌 | 女 | 1962-12-9 | 55 | 副经理 | 2004-9-1 | 13 | 本科 | 经济管理 |

图 1-20　标准规范的员工基本信息表单

有了这样的一个标准规范表单，就可以使用函数、透视表等工具，对员工信息进行快速分析。例如分析各个年龄段的人数，使用透视表几秒即可完成，如图 1-21 所示。

| 年龄 | 人数 |
|---|---|
| 30岁以下 | |
| 31-35岁 | 4 |
| 36-40岁 | 1 |
| 41-45岁 | 2 |
| 46-50岁 | 2 |
| 51-55岁 | 4 |
| 56-60岁 | 1 |
| 60岁以上 | 1 |
| 总计 | 15 |

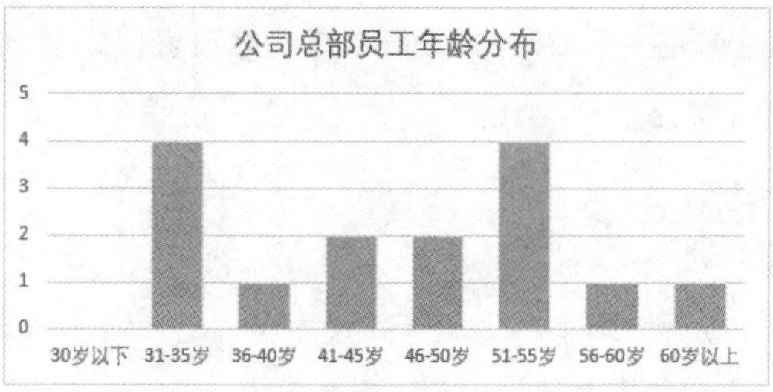
公司总部员工年龄分布
5
4
3
2
1
0
30岁以下
31-35岁
36-40岁
41-45岁
46-50岁
51-55岁
56-60岁
60岁以上

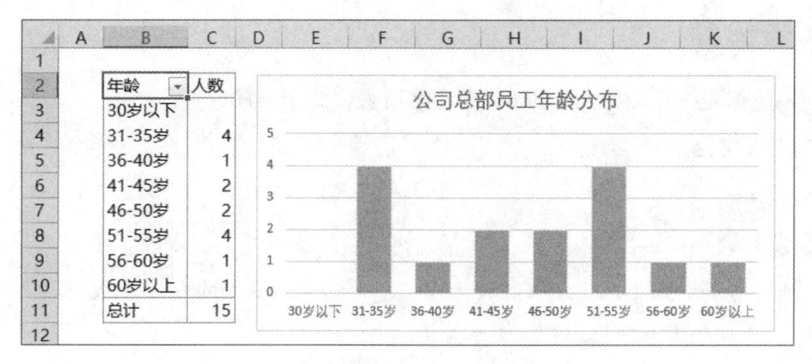

图 1-21　分析报告示例：年龄分布分析

### 1.3.4　案例总结

本案例的员工花名册表格，在实际工作中屡见不鲜，本来是一个干净利索的表单，被设计得残缺不全，伤痕累累。放你一马，不追究你的表格设计是否标准规范，单单看你输入的数据，是不是又是在往伤口上撒盐？

## 1.4　现状与思考

在每次的 Excel 培训课上，总是能看到很多很多让人惨不忍睹的表格，甚至都不能称之为表格，更不用说数据分析报告会是什么样子了。这些表格的一个共同的特征就是一个字：乱！乱到让你发狂，乱到已经限制了你的想象！

经常听到这样的话：

老师，救救我，我每次汇总太费劲了，有没有好的方法啊？

老师，我函数总是用不好，怎么办啊？

老师，我花了大把的时间去网上学习 Excel，搜索 Excel 小技巧，但是为什么跟那些老师学了之后，还是记不住，做报告还是很累人，做出的报告还是不受待见呢？

老师，帮我看看这个表，我一点思路也没有。

……

Excel 的灵活性，让我们很多人可以无师自通，拿来随手就用。但是，作为职场人士，Excel 的应用是要遵守一些重要规则的，而不论是 Excel 的学习，还是 Excel 的应用，都是有讲究的。我们不能按照 Word 的逻辑和思路来管理数据，否则这张表格就没有任何计算逻辑，就没法快速制作各种数据分析报告。

我经常跟学生们说这样的一句话：

*Excel 是一个讲理的地方，依法做表，依法做报告。*

那么，这个理是什么呢？

# 第 2 章 重要规则：使用 Excel 的基础

上一章我们说过，Excel 是一个讲理的地方，不是随心所欲、“撒泼撒野”的地方。那么，这个理是什么呢？这个理就是规则！

## 2.1 重要规则之一：正确处理 Excel 的两个表

把 Excel 当成 Word 用的人不在少数，因为在他们的理念中 Excel 不就是电子表格吗？经常碰到这样的培训需求：老师，可以给我们做一场电子表格培训吗？我说，我不会电子表格，我只懂点 Excel。

前面已经说过，Excel 基础表单的设计是至关重要的。那么，您会问了，Excel 怎么还分表格啊？我都是一个表操作的。

首先明白，Excel 具有强大的计算功能，在汇总分析数据方面是非常灵活的。但是，要汇总分析的原始数据在哪里？没有规范的原始数据，哪来的快速汇总分析？

从这方面来说，Excel 其实要严格区分两个表：基础表单和分析报告。

### 2.1.1 基础表单

基础表单是基础数据表格，保存的是最原始的颗粒化数据，是日常管理数据用的，是数据分析的基础，对于这样的表格，设计的基本原则是“越简单越好”，也就是说，以最简单的表格结构来保存最基本的信息数据，数据采集要颗粒化。因此，基础表单应该按照严格的数据库结构来进行设计，避免出现以下的不规范的做法：

- 多行标题；
- 多列标题；
- 合并单元格；
- 不同类型数据放在一个单元格；
- 空行；
- 小计；
- 数据信息重叠输入；
- 不必要的列；
- 设置了大量的不必要的公式；
- 大而全的表格。

## 2.1.2　分析报告

分析报告是最终的汇总计算结果，是给别人看的报告，对于这样的表格，设计的基本原则是“越清楚越好”，也就是说，以最简单明了的表格和图表反映数据的根本信息，以便发现问题、分析问题和解决问题。

分析报告一定要反映出数据分析者的基本思想和逻辑，反映数据分析者对企业经营的思考。分析报告考虑的重点是信息的浓缩提炼和清晰易观，以便报告使用者一目了然地找到需要的信息。因此，在分析报告结构设计上应当考虑以下几方面：

- 合理的表格架构；
- 易读的数据信息；
- 突出重点信息；
- 表格美观；
- 动态的信息提取和分析；
- 分析报告的自动化；
- 分析报告的模板化；
- 分析仪表盘。

图 2-1 是两个表格的关联关系。

在第 1 章中，我们针对几个常见的错误进行了剖析，并提出了解决方案，其核心思想就是把基础表单和分析报告严格区分开明。

然而，实际工作中，很多人是把这两类表格混在一起，做成了一个大而全的表格。

就在 2018 年 3 月份，我亲眼见到了一个多达 1273 列的表格，该学员想要通过这样的表格动态分析数据，难啊！

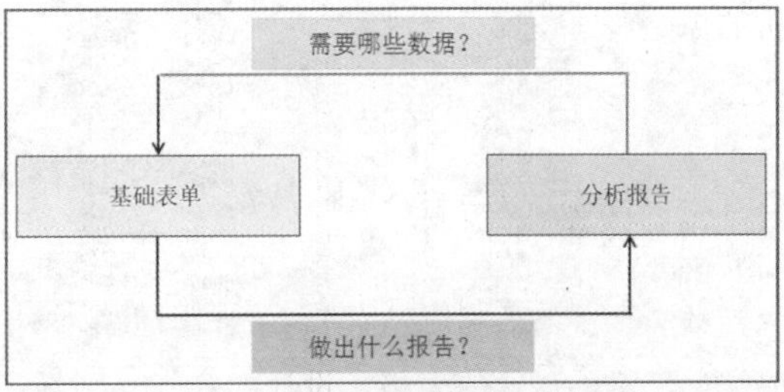
需要哪些数据？
基础表单
分析报告
做出什么报告？

图 2-1　基础表单和分析报告的关系

## 2.1.3　关于分析底稿

在通常情况下，我们应尽可能地从原始数据中直接进行统计分析，以达到自动化的数据分析效果。不过，也有一些情况下我们无法这样做，而是需要制作一个或数个分析底稿，然后在分析底稿的基础上进行相关的数据分析。

分析底稿大部分是对系统软件导出的数据进行再加工整理，提取要分析的关键数据后所得到的一张数据表。一般情况下，分析底稿是用函数公式或者透视表浓缩出来的一张表格，它不见得是标准数据库结构，但一定是要为后面的分析服务的。

例如，我们有一张 2017 年各个产品的销售预算表，结构如图 2-2 所示。

| | A | B | C | D | E | F | G | H | I | J | K | L | M | |
|---|---|---|---|---|---|---|---|---|---|---|---|---|---|---|
| 1 | 2017年预算 | | | | | | | | | | | | | |
| 2 | 项目 | 1月 | 2月 | 3月 | 4月 | 5月 | 6月 | 7月 | 8月 | 9月 | 10月 | 11月 | 12月 | 全 |
| 3 | 产品01 | | | | | | | | | | | | | |
| 4 | 销量 | 52,000 | 43,000 | 32,098 | 48,000 | 42,000 | 51,000 | 45,000 | 48,000 | 53,000 | 53,000 | 54,000 | 56,000 | |
| 5 | 单价 | 49.8931 | 58.1200 | 53.5767 | 49.6729 | 49.9833 | 55.4434 | 53.8250 | 55.5500 | 54.9934 | 61.8106 | 51.2800 | 52.2943 | |
| 6 | 销售额 | 2,594,441.20 | 2,499,160.00 | 1,719,704.92 | 2,384,299.20 | 2,099,298.60 | 2,827,613.40 | 2,422,125.00 | 2,666,400.00 | 2,914,650.20 | 3,275,961.80 | 2,769,120.00 | 2,928,480.80 | 28,5 |
| 7 | 单位成本 | 16.3754 | 18.3296 | 19.2746 | 21.4942 | 22.3349 | 22.7823 | 22.9345 | 22.8881 | 22.9236 | 23.6698 | 23.6596 | 23.5904 | |
| 8 | 销售成本 | 851,521.77 | 788,171.40 | 618,676.11 | 1,031,722.03 | 938,067.18 | 1,161,898.05 | 1,032,052.39 | 1,098,630.98 | 1,214,949.31 | 1,254,500.43 | 1,277,616.98 | 1,321,062.72 | 11,7 |
| 9 | 毛利 | 1,742,919.43 | 1,710,988.60 | 1,101,028.81 | 1,352,577.17 | 1,161,231.42 | 1,665,715.35 | 1,390,072.61 | 1,567,769.02 | 1,699,700.89 | 2,021,461.37 | 1,491,503.02 | 1,607,418.08 | 16,7 |
| 10 | 产品02 | | | | | | | | | | | | | |
| 11 | 销量 | 1,270,000 | 1,310,000 | 1,220,000 | 1,290,000 | 1,030,000 | 1,260,000 | 1,260,000 | 1,060,000 | 1,150,000 | 1,370,000 | 1,030,000 | 1,200,000 | 1 |
| 12 | 单价 | 2.7006 | 2.6494 | 2.7630 | 2.5613 | 2.4638 | 2.5769 | 2.5647 | 2.4609 | 2.5823 | 2.7485 | 2.2938 | 2.4258 | |
| 13 | 销售额 | 3,429,762.00 | 3,470,714.00 | 3,370,860.00 | 3,304,077.00 | 2,537,714.00 | 3,246,894.00 | 3,231,522.00 | 2,608,554.00 | 2,969,645.00 | 3,765,445.00 | 2,362,614.00 | 2,910,960.00 | 33,7 |
| 14 | 单位成本 | 2.2814 | 2.2156 | 2.2858 | 2.4663 | 2.1823 | 2.2944 | 2.2357 | 2.0351 | 2.2174 | 2.5324 | 1.8506 | 1.9889 | |
| 15 | 销售成本 | 2,897,424.64 | 2,902,395.91 | 2,788,672.91 | 3,181,571.00 | 2,247,785.77 | 2,890,893.17 | 2,817,019.35 | 2,157,219.72 | 2,549,999.31 | 3,469,370.72 | 1,906,124.64 | 2,386,643.59 | 29,2 |
| 16 | 毛利 | 532,337.36 | 568,318.09 | 582,187.09 | 122,506.00 | 289,928.23 | 356,000.83 | 414,502.65 | 451,334.28 | 419,645.69 | 296,074.28 | 456,489.36 | 524,316.41 | 4,4 |
| 17 | 产品03 | | | | | | | | | | | | | |
| 18 | 销量 | 8,250 | 7,000 | 13,000 | 8,250 | 7,000 | 7,475 | 8,250 | 7,000 | 9,500 | 8,250 | 7,000 | 13,500 | |
| 19 | 单价 | 21.8836 | 22.2200 | 21.8823 | 20.4327 | 20.5100 | 28.4749 | 20.4327 | 20.5100 | 18.2500 | 18.9818 | 18.8000 | 18.6922 | |
| 20 | 销售额 | 180,539.70 | 155,540.00 | 284,469.90 | 168,569.78 | 143,570.00 | 212,849.88 | 168,569.78 | 143,570.00 | 173,375.00 | 156,599.85 | 131,600.00 | 252,344.70 | 1,9 |
| 21 | 单位成本 | 10.8095 | 12.4252 | 11.7579 | 11.3005 | 9.7358 | 24.7573 | 9.7323 | 8.9451 | 8.0625 | 9.0951 | 9.1550 | 9.2034 | |
| 22 | 销售成本 | 89,178.20 | 86,976.71 | 152,852.91 | 93,229.43 | 68,150.42 | 185,060.72 | 80,291.89 | 62,615.91 | 76,593.90 | 75,034.76 | 64,085.20 | 124,246.18 | 1,0 |
| 23 | 毛利 | 91,361.50 | 68,563.29 | 131,616.99 | 75,340.35 | 75,419.58 | 27,789.15 | 88,277.89 | 80,954.09 | 96,781.10 | 81,565.09 | 67,514.80 | 128,098.52 | 9 |
| 24 | 产品04 | | | | | | | | | | | | | |
| 25 | 销量 | 78,000 | 65,000 | 70,000 | 72,040 | 80,000 | 73,000 | 87,000 | 81,200 | 79,000 | 82,000 | 68,000 | 76,000 | |
| 26 | 单价 | 11.4885 | 12.0384 | 12.0943 | 11.0353 | 11.6500 | 11.6286 | 11.9353 | 11.2857 | 11.6286 | 11.3565 | 12.5500 | 12.0266 | |
| 27 | 销售额 | 896,103.00 | 782,496.00 | 846,601.00 | 794,983.01 | 932,000.00 | 848,887.80 | 1,038,371.10 | 916,398.84 | 918,659.40 | 931,233.00 | 853,400.00 | 914,021.60 | 9,7 |
| 28 | 单位成本 | 7.8716 | 8.1167 | 8.7848 | 8.3447 | 9.8542 | 9.8895 | 9.6698 | 9.3325 | 9.4667 | 9.5899 | 9.4291 | 9.2316 | |

2017年预算 2017年实际 2017年销售明细

**图 2-2 产品销售预算**

同时，我们又从中导出了产品销售明细表，如图 2-3 所示。

| | A | B | C | D | E | F | G | H | I |
|---|---|---|---|---|---|---|---|---|---|
| 1 | 客户简称 | 业务员 | 月份 | 存货编码 | 存货名称 | 销量 | 销售额 | 销售成本 | 毛利 |
| 2 | 客户01 | 业务员16 | 1月 | CP001 | 产品01 | 34364 | 3,391,104.70 | 419,180.28 | 2,971,924.43 |
| 3 | 客户02 | 业务员13 | 1月 | CP002 | 产品02 | 28439 | 134,689.44 | 75,934.81 | 58,754.63 |
| 4 | 客户02 | 业务员06 | 1月 | CP003 | 产品03 | 3518 | 78,956.36 | 51,064.00 | 27,892.36 |
| 5 | 客户02 | 业务员21 | 1月 | CP004 | 产品04 | 4245 | 50,574.50 | 25,802.04 | 24,772.46 |
| 6 | 客户03 | 业务员23 | 1月 | CP002 | 产品02 | 107406 | 431,794.75 | 237,103.10 | 194,691.65 |
| 7 | 客户03 | 业务员15 | 1月 | CP001 | 产品01 | 1676 | 122,996.02 | 20,700.43 | 102,295.59 |
| 8 | 客户04 | 业务员28 | 1月 | CP002 | 产品02 | 42032 | 114,486.98 | 78,619.98 | 35,866.99 |
| 9 | 客户05 | 业务员10 | 1月 | CP002 | 产品02 | 14308 | 54,104.93 | 30,947.31 | 23,157.62 |
| 10 | 客户06 | 业务员20 | 1月 | CP002 | 产品02 | 3898 | 10,284.91 | 7,223.49 | 3,061.42 |
| 11 | 客户06 | 业务员06 | 1月 | CP001 | 产品01 | 987 | 69,982.55 | 16,287.54 | 53,695.02 |
| 12 | 客户06 | 业务员22 | 1月 | CP003 | 产品03 | 168 | 5,392.07 | 2,285.28 | 3,106.79 |
| 13 | 客户06 | 业务员05 | 1月 | CP004 | 产品04 | 653 | 10,016.08 | 4,388.18 | 5,627.90 |
| 14 | 客户07 | 业务员25 | 1月 | CP002 | 产品02 | 270235 | 1,150,726.33 | 696,943.40 | 453,782.93 |
| 15 | 客户07 | 业务员05 | 1月 | CP001 | 产品01 | 13963 | 1,009,455.70 | 202,277.98 | 807,177.72 |
| 16 | 客户07 | 业务员17 | 1月 | CP003 | 产品03 | 1407 | 40,431.45 | 12,396.97 | 28,034.47 |
| 17 | 客户07 | 业务员07 | 1月 | CP004 | 产品04 | 3411 | 57,944.38 | 17,055.00 | 40,889.38 |
| 18 | 客户08 | 业务员21 | 1月 | CP002 | 产品02 | 74811 | 271,060.46 | 215,481.04 | 55,579.41 |
| 19 | 客户08 | 业务员06 | 1月 | CP001 | 产品01 | 1769 | 107,495.07 | 17,299.24 | 90,195.83 |
| 20 | 客户09 | 业务员26 | 1月 | CP002 | 产品02 | 6069 | 27,297.70 | 18,223.36 | 9,074.34 |
| 21 | 客户09 | 业务员15 | 1月 | CP001 | 产品01 | 520 | 47,272.37 | 8,327.33 | 38,945.04 |
| 22 | 客户09 | 业务员13 | 1月 | CP004 | 产品04 | 182 | 1,970.72 | 908.16 | 1,062.56 |
| 23 | 客户10 | 业务员05 | 1月 | CP002 | 产品02 | 69337 | 264,676.15 | 148,407.69 | 116,268.46 |
| 24 | 客户10 | 业务员09 | 1月 | CP004 | 产品04 | 860 | 17,550.86 | 6,648.07 | 10,902.79 |
| 25 | 客户11 | 业务员10 | 1月 | CP002 | 产品02 | 19843 | 85,581.80 | 60,573.35 | 25,008.45 |
| 26 | 客户11 | 业务员14 | 1月 | CP001 | 产品01 | 860 | 76,870.78 | 16,267.37 | 60,603.41 |
| 27 | 客户11 | 业务员10 | 1月 | CP005 | 产品05 | 62 | 8,743.97 | 497.67 | 8,246.30 |

2017年预算 2017年实际 2017年销售明细

**图 2-3 导出的产品销售明细**

为了对各个产品的销售预算进行分析，我们需要按照产品预算表的结构，利用函数或透视表制作一张 2017 年各个产品实际销售统计表，结果如图 2-4 所示。

| | A | B | C | D | E | F | G | H | I | J | K | L | M | |
|---|---|---|---|---|---|---|---|---|---|---|---|---|---|---|
| 1 | 2017年实际 | | | | | | | | | | | | | |
| 2 | 项目 | 1月 | 2月 | 3月 | 4月 | 5月 | 6月 | 7月 | 8月 | 9月 | 10月 | 11月 | 12月 | 全 |
| 3 | 产品01 | | | | | | | | | | | | | |
| 4 | 销量 | 66,565 | 34,128 | 39,216 | 20,907 | 26,116 | 67,257 | - | - | - | - | - | - | |
| 5 | 单价 | 89.1904 | 84.1657 | 78.2228 | 78.2150 | 76.5125 | 71.4641 | | | | | | | |
| 6 | 销售额 | 5,936,915.83 | 2,872,366.06 | 3,067,570.35 | 1,635,259.07 | 1,998,162.06 | 4,806,462.39 | - | - | - | - | - | - | 20,3 |
| 7 | 单位成本 | 13.2104 | 16.0445 | 16.6903 | 15.8498 | 19.7638 | 15.6041 | | | | | | | |
| 8 | 销售成本 | 879,341.41 | 547,557.75 | 654,522.59 | 331,374.52 | 516,141.49 | 1,049,484.15 | - | - | - | - | - | - | 3,9 |
| 9 | 毛利 | 5,057,574.43 | 2,324,808.31 | 2,413,047.76 | 1,303,884.54 | 1,482,020.57 | 3,756,978.24 | - | - | - | - | - | - | 16,3 |
| 10 | 产品02 | | | | | | | | | | | | | |
| 11 | 销量 | 1,003,080 | 394,618 | 1,062,481 | 1,347,257 | 1,133,207 | 1,003,994 | - | - | - | - | - | - | |
| 12 | 单价 | 4.3691 | 5.0642 | 4.7050 | 3.6624 | 3.7261 | 3.7845 | | | | | | | |
| 13 | 销售额 | 4,382,517.26 | 1,998,428.62 | 4,998,981.90 | 4,934,193.17 | 4,222,493.50 | 3,799,646.54 | - | - | - | - | - | - | 24,3 |
| 14 | 单位成本 | 2.3683 | 2.7054 | 2.5484 | 3.0369 | 2.7307 | 2.2986 | | | | | | | |
| 15 | 销售成本 | 2,375,613.40 | 1,067,603.68 | 2,707,646.82 | 4,091,428.20 | 3,094,441.26 | 2,307,745.41 | - | - | - | - | - | - | 15,6 |
| 16 | 毛利 | 2,006,903.86 | 930,824.94 | 2,291,335.07 | 842,764.98 | 1,128,052.25 | 1,491,901.13 | - | - | - | - | - | - | 8,6 |
| 17 | 产品03 | | | | | | | | | | | | | |
| 18 | 销量 | 8,064 | 11,066 | 14,604 | 13,537 | 10,235 | 17,326 | - | - | - | - | - | - | |
| 19 | 单价 | 29.9591 | 35.0579 | 30.4275 | 30.9641 | 42.6820 | 39.5406 | | | | | | | |
| 20 | 销售额 | 241,580.00 | 387,935.51 | 444,368.93 | 419,157.45 | 436,850.10 | 685,098.72 | - | - | - | - | - | - | 2,6 |
| 21 | 单位成本 | 12.4147 | 15.4806 | 13.1907 | 15.1717 | 14.4539 | 14.4200 | | | | | | | |
| 22 | 销售成本 | 100,108.35 | 171,301.06 | 192,639.98 | 205,378.00 | 147,935.80 | 249,847.89 | - | - | - | - | - | - | 1,0 |
| 23 | 毛利 | 141,471.64 | 216,634.44 | 251,728.95 | 213,779.45 | 288,914.30 | 435,250.83 | - | - | - | - | - | - | 1,5 |
| 24 | 产品04 | | | | | | | | | | | | | |
| 25 | 销量 | 17,841 | 16,495 | 30,460 | 39,201 | 28,609 | 47,729 | - | - | - | - | - | - | |
| 26 | 单价 | 17.2368 | 23.7161 | 14.5843 | 14.2143 | 13.8518 | 12.1997 | | | | | | | |
| 27 | 销售额 | 307,523.42 | 391,187.02 | 444,233.09 | 557,215.94 | 396,279.95 | 582,281.40 | - | - | - | - | - | - | 2,6 |
| 28 | 单位成本 | 7.5330 | 9.0024 | 7.9472 | 9.2613 | 8.4426 | 8.7138 | | | | | | | |

2017年预算 2017年实际 2017年销售明细

**图 2-4 产品实际销售统计表**

这样，就可以根据产品销售预算表和产品实际销售汇总表（两个表格结构完全一样），进行各种分析了。

## 2.2　重要规则之二：正确处理 Excel 的三个数

表格结构是戏台，戏台搭起来了，那么就该是数据出场了。数据是表格的重要内容，是眼睛一眼就能看到的最重要的信息。没有数据的表格就是一个空架子，而不分章法乱堆数据的表格，也只能是一个垃圾场。

### 2.2.1　乱象丛生的表格数据

很多人在处理单元格数据时，随意性就更大了，想怎么输入就怎么输入。有些情况下就更省劲了，直接是从别的表格里复制粘贴过来，也不做个选择性粘贴。这样得到的数据，就像一个乱哄哄的舞台，生旦净末丑一起出场，那叫一个热闹，各唱各的，各说各的，全然不区分角色，毫无章法，结果是热闹了半天，不知为何。

下面是一个学生问的问题，要求计算每个员工的工龄奖，工龄奖的发放标准是：服务年限满 3 年才发放，第 2 年 50 元，第 3 年 100 元，依次递增，200 元封顶。该同学做的表格如图 2-5 所示。

| | A | B | C | D | E |
|---|---|---|---|---|---|
| 1 | 序号 | 姓名 | 入职日期 | 服务年限 | 工龄奖 |
| 2 | 1 | A001 | 2007-1-1 | 4年以上 | |
| 3 | 2 | A002 | 2006-6-1 | 4年以上 | |
| 4 | 3 | A003 | 2013-5-17 | 4年2个月 | |
| 5 | 4 | A004 | 2013-7-11 | 3年10个月 | |
| 6 | 5 | A005 | 2014-4-9 | 3年3个月 | |
| 7 | 6 | A006 | 2014-5-22 | 3年2个月 | |
| 8 | 7 | A007 | 2014-6-21 | 3年1个月 | |
| 9 | 8 | A008 | 2014-10-8 | 2年9个月 | |
| 10 | 9 | A009 | 2014-11-1 | 2年8个月 | |
| 11 | 10 | A010 | 2015-3-15 | 2年4个月 | |
| 12 | 11 | A011 | 2015-3-25 | 1年4个月 | |
| 13 | 12 | A012 | 2015-9-22 | 1年9个月 | |
| 14 | 13 | A013 | 2016-4-19 | 1年3个月 | |
| 15 | 14 | A014 | 2016-5-2 | 1年2个月 | |
| 16 | 15 | A015 | 2016-6-2 | 1年1个月 | |

图 2-5　工龄奖发放表

且不论公式怎么设置，单看这个表格，能用公式计算工龄奖吗？D 列的服务年限居然是手工输入的文字，而且还是辛辛苦苦掰着手指头算好后输入的，这样的文字如何判断大小？为什么不用函数算出一个真正能够判断大小的服务年限数字出来？这样的表格，如何能达到高效计算和分析？

这个案例代表了大部分人使用 Excel 的现状：表格里的数据随意处理，还沉浸在 Word 的使用习惯中。我问这位同学，贵公司每天就这样处理数据吗？人家说，这个算好的了，还有比这更乱的表格。我问，贵公司安管理软件了吧？人家说，花了 80 万元安装了 ERP。我问，贵公司领导对 Excel 这个工具有什么看法：人家说，领导认为 Excel 就是计算机表格，没什么难的，不需要学，人人都会用，因为公司都已经安装了更先进的 ERP！

### 2.2.2　了解 Excel 数据的种类和功能

从本质上说，Excel 有两种数据：**文本**和**数值**，比如汉字、字母、字符串等就是文字；数字、日期、时间，就是数值。

文本不能做算术计算，数值可以做算术计算，这就是两者的区别。

经常见到有人在单元格输入这样类型的日期“2017.12.31”，当输入公式“=A2-TODAY()”（这里假设 A2 单元格保存日期“2017.12.31”），就会出现错误“#VALUE!”，为什么会这样？因为

“2017.12.31”是文字，而 TODAY() 返回的结果是数值，文字和数值能相减吗？

从数据的功能角度分，Excel 有三种数据：**文本、日期时间、数字**。

## 2.2.3 处理文本的规则与注意事项

文本，包括汉字、字母、字符串等纯文本，以及文本型数字（以文本保存的数字成为文本型数字），这类数据的特点是当使用 SUM 函数求和时，都被处理为 0。另外，它们无法进行算术计算（文本型数字除外），但可以比较是否相等。

当文本是名称之类的数据时，一定要保证名称的统一以及格式的统一，比如，不能同一个客户有两种不同的叫法，结果就习惯性地输入了各种简称。

此外，名称之间也尽可能不要加空格，除非是英文名称这样的数据，要按照英语的语法来处理，每个英语单词之间有一个空格，多输或少输空格，都会为后面的数据处理和分析造成困难。可以使用 TRIM 函数来清除字符前后的空格以及字符内部多余的空格。

当在单元格输入文本型数字时，比如身份证号码，邮政编码，科目编码，物料编码等，有两个办法：一是先把单元格格式设置为文本，然后再正常输入数字；二是在数字的前面先输入英文单引号（‘），然后再输入数字。

所有的标点符号也是文本，在 Excel 任何地方（对话框、函数、公式等）输入标点符号时，都必须按照半角字符输入。

对于英语字母来说，Excel 是不区分大小写的。但是有些函数对大小写是敏感的，例如 FIND 函数就是区分大小写，而 SEARCH 则不区分大小写，这点要特别注意。

当在函数公式中输入固定的文本（又称文本常量）时，必须用双引号括起来，不能直接输入文本，否则会被当作名称而出现错误值。

例如，公式“=“北京”&1000”是正确的，而公式“= 北京 &1000”就会出现 #NAME? 错误，因为 Excel 认为北京是名称，而该工作簿中并没有定义这个名称。

## 2.2.4 处理日期时间的规则与注意事项

很多人会在 Excel 中习惯输入诸如“2017.10.23”、“10.23”、“17.10.23”这样的日期数据，这样做就大错特错了，因为他并没有弄明白 Excel 处理日期的规则。

Excel 把日期处理为正整数，0 代表 1900-1-0，1 代表 1900-1-1，2 代表 1900-1-2，依此类推，日期 2017-12-23 就是数字 43092。

输入日期的正确格式是“年 - 月 - 日”，或者“年 / 月 / 日”，而上面的输入格式就是不对的，因为这样的结果是文本，而不是数字。

你可以按照习惯采用一种简单的方法输入日期，例如，如果要输入日期 2017-12-23，那么下面的任何一种方法都是可行的（假设当年是 2017 年）：

- 输入 2017-12-23；
- 输入 2017/12/23；

- 输入 2017 年 12 月 23 日；
- 输入 12-23；
- 输入 12/23；
- 输入 12 月 23 日；
- 输入 17-12-23；
- 输入 17/12/23；
- 输入 23-Dec-17；
- 输入 23- Dec -2017；
- 输入 23- Dec ；
- 输入 23- Dec。

需要注意的是，由于 Excel 接受采用两位数字输入年份，因此不同数字 Excel 会进行不同的处理：

- 00 到 29：Excel 将 00 到 29 之间两位数字的年解释为 2000 年到 2029 年。例如，如果输入日期“19-5-28”，则 Excel 将假定该日期为 2019 年 5 月 28 日。
- 30 到 99：Excel 将 30 到 99 之间两位数字的年解释为 1930 年到 1999 年。例如，如果输入日期“98-5-28”，则 Excel 将假定该日期为 1998 年 5 月 28 日。

Excel 处理日期和时间的基本单位是天，1 代表 1 天，1 天 24 小时，因此时间是按照 1 天的一部分来处理的，也就是说，1 小时代表 1/24 天，1 小时就是 0.0416666666666667。比如，8:30 就是 8.5/24，8:50 就是（8+50/60）/24。因此时间就是小数。

如果要在一个日期上加减一个时间，就必须先把时间转换为天，例如，要在单元格 B2 日期时间的基础上，加 2.5 小时，那么公式是“=B2+2.5/24”。

如果要在公式中直接使用一个固定的日期或时间进行计算，那么就需要使用英文双引号了，比如要计算工龄（入职时间保存在单元格 H2），截至计算日期是 2017-12-31，那么计算工时就需要设计成“=DATEDIF(H2,“2017-12-31”,“y”)”

判断一个单元格的日期是不是真正的日期，只需要把单元格格式设置成常规或数值，如果单元格数据变成了数字，就表明是日期；如果不变，表明是文本。

日期错误的来源有两个：一是手工输入错误；二是系统导出错误，系统导出的日期在很多情况下是错误的（是文本型日期，并不是数值），需要进行修改规范，常用的方法是使用分列工具，这个技能，我们将在后面章节里进行详细介绍。

### 2.2.5 处理数字的规则与注意事项

在 Excel 里，数字是最简单的数据。但要牢记以下两个要点：

（1）Excel 最多处理 15 位整数，以及 15 位小数点。

（2）数字有两种保存方式：纯数字和文本型数字。

前面已经说过，对于编码类的数字，需要将数字保存为文本，因为这样的编码类数字只是个分类名称而已，不需要参与算术计算。

现实中，我们会经常遇到下面的问题：

（1）长编码数字最后面的数字变成0了

很多人在输入诸如身份证号码这样超过15位数字的长编码时，发现输入单元格后，最后3位数字变成0了，这样就丢失了最后3位数字。因此要特别注意将编码类的数字处理为文本型数字。

（2）在一列里，文本型数字和纯数字并存

有些人在处理数字类编码时，在一列里存在着文本和数字格式并存的情况，这样就没法继续正确进行数据处理分析。此时，需要把数字转换为文本，可以使用分列工具进行快速转换。不过要注意：不能通过设置单元格格式的方法转换单元格数字格式，这样做毫无作用。

（3）从系统导入的数字没法求和

如果是从系统导出的数据，发现数字无法求和，因为这样的数字是文本型数字，此时需要将文本型数字转换为纯数字，常见的方法有：智能标记，选择性粘贴，分列。

（4）数字进行算术计算，经常会产生计算误差

比如在单元格输入公式“=1-6.2+6.1”，其计算结果并不等于0.9，但是从外表上看起来好像是0.9的样子，实际上这个计算结果是0.899999999999999。这种计算误差称之为浮点计算误差，大多数情况下可以使用ROUND函数通过四舍五入来解决。

但是，ROUND函数又会产生舍入误差，这种舍入误差积累到一定程度，就会引起很大的误差来。HR朋友不会陌生，在计算个税时经常会出现这个问题。财务朋友们，在计算处理增值税时，也会出现这样的问题，请大家要特别注意。

## 2.3 逻辑，是学用Excel的秘籍，除此之外别无捷径

我一直强调，逻辑思考是设计表单的基础，逻辑思路是使用函数公式的基础。离开了逻辑思考，设计的表单就不能称为一个真正的表单，数据管理会混乱不堪；离开了逻辑思路，只能是生搬硬套公式，却不理解公式的原理和逻辑。

学用Excel的秘籍：就是要培养自己的逻辑思考，培养自己的逻辑思路！

Excel使用是非常讲究逻辑的。

逻辑思路是树根，是树干，小技巧、小窍门是树叶，不要本末倒置。

不论是一个简单的数据采集和处理，还是要设计一个较为复杂的计算公式，或者是制作一个分析报告，都离不开一个最核心的东西：**逻辑思路**！

- 表单设计，是对数据管理的逻辑思考；
- 数据分析，是对数据背后信息的逻辑思考；
- 函数公式，是对表格计算的逻辑思考；
- 逻辑思路，永远是我们每个Excel使用者需要重点训练和强化的；
- 逻辑思路是树干，技巧是树叶，千万不要本末倒置；
- 要学好Excel，更要用好Excel。

## 2.3.1　无逻辑不成表

由于 Excel 的操作具有很大的灵活性，很多人从开始使用 Excel 的第一天就把 Excel 来乱用，不论是表格的结构设计，还是数据的日常维护，都是随心所欲、按照自己习惯来做。这样导致的结果是：表与表之间没有逻辑性，表内列和列之间也没有逻辑性，这样一个逻辑混乱的表格，我们还能做什么？还能高效率的处理分析数据吗？

每次培训课上，都会看到这样逻辑混乱的、大而全的表格，每当此时，我就会问学生这样的问题：

你为什么要这样设计表格？

这样表格的设计思路是什么？

表格设计的逻辑是什么？

你要利用这个表格做什么工作？

你日常维护数据方便吗？

你能很快的做出领导要的各种分析报表吗？

既然回答是“否”，那么为什么还要这样设计呢？

提问的比较尖锐，批评的也很严厉。没办法，看到这样的表格，就立即焦虑起来。也许老师是得了典型的“表怒症”，一看到烂表就会全身不舒服。

一个评语就是：没有逻辑的表格就是垃圾桶，什么都往里面装！垃圾桶越大，垃圾越多！

下面我们举一个例子来说明如何正确地使用 Excel。这里我们仅仅进行简要的叙述。

**任务：**

设计一个员工的花名册，并建立自动化数据分析模板

**思考：**

1．从 HR 数据管理角度出发，员工的哪些信息最重要？

2．哪些员工信息是辅助的？

3．表单结构是否便于以后分析数据？

4．如何简单高效的输入数据？

5．日常数据维护方便吗？

6．如何根据基础信息，快速制作分析报告？

员工的哪些信息最重要？工号、姓名、性别、部门、学历、身份证号码、出生日期、年龄、入职日期、工龄、离职时间、离职原因等，这样我们应该建立一个员工基本信息表单，至少包含这几列重要数据信息。

在这几列数据中，工号、姓名、部门、学历、身份证号码、入职日期、离职时间、离职原因等信息，是需要手工填写的，但是性别、出生日期、年龄，则可以使用函数从身份证号码中自动提取，实现数据的快速输入，工龄也可以依据入职时间自动计算。

员工的辅助信息包括地址、电话、邮箱、家属情况等，这些不应该放到基本信息表单中，而应该单独设置一个辅助表单来保存这样的辅助数据，通过工号或姓名来建立链接。

对于一些基本上固定不变的数据，比如部门、学历等，可以使用数据有效性（数据验证）来快速规范输入。

员工基本信息表单的结构设计如图 2-6 所示。

| | A | B | C | D | E | F | G | H | I | J | K | L |
|---|---|---|---|---|---|---|---|---|---|---|---|---|
| 1 | 工号 | 姓名 | 部门 | 学历 | 身份证号码 | 性别 | 出生日期 | 年龄 | 入职日期 | 工龄 | 离职时间 | 离职原因 |
| 2 | G001 | 胡伟苗 | 贸易部 | 科 | 110108197302283390 | 男 | 1973-2-28 | 24 | 1998-6-25 | 19 | | |
| 3 | G002 | 郑大军 | 后勤部 | 本科 | 421122196212152153 | 男 | 1962-12-15 | 55 | 1980-11-15 | 37 | | |
| 4 | G003 | 刘晓晨 | 生产部 | 本科 | 110108195701095755 | 男 | 1957-1-9 | 61 | 1992-10-16 | 25 | | |

图 2-6　员工基本信息表

当员工基本信息表单设计好后，就可以根据这个基本信息表数据来制作各种自动化分析报表，下面就是一个例子，如图 2-7、图 2-8 所示。

在职人员属性统计分析表

| 部门 | 在职总人数 | 性别 | | 婚姻状况 | | 学历 | | | | | | 年龄 | | | | | | | | 本公司工龄 | | | | | | |
|---|---|---|---|---|---|---|---|---|---|---|---|---|---|---|---|---|---|---|---|---|---|---|---|---|---|---|
| | | 男 | 女 | 已婚 | 未婚 | 博士 | 硕士 | 本科 | 大专 | 中专 | 高中 | 25岁以下 | 26-30岁 | 31-35岁 | 36-40岁 | 41-45岁 | 46-50岁 | 51-55岁 | 56岁以上 | 不满1年 | 1-5年 | 6-10年 | 11-15年 | 16-20年 | 21-25年 | 26年以上 |
| 总经办 | 5 | 3 | 2 | 4 | 1 | 1 | 1 | 3 | | | | | 1 | | 1 | 1 | 2 | | | | | 2 | 1 | | | 2 |
| 人力资源部 | 9 | 6 | 3 | 5 | 4 | | 1 | 7 | 1 | | | | 2 | 4 | 1 | 1 | | 1 | | | 4 | 3 | 2 | | | |
| 财务部 | 6 | 5 | 1 | 4 | 2 | | 2 | 4 | | | | | 1 | | 1 | 2 | 1 | | 1 | | 2 | 1 | | 1 | 2 | |
| 贸易部 | 3 | 3 | | 1 | 2 | | 1 | 2 | | | | | 1 | 1 | | | 1 | | | | 1 | 1 | | 1 | | |
| 后勤部 | 4 | 4 | | 3 | 1 | | | 2 | 1 | | 1 | | | 2 | 1 | | | 1 | | | 1 | 1 | 1 | | | 1 |
| 技术部 | 8 | 5 | 3 | 4 | 4 | | 5 | 3 | | | | | 3 | 1 | 2 | 1 | 1 | | | | 3 | 2 | 3 | | | |
| 生产部 | 7 | 5 | 2 | 5 | 2 | 1 | 1 | 5 | | | | | 3 | | 2 | | | | 2 | | 3 | 1 | 1 | | 1 | 1 |
| 销售部 | 8 | 7 | 1 | 2 | 6 | | 1 | 5 | | 2 | | | 4 | | 3 | 1 | | | | | 4 | | 2 | 1 | 1 | |
| 信息部 | 5 | 4 | 1 | 3 | 2 | | 2 | 3 | | | | | | 1 | 2 | 1 | | 1 | | | | 1 | 3 | 1 | | |
| 质检部 | 6 | 4 | 2 | 2 | 4 | | 3 | 3 | | | | | 2 | 3 | | | 1 | | | | 2 | 4 | | | | |
| 市场部 | 13 | 11 | 2 | 8 | 5 | | | 6 | 3 | | 4 | | | 5 | 2 | 2 | 2 | 1 | 1 | | | 3 | 6 | 3 | 1 | |
| 合计 | 74 | 57 | 17 | 41 | 33 | 2 | 17 | 43 | 5 | 2 | 5 | | 17 | 17 | 15 | 9 | 8 | 4 | 4 | | 20 | 19 | 19 | 7 | 5 | 4 |

图 2-7　员工属性分析报表

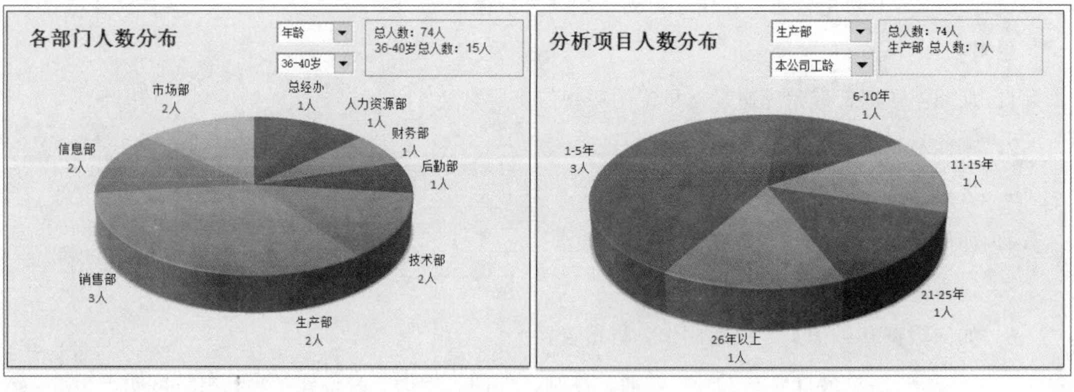
各部门人数分布
年龄
36-40岁
总人数：74人
36-40岁 总人数：15人
总经办
1人
人力资源部
1人
财务部
1人
后勤部
1人
技术部
2人
生产部
2人
销售部
3人
信息部
2人
市场部
2人
分析项目人数分布
生产部
本公司工龄
总人数：74人
生产部 总人数：7人
6-10年
1人
11-15年
1人
21-25年
1人
26年以上
1人
1-5年
3人

图 2-8　动态结构分析图

## 2.3.2　无规则不成数

在输入数据时，我们很多人会犯一些错误，例如：

任意地在文字中（尤其是姓名）加空格，人为的对齐；

日期的输入要遵循 Excel 的规则，但却输成了“2017.9.15”这样的数据；

名称要统一，不能一会儿“人力资源部”，一会儿“HR”，一会儿“人事部”；

在一列里，保存的数据是数字型编码，结果有的单元格按文本格式输入，有的单元格按数值格式输入。

数据是表格的主角，要按照 Excel 的规则来输入保存。很多人的表格数据非常不规范，用一个字来形容就是："乱"。乱的后果就是：

老师，明明这个表格里有这个数啊，怎么 VLOOKUP 找不出来呢？

老师，下属各分公司报上来的表格，汇总起来特别累，有没有什么好办法？

老师，我把 12 个月工资表汇总起来，怎么透视出了 5 个张三啊？

老师，我做公式时，想用鼠标引用 C 列，怎么一点就选择了 A:E 列了？

老师，等等。

我也是醉了，遇到这样的问题，我会问：

你的表格结构规范吗？

你的表格数据规范吗？

明明知道合并单元格会引起诸多不便，甚至是困难重重，为什么还要用合并单元格？为什么还要走"自杀"途径？

你为什么要在姓名里加空格对齐？为了好看？好看是好看了，但是好用吗？既然不好用，为什么还要这么做？不能换一个方式做吗？比如设置单元格的对齐方式，不也能达到效果吗？（学生咕哝道：设置单元格格式能行吗？）

好了，总结下面几句话吧，很多人使用 Excel 时，把自己修炼成这样了：

没有困难，创造困难也要上！

简单问题复杂化，而不是复杂问题简单化！

表格杀手就这样诞生了。

## 2.3.3　无思路不成函数公式

不管是在培训课堂上，还是课下各种途径的交流学习中，我听到最多的一句话就是：函数太难学了，公式太难做了，绕着绕着就把自己绕晕了。就在前些天的一次大型公益沙龙讲座上，面对台下 300 多位财务人员，我只问了一句话：你们觉得学习 Excel 最难的是什么：几乎是异口同声地回答：函数！

回答错误！

函数本身学起来并不难，看看帮助信息，基本上都能学会如何使用，最难的是如何利用函数创建公式，因为公式离不开具体的表格，离不开具体的问题，因此需要去好好阅读表格，好好理解表格，细心梳理表格里面的逻辑，仔细去寻找解决问题的思路。

**示例 1：**

下面是我在网络直播上跟学生们分享的一个例子，表格的左边 3 列是从软件导出的原始数据，现在要求制作右侧的按部门和费用项目的汇总表，如图 2-9 所示。

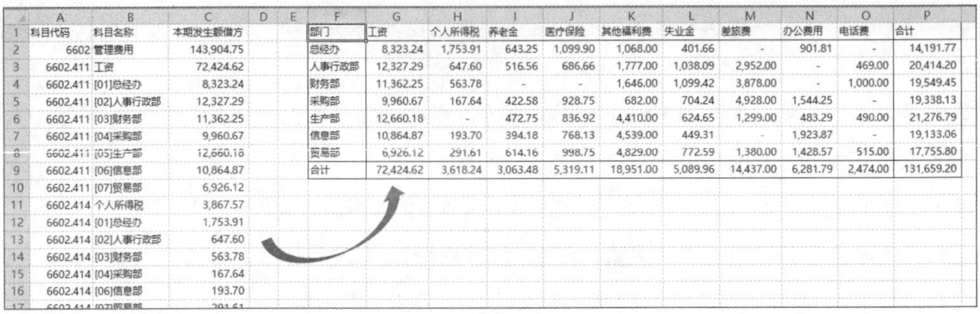

| 科目代码 | 科目名称 | 本期发生额借方 |
|---|---|---|
| 6602 | 管理费用 | 143,904.75 |
| 6602.411 | 工资 | 72,424.62 |
| 6602.411 | [01]总经办 | 8,323.24 |
| 6602.411 | [02]人事行政部 | 12,327.29 |
| 6602.411 | [03]财务部 | 11,362.25 |
| 6602.411 | [04]采购部 | 9,960.67 |
| 6602.411 | [05]生产部 | 12,660.18 |
| 6602.411 | [06]信息部 | 10,864.87 |
| 6602.411 | [07]贸易部 | 6,926.12 |
| 6602.414 | 个人所得税 | 3,867.57 |
| 6602.414 | [01]总经办 | 1,753.91 |
| 6602.414 | [02]人事行政部 | 647.60 |
| 6602.414 | [03]财务部 | 563.78 |
| 6602.414 | [04]采购部 | 167.64 |
| 6602.414 | [06]信息部 | 193.70 |
| 6602.414 | [07]贸易部 | 291.61 |

| 部门 | 工资 | 个人所得税 | 养老金 | 医疗保险 | 其他福利费 | 失业金 | 差旅费 | 办公费用 | 电话费 | 合计 |
|---|---|---|---|---|---|---|---|---|---|---|
| 总经办 | 8,323.24 | 1,753.91 | 643.25 | 1,099.90 | 1,068.00 | 401.66 | - | 901.81 | - | 14,191.77 |
| 人事行政部 | 12,327.29 | 647.60 | 516.56 | 686.66 | 1,777.00 | 1,038.09 | 2,952.00 | - | 469.00 | 20,414.20 |
| 财务部 | 11,362.25 | 563.78 | - | - | 1,646.00 | 1,099.42 | 3,878.00 | - | 1,000.00 | 19,549.45 |
| 采购部 | 9,960.67 | 167.64 | 422.58 | 928.75 | 682.00 | 704.24 | 4,928.00 | 1,544.25 | - | 19,338.13 |
| 生产部 | 12,660.18 | - | 472.75 | 836.92 | 4,410.00 | 624.65 | 1,299.00 | 483.29 | 490.00 | 21,276.79 |
| 信息部 | 10,864.87 | 193.70 | 394.18 | 768.13 | 4,539.00 | 449.31 | - | 1,923.87 | - | 19,133.06 |
| 贸易部 | 6,926.12 | 291.61 | 614.16 | 998.75 | 4,829.00 | 772.59 | 1,380.00 | 1,428.57 | 515.00 | 17,755.80 |
| 合计 | 72,424.62 | 3,618.24 | 3,063.48 | 5,319.11 | 18,951.00 | 5,089.96 | 14,437.00 | 6,281.79 | 2,474.00 | 131,659.20 |

图 2-9　从原始数据直接得出汇总报告

仔细观察左边的原始数据和右边的汇总表，你能得到什么初步结论？

汇总表是按部门和费用项目汇总计算的，而在原始表中，部门和费用项目都保存在了 B 列，其规律就是先是费用项目，下面是该项目下的各个部门。那么，如果从 B 列里判断哪些行是哪个部门、哪个费用项目的，你觉得是否可行？答案是不行的。

这个表格的一个解决逻辑思路在 A 列里：不论 B 列里是部门名称还是项目名称，只要是同一个费用项目，那么 A 列里就是相同的科目代码，这样，我们可以先把某个费用项目对应的科目代码查找出来，然后用科目代码去匹配某个部门的数据是不是该费用项目下的数据，是不是就可以解决了？

还有，原始数据的 B 列部门名称与汇总表的 F 列部门名称并不一致，原始表的部门名称前面有部门编号，还是用方括号括起来的，这个也不是什么大问题，无非就是关键词匹配。

这样，这个汇总表的制作，其实就是两个条件的数据查找问题：一个条件是部门，另一个条件是费用项目（本质是科目代码）。一说到数据查找，很多人会想到使用查找函数。但是，单个条件的数据查找可以使用 VLOOKUP 函数，但是两个条件的数据查找就要复杂多了，大多数情况下需要联合使用几个函数来解决，甚至有时候还需要创建数组公式。不过请注意，本案例的查找数据是数字，而两个条件满足时的数字是唯一的，因此，完全可以使用多条件求和函数 SUMIFS 来做。有人说了，SUMIFS 函数不是用来汇总求和的吗？怎么还能用来查找数据啊？如果查找的数据是唯一的，自己加自己，不就还是自己吗？

根据这样的逻辑思路，我们可以创建一个高效的计算公式：

```
=SUMIFS($C:$C,
        $A:$A,
        INDEX($A:$A,MATCH(G$1,$B:$B,0)),
        $B:$B,
         "*" &$F2)
```

这个公式中，INDEX($A:$A,MATCH(G$1,$B:$B,0)) 就是查找某个项目的科目代码，来匹配这个代码对应的费用项目，“*” &$F2 就是匹配部门名称

**示例 2**

如果导出的数据是下面的这种情况呢？ A 列里并不是充满科目代码，而是有空单元格，此时，如何快速得到右侧的汇总表？从原始数据直接得出汇总报告如图 2-10 所示。

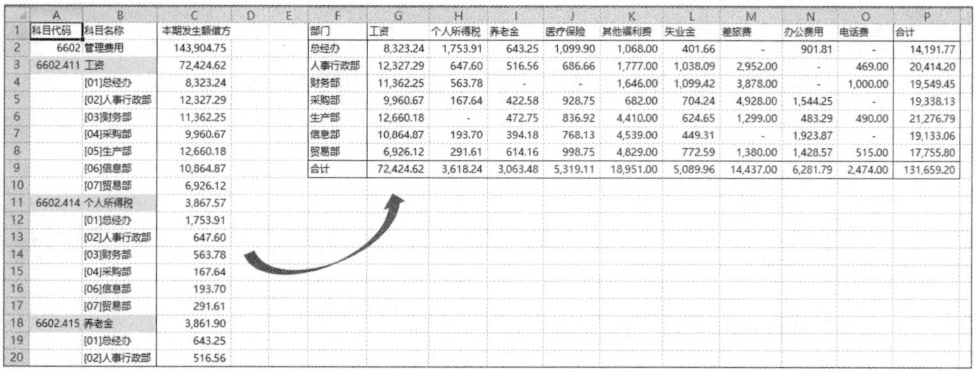

| 科目代码 | 科目名称 | 本期发生额借方 |
|---|---|---|
| 6602 | 管理费用 | 143,904.75 |
| 6602.411 | 工资 | 72,424.62 |
| | [01]总经办 | 8,323.24 |
| | [02]人事行政部 | 12,327.29 |
| | [03]财务部 | 11,362.25 |
| | [04]采购部 | 9,960.67 |
| | [05]生产部 | 12,660.18 |
| | [06]信息部 | 10,864.87 |
| | [07]贸易部 | 6,926.12 |
| 6602.414 | 个人所得税 | 3,867.57 |
| | [01]总经办 | 1,753.91 |
| | [02]人事行政部 | 647.60 |
| | [03]财务部 | 563.78 |
| | [04]采购部 | 167.64 |
| | [06]信息部 | 193.70 |
| | [07]贸易部 | 291.61 |
| 6602.415 | 养老金 | 3,861.90 |
| | [01]总经办 | 643.25 |
| | [02]人事行政部 | 516.56 |

| 部门 | 工资 | 个人所得税 | 养老金 | 医疗保险 | 其他福利费 | 失业金 | 差旅费 | 办公费用 | 电话费 | 合计 |
|---|---|---|---|---|---|---|---|---|---|---|
| 总经办 | 8,323.24 | 1,753.91 | 643.25 | 1,099.90 | 1,068.00 | 401.66 | - | 901.81 | - | 14,191.77 |
| 人事行政部 | 12,327.29 | 647.60 | 516.56 | 686.66 | 1,777.00 | 1,038.09 | 2,952.00 | - | 469.00 | 20,414.20 |
| 财务部 | 11,362.25 | 563.78 | - | - | 1,646.00 | 1,099.42 | 3,878.00 | - | 1,000.00 | 19,549.45 |
| 采购部 | 9,960.67 | 167.64 | 422.58 | 928.75 | 682.00 | 704.24 | 4,928.00 | 1,544.25 | - | 19,338.13 |
| 生产部 | 12,660.18 | - | 472.75 | 836.92 | 4,410.00 | 624.65 | 1,299.00 | 483.29 | 490.00 | 21,276.79 |
| 信息部 | 10,864.87 | 193.70 | 394.18 | 768.13 | 4,539.00 | 449.31 | - | 1,923.87 | - | 19,133.06 |
| 贸易部 | 6,926.12 | 291.61 | 614.16 | 998.75 | 4,829.00 | 772.59 | 1,380.00 | 1,428.57 | 515.00 | 17,755.80 |
| 合计 | 72,424.62 | 3,618.24 | 3,063.48 | 5,319.11 | 18,951.00 | 5,089.96 | 14,437.00 | 6,281.79 | 2,474.00 | 131,659.20 |

**图 2-10　从原始数据直接得出汇总报告**

一个简便的方法是先把 A 列的科目代码处理一下，把空单元格填充为上一行的代码，然后利用前面介绍的公式计算就可以了。

但是，如果不允许对 A 列做填充处理呢？因为我们希望做一个高效的汇总报告，直接从导入的原始数据得出报告来。

相信大多数人看到这样的表格，看到这样的需求，立马就蒙了。太难了！

好吧，咱们分析一下这个原始数据表格和汇总表的逻辑。

在原始表格中，每个项目都有自己的科目代码，项目下面是自己的所有部门明细。这样，每个项目都有一个自己的数据区域，尽管这样的区域有大有小（因为每个项目下的部门不见得都是一样的）。

现在试想一下：我们能不能获取每个项目的数据区域，然后利用 VLOOKUP 函数从每个小区域中查找每个部门的数据？

如果你想这样做，那么新问题出来了：如何动态获取每个项目的数据区域？

由于汇总表第一行就是费用项目名称，与原始表是一样的，这样，只要使用 MATCH 从原始表中把当前的项目位置和下一个项目位置确定出来，那么该项目的数据区域的行数就可以计算出来，再使用 OFFSET 函数取出这个数据区域，最后使用 VLOOKUP 函数从这个数据区域中查找每个部门的数据即可。

不过，由于某个项目下可能不存在某个部门，查找公式会出现错误，这个没关系，使用 IFERROR 函数把错误值屏蔽掉就可以了。

下面就是解决这个问题的公式：

```
=IFERROR(VLOOKUP("*"&$F2,OFFSET($B$2,MATCH(G$1,$B$2:$B$1000,0),,MATCH(
H$1,$B$2:$B$1000,0)-MATCH(G$1,$B$2:$B$1000,0)-1,2),2,0),0)
```

这个公式的核心逻辑是通过 OFFSET 函数确定每个项目的数据区域，然后利用 VLOOKUP 函数查找指定部门的数据。

（1）OFFSET 函数，获取每个项目的数据区域

基准单元格是 $B$2；

往下偏移的行数是 MATCH(G$1,$B$2:$B$1000,0)；

数据区域的行数是 MATCH(H$1,$B$2:$B$1000,0)-MATCH(G$1,$B$2:$B$1000,0)-1；

数据区域的列数是 2。

如图 2-11 所示。

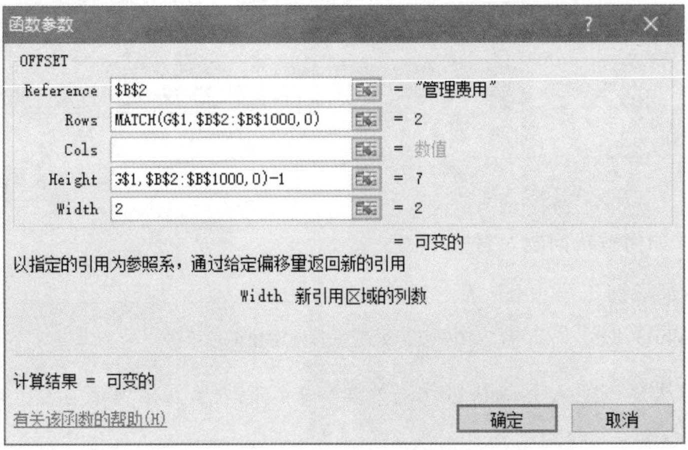
函数参数
OFFSET
Reference $B$2 = "管理费用"
Rows MATCH(G$1,$B$2:$B$1000,0) = 2
Cols = 数值
Height 3$1,$B$2:$B$1000,0)-1 = 7
Width 2 = 2
= 可变的
以指定的引用为参照系，通过给定偏移量返回新的引用
Width 新引用区域的列数
计算结果 = 可变的
有关该函数的帮助(H)
确定
取消

图 2-11　OFFSET 函数参数设置

（2）VLOOKUP 函数，从每个项目的区域内查找数据，其参数设置如图 2-12 所示。

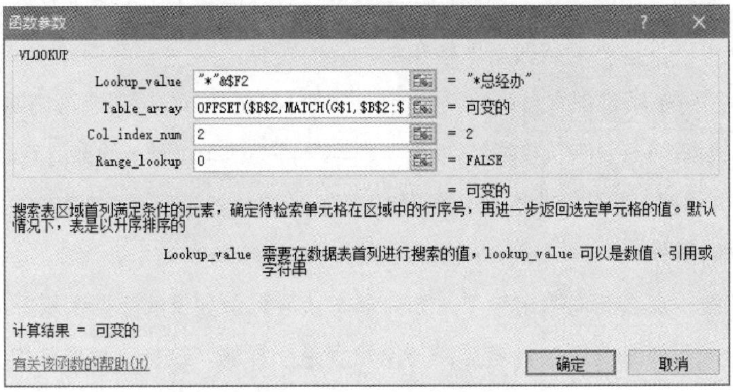
函数参数
VLOOKUP
Lookup_value "*"&$F2 = "*总经办"
Table_array OFFSET($B$2,MATCH(G$1,$B$2:$ = 可变的
Col_index_num 2 = 2
Range_lookup 0 = FALSE
= 可变的
搜索表区域首列满足条件的元素，确定待检索单元格在区域中的行序号，再进一步返回选定单元格的值。默认情况下，表是以升序排序的
Lookup_value 需要在数据表首列进行搜索的值，lookup_value 可以是数值、引用或字符串
计算结果 = 可变的
有关该函数的帮助(H)
确定
取消

图 2-12　VLOOKUP 函数参数设置

通过上面的两个例子，你能得出什么结论？

VLOOKUP 函数不会用吗？每天都在用，已经非常熟练了。

OFFSET 函数不会用吗？看看帮助信息就会用了。

MATCH 函数也不会用吗？这个函数要多简单有多简单。

但是，这样的两个问题，为什么很多人看一眼就晕了？

**逻辑思路**永远是学习函数公式中最核心的东西。

## 2.3.4　无思考不成分析报告

设计好了表格结构，规范好了表格数据，那么我们就可以使用 Excel 常用的三大工具（函数、透视表、图表），对数据进行各种统计分析，制作有说服力的分析报告。对于海量的数据，还可以使用 VBA 或者 Power 工具来建立企业的 BI。

很多人对数据进行统计分析所采用的方法，是半自动的（比如筛选，简单的 VLOOKUP 取数，简单的透视表），甚至是手工来做报告。即使如此，所做的报告也不能称之为分析报告，顶多算是

一个叙述表格，因为，在这样的报告里，看不到对数据背后秘密的挖掘，看不到对经营问题原因的分析，也看不到对存在问题的解决方案，更看不到为未来经营的预测和预判，看到的只是数字的堆积和罗列，仅仅是简单的汇总计算而已。

分析报告的重点是以下三个方面：

- 发现问题：发现了什么问题？
- 分析问题：什么时候发生的？发生在什么地方？严重程度如何？
- 解决问题：如何解决问题？有几个解决方案？

在动手分析数据之前，要先落实以下三个方面：

- 给谁做（Who）？
- 做什么（What）？
- 怎么做（How）？

接下来，我们以上面的产品销售预算分析为例来说明对所采集到的销售数据，应该制作什么样的分析报告。

（1）分析销售量的预算执行情况。

总销售量完成情况如何？没完成还是超额完成了？

是哪些产品引起的，这些产品的预算执行情况如何？

每个月的完成情况如何？有没有异常月份？

根据这些思考，我们可以制作以下的分析报告。

图 2-13 是所有产品销量的预算达成情况，以及各个产品的影响程度。

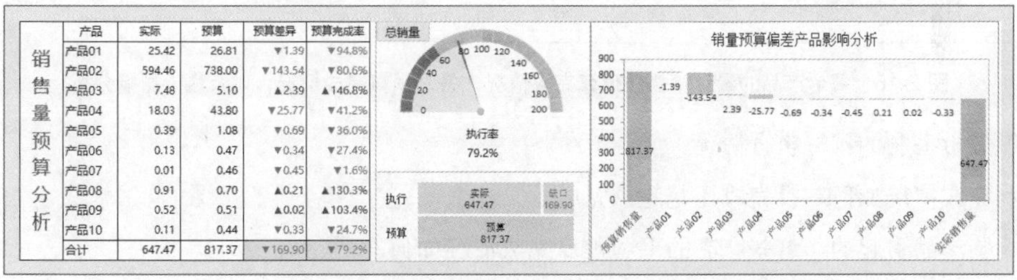

| 产品 | 实际 | 预算 | 预算差异 | 预算完成率 |
|---|---|---|---|---|
| 产品01 | 25.42 | 26.81 | ▼1.39 | ▼94.8% |
| 产品02 | 594.46 | 738.00 | ▼143.54 | ▼80.6% |
| 产品03 | 7.48 | 5.10 | ▲2.39 | ▲146.8% |
| 产品04 | 18.03 | 43.80 | ▼25.77 | ▼41.2% |
| 产品05 | 0.39 | 1.08 | ▼0.69 | ▼36.0% |
| 产品06 | 0.13 | 0.47 | ▼0.34 | ▼27.4% |
| 产品07 | 0.01 | 0.46 | ▼0.45 | ▼1.6% |
| 产品08 | 0.91 | 0.70 | ▲0.21 | ▲130.3% |
| 产品09 | 0.52 | 0.51 | ▲0.02 | ▲103.4% |
| 产品10 | 0.11 | 0.44 | ▼0.33 | ▼24.7% |
| 合计 | 647.47 | 817.37 | ▼169.90 | ▼79.2% |


销售量预算分析
总销量
执行率
79.2%
执行
实际
647.47
缺口
169.90
预算
817.37
销量预算偏差产品影响分析


**图 2-13　总销售量预算完成情况，以及各个产品的影响程度**

图 2-14 是分析某个产品的销量在各月预算完成情况，同时分析该产品的单价变化趋势。

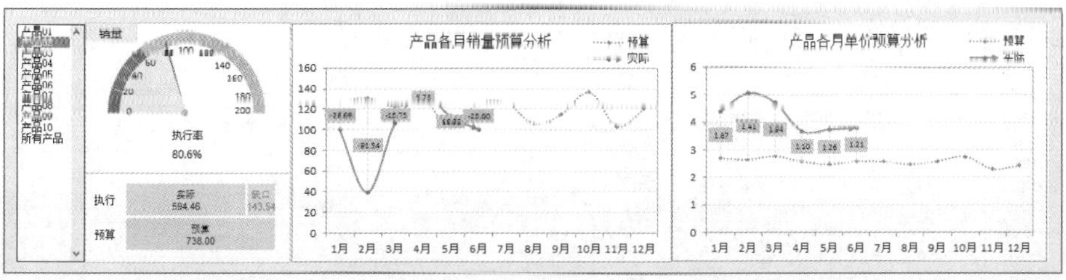


执行率
80.6%
执行
实际
594.46
缺口
143.54
预算
738.00
产品各月销量预算分析
产品各月单价预算分析


**图 2-14　每个产品的累计销售量预算完成情况，以及各月的预算完成情况**

（2）分析销售额的预算执行情况

销售总额完成情况如何？没完成还是超额完成了？

是哪些产品引起的，这些产品的销售额预算完成情况如何？

销售额预算执行偏差的动因是什么？是销售量引起的，还是单价引起的？

每个月的完成情况如何？有没有异常月份？

根据这些思考，我们可以制作以下的分析报告。

图 2-15 是销售总额的完成情况，以及各个产品销售额的影响程度。

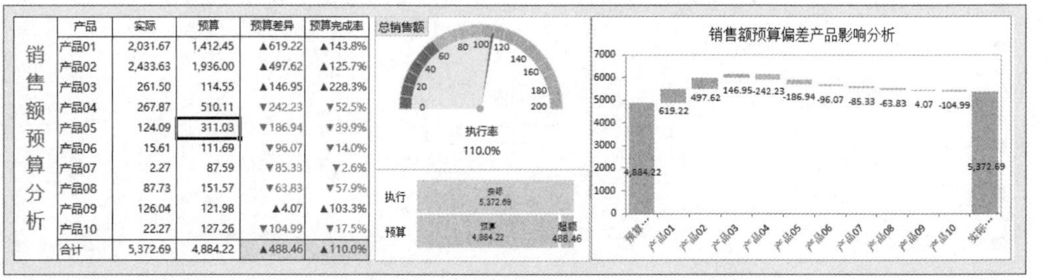
销售额预算分析
产品 实际 预算 预算差异 预算完成率
产品01 2,031.67 1,412.45 ▲619.22 ▲143.8%
产品02 2,433.63 1,936.00 ▲497.62 ▲125.7%
产品03 261.50 114.55 ▲146.95 ▲228.3%
产品04 267.87 510.11 ▼242.23 ▼52.5%
产品05 124.09 311.03 ▼186.94 ▼39.9%
产品06 15.61 111.69 ▼96.07 ▼14.0%
产品07 2.27 87.59 ▼85.33 ▼2.6%
产品08 87.73 151.57 ▼63.83 ▼57.9%
产品09 126.04 121.98 ▲4.07 ▲103.3%
产品10 22.27 127.26 ▼104.99 ▼17.5%
合计 5,372.69 4,884.22 ▲488.46 ▲110.0%
总销售额
执行率
110.0%
执行
预算
销售额预算偏差产品影响分析

图 2-15　销售总额预算完成情况，以及各个产品的影响程度

图 2-16 是某个产品的销售额预算执行情况，各月的完成情况，以及销量和单价的变化对销售额的影响分析。

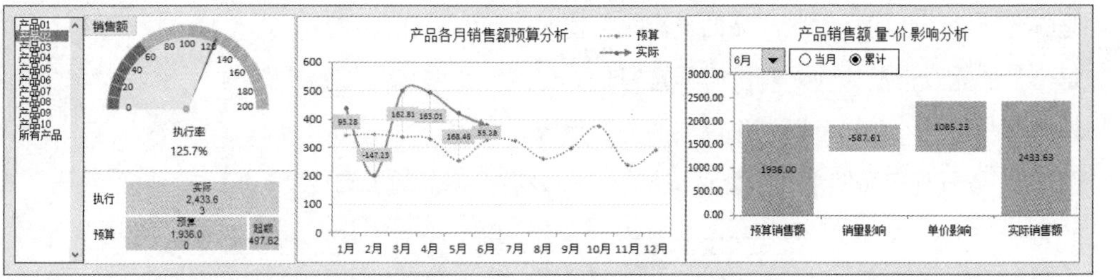
销售额
执行率
125.7%
产品各月销售额预算分析
预算
实际
产品销售额 量-价影响分析
预算销售额
销量影响
单价影响
实际销售额

图 2-16　每个产品的累计销售额预算完成情况，各月预算完成情况，以及量价影响分析

（3）分析毛利的预算执行情况

毛利完成情况如何？没完成还是超额完成了？

是哪些产品引起的，这些产品的毛利预算完成情况如何？

毛利预算执行偏差因素是什么，是销售量引起的，还是单价引起的，还是销售成本引起的？

每个月的完成情况如何？有没有异常月份？

根据这些思考，我们可以制作以下的分析报告。

图 2-17 是毛利总额的完成情况，以及各个产品毛利的影响程度。

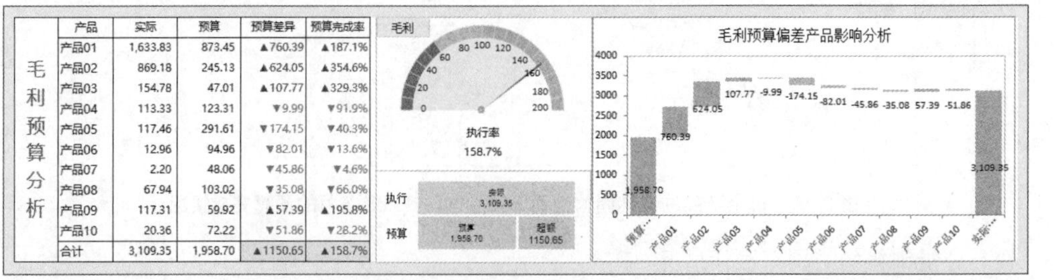
毛利预算分析
产品 实际 预算 预算差异 预算完成率
产品01 1,633.83 873.45 ▲760.39 ▲187.1%
产品02 869.18 245.13 ▲624.05 ▲354.6%
产品03 154.78 47.01 ▲107.77 ▲329.3%
产品04 113.33 123.31 ▼9.99 ▼91.9%
产品05 117.46 291.61 ▼174.15 ▼40.3%
产品06 12.96 94.96 ▼82.01 ▼13.6%
产品07 2.20 48.06 ▼45.86 ▼4.6%
产品08 67.94 103.02 ▼35.08 ▼66.0%
产品09 117.31 59.92 ▲57.39 ▲195.8%
产品10 20.36 72.22 ▼51.86 ▼28.2%
合计 3,109.35 1,958.70 ▲1150.65 ▲158.7%
毛利
执行率
158.7%
执行
预算
毛利预算偏差产品影响分析

图 2-17　毛利预算完成情况，以及各个产品的影响程度

图 2-18 是某个产品的毛利预算执行情况，各月的完成情况，以及销量、单价和单位成本的变化对毛利的影响分析。

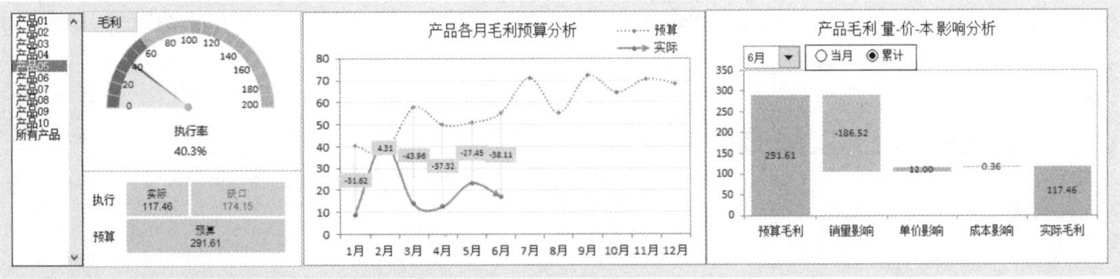

毛利
执行率
40.3%
执行
实际
117.46
缺口
174.15
预算
预算
291.61
产品各月毛利预算分析
预算
实际
产品毛利 量-价-本影响分析
6月
当月
累计
291.61
-186.52
12.00
0.36
117.46
预算毛利
销量影响
单价影响
成本影响
实际毛利


图 2-18　每个产品的累计毛利算完成情况，各月预算完成情况，以及量 – 价 – 本影响分析

## 2.4　几个非常容易混淆的概念

### 2.4.1　正确区别单元格和数据

在使用 Excel 时，绝大多数人都会混淆单元格和数据这两个概念。在每次培训课上，都会碰到这样的问题，每次都要花几分钟解释这些问题，以正视听。

单元格是单元格，数据是数据，两者是截然不同的。单元格是容器，数据是容器里装的东西。单元格可以设置为各种格式（就是每个人都知道的“设置单元格格式”命令），但不论怎么设置，单元格里的数据是永远不变的。好比一个玻璃瓶子，可以装水，可以装酱油，可以装蜂蜜，也可以把瓶子外面刷上绿漆，刷上红漆，写上字，但不论在瓶子外面刷什么漆写什么字，瓶子里面仍旧是水，是酱油，是蜂蜜，并不是说瓶子外面刷绿漆了，瓶子里面的水就变成其他颜色。

通过“设置单元格格式”命令对单元格所做的任何设置，都是在改变单元格本身的格式，从而把单元格里的数字显示为不同的形式（化妆术），但单元格里的数据，仍然是原来的数字，并没有改变。换句话来说，我们改动的是单元格本身，并没有改动单元格里面的数据。

赵大叔说：你以为你穿上马甲，我就不认识你了？

我说：你以为去了趟韩国，整了个容，你张三就变成李四了？

图 2-19 就是把一个日期，通过设置单元格格式工具，显示为不同的形式。

| 原始日期 | 显示效果 |
| --- | --- |
| 2017-9-15 | 42993 |
| 2017-9-15 | 2017.9.15 |
| 2017-9-15 | 20170915 |
| 2017-9-15 | 17-09-15 |
| 2017-9-15 | 2017年9月15日 |
| 2017-9-15 | 二〇一七年九月十五日 |
| 2017-9-15 | 2017年9月 |
| 2017-9-15 | 9月 |
| 2017-9-15 | 2017年 |
| 2017-9-15 | 2017年9月15日 星期五 |
| 2017-9-15 | 星期五 |
| 2017-9-15 | 五 |
| 2017-9-15 | 15/Sep 2017 |
| 2017-9-15 | Sep15 |

图 2-19　设置单元格格式，将日期显示为不同的效果

正是因为单元格格式可以任意设置，而单元格里的数据可以显示为很多不同的显示效果，因此，我们不要认为看到的就一定是真的。另外，通过这种格式设置，我们可以制作各种重点信息突出的自动化数据分析模板（正如前面预算分析报告那样，自定义数字格式，自动显示颜色和添加特殊符号）。

### 2.4.2 单元格和对象

在 Excel 工作表中，要注意区分单元格和对象。单元格是用来保存数据的容器，对象是浮在工作表中的图形，它是不能保存到单元格中的。这些图形包括形状、艺术字、照片、图表等，统称为对象。

# 02

# 第 2 部分

# 没有标准规范的表单，哪来高效数据处理和高效数据分析

千里之行，始于足下，这是亘古不变的真理。

不论是公开课上，还是给企业的内训和咨询，或者是网络的交流，经常遇到这样的情况：学员拿着一张乱表，询问如何快速制作设计公式，如何制作分析报告。

看着这些惨不忍睹的表格，我只有苦笑的份了。

缺乏了解Excel的基本规则，缺乏科学规范的基础表单，缺乏使用Excel的良好习惯，缺乏基本的Excel素养，最终导致数据处理效率低下，不得不频繁上网搜索相关的小技巧来处理垃圾数据。

你有基本的Excel使用素养吗？

- 你是不是把Excel当成了带边框的Word表？
- 你设计表格是否很随意？想怎么弄就怎么弄？
- 你设计的表格是不是不考虑数据的流动逻辑、表格架构逻辑，而是大而全的表格？
- 你是不是输入数据也很随意，而不考虑Excel对数据格式的要求？
- 你是不是特别喜欢设计多行表头，还有大量合并单元格？
- 你是不是特别喜欢在表格里插入很多合计行和空行？
- 你是不是喜欢在表格里插入大量的小计行？
- 你是不是特别喜欢把所有的数据（包括计算结果）都保存在一个工作表？
- 你是不是特别喜欢在表格里动不动就插入行和删除行？
- 你是不是总在使用笨办法来处理数据？
- 你是不是听了很多的Excel课，却仍旧是无法把各种知识技能串在一起？
- 你是不是买了很多的Excel书，但真正好好阅读练习的没一本？
- 你是不是特喜欢看网上免费的碎片小视频，却不下功夫去系统的学习？
- 你现在是不是不喜欢Excel了？

……

Excel有一万种方法，就看你喜欢哪种方法。

当了解和掌握了Excel的重要规则以后，如何设计好科学规范的基础表单，就成为我们需要认真对待的最重要任务了。

科学规范的基础表单，意味着表单结构要逻辑化，数据采集要颗粒化和规范化，一个没有逻辑的、大而全的、甚至数据乱糟糟的表格，只能称之为垃圾桶，你说垃圾桶能干什么？

为什么不从一开始就设计好科学规范的基础数据表单呢？

# 第3章 好的起点：设计好基础表单

Excel 最重要的是什么？是规则，是依据规则设计好基础表单。那么：如何设计好这个表单？要考虑什么问题？需要使用什么样的技能和技巧？如何一步一步地把这样的表格设计出来？日常维护要注意哪些问题？遇到实际情况变动，如何调整这个表格？

本章我们就亲自动手，从设计 Excel 基础表单开始，开始我们的 Excel 学习之旅吧！

## 3.1 设计基础表单的基本规则

前面已经强调过，基础表单必须要根据实际工作内容，依据不同的数据管理逻辑，设计成不同的结构。因此，基础表单没有固定的格式。

大部分流水性质的业务数据，一般要设计成数据库结构，比如资金管理表单，销售表单，工资表单，合同表单等。

某些特殊需求的表单，则根据实际需要设计满足该需求的结构，比如日常考勤表。

基础表单的实际，要遵循以下几个最基本的原则。

- 结构的科学性；
- 数据的易读性；
- 汇总的方便性；
- 分析的灵活性；
- 外观的美观性。

### 3.1.1 结构的科学性

**结构的科学性**，就是要按照工作业务的性质，数据管理的内容，数据的种类，分别设计基础管理表格，分别保存不同数据。基础表格要越简单越好，而那些把所有数据都装在一个工作表中的做法是绝对不可取的。比如，要做入库出库管理，你会如何设计这样的基础表格呢？要用几个表格来反映入库出库数据？每个表格要怎么保存数据？

### 3.1.2 数据的易读性

**数据的易读性**，主要包含两个方面：利用函数读数（取数）方便，叫函数读数；眼睛查看数据容易，叫人工读数。一个杂而乱的表格，是很难实现这两种高效读数的。数据易读性差的主要原因有：表格结构设计不合理；数据保存不合理；残缺不全的表格数据结构。

### 3.1.3 汇总的方便性

**汇总的方便性**，是指不论多大的数据量，汇总要简单方便容易。你可以问自己：我设计的工作表数据汇总方便吗？大量表格数据之间的汇总方便吗？如果不方便，或者做起来非常吃力，Excel很好用的工具也用不上，主要原因就是基础表格设计有问题，导致函数没法用，数据透视表用不好，图表做不好。

如果设计了很多工作表，需要把这些工作表数据汇总到一张工作表上，那么每个分表的结构（尤其是各个数据列的顺序和位置）尽量要保持一致，这样可以快速创建计算公式，更便于制作数据分析模版。我曾见过这样一个表格，每个月的项目是一样的，但是项目顺序不一样，有的表格顶部有大标题，有的没有，这样的表格设计给数据跟踪分析造成了不必要的麻烦。当问起为什么这么做，为什么不把每个月的工作表统一格式时，回答是：这个不能保证每个月完全一样啊。连一个标准化规范化的表格都做不好的企业，它的管理存在诸多问题也就见怪不怪了。正应了一句话：没有困难，创造困难也要上！

### 3.1.4 分析的灵活性

**分析的灵活性**，是指不论做何种分析，要讲究数据分析的灵活多变。因为我们对数据进行分析的目的，是要针对企业的数据进行深度挖掘，从不同方面找问题、找原因、找对策，这就要求基础数据必须能够精准反映企业的管理流程，制作的分析报告也必须具有灵活性，能够在几分钟内通过转换分析角度而得到另外一份分析报告。

### 3.1.5 外观的美观性

**外观的美观性**，不论是基础表还是报告，都尽量要求把表格进行美化。基础表的美化以容易管理数据为标准，而报告的美化以分析结果清楚为标准。特别强调的是，不论是基础表还是报告，很多人喜欢把数据区域加上边框，并保持工作表默认的网格线。其实，我们可以取消网格线，而把数据区域设置为非常简练的线条表格，并把单元格字体、颜色、边框等进行合理的设置。

## 3.2 设计基础表单的主要技能

基础表单设计需要熟练很多基本技能，比如：绘制逻辑导图，数据验证，函数，条件格式，自定义数字格式，单元格样式，等等。

下面简要说明一下这些技能，详细用法和注意事项，将在后面的各章中进行介绍。

### 3.2.1 绘制逻辑架构图

设计基础表单之前，首先要梳理清楚数据管理的逻辑。因为基础表单的唯一目的是管理基础数据，那么，如何管理数据？管理哪些数据？如何安排数据的合理流动？此时，需要绘制一张逻辑架构图，理清楚数据的管理和流动逻辑。

曾经有人说过这样一段话："很多人会有这样的体验：你的大脑一片混乱，学习的时候身处纷繁复杂的知识点之中，只觉一团乱麻，理不清逻辑；你有一堆任务要去做，然后做了这个忘掉那个；你有一个复杂奇妙的想法，却囿于工作记忆所限，只能在一片小范围里兜兜转转。你可能注意力缺乏，你可能工作记忆混乱，你可能做事情没有规划，你可能想法表达不清。而这些痛苦的来源，就是“不清晰”。你所需要的，在短期，是一种帮助你整理的工具；在长期，是一种培养你思维习惯的外界力量。而现在比较流行的思维导图，可能就是这样一种东西。”

返回本节主题。比如，要设计一个员工基本信息管理表单，我们重点关注的员工信息数据及其采集逻辑如图 3-1 所示。

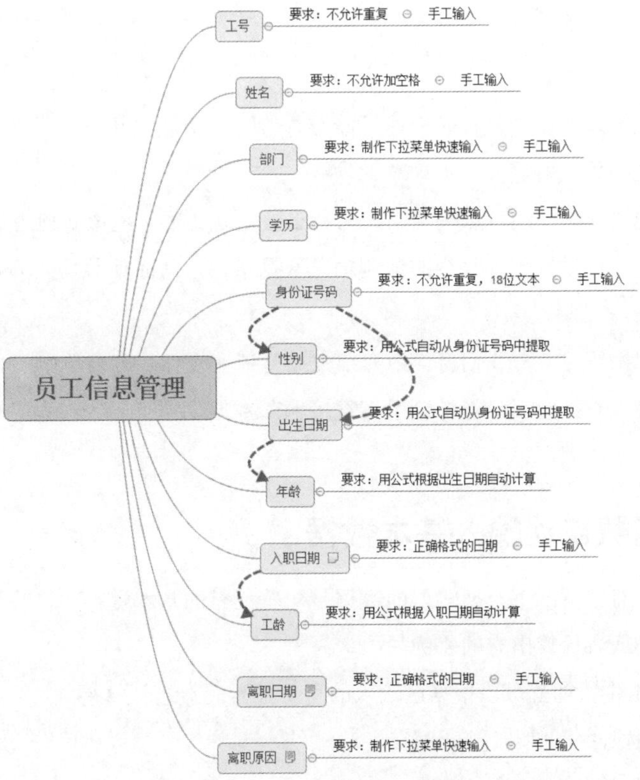
员工信息管理
工号
要求：不允许重复
手工输入
姓名
要求：不允许加空格
手工输入
部门
要求：制作下拉菜单快速输入
手工输入
学历
要求：制作下拉菜单快速输入
手工输入
身份证号码
要求：不允许重复，18位文本
手工输入
性别
要求：用公式自动从身份证号码中提取
出生日期
要求：用公式自动从身份证号码中提取
年龄
要求：用公式根据出生日期自动计算
入职日期
要求：正确格式的日期
手工输入
工龄
要求：用公式根据入职日期自动计算
离职日期
要求：正确格式的日期
手工输入
离职原因
要求：制作下拉菜单快速输入
手工输入

**图 3-1　员工基本信息字段逻辑图**

员工基本信息主要包括以下几个字段：

工号，姓名，部门，学历，身份证号码，性别，出生日期，年龄，入职日期，工龄，离职日期，离职原因

这些字段中，有些字段之间是有关联的，比如性别、出生日期、年龄，不需要手工输入，可以用函数直接从身份证号码提取；工龄可以根据入职日期自动计算。几个字段之间也有逻辑关系，比如入职日期要大于出生日期 18 年以上；离职日期要小于入职日期；当输入了离职日期后，必须输入离职原因，离职原因不能为空。

## 3.2.2　利用数据验证规范输入数据

在基础表单数据维护中，为了把错误数据消灭在萌芽之中，可以使用数据验证（又称数据有效性）来控制规范数据输入。

所谓数据验证，就是对单元格设置的一个规则，只有满足这个规则的数据才能输入到单元格，否则是不允许输入到单元格。

数据验证就相当于在数据库中对字段的数据类型进行设置。

数据验证是一个非常有用的、并且效率极高的数据输入方法。利用数据验证，我们可以快速准确的输入数据，例如：

- 限制只能输入某种类型的数据；
- 只能输入规定格式的数据；
- 只能输入满足条件的数据；
- 不能输入重复数据等。

控制在工作表上输入数据的过程（例如不能空行输入，不能在几个单元格都输入数据，在几个单元格中只能输入某个单元格等）。

当输入数据出现错误时，还可以提醒用户为什么会出现错误，应该如何去纠正。

结合一些函数，可以设置更加复杂的限制输入数据条件，从而使数据的输入工作既快又准，工作效率也会大大提高。

在后面的一个实操练习中，我们将详细介绍数据验证在设计基础表单中的具体应用。

要特别注意的是：数据验证只能控制手工直接输入数据，但有一个最大的缺点：不能控制复制粘贴以及下拉填充。

## 3.2.3 利用函数自动输入基本数据

在基础表单中，有些情况下，要输入的数据是一些已有的基本资料，这些基本资料是根据前面已经输入的数据查询或者计算出来的。例如：

- 员工性别、出生日期就可以根据已输入的身份证号码直接计算得到；
- 年龄就可以根据生日自动计算出来；
- 工龄可以根据入职日期自动计算；
- 产品规格可以根据产品名称从基本资料表中自动查找获取；
- 工龄工资可以根据工龄计算出来；
- 年假可以根据工龄和司龄计算出来。

这些数据，不需要再手工输入，而是可以直接使用函数进行提取。

在基础表单设计中，常用的函数包括：

- 逻辑判断函数：IF、AND、OR、IFERROR；
- 处理文本函数：LEN、LEFT、RIGHT、MID、TEXT；
- 处理日期函数：TODAY、EDATE、DATEDIF；
- 查找引用函数：VLOOKUP、MATCH、INDEX；
- 统计汇总函数：COUNTIF、COUNTIFS、COUNTA。

在本章的所有案例中，如果使用了某些函数，我们仅仅给出公式，关于函数的基本语法和用法，将在本书后面关于函数的章节中进行详细介绍，因为本章的重点是介绍如何设计科学规范的基础表单。

### 3.2.4　保护公式和重要基本数据

如果表单中某些单元格是公式，强烈建议保护这些公式，以免在其他单元格里输入数据时，不小心破坏这些公式。

一些重要的基本资料，不要保存在数据清单工作表中，应单独保存在一个工作表中，然后隐藏这个工作表。

## 3.3　动手试一试：带你实战设计表单

了解了表单设计基本原则，以及要用到的一些基本技能后，我们结合几个实际案例来说明基础表单的实际具体方法、技巧和步骤。

### 3.3.1　表单设计实战演练案例 1：员工信息管理表单

**案例 3–1**

第一个练习的例子是人力资源管理中一个简单的员工信息表，这个表单的基本要求如下：

- 员工工号只能是 4 位编码，且不允许重复；
- 员工姓名中不允许输入空格；
- 所属部门必须快速准确输入企业存在的部门，要求名称统一；
- 学历必须快速规范输入；
- 婚姻状况要快速规范输入；
- 身份证号码必须是 18 位的文本，不允许重复；
- 出生日期、年龄、性别从身份证号码中自动提取；
- 入职时间必须是合法的日期；
- 本公司工龄自动计算得出；
- 为便于分析流动性，工作表要有离职时间和离职原因两列数据，离职原因是固定的几种类型；
- 新员工输入后，该员工的工号、生日、年龄、工龄等计算公式自动往下复制；
- 表格自动美化。

本案例文件名为“案例 3-1”。在本案例中，我们将综合练习数据验证、文本函数、逻辑判断函数、条件表达式、条件格式等工具在设计基础表单中的应用，以及利用相关函数进行动态汇总的综合应用。

### 1. 表格结构设计

根据人力资源中对员工信息管理和分析的需要，创建一个工作表，命名为“员工信息”，员工基本信息表格架构如图 3-2 所示。

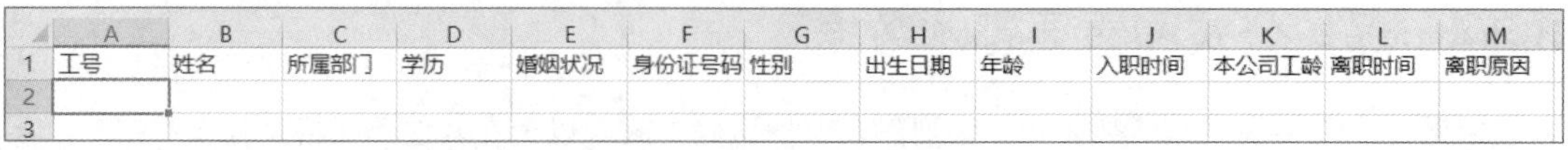

| | A | B | C | D | E | F | G | H | I | J | K | L | M |
|---|---|---|---|---|---|---|---|---|---|---|---|---|---|
| 1 | 工号 | 姓名 | 所属部门 | 学历 | 婚姻状况 | 身份证号码 | 性别 | 出生日期 | 年龄 | 入职时间 | 本公司工龄 | 离职时间 | 离职原因 |
| 2 | | | | | | | | | | | | | |
| 3 | | | | | | | | | | | | | |

图 3-2　员工基本信息表格架构

### 2. 规范工号输入，只允许 4 位编码，不允许重复

使用数据验证，可以限制在 A 列里只能输入 4 位编码，并且不允许输入重复工号。主要步骤如下。

**步骤 01** 选择区域 A2:A200（假设人员不超过 200 人，可以根据实际情况选择一个合适的行数，但不能选择整列！）。

**步骤 02** 单击“数据”→“数据验证”命令，打开“数据验证”对话框：。

**步骤 03** 在“允许下拉列表中”选择“自定义”。

**步骤 04** 在“公式”输入框中输入下面的验证公式：

```
=AND(LEN(A2)=4, COUNTIF($A$2:A2,A2)=1)
```

**步骤 04** 单击“确定”按钮，关闭对话框，如图 3-3 所示。

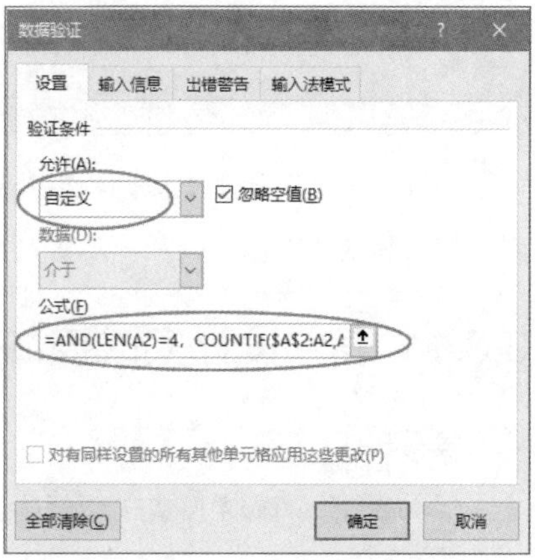
数据验证
设置
输入信息
出错警告
输入法模式
验证条件
允许(A):
自定义
忽略空值(B)
数据(D):
介于
公式(F)
=AND(LEN(A2)=4，COUNTIF($A$2:A2,A
对有同样设置的所有其他单元格应用这些更改(P)
全部清除(C)
确定
取消

图 3-3　设置工号的数据验证条件

这个自定义验证公式是两个条件的联合判断，这两个条件必须都满足，才能输入数据：

条件 1：LEN(A2)=4，是判断单元格 A2 输入的工号是否为 4 位。

条件 2：COUNTIF($A$2:A2,A2)=1，是判断从单元格 A2 开始，截止到当前正在输入数据的单元格，正在输入的数据个数是否为 1。

### 3. 规范姓名的输入，不允许在姓名文字中输入空格

选中单元格区域 B2:B200，设置数据验证，其数据验证的自定义公式为：`=SUBSTITUTE(B2, " ","" )=B2`

这里，先使用 SUBSTITUTE 函数把输入的姓名中的所有空格替换掉，然后再跟输入的姓名进行比较，如果两者相等，表明输入的姓名中没有空格，否则就是有空格，就不允许输入到单元格。注意，这个设置仅仅限制输入汉字姓名，如图 3-4 所示。

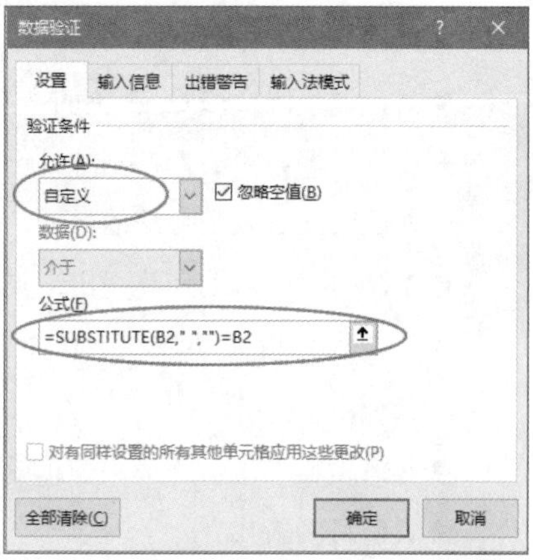
数据验证
设置
输入信息
出错警告
输入法模式
验证条件
允许(A):
自定义
忽略空值(B)
数据(D):
介于
公式(F)
=SUBSTITUTE(B2," ","")=B2
对有同样设置的所有其他单元格应用这些更改(P)
全部清除(C)
确定
取消

图 3-4　设置数据验证，不允许在汉语姓名文字中输入空格

### 4. 规范快速输入部门名称

公司部门是确定的，在一定时期是不会变化的，因此可以使用数据验证，在单元格制作下拉菜单，快速规范输入部门名称。

假如企业的部门有：总经办、财务部、人力资源部、贸易部、后勤部、技术部、生产部、销售部、信息部、质检部、市场部等。

步骤 01 选择单元格区域 C2:C200。

步骤 02 打开“数据验证”对话框。

步骤 03 选择“序列”。

步骤 04 在“来源”输入框中，输入以下的名称序列（注意：这个序列的各个名称之间，必须以英文逗号隔开。）

总经办,财务部,人力资源部,贸易部,后勤部,技术部,生产部,销售部,信息部,质检部,市场部。

这样，就为单元格设置了一个下拉菜单，从下拉菜单里快速选择输入某个部门名称，如图 3-5 所示。

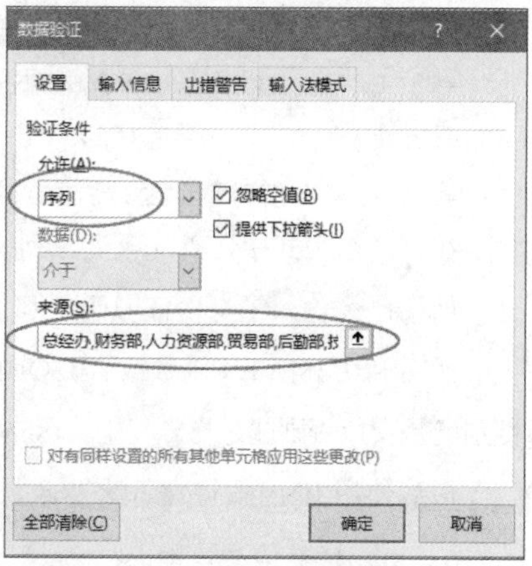
数据验证
设置
输入信息
出错警告
输入法模式
验证条件
允许(A):
序列
忽略空值(B)
提供下拉箭头(I)
数据(D):
介于
来源(S):
总经办,财务部,人力资源部,贸易部,后勤部,技
对有同样设置的所有其他单元格应用这些更改(P)
全部清除(C)
确定
取消

图 3-5　设置数据验证，从单元格下拉菜单中快速选择输入部门名称

### 5. 快速输入学历名称

员工的学历也是固定的几种。假如是以下几个学历：博士、硕士、本科、大专、中专、职高、高中，初中，那么也可以使用数据验证来制作输入学历名称的下拉菜单。设置方法与前面介绍的部门情况差不多，此处不再介绍。

### 6. 快速输入婚姻状况

E 列输入员工的婚姻状况。婚姻状况也就两种数据：已婚和未婚，因此也可以使用数据验证来制作输入性别的下拉菜单，设置方法与前面介绍的部门情况差不多，此处不再介绍。

### 7. 输入不重复的 18 位身份证号码

每个员工的身份证号码是不重复的，并且必须是 18 位，因此在单元格 F 列输入身份证号码时也要使用数据验证来控制。

步骤 01 首先将 F 列的单元格格式设置成文本。

步骤 02 选择单元格 F2:F200，打开“数据验证”对话框。

步骤 03 选择“自定义”。

步骤 04 输入以下的来源公式

```
=AND(LEN(F2)=18,COUNTIF($F$2:F2,F2)=1)
```

这个验证公式是两个条件的联合判断，必须都满足才能输入身份证号码：

条件 1：LEN(F2)=18，使用 LEN 函数判断输入的身份证号码是不是 18 位。

条件 2：COUNTIF($F$2:F2,F2)=1，限制不能输入重复数据。

然后用 AND 函数把这两个条件组合起来。如果两个条件都成立，表明输入的身份证号码是有效的。

### 8. 自动输入性别

员工性别从身份证号码中自动提取，不需要人工输入。

选择单元格 G2:G200，输入公式：

```
=IF(F2=“ “,” ” ,IF(ISEVEN(MID(F2,17,1)), “女” , “男” ))
```

或者

```
=IF(F2=“ “,” ” ,IF(ISODD(MID(F2,17,1)), “男” , “女” ))
```

在这两个公式中，首先判断 F 列是否已经输入身份证号码，如果没输入，就不计算性别。

如果已经输入了身份证号码，那么就先使用 MID 函数提取身份证号码的第 17 位数字。

然后利用 ISEVEN 函数或者 ISODD 函数判断第 17 位数字是偶数还是奇数，如果是偶数，该员工性别就是女，否则就是男。其中，ISEVEN 函数用于判断是否偶数，ISODD 函数用于判断是否奇数。

最后使用 IF 函数将判断结果输入到单元格。

### 9. 自动输入出生日期

员工的出生日期也是从身份证号码中自动提取，不需要人工输入。

选择单元格 H2:H200，输入公式：

```
=IF(F2=“ “,” ” ,1*TEXT(MID(F2,7,8), “0000-00-00” ))
```

这个公式的基本逻辑是：

先用 MID 函数从身份证号码的第 7 位开始取 8 位生日数字。

再用 TEXT 函数把这 8 位数字按照日期的格式转换成文本型格式日期。

最后把 TEXT 函数的结果乘以数字 1，将文本型日期转换为真正的日期。

### 10. 自动计算年龄

有了出生日期，我们可以使用 DATEDIF 函数自动计算年龄。在单元格 I2 输入公式，然后往下复制到第 200 行：

```
=IF(F2=“ “,” ” ,DATEDIF(H2,TODAY(), “y” ))
```

### 11. 规范输入入职时间

员工的入职时间是一个非常重要的数据，因为要根据这列日期计算工龄，分析流动性。

由于这列日期要手工输入，就必须规范输入员工的入职时间，也就是要输入正确格式的日期，同时不能小于某个日期（比如 1980-1-1），也不能是今天以后的日期，如图 3-6 所示。

**步骤01** 选择 J2:J200 单元格。

**步骤02** 打开“数据验证”对话框。

**步骤03** 选择“日期”。

**步骤04** 选择“介于”。

**步骤05** 输入开始日期为“1980-1-1”。

**步骤06** 输入结束日期为“=TODAY()”。

**步骤07** 切换到“输入信息”选项卡，输入提示信息。

### 12. 自动计算本公司工龄

有了入职时间，我们就可以使用 DATEDIF 函数自动计算本公司工龄，可以设置单元格的提示信息，如图 3-7 所示。

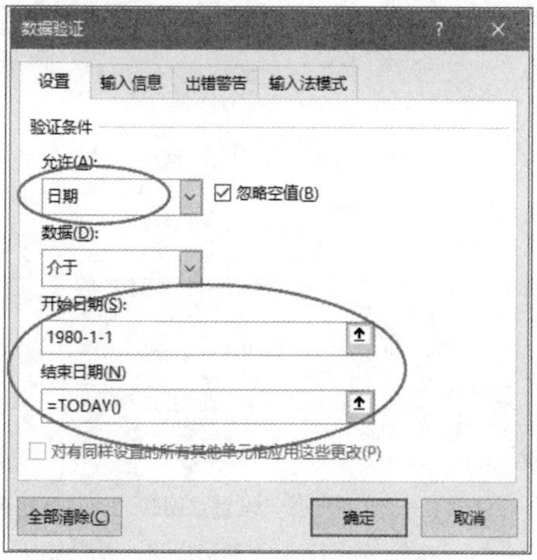
数据验证
设置
输入信息
出错警告
输入法模式
验证条件
允许(A):
日期
忽略空值(B)
数据(D):
介于
开始日期(S):
1980-1-1
结束日期(N)
=TODAY()
对有同样设置的所有其他单元格应用这些更改(P)
全部清除(C)
确定
取消

图 3-6　设置员工的入职时间验证

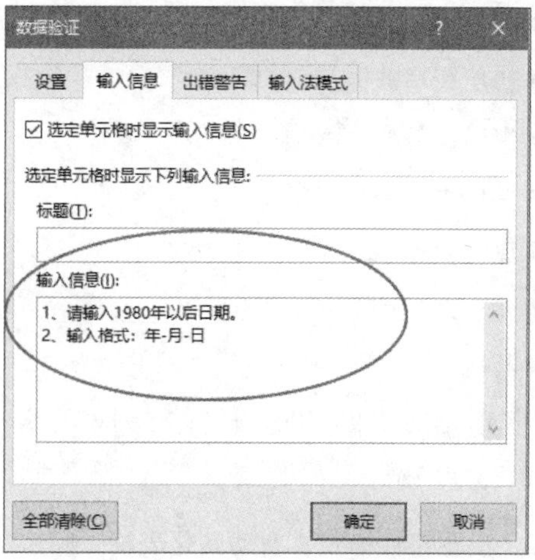
数据验证
设置
输入信息
出错警告
输入法模式
选定单元格时显示输入信息(S)
选定单元格时显示下列输入信息:
标题(T):
输入信息(I):
1、请输入1980年以后日期。
2、输入格式：年-月-日
全部清除(C)
确定
取消

图 3-7　设置单元格的提示信息

在单元格 K2 输入公式，然后往下复制到第 200 行：就会自动得到员工的本公司工龄：

```
=IF(J2= “ “,” ” ,DATEDIF(J2,TODAY(), “Y” ))
```

### 13. 保证员工基本信息的完整性

由于 B 列至 K 列是员工的最基本信息，是不能缺少这些数据的，因此需要保证每个员工基本信息完整不缺。

重新选择 B2:B200 单元格，把数据验证的自定义条件公式修改为

```
=AND(SUBSTITUTE(B2, “ “,” ” )=B2,COUNTA($B1:$K1)=10)
```

也就是增加了一个条件 COUNTA($B1:$K1)=10，它用来判断上一行的 B 列至 K 列的数据是否都完整了（共有 10 列数据）

### 14. 规范输入离职时间

离职时间是一个非常重要的数据，因为要根据这列日期来分析离职情况以及员工流动性。

这列日期也需要手工输入，需要输入正确格式的离职日期，离职日期不能小于该员工的入职日期，也不能大于今天的日期，如图 3-8 所示。

此时，数据验证设置如下，自定义数据验证公式为：

```
=AND(L2>=J2,L2<=TODAY())
```

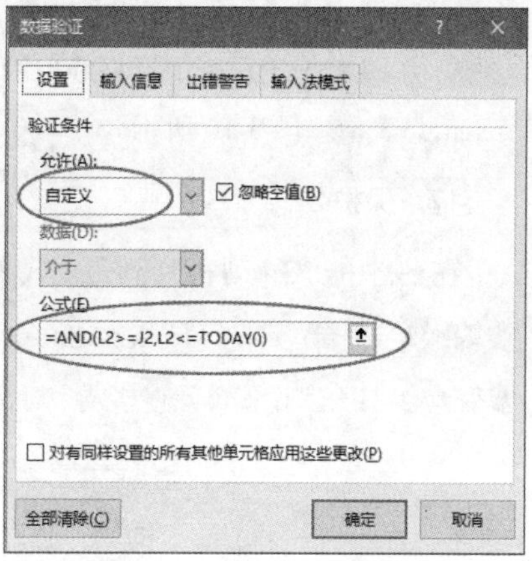
数据验证
设置
输入信息
出错警告
输入法模式
验证条件
允许(A):
自定义
忽略空值(B)
数据(D):
介于
公式(F)
=AND(L2>=J2,L2<=TODAY())
对有同样设置的所有其他单元格应用这些更改(P)
全部清除(C)
确定
取消

图 3-8　设置数据验证，控制规范输入员工的离职时间

### 15. 规范输入离职原因

离职原因用来分析员工的流动性和离职状态，因此必须规范离职原因的表述文字。假如企业对离职原因的描述是下述文字：

- 合同到期但个人不愿续签；
- 合同到期但公司不愿续签；
- 因个人原因辞职；

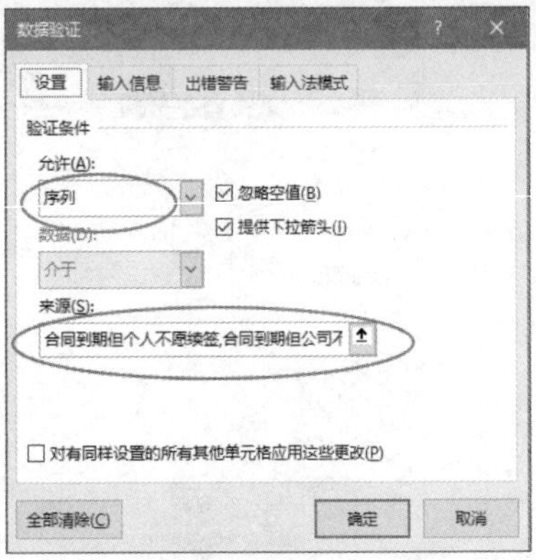
数据验证
设置
输入信息
出错警告
输入法模式
验证条件
允许(A):
序列
忽略空值(B)
提供下拉箭头(I)
数据(D):
介于
来源(S):
合同到期但个人不愿续签,合同到期但公司不
对有同样设置的所有其他单元格应用这些更改(P)
全部清除(C)
确定
取消
图 3-9　设置数据验证，从下拉列表中快速选择输入离职原因

- 因公司原因辞职；
- 违反公司规定辞退；
- 生产任务变化辞退；
- 考核不合要求辞退；
- 退休；
- 死亡；
- 其他。

选择单元格 M2:M200，设置 M 列单元格的下拉菜单数据验证如图 3-9 所示。

### 16. 设置条件格式，自动美化表格

当在某行的 B 列至 K 列输完员工的最基本信息后，把本行自动加边框，让表格更加美观，此时可以使用条件格式来完成。

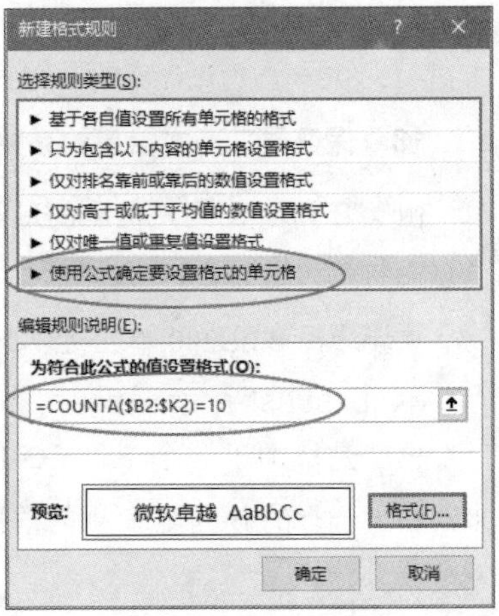
新建格式规则
选择规则类型(S):
► 基于各自值设置所有单元格的格式
► 只为包含以下内容的单元格设置格式
► 仅对排名靠前或靠后的数值设置格式
► 仅对高于或低于平均值的数值设置格式
► 仅对唯一值或重复值设置格式
► 使用公式确定要设置格式的单元格
编辑规则说明(E):
为符合此公式的值设置格式(O):
=COUNTA($B2:$K2)=10
预览:
微软卓越 AaBbCc
格式(F)...
确定
取消
图 3-10　设置条件格式，自动美化表格

**步骤 01** 选择单元格区域 A2:M200。

**步骤 02** 单击“开始”→“条件格式”→“新建规则”命令。

**步骤 03** 打开“新建格式规则”对话框。

**步骤 04** 选择“使用公式确定要设置格式的单元格”。

**步骤 05** 输入下面的条件格式公式

```
=COUNTA($B2:$K2)=10
```

**步骤 06** 单击“确定”，关闭对话框

**步骤 07** 最后把工作表的网格线取消，就得到一张干净美观的员工信息表，如图 3-10 所示。

### 17. 保护公式

在表格中，G:I 列和 K 列是公式自动计算出来的，因此需要对这 4 列的公式进行单独保护。

**步骤 01** 选择单元格区域 A2:M200。

**步骤 02** 打开“设置单元格格式”对话框，切换到保护选项卡，取消“锁定”复选框，如图 3-11 所示。

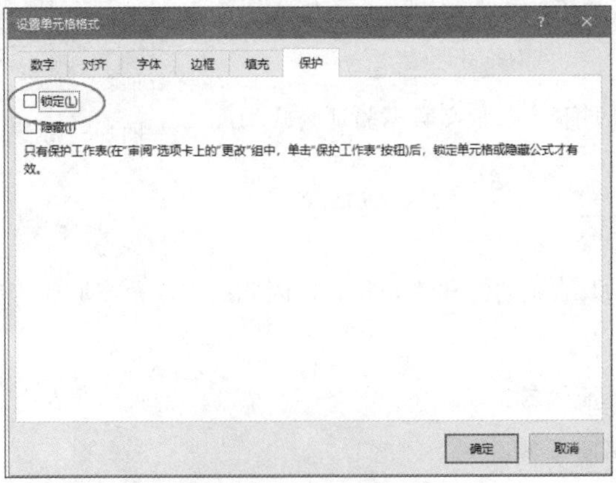
设置单元格格式
数字
对齐
字体
边框
填充
保护
锁定(L)
隐藏(I)
只有保护工作表(在"审阅"选项卡上的"更改"组中，单击"保护工作表"按钮)后，锁定单元格或隐藏公式才有效。
确定
取消
图 3-11　取消数据区域的单元格锁定

**步骤 03** 按 F5 键，或者按 Ctrl+G 键，打开“定位”对话框，单击左下角“定位条件”按钮，打开“定位条件”对话框，选择“公式”，如图 3-12、图 3-13 所示。

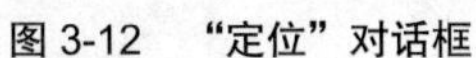

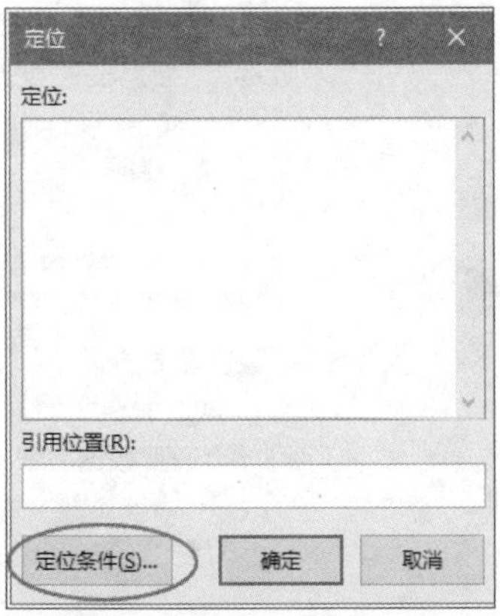
定位
定位:
引用位置(R):
定位条件(S)...
确定
取消

图 3-12　“定位”对话框

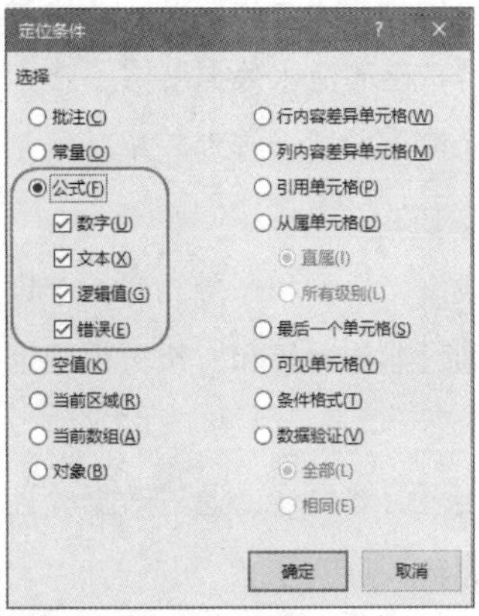
定位条件
选择
批注(C)
常量(O)
公式(F)
数字(U)
文本(X)
逻辑值(G)
错误(E)
空值(K)
当前区域(R)
当前数组(A)
对象(B)
行内容差异单元格(W)
列内容差异单元格(M)
引用单元格(P)
从属单元格(D)
直属(I)
所有级别(L)
最后一个单元格(S)
可见单元格(Y)
条件格式(T)
数据验证(V)
全部(L)
相同(E)
确定
取消

图 3-13　选择“公式”

**步骤 04** 打开“设置单元格格式”对话框，在“保护”选项卡中再次勾选“锁定”，这样，就把所有的公式单元格再次锁定。

**步骤 05** 最后单击“审阅”→“保护工作表”命令，打开“保护工作表”对话框，输入保护密码。

#### 18. 数据输入与数据维护

设计好表格结构，利用函数和数据验证对数据的输入和采集实现了规范处理和自动化处理，我们就可以一行一行的输入员工基本信息。图 3-14 就是部分数据效果。

| | A | B | C | D | E | F | G | H | I | J | K | L | M |
|---|---|---|---|---|---|---|---|---|---|---|---|---|---|
| 1 | 工号 | 姓名 | 所属部门 | 学历 | 婚姻状况 | 身份证号码 | 性别 | 出生日期 | 年龄 | 入职时间 | 本公司工龄 | 离职时间 | 离职原因 |
| 2 | G001 | 胡伟苗 | 贸易部 | 本科 | 已婚 | 110108197302283390 | 男 | 1973-2-28 | 20 | 1998-6-25 | 19 | | |
| 3 | G002 | 郑大军 | 后勤部 | 本科 | 已婚 | 421122196212152153 | 男 | 1962-12-15 | 54 | 1980-11-15 | 36 | | |
| 4 | G003 | 刘晓晨 | 生产部 | 本科 | 已婚 | 110108195701095755 | 男 | 1957-1-9 | 60 | 1992-10-16 | 24 | | |
| 5 | G004 | 石破天 | 总经办 | 硕士 | 已婚 | 131182196906114415 | 男 | 1969-6-11 | 48 | 1986-1-8 | 31 | | |
| 6 | G005 | 蔡晓宇 | 总经办 | 博士 | 已婚 | 320504197010062010 | 男 | 1970-10-6 | 46 | 1986-4-8 | 31 | 2016-2-10 | 合同到期但个人不愿续签 |
| 7 | G006 | 祁正人 | 财务部 | 本科 | 未婚 | 431124198510053836 | 男 | 1985-10-5 | 31 | 1988-4-28 | 29 | | |
| 8 | G007 | 张丽莉 | 财务部 | 本科 | 已婚 | 320923195611081635 | 男 | 1956-11-8 | 60 | 1991-10-18 | 25 | | |
| 9 | G008 | 孟欣然 | 销售部 | 硕士 | 已婚 | 320924198008252511 | 男 | 1980-8-25 | 37 | 1992-8-25 | 25 | | |
| 10 | G009 | 毛利民 | 财务部 | 本科 | 已婚 | 320684197302090066 | 女 | 1973-2-9 | 44 | 1995-7-21 | 22 | | |
| 11 | G010 | 马一晨 | 市场部 | 大专 | 未婚 | 110108197906221075 | 男 | 1979-6-22 | 38 | 2006-7-1 | 11 | | |
| 12 | G011 | 王浩忌 | 生产部 | 本科 | 已婚 | 371482195810102648 | 女 | 1958-10-10 | 58 | 1996-7-19 | 21 | 2017-4-30 | 因个人原因辞职 |
| 13 | G012 | 王嘉木 | 市场部 | 本科 | 已婚 | 11010819810913162X | 女 | 1981-9-13 | 36 | 2010-9-1 | 7 | | |
| 14 | G013 | 丛赫敏 | 市场部 | 本科 | 已婚 | 420625196803112037 | 男 | 1968-3-11 | 49 | 2016-8-26 | 1 | | |
| 15 | | | | | | | | | | | | | |

图 3-14　员工基本信息表单

剩下的任务，就是维护好这张表单。在这个表单数据的基础上，并利用函数或透视表，对这张基础表单数据进行分析，得出各种分析报告，比如员工属性分析报表，流动性分析报表，离职分析报告，等等。

## 3.3.2　表单设计实战演练案例 2：资金管理表单

#### 案例 3–2

资金管理，是了解企业资金流入流出的一张非常重要的表单。资金管理与分析的主要目的是跟踪每个账户的资金进出情况和余额情况，以及分析每个资金流入流出发生在哪些项目，可以按日、按周、按月进行跟踪分析。

很多人的做法是：每个账户一张表，这样就建立了很多表格，汇总分析很不方便，因为每个账户工作表的行数不一样。其实，资金管理只要一张资金进出的流水数据就够了。

下面是一个简单的资金管理表单基本字段的逻辑图（图 3-15）。

在这些字段中，银行和账号利用一个银行账号资料表，通过制作一级和二级数据验证来快速选择输入。

项目是利用项目资料表，通过数据验证制作下拉菜单快速输入。

其他字段都是直接手工输入，但要注意数据的规范性、合法性。

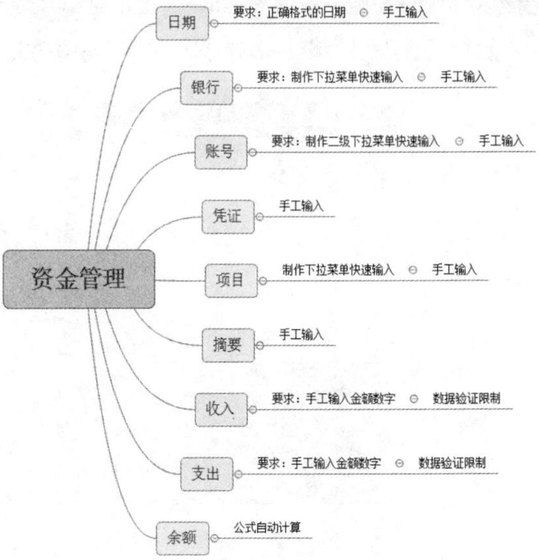
资金管理
日期
要求：正确格式的日期
手工输入
银行
要求：制作下拉菜单快速输入
手工输入
账号
要求：制作二级下拉菜单快速输入
手工输入
凭证
手工输入
项目
制作下拉菜单快速输入
手工输入
摘要
手工输入
收入
要求：手工输入金额数字
数据验证限制
支出
要求：手工输入金额数字
数据验证限制
余额
公式自动计算

图 3-15　资金管理主要字段

### 1. 设计银行账号资料表

设计如下所示的银行简称及其属下的银行账号，这么设计的目的是为了定义名称，并在制作二级数据验证中使用，如图 3-16 所示。

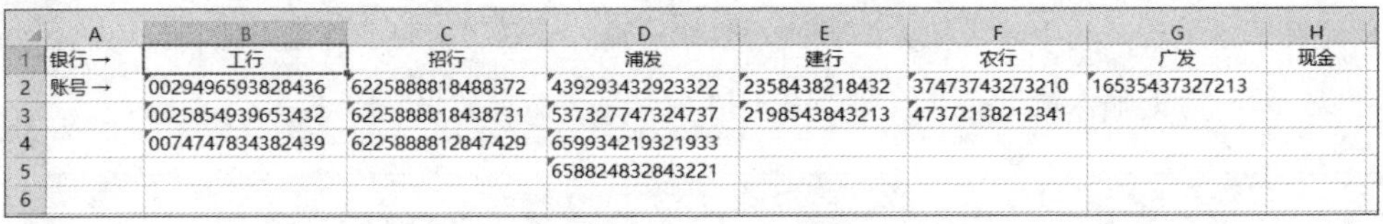

| | A | B | C | D | E | F | G | H |
|---|---|---|---|---|---|---|---|---|
| 1 | 银行→ | 工行 | 招行 | 浦发 | 建行 | 农行 | 广发 | 现金 |
| 2 | 账号→ | 0029496593828436 | 6225888818488372 | 439293432923322 | 2358438218432 | 37473743273210 | 16535437327213 | |
| 3 | | 0025854939653432 | 6225888818438731 | 537327747324737 | 2198543843213 | 47372138212341 | | |
| 4 | | 0074747834382439 | 6225888812847429 | 659934219321933 | | | | |
| 5 | | | | 658824832843221 | | | | |
| 6 | | | | | | | | |

图 3-16　设计银行账号资料表

将第一行的银行名称区域（单元格区域 B1:H1）定义为一个名称“银行”。

将每个银行下面第 2 行开始的数据区域，分别定义为第一行银行名字的名称（可以采用批量定义名称的方法）。定义的名称如图 3-17 所示。

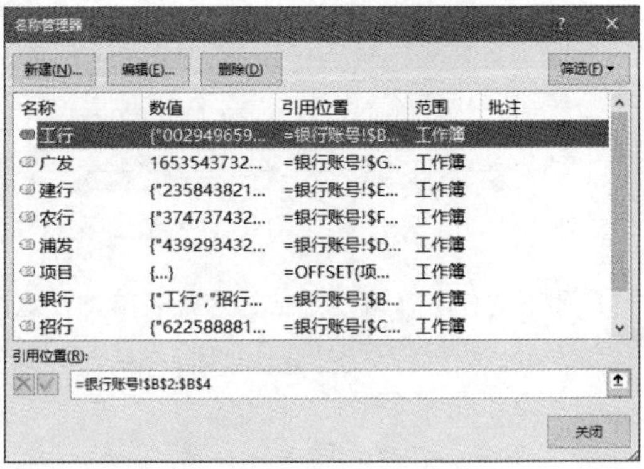
名称管理器
新建(N)...
编辑(E)...
删除(D)
筛选(F)
名称
数值
引用位置
范围
批注
工行 {"002949659... =银行账号!$B... 工作簿
广发 1653543732... =银行账号!$G... 工作簿
建行 {"235843821... =银行账号!$E... 工作簿
农行 {"374737432... =银行账号!$F... 工作簿
浦发 {"439293432... =银行账号!$D... 工作簿
项目 {...} =OFFSET(项... 工作簿
银行 {"工行","招行... =银行账号!$B... 工作簿
招行 {"622588881... =银行账号!$C... 工作簿
引用位置(R):
=银行账号!$B$2:$B$4
关闭

图 3-17　定义的名称

### 2. 设计项目资料管理表

这个表很简单，就是单独对项目基本信息进行管理，比如项目编号，项目名称，项目金额，负责人等信息，如图 3-18 所示。然后定义一个动态名称“项目”，便于在后面的资金台账中使用，其引用公式为：

```
=OFFSET($B$2,,,COUNTA($B:$B)-1,1)
```

这个公式的含义就是获取一个以单元格 B2 为第一个单元格，共有 COUNTA($B:$B)-1 行和 1 列的单元格区域，也就是项目名称的区域。

### 3. 设计期初余额表

期初余额表，是上期各个银行各个账户的余额表，复制粘贴过来即可。其结构如图 3-19 所示。

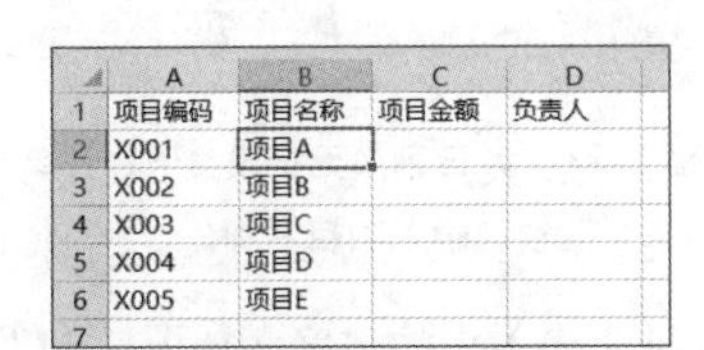

| | A | B | C | D |
|---|---|---|---|---|
| 1 | 项目编码 | 项目名称 | 项目金额 | 负责人 |
| 2 | X001 | 项目A | | |
| 3 | X002 | 项目B | | |
| 4 | X003 | 项目C | | |
| 5 | X004 | 项目D | | |
| 6 | X005 | 项目E | | |
| 7 | | | | |

图 3-18　项目基本资料

| | A | B | C |
|---|---|---|---|
| 1 | 银行 | 账户 | 年初余额 |
| 2 | 工行 | 0029496593828436 | 5,321.19 |
| 3 | 工行 | 0025854939653432 | 3,214.02 |
| 4 | 工行 | 0074747834382439 | 5,532.36 |
| 5 | 招行 | 6225888818488372 | 2,433.98 |
| 6 | 招行 | 6225888818438731 | 10,654.37 |
| 7 | 招行 | 6225888812847429 | 4,588.24 |
| 8 | 浦发 | 439293432923322 | 7,058.57 |
| 9 | 浦发 | 537327747324737 | 38,802.73 |
| 10 | 浦发 | 659934219321933 | 233,853.23 |
| 11 | 浦发 | 658824832843221 | 458,865.12 |
| 12 | 建行 | 2358438218432 | 4,848.37 |
| 13 | 建行 | 2198543843213 | 937,342.65 |
| 14 | 农行 | 37473743273210 | 38,835.24 |
| 15 | 农行 | 47372138212341 | 69,392.54 |
| 16 | 广发 | 16535437327213 | 28,848.76 |
| 17 | 现金 | | 746,255.65 |
| 18 | 合计 | | 2,595,847.02 |

图 3-19　银行账户年初余额表

### 4. 设计资金管理台账

资金管理台账，是资金管理系统的核心表单，记录每笔业务的资金流入、流出以及当日余额情况。这是一个流水账单，因此设计为数据库，表格结构如图 3-20 所示。其中第 2 行输入上期余额。

| | A | B | C | D | E | F | G | H | I | J |
|---|---|---|---|---|---|---|---|---|---|---|
| 1 | 日期 | 银行 | 账号 | 凭证 | 项目 | 摘要 | 收入 | 支出 | 余额 | 备注 |
| 2 | 2017-1-1 | | | | | 上期余额 | | | 2,595,847.02 | |
| 3 | | | | | | | | | | |
| 4 | | | | | | | | | | |

图 3-20　资金管理台账

下面是各列的数据验证设置。

（1）选择单元格区域 A2:A1000，设置数据验证，只能输入 2017 年的合法日期。

（2）选择单元格区域 B3:B1000，设置数据验证，选择“序列”，来源是公式“= 银行”，制作下拉菜单，快速输入银行名称，如图 3-21 所示。

（3）选择单元格区域 C3:C1000，设置数据验证，选择“序列”，来源是公式“=INDIRECT(B3)”，制作下拉菜单，快速输入指定银行下的账号，如图 3-22 所示。

公式 =INDIRECT(B3) 的含义就是把单元格 B3 的文本数据（这里是某个银行名称），转换为该名称代表的单元格区域。假如单元格 B3 是“工行”，那么 =INDIRECT(B3) 就得到单元格区域“银行账号 !$B$2:$B$4”，因为我们前面已经把这个区域命名为“工行”了。

（4）选择单元格区域 E3:E1000，设置其数据验证，选择“序列”，来源是公式“= 项目”，制作下拉菜单，快速输入项目名称，如图 3-23 所示。

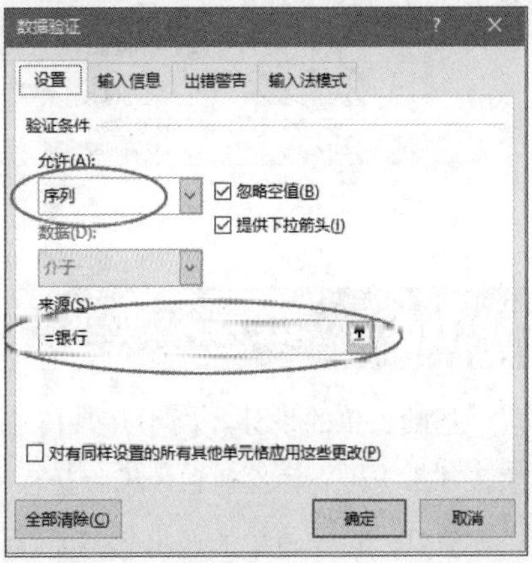
数据验证
设置
输入信息
出错警告
输入法模式
验证条件
允许(A):
序列
忽略空值(B)
提供下拉箭头(I)
数据(D):
介于
来源(S):
=银行
对有同样设置的所有其他单元格应用这些更改(P)
全部清除(C)
确定
取消

图 3-21　为 B 列单元格设置下拉菜单，快速输入银行账户名称

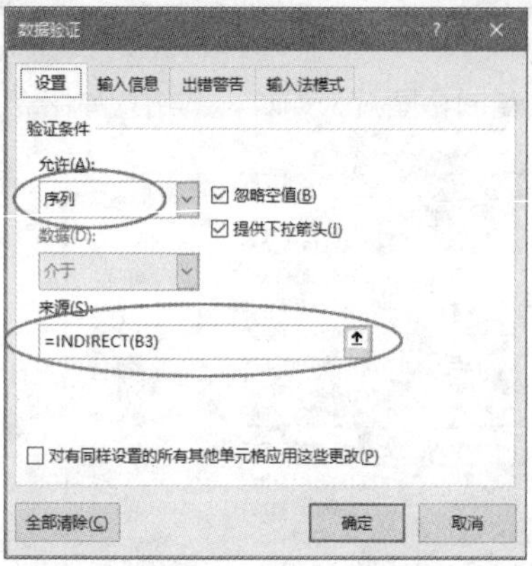
数据验证
设置
输入信息
出错警告
输入法模式
验证条件
允许(A):
序列
忽略空值(B)
提供下拉箭头(I)
数据(D):
介于
来源(S):
=INDIRECT(B3)
对有同样设置的所有其他单元格应用这些更改(P)
全部清除(C)
确定
取消

图 3-22　为 C 列单元格设置银行下的账号二级下拉菜单，只能输入选定银行下的账号

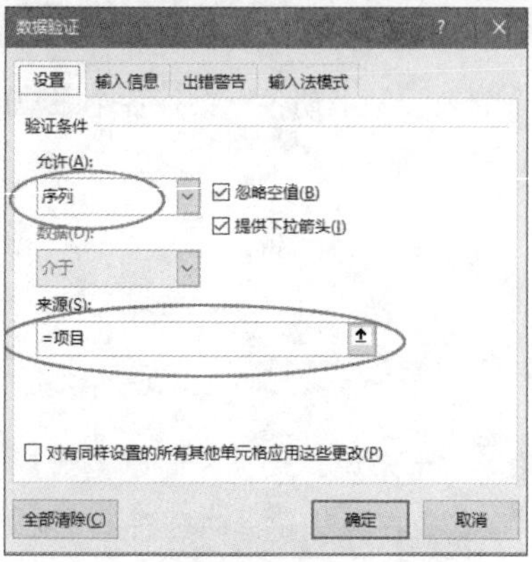
数据验证
设置
输入信息
出错警告
输入法模式
验证条件
允许(A):
序列
忽略空值(B)
提供下拉箭头(I)
数据(D):
介于
来源(S):
=项目
对有同样设置的所有其他单元格应用这些更改(P)
全部清除(C)
确定
取消

图 3-23　为 E 列单元格设置下拉菜单，快速输入项目名称

（5）选择单元格区域 G3:H1000，设置其数据验证，只能输入正的数字，如图 3-24 所示。

（6）I2 单元格期初余额用 VLOOKUP 函数自动从“年初余额”工作表中取出，公式如下：

=VLOOKUP(“合计”,年初余额!A:C,3,0)

（7）在 I3 输入下面的公式，然后往下复制到 1000 行，得到每日的资金余额：

=IF(A3=“ ”,” ”,I2+G3-H3)

这样，一个简单的资金管理模板就设计完毕，这个模板包括 4 个工作表：银行账号、项目资料、年初余额、总流水账，后面我们就可以在这四个基本工作表的基础上，分析资金流入和流出，可以制作各种统计分析报表，如图 3-25 所示。

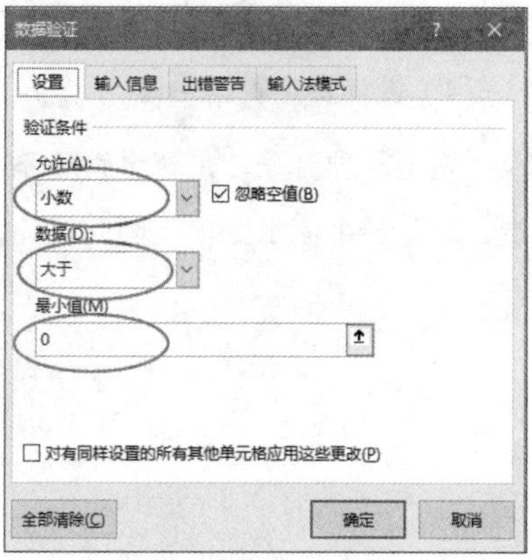
数据验证
设置
输入信息
出错警告
输入法模式
验证条件
允许(A):
小数
忽略空值(B)
数据(D):
大于
最小值(M)
0
对有同样设置的所有其他单元格应用这些更改(P)
全部清除(C)
确定
取消

图 3-24　限制 G 列和 H 列只能输入正数

|  | A | B | C | D | E | F | G | H | I | J |
|---|---|---|---|---|---|---|---|---|---|---|
| 1 | 日期 | 银行 | 账号 | 凭证 | 项目 | 摘要 | 收入 | 支出 | 余额 | 备注 |
| 2 | 2017-1-1 |  |  |  |  | 上期余额 |  |  | 2,595,847.02 |  |
| 3 | 2017-1-1 | 工行 | 29496593828436 |  | 项目A | AUQFL |  | 24,737.32 | 2,571,109.70 |  |
| 4 | 2017-1-1 | 工行 | 0025854939653432 |  | 项目B | RRRRRRRRR | 20,000.00 |  | 2,591,109.70 |  |
| 5 | 2017-1-5 | 现金 |  |  | 项目E | JJJJJJJJJ |  | 200,000.00 | 2,391,109.70 |  |
| 6 | 2017-1-12 | 建行 | 2358438218432 |  | 项目C | WWWWWWW |  | 6,837.34 | 2,384,272.36 |  |
| 7 | 2017-1-22 | 农行 | 47372138212341 |  | 项目A | AAAA | 72,132.00 |  | 2,456,404.36 |  |
| 8 | 2017-1-25 | 现金 |  |  | 项目E | BBBBB |  | 4,543.00 | 2,451,861.36 |  |
| 9 | 2017-2-5 | 建行 | 2358438218432 |  | 项目C | CCCCC | 6,343.23 |  | 2,458,204.59 |  |
| 10 | 2017-2-5 | 工行 | 0029496593828436 |  | 项目D | DDDDD | 4,324.09 |  | 2,462,528.68 |  |
| 11 | 2017-2-8 | 工行 | 0029496593828436 |  | 项目A | WWWW |  | 53,454.00 | 2,409,074.68 |  |

图 3-25　资金日常管理台账

## 3.4 基础表单设计总结

基础表单的设计，离不开具体业务、离不开具体的管理工作，因此表单的结构也是各种各样的，基本上没有什么通用的模版让你直接套用。

但是，设计表单的逻辑思路是相同的，所用的方法无非就是 Excel 函数公式、数据验证、条件格式等工具。本章仅给大家举几个例子，说明基础表单的设计逻辑思路，具体的技能技巧，以及函数的使用方法，我们将在后面的章节里详细介绍。

# 第 4 章 做好规范：现有表单的快速整理

对于职场人士来说，每天接触到的大部分数据是从系统软件里导出来的，然后再进行加工处理。但是，很多人在处理日常数据时，基本上采用手工处理方式，效率是极其低下的，时间是浪费的，效果是不好的，每天是加班的，自己是辛苦的，领导是不满意的。

其实，我们根本不需要这么累，不需要这么加班加点，很多数据处理也就是几分钟甚至几十秒就能完成的。但是，为什么很多人效率这么低呢？就像很多学生在听完我的课程后说的话："今天上课收获非常大，原来在单位我怎么也是别人膜拜的 Excel 高手，今天才了解 Excel 是这样用的，原来自己连小白都不是！"

本章我们将重点介绍日常数据处理所遇到的实际问题及其解决思路和方法，以及各种常用工具的使用技能。

## 4.1 清洗数据

从系统导出的数据，甚至通过邮件传递过来的表格，很有可能会出现莫名其妙的情况：根本就没法计算。这种情况的原因说不清楚，但确实数据的前后含有眼睛看不见的东西，有时候是空格，有时候是特殊字符，有时候是一些特殊符号。此时，就必须给数据"洗洗澡"，清除掉附在数据上的垃圾，让数据呈现它原本干干净净的面目。

### 4.1.1 清除数据中的空格

一般情况下，单元格数据前后以及中间的空格，用查找 / 替换工具即可解决。

如果是英文名称，那么按照英文语法要求，英文单词之间必须有一个空格，此时则不能使用查找 / 替换了，因为这样会替换掉所有的空格。这种情况下，可以使用 TRIM 函数来解决，就是在数据旁边做一个辅助列，然后输入公式"=TRIM(A2)"（假设 A2 是要处理的数据），往下复制公式，最后再把此列选择性粘贴成数值到原始数据区域，如图 4-1 所示。

| | A | B |
|---|---|---|
| 1 | 原始数据 | 处理后 |
| 2 | I am an  experienced  Excel  training  lecturer | I am an experienced Excel training lecturer |
| 3 | Excel  is  a  excellent  tool | Excel is a excellent tool |
| 4 | VBA is  Visual  Basic  for Application | VBA is Visual Basic for Application |
| 5 | | |

图 4-1 利用 TRIM 处理英文中的空格

### 4.1.2 清除数据中的回车符

某些表中，数据可以被分成几行保存在一个单元格内，如果要把这几行数据重新归拢成一行，该怎么做呢？总不能一个一个单元格处理吧！

要解决这个问题，可以使用查找 / 替换，也可以使用 CLEAN 函数，前者可以将换行符替换为任意的字符（比如空格，符号等），后者是得到了紧密相连的字符串。

在查找 / 替换对话框里，在“查找内容”输入框里按“Ctrl+J”组合键，就是输入换行符的快捷键（按下组合键后，眼睛是看不到换行符的）。

图 4-2 就是两种方法处理后的效果。查找替换中，把换行符替换为逗号；CLEAN 函数则是全部清除了换行符。

CLEAN 函数很简单，它的功能就是删除文本中所有不能打印的字符，用法：

```
=CLEAN(文本)
```

| | A | B | C | D |
|---|---|---|---|---|
| 1 | 项目名称 | 说明 | 查找替换处理 | 函数CLEAN处理 |
| 2 | A001 | 正在处理相关问题<br>领导还没批示<br>具体方案下周一讨论 | 正在处理相关问题，领导还没批示，具体方案下周一讨论 | 正在处理相关问题领导还没批示具体方案下周一讨论 |
| 3 | A002 | 已进展一半<br>附属设备还未到货 | 已进展一半，附属设备还未到货 | 已进展一半附属设备还未到货 |
| 4 | | | | |

**图 4-2　清除单元格中的换行符**

在指纹或刷卡考勤数据中，我们也会碰到这样的问题，图 4-3 就是从指纹机里导出的数据，此时，可以使用查找 / 替换的方法处理换行符（直接清除，不替换为其他的字符，比如空格），处理后的结果如图 4-4 所示。

| | A | B | C | D | E |
|---|---|---|---|---|---|
| 1 | 工号 | 姓名 | 部门 | 指纹号/卡号 | 1月6日 |
| 2 | G20110264 | 张三 | 办公室 | 3469806184 | 04:52<br>16:03 |
| 3 | G20120134 | 李四 | 办公室 | 1318938099 | 04:54<br>16:06 |
| 4 | G20110468 | 刘红 | 办公室 | 0251160819 | 18:55 |
| 5 | G20110166 | 王五 | HR | 1038497110 | 06:41<br>06:41<br>17:41<br>17:41 |
| 6 | G2010225 | 张欣华 | HR | 0857556161 | 05:04<br>17:55 |
| 7 | G20130067 | 孟晓强 | HR | 3201370728 | 05:07<br>05:08<br>18:00<br>18:00 |
| 8 | G20110462 | 马增瑞 | HR | 2099714202 | 05:04<br>18:55 |
| 9 | G20120136 | 王彩霞 | 财务部 | 1317300211 | 05:05<br>17:45<br>17:46 |

**图 4-3　原始的指纹数据含有换行符**

| | A | B | C | D | E |
|---|---|---|---|---|---|
| 1 | 工号 | 姓名 | 部门 | 指纹号/卡号 | 1月6日 |
| 2 | G20110264 | 张三 | 办公室 | 3469806184 | 04:52 16:03 |
| 3 | G20120134 | 李四 | 办公室 | 1318938099 | 04:54 16:06 |
| 4 | G20110468 | 刘红 | 办公室 | 0251160819 | 18:55 |
| 5 | G20110166 | 王五 | HR | 1038497110 | 06:41 06:41 17:41 17:41 |
| 6 | G2010225 | 张欣华 | HR | 0857556161 | 05:04 17:55 |
| 7 | G20130067 | 孟晓强 | HR | 3201370728 | 05:07 05:08 18:00 18:00 |
| 8 | G20110462 | 马增瑞 | HR | 2099714202 | 05:04 18:55 |
| 9 | G20120136 | 王彩霞 | 财务部 | 1317300211 | 05:05 17:45 17:46 |

**图 4-4　利用查找 / 替换清除换行符**

## 4.1.3　清除眼睛看不见的特殊字符

在有些情况下，从系统导入的表格数据中，会含有眼睛看不见的特殊字符，这些字符并不是空格，因此不论是利用 TRIM 函数还是 CLEAN 函数都无法将这些特殊字符去掉，从而影响了数据的处理和分析。

**案例 4-1**

图 4-5 就是这样的一个案例，当使用 SUMIF 函数汇总各个项目的总金额时，发现结果是 0，并且使用透视表组合月份时，也是错误的结果。

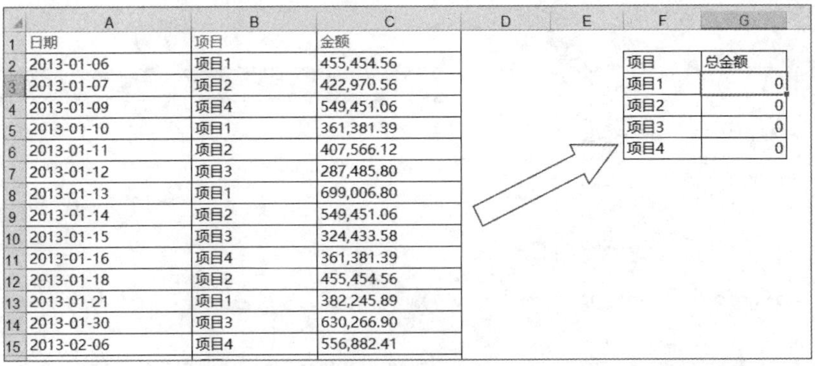

| 日期 | 项目 | 金额 |
|---|---|---|
| 2013-01-06 | 项目1 | 455,454.56 |
| 2013-01-07 | 项目2 | 422,970.56 |
| 2013-01-09 | 项目4 | 549,451.06 |
| 2013-01-10 | 项目1 | 361,381.39 |
| 2013-01-11 | 项目2 | 407,566.12 |
| 2013-01-12 | 项目3 | 287,485.80 |
| 2013-01-13 | 项目1 | 699,006.80 |
| 2013-01-14 | 项目2 | 549,451.06 |
| 2013-01-15 | 项目3 | 324,433.58 |
| 2013-01-16 | 项目4 | 361,381.39 |
| 2013-01-18 | 项目2 | 455,454.56 |
| 2013-01-21 | 项目1 | 382,245.89 |
| 2013-01-30 | 项目3 | 630,266.90 |
| 2013-02-06 | 项目4 | 556,882.41 |

| 项目 | 总金额 |
|---|---|
| 项目1 | 0 |
| 项目2 | 0 |
| 项目3 | 0 |
| 项目4 | 0 |

图 4-5 原始数据含有眼睛看不见的特殊字符

每次在课堂上，讲起这个案例时，我问学生，你们是怎么处理的？他们会异口同声地回答：一个一个单元格找，一个一个单元格清除！

其实，两个小技巧即可快速解决这个问题。

首先，如何发现单元格的特殊字符？只要将单元格字体设置为“Symbol”，就可以看到这些特殊字符都显示成了“ ”，如图 4-6 所示，但是在公式编辑栏里仍旧看不到任何符号。

然后从单元格里复制一个这样的符号，粘贴到查找 / 替换对话框里，全部替换。

最后再把单元格字体恢复为原来的字体。

图 4-7 是另外一个情况，同样是特殊字符的问题，但是数字的前面后面都有，B 列的处理方法与前面介绍的相同，直接替换掉即可。

但是 A 列不能直接替换，需要把业务编号左边的两个字符替换为单引号（‘），因为业务编号是文本型数字，其左边的 0 是不能丢失的。

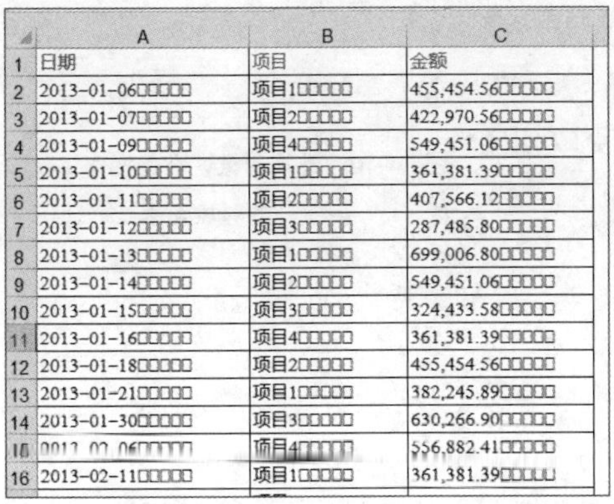

| 日期 | 项目 | 金额 |
|---|---|---|
| 2013-01-06□□□□□ | 项目1□□□□□ | 455,454.56□□□□□ |
| 2013-01-07□□□□□ | 项目2□□□□□ | 422,970.56□□□□□ |
| 2013-01-09□□□□□ | 项目4□□□□□ | 549,451.06□□□□□ |
| 2013-01-10□□□□□ | 项目1□□□□□ | 361,381.39□□□□□ |
| 2013-01-11□□□□□ | 项目2□□□□□ | 407,566.12□□□□□ |
| 2013-01-12□□□□□ | 项目3□□□□□ | 287,485.80□□□□□ |
| 2013-01-13□□□□□ | 项目1□□□□□ | 699,006.80□□□□□ |
| 2013-01-14□□□□□ | 项目2□□□□□ | 549,451.06□□□□□ |
| 2013-01-15□□□□□ | 项目3□□□□□ | 324,433.58□□□□□ |
| 2013-01-16□□□□□ | 项目4□□□□□ | 361,381.39□□□□□ |
| 2013-01-18□□□□□ | 项目2□□□□□ | 455,454.56□□□□□ |
| 2013-01-21□□□□□ | 项目1□□□□□ | 382,245.89□□□□□ |
| 2013-01-30□□□□□ | 项目3□□□□□ | 630,266.90□□□□□ |
| 2013-02-06□□□□□ | 项目4□□□□□ | 556,882.41□□□□□ |
| 2013-02-11□□□□□ | 项目1□□□□□ | 361,381.39□□□□□ |

图 4-6 单元格字体设置为“Symbol”，特殊字符显示为“ ”

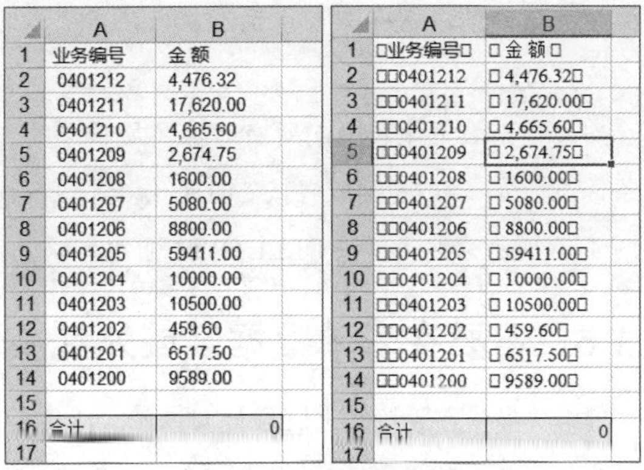

| 业务编号 | 金 额 |
|---|---|
| 0401212 | 4,476.32 |
| 0401211 | 17,620.00 |
| 0401210 | 4,665.60 |
| 0401209 | 2,674.75 |
| 0401208 | 1600.00 |
| 0401207 | 5080.00 |
| 0401206 | 8800.00 |
| 0401205 | 59411.00 |
| 0401204 | 10000.00 |
| 0401203 | 10500.00 |
| 0401202 | 459.60 |
| 0401201 | 6517.50 |
| 0401200 | 9589.00 |
| | |
| 合计 | 0 |

| □业务编号□ | □金 额□ |
|---|---|
| □□0401212 | □4,476.32□ |
| □□0401211 | □17,620.00□ |
| □□0401210 | □4,665.60□ |
| □□0401209 | □2,674.75□ |
| □□0401208 | □1600.00□ |
| □□0401207 | □5080.00□ |
| □□0401206 | □8800.00□ |
| □□0401205 | □59411.00□ |
| □□0401204 | □10000.00□ |
| □□0401203 | □10500.00□ |
| □□0401202 | □459.60□ |
| □□0401201 | □6517.50□ |
| □□0401200 | □9589.00□ |
| | |
| 合计 | 0 |

图 4-7 数字前后都有眼睛看不见的特殊字符

## 4.1.4 清除数据中的星号

这是一个很特殊的情况：为了把某些特殊数字标识出来，在这些数字的前面或者后面加上一个或几个星号，但是在对这些数字进行运算时，又必须去掉这些星号。

图 4-8 就是一个示例数据，星号在数字中的位置是任意的。

如果要使用“查找 / 替换”对话框，需要在星号前加一个“~”，这样查找和替换工具不会把星号当成通配符了，如图 4-9 所示，否则的话，就会把所有数据全部清除。

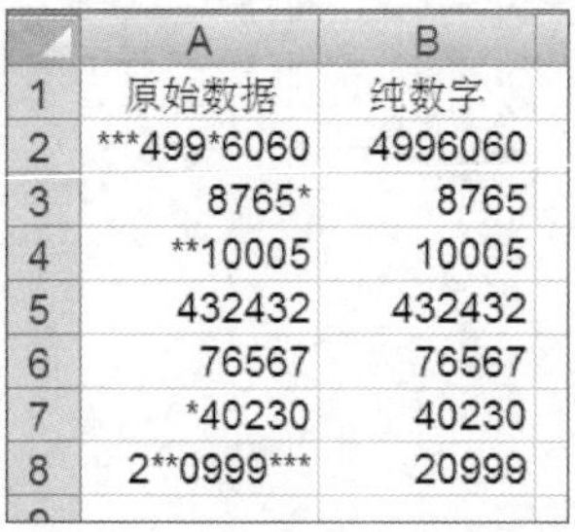

| | A | B |
|---|---|---|
| 1 | 原始数据 | 纯数字 |
| 2 | ***499*6060 | 4996060 |
| 3 | 8765* | 8765 |
| 4 | **10005 | 10005 |
| 5 | 432432 | 432432 |
| 6 | 76567 | 76567 |
| 7 | *40230 | 40230 |
| 8 | 2**0999*** | 20999 |

图 4-8　删除数字中的星号

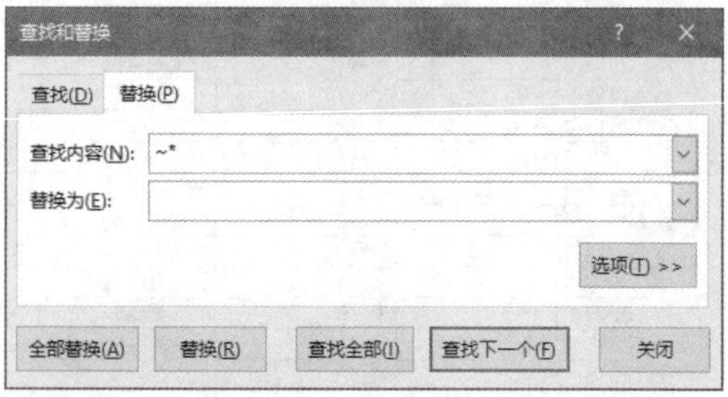
查找和替换
查找(D)
替换(P)
查找内容(N):
~*
替换为(E):
选项(T) >>
全部替换(A)
替换(R)
查找全部(I)
查找下一个(F)
关闭

图 4-9　在星号前加 ~，可以只替换星号字符

如果是要在公式里替换星号并参与计算，可以使用 SUBSTITUTE 函数，公式如下：

```
=1*SUBSTITUTE(A2, "*", "")
```

## 4.1.5　清除表格中的图形对象

如果表格中插入了很多图形对象，用普通的删除列或删除方法是不行的，因为这个操作仅仅是在操作单元格，并没有操作图形。删除的结果好像是看不到这些图形了，实际上它们被压缩成了一条线。很多学生也会问，老师，工作表有很多粗粗的线，怎能删掉啊？其实，这粗粗的线并不是单元格边框，而是被压缩成线条的对象。

在 Excel 工作表中，要区分两个单元格和对象。单元格是用来保存数据的容器，对象是浮在工作表中的图形，它是不能保存到单元格中的。这些图形包括形状、艺术字、照片、图表等等，统称为对象。

如果要删除工作表中的所有对象，最科学的方法是利用定位条件对话框（按 F5 键或者按 Ctrl+G 组合键），选择“对象”，如图 4-10 所示，然后再按 DELETE 键删除即可。

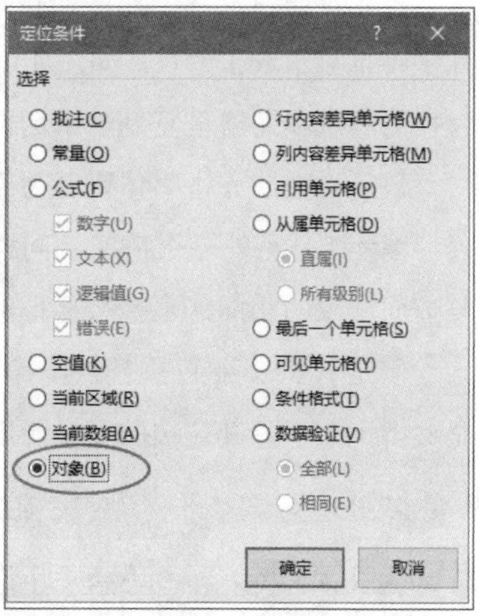
定位条件
选择
批注(C)
常量(O)
公式(F)
数字(U)
文本(X)
逻辑值(G)
错误(E)
空值(K)
当前区域(R)
当前数组(A)
对象(B)
行内容差异单元格(W)
列内容差异单元格(M)
引用单元格(P)
从属单元格(D)
直属(I)
所有级别(L)
最后一个单元格(S)
可见单元格(Y)
条件格式(T)
数据验证(V)
全部(L)
相同(E)
确定
取消

图 4-10　选择对象，准备操作工作表中的对象元素

## 4.1.6　不要在表单数据区域外乱操作

很多人经常在表单数据区域外乱操作，这是一个非常不好的习惯。比如，数据区域是 A:H 列，结果为了算几个数，就在 M 列单元格输入几个数字，算出结果，然后又按 DELETE 键清除了这些数字。这种操作的结果是：Excel 已经默认为数据区域已经扩展为 A:M（你可以按组合键 Ctrl+End 看看，是不是定位到了 M 列最后一个单元格？）。在一般的数据处理中，这种操作不会影响数据处理结果。但是，如果要使用 SQL 语句汇总大量工作表，这种做法的后果是可怕的，此时程序会认为数据区域的列数发生了变化，造成列不匹配的情况发生，无法实现汇总分析。

表单就是表单，要保持表单的干净，不要在表单里做很多垃圾工作！你可以想象一下，一个码得整整齐齐的首饰盒里，放进了一只袜子，会是什么感觉？

# 4.2 转换数据格式

为了使表单中的数据能够进行计算，除了要对数据清洗外，还要注意数据本身的格式是否正确。从系统导出的数据很多情况下数据格式是有问题的，甚至数据本身就是一种错误的表达方式。比如：

数字是文本型的，无法使用 SUM 类函数加总；

日期是非法的，无法进行计算和判断。

此时，需要先分析数据的错误之源，然后寻求解决方案。

## 4.2.1 文本型数字转换为纯数字

文本型的数字，是不能使用数学函数（比如 SUM 类函数，AVERAGE 类函数，MAX 类函数、MIN 类函数）进行计算的，因为这些函数都是把文本型数字当成 0 来处理的。但是，这种文本型数字可以使用简单的加减乘除来计算，因为 Excel 有一个规则：当遇到文本型数字时，是先转换为数字，然后再进行计算。

不管怎样，将需要计算、但现在又不能使用函数的文本型数字转换为能够计算的纯数字，是拿到数据后要做的工作之一。

一般情况下，判断一个单元格数据是否为文本型数字，就看单元格左上角是否有一个绿色的小三角，如果有，肯定是文本型数字。但也会存在不出现小三角的情况，此时可以使用 SUM 函数求和，如果是 0，表明是文本型数字。

将文本型数字数据转换为纯数字的方法，主要有以下几种：利用智能标记；选择性粘贴；分列；利用 VALUE 函数；利用公式。

### 1. 利用智能标记

利用智能标记将文本型数字数据转换为数值的方法非常简单，首先选择要进行数据转换的单元格或单元格区域，单击智能标记，选择弹出的信息列表中的“转换为数字”选项即可，如图 4-11 所示。

这种转换方法，实质上是一个一个单元格循环转换的，当遇到数据量大的情况，比如有数十万行、几十列数据时，速度非常慢，甚至电脑停止响应死机了。此时，可以使用选择性粘贴的方法。

A
B
C
1 日期 发生额
2 2017 46,239.32
3 2017
4 2017
5 2017
6 2017
7 2017
8 2017
9
10
以文本形式存储的数字
转换为数字(C)
关于此错误的帮助(H)
忽略错误(I)
在编辑栏中编辑(F)
错误检查选项(O)...

图 4-11　利用智能标记将文本型数字数据转换为数值

### 2. 选择性粘贴

这种方法比较简单，适用性更广。具体方法是：

**步骤 01** 先在某个空白单元格输入数字 1。

**步骤 02** 复制这个数字 1 的单元格。

**步骤 03** 选择要进行数据转换的单元格或单元格区域。

**步骤 04** 打开“选择性粘贴”对话框，选择“数值”单选按钮，并选择“乘”或“除”单选按钮，如图 4-12 所示。

这里，选择“数值”单选按钮，是为了不破坏原始数据区域的格式。

当然我们也可以输入0，并复制单元格，此时要在选择性粘贴对话框里要选择“加”或“减”单选按钮。

步骤05 单击“确定”按钮。

选择性粘贴方法比较好用，转换也快，特别适合有很多列的数据场合，但是也很啰嗦麻烦。如果要转换的数据就一两列，但是有上万行，此时就没必要使用选择性粘贴的方法了，可以使用分列工具快速解决。

### 3. 利用分列工具

分列工具修改文本型数字非常方便，选中该列，打开分列向导对话框，在“第1步”对话框中，直接单击“完成”按钮即可，如图4-13所示。

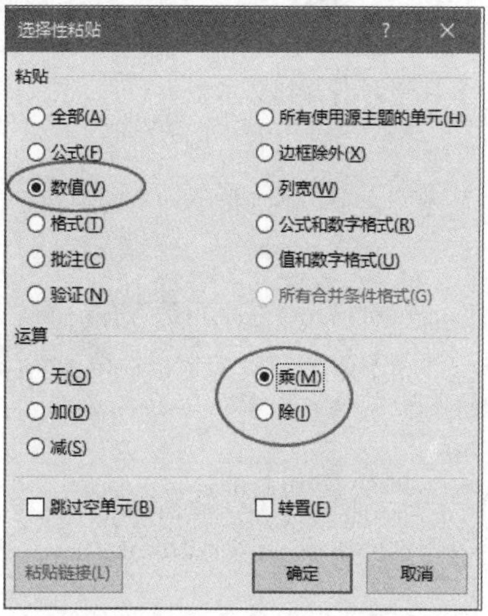
选择性粘贴
粘贴
全部(A)
所有使用源主题的单元(H)
公式(F)
边框除外(X)
数值(V)
列宽(W)
格式(T)
公式和数字格式(R)
批注(C)
值和数字格式(U)
验证(N)
所有合并条件格式(G)
运算
无(O)
乘(M)
加(D)
除(I)
减(S)
跳过空单元(B)
转置(E)
粘贴链接(L)
确定
取消

图4-12 利用选择性粘贴，将文本型数字数据转换为纯数字

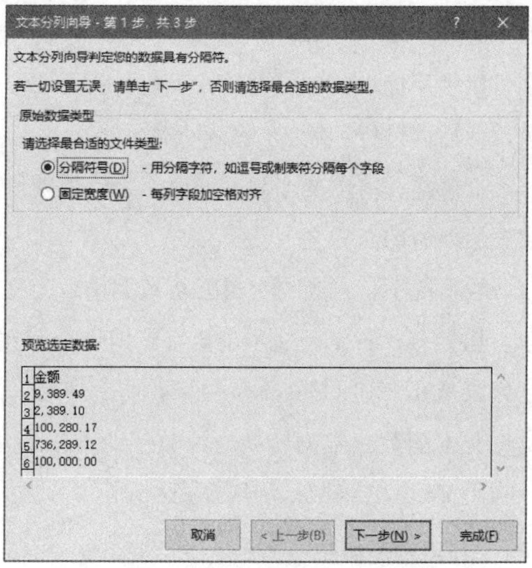
文本分列向导 - 第1步，共3步
文本分列向导判定您的数据具有分隔符。
若一切设置无误，请单击“下一步”，否则请选择最合适的数据类型。
原始数据类型
请选择最合适的文件类型：
分隔符号(D) - 用分隔字符，如逗号或制表符分隔每个字段
固定宽度(W) - 每列字段加空格对齐
预览选定数据：
1 金额
2 9,389.49
3 2,389.10
4 100,280.17
5 736,289.12
6 100,000.00
取消
< 上一步(B)
下一步(N) >
完成(F)

图4-13 分列向导对话框的第1步

但是，这种分列方法来转换数字格式，只能一列一列的修改，当要转换的列很多时，就比较麻烦了。此外，这个方法并不改变单元格格式，仅仅是改变了单元格的数据而已。

### 4. 在公式中直接转换

如果原始数据是文本型数字，但又不想整理原始数据，仅仅是需要在处理计算公式中，直接引用单元格的原始文本数字，并在公式中进行转换，此时可以使用VALUE函数，也可以直接在公式里乘以1或除以1，或者输入两个负号。以下几个公式都是可以的（均为数组公式）：

```
=SUM(VALUE(B2:B5))
=SUM(--B2:B5)
=SUM(1* B2:B5)
=SUM(B2:B5/1)
```

## 4.2.2 纯数字转换为文本型数字

哪些数字要处理为文本型数字呢？邮政编码、工号、科目编码、身份证号码、电话号码、银行账号

等，都是需要处理为文本的，你想，谁会把几个邮政编码加总计算啊？它们仅仅是个分类名称而已。

那么，要把数字转换为文本型数字，什么方法最简单呢？

正如在第 2 章介绍的，你不能通过设置单元格格式的方法来改变单元格里的数据，这仅仅是想当然的做法，而且这种方法太麻烦了。

如果要将已经输入的数字转换为文本，我们可以使用两种高效的方法：使用分列工具或者 TEXT 函数。

### 1. 使用分列工具

使用分列工具，可以快速把纯数字转换为其本身位数的文本。比如，对于图 4-14 所示的数字编码，将其转换为文本的主要方法和步骤如下。

**步骤 01** 选择 A 列。

**步骤 02** 打开“文本分列向导”对话框，进入到第 3 步，选择“文本”单选按钮即可，如图 4-15 所示。

| | A | B |
|---|---|---|
| 1 | 科目编码 | 科目名称 |
| 2 | 1001 | 现金 |
| 3 | 1002 | 银行存款 |
| 4 | 100201 | 银行存款—工行 |
| 5 | 100202 | 银行存款—中国银行 |
| 6 | 1101 | 短期投资 |
| 7 | 1111 | 应收票据 |
| 8 | 1131 | 应收账款 |
| 9 | 113101 | 应收账款—甲公司 |
| 10 | 113102 | 应收账款—乙公司 |
| 11 | | |

图 4-14　数字表示的科目编码

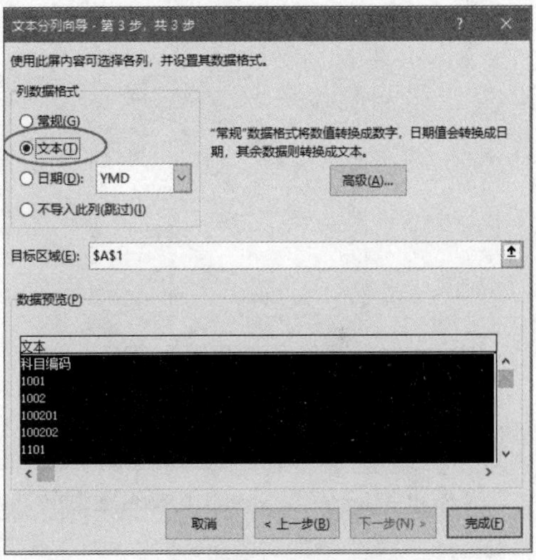
文本分列向导 - 第 3 步，共 3 步
使用此屏内容可选择各列，并设置其数据格式。
列数据格式
常规(G)
文本(T)
日期(D): YMD
不导入此列(跳过)(I)
“常规”数据格式将数值转换成数字，日期值会转换成日期，其余数据则转换成文本。
高级(A)...
目标区域(E): $A$1
数据预览(P)
文本
科目编码
1001
1002
100201
100202
1101
取消
< 上一步(B)
下一步(N) >
完成(F)

图 4-15　准备将数字转换为文本

利用分列工具转换数字的最大优点是可以快速在原位置进行转换，不论该列中是否全部为数字，还是数字和文本混合的情况，都会进行统一处理。

但是，如果要将数字转换为要求位数的文本，就必须使用 TEXT 函数了。

### 2. 使用 TEXT 函数

使用 TEXT 函数的最大优点是可以把纯数字设置成任意位数的文本型数字。比如在单元格输入数字 192，就可以使用 TEXT 函数将其转换为 3 位数文本“192”、4 位数文本“0192”、5 位数文本“00192”等。

TEXT 函数的功能就是将数字（注意日期也是数字）转换为指定格式的文本，也就是数字被处理为文本，数据性质已经改变，数据本身也会改变，而不再是纯数字。

比如，把数字 192 转换为 3 位数文本“192”的公式为：

```
=TEXT(192, “000”)
```

把数字 192 转换为 5 位数文本“00192”的公式为：

=TEXT(192, “00000”)

而把某个数字转换为其本身位数的文本，其转换公式为：

=TEXT(数字或单元格引用 , “0”)

也可以把一个日期转换为各种文字表达，比如要把日期 2017-9-18 替换成文字“2017 年 9 月 18 日 星期一”，公式如下：

=TEXT(“2017-9-18”, “yyyy 年 m 月 d 日　aaaa”)

## 4.2.3 修改非法日期

**案例 4-2**

在第 2 章我们就介绍过日期是正整数，是数字，不是文字。在实际工作中，从系统导出的数据，日期也经常出现错误，图 4-16 就是几种错误的形式。

| | A | B | C | D | E | F | G | H | I | J |
|---|---|---|---|---|---|---|---|---|---|---|
| 1 | | 非法日期 | | 非法日期 | | 非法日期 | | 非法日期 | | 非法日期 |
| 2 | | 20170714 | | 170801 | | 2017.10.21 | | 2017-05-01 | | 9-17-2017 |
| 3 | | 20170715 | | 170802 | | 2017.10.22 | | 2017-05-01 | | 9-18-2017 |
| 4 | | 20170716 | | 170803 | | 2017.10.23 | | 2017-05-01 | | 9-19-2017 |
| 5 | | 20170717 | | 170804 | | 2017.10.24 | | 2017-05-02 | | 9-20-2017 |
| 6 | | 20170718 | | 170805 | | 2017.10.25 | | 2017-05-04 | | 9-21-2017 |
| 7 | | 20170719 | | 170806 | | 2017.10.26 | | 2017-05-04 | | 9-22-2017 |
| 8 | | 20170720 | | 170807 | | 2017.10.27 | | 2017-05-03 | | 9-23-2017 |
| 9 | | 20170731 | | 170808 | | 2017.10.28 | | 2017-05-03 | | 9-24-2017 |
| 10 | | 20170802 | | 170817 | | 2017.11.01 | | 2017-05-04 | | 9-25-2017 |
| 11 | | 20170805 | | 170810 | | 2017.11.02 | | 2017-05-04 | | 9-26-2017 |
| 12 | | 20170806 | | 170811 | | 2017.11.03 | | 2017-05-04 | | 9-27-2017 |
| 13 | | 20170807 | | 170812 | | 2017.11.04 | | 2017-05-04 | | 9-28-2017 |
| 14 | | 20170808 | | 170813 | | 2017.11.05 | | 2017-05-04 | | 9-29-2017 |
| 15 | | 20170809 | | 170814 | | 2017.11.06 | | 2017-05-04 | | 9-30-2017 |

**图 4-16　非法日期的几种形式**

修改非法日期最简便的方法是使用分列工具，也就是在分列向导的第 3 步选择“日期”单选按钮，但要注意对话框的日期右侧的下拉表中的年月日组合次序与单元格的年月日组合次序要一致，如图 4-17 所示。

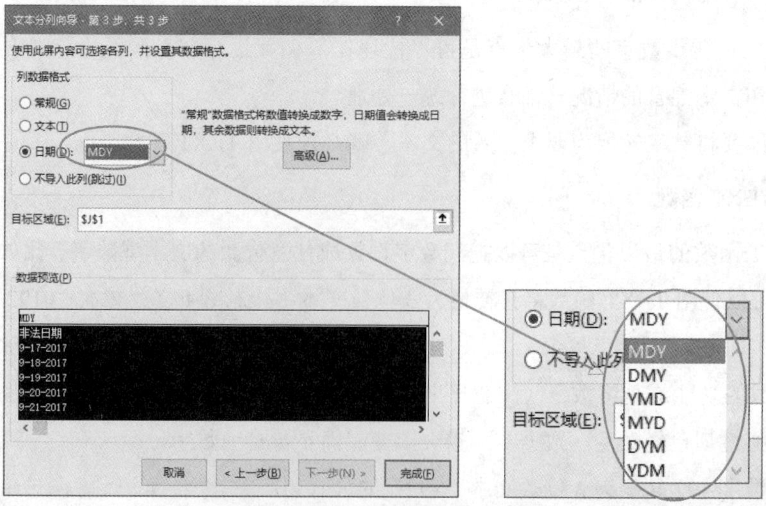

文本分列向导 - 第 3 步，共 3 步
使用此屏内容可选择各列，并设置其数据格式。
列数据格式
常规(G)
文本(T)
日期(D): MDY
不导入此列(跳过)(I)
“常规”数据格式将数值转换成数字，日期值会转换成日期，其余数据则转换成文本。
高级(A)...
目标区域(E): $J$1
数据预览(P)
MDY
非法日期
9-17-2017
9-18-2017
9-19-2017
9-20-2017
9-21-2017
取消
< 上一步(B)
下一步(N) >
完成(F)
日期(D): MDY
MDY
DMY
YMD
MYD
DYM
YDM


**图 4-17　分列对话框：选择日期，选择日期右侧下拉表的年月日次序**

## 4.2.4　使用函数处理特殊格式的非法日期

有时候，我们需要在公式里直接对非法日期进行转换，以便进行快速计算和汇总分析，此时，就需要使用有关的函数来处理了。

例如，从身份证号码中提取生日，就使用了 TEXT 函数对日期格式进行转换：

=1*TEXT(MID(身份证号码,7,8),“0000-00-00”)

将“170801”非法日期使用函数进行转换，则公式为：

=1*TEXT(20&D2,“0000-00-00”)

有时候我们需要在公式中输入一个固定的日期，比如输入 2017-12-31，根据 Excel 的规则，这个日期必须用双引号括起来，即“2017-12-31”但是这么处理的结果，导致该日期变成了文本型日期，尽管直接加减乘除以及在日期函数中，这种文本型日期是可以直接计算的，但在有些情况下就不能进行计算了，此时，可以使用 DATEVALUE 函数将文本型日期转换为真正的日期，公式为：

=DATEVALUE(“2017-12-31”)

## 4.2.5　英文大小写转换

对于那些不规范的英语单词、名称，如果希望进行大小写转换，可以使用相关的函数来处理，常用的函数有：

PROPER：将每个英文单词的第一个字母转换成大写，将其余字母转换为小写。

LOWER：将所有字母转换为小写。

UPPER：将所有字母转换为大写。

图 4-18 是示例说明。

| | A | B | C | D |
|---|---|---|---|---|
| 1 | 原字符 | 处理后 | | |
| 2 | | PROPER | LOWER | UPPER |
| 3 | | | | |
| 4 | Today is SEP 18, 2017 | Today Is Sep 18, 2017 | today is sep 18, 2017 | TODAY IS SEP 18, 2017 |
| 5 | | | | |
| 6 | 公式 | =PROPER(A4) | =LOWER(A4) | =UPPER(A4) |
| 7 | | | | |

图 4-18　英文大小写转换

# 4.3　整理表格结构

所谓整理表格结构，就是拿到手里的表格结构不规范，有大量的合并单元格，有大量的空行，有大量的小计行，或者是一个二维表格，或者不同类型的数据保存在一列，等等，此时需要从结构上来调整表格，使之能够进行下一步的数据分析工作。

## 4.3.1　数据分列

**案例 4–3**

数据分列这样的问题，在日常工作中会经常碰到。比如把指纹考勤数据进行分列；比如把银行对账单进行分列；比如把科目余额表进行分列；比如把楼号和房号分列，等等。

对于这样的问题，首先要观察数据的特征，找出规律，然后选用合适的方法。

数据分列常用的方法有：**分列工具；函数**。

### 1. 根据分隔符号分列

图 4-19 是常见的指纹刷卡数据情况之一，日期和时间都保存在一列的一个单元格中，为了统计每个人的签到和签退情况，首先必须将日期和时间分开。观察到日期和几个时间之间都是空格分开的，因此可以使用分列工具来做。

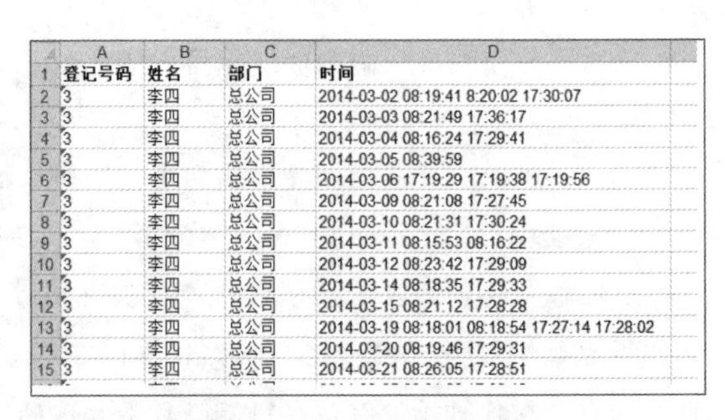

|  | A | B | C | D |
|---|---|---|---|---|
| 1 | 登记号码 | 姓名 | 部门 | 时间 |
| 2 | 3 | 李四 | 总公司 | 2014-03-02 08:19:41 8:20:02 17:30:07 |
| 3 | 3 | 李四 | 总公司 | 2014-03-03 08:21:49 17:36:17 |
| 4 | 3 | 李四 | 总公司 | 2014-03-04 08:16:24 17:29:41 |
| 5 | 3 | 李四 | 总公司 | 2014-03-05 08:39:59 |
| 6 | 3 | 李四 | 总公司 | 2014-03-06 17:19:29 17:19:38 17:19:56 |
| 7 | 3 | 李四 | 总公司 | 2014-03-09 08:21:08 17:27:45 |
| 8 | 3 | 李四 | 总公司 | 2014-03-10 08:21:31 17:30:24 |
| 9 | 3 | 李四 | 总公司 | 2014-03-11 08:15:53 08:16:22 |
| 10 | 3 | 李四 | 总公司 | 2014-03-12 08:23:42 17:29:09 |
| 11 | 3 | 李四 | 总公司 | 2014-03-14 08:18:35 17:29:33 |
| 12 | 3 | 李四 | 总公司 | 2014-03-15 08:21:12 17:28:28 |
| 13 | 3 | 李四 | 总公司 | 2014-03-19 08:18:01 08:18:54 17:27:14 17:28:02 |
| 14 | 3 | 李四 | 总公司 | 2014-03-20 08:19:46 17:29:31 |
| 15 | 3 | 李四 | 总公司 | 2014-03-21 08:26:05 17:28:51 |

图 4-19　指纹刷卡数据：日期和时间保存在一个单元

首先选中 D 列，打开分列向导对话框，在第 1 步选择“分隔符号”，在第 2 步选择“空格”，即可完成分列工作。如图 4-20、图 4-21 所示。

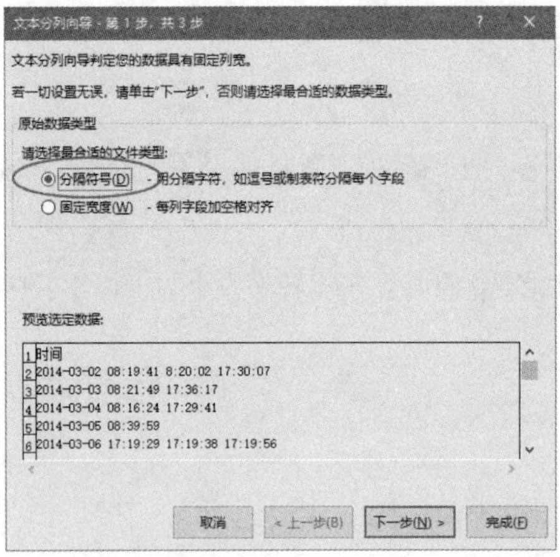
文本分列向导 - 第 1 步，共 3 步
文本分列向导判定您的数据具有固定列宽。
若一切设置无误，请单击“下一步”，否则请选择最合适的数据类型。
原始数据类型
请选择最合适的文件类型：
分隔符号(D) - 用分隔字符，如逗号或制表符分隔每个字段
固定宽度(W) - 每列字段加空格对齐
预览选定数据：
1 时间
2 2014-03-02 08:19:41 8:20:02 17:30:07
3 2014-03-03 08:21:49 17:36:17
4 2014-03-04 08:16:24 17:29:41
5 2014-03-05 08:39:59
6 2014-03-06 17:19:29 17:19:38 17:19:56
取消
< 上一步(B)
下一步(N) >
完成(F)

图 4-20　向导第 1 步：选择分隔符号

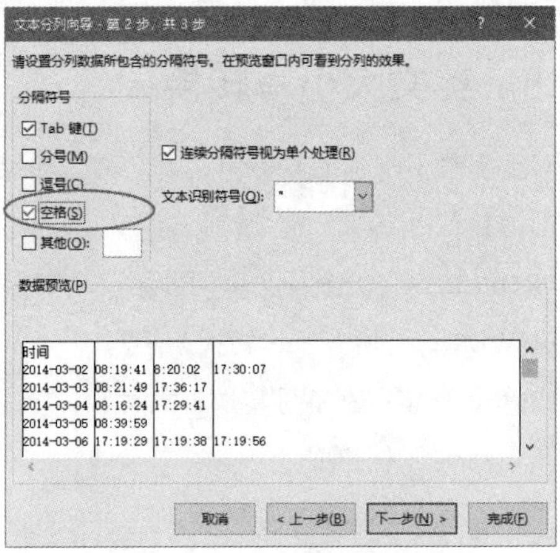
文本分列向导 - 第 2 步，共 3 步
请设置分列数据所包含的分隔符号。在预览窗口内可看到分列的效果。
分隔符号
Tab 键(T)
分号(M)
逗号(C)
空格(S)
其他(O):
连续分隔符号视为单个处理(R)
文本识别符号(Q):
数据预览(P)
时间
2014-03-02 08:19:41 8:20:02 17:30:07
2014-03-03 08:21:49 17:36:17
2014-03-04 08:16:24 17:29:41
2014-03-05 08:39:59
2014-03-06 17:19:29 17:19:38 17:19:56
取消
< 上一步(B)
下一步(N) >
完成(F)

图 4-21　向导第 2 步：选择空格

### 2. 根据固定宽度分列

还有一种情况，数据之间有空格，但不能根据空格分列，如图 4-22 所示。借方发生额与传票号之间都是用空格分隔的，用空格分列，会把借方发生额和贷方发生额弄到一列，无法区分谁是借方发生额，谁是贷方发生额，如图 4-23 所示。

|  | A | B | C | D | E | F | G | H |
|---|---|---|---|---|---|---|---|---|
| 1 | 登记号码 | 姓名 | 部门 | 日期 | 时间1 | 时间2 | 时间3 | 时间4 |
| 2 | 3 | 李四 | 总公司 | 2014-3-2 | 8:19:41 | 8:20:02 | 17:30:07 |  |
| 3 | 3 | 李四 | 总公司 | 2014-3-3 | 8:21:49 | 17:36:17 |  |  |
| 4 | 3 | 李四 | 总公司 | 2014-3-4 | 8:16:24 | 17:29:41 |  |  |
| 5 | 3 | 李四 | 总公司 | 2014-3-5 | 8:39:59 |  |  |  |
| 6 | 3 | 李四 | 总公司 | 2014-3-6 | 17:19:29 | 17:19:38 | 17:19:56 |  |
| 7 | 3 | 李四 | 总公司 | 2014-3-9 | 8:21:08 | 17:27:45 |  |  |
| 8 | 3 | 李四 | 总公司 | 2014-3-10 | 8:21:31 | 17:30:24 |  |  |
| 9 | 3 | 李四 | 总公司 | 2014-3-11 | 8:15:53 | 8:16:22 |  |  |
| 10 | 3 | 李四 | 总公司 | 2014-3-12 | 8:23:42 | 17:29:09 |  |  |
| 11 | 3 | 李四 | 总公司 | 2014-3-14 | 8:18:35 | 17:29:33 |  |  |
| 12 | 3 | 李四 | 总公司 | 2014-3-15 | 8:21:12 | 17:28:28 |  |  |
| 13 | 3 | 李四 | 总公司 | 2014-3-19 | 8:18:01 | 8:18:54 | 17:27:14 | 17:28:02 |
| 14 | 3 | 李四 | 总公司 | 2014-3-20 | 8:19:46 | 17:29:31 |  |  |
| 15 | 3 | 李四 | 总公司 | 2014-3-21 | 8:26:05 | 17:28:51 |  |  |

图 4-22　分列后的指纹考勤数据

|  | A |
|---|---|
| 1 | 日期起息日　摘要　传票号 借方发生额(-) 贷方发生额(+) |
| 2 | 101201 101201 JSNTTC1848096034　TC01140801　8,510.00 |
| 3 | 101201 101201 JSNTTC0841025332　TC01295301　525.75 |
| 4 | 101201 101201 TCKK20101201001002957　BT01293001　25.00 |
| 5 | 101201 101201 JSNTTC0841025436　TC01312602　55,728.00 |
| 6 | 101202 101202 9930298329_工资　2875000601　103,266.59 |
| 7 | 101202 101202 A530181910RISC6K　TT66191001　31,298.37 |
| 8 | 101202 101202 9930298328_工资　2875000701　11,896.00 |
| 9 | 101203 101203 JSNTTC0841027809　TC01092401　2,000.00 |
| 10 | 101206 101206 JSNTTC0841030840　TC01271301　50,699.00 |
| 11 | 101206 101206 JSNTTC0841030924　TC01284201　29,168.53 |
| 12 | 101206 101206 JSNTTC0841030851　TC01273101　4,847.80 |
| 13 | 101206 101206 JSNTTC0841030932　TC01285001　589.19 |
| 14 | 101207 101207 A530184937RISC6K　TT66493701　6,000.00 |
| 15 | 101207 101207 JSNTTC0841034485　TC01414502　480.00 |
| 16 | 101208 101208 BL10120800049579　B002907904　3,066.39 |
| 17 | 101209 101209 BW10120904765388　B001669501　15,347.70 |
| 18 | 101209 101209 BW10120904765388　B001669505　10.50 |
| 19 | 101209 101209 A530187440RISC6K　TT66744002　17,702.80 |
| 20 | 101213 101213 JSNTTC1840695449　TC01298601　11,913.00 |

图 4-23　数据占位宽度固定

仔细观察数据的特征，数据的占位宽度是固定的，此时就需要在分列向导的第 1 步中选择“固定宽度”了，而在第 2 步中，Excel 会根据实际情况，自动插入分列线，或者需要我们自己来插入分列线，如图 4-24 所示。

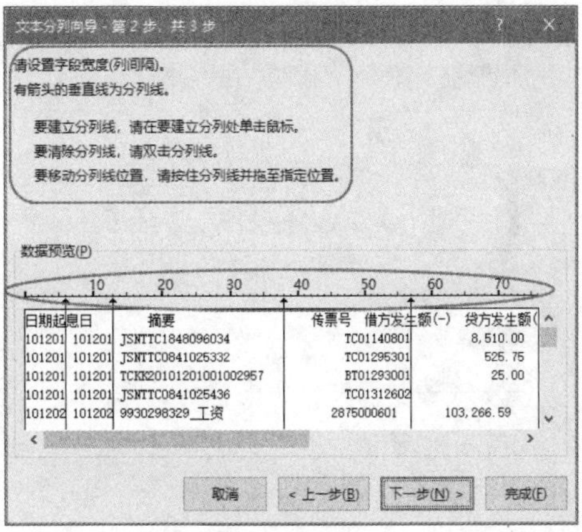
文本分列向导 - 第 2 步，共 3 步
请设置字段宽度(列间隔)。
有箭头的垂直线为分列线。
要建立分列线，请在要建立分列处单击鼠标。
要清除分列线，请双击分列线。
要移动分列线位置，请按住分列线并拖至指定位置。
数据预览(P)
日期起息日　摘要　传票号　借方发生额(-)　贷方发生额(
101201 101201 JSNTTC1848096034 TC01140801 8,510.00
101201 101201 JSNTTC0841025332 TC01295301 525.75
101201 101201 TCKK20101201001002957 BT01293001 25.00
101201 101201 JSNTTC0841025436 TC01312602
101202 101202 9930298329_工资 2875000601 103,266.59
取消
< 上一步(B)
下一步(N) >
完成(F)
图 4-24　分列向导第 2 步：插入分列线

不过，采用固定宽度分列会造成少数数据的错误分开，尤其是标题需要重新填写。

### 3. 根据特殊字符分列

还有一种分列情况，就是根据某个字符来分，有时候甚至要多分几次才能达到需要的效果。图 4-25 就是这样的情况。现在要制作每个部门、每个费用的汇总表。

要想得到这样的汇总表，首先必须从原始科目余额表的 B 列里提取出部门和费用项目名称，需要的结果如图 4-26 所示。

| | A | B | C | D | E | F |
|---|---|---|---|---|---|---|
| 1 | 科目代码 | 科目名称 | 本期发生额借方 | 本期发生额贷方 | 部门？？？ | 项目？？？ |
| 2 | 6602 | 管理费用 | 140,502.89 | 140,502.89 | | |
| 3 | 6602.411 | 工资 | 72,424.62 | 43,130.80 | | |
| 4 | | [01]总经办 | 8,323.24 | 8,323.24 | | |
| 5 | | [02]人事行政部 | 12,327.29 | 12,327.29 | | |
| 6 | | [03]财务部 | 11,362.25 | 11,362.25 | | |
| 7 | | [04]采购部 | 9,960.67 | 9,960.67 | | |
| 8 | | [05]生产部 | 12,660.18 | 12,660.18 | | |
| 9 | | [06]信息部 | 10,864.87 | 10,864.87 | | |
| 10 | | [07]贸易部 | 6,926.12 | 6,926.12 | | |
| 11 | 6602.414 | 个人所得税 | 3,867.57 | 3,867.57 | | |
| 12 | | [01]总经办 | 1,753.91 | 1,753.91 | | |
| 13 | | [02]人事行政部 | 647.6 | 647.6 | | |
| 14 | | [03]财务部 | 563.78 | 563.78 | | |
| 15 | | [04]采购部 | 167.64 | 167.64 | | |
| 16 | | [05]生产部 | 249.33 | 249.33 | | |
| 17 | | [06]信息部 | 193.7 | 193.7 | | |
| 18 | | [07]贸易部 | 291.61 | 291.61 | | |
| 19 | 6602.415 | 养老金 | 3,861.90 | 3,861.90 | | |
| 20 | | [01]总经办 | 643.25 | 643.25 | | |
| 21 | | [02]人事行政部 | 516.56 | 516.56 | | |
| 22 | | [03]财务部 | 798.42 | 798.42 | | |

图 4-25　原始的管理费用科目余额表

| | A | B | C | D | E | F | G | H | I | J | K |
|---|---|---|---|---|---|---|---|---|---|---|---|
| 1 | 部门 | 工资 | 个人所得税 | 养老金 | 失业金 | 医疗保险 | 其他福利费 | 办公费用 | 差旅费 | 电话费 | 总计 |
| 2 | 财务部 | 11362.25 | 563.78 | 798.42 | 1099.42 | 683.42 | 1646 | 544.29 | 3878 | | 20575.58 |
| 3 | 采购部 | 9960.67 | 167.64 | 422.58 | 704.24 | 928.75 | 682 | 1544.25 | 4928 | 390 | 19728.13 |
| 4 | 贸易部 | 6926.12 | 291.61 | 614.16 | 772.59 | 998.75 | 4829 | | 1380 | 515 | 16327.23 |
| 5 | 人事行政部 | 12327.29 | 647.6 | 516.56 | 1038.09 | 686.66 | 1777 | 835.09 | 2952 | 469 | 21249.29 |
| 6 | 生产部 | 12660.18 | 249.33 | 472.75 | 624.65 | 836.92 | 4410 | | 1299 | | 20552.83 |
| 7 | 信息部 | 10864.87 | 193.7 | 394.18 | 449.31 | 768.13 | 4539 | 1923.87 | 3702 | 723 | 23558.06 |
| 8 | 总经办 | 8323.24 | 1753.91 | 643.25 | 401.66 | 1099.9 | 1068 | 901.81 | 3332 | 988 | 18511.77 |
| 9 | 总计 | 72424.62 | 3867.57 | 3861.9 | 5089.96 | 6002.53 | 18951 | 5749.31 | 21471 | 3085 | 140502.89 |
| 10 | | | | | | | | | | | |

图 4-26　需要的结果

仔细观察部门和费用之间的区别：部门单元格的最左侧字符是方括号“[”，而费用是没有的，这样就可以使用方括号“[”作为分隔符号进行第一次分列，如图 4-27 所示。

然后再用方括号“]”作为分隔符号进行第二次分列，最后删除不必要的列，并填充空费用项目的单元格，就得到需要的结果，如图 4-28 所示。

**说明：**这个案例中，使用 IF 函数进行分列是最简单的，因为可以通过 A 列的科目代码是否为空来判断。此时，分列公式分别如下：

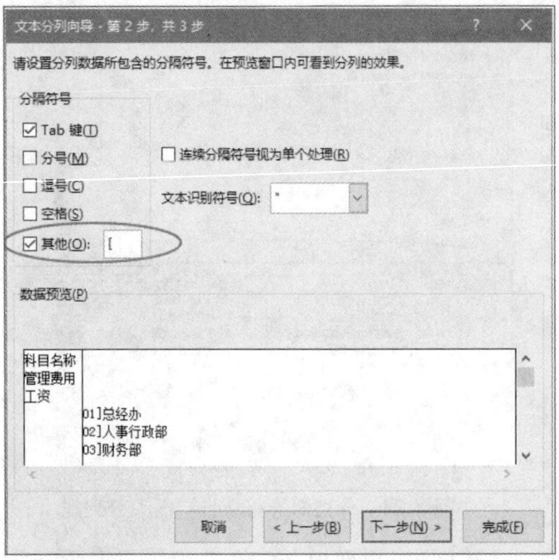
文本分列向导 - 第 2 步，共 3 步
请设置分列数据所包含的分隔符号。在预览窗口内可看到分列的效果。
分隔符号
Tab 键(T)
分号(M)
逗号(C)
空格(S)
其他(O): [
连续分隔符号视为单个处理(R)
文本识别符号(Q): "
数据预览(P)
科目名称
管理费用
工资
01]总经办
02]人事行政部
03]财务部
取消
< 上一步(B)
下一步(N) >
完成(F)

图 4-27　分列向导第 2 步，选择“其他”，输入符号“]”

| | A | B | C | D | E | F |
|---|---|---|---|---|---|---|
| 1 | 科目代码 | 科目名称 | 本期发生额借方 | 本期发生额贷方 | 项目？？？ | 部门？？？ |
| 2 | 6602 | 管理费用 | 140,502.89 | 140,502.89 | 管理费用 | |
| 3 | 6602.411 | 工资 | 72,424.62 | 43,130.80 | 工资 | |
| 4 | | [01]总经办 | 8,323.24 | 8,323.24 | 工资 | 总经办 |
| 5 | | [02]人事行政部 | 12,327.29 | 12,327.29 | 工资 | 人事行政部 |
| 6 | | [03]财务部 | 11,362.25 | 11,362.25 | 工资 | 财务部 |
| 7 | | [04]采购部 | 9,960.67 | 9,960.67 | 工资 | 采购部 |
| 8 | | [05]生产部 | 12,660.18 | 12,660.18 | 工资 | 生产部 |
| 9 | | [06]信息部 | 10,864.87 | 10,864.87 | 工资 | 信息部 |
| 10 | | [07]贸易部 | 6,926.12 | 6,926.12 | 工资 | 贸易部 |
| 11 | 6602.414 | 个人所得税 | 3,867.57 | 3,867.57 | 个人所得税 | |
| 12 | | [01]总经办 | 1,753.91 | 1,753.91 | 个人所得税 | 总经办 |
| 13 | | [02]人事行政部 | 647.6 | 647.6 | 个人所得税 | 人事行政部 |
| 14 | | [03]财务部 | 563.78 | 563.78 | 个人所得税 | 财务部 |
| 15 | | [04]采购部 | 167.64 | 167.64 | 个人所得税 | 采购部 |
| 16 | | [05]生产部 | 249.33 | 249.33 | 个人所得税 | 生产部 |
| 17 | | [06]信息部 | 193.7 | 193.7 | 个人所得税 | 信息部 |
| 18 | | [07]贸易部 | 291.61 | 291.61 | 个人所得税 | 贸易部 |
| 19 | 6602.415 | 养老金 | 3,861.90 | 3,861.90 | 养老金 | |
| 20 | | [01]总经办 | 643.25 | 643.25 | 养老金 | 总经办 |
| 21 | | [02]人事行政部 | 516.56 | 516.56 | 养老金 | 人事行政部 |
| 22 | | [03]财务部 | 798.42 | 798.42 | 养老金 | 财务部 |

图 4-28　从 B 列科目名称中提取出的费用项目和部门名称

E2 单元格公式：=IF(A2<> “ ” ,B2,E1)。

F2 单元格公式：=IF(A2= ““,MID(B2,5,100),”” )。

### 4. 使用函数分列

也有很多情况是无法使用分列工具来分列的，比如图 4-29 所示的会计科目数据，科目编码与科目名称是紧密连在一起的，而且科目编码也长度不一。

考虑到会计科目数据仅仅是由数字和汉字组成，汉字是全角字符，有 2 个字节，数字是半角字符，有 1 个字节，因此 1 个汉字比 1 个数字多了 1 个字节，这样，字节数减去字符数的差值，就是汉字的个数。有了汉字的个数，就可以利用 RIGHT 函数将其取出来；再计算数字的个数，用 LEFT 函数将科目编码取出来。

计算字符数是 LEN 函数，计算字节数是 LENB 函数，汉字个数 =LENB-LEN。这样：

提取编码数字的公式为：=LEFT(A2,2*LEN(A2)-LENB(A2))。

提取科目名称汉字的公式为：=RIGHT(A2,LENB(A2)-LEN(A2))。

最终得到的结果如图 4-30 所示。

| | A | B | C |
|---|---|---|---|
| 1 | 会计科目 | 科目编码 | 科目名称 |
| 2 | 1001现金 | | |
| 3 | 1002银行存款 | | |
| 4 | 100201中国银行 | | |
| 5 | 100202中国工商银行 | | |
| 6 | 217101应交增值税 | | |
| 7 | 21710101应交增值税（进项税额） | | |
| 8 | 21710102应交增值税（销项税额） | | |
| 9 | 5502管理费用 | | |
| 10 | 550201管理人员工资 | | |
| 11 | 550202办公费 | | |

图 4-29　科目编码和科目名称各居左右，分别为数字和汉字

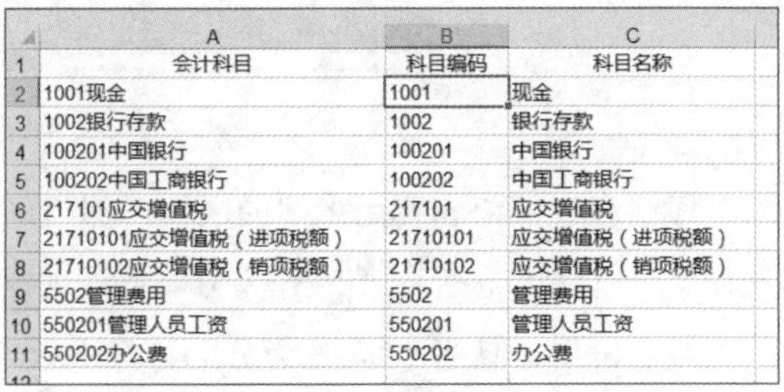

| | A | B | C |
|---|---|---|---|
| 1 | 会计科目 | 科目编码 | 科目名称 |
| 2 | 1001现金 | 1001 | 现金 |
| 3 | 1002银行存款 | 1002 | 银行存款 |
| 4 | 100201中国银行 | 100201 | 中国银行 |
| 5 | 100202中国工商银行 | 100202 | 中国工商银行 |
| 6 | 217101应交增值税 | 217101 | 应交增值税 |
| 7 | 21710101应交增值税（进项税额） | 21710101 | 应交增值税（进项税额） |
| 8 | 21710102应交增值税（销项税额） | 21710102 | 应交增值税（销项税额） |
| 9 | 5502管理费用 | 5502 | 管理费用 |
| 10 | 550201管理人员工资 | 550201 | 管理人员工资 |
| 11 | 550202办公费 | 550202 | 办公费 |

图 4-30　科目编码与科目名称被分成两列

使用函数分列，实际上也需要寻找数据的规律，根据规律选择相应的函数来设计分列公式。如果要分列的数据杂乱无章，没有任何规律而言，那么只好手工挖数。

## 4.3.2　数据合并

数据合并，是指把几个单元格的数据合并在一个单元格里，生成一个新的字符串。数据合并的常用方法有：

基本的连接计算（&）；

CONCATENATE 函数；

PHONETIC 函数；

CONCAT 函数；

TEXTJOIN 函数；

快速填充工具等。

**案例 4–4**

图 4-31 是原始数据，以及要合并成的样子。

|  | A | B | C | D |
|---|---|---|---|---|
| 1 | 姓名 | 部门 | 职位 | 需要的结果 |
| 2 | 刘晓晨 | 人力资源部 | 经理 | 刘晓晨 人力资源部 经理 |
| 3 | 祁正人 | 人力资源部 | 主管 | 祁正人 人力资源部 主管 |
| 4 | 张丽莉 | 财务部 | 总监 | 张丽莉 财务部 总监 |
| 5 | 孟欣然 | 财务部 | 经理 | 孟欣然 财务部 经理 |
| 6 | 毛利民 | 财务部 | 主管 | 毛利民 财务部 主管 |
| 7 | 马一晨 | 销售部 | 总监 | 马一晨 销售部 总监 |
| 8 | 王浩忌 | 销售部 | 经理 | 王浩忌 销售部 经理 |
| 9 | 王玉成 | 销售部 | 经理 | 王玉成 销售部 经理 |
| 10 | 蔡齐豫 | 销售部 | 经理 | 蔡齐豫 销售部 经理 |
| 11 |  |  |  |  |

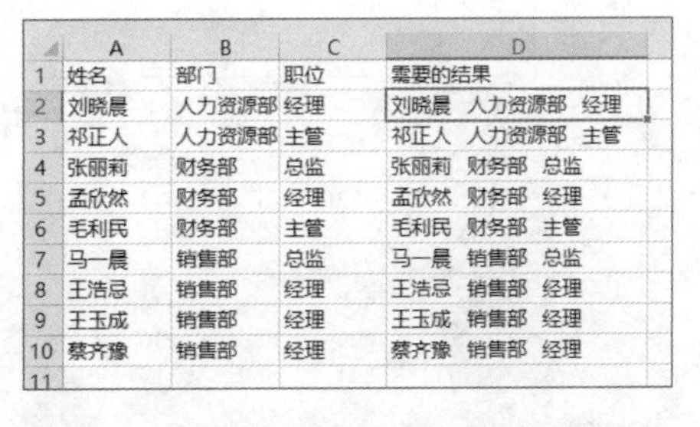

**图 4-31　原始的 3 类数据，要连接成一列字符**

**1. 使用函数公式合并数据**

最常见的合并数据公式是使用连字符 & 一个一个地连接起来，这种方法对于几个单元格来说不是难事，毕竟不嫌麻烦的大有人在。对于此例来说，公式如下：

```
=A2&" "&B2&" "&C2
```

如果使用 CONCATENATE 函数，则公式为：

```
=CONCATENATE(A2," ",B2," ",C2)
```

如果使用 CONCAT 函数，则公式为：

```
=CONCAT(A2," ",B2," ",C2)
```

如果使用 TEXTJOIN 函数，公式是最简单的（注意此函数仅仅是 Excel 2016 版才有的）：

```
=TEXTJOIN(" ",,A2:C2)
```

如果不想在每个数据之间插入空格，而是挤在一起，可以使用 PHONETIC 函数或 CONCAT 函数：

```
=PHONETIC(A2:C2)
=CONCAT(A2:C2)
```

有关这几个函数的详细用法，请参阅函数的帮助信息。

**2. 使用快速填充工具合并数据**

Excel 2016 还提供了一个快速填充工具，只要在第一行单元格输入连接合并的样子，就可以快速填充。具体步骤如下。

**步骤 01** 在单元格 D2 手工输入要合并的文本字符串样子。

**步骤 02** 选择单元格区域 D2:D10，单击“数据”→“快速填充”命令按钮即可。

## 4.3.3　二维表转换为数据表单

很多人由于对 Excel 认识不足，导致设计的很多表格是二维表格，但是二维表格又丧失了很多灵活的数据分析。比如，无法使用常规的数据透视表从各个角度进行分析。

其实，二维表格是一种报告形式的表格，它应该是从数据表单中汇总出来的一个报告，而不是最原始的基础数据表单。如果要把这样的二维表恢复为原始的数据表单，你会怎么做？一行一行的复制粘贴？

其实，利用多重合并计算数据区域透视表，可以很快把这样的二维表还原为数据清单，总共花费时间不会超过 1 分钟。

**案例 4–5**

图 4-32、图 4-33 是一个二维表及其要整理的结果。

| 产品 | 华北 | 西北 | 东北 | 华东 | 华南 | 华中 | 西南 |
|---|---|---|---|---|---|---|---|
| 产品01 | 889 | 651 | 245 | 288 | 271 | 227 | 843 |
| 产品02 | 737 | 270 | 413 | 537 | 258 | 447 | 881 |
| 产品03 | 702 | 374 | 849 | 765 | 273 | 727 | 289 |
| 产品04 | 715 | 795 | 535 | 392 | 754 | 557 | 862 |
| 产品05 | 507 | 840 | 674 | 299 | 541 | 504 | 296 |
| 产品06 | 238 | 886 | 230 | 839 | 785 | 507 | 495 |
| 产品07 | 344 | 659 | 317 | 364 | 838 | 743 | 587 |
| 产品08 | 465 | 805 | 386 | 417 | 657 | 663 | 685 |
| 产品09 | 504 | 649 | 600 | 780 | 279 | 527 | 604 |
| 产品10 | 437 | 493 | 879 | 812 | 893 | 543 | 288 |
| 产品11 | 363 | 841 | 606 | 737 | 843 | 781 | 880 |
| 产品12 | 677 | 349 | 784 | 305 | 478 | 320 | 407 |

**图 4-32　二维表汇总数据**

| 产品 | 地区 | 销售额 |
|---|---|---|
| 产品01 | 东北 | 245 |
| 产品01 | 华北 | 889 |
| 产品01 | 华东 | 288 |
| 产品01 | 华南 | 271 |
| 产品01 | 华中 | 227 |
| 产品01 | 西北 | 651 |
| 产品01 | 西南 | 843 |
| 产品02 | 东北 | 413 |
| 产品02 | 华北 | 737 |
| 产品02 | 华东 | 537 |
| 产品02 | 华南 | 258 |
| 产品02 | 华中 | 447 |
| 产品02 | 西北 | 270 |
| 产品02 | 西南 | 881 |
| 产品03 | 东北 | 849 |
| 产品03 | 华北 | 702 |
| 产品03 | 华东 | 765 |
| 产品03 | 华南 | 273 |
| 产品03 | 华中 | 727 |

二维表　清单

**图 4-33　整理的结果**

下面是主要制作步骤。

**步骤 01** 按“Alt+D+P”组合键（P 要按 2 下），打开数据透视表向导对话框，选择“多重合并计算数据区域”单选按钮，如图 4-34 所示。

**步骤 02** 单击“下一步”按钮，打开步骤 2a 对话框，保持默认，如图 4-35 所示。

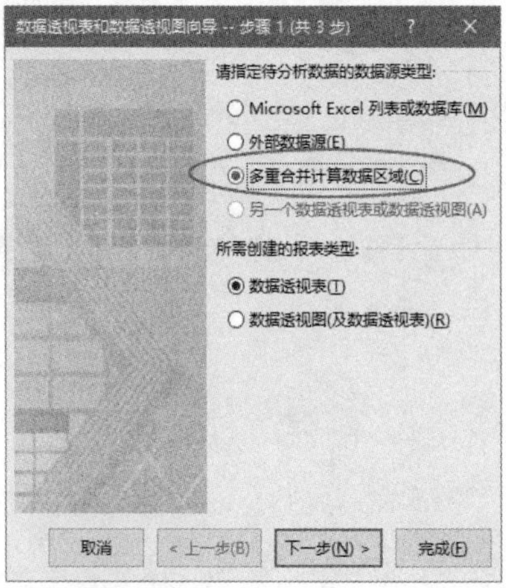
数据透视表和数据透视图向导 -- 步骤 1 (共 3 步)
请指定待分析数据的数据源类型:
Microsoft Excel 列表或数据库(M)
外部数据源(E)
多重合并计算数据区域(C)
另一个数据透视表或数据透视图(A)
所需创建的报表类型:
数据透视表(T)
数据透视图(及数据透视表)(R)
取消
< 上一步(B)
下一步(N) >
完成(F)

**图 4-34　步骤 1 中选择“多重合并计算数据区域”**

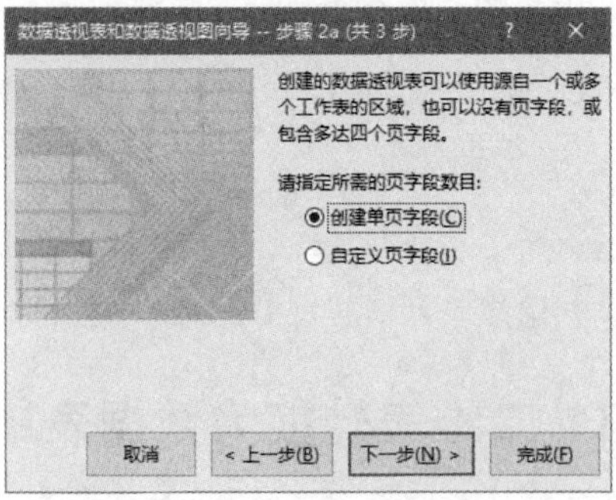
数据透视表和数据透视图向导 -- 步骤 2a (共 3 步)
创建的数据透视表可以使用源自一个或多个工作表的区域，也可以没有页字段，或包含多达四个页字段。
请指定所需的页字段数目:
创建单页字段(C)
自定义页字段(I)
取消
< 上一步(B)
下一步(N) >
完成(F)

**图 4-35　步骤 2a，保持默认**

**步骤 03** 单击“下一步”按钮，在第 2b 步里选定数据区域，并添加，如图 4-36 所示。

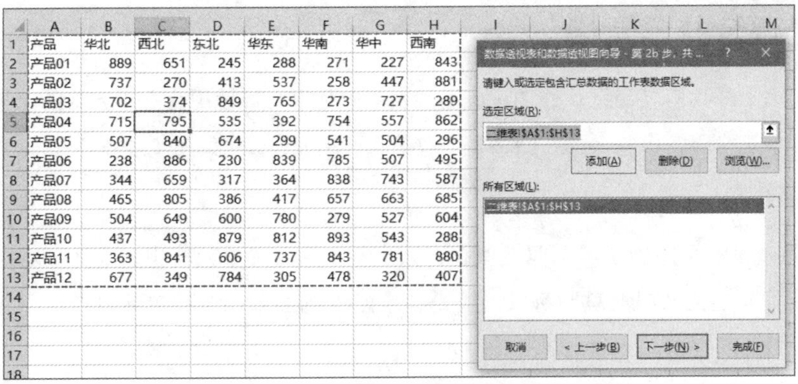

| | A | B | C | D | E | F | G | H |
|---|---|---|---|---|---|---|---|---|
| 1 | 产品 | 华北 | 西北 | 东北 | 华东 | 华南 | 华中 | 西南 |
| 2 | 产品01 | 889 | 651 | 245 | 288 | 271 | 227 | 843 |
| 3 | 产品02 | 737 | 270 | 413 | 537 | 258 | 447 | 881 |
| 4 | 产品03 | 702 | 374 | 849 | 765 | 273 | 727 | 289 |
| 5 | 产品04 | 715 | 795 | 535 | 392 | 754 | 557 | 862 |
| 6 | 产品05 | 507 | 840 | 674 | 299 | 541 | 504 | 296 |
| 7 | 产品06 | 238 | 886 | 230 | 839 | 785 | 507 | 495 |
| 8 | 产品07 | 344 | 659 | 317 | 364 | 838 | 743 | 587 |
| 9 | 产品08 | 465 | 805 | 386 | 417 | 657 | 663 | 685 |
| 10 | 产品09 | 504 | 649 | 600 | 780 | 279 | 527 | 604 |
| 11 | 产品10 | 437 | 493 | 879 | 812 | 893 | 543 | 288 |
| 12 | 产品11 | 363 | 841 | 606 | 737 | 843 | 781 | 880 |
| 13 | 产品12 | 677 | 349 | 784 | 305 | 478 | 320 | 407 |


数据透视表和数据透视图向导 - 第 2b 步，共 ...
请键入或选定包含汇总数据的工作表数据区域。
选定区域(R):
二维表!$A$1:$H$13
添加(A)
删除(D)
浏览(W)...
所有区域(L):
二维表!$A$1:$H$13
取消
< 上一步(B)
下一步(N) >
完成(F)


图 4-36　第 2b 步，添加数据区域

**步骤 04** 单击“下一步”按钮，在步骤 3 中选择“新工作表”，如图 4-37 所示。

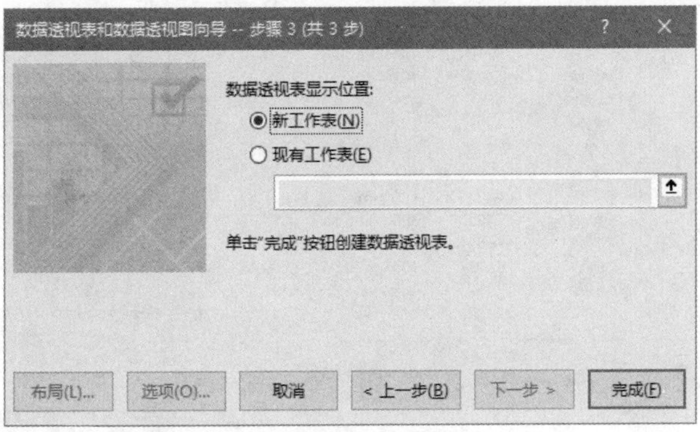

数据透视表和数据透视图向导 -- 步骤 3 (共 3 步)
数据透视表显示位置:
新工作表(N)
现有工作表(E)
单击"完成"按钮创建数据透视表。
布局(L)...
选项(O)...
取消
< 上一步(B)
下一步 >
完成(F)


图 4-37　选择“新工作表”

**步骤 05** 单击“完成”按钮，得到下面的数据透视表。

**步骤 06** 双击透视表最右下角的总计数单元格（本例中是数字 47776 单元格），会得到一个明细数据清单，如图 4-38、图 4-39 所示。

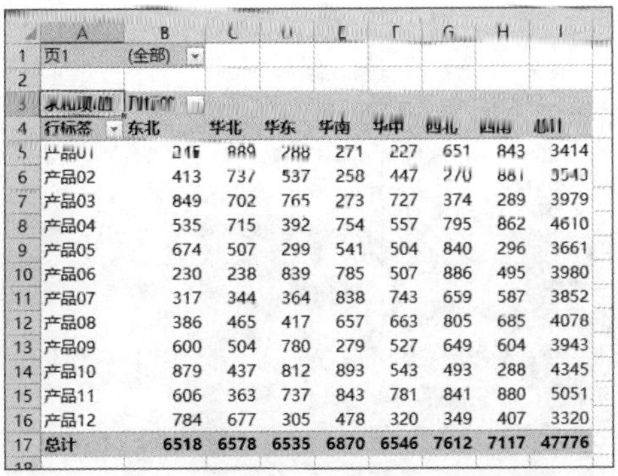

| | A | B | C | D | E | F | G | H | I |
|---|---|---|---|---|---|---|---|---|---|
| 1 | 页1 | (全部) | | | | | | | |
| 2 | | | | | | | | | |
| 3 | 求和项:值 | 列标签 | | | | | | | |
| 4 | 行标签 | 东北 | 华北 | 华东 | 华南 | 华中 | 西北 | 西南 | 总计 |
| 5 | 产品01 | [illegible] | 889 | 288 | 271 | 227 | 651 | 843 | 3414 |
| 6 | 产品02 | 413 | 737 | 537 | 258 | 447 | 270 | 881 | 3543 |
| 7 | 产品03 | 849 | 702 | 765 | 273 | 727 | 374 | 289 | 3979 |
| 8 | 产品04 | 535 | 715 | 392 | 754 | 557 | 795 | 862 | 4610 |
| 9 | 产品05 | 674 | 507 | 299 | 541 | 504 | 840 | 296 | 3661 |
| 10 | 产品06 | 230 | 238 | 839 | 785 | 507 | 886 | 495 | 3980 |
| 11 | 产品07 | 317 | 344 | 364 | 838 | 743 | 659 | 587 | 3852 |
| 12 | 产品08 | 386 | 465 | 417 | 657 | 663 | 805 | 685 | 4078 |
| 13 | 产品09 | 600 | 504 | 780 | 279 | 527 | 649 | 604 | 3943 |
| 14 | 产品10 | 879 | 437 | 812 | 893 | 543 | 493 | 288 | 4345 |
| 15 | 产品11 | 606 | 363 | 737 | 843 | 781 | 841 | 880 | 5051 |
| 16 | 产品12 | 784 | 677 | 305 | 478 | 320 | 349 | 407 | 3320 |
| 17 | 总计 | 6518 | 6578 | 6535 | 6870 | 6546 | 7612 | 7117 | 47776 |

图 4-38　以二维表格数据制作的数据透视表

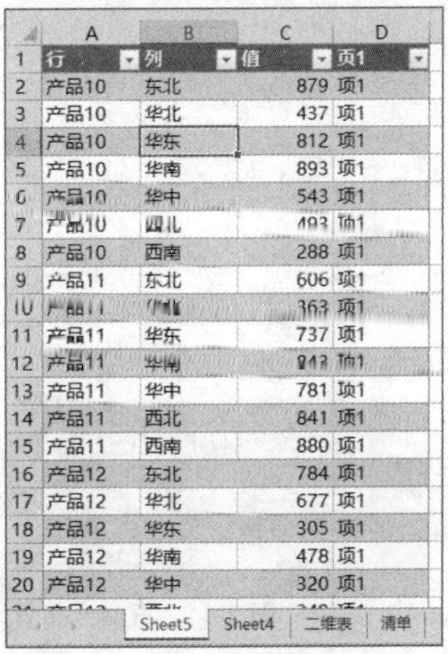

| | A | B | C | D |
|---|---|---|---|---|
| 1 | 行 | 列 | 值 | 页1 |
| 2 | 产品10 | 东北 | 879 | 项1 |
| 3 | 产品10 | 华北 | 437 | 项1 |
| 4 | 产品10 | 华东 | 812 | 项1 |
| 5 | 产品10 | 华南 | 893 | 项1 |
| 6 | 产品10 | 华中 | 543 | 项1 |
| 7 | 产品10 | 西北 | 493 | 项1 |
| 8 | 产品10 | 西南 | 288 | 项1 |
| 9 | 产品11 | 东北 | 606 | 项1 |
| 10 | 产品11 | 华北 | 363 | 项1 |
| 11 | 产品11 | 华东 | 737 | 项1 |
| 12 | 产品11 | 华南 | 843 | 项1 |
| 13 | 产品11 | 华中 | 781 | 项1 |
| 14 | 产品11 | 西北 | 841 | 项1 |
| 15 | 产品11 | 西南 | 880 | 项1 |
| 16 | 产品12 | 东北 | 784 | 项1 |
| 17 | 产品12 | 华北 | 677 | 项1 |
| 18 | 产品12 | 华东 | 305 | 项1 |
| 19 | 产品12 | 华南 | 478 | 项1 |
| 20 | 产品12 | 华中 | 320 | 项1 |


Sheet5
Sheet4
二维表
清单


图 4-39　得到的清单

**步骤 07** 最后清除表格样式，并转换为区域，修改标题。

## 4.3.4 处理合并单元格

第 1 章和第 2 章我们已经重点强调过，基础表单中是不允许使用合并单元格的，但是，已经设计出了有合并单元格的表格怎么办？回答是：取消合并单元格，并填充数据！

**案例 4–6**

图 4-40 是一个典型的例子，部门被保存在大小不一的合并单元格中。那么，这样的表格如何进行分析？比如，要按部门汇总？所以，首先必须把 A 列的部门合并单元格取消，并填充部门名称，做成一个规范的表格。

| | A | B | C | D | E | F | G | H | I |
|---|---|---|---|---|---|---|---|---|---|
| 1 | 部门 | 姓名 | 基本工资 | 津贴 | 奖金 | 应发合计 | 个税 | 社保 | 实发合计 |
| 2 | 办公室 | 舒思雨 | 7172 | 203 | 797.46 | 8172.46 | 379.49 | 1004.08 | 6788.89 |
| 3 | | 王雨燕 | 4571 | 417 | 540.36 | 5528.36 | 97.84 | 639.94 | 4790.58 |
| 4 | | 王亚萍 | 6252 | 236 | 599.56 | 7087.56 | 253.76 | 875.28 | 5958.52 |
| 5 | 财务部 | 任若思 | 4835 | 336 | 366.39 | 5537.39 | 98.74 | 676.90 | 4761.75 |
| 6 | | 刘心宇 | 3858 | 284 | 322.78 | 4464.78 | 28.94 | 540.12 | 3895.72 |
| 7 | | 刘柳 | 5218 | 430 | 766.28 | 6414.28 | 186.43 | 730.52 | 5497.33 |
| 8 | | 蒙自放 | 6400 | 302 | 507.37 | 7209.37 | 265.94 | 896.00 | 6047.43 |
| 9 | | 韩晓波 | 4716 | 470 | 627.68 | 5813.68 | 126.37 | 660.24 | 5027.07 |
| 10 | | 毛丽旭 | 5507 | 232 | 540.12 | 6279.12 | 172.91 | 770.98 | 5335.23 |
| 11 | 运营部 | 赵宏 | 5429 | 216 | 642.00 | 6287.00 | 173.70 | 760.06 | 5353.24 |
| 12 | | 何彬 | 4033 | 461 | 829.32 | 5323.32 | 77.33 | 564.62 | 4681.37 |
| 13 | | 柳树彬 | 6993 | 450 | 374.83 | 7817.83 | 326.78 | 979.02 | 6512.03 |
| 14 | | 刘一伯 | 7495 | 390 | 688.84 | 8573.84 | 459.77 | 1049.30 | 7064.77 |
| 15 | | 刘颂峙 | 7665 | 450 | 531.17 | 8646.17 | 474.23 | 1073.10 | 7098.84 |
| 16 | 生产部 | 刘冀北 | 5843 | 335 | 726.66 | 6904.66 | 235.47 | 818.02 | 5851.17 |
| 17 | | 吴雨平 | 7352 | 361 | 407.05 | 8120.05 | 369.01 | 1029.28 | 6721.76 |
| 18 | 合计 | | 93339 | 5573 | 9267.9 | 108179.9 | 3726.71 | 13067.46 | 91385.70 |

**图 4-40　有合并单元格的表格**

下面是主要步骤。

**步骤 01** 选择 A 列区域，单击功能区的“合并后居中”按钮，取消合并单元格。如图 4-41 所示。

**步骤 02** 按 F5 键或者 Ctrl+G 组合键，打开“定位条件”对话框，定位出空单元格，如图 4-42、图 4-43 所示。

| | A | B | C | D | E | F | G | H | I |
|---|---|---|---|---|---|---|---|---|---|
| 1 | 部门 | 姓名 | 基本工资 | 津贴 | 奖金 | 应发合计 | 个税 | 社保 | 实发合计 |
| 2 | 办公室 | 舒思雨 | 7172 | 203 | 797.46 | 8172.46 | 379.49 | 1004.08 | 6788.89 |
| 3 | | 王雨燕 | 4571 | 417 | 540.36 | 5528.36 | 97.84 | 639.94 | 4790.58 |
| 4 | | 王亚萍 | 6252 | 236 | 599.56 | 7087.56 | 253.76 | 875.28 | 5958.52 |
| 5 | 财务部 | 任若思 | 4835 | 336 | 366.39 | 5537.39 | 98.74 | 676.90 | 4761.75 |
| 6 | | 刘心宇 | 3858 | 284 | 322.78 | 4464.78 | 28.94 | 540.12 | 3895.72 |
| 7 | | 刘柳 | 5218 | 430 | 766.28 | 6414.28 | 186.43 | 730.52 | 5497.33 |
| 8 | | 蒙自放 | 6400 | 302 | 507.37 | 7209.37 | 265.94 | 896.00 | 6047.43 |
| 9 | | 韩晓波 | 4716 | 470 | 627.68 | 5813.68 | 126.37 | 660.24 | 5027.07 |
| 10 | | 毛丽旭 | 5507 | 232 | 540.12 | 6279.12 | 172.91 | 770.98 | 5335.23 |
| 11 | 运营部 | 赵宏 | 5429 | 216 | 642.00 | 6287.00 | 173.70 | 760.06 | 5353.24 |
| 12 | | 何彬 | 4033 | 461 | 829.32 | 5323.32 | 77.33 | 564.62 | 4681.37 |
| 13 | | 柳树彬 | 6993 | 450 | 374.83 | 7817.83 | 326.78 | 979.02 | 6512.03 |
| 14 | | 刘一伯 | 7495 | 390 | 688.84 | 8573.84 | 459.77 | 1049.30 | 7064.77 |
| 15 | | 刘颂峙 | 7665 | 450 | 531.17 | 8646.17 | 474.23 | 1073.10 | 7098.84 |
| 16 | 生产部 | 刘冀北 | 5843 | 335 | 726.66 | 6904.66 | 235.47 | 818.02 | 5851.17 |
| 17 | | 吴雨平 | 7352 | 361 | 407.05 | 8120.05 | 369.01 | 1029.28 | 6721.76 |
| 18 | 合计 | | 93339 | 5573 | 9267.9 | 108179.9 | 3726.71 | 13067.46 | 91385.70 |

**图 4-41　取消合并单元格**

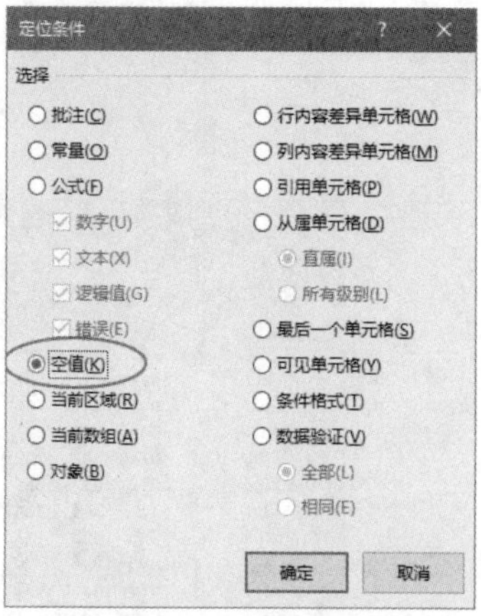
定位条件
选择
批注(C)
常量(O)
公式(F)
数字(U)
文本(X)
逻辑值(G)
错误(E)
空值(K)
当前区域(R)
当前数组(A)
对象(B)
行内容差异单元格(W)
列内容差异单元格(M)
引用单元格(P)
从属单元格(D)
直属(I)
所有级别(L)
最后一个单元格(S)
可见单元格(Y)
条件格式(T)
数据验证(V)
全部(L)
相同(E)
确定
取消

**图 4-42　选择“空值”**

**步骤 03** 在当前活动单元格输入公式“=A2”，如图 4-44 所示。

| | A | B | C | D | E |
|---|---|---|---|---|---|
| 1 | 部门 | 姓名 | 基本工资 | 津贴 | 奖金 |
| 2 | 办公室 | 舒思雨 | 7172 | 203 | 797.46 |
| 3 | | 王雨燕 | 4571 | 417 | 540.36 |
| 4 | | 王亚萍 | 6252 | 236 | 599.56 |
| 5 | 财务部 | 任若思 | 4835 | 336 | 366.39 |
| 6 | | 刘心宇 | 3858 | 284 | 322.78 |
| 7 | | 刘柳 | 5218 | 430 | 766.28 |
| 8 | | 蒙自放 | 6400 | 302 | 507.37 |
| 9 | | 韩晓波 | 4716 | 470 | 627.68 |
| 10 | | 毛丽旭 | 5507 | 232 | 540.12 |
| 11 | 运营部 | 赵宏 | 5429 | 216 | 642.00 |
| 12 | | 何彬 | 4033 | 461 | 829.32 |
| 13 | | 柳树彬 | 6993 | 450 | 374.83 |
| 14 | | 刘一伯 | 7495 | 390 | 688.84 |
| 15 | | 刘颂峙 | 7665 | 450 | 531.17 |
| 16 | 生产部 | 刘冀北 | 5843 | 335 | 726.66 |
| 17 | | 吴雨平 | 7352 | 361 | 407.05 |
| 18 | 合计 | | 93339 | 5573 | 9267.9 |

图 4-43　选择了所有的空单元格

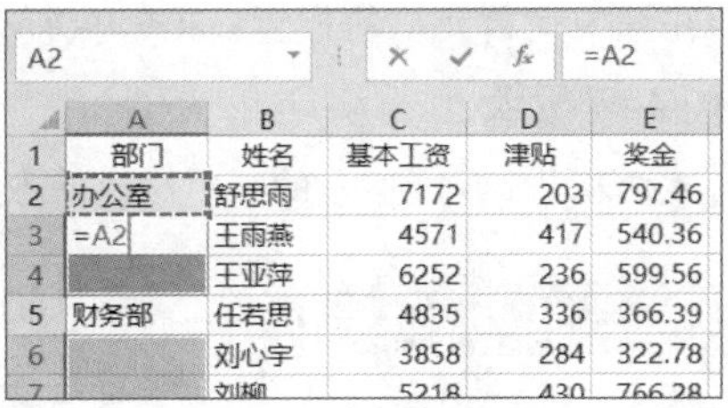

A2　×　✓　fx　=A2

| | A | B | C | D | E |
|---|---|---|---|---|---|
| 1 | 部门 | 姓名 | 基本工资 | 津贴 | 奖金 |
| 2 | 办公室 | 舒思雨 | 7172 | 203 | 797.46 |
| 3 | =A2 | 王雨燕 | 4571 | 417 | 540.36 |
| 4 | | 王亚萍 | 6252 | 236 | 599.56 |
| 5 | 财务部 | 任若思 | 4835 | 336 | 366.39 |
| 6 | | 刘心宇 | 3858 | 284 | 322.78 |

图 4-44　输入公式“=A2”

**步骤 04** 按 Ctrl+Enter 组合键，将所有的空单元格输入引用公式，也就完成了数据填充，如图 4-45 所示。

| | A | B | C | D | E | F | G | H | I |
|---|---|---|---|---|---|---|---|---|---|
| 1 | 部门 | 姓名 | 基本工资 | 津贴 | 奖金 | 应发合计 | 个税 | 社保 | 实发合计 |
| 2 | 办公室 | 舒思雨 | 7172 | 203 | 797.46 | 8172.46 | 379.49 | 1004.08 | 6788.89 |
| 3 | 办公室 | 王雨燕 | 4571 | 417 | 540.36 | 5528.36 | 97.84 | 639.94 | 4790.58 |
| 4 | 办公室 | 王亚萍 | 6252 | 236 | 599.56 | 7087.56 | 253.76 | 875.28 | 5958.52 |
| 5 | 财务部 | 任若思 | 4835 | 336 | 366.39 | 5537.39 | 98.74 | 676.90 | 4761.75 |
| 6 | 财务部 | 刘心宇 | 3858 | 284 | 322.78 | 4464.78 | 28.94 | 540.12 | 3895.72 |
| 7 | 财务部 | 刘柳 | 5218 | 430 | 766.28 | 6414.28 | 186.43 | 730.52 | 5497.33 |
| 8 | 财务部 | 蒙自放 | 6400 | 302 | 507.37 | 7209.37 | 265.94 | 896.00 | 6047.43 |
| 9 | 财务部 | 韩晓波 | 4716 | 470 | 627.68 | 5813.68 | 126.37 | 660.24 | 5027.07 |
| 10 | 财务部 | 毛丽旭 | 5507 | 232 | 540.12 | 6279.12 | 172.91 | 770.98 | 5335.23 |
| 11 | 运营部 | 赵宏 | 5429 | 216 | 642.00 | 6287.00 | 173.70 | 760.06 | 5353.24 |
| 12 | 运营部 | 何彬 | 4033 | 461 | 829.32 | 5323.32 | 77.33 | 564.62 | 4681.37 |
| 13 | 运营部 | 柳树彬 | 6993 | 450 | 374.83 | 7817.83 | 326.78 | 979.02 | 6512.03 |
| 14 | 运营部 | 刘一伯 | 7495 | 390 | 688.84 | 8573.84 | 459.77 | 1049.30 | 7064.77 |
| 15 | 运营部 | 刘颂峙 | 7665 | 450 | 531.17 | 8646.17 | 474.23 | 1073.10 | 7098.84 |
| 16 | 生产部 | 刘冀北 | 5843 | 335 | 726.66 | 6904.66 | 235.47 | 818.02 | 5851.17 |
| 17 | 生产部 | 吴雨平 | 7352 | 361 | 407.05 | 8120.05 | 369.01 | 1029.28 | 6721.76 |
| 18 | 合计 | | 93339 | 5573 | 9267.9 | 108179.9 | 3726.71 | 13067.46 | 91385.70 |

图 4-45　合并单元格处理完毕

**步骤 05** 选择 A 列，将公式选择粘贴成数值。

## 4.3.5　快速删除表单中的空行

空行的存在，可能是人工插入的，也可能是从系统导出的表格本身就存在空行。对于基础数据表格来说，空行是不必要的，最好将其删除。

**案例 4–7**

图 4-46 是一个存在大量空行的实际案例，是从系统导入的银行存款日记账表格。在这个表格中，有大量的空行和合并单元格，它们的存在会影响到进行银行对账工作，必须删除空行，并把合并单元格处理掉。

仔细观察表格的结构和数据，除 C 列以外，以其

| | A | B | C | D | E | F |
|---|---|---|---|---|---|---|
| 1 | 凭证号 | 交易日 | 交易金额 | 币种 | 客户编码 | 摘要 |
| 2 | | | | | | |
| 3 | 300048 | 2016-9-29 | 646,974.29 | CNY | G008058 | DD9583370 |
| 4 | | | | | | |
| 5 | | | | | | |
| 6 | 001637 | 2016-9-23 | -60,000.00 | CNY | G007225 | 二院体检 |
| 7 | | | | | | |
| 8 | | | | | | |
| 9 | 001637 | 2016-9-23 | -1.20 | CNY | G007225 | bank charge |
| 10 | | | | | | |
| 11 | | | | | | |
| 12 | 001638 | 2016-9-23 | -50,850.00 | CNY | G007225 | 30%PREPAY |
| 13 | | | | | | |
| 14 | | | | | | |
| 15 | 001638 | 2016-9-23 | -1.20 | CNY | G007225 | BANK CHARGE |
| 16 | | | | | | |
| 17 | | | | | | |
| 18 | 001639 | 2016-9-23 | -26,320.50 | CNY | G007225 | 艾特090042-30% |
| 19 | | | | | | |
| 20 | | | | | | |

Sheet1　Sheet2　Sheet3

图 4-46　存在大量空行和合并单元格

他各列为参照，将空行删除，就可以解决空行和合并单元格的问题。下面是快速删除大量空行的一个非常实用的小技巧。

**步骤01** 选中A列。

**步骤02** 按F5键或者Ctrl+G组合键，打开“定位条件”对话框，定位出空单元格。

**步骤03** 在选中空单元格的位置右击，执行“删除”命令，打开“删除”对话框，选择“整行”删除，如图4-47所示。

这样，就得到图4-48所示的干干净净的数据区域了。

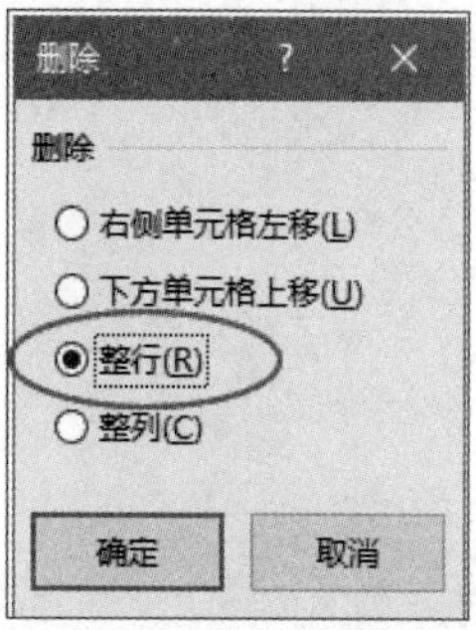
删除
?
删除
右侧单元格左移(L)
下方单元格上移(U)
整行(R)
整列(C)
确定
取消

图4-47　选择“整行”

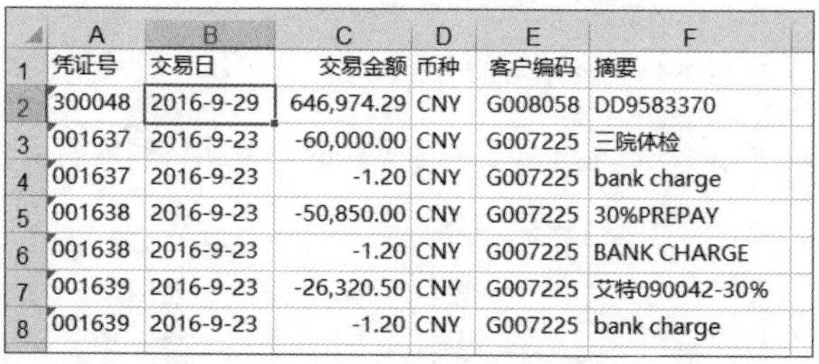

| | A | B | C | D | E | F |
|---|---|---|---|---|---|---|
| 1 | 凭证号 | 交易日 | 交易金额 | 币种 | 客户编码 | 摘要 |
| 2 | 300048 | 2016-9-29 | 646,974.29 | CNY | G008058 | DD9583370 |
| 3 | 001637 | 2016-9-23 | -60,000.00 | CNY | G007225 | 三院体检 |
| 4 | 001637 | 2016-9-23 | -1.20 | CNY | G007225 | bank charge |
| 5 | 001638 | 2016-9-23 | -50,850.00 | CNY | G007225 | 30%PREPAY |
| 6 | 001638 | 2016-9-23 | -1.20 | CNY | G007225 | BANK CHARGE |
| 7 | 001639 | 2016-9-23 | -26,320.50 | CNY | G007225 | 艾特090042-30% |
| 8 | 001639 | 2016-9-23 | -1.20 | CNY | G007225 | bank charge |

图4-48　删除空行后的表格数据

## 4.3.6　快速删除小计行

很多人喜欢在基础表单中按照大类，插入很多小计行，这样的小计其实是没有必要的，不仅增加工作量，也不利于后面的数据处理和分析，应予以删除。

删除小计行的最简便方法是：首先查找并选择所有小计单元格，再选择“整行”删除。

快速查找并选择所有小计单元格的方法是利用查找和替换对话框，在“查找内容”中输入“小计”，单击“查找全部”按钮，就找出了所有的小计单元格，如图4-49所示。

找出来后，不要关闭这个对话框，在这个对话框上按Ctrl+A键，将所有小计单元格选中，如图4-50所示。然后再关闭对话框。

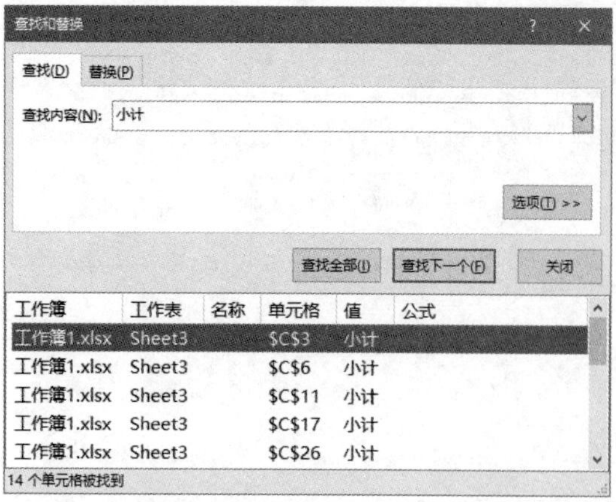
查找和替换
查找(D)
替换(P)
查找内容(N): 小计
选项(T) >>
查找全部(I)
查找下一个(F)
关闭
工作簿 工作表 名称 单元格 值 公式
工作簿1.xlsx Sheet3 $C$3 小计
工作簿1.xlsx Sheet3 $C$6 小计
工作簿1.xlsx Sheet3 $C$11 小计
工作簿1.xlsx Sheet3 $C$17 小计
工作簿1.xlsx Sheet3 $C$26 小计
14 个单元格被找到

图4-49　查找出所有的“小计”单元格

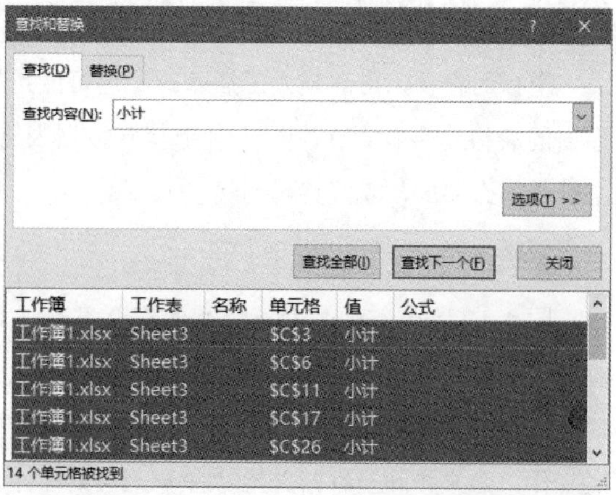
查找和替换
查找(D)
替换(P)
查找内容(N): 小计
选项(T) >>
查找全部(I)
查找下一个(F)
关闭
工作簿 工作表 名称 单元格 值 公式
工作簿1.xlsx Sheet3 $C$3 小计
工作簿1.xlsx Sheet3 $C$6 小计
工作簿1.xlsx Sheet3 $C$11 小计
工作簿1.xlsx Sheet3 $C$17 小计
工作簿1.xlsx Sheet3 $C$26 小计
14 个单元格被找到

图4-50　选择了所有的小计单元格

# 4.4 表格数据完整性

很多基础表单设计得千疮百孔，从系统导出的表格也是“缺胳膊少腿”的。比如，存在大量的空单元格；存在大量的合并单元格（其实质也是存在大量的空单元格），存在着大量的空行、空列等。这样的表格，是残缺不全的，需要修补。

空行、空列都要删除，合并单元格也要取消合并，并填充数据，这些技能前面已经讲过了。下面我将介绍如何快速填充大量空单元格。其实，快速填充空单元格的技能前面也介绍过了的，这里再结合两个例子复习一下。

## 4.4.1 从上往下填充空单元格

**案例 4–8**

图 4-51 是一个实际表格例子，在 A 列至 D 列存在大量的空单元格，其实这些空单元格应该是上一行数据，就像合并单元格一样。

| | A | B | C | D | E | F | G |
|---|---|---|---|---|---|---|---|
| 1 | 日期 | 单据编号 | 客户编码 | 购货单位 | 产品代码 | 实发数量 | 金额 |
| 2 | 2009-05-01 | XOUT004664 | 37106103 | 客户A | 005 | 5000 | 26,766.74 |
| 3 | 2009-05-01 | XOUT004665 | 37106103 | 客户B | 005 | 1520 | 8,137.09 |
| 4 | | | | | 006 | 1000 | 4,690.34 |
| 5 | | | | | 007 | 300 | 3,556.18 |
| 6 | 2009-05-02 | XOUT004666 | 00000006 | 客户C | 001 | 44350 | 196,356.73 |
| 7 | 2009-05-04 | XOUT004667 | 53004102 | 客户D | 007 | 3800 | 45,044.92 |
| 8 | | | | | 006 | 600 | 7,112.36 |
| 9 | 2009-05-04 | XOUT004669 | 53005101 | 客户A | 007 | 5000 | 59,269.64 |
| 10 | 2009-05-04 | XOUT004671 | 55702102 | 客户Y | 008 | 7680 | 91,038.16 |
| 11 | | | | | 006 | 1420 | 16,832.58 |
| 12 | 2009-05-04 | XOUT004672 | 37106103 | 客户E | 005 | 3800 | 20,342.73 |
| 13 | | | | | 006 | 2000 | 12,181.23 |
| 14 | | | | | 007 | 1500 | 17,780.89 |
| 15 | | | | | 008 | 2200 | 45,655.00 |
| 16 | 2009-05-04 | XOUT004678 | 91006101 | 客户A | 006 | 400 | 4,741.57 |
| 17 | 2009-05-04 | XOUT004679 | 37106103 | 客户Q | 006 | 10000 | 53,533.49 |
| 18 | 2009-05-04 | XOUT004680 | 91311105 | 客户C | 007 | 2000 | 18,037.83 |
| 19 | | | | | 006 | 500 | 5,926.96 |
| 20 | | | | | 002 | 1520 | 8,826.02 |
| 21 | 2009-05-04 | XOUT004681 | 91709103 | 客户G | 002 | 2000 | 11,613.18 |
| 22 | 2009-05-04 | XOUT004682 | 37403102 | 客户C | 007 | 4060 | 36,616.80 |
| 23 | | | | | 006 | 1860 | 16,775.19 |
| 24 | 2009-05-04 | XOUT004683 | 37311105 | 客户W | 007 | 1140 | 10,281.57 |

图 4-51　存在大量空单元格的数据表：往下填充数据

由于表格中有很多空单元格，一个一个单元格复制数据是不现实的。我们可以采用定位填充技术来快速填充上一个单元格数据。这种方法在处理合并单元格里已经介绍过了，主要步骤再复习一遍。

**步骤 01** 选择 A:D 列数据区域。

**步骤 02** 使用 F5 键或者 Ctrl+G 键，定位选择数据区域内的所有空单元格。

**步骤 03** 在活动单元格（这里是 A4 单元格）输入公式“=A3”（也就是活动单元格上面的那个单元格），然后按 Ctrl+Enter 组合键。

**步骤 04** 最后把 A 列至 D 列选择粘贴成数值，填充后的数据表如图 4-52 所示。

| 日期 | 单据编号 | 客户编码 | 购货单位 | 产品代码 | 实发数量 | 金额 |
|---|---|---|---|---|---|---|
| 2009-05-01 | XOUT004664 | 37106103 | 客户A | 005 | 5000 | 26,766.74 |
| 2009-05-01 | XOUT004665 | 37106103 | 客户B | 005 | 1520 | 8,137.09 |
| 2009-05-01 | XOUT004665 | 37106103 | 客户B | 006 | 1000 | 4,690.34 |
| 2009-05-01 | XOUT004665 | 37106103 | 客户B | 007 | 300 | 3,556.18 |
| 2009-05-02 | XOUT004666 | 00000006 | 客户C | 001 | 44350 | 196,356.73 |
| 2009-05-04 | XOUT004667 | 53004102 | 客户D | 007 | 3800 | 45,044.92 |
| 2009-05-04 | XOUT004667 | 53004102 | 客户D | 006 | 600 | 7,112.36 |
| 2009-05-04 | XOUT004669 | 53005101 | 客户A | 007 | 5000 | 59,269.64 |
| 2009-05-04 | XOUT004671 | 55702102 | 客户Y | 008 | 7680 | 91,038.16 |
| 2009-05-04 | XOUT004671 | 55702102 | 客户Y | 006 | 1420 | 16,832.58 |
| 2009-05-04 | XOUT004672 | 37106103 | 客户E | 005 | 3800 | 20,342.73 |
| 2009-05-04 | XOUT004672 | 37106103 | 客户E | 006 | 2000 | 12,181.23 |
| 2009-05-04 | XOUT004672 | 37106103 | 客户E | 007 | 1500 | 17,780.89 |
| 2009-05-04 | XOUT004672 | 37106103 | 客户E | 008 | 2200 | 45,655.00 |
| 2009-05-04 | XOUT004678 | 91006101 | 客户A | 006 | 400 | 4,741.57 |
| 2009-05-04 | XOUT004679 | 37106103 | 客户Q | 006 | 10000 | 53,533.49 |
| 2009-05-04 | XOUT004680 | 91311105 | 客户C | 007 | 2000 | 18,037.83 |
| 2009-05-04 | XOUT004680 | 91311105 | 客户C | 006 | 500 | 5,926.96 |
| 2009-05-04 | XOUT004680 | 91311105 | 客户C | 002 | 1520 | 8,826.02 |
| 2009-05-04 | XOUT004681 | 91709103 | 客户G | 002 | 2000 | 11,613.18 |

图 4-52　填充后的数据表

## 4.4.2　从下往上填充空单元格

**案例 4–9**

图 4-53 是另外导出的税金表，每个税金科目有 3 行，税金科目名称在底部，那么，如果要想得到右侧的清晰的汇总表，就必须把 A 列的数据填充。

仍旧采用定位填充方法。选择 A 列，定位选择空单元格，此时活动单元格是 A2，在单元格 A2 输入公式“=A3”，按 Ctrl+Enter 组合键，即可完成填充数据。

最后就可以利用透视表快速汇总得到需要的报表，如图 4-54 所示。

| 科目名称 | 期间 | 摘要 | 原币借方 |
|---|---|---|---|
|  | 11 | 期初余额 | 0 |
|  | 11 | 本期合计 | 7161.88 |
| 营业税金及附加 | 11 | 本年累计 | 48340.1 |
|  | 11 | 期初余额 | 0 |
|  | 11 | 本期合计 | 209.41 |
| 城建税 | 11 | 本年累计 | 1416.86 |
|  | 11 | 期初余额 | 0 |
|  | 11 | 本期合计 | 83.77 |
| 地方教育费附加 | 11 | 本年累计 | 566.74 |
|  | 11 | 期初余额 | 0 |
|  | 11 | 本期合计 | 41.88 |
| 地方水利建设基金 | 11 | 本年累计 | 167.02 |
|  | 11 | 期初余额 | 0 |
|  | 11 | 本期合计 | 125.65 |
| 教育费附加 | 11 | 本年累计 | 850.13 |
|  | 11 | 期初余额 | 0 |
|  | 11 | 本期合计 | 2512.92 |
| 文化事业建设费 | 11 | 本年累计 | 17002.26 |
|  | 11 | 期初余额 | 0 |
|  | 11 | 本期合计 | 4188.25 |
| 营业税 | 11 | 本年累计 | 28337.09 |

| 科目名称 | 期初余额 | 本期合计 | 本年累计 |
|---|---|---|---|
| 营业税金及附加 | 0 | 7161.88 | 48340.1 |
| 城建税 | 0 | 209.41 | 1416.86 |
| 地方教育费附加 | 0 | 83.77 | 566.74 |
| 地方水利建设基金 | 0 | 41.88 | 167.02 |
| 教育费附加 | 0 | 125.65 | 850.13 |
| 文化事业建设费 | 0 | 2512.92 | 17002.26 |
| 营业税 | 0 | 4188.25 | 28337.09 |
| 合计 | 0 | 14323.76 | 96680.2 |

图 4-53　上面单元格需要填充为下面的数据，往上填充数据

| 科目名称 | 期间 | 摘要 | 原币借方 |
|---|---|---|---|
| 营业税金及附加 | 11 | 期初余额 | 0 |
| 营业税金及附加 | 11 | 本期合计 | 7161.88 |
| 营业税金及附加 | 11 | 本年累计 | 48340.1 |
| 城建税 | 11 | 期初余额 | 0 |
| 城建税 | 11 | 本期合计 | 209.41 |
| 城建税 | 11 | 本年累计 | 1416.86 |
| 地方教育费附加 | 11 | 期初余额 | 0 |
| 地方教育费附加 | 11 | 本期合计 | 83.77 |
| 地方教育费附加 | 11 | 本年累计 | 566.74 |
| 地方水利建设基金 | 11 | 期初余额 | 0 |
| 地方水利建设基金 | 11 | 本期合计 | 41.88 |
| 地方水利建设基金 | 11 | 本年累计 | 167.02 |
| 教育费附加 | 11 | 期初余额 | 0 |
| 教育费附加 | 11 | 本期合计 | 125.65 |
| 教育费附加 | 11 | 本年累计 | 850.13 |
| 文化事业建设费 | 11 | 期初余额 | 0 |
| 文化事业建设费 | 11 | 本期合计 | 2512.92 |
| 文化事业建设费 | 11 | 本年累计 | 17002.26 |
| 营业税 | 11 | 期初余额 | 0 |
| 营业税 | 11 | 本期合计 | 4188.25 |
| 营业税 | 11 | 本年累计 | 28337.09 |

图 4-54　填充后的数据表

## 4.4.3　快速往空单元格填充数字 0

如果要往数据区域的空单元格中快速填充数字 0，有两种高效的方法：查找替换法和定位填充法。

查找替换法的基本步骤是：打开“查找和替换”对话框，在“查找内容”输入框里什么都不输入，在“替换为”输入框里输入 0，如图 4-55 所示。单击“全部替换”按钮，会自动把数据区域内所有的空单元格输入数字 0。

定位填充法的基本步骤是：先按 F5 键，在“定位条件”对话框中选择“空值”选项按钮，定位数据区域内的所有空单元格，然后输入数字 0，按 Ctrl+Enter 组合键。

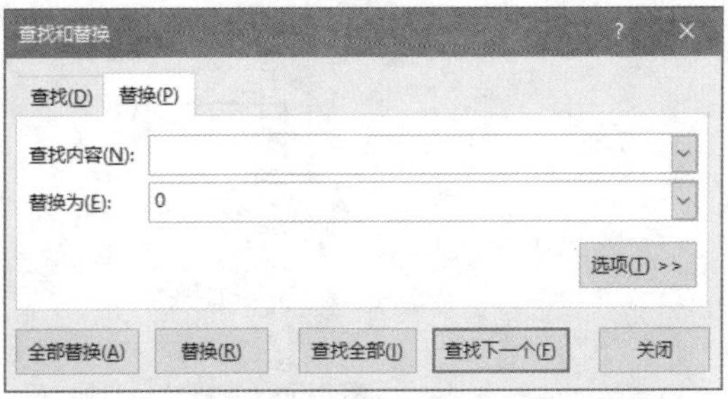
查找和替换
查找(D)
替换(P)
查找内容(N):
替换为(E):
0
选项(T) >>
全部替换(A)
替换(R)
查找全部(I)
查找下一个(F)
关闭

图 4-55　准备往数据区域的所有空单元格填充数字 0

# 4.5　快速核对数据

核对数据，是实际工作中经常要做的工作之一。所谓核对数据，就是从一个工作表中，把非法的、不符合规则的数据找出来，或者从几个工作表中查找不一样的数据。核对数据要讲究准确高效，而不是靠眼睛手工来核对。

## 4.5.1　高效核对数据的几种实用方法和技巧

高效核对数据有很多方法，比如数据有效性法、条件格式法、函数法、数据透视表法、普通 Query 法、SQL 法、PowerQuery 等。

数据有效性法就是先对数据区域设置数据的有效性，然后将那些无效数据圈释出来。

条件格式法就是对数据区域设置条件格式，把那些不一样的数据标识出来。

函数法就是利用相关的函数（如 IF、COUNTIF、MATCH、VLOOKUP 等）进行数据查找判断，把不一样的数据查找出来。

数据透视表法是利用多重合并计算数据区域透视表，把几个表格数据归集到一起进行比对，并计算出差异。

Query 法是利用 Microsoft Query 工具对有关联的几个工作表数据进行关联，从而查找两个表格的差异。

SQL 法是利用 SQL 语句，把结构更加复杂的几个工作表数据进行归集并进行核对。

PowerQuery 法是利用 PowerQuery 的合并查询功能，将两个表格的差异进行比较。

## 4.5.2　在一个工作表中查找非法数据：圈释无效数据

所谓非法数据，就是不满足指定规则的数据。比如，某列输入的日期必须是 2017 年的日期，但也可能混杂有其他年份日期，或者输入了错误日期，如何快速把这些非法日期找出来？我们可以使用数据验证有效性或者条件格式来快速准确的核对数据。

图 4-56 就是原始数据及核对结果。这里规定所有的日期都必须是 2017 年日期。具体的核对方法和步骤如下。

**步骤 01**　首先选择 A 列的数据区域，设置数据验证，其条件为 2017 年日期。

步骤 02 单击“数据验证”下拉菜单下的“圈释无效数据”命令，就得到核对结果，如图 4-57 所示。

A
1 日期
2 2017-9-1
3 2017.9.12
4 2017.8-22
5 2017-5-29
6 2017-10-12
7 2017-9.23
8 2017-4-1
9

图 4-56　存在错误日期

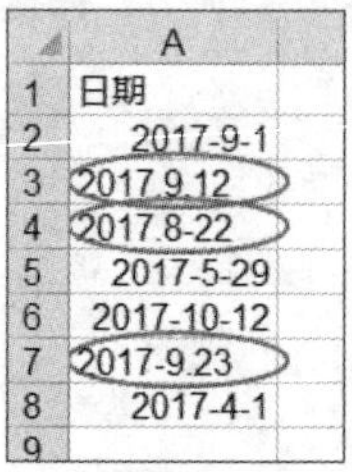
A
1 日期
2 2017-9-1
3 2017.9.12
4 2017.8-22
5 2017-5-29
6 2017-10-12
7 2017-9.23
8 2017-4-1
9

图 4-57　圈释无效日期

## 4.5.3　在一个工作表中查找非法数据：条件格式标识非法数据

上面介绍的是利用数据有效性来圈释无效数据，我们还可以使用条件格式来标识非法数据。以上面的数据为例，具体方法和步骤如下。

步骤 01 选择 A 列的数据区域。

步骤 02 执行“条件格式”→“新建规则”命令，打开“新建格式规则”对话框，在对话框上部列表中选择“只为包含以下内容的单元格设置格式”规则类型，然后在对话框底部设置日期规则，如图 4-58 所示，单击“确定”按钮，就能得到核对结果，如图 4-59 所示。

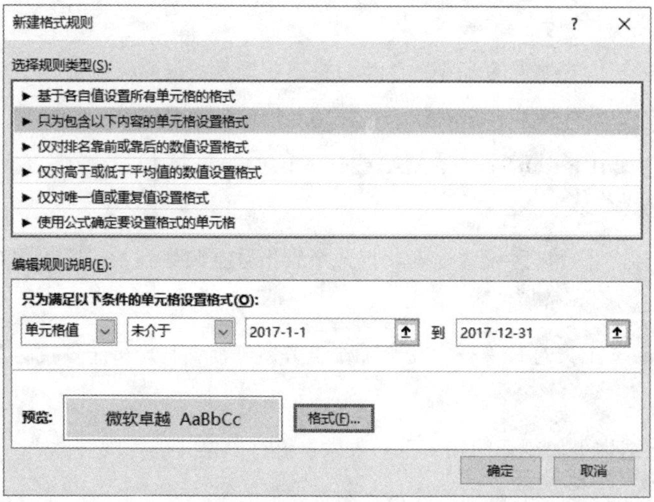
新建格式规则
?
选择规则类型(S):
► 基于各自值设置所有单元格的格式
► 只为包含以下内容的单元格设置格式
► 仅对排名靠前或靠后的数值设置格式
► 仅对高于或低于平均值的数值设置格式
► 仅对唯一值或重复值设置格式
► 使用公式确定要设置格式的单元格
编辑规则说明(E):
只为满足以下条件的单元格设置格式(O):
单元格值
未介于
2017-1-1
到
2017-12-31
预览:
微软卓越 AaBbCc
格式(F)...
确定
取消

图 4-58　设置条件格式规则

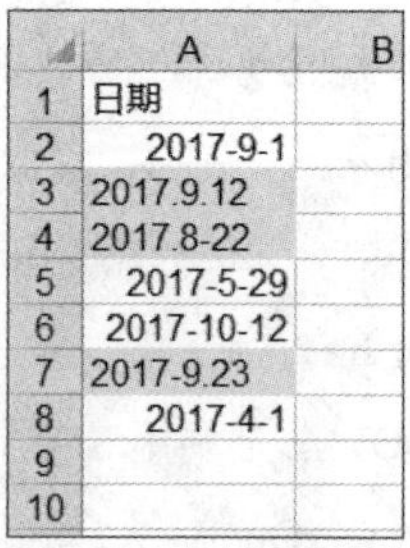
A
B
1 日期
2 2017-9-1
3 2017.9.12
4 2017.8-22
5 2017-5-29
6 2017-10-12
7 2017-9.23
8 2017-4-1
9
10

图 4-59　核对结果

## 4.5.4　从两个表格中查找不一样的数据：单条件单值核对

很多核对数据的问题是在两个或者多个表格之间进行的，也就是把几个表格中对不上的数据查找出来，此时可以使用函数、数据透视表等，并联合使用条件格式。下面我们结合案例来介绍这些方法的具体操作步骤和技巧。

**案例 4–10**

图 4-60 是两个工作表数据，现在要核对每个项目的金额在两个表格中是否一样。

表1：

| 项目 | 计费金额 |
|---|---|
| 项目02 | 10440.00 |
| 项目15 | 14130.00 |
| 项目03 | 7650.00 |
| 项目05 | 12780.00 |
| 项目06 | 11970.00 |
| 项目07 | 14130.00 |
| 项目08 | 5130.00 |
| 项目04 | 13590.00 |
| 项目09 | 13590.00 |
| 项目10 | 8010.00 |
| 项目11 | 13320.00 |
| 项目12 | 13590.00 |
| 项目13 | 13770.00 |
| 项目14 | 14040.00 |
| 项目01 | 10080.00 |

表2：

| 项目 | 金额 |
|---|---|
| 项目10 | 8010.00 |
| 项目02 | 10440.00 |
| 项目03 | 7650.00 |
| 项目12 | 13590.00 |
| 项目04 | 13590.00 |
| 项目05 | 12780.00 |
| 项目16 | 11880.00 |
| 项目07 | 14130.00 |
| 项目08 | 5130.00 |
| 项目09 | 13590.00 |
| 项目11 | 13320.00 |
| 项目13 | 13770.00 |
| 项目01 | 10170.00 |
| 项目14 | 14040.00 |
| 项目15 | 14130.00 |

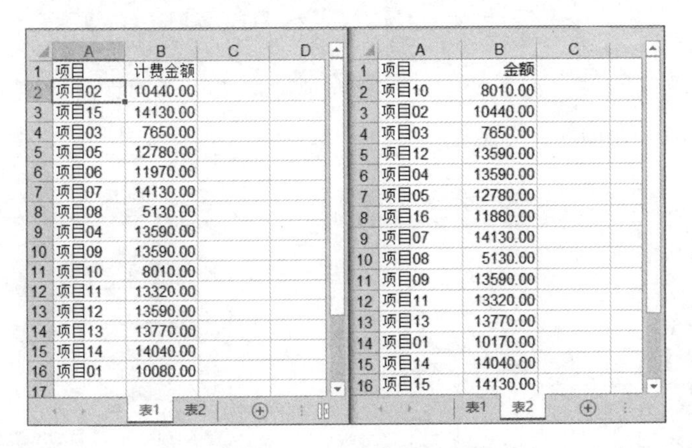

图 4-60　两个表格数据

### 1. 使用函数进行核对

先以“表 1”数据为基准进行核对。

**步骤01** 在“表 1”的右侧插入两个辅助列，标题分别为“表 2 金额”和“差异”。

**步骤02** 在单元格 C2 输入公式“=SUMIF( 表 2!A:A,A2, 表 2!B:B)”，并往下复制，把每个项目在“表 2”中的金额查询出来。

注意这里不使用 VLOOKUP 函数进行查找，因为有可能在“表 2”没有数据时公式会出现错误值，导致后面的差异计算比较麻烦。

**步骤03** 在单元格 D2 输入公式“=B2-C2”，并往下复制，计算每个项目的差异值。

再用相同的方法，在以“表 2”数据为基准进行核对。最后的核对结果如图 4-61 所示。从两个表格中，可以清楚看到哪些项目的金额有差异。

表1：

| 项目 | 计费金额 | 表2金额 | 差异 |
|---|---|---|---|
| 项目02 | 10440.00 | 10440 | 0 |
| 项目15 | 14130.00 | 14130 | 0 |
| 项目03 | 7650.00 | 7650 | 0 |
| 项目05 | 12780.00 | 12780 | 0 |
| 项目06 | 11970.00 | 0 | 11970 |
| 项目07 | 14130.00 | 14130 | 0 |
| 项目08 | 5130.00 | 5130 | 0 |
| 项目04 | 13590.00 | 13590 | 0 |
| 项目09 | 13590.00 | 13590 | 0 |
| 项目10 | 8010.00 | 8010 | 0 |
| 项目11 | 13320.00 | 13320 | 0 |
| 项目12 | 13590.00 | 13590 | 0 |
| 项目13 | 13770.00 | 13770 | 0 |
| 项目14 | 14040.00 | 14040 | 0 |
| 项目01 | 10080.00 | 10170 | -90 |

表2：

| 项目 | 金额 | 表1金额 | 差异 |
|---|---|---|---|
| 项目10 | 8010.00 | 8010 | 0 |
| 项目02 | 10440.00 | 10440 | 0 |
| 项目03 | 7650.00 | 7650 | 0 |
| 项目12 | 13590.00 | 13590 | 0 |
| 项目04 | 13590.00 | 13590 | 0 |
| 项目05 | 12780.00 | 12780 | 0 |
| 项目16 | 11880.00 | 0 | 11880 |
| 项目07 | 14130.00 | 14130 | 0 |
| 项目08 | 5130.00 | 5130 | 0 |
| 项目09 | 13590.00 | 13590 | 0 |
| 项目11 | 13320.00 | 13320 | 0 |
| 项目13 | 13770.00 | 13770 | 0 |
| 项目01 | 10170.00 | 10080 | 90 |
| 项目14 | 14040.00 | 14040 | 0 |
| 项目15 | 14130.00 | 14130 | 0 |

图 4-61　核对结果

### 2. 使用数据透视表进行核对

从上面的核对步骤可以看到，这种使用函数核对的方法还是比较烦琐的。如果要核对的数据字段不是一个，而是多个，比如有 8 列数据要核对，那么里里外外要做 8*3=24 列公式，不把你累趴下也会把你烦死。

单条件核对数据最实用的方法，是利用多重合并计算数据区域透视表，不仅速度快，核对准确，得到的核对结构就在一张表上，非常清晰。下面介绍这个核对方法。

**步骤 01** 按 Alt+D+P 组合键（P 按 2 下），打开数据透视表向导对话框，如图 4-62 所示。选择“多重合并计算数据区域”，单击 2 次“下一步”按钮，在“第 2b 步”对话框中添加 2 个工作表数据区域，制作出如图 4-63 所示的数据透视表。

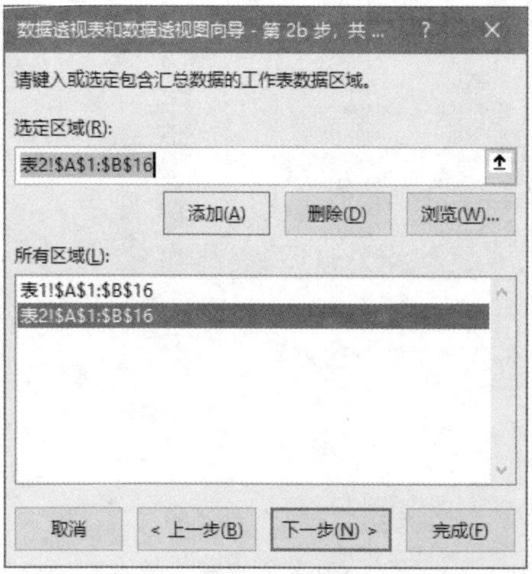
数据透视表和数据透视图向导 - 第 2b 步，共 ...
请键入或选定包含汇总数据的工作表数据区域。
选定区域(R):
表2!$A$1:$B$16
添加(A)
删除(D)
浏览(W)...
所有区域(L):
表1!$A$1:$B$16
表2!$A$1:$B$16
取消
< 上一步(B)
下一步(N) >
完成(F)

图 4-62　添加 2 个工作表的数据区域

| | A | B | C | D |
|---|---|---|---|---|
| 1 | 页1 | (全部) | | |
| 2 | | | | |
| 3 | 求和项:值 | 列标签 | | |
| 4 | 行标签 | 计费金额 | 金额 | 总计 |
| 5 | 项目01 | 10080 | 10170 | 20250 |
| 6 | 项目02 | 10440 | 10440 | 20880 |
| 7 | 项目03 | 7650 | 7650 | 15300 |
| 8 | 项目04 | 13590 | 13590 | 27180 |
| 9 | 项目05 | 12780 | 12780 | 25560 |
| 10 | 项目06 | 11970 | | 11970 |
| 11 | 项目07 | 14130 | 14130 | 28260 |
| 12 | 项目08 | 5130 | 5130 | 10260 |
| 13 | 项目09 | 13590 | 13590 | 27180 |
| 14 | 项目10 | 8010 | 8010 | 16020 |
| 15 | 项目11 | 13320 | 13320 | 26640 |
| 16 | 项目12 | 13590 | 13590 | 27180 |
| 17 | 项目13 | 13770 | 13770 | 27540 |
| 18 | 项目14 | 14040 | 14040 | 28080 |
| 19 | 项目15 | 14130 | 14130 | 28260 |
| 20 | 项目16 | | 11880 | 11880 |
| 21 | 总计 | 176220 | 176220 | 352440 |

图 4-63　创建的基本透视表

**步骤 02** 设置数据透视表的格式，包括删除样式，取消行总计，取消自选分类汇总、设置表格样式，等等。

**步骤 03** 单击字段“列标签”，然后单击“分析”→“字段、项目和集”→“计算项”命令，打开插入计算字段对话框，如图 4-64 所示。

**步骤 04** 在“名称”输入框中输入“差异”，在“公式”输入框中输入公式“= 计费金额 - 金额”，如图 4-65 所示。

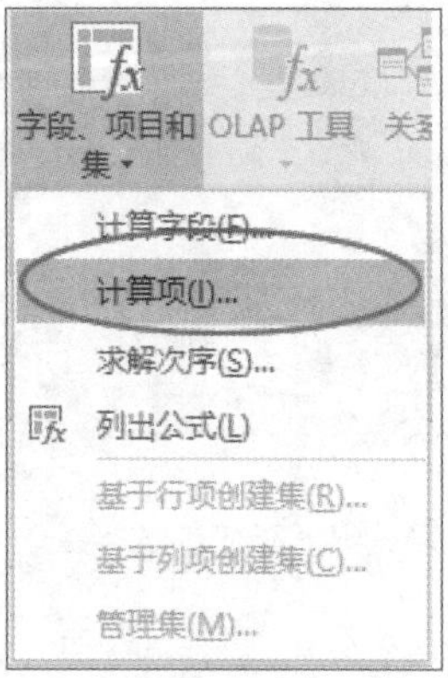
字段、项目和集
OLAP 工具
计算字段(F)...
计算项(I)...
求解次序(S)...
列出公式(L)
基于行项创建集(R)...
基于列项创建集(C)...
管理集(M)...

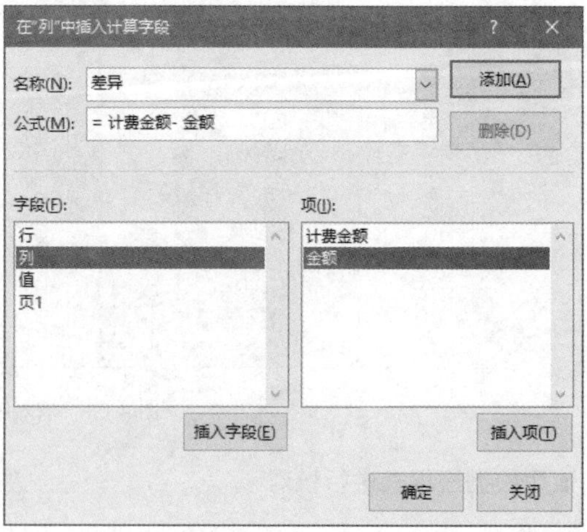
在"列"中插入计算字段
名称(N): 差异
公式(M): = 计费金额- 金额
添加(A)
删除(D)
字段(F):
行
列
值
页1
项(I):
计费金额
金额
插入字段(E)
插入项(T)
确定
关闭

图 4-64　“计算项”命令，准备计算差异值

图 4-65　插入计算项，计算两个表格的差异值

**步骤 05** 单击“确定”按钮，得到如图 4-66 所示的核对结果。

**步骤 06** 如果数据量很大，差异计算出的 0 就会很多，此时可以设置 Excel 选项，不显示工作表中 0 值，最终核对效果如图 4-67 所示。

| | A | B | C | D |
|---|---|---|---|---|
| 1 | 页1 | (全部) | | |
| 2 | | | | |
| 3 | 求和项:值 | 列标签 | | |
| 4 | 行标签 | 计费金额 | 金额 | 差异 |
| 5 | 项目01 | 10080 | 10170 | -90 |
| 6 | 项目02 | 10440 | 10440 | 0 |
| 7 | 项目03 | 7650 | 7650 | 0 |
| 8 | 项目04 | 13590 | 13590 | 0 |
| 9 | 项目05 | 12780 | 12780 | 0 |
| 10 | 项目06 | 11970 | | 11970 |
| 11 | 项目07 | 14130 | 14130 | 0 |
| 12 | 项目08 | 5130 | 5130 | 0 |
| 13 | 项目09 | 13590 | 13590 | 0 |
| 14 | 项目10 | 8010 | 8010 | 0 |
| 15 | 项目11 | 13320 | 13320 | 0 |
| 16 | 项目12 | 13590 | 13590 | 0 |
| 17 | 项目13 | 13770 | 13770 | 0 |
| 18 | 项目14 | 14040 | 14040 | 0 |
| 19 | 项目15 | 14130 | 14130 | 0 |
| 20 | 项目16 | | 11880 | -11880 |
| 21 | 总计 | 176220 | 176220 | 0 |
| 22 | | | | |

图 4-66　核对结果

| | A | B | C | D |
|---|---|---|---|---|
| 1 | 页1 | (全部) | | |
| 2 | | | | |
| 3 | 求和项:值 | 列标签 | | |
| 4 | 行标签 | 计费金额 | 金额 | 差异 |
| 5 | 项目01 | 10080 | 10170 | -90 |
| 6 | 项目02 | 10440 | 10440 | |
| 7 | 项目03 | 7650 | 7650 | |
| 8 | 项目04 | 13590 | 13590 | |
| 9 | 项目05 | 12780 | 12780 | |
| 10 | 项目06 | 11970 | | 11970 |
| 11 | 项目07 | 14130 | 14130 | |
| 12 | 项目08 | 5130 | 5130 | |
| 13 | 项目09 | 13590 | 13590 | |
| 14 | 项目10 | 8010 | 8010 | |
| 15 | 项目11 | 13320 | 13320 | |
| 16 | 项目12 | 13590 | 13590 | |
| 17 | 项目13 | 13770 | 13770 | |
| 18 | 项目14 | 14040 | 14040 | |
| 19 | 项目15 | 14130 | 14130 | |
| 20 | 项目16 | | 11880 | -11880 |
| 21 | 总计 | 176220 | 176220 | |
| 22 | | | | |

图 4-67　不显示数字 0

## 4.5.5　从两个表格中查找不一样的数据：单条件多值核对

上面的例子还是比较简单的，因为我们仅仅需要核对一个字段。在实际工作中，经常碰到要核对多个字段数据的情况，此时，很多人就开始奔波在两个表格之间，插列，做查找公式，做减法，忙得不亦乐乎，最后是得到了两个乱糟糟的表格，看得眼睛发绿，心情就不好了。

**案例 4–11**

图 4-68 是要核对社保，有四列数据要核对：养老保险、失业保险、医疗保险、社保总额。如果要用函数公式核对，则需要分别在两个表格中做 8 列，合计 16 列的公式，很是麻烦。

由于是根据姓名（或者工号）来核对两个表的数据，核对条件是一个（姓名或工号），因此使用多重合并计算数据区域透视表是最简便和高效的方法，更得到的核对结果如图 4-69 所示。

下面是核对这个数据的主要方法和步骤。

| | A | B | C | D | E | F | G |
|---|---|---|---|---|---|---|---|
| 1 | 工号 | 姓名 | 养老保险 | 失业保险 | 医疗保险 | 社保总额 | |
| 2 | G001 | 张庆光 | 1461.3 | 112.9 | 797.1 | 2371.3 | |
| 3 | G002 | 蔡凌艳 | 1471.3 | 113.72 | 802.5 | 2387.52 | |
| 4 | G003 | 曹琦 | 804.3 | 62.1 | 438.7 | 1305.1 | |
| 5 | G004 | 陈正林 | 1219.2 | 94.2 | 665 | 1978.4 | |
| 6 | G005 | 邓传英 | 2251 | 173.9 | 1227.8 | 3652.7 | |
| 7 | G006 | 邓左伍 | 902.3 | 69.7 | 492.1 | 1464.1 | |
| 8 | G007 | 李秀娟 | 1994.9 | 154.2 | 1088.1 | 3237.2 | |
| 9 | G008 | 乔在喜 | 342.8 | 0 | 93.5 | 436.3 | |
| 10 | G009 | 董长杰 | 1058.1 | 81.8 | 577.1 | 1717 | |
| 11 | G010 | 杜建振 | 1088.3 | 84.1 | 593.6 | 1766 | |
| 12 | G011 | 高建东 | 946.16 | 73.11 | 516.13 | 1535.4 | |
| 13 | G012 | 胡建强 | 1207.5 | 93.3 | 658.6 | 1959.4 | |
| 14 | G013 | 陈杰 | 894.8 | 69.1 | 488.1 | 1452 | |
| 15 | G014 | 邓孟娟 | 820.1 | 63.4 | 447.3 | 1330.8 | |
| 16 | G015 | 霍晓强 | 342.8 | 0 | 93.5 | 436.3 | |
| 17 | G016 | 蒋清伟 | 342.8 | 0 | 93.5 | 436.3 | |
| 18 | G017 | 李精精 | 342.8 | 0 | 93.5 | 436.3 | |
| 19 | G018 | 刘彬艳 | 342.8 | 0 | 93.5 | 436.3 | |

核对结果　企业　社保所　…

| | A | B | C | D | E | F | G |
|---|---|---|---|---|---|---|---|
| 1 | 社保号 | 姓名 | 养老保险 | 失业保险 | 医疗保险 | 社保总额 | |
| 2 | S000001 | 李秀娟 | 1994.9 | 154.2 | 1088.1 | 3237.2 | |
| 3 | S000002 | 能佳 | 1672.4 | 129.2 | 912.2 | 2713.8 | |
| 4 | S000003 | 邓传英 | 2251 | 173.9 | 1227.8 | 3652.7 | |
| 5 | S000004 | 瞿庆龙 | 1127.4 | 87.1 | 615 | 1829.5 | |
| 6 | S000005 | 张庆真 | 2571.4 | 198.7 | 1402.6 | 4172.7 | |
| 7 | S000006 | 陈正林 | 1219.2 | 94.2 | 665 | 1978.4 | |
| 8 | S000007 | 李红玲 | 1522.8 | 117.7 | 830.6 | 2471.1 | |
| 9 | S000008 | 杨庆 | 1060.9 | 82 | 578.7 | 1721.6 | |
| 10 | S000009 | 蔡凌艳 | 1471.3 | 113.7 | 802.5 | 2387.5 | |
| 11 | S000010 | 董长杰 | 1617.3 | 125 | 882.1 | 2624.4 | |
| 12 | S000011 | 满保弘 | 1503.1 | 116.2 | 819.9 | 2439.2 | |
| 13 | S000012 | 汪明强 | 1102.9 | 85.2 | 601.6 | 1789.7 | |
| 14 | S000013 | 赵虎 | 1200.9 | 92.8 | 655 | 1948.7 | |
| 15 | S000014 | 邱巍芳 | 1185.7 | 91.6 | 646.8 | 1924.1 | |
| 16 | S000015 | 干冲 | 342.8 | 0 | 93.5 | 436.3 | |
| 17 | S000016 | 胡建强 | 1003.2 | 77.5 | 547.2 | 1627.9 | |
| 18 | S000017 | 位小建 | 342.8 | 0 | 93.5 | 436.3 | |
| 19 | S000018 | 俞瑊尧 | 900.5 | 69.6 | 491.2 | 1461.3 | |

核对结果　企业　社保所

图 4-68　要核对的两个表格

| | A | B | C | D | E | F | G | H | I | J | K | L | M |
|---|---|---|---|---|---|---|---|---|---|---|---|---|---|
| 1 | 姓名 | 养老保险 | | | 失业保险 | | | 医疗保险 | | | 社保总额 | | |
| 2 | | 企业 | 社保所 | 差异 | 企业 | 社保所 | 差异 | 企业 | 社保所 | 差异 | 企业 | 社保所 | 差异 |
| 3 | 张庆光 | 1461.3 | 1461.3 | | 112.9 | 112.9 | | 797.1 | 797.1 | | 2371.3 | 2371.3 | |
| 4 | 蔡凌艳 | 1471.3 | 1471.3 | | 113.72 | 113.7 | 0.02 | 802.5 | 802.5 | | 2387.52 | 2387.5 | 0.02 |
| 5 | 曹琦 | 804.3 | 804.3 | | 62.1 | 62.1 | | 438.7 | 438.7 | | 1305.1 | 1305.1 | |
| 6 | 陈正林 | 1219.2 | 1219.2 | | 94.2 | 94.2 | | 665 | 665 | | 1978.4 | 1978.4 | |
| 7 | 邓传英 | 2251 | 2251 | | 173.9 | 173.9 | | 1227.8 | 1227.8 | | 3652.7 | 3652.7 | |
| 8 | 邓左伍 | 902.3 | 902.3 | | 69.7 | 69.7 | | 492.1 | 492.1 | | 1464.1 | 1464.1 | |
| 9 | 李秀娟 | 1994.9 | 1994.9 | | 154.2 | 154.2 | | 1088.1 | 1088.1 | | 3237.2 | 3237.2 | |
| 10 | 乔在喜 | 342.8 | 342.8 | | | | | 93.5 | 93.5 | | 436.3 | 436.3 | |
| 11 | 董长杰 | 1058.1 | 1058.1 | | 81.8 | 81.8 | | 577.1 | 577.1 | | 1717 | 1717 | |
| 12 | 杜建振 | 1088.3 | 1088.3 | | 84.1 | 84.1 | | 593.6 | 593.6 | | 1766 | 1766 | |
| 13 | 高建东 | 946.16 | | 946.16 | 73.11 | | 73.11 | 516.13 | | 516.13 | 1535.4 | | 1535.4 |
| 14 | 胡建强 | 1207.5 | 1003.2 | 204.3 | 93.3 | 77.5 | 15.8 | 658.6 | 547.2 | 111.4 | 1959.4 | 1627.9 | 331.5 |
| 15 | 陈杰 | 894.8 | 894.8 | | 69.1 | 69.1 | | 488.1 | 488.1 | | 1452 | 1452 | |
| 16 | 邓孟娟 | 820.1 | 820.1 | | 63.4 | 63.4 | | 447.3 | 447.3 | | 1330.8 | 1330.8 | |
| 17 | 霍晓强 | 342.8 | 342.8 | | | | | 93.5 | 93.5 | | 436.3 | 436.3 | |
| 18 | 蒋清伟 | 342.8 | 342.8 | | | | | 93.5 | 93.5 | | 436.3 | 436.3 | |
| 19 | 李精精 | 342.8 | 342.8 | | | | | 93.5 | 93.5 | | 436.3 | 436.3 | |
| 20 | 刘彬艳 | 342.8 | 342.8 | | | | | 93.5 | 93.5 | | 436.3 | 436.3 | |
| 21 | 李红玲 | 1522.8 | 1522.8 | | 117.7 | 117.7 | | 830.6 | 830.6 | | 2471.1 | 2471.1 | |
| 22 | 刘红智 | 1158.78 | 1158.7 | 0.08 | 89.52 | 89.5 | 0.02 | 632 | 632 | | 1880.3 | 1880.2 | 0.1 |
| 23 | 刘华强 | 725.3 | | 725.3 | 56 | | 56 | 395.6 | | 395.6 | 1176.9 | | 1176.9 |
| 24 | 吕秀波 | 982.7 | 982.7 | | 75.9 | 75.9 | | 536 | 536 | | 1594.6 | 1594.6 | |

核对结果 | 企业 | 社保所

图 4-69 要得到的核对结果

**步骤01** 按 Alt+D+P 组合键（P 按 2 下），打开数据透视表向导对话框，选择“多重合并计算数据区域”，单击 2 次“下一步”按钮，在“第 2b 步”对话框中添加 2 个工作表数据区域，如图 4-70 所示。

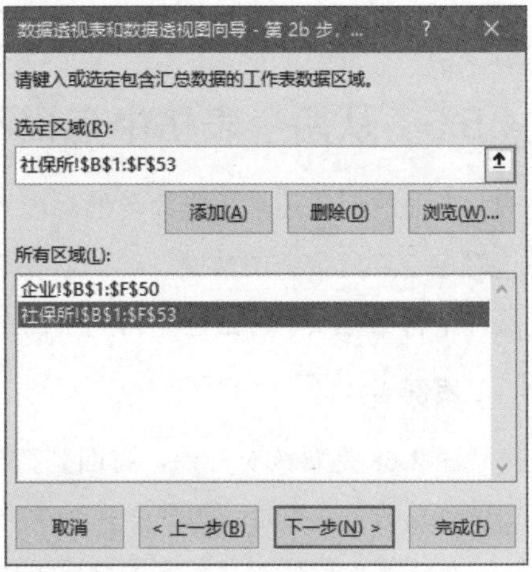
数据透视表和数据透视图向导 - 第 2b 步, ...
?
请键入或选定包含汇总数据的工作表数据区域。
选定区域(R):
社保所!$B$1:$F$53
添加(A)
删除(D)
浏览(W)...
所有区域(L):
企业!$B$1:$F$50
社保所!$B$1:$F$53
取消
< 上一步(B)
下一步(N) >
完成(F)

图 4-70 添加 2 个工作表的数据区域

需要注意的是，每个表的 A 列是没用的，因为我们是根据姓名来核对数据。

**步骤02** 单击“下一步”按钮，指定透视表的保存位置（新建工作表），单击“完成”按钮，就得到一个基本的数据透视表，如图 4-71 所示。

**步骤03** 设置数据透视表的格式，包括删除样式，取消行总计，取消自选分类汇总，把报表布局设置为“以表格形式显示”，设置透视表选项，让标签居中合并，等等。

**步骤04** 将字段“页 1”拖至列标签，得到下面的透视表。然后将“项 1”改为“企业”，将“项 2”改为“社保所”，透视表变为如下的情形，如图 4-72 所示。

| | A | B | C | D | E | F |
|---|---|---|---|---|---|---|
| 1 | 页1 | (全部) | | | | |
| 2 | | | | | | |
| 3 | 求和项:值 | 列标签 | | | | |
| 4 | 行标签 | 社保总额 | 失业保险 | 养老保险 | 医疗保险 | 总计 |
| 5 | 蔡凌艳 | 4775.02 | 227.42 | 2942.6 | 1605 | 9550.04 |
| 6 | 曹琦 | 2610.2 | 124.2 | 1608.6 | 877.4 | 5220.4 |
| 7 | 陈杰 | 2904 | 138.2 | 1789.6 | 976.2 | 5808 |
| 8 | 陈正林 | 3956.8 | 188.4 | 2438.4 | 1330 | 7913.6 |
| 9 | 邓传英 | 7305.4 | 347.8 | 4502 | 2455.6 | 14610.8 |
| 10 | 邓孟娟 | 2661.6 | 126.8 | 1640.2 | 894.6 | 5323.2 |
| 11 | 邓左伍 | 2928.2 | 139.4 | 1804.6 | 984.2 | 5856.4 |
| 12 | 董长杰 | 8682.8 | 413.6 | 5350.8 | 2918.4 | 17365.6 |
| 13 | 杜建振 | 3532 | 168.2 | 2176.6 | 1187.2 | 7064 |
| 14 | 高建东 | 1535.4 | 73.11 | 946.16 | 516.13 | 3070.8 |
| 15 | 郭君 | 436.3 | 0 | 342.8 | 93.5 | 872.6 |
| 16 | 胡建强 | 3587.3 | 170.8 | 2210.7 | 1205.8 | 7174.6 |
| 17 | 胡娜 | 436.3 | 0 | 342.8 | 93.5 | 872.6 |
| 18 | 霍晓强 | 872.6 | 0 | 685.6 | 187 | 1745.2 |
| 19 | 蒋清伟 | 872.6 | 0 | 685.6 | 187 | 1745.2 |
| 20 | 李红玲 | 4942.2 | 235.4 | 3045.6 | 1661.2 | 9884.4 |
| 21 | 李精精 | 872.6 | 0 | 685.6 | 187 | 1745.2 |
| 22 | 李秀娟 | 6474.4 | 308.4 | 3989.8 | 2176.2 | 12948.8 |
| 23 | 刘彬艳 | 872.6 | 0 | 685.6 | 187 | 1745.2 |
| 24 | 刘红智 | 3760.5 | 179.02 | 2317.48 | 1264 | 7521 |

Sheet3 | Sheet1 | 企业 | 社保所

图 4-71 创建的基本透视表

| | A | B | C | D | E | F | G | H | I |
|---|---|---|---|---|---|---|---|---|---|
| 1 | | | | | | | | | |
| 2 | | | | | | | | | |
| 3 | 求和项:值 | 列 | 页1 | | | | | | |
| 4 | | 社保总额 | | 失业保险 | | 养老保险 | | 医疗保险 | |
| 5 | 行 | 企业 | 社保所 | 企业 | 社保所 | 企业 | 社保所 | 企业 | 社保所 |
| 6 | 蔡凌艳 | 2387.52 | 2387.5 | 113.72 | 113.7 | 1471.3 | 1471.3 | 802.5 | 802.5 |
| 7 | 曹琦 | 1305.1 | 1305.1 | 62.1 | 62.1 | 804.3 | 804.3 | 438.7 | 438.7 |
| 8 | 陈杰 | 1452 | 1452 | 69.1 | 69.1 | 894.8 | 894.8 | 488.1 | 488.1 |
| 9 | 陈正林 | 1978.4 | 1978.4 | 94.2 | 94.2 | 1219.2 | 1219.2 | 665 | 665 |
| 10 | 邓传英 | 3652.7 | 3652.7 | 173.9 | 173.9 | 2251 | 2251 | 1227.8 | 1227.8 |
| 11 | 邓孟娟 | 1330.8 | 1330.8 | 63.4 | 63.4 | 820.1 | 820.1 | 447.3 | 447.3 |
| 12 | 邓左伍 | 1464.1 | 1464.1 | 69.7 | 69.7 | 902.3 | 902.3 | 492.1 | 492.1 |
| 13 | 董长杰 | 4341.4 | 4341.4 | 206.8 | 206.8 | 2675.4 | 2675.4 | 1459.2 | 1459.2 |
| 14 | 杜建振 | 1766 | 1766 | 84.1 | 84.1 | 1088.3 | 1088.3 | 593.6 | 593.6 |
| 15 | 高建东 | 1535.4 | | 73.11 | | 946.16 | | 516.13 | |
| 16 | 郭君 | | 436.3 | | 0 | | 342.8 | | 93.5 |
| 17 | 胡建强 | 1959.4 | 1627.9 | 93.3 | 77.5 | 1207.5 | 1003.2 | 658.6 | 547.2 |
| 18 | 胡娜 | | 436.3 | | 0 | | 342.8 | | 93.5 |
| 19 | 霍晓强 | 436.3 | 436.3 | 0 | 0 | 342.8 | 342.8 | 93.5 | 93.5 |
| 20 | 蒋清伟 | 436.3 | 436.3 | 0 | 0 | 342.8 | 342.8 | 93.5 | 93.5 |
| 21 | 李红玲 | 2471.1 | 2471.1 | 117.7 | 117.7 | 1522.8 | 1522.8 | 830.6 | 830.6 |
| 22 | 李精精 | 436.3 | 436.3 | 0 | 0 | 342.8 | 342.8 | 93.5 | 93.5 |
| 23 | 李秀娟 | 3237.2 | 3237.2 | 154.2 | 154.2 | 1994.9 | 1994.9 | 1088.1 | 1088.1 |
| 24 | 刘彬艳 | 436.3 | 436.3 | 0 | 0 | 342.8 | 342.8 | 93.5 | 93.5 |

Sheet3 | 企业 | 社保所

图 4-72 重新布局透视表

**步骤 05** 为字段“列”添加计算项“差异”，公式为“= 企业 - 社保所”。

**步骤 06** 最后不显示工作表的 0 值，并不显示工作表的网格线。

> **总结**：利用透视表核对数据，是最简单的也是最方便的，本来要做几个小时的核对工作，使用透视表也就一两分钟而已。

## 4.5.6　从两个表格中查找不一样的数据：多条件核对

前面介绍的各个核对数据案例都是单条件的。如果是多条件下的数据核对，有没有快速高效的方法呢？

此时，我们可以根据具体情况，使用 SUMIFS 函数、MATCH 函数和 INDEX 函数，数据透视表，或者 SQL+ 数据透视表的方法。

**案例 4–12**

图 4-73、图 4-74 的两个表格分别是从 U8 和 K3 导出的销售数据，该企业使用了两套软件 U8 和 K3，每次都需要从两套软件导出数据并进行核对。

两套软件中客户名称是不一致的，但客户编码是相同的。此外，U8 中的存货名称和 K3 中的规格名称是同一类数据。现在要求按照客户编码和存货名称核对两个表格的销售量和销售额是否一致。

| | A | B | C | D | E | F | G | H | I | J |
|---|---|---|---|---|---|---|---|---|---|---|
| 1 | 单据日期 | 仓库 | 客户编码 | 客户名称 | 存货编码 | 存货名称 | 数量(箱) | 数量(万支) | 金额(无税) | 金额(含税) |
| 2 | 2011-09-29 | 邯郸成品库 | 11340301 | 河北省烟草公司石家庄市公司 | 6901028208901 | 红三环(渡江) | 76.80 | 384.0000 | 313,920.00 | 367,286.40 |
| 3 | 2011-09-29 | 邯郸成品库 | 11340301 | 河北省烟草公司石家庄市公司 | 6901028208901 | 红三环(渡江) | 76.80 | 384.0000 | 313,920.00 | 367,286.40 |
| 4 | 2011-09-29 | 邯郸成品库 | 11341201 | 河北省烟草公司邯郸市公司 | 6901028208901 | 红三环(渡江) | 102.40 | 512.0000 | 418,560.00 | 489,715.20 |
| 5 | 2011-09-29 | 邯郸成品库 | 11341201 | 河北省烟草公司邯郸市公司 | 6901028208901 | 红三环(渡江) | 144.00 | 720.0000 | 588,600.00 | 688,662.00 |
| 6 | 2011-09-29 | 邯郸成品库 | 11341201 | 河北省烟草公司邯郸市公司 | 6901028208901 | 红三环(渡江) | 102.40 | 512.0000 | 418,560.00 | 489,715.20 |
| 7 | 2011-09-29 | 邯郸成品库 | 11341201 | 河北省烟草公司邯郸市公司 | 6901028208819 | 黄山(硬一品) | 144.00 | 720.0000 | 1,038,600.00 | 1,215,162.00 |
| 8 | 2011-09-29 | 邯郸成品库 | 11340401 | 河北省烟草公司唐山市公司 | 6901028208901 | 红三环(渡江) | 73.20 | 366.0000 | 299,205.00 | 350,069.85 |
| 9 | 2011-09-29 | 邯郸成品库 | 11340401 | 河北省烟草公司唐山市公司 | 6901028128940 | 红三环(软黄) | 13.20 | 66.0000 | 43,164.00 | 50,501.88 |
| 10 | 2011-09-29 | 邯郸成品库 | 11340501 | 河北省烟草公司保定市公司 | 6901028128162 | 红三环(硬黄) | 40.00 | 200.0000 | 163,500.00 | 191,295.00 |
| 11 | 2011-09-29 | 邯郸成品库 | 11340501 | 河北省烟草公司保定市公司 | 6901028208819 | 黄山(硬一品) | 60.00 | 300.0000 | 432,750.00 | 506,317.50 |
| 12 | 2011-09-29 | 邯郸成品库 | 11341301 | 河北省烟草公司承德市公司 | 6901028208901 | 红三环(渡江) | 118.40 | 592.0000 | 483,960.00 | 566,233.20 |
| 13 | 2011-09-29 | 邯郸成品库 | 11341601 | 河北省烟草公司秦皇岛市公司 | 6901028208901 | 红三环(渡江) | 76.80 | 384.0000 | 313,920.00 | 367,286.40 |
| 14 | 2011-09-29 | 邯郸成品库 | 11341601 | 河北省烟草公司秦皇岛市公司 | 6901028208901 | 红三环(渡江) | 76.80 | 384.0000 | 313,920.00 | 367,286.40 |
| 15 | 2011-09-29 | 邯郸成品库 | 11341601 | 河北省烟草公司秦皇岛市公司 | 6901028128940 | 红三环(软黄) | 76.80 | 384.0000 | 251,136.00 | 293,829.12 |
| 16 | | | | | | | | | | |

图 4-73　U8 导出的销售数据

| | A | B | C | D | E | F | G | H | I | J |
|---|---|---|---|---|---|---|---|---|---|---|
| 1 | 规格代码 | 规格名称 | 对方单位代码 | 对方单位名称 | 销售类型 | 销售量 | 销售额 | | 销售量是否一致? | 销售额是否一致? |
| 2 | 208895 | 红三环(渡江) | 11340301 | 石家庄市烟草公司 | 对烟草系统内商业企业销售 | 768.0000 | [illegible] | | [illegible] | TRUE |
| 3 | 208895 | 红三环(渡江) | 11340401 | 河北省烟草公司唐山市公司 | 对烟草系统内商业企业销售 | 366.0000 | 35.006985 | | TRUE | TRUE |
| 4 | 208895 | 红三环(渡江) | 11341201 | 河北省邯郸市烟草公司 | 对烟草系统内商业企业销售 | 1744.0000 | 166.809240 | | TRUE | TRUE |
| 5 | 208895 | 红三环(渡江) | 11341301 | 河北省烟草公司承德市公司 | 对烟草系统内商业企业销售 | 592.0000 | 56.623320 | | TRUE | TRUE |
| 6 | 208895 | 红三环(渡江) | 11341601 | 河北省烟草公司秦皇岛市公司 | 对烟草系统内商业企业销售 | 768.0000 | 73.457280 | | TRUE | TRUE |
| 7 | 208826 | 黄山(硬一品) | 11340501 | 河北省烟草公司保定市公司 | 对烟草系统内商业企业销售 | 300.0000 | 50.631750 | | TRUE | TRUE |
| 8 | 208826 | 黄山(硬一品) | 11341201 | 河北省邯郸市烟草公司 | 对烟草系统内商业企业销售 | 720.0000 | 121.516200 | | TRUE | TRUE |
| 9 | 128957 | 红三环(软黄) | 11340401 | 河北省烟草公司唐山市公司 | 对烟草系统内商业企业销售 | 66.0000 | 5.050188 | | TRUE | TRUE |
| 10 | 128957 | 红三环(软黄) | 11341601 | 河北省烟草公司秦皇岛市公司 | 对烟草系统内商业企业销售 | 384.0000 | 29.382912 | | TRUE | TRUE |
| 11 | 128094 | 红三环(硬黄) | 11340501 | 河北省烟草公司保定市公司 | 对烟草系统内商业企业销售 | 200.0000 | 19.129500 | | TRUE | TRUE |
| 12 | | | | | | | | | | |

图 4-74　K3 导出的销售数据

这个问题使用 SUMIFS 函数来处理是最简单的，因为核对的数据是销售量和销售额（数字），但是是两个条件的核对，因此使用 SUMIFS 函数把满足两个条件的数据提取出来，然后对比即可。

在 K3 数据的单元格 I2 输入下面的公式，核对两个系统的销售量是否一致：

=SUMIFS(‘U8’!$H$2:$H$15,’U8’!$C$2:$C$15,C2,’U8’!$F$2:$F$15,B2)=F2

在 K3 数据的单元格 J2 输入下面的公式，核对两个系统的销售额是否一致：

=SUMIFS(‘U8’!$J$2:$J$15,’U8’!$C$2:$C$15,C2,’U8’!$F$2:$F$15,B2)=G2*10000

## 4.6 批量修改数据

如果要对工作表的数据进行批量修改，有没有好的办法？如果要修改满足条件的某些单元格数据，有没有高效的方法？这些都是数据批量修改的问题，使用选择性粘贴工具，再联合使用筛选，即可快速完成需要的修改。

### 4.6.1 批量修改全部单元格数据

如果要对选中的单元格区域的所有单元格数据进行批量修改，比如统一乘以或者除以一个数，或者统一加上或减去一个数，此时可以使用选择性粘贴的方法进行批量修改。具体方法如下。

步骤01 先在某个单元格输入要进行计算的数字；

步骤02 按 Ctrl+C 键；

步骤03 然后选择要修改的数据区域；

步骤04 打开“选择性粘贴”对话框；

步骤05 在“粘贴”选项组中选择“数值”（这样操作是为了不破坏原来已经设置好的格式），在“运算”选项中选择相应的运算方式即可，如图 4-75 所示。

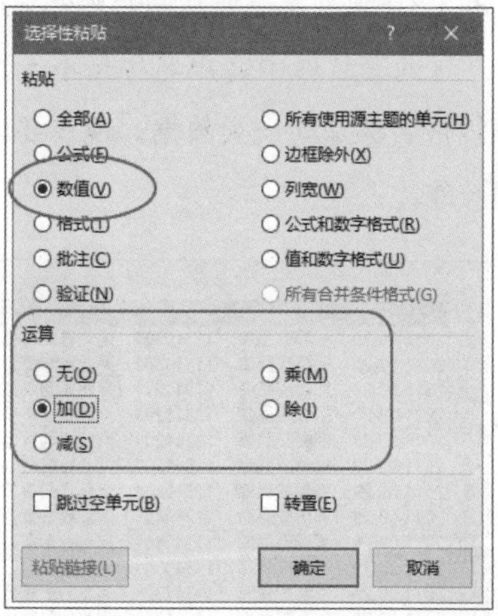
选择性粘贴
粘贴
全部(A)
所有使用源主题的单元(H)
公式(F)
边框除外(X)
数值(V)
列宽(W)
格式(T)
公式和数字格式(R)
批注(C)
值和数字格式(U)
验证(N)
所有合并条件格式(G)
运算
无(O)
乘(M)
加(D)
除(I)
减(S)
跳过空单元(B)
转置(E)
粘贴链接(L)
确定
取消

图 4-75　利用选择性粘贴批量修改数据

### 4.6.2 批量修改部分单元格数据

如果要对数据区域的部分单元格进行批量修改，如统一乘以或者除以一个数，统一加上或减去一个数，也可以使用选择性粘贴的方法进行批量修改，方法与上面介绍的基本一样，只不过要先选择这些修改的单元格（可以通过筛选或者鼠标点选）。

例如，要对图 4-76 所示的北京地区和天津地区的数据统一增加 1000，具体步骤如下。

步骤01 对数据区域建立筛选，并把要修改的北京和天津的数据筛选出来，如图 4-77 所示。

步骤02 在空白单元格输入 1000，复制该单元格。

步骤03 选择单元格区域 A2:B12，按 Alt+ 分号组合键，选择可见单元格。

步骤04 打开选择性粘贴对话框，选择“加”选项按钮。

步骤05 单击“确定”按钮，关闭对话框。

**步骤 06** 取消筛选，可以看到，北京和天津的数据都已经做了修改，如图 4-78 所示。

| | A | B | C |
|---|---|---|---|
| 1 | 日期 | 城市 | 销售量 |
| 2 | 2017-9-1 | 北京 | 10 |
| 3 | 2017-9-2 | 上海 | 20 |
| 4 | 2017-9-3 | 苏州 | 30 |
| 5 | 2017-9-4 | 南京 | 40 |
| 6 | 2017-9-5 | 天津 | 50 |
| 7 | 2017-9-6 | 天津 | 60 |
| 8 | 2017-9-7 | 苏州 | 70 |
| 9 | 2017-9-8 | 上海 | 80 |
| 10 | 2017-9-9 | 北京 | 90 |
| 11 | 2017-9-10 | 上海 | 100 |
| 12 | 2017-9-11 | 苏州 | 110 |
| 13 | 2017-9-12 | 南京 | 120 |
| 14 | 2017-9-13 | 广州 | 130 |
| 15 | 2017-9-14 | 广州 | 140 |
| 16 | 2017-9-15 | 北京 | 150 |
| 17 | 2017-9-16 | 天津 | 160 |

图 4-76　原始数据

| | A | B | C |
|---|---|---|---|
| 1 | 日期 | 城市 | 销售量 |
| 2 | 2017-9-1 | 北京 | 10 |
| 6 | 2017-9-5 | 天津 | 50 |
| 7 | 2017-9-6 | 天津 | 60 |
| 10 | 2017-9-9 | 北京 | 90 |
| 16 | 2017-9-15 | 北京 | 150 |
| 17 | 2017-9-16 | 天津 | 160 |
| 18 | | | |

图 4-77　筛选出北京和天津

| | A | B | C |
|---|---|---|---|
| 1 | 日期 | 城市 | 销售量 |
| 2 | 2017-9-1 | 北京 | 1010 |
| 3 | 2017-9-2 | 上海 | 20 |
| 4 | 2017-9-3 | 苏州 | 30 |
| 5 | 2017-9-4 | 南京 | 40 |
| 6 | 2017-9-5 | 天津 | 1050 |
| 7 | 2017-9-6 | 天津 | 1060 |
| 8 | 2017-9-7 | 苏州 | 70 |
| 9 | 2017-9-8 | 上海 | 80 |
| 10 | 2017-9-9 | 北京 | 1090 |
| 11 | 2017-9-10 | 上海 | 100 |
| 12 | 2017-9-11 | 苏州 | 110 |
| 13 | 2017-9-12 | 南京 | 120 |
| 14 | 2017-9-13 | 广州 | 130 |
| 15 | 2017-9-14 | 广州 | 140 |
| 16 | 2017-9-15 | 北京 | 1150 |
| 17 | 2017-9-16 | 天津 | 1160 |

图 4-78　批量修改后的数据

## 4.7　处理重复数据技能

在实际工作中，有可能会重复录入多遍数据，也有可能是重复操作导致的数据（比如重复刷卡），这些重复数据会对数据分析造成极大影响，因此需要将这些重复数据进行处理，比如如何快速找出重复数据？如何快速删除重复数据？如何查找两个表格都有的数据，等等。

### 4.7.1　在一列数据中查找重复数据

如果数据就一列，要把重复的数据查找标识出来，最简单的方法是使用条件格式，或者使用 COUNTIF 函数。

使用条件格式的具体方法是：在“开始”选项卡中，单击“条件格式”命令列表中的“突出显示单元格规则”，再单击其下的“重复值”命令，打开“重复值”对话框，如图 4-79 所示，设置重复数据的格式即可，如图 4-80 所示。

这种方法仅仅标识出了哪些数据有重复，并不能知道哪些数据重复了几次，重复数据出现在哪些单元格。如果此想要这道这些，可以使用 COUNTIF 函数来进行判断。

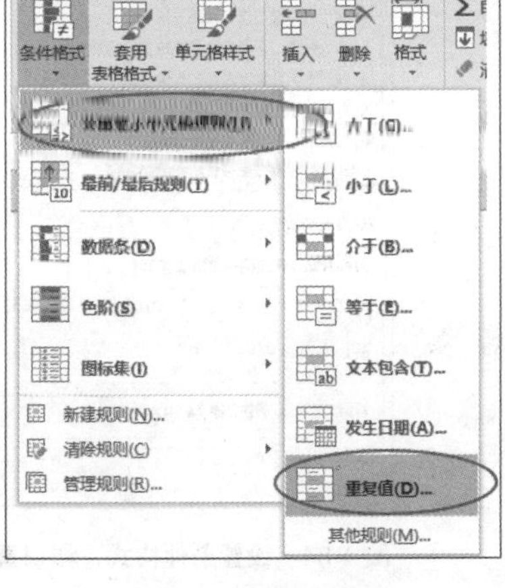
条件格式
套用表格格式
单元格样式
插入
删除
格式
最前/最后规则(T)
数据条(D)
色阶(S)
图标集(I)
新建规则(N)...
清除规则(C)
管理规则(R)...
小于(L)...
介于(B)...
等于(E)...
文本包含(T)...
发生日期(A)...
重复值(D)...
其他规则(M)...

图 4-79　查找重复值命令

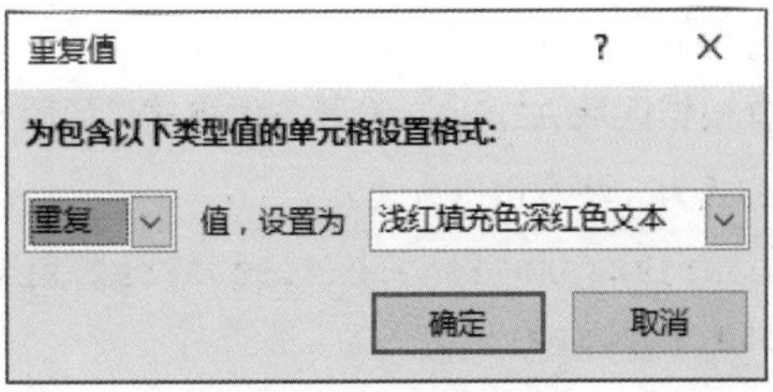
重复值
?
为包含以下类型值的单元格设置格式:
重复
值，设置为
浅红填充色深红色文本
确定
取消

图 4-80　设置重复值格式

使用 COUNTIF 函数的具体方法是，在数据区域中，统计每个数据出现的次数，如果统计的结果是 1，表明不重复是唯一的，否则就是有重复的。

如图 4-81 所示，判断公式为：

=IF(COUNTIF($A$2:A2,A2)>1, "第 "&COUNTIF($A$2:A2,A2)-1&" 次重复 ","")

注意这个公式使用了动态的统计区域（统计区域的起始单元格是绝对引用，截止单元格是相对引用），从而不仅标出哪些数据重复了，还能够得出是第几次重复。

| | A | B |
|---|---|---|
| 1 | 数据 | COUNTIF判断 |
| 2 | A | |
| 3 | B | |
| 4 | C | |
| 5 | D | |
| 6 | E | |
| 7 | A | 第 1 次重复 |
| 8 | A | 第 2 次重复 |
| 9 | C | 第 1 次重复 |
| 10 | H | |
| 11 | G | |
| 12 | F | |
| 13 | B | 第 1 次重复 |
| 14 | | |

**图 4-81　用 COUNTIF 判断重复值出现在什么地方**

## 4.7.2　从多列数据中查找重复行数据

前面介绍的是从一列数据中查找重复数据。如果是多列数据的表单，要把那些重复数据找出来，如何做呢？所谓多列清单重复数据，就是某行数据出现了多次。

**案例 4–13**

图 4-82 是一个数据清单，有一些行记录数据是重复的，现在要把这些重复的行数据查找出来，一是统计出现的次数，二是用颜色把第 2 次以后出现的标识出来，如图 4-83 所示。

| | A | B | C | D |
|---|---|---|---|---|
| 1 | 日期 | 摘要 | 项目 | 金额 |
| 2 | 2014-1-15 | 张三报销交通费 | 交通费 | 295 |
| 3 | 2014-1-8 | 张三报销差旅费 | 差旅费 | 305.38 |
| 4 | 2014-1-12 | 马武支取现金 | 差旅费 | 3000 |
| 5 | 2014-1-16 | 马武报销交通费 | 交通费 | 230 |
| 6 | 2014-1-16 | 马武报销交通费 | 交通费 | 230 |
| 7 | 2014-1-16 | 马武报销差旅费 | 差旅费 | 2945.23 |
| 8 | 2014-1-16 | 马武交回现金 | 差旅费 | 54.77 |
| 9 | 2014-1-12 | 郑达报销餐费 | 业务招待费 | 482 |
| 10 | 2014-1-8 | 张三报销差旅费 | 差旅费 | 305.38 |
| 11 | 2014-1-8 | 李四报销招待费 | 业务招待费 | 1086 |
| 12 | 2014-1-8 | 李四报销招待费 | 业务招待费 | 1086 |
| 13 | 2014-1-8 | 张三报销差旅费 | 差旅费 | 305.38 |

**图 4-82　原始数据：有重复行数据**

| | A | B | C | D | E | F |
|---|---|---|---|---|---|---|
| 1 | 日期 | 摘要 | 项目 | 金额 | 出现次数 | 第几次出现 |
| 2 | 2014-1-15 | 张三报销交通费 | 交通费 | 295 | 1 | 1 |
| 3 | 2014-1-8 | 张三报销差旅费 | 差旅费 | 305.38 | 3 | 1 |
| 4 | 2014-1-12 | 马武支取现金 | 差旅费 | 3000 | 1 | 1 |
| 5 | 2014-1-16 | 马武报销交通费 | 交通费 | 230 | 2 | 1 |
| 6 | 2014-1-16 | 马武报销交通费 | 交通费 | 230 | 2 | 2 |
| 7 | 2014-1-16 | 马武报销差旅费 | 差旅费 | 2945.23 | 1 | 1 |
| 8 | 2014-1-16 | 马武交回现金 | 差旅费 | 54.77 | 1 | 1 |
| 9 | 2014-1-12 | 郑达报销餐费 | 业务招待费 | 482 | 1 | 1 |
| 10 | 2014-1-8 | 张三报销差旅费 | 差旅费 | 305.38 | 3 | 2 |
| 11 | 2014-1-8 | 李四报销招待费 | 业务招待费 | 1086 | 2 | 1 |
| 12 | 2014-1-8 | 李四报销招待费 | 业务招待费 | 1086 | 2 | 2 |
| 13 | 2014-1-8 | 张三报销差旅费 | 差旅费 | 305.38 | 3 | 3 |
| 14 | | | | | | |

**图 4-83　重复数据被统计出来并标识**

这个问题不难解决，其实质上就是多个条件的计数问题，因此使用 COUNTIFS 函数即可。

在 E 列统计出现次数，单元格 E2 公式为：

=COUNTIFS(A:A,A2,B:B,B2,C:C,C2,D:D,D2)

在 F 列统计第几次出现，单元格 F2 公式为：

=COUNTIFS($A$2:A2,A2,$B$2:B2,B2,$C$2:C2,C2,$D$2:D2,D2)

选择数据区域 A2:F13，设置条件格式，如图 4-84 所示，条件格式公式为（注意引用方式）：

=COUNTIFS($A$2:$A2,$A2,$B$2:$B2,$B2,$C$2:$C2,$C2,$D$2:$D2,$D2)>1

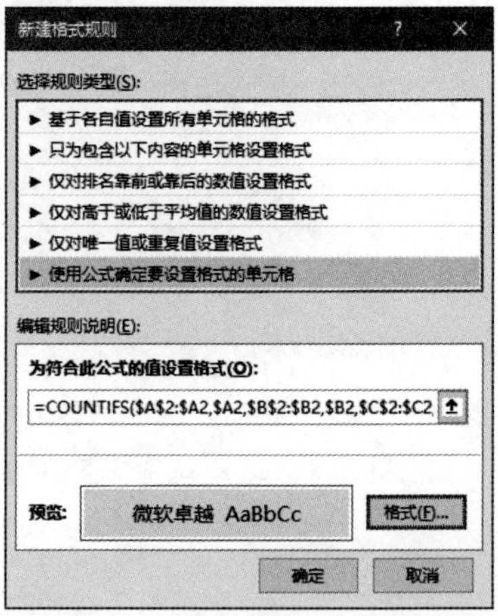
新建格式规则
选择规则类型(S):
► 基于各自值设置所有单元格的格式
► 只为包含以下内容的单元格设置格式
► 仅对排名靠前或靠后的数值设置格式
► 仅对高于或低于平均值的数值设置格式
► 仅对唯一值或重复值设置格式
► 使用公式确定要设置格式的单元格
编辑规则说明(E):
为符合此公式的值设置格式(O):
=COUNTIFS($A$2:$A2,$A2,$B$2:$B2,$B2,$C$2:$C2
预览:
微软卓越 AaBbCc
格式(F)...
确定
取消

**图 4-84　设置条件格式，标识重复出现的行数据**

## 4.7.3 删除数据清单中的重复数据，获取不重复数据清单

如果是一列数据，要快速删除该列中的重复数据，留下来唯一的不重复数据，可以直接使用数据工具里的“删除重复值”命令，如图 4-85 所示。

如果是两列数据，要求从这两列数据中获取一份不重复数据清单，最简单的方法是把这两列数据复制到一列里，然后使用删除重复值命令即可。

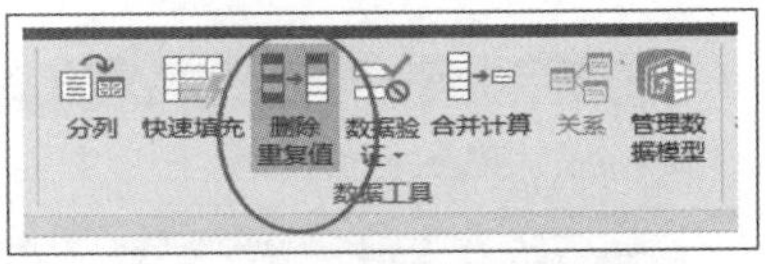
分列
快速填充
删除重复值
数据验证
合并计算
关系
管理数据模型
数据工具

图 4-85 删除重复值命令

## 4.7.4 从两个表格中获取都存在的数据

现在，稍微复杂点的任务来了。有两个工作表，每个工作表是员工清单，比如分别是年初和年末的员工花名册，现在要求把两个工作表都有的员工找出来，也就是制作一个一年内一直都在的员工信息表。

这样的问题可以使用函数来解决，也可以使用 Microsoft Query 工具来解决，最简单的是使用用 Microsoft Query 工具。

**案例 4–14**

图 4-86 是年初和年末的员工信息表，现在要从两个表格中抓取都有的员工，但员工的信息数据以年末为准。

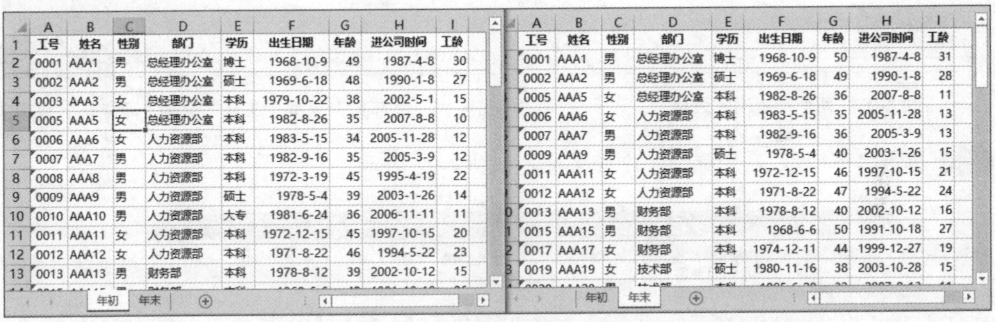

| 工号 | 姓名 | 性别 | 部门 | 学历 | 出生日期 | 年龄 | 进公司时间 | 工龄 |
|---|---|---|---|---|---|---|---|---|
| 0001 | AAA1 | 男 | 总经理办公室 | 博士 | 1968-10-9 | 49 | 1987-4-8 | 30 |
| 0002 | AAA2 | 男 | 总经理办公室 | 硕士 | 1969-6-18 | 48 | 1990-1-8 | 27 |
| 0003 | AAA3 | 女 | 总经理办公室 | 本科 | 1979-10-22 | 38 | 2002-5-1 | 15 |
| 0005 | AAA5 | 女 | 总经理办公室 | 本科 | 1982-8-26 | 35 | 2007-8-8 | 10 |
| 0006 | AAA6 | 女 | 人力资源部 | 本科 | 1983-5-15 | 34 | 2005-11-28 | 12 |
| 0007 | AAA7 | 男 | 人力资源部 | 本科 | 1982-9-16 | 35 | 2005-3-9 | 12 |
| 0008 | AAA8 | 男 | 人力资源部 | 本科 | 1972-3-19 | 45 | 1995-4-19 | 22 |
| 0009 | AAA9 | 男 | 人力资源部 | 硕士 | 1978-5-4 | 39 | 2003-1-26 | 14 |
| 0010 | AAA10 | 男 | 人力资源部 | 大专 | 1981-6-24 | 36 | 2006-11-11 | 11 |
| 0011 | AAA11 | 女 | 人力资源部 | 本科 | 1972-12-15 | 45 | 1997-10-15 | 20 |
| 0012 | AAA12 | 女 | 人力资源部 | 本科 | 1971-8-22 | 46 | 1994-5-22 | 23 |
| 0013 | AAA13 | 男 | 财务部 | 本科 | 1978-8-12 | 39 | 2002-10-12 | 15 |

年初 年末

| 工号 | 姓名 | 性别 | 部门 | 学历 | 出生日期 | 年龄 | 进公司时间 | 工龄 |
|---|---|---|---|---|---|---|---|---|
| 0001 | AAA1 | 男 | 总经理办公室 | 博士 | 1968-10-9 | 50 | 1987-4-8 | 31 |
| 0002 | AAA2 | 男 | 总经理办公室 | 硕士 | 1969-6-18 | 49 | 1990-1-8 | 28 |
| 0005 | AAA5 | 女 | 总经理办公室 | 本科 | 1982-8-26 | 36 | 2007-8-8 | 11 |
| 0006 | AAA6 | 女 | 人力资源部 | 本科 | 1983-5-15 | 35 | 2005-11-28 | 13 |
| 0007 | AAA7 | 男 | 人力资源部 | 本科 | 1982-9-16 | 36 | 2005-3-9 | 13 |
| 0009 | AAA9 | 男 | 人力资源部 | 硕士 | 1978-5-4 | 40 | 2003-1-26 | 15 |
| 0011 | AAA11 | 女 | 人力资源部 | 本科 | 1972-12-15 | 46 | 1997-10-15 | 21 |
| 0012 | AAA12 | 女 | 人力资源部 | 本科 | 1971-8-22 | 47 | 1994-5-22 | 24 |
| 0013 | AAA13 | 男 | 财务部 | 本科 | 1978-8-12 | 40 | 2002-10-12 | 16 |
| 0015 | AAA15 | 男 | 财务部 | 本科 | 1968-6-6 | 50 | 1991-10-18 | 27 |
| 0017 | AAA17 | 女 | 财务部 | 本科 | 1974-12-11 | 44 | 1999-12-27 | 19 |
| 0019 | AAA19 | 女 | 技术部 | 硕士 | 1980-11-16 | 38 | 2003-10-28 | 15 |

年初 年末

图 4-86 年初和年末的员工花名册

解决这个问题使用 Microsoft Query 是最简单、也是操作最方便的，下面是这个问题以及 Microsoft Query 做连接查询的主要步骤。

**步骤 01** 单击“数据”→“自其他来源”→“来自 Microsoft Query”命令，如图 4-87 所示。

**步骤 02** 打开“选择数据源”对话框，选择“Excel Files*”，如图 4-88 所示。

**步骤 03** 单击“确定”按钮，打开“选择工作簿”对话框，然后从保存该工作簿的文件夹里选择该文件，如图 4-89 所示。

**步骤 04** 单击“确定”按钮，打开“查询向导 - 选择列”对话框，如图 4-90 所示。

插入
页面布局
公式
数据
审阅
视图
显示查询
从表格
最近使用的源
自其他来源
现有连接
新建查询
全部刷新
来自 SQL Server(S)
创建到 SQL Server 表的连接。将数据作为表或数据透视表导入到 Excel 中。
来自 OData 数据馈送(O)
创建到 ODATA 数据馈送的连接。将数据作为表或数据透视表导入到 Excel 中。
来自 XML 数据导入(X)
打开 XML 文件或将其映射到 Excel。
来自数据连接向导(D)
通过使用数据连接向导和 OLEDB 导入未列出格式的数据。
来自 Microsoft Query(Q)
使用 Microsoft 查询向导和 ODBC 导入未列出格式的数据。由于早期版本中的兼容性，功能受到限制。

图 4-87 “来自 Microsoft Query”命令

**步骤05** 先将“年初”工作表的“工号”移到右侧，再将“年末”所有数据移到右侧，如图4-91所示。

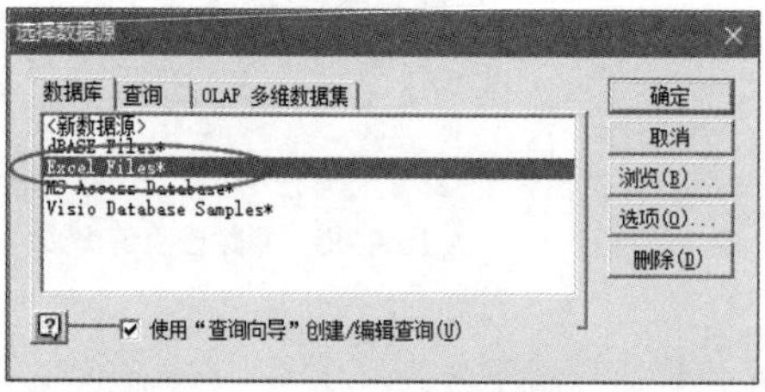
选择数据源
数据库
查询
OLAP 多维数据集
<新数据源>
dBASE Files*
Excel Files*
MS Access Database*
Visio Database Samples*
确定
取消
浏览(B)...
选项(O)...
删除(D)
使用“查询向导”创建/编辑查询(U)

图4-88　选择“Excel　Files*”

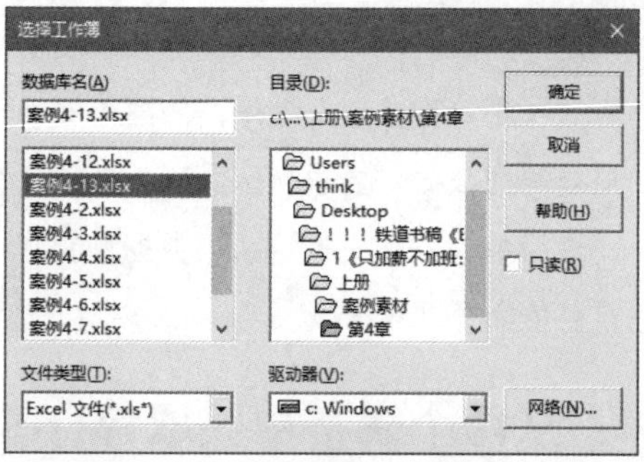
选择工作簿
数据库名(A):
案例4-13.xlsx
目录(D):
c:\...\上册\案例素材\第4章
确定
取消
帮助(H)
只读(R)
案例4-12.xlsx
案例4-13.xlsx
案例4-2.xlsx
案例4-3.xlsx
案例4-4.xlsx
案例4-5.xlsx
案例4-6.xlsx
案例4-7.xlsx
Users
think
Desktop
上册
案例素材
第4章
文件类型(T):
Excel 文件(*.xls*)
驱动器(V):
c: Windows
网络(N)...

图4-89　选择要查询的工作簿

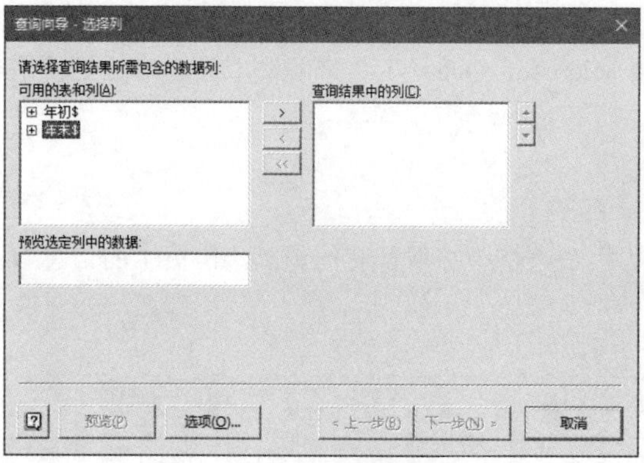
查询向导 - 选择列
请选择查询结果所需包含的数据列:
可用的表和列(A):
年初$
年末$
查询结果中的列(C):
预览选定列中的数据:
预览(P)
选项(O)...
< 上一步(B)
下一步(N) >
取消

图4-90　两个待查询的表格

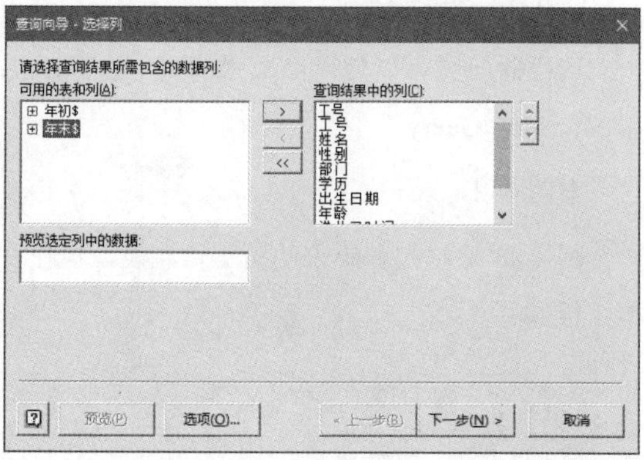
查询向导 - 选择列
请选择查询结果所需包含的数据列:
可用的表和列(A):
年初$
年末$
查询结果中的列(C):
工号
工号
姓名
性别
部门
学历
出生日期
年龄
预览选定列中的数据:
预览(P)
选项(O)...
< 上一步(B)
下一步(N) >
取消

图4-91　“年初”只要“工号”数据，“年末”数据全要

**步骤06** 单击“下一步”，会弹出一个警告框，如图4-92所示。

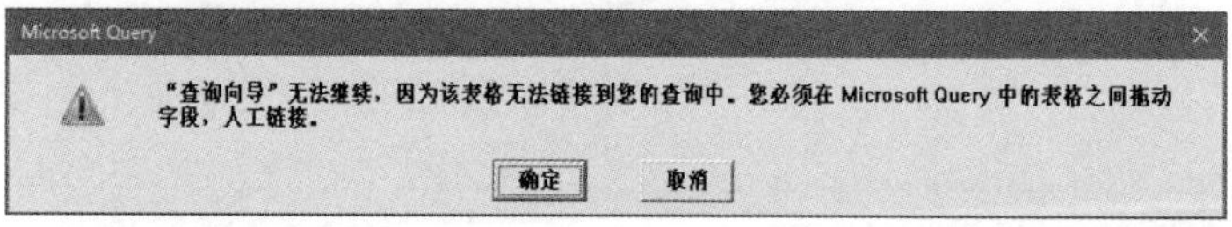
Microsoft Query
“查询向导”无法继续，因为该表格无法链接到您的查询中。您必须在 Microsoft Query 中的表格之间拖动字段，人工链接。
确定
取消

图4-92　警告框

**步骤07** 单击“确定”按钮，打开“Microsoft Query”窗口，然后把“年初”表格里的“工号”拖放到“年末”表格里的“工号”上，建立链接，如图4-93所示。

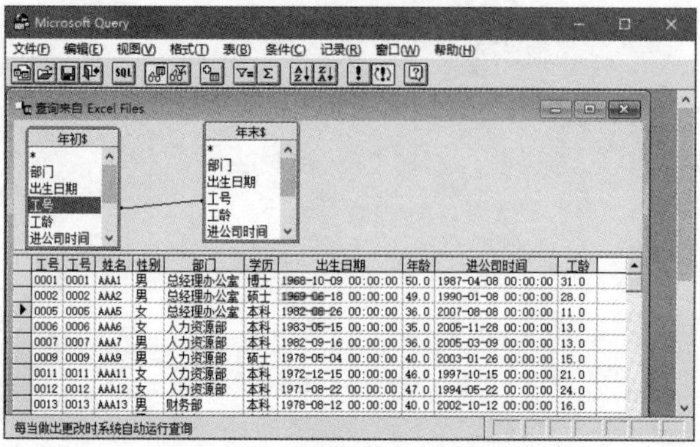
Microsoft Query
文件(F) 编辑(E) 视图(V) 格式(T) 表(B) 条件(C) 记录(R) 窗口(W) 帮助(H)
查询来自 Excel Files
年初$
年末$
每当做出更改时系统自动运行查询

图4-93　建立两个表格的链接，拖放关键字段连接即可

**步骤 08** 删除一列多余的“工号”，然后单击“文件”→“将数据返回 Microsoft Excel”命令，如图 4-94 所示。

**步骤 09** 打开“导入数据”对话框，选择“表”和“新工作表”，如图 4-95 所示。

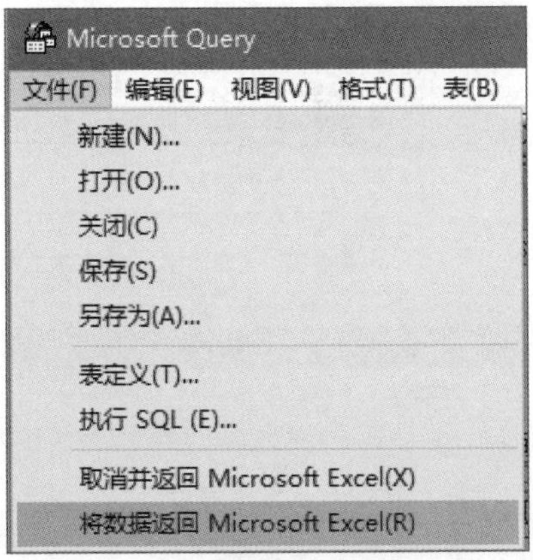
Microsoft Query
文件(F)
编辑(E)
视图(V)
格式(T)
表(B)
新建(N)...
打开(O)...
关闭(C)
保存(S)
另存为(A)...
表定义(T)...
执行 SQL (E)...
取消并返回 Microsoft Excel(X)
将数据返回 Microsoft Excel(R)

图 4-94　准备将数据导入到 Excel

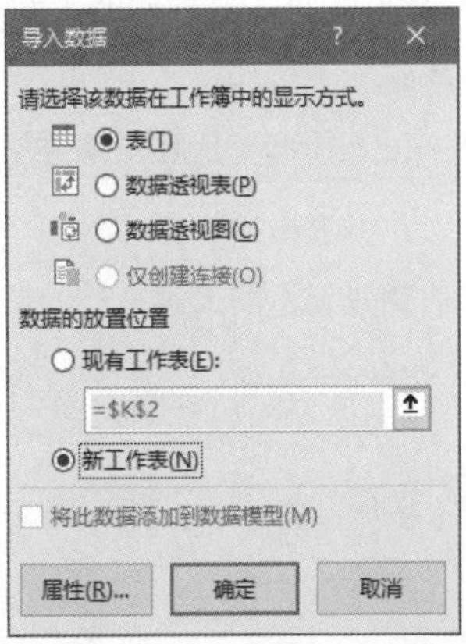
导入数据
请选择该数据在工作簿中的显示方式。
表(T)
数据透视表(P)
数据透视图(C)
仅创建连接(O)
数据的放置位置
现有工作表(E):
=$K$2
新工作表(N)
将此数据添加到数据模型(M)
属性(R)...
确定
取消

图 4-95　选择“表”和“新工作表”

**步骤 10** 单击“确定”按钮，就能得到年初、年末两个表格都存在的员工数据，如图 4-96 所示。

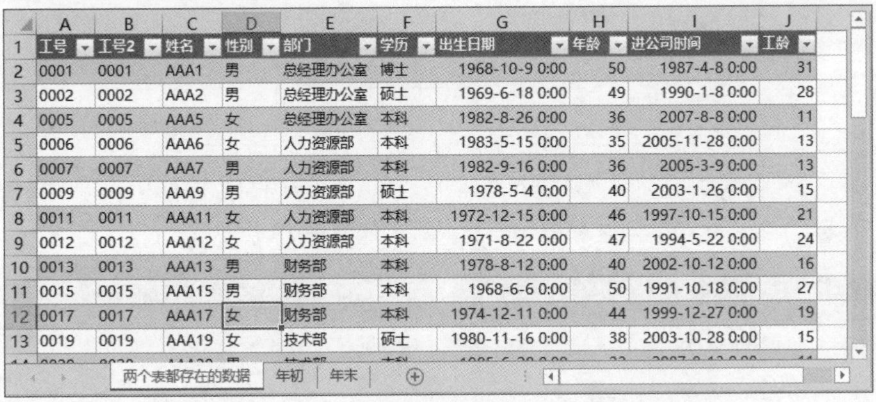

| | A | B | C | D | E | F | G | H | I | J |
|---|---|---|---|---|---|---|---|---|---|---|
| 1 | 工号 | 工号2 | 姓名 | 性别 | 部门 | 学历 | 出生日期 | 年龄 | 进公司时间 | 工龄 |
| 2 | 0001 | 0001 | AAA1 | 男 | 总经理办公室 | 博士 | 1968-10-9 0:00 | 50 | 1987-4-8 0:00 | 31 |
| 3 | 0002 | 0002 | AAA2 | 男 | 总经理办公室 | 硕士 | 1969-6-18 0:00 | 49 | 1990-1-8 0:00 | 28 |
| 4 | 0005 | 0005 | AAA5 | 女 | 总经理办公室 | 本科 | 1982-8-26 0:00 | 36 | 2007-8-8 0:00 | 11 |
| 5 | 0006 | 0006 | AAA6 | 女 | 人力资源部 | 本科 | 1983-5-15 0:00 | 35 | 2005-11-28 0:00 | 13 |
| 6 | 0007 | 0007 | AAA7 | 男 | 人力资源部 | 本科 | 1982-9-16 0:00 | 36 | 2005-3-9 0:00 | 13 |
| 7 | 0009 | 0009 | AAA9 | 男 | 人力资源部 | 硕士 | 1978-5-4 0:00 | 40 | 2003-1-26 0:00 | 15 |
| 8 | 0011 | 0011 | AAA11 | 女 | 人力资源部 | 本科 | 1972-12-15 0:00 | 46 | 1997-10-15 0:00 | 21 |
| 9 | 0012 | 0012 | AAA12 | 女 | 人力资源部 | 本科 | 1971-8-22 0:00 | 47 | 1994-5-22 0:00 | 24 |
| 10 | 0013 | 0013 | AAA13 | 男 | 财务部 | 本科 | 1978-8-12 0:00 | 40 | 2002-10-12 0:00 | 16 |
| 11 | 0015 | 0015 | AAA15 | 男 | 财务部 | 本科 | 1968-6-6 0:00 | 50 | 1991-10-18 0:00 | 27 |
| 12 | 0017 | 0017 | AAA17 | 女 | 财务部 | 本科 | 1974-12-11 0:00 | 44 | 1999-12-27 0:00 | 19 |
| 13 | 0019 | 0019 | AAA19 | 女 | 技术部 | 硕士 | 1980-11-16 0:00 | 38 | 2003-10-28 0:00 | 15 |

两个表都存在的数据
年初
年末

图 4-96　年初年末两个表都存在的员工，基本信息是年末数据

由此可见，Microsoft Query 工具是非常有用的，对于多表复杂条件下的链接查询，操作起来简单易行，需要好好学习和掌握。这个工具操作起来步骤较多，也比较烦琐，熟练了就好了。其实 Microsoft Query 挺好用的。

提问：如果要获取某个表格存在而另一个表格不存在的数据，又该如何做呢？最笨的方法是使用查找函数，分别从两个表格中反向查找，然后筛选错误值（因为查找错误值就是不存在）。但是，如果你安装的是 Excel 2016，那么就可以使用 PowerQuery 来快速完成。

## 4.8　其他类型文件数据的导入与整理

经常会有同学问我，我拿到的是一个 CSV 格式的文本文件，在将文本文件数据复制到 Excel 时，长编码都错了，怎么处理啊？我说：为什么要复制粘贴呢？ Excel 给你提供了一个将文本文件甚至是数据文件自动导入 Excel 工具，你为什么不用呢？

图 4-97 是一个 CSV 格式的文本文件，现在要完整的导入到 Excel 表格中，并且不能改变数据格式。文本文件名称是“数据 .txt”。

下面是导入文本文件数据的主要步骤。

**步骤 01** 新建一个工作簿。

**步骤 02** 单击“数据”选项卡最左边的“自文本”命令按钮，如图 4-98 所示。

**步骤 03** 选择要导入的文本文件，如图 4-99 所示。

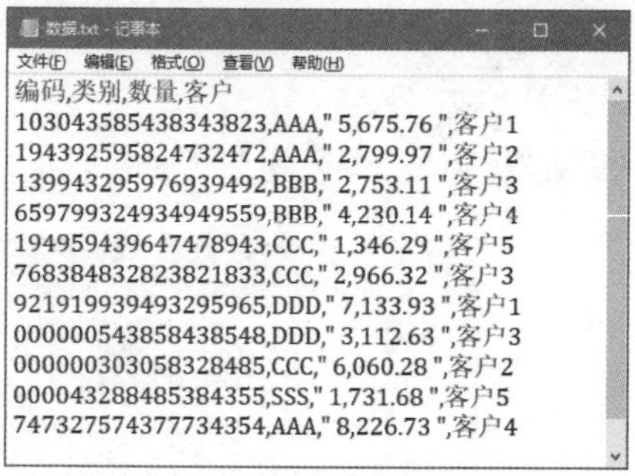
数据.txt - 记事本
文件(F) 编辑(E) 格式(O) 查看(V) 帮助(H)
编码,类别,数量,客户
103043585438343823,AAA," 5,675.76 ",客户1
194392595824732472,AAA," 2,799.97 ",客户2
139943295976939492,BBB," 2,753.11 ",客户3
659799324934949559,BBB," 4,230.14 ",客户4
194959439647478943,CCC," 1,346.29 ",客户5
768384832823821833,CCC," 2,966.32 ",客户3
921919939493295965,DDD," 7,133.93 ",客户1
000000543858438548,DDD," 3,112.63 ",客户3
000000303058328485,CCC," 6,060.28 ",客户2
000043288485384355,SSS," 1,731.68 ",客户5
747327574377734354,AAA," 8,226.73 ",客户4

图 4-97　CSV 格式的文本文件数据

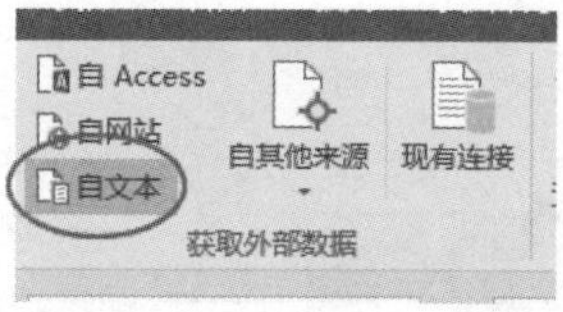
自 Access
自网站
自文本
自其他来源
现有连接
获取外部数据

图 4-98　“自文本”命令

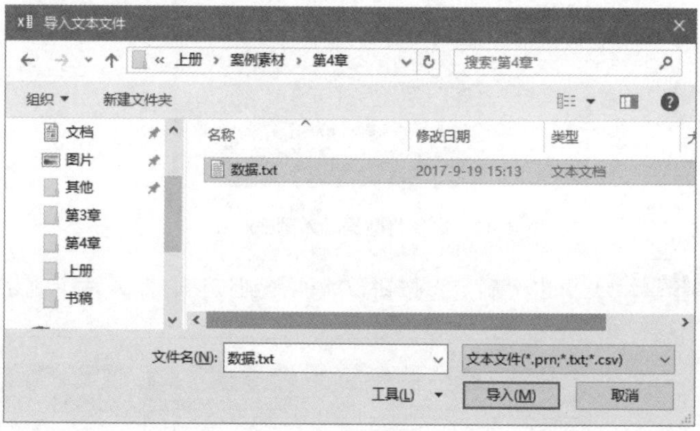
导入文本文件
上册 › 案例素材 › 第4章
搜索"第4章"
组织 ▾
新建文件夹
文档
图片
其他
第3章
第4章
上册
书稿
名称
修改日期
类型
数据.txt
2017-9-19 15:13
文本文档
文件名(N):
数据.txt
文本文件(*.prn;*.txt;*.csv)
工具(L)
导入(M)
取消

图 4-99　选择文本文件

**步骤 04** 单击“导入按钮”，就打开文本导入向导，在第 1 步选择“分隔符号”，如图 4-100 所示。

**步骤 05** 单击下一步，在“第 2 步”中选择“逗号”，如图 4-101 所示。

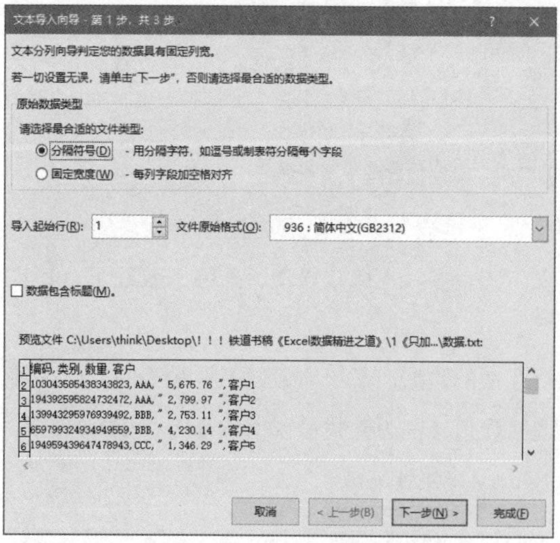
文本导入向导 - 第 1 步，共 3 步
文本分列向导判定您的数据具有固定列宽。
若一切设置无误，请单击“下一步”，否则请选择最合适的数据类型。
原始数据类型
请选择最合适的文件类型:
分隔符号(D) - 用分隔字符，如逗号或制表符分隔每个字段
固定宽度(W) - 每列字段加空格对齐
导入起始行(R): 1
文件原始格式(O): 936 : 简体中文(GB2312)
数据包含标题(M)。
取消
< 上一步(B)
下一步(N) >
完成(F)

图 4-100　向导第 1 步：选择“分隔符号”

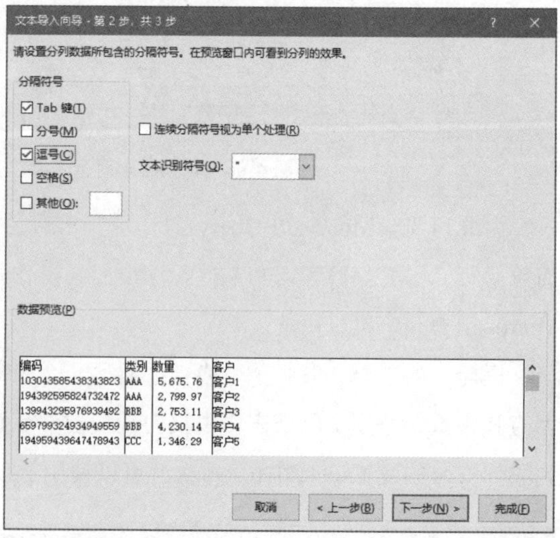
文本导入向导 - 第 2 步，共 3 步
请设置分列数据所包含的分隔符号。在预览窗口内可看到分列的效果。
分隔符号
Tab 键(T)
分号(M)
逗号(C)
空格(S)
其他(O):
连续分隔符号视为单个处理(R)
文本识别符号(Q):
数据预览(P)
取消
< 上一步(B)
下一步(N) >
完成(F)

图 4-101　向导第 2 步：选择“逗号”

**步骤 06** 单击下一步，在“第 3 步”中选择第一列，并选择“文本”。如有需要，再选择其他列数据，进行数据格式设置。如图 4-102 所示。

**步骤07** 单击“完成”按钮，打开“导入数据”对话框，设置数据的保存位置，如图 1-103 所示。

**步骤08** 单击“确定”按钮，即可得到自文本文件导入的数据，如图 4-104 所示。

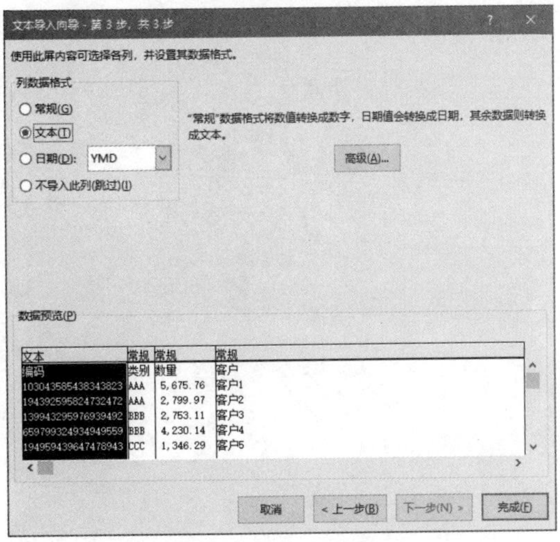
文本导入向导 - 第 3 步，共 3 步
使用此屏内容可选择各列，并设置其数据格式。
列数据格式
常规(G)
文本(T)
日期(D): YMD
不导入此列(跳过)(I)
“常规”数据格式将数值转换成数字，日期值会转换成日期，其余数据则转换成文本。
高级(A)...
数据预览(P)
取消
< 上一步(B)
下一步(N) >
完成(F)

图 4-102　向导第 3 步：设置列数据格式

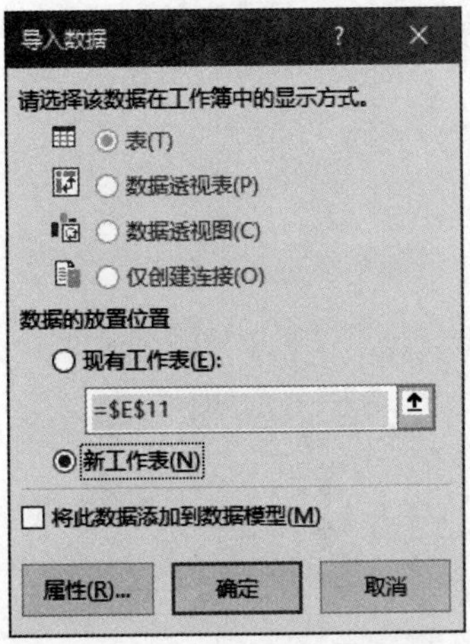
导入数据
请选择该数据在工作簿中的显示方式。
表(T)
数据透视表(P)
数据透视图(C)
仅创建连接(O)
数据的放置位置
现有工作表(E):
=$E$11
新工作表(N)
将此数据添加到数据模型(M)
属性(R)...
确定
取消

图 4-103　准备保存导入的数据

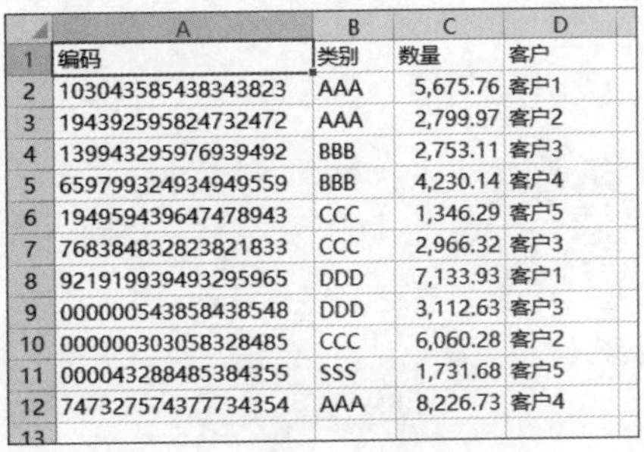

| | A | B | C | D |
|---|---|---|---|---|
| 1 | 编码 | 类别 | 数量 | 客户 |
| 2 | 103043585438343823 | AAA | 5,675.76 | 客户1 |
| 3 | 194392595824732472 | AAA | 2,799.97 | 客户2 |
| 4 | 139943295976939492 | BBB | 2,753.11 | 客户3 |
| 5 | 659799324934949559 | BBB | 4,230.14 | 客户4 |
| 6 | 194959439647478943 | CCC | 1,346.29 | 客户5 |
| 7 | 768384832823821833 | CCC | 2,966.32 | 客户3 |
| 8 | 921919939493295965 | DDD | 7,133.93 | 客户1 |
| 9 | 000000543858438548 | DDD | 3,112.63 | 客户3 |
| 10 | 000000303058328485 | CCC | 6,060.28 | 客户2 |
| 11 | 000043288485384355 | SSS | 1,731.68 | 客户5 |
| 12 | 747327574377734354 | AAA | 8,226.73 | 客户4 |
| 13 | | | | |

图 4-104　导入的文本文件数据

# 03

# 第3部分

## 日常高效率数据处理，来源于常用工具的熟练使用

每天一上班，甚至晚上下班回到家，就是打开电脑，打开一个一个的Excel表格，然后就开始对数据进行各种处理：排序、筛选、分列、计算、汇总、复制粘贴、引用链接等，忙得不亦乐乎。

Excel有很多实用的工具和技能，需要我们去好好理解和掌握，并能够高效运用来解决我们日常数据的处理问题。这些工具和技能并不复杂，也不陌生，都是我们经常使用的。然而，即使这样的常用工具和技能，也有很多人并不是真正了解，运用起来也不是很熟练。

经常会有学生问：

老师，为什么别人发来的表格单元格有一个下拉菜单？

老师，我做的条件格式怎么达不到效果啊？

老师，从系统导出的数据怎么样才能快速整理加工啊？

老师，领导对我做的预算分析报表非常不满意，说太乱，看不清楚，怎样把报表做得一目了然啊？

老师，每次做银行对账时，都是两眼发花，颈椎发胀，两手僵硬，累得死去活来。有没有简便快速的方法啊？

诸如此类，不一而足。

高效率处理日常数据，来源于常用工具的熟练使用。节省下来的时间，看看书，喝喝茶；或者做其他更重要的工作，学习更重要的知识。

# 第 5 章 数据筛选：尽管很简单，也有很多需要掌握的技能

筛选是 Excel 的一个最常用的数据分析功能，相信很多人都会使用数据筛选功能。筛选功能很强大，不仅可以筛选多个条件，还可以对日期、时间数据进行特殊的筛选，以及按照颜色来进行筛选。

## 5.1 建立和清除筛选

筛选很简单，然而筛选也有几个需要注意的问题，你是否了解实际中出现这样的问题，你是如何处理的？

### 5.1.1 建立自动筛选及注意事项

说起筛选，几乎所有人都会用。首先单击数据区域的任意单元格，然后单击“数据”→“筛选”命令，就给数据表建立了自动筛选。

尽管筛选很容易掌握和使用，对于标准规范的表单来说直接单击“筛选”命令按钮即可，但是，如果你设计的表格不规范，有合并单元格的多行标题，那么直接点击这个按钮就不行了，如图 5-1 所示，直接单击“筛选”按钮，并没有对每个列建立筛选。

| | A | B | C | D | E | F | G | H | I | J | K | L | M |
|---|---|---|---|---|---|---|---|---|---|---|---|---|---|
| 1 | 工号 | 部门 | 职 务 | 姓 名 | 性别 | 进公司时间 | | | 出生年月日 | 学历情况 | | | |
| 2 | | | | | | 年 | 月 | 日 | | 学历 | 毕业时间 | 毕业学校 | 所学专业 |
| 3 | 100001 | 公司总部 | 总经理 | 王嘉木 | 男 | 2008 | 8 | 1 | 660805 | 硕士 | 2008年6月 | 中欧国际工商学院 | 工商管理 |
| 4 | 100002 | 公司总部 | 党委副书记 | 丛赫敏 | 女 | 2004 | 7 | 1 | 570103 | 大专 | 1996年12月 | 中央党校函授学院 | 行政管理 |
| 5 | 100003 | 公司总部 | 副总经理 | 白留洋 | 男 | 2004 | 7 | 1 | 630519 | 本科 | 1984年7月 | 南京工学院土木工程系 | 道路工程 |
| 6 | 100004 | 公司总部 | 副总经理 | 张丽莉 | 男 | 2007 | 1 | 12 | 680723 | 本科 | 1990年6月 | 南京林业大学机械工程系 | 汽车运用工程 |
| 7 | 110001 | 公司总部 | 总助兼经理 | 蔡晓宇 | 男 | 2007 | 4 | 17 | 720424 | 本科 | 2006年6月 | 工程兵指挥学院 | 经济管理 |
| 8 | 110002 | 公司总部 | 副经理 | 祁正人 | 男 | 2009 | 1 | 1 | 750817 | 本科 | 2000年7月 | 西南政法大学 | 法学 |
| 9 | 110003 | 公司总部 | 业务主管 | 孟欣然 | 男 | 2004 | 10 | 1 | 780119 | 本科 | 2005年12月 | 中共中央党校函授学院 | 经济管理 |
| 10 | 110004 | 公司总部 | 科员 | 毛利民 | 女 | 2005 | 8 | 1 | 820812 | 本科 | 2005年9月 | 苏州大学文正学院 | 新闻学 |
| 11 | 110005 | 公司总部 | 科员 | 马一晨 | 女 | 2006 | 7 | 10 | 831227 | 本科 | 2006年6月 | 苏州大学文正学院 | 汉语言文学 |
| 12 | 110006 | 公司总部 | 科员 | 干浩忌 | 女 | 2007 | 5 | 1 | 730212 | 本科 | 1998年12月 | 中共中央党校函授学院 | 经济管理 |

图 5-1 直接单击“筛选”按钮，并没有对每个列建立筛选

显然，这并不是我们想要的结果。例如，如何筛选某年某月入职的员工？F 至 H 列是筛选做在第一行的合并单元格的大标题，这是不对的。那么，如何真正建立在每列真正的标题上呢？也就是说，如果有两行是合并单元格，就对合并单元格建立筛选；如果第一行是合并单元格大标题，第 2 行是大标题下的几个小标题，就在小标题列上建立筛选。

此时，需要先选择第 2 行，然后再单击“筛选”按钮，这样才能得到需要的筛选，如图 5-2 所示。

| | A | B | C | D | E | F | G | H | I | J | K | L | M |
|---|---|---|---|---|---|---|---|---|---|---|---|---|---|
| 1 | 工号 | 部门 | 职 务 | 姓 名 | 性别 | 进公司时间 | | | 出生年月日 | 学历情况 | | | |
| 2 | | | | | | 年 | 月 | 日 | | 学历 | 毕业时间 | 毕业学校 | 所学专业 |
| 3 | 100001 | 公司总部 | 总经理 | 王嘉木 | 男 | 2008 | 8 | 1 | 660805 | 硕士 | 2008年6月 | 中欧国际工商学院 | 工商管理 |
| 4 | 100002 | 公司总部 | 党委副书记 | 丛赫敏 | 女 | 2004 | 7 | 1 | 570103 | 大专 | 1996年12月 | 中央党校函授学院 | 行政管理 |
| 5 | 100003 | 公司总部 | 副总经理 | 白留洋 | 男 | 2004 | 7 | 1 | 630519 | 本科 | 1984年7月 | 南京工学院土木工程系 | 道路工程 |
| 6 | 100004 | 公司总部 | 副总经理 | 张丽莉 | 男 | 2007 | 1 | 12 | 680723 | 本科 | 1990年6月 | 南京林业大学机械工程系 | 汽车运用工程 |
| 7 | 110001 | 公司总部 | 总助兼经理 | 蔡晓宇 | 男 | 2007 | 4 | 17 | 720424 | 本科 | 2006年6月 | 工程兵指挥学院 | 经济管理 |
| 8 | 110002 | 公司总部 | 副经理 | 祁正人 | 男 | 2009 | 1 | 1 | 750817 | 本科 | 2000年7月 | 西南政法大学 | 法学 |
| 9 | 110003 | 公司总部 | 业务主管 | 孟欣然 | 男 | 2004 | 10 | 1 | 780119 | 本科 | 2005年12月 | 中共中央党校函授学院 | 经济管理 |
| 10 | 110004 | 公司总部 | 科员 | 毛利民 | 女 | 2005 | 8 | 1 | 820812 | 本科 | 2005年9月 | 苏州大学文正学院 | 新闻学 |
| 11 | 110005 | 公司总部 | 科员 | 马一晨 | 女 | 2006 | 7 | 10 | 831227 | 本科 | 2006年6月 | 苏州大学文正学院 | 汉语言文学 |
| 12 | 110006 | 公司总部 | 科员 | 王浩忌 | 女 | 2007 | 5 | 1 | 730212 | 本科 | 1998年12月 | 中共中央党校函授学院 | 经济管理 |

图 5-2 真正把筛选箭头建立在第 2 行的标题上

## 5.1.2 为什么右边几列没有数据，也出现了筛选箭头

经常会看到这样的表格，数据区域是 A 列至 H 列，但 H 列后面的几列也出现了筛选箭头，可右边几列并没有数据！如图 5-3 所示。

| | A | B | C | D | E | F | G | H | I | J | K | L |
|---|---|---|---|---|---|---|---|---|---|---|---|---|
| 1 | 姓名 | 性别 | 出生日期 | 年龄 | 职务 | 进公司时间 | 司龄 | 学历 | | | | |
| 2 | 王嘉木 | 男 | 1966-8-5 | 51 | 总经理 | 2008-8-1 | 9 | 硕士 | | | | |
| 3 | 丛赫敏 | 女 | 1957-1-3 | 61 | 党委副书记 | 2004-7-1 | 13 | 大专 | | | | |
| 4 | 白留洋 | 男 | 1963-5-19 | 54 | 副总经理 | 2004-7-1 | 13 | 本科 | | | | |
| 5 | 张丽莉 | 男 | 1968-7-23 | 49 | 副总经理 | 2007-1-12 | 11 | 本科 | | | | |
| 6 | 蔡晓宇 | 男 | 1972-4-24 | 46 | 总助兼经理 | 2007-4-17 | 11 | 本科 | | | | |
| 7 | 祁正人 | 男 | 1975-8-17 | 42 | 副经理 | 2009-1-1 | 9 | 本科 | | | | |
| 8 | 孟欣然 | 男 | 1978-1-19 | 40 | 业务主管 | 2004-10-1 | 13 | 本科 | | | | |
| 9 | 毛利民 | 女 | 1982-8-12 | 35 | 科员 | 2005-8-1 | 12 | 本科 | | | | |
| 10 | 马一晨 | 女 | 1983-12-27 | 34 | 科员 | 2006-7-10 | 11 | 本科 | | | | |
| 11 | 王浩忌 | 女 | 1973-2-12 | 45 | 科员 | 2007-5-1 | 11 | 本科 | | | | |

图 5-3 右边没有数据的列也出现了筛选箭头

造成这个问题的原因是，你在右侧几列输入过数据，然后使用 Delete 键清除了单元格数据，而没有使用右键删除命令彻底删除这几列单元格，这样的操作，仅仅是清除单元格里面的数据，但操作的痕迹还是被留下来了，因此在建立自动筛选时，Excel 会认为这几列也是数据区域。

如果要解决这样的问题，需要选择这几列，右击将其彻底删除。

## 5.1.3 清除筛选

如果不想保留筛选状态了，而恢复为普通的表格，只需要再单击一下功能区的“筛选”按钮即可。

# 5.2 高级筛选

自动筛选很简单，也很好操作。在“筛选”按钮的旁边，还有一个“高级”按钮，这就是高级筛选功能。

利用高级筛选，我们可以对数据进行更加灵活的处理。例如，筛选不重复记录；建立多条件筛选模型，等等。

## 5.2.1 筛选不重复记录

从数据清单中筛选不重复记录的最简单方法是利用“删除重复值”命令。不过这个命令会彻底删除重复数据。但有时候我们希望利用筛选来完成这个工作，不是删除，而是仅仅把不重复的筛选出来，此时就可以使用高级筛选命令了。

筛选数据清单中的不重复记录是在“高级筛选”对话框中进行的。不重复的记录可以显示原有位置，也可以将不重复记录清单复制到其他位置。

**案例 5-1**

图 5-4 是一个员工信息清单，现要从清单 E 列整理出一个不重复的部门列表。

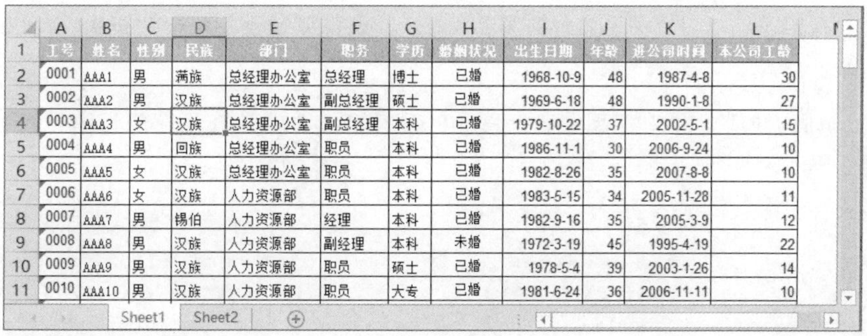

| | A | B | C | D | E | F | G | H | I | J | K | L |
|---|---|---|---|---|---|---|---|---|---|---|---|---|
| 1 | 工号 | 姓名 | 性别 | 民族 | 部门 | 职务 | 学历 | 婚姻状况 | 出生日期 | 年龄 | 进公司时间 | 本公司工龄 |
| 2 | 0001 | AAA1 | 男 | 满族 | 总经理办公室 | 总经理 | 博士 | 已婚 | 1968-10-9 | 48 | 1987-4-8 | 30 |
| 3 | 0002 | AAA2 | 男 | 汉族 | 总经理办公室 | 副总经理 | 硕士 | 已婚 | 1969-6-18 | 48 | 1990-1-8 | 27 |
| 4 | 0003 | AAA3 | 女 | 汉族 | 总经理办公室 | 副总经理 | 本科 | 已婚 | 1979-10-22 | 37 | 2002-5-1 | 15 |
| 5 | 0004 | AAA4 | 男 | 回族 | 总经理办公室 | 职员 | 本科 | 已婚 | 1986-11-1 | 30 | 2006-9-24 | 10 |
| 6 | 0005 | AAA5 | 女 | 汉族 | 总经理办公室 | 职员 | 本科 | 已婚 | 1982-8-26 | 35 | 2007-8-8 | 10 |
| 7 | 0006 | AAA6 | 女 | 汉族 | 人力资源部 | 职员 | 本科 | 已婚 | 1983-5-15 | 34 | 2005-11-28 | 11 |
| 8 | 0007 | AAA7 | 男 | 锡伯 | 人力资源部 | 经理 | 本科 | 已婚 | 1982-9-16 | 35 | 2005-3-9 | 12 |
| 9 | 0008 | AAA8 | 男 | 汉族 | 人力资源部 | 副经理 | 本科 | 未婚 | 1972-3-19 | 45 | 1995-4-19 | 22 |
| 10 | 0009 | AAA9 | 男 | 汉族 | 人力资源部 | 职员 | 硕士 | 已婚 | 1978-5-4 | 39 | 2003-1-26 | 14 |
| 11 | 0010 | AAA10 | 男 | 汉族 | 人力资源部 | 职员 | 大专 | 已婚 | 1981-6-24 | 36 | 2006-11-11 | 10 |

图 5-4　员工信息清单

**步骤 01** 单击“数据”→“高级”命令按钮，打开“高级筛选”对话框，如图 5-5 所示。

**步骤 02** 在“列表区域”输入要筛选的数据区域（这里是 E 列）。

**步骤 03** 选择对话框左下角的“选择不重复的记录”复选框。

**步骤 04** 指定筛选结果的复制位置（这里是 O1 单元格）。

**步骤 05** 单击“确定”按钮。

这样，就得到了不重复的部门名称，如图 5-6 所示。

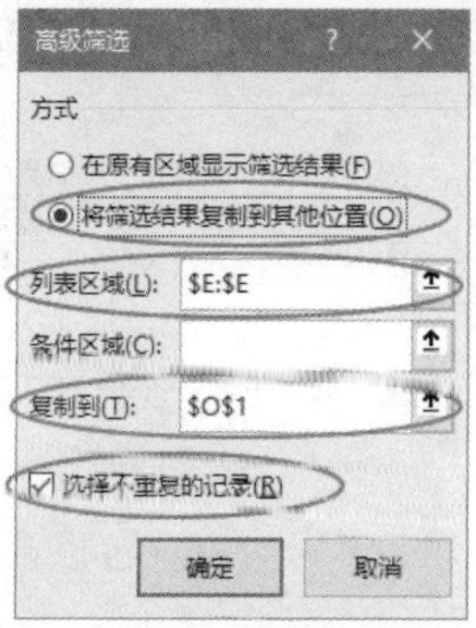
高级筛选
方式
在原有区域显示筛选结果(F)
将筛选结果复制到其他位置(O)
列表区域(L): $E:$E
条件区域(C):
复制到(T): $O$1
选择不重复的记录(R)
确定
取消

图 5-5　准备筛选

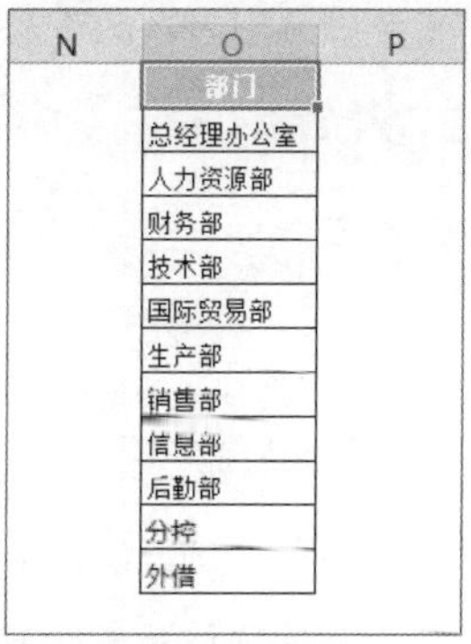
N
O
P
部门
总经理办公室
人力资源部
财务部
技术部
国际贸易部
生产部
销售部
信息部
后勤部
分控
外借

图 5-6　筛选结果

## 5.2.2 复杂条件下的高级筛选

当筛选条件很多时，例如在同一列里做多个项目的筛选；在不同列里做不同字段的筛选；等等。此时，就构成了复杂条件下的筛选。这样的问题，我们可以使用高级筛选，也可以使用普通筛选。

但是，普通筛选需要做很多次筛选动作，如果条件发生了变化，就又要重复一遍相同的操作步骤，非常麻烦。那么，我们是否可以建立一个多条件筛选模型，只要执行一下筛选命令就可以了呢？

高级筛选为我们提供了这样的技术，首先要设计一个条件区域，利用高级筛选来完成筛选工作。

### 1. 筛选条件

在建立高级筛选之前，需要先建立一个筛选条件区域。这些条件既可以是“与条件”，也可以是“或条件”，或者“与条件”与“或条件”组合起来使用，还可以使用计算条件。这些条件的设置如下所示。

（1）同一行构成了“与”关系条件。图 5-7 所示的条件就是查找薪金在 5000 至 8000 元之间的记录。

（2）同一列构成了“或”关系条件。图 5-8 所示的条件就是查找部门为销售部或办公室的记录。

（3）不同列、同行构成了不同字段的“与”关系。图 5-9 所示的条件就是查找男性且为经理的记录。

| | A | B |
|---|---|---|
| 1 | 薪金 | 薪金 |
| 2 | >=5000 | <=8000 |
| 3 | | |

图 5-7　同一个字段、同一行，构成了与条件

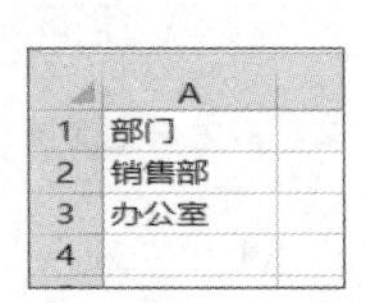

| | A |
|---|---|
| 1 | 部门 |
| 2 | 销售部 |
| 3 | 办公室 |
| 4 | |

图 5-8　同一个字段、同一列构成了或条件

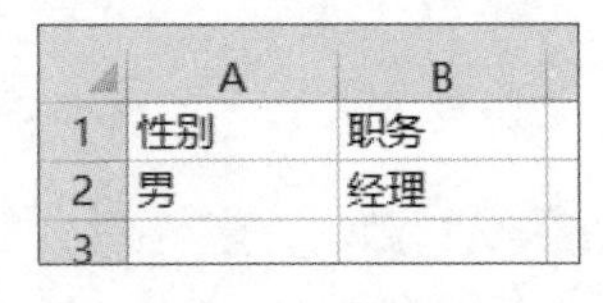

| | A | B |
|---|---|---|
| 1 | 性别 | 职务 |
| 2 | 男 | 经理 |
| 3 | | |

图 5-9　不同字段、不同列，同一行，构成了两个字段的与条件

（4）不同列、不同行构成了不同字段的“或”关系条件。图 5-10 所示的条件就是查找职称为高级工程师或职务为经理的记录。

（5）不同列、不同行的“与”关系和“或”关系的复杂条件。图 5-11 所示的条件就是查找办公室的女性经理或者销售部的男性高级工程师的记录。

| | A | B |
|---|---|---|
| 1 | 职称 | 职务 |
| 2 | 高级工程师 | |
| 3 | | 经理 |
| 4 | | |

图 5-10　不同字段、不同列，不同行，构成了两个字段的或条件

| | A | B | C | D |
|---|---|---|---|---|
| 1 | 部门 | 性别 | 职称 | 职务 |
| 2 | 办公室 | 女 | | 经理 |
| 3 | 销售部 | 男 | 高级工程师 | |
| 4 | | | | |

图 5-11　不同字段、不同列、不同行的更为复杂的条件

这种通过组建一个条件区域，实现多条件筛选的方法，从某种程度上可以帮助我们建立一个半自动化的数据筛选模型，实现任意条件下的快速筛选。

### 2. 案例练习

**案例 5–2**

图 5-12 是一个销售月报，现在要建立一个筛选模型，可以任意设置条件来筛选。

| | A | B | C | D | E | F | G | H | I | J | K |
|---|---|---|---|---|---|---|---|---|---|---|---|
| 1 | 地区 | 省份 | 城市 | 性质 | 店名 | 本月指标 | 实际销售金额 | 销售成本 | 毛利 | 毛利率 | |
| 2 | 东北 | 辽宁 | 大连 | 自营 | AAAA-001 | 150000 | 57062 | 34564 | 22498 | 39.43% | |
| 3 | 东北 | 辽宁 | 大连 | 自营 | AAAA-002 | 280000 | 130193 | 76155 | 54038 | 41.51% | |
| 4 | 东北 | 辽宁 | 大连 | 自营 | AAAA-003 | 190000 | 86772 | 51677 | 35095 | 40.45% | |
| 5 | 东北 | 辽宁 | 沈阳 | 自营 | AAAA-004 | 90000 | 103890 | 65131 | 38759 | 37.31% | |
| 6 | 东北 | 辽宁 | 沈阳 | 自营 | AAAA-005 | 270000 | 107766 | 51216 | 56550 | 52.47% | |
| 7 | 东北 | 辽宁 | 沈阳 | 自营 | AAAA-006 | 180000 | 57502 | 34391 | 23111 | 40.19% | |
| 8 | 东北 | 辽宁 | 沈阳 | 自营 | AAAA-007 | 280000 | 116300 | 37481 | 78819 | 67.77% | |
| 9 | 东北 | 辽宁 | 沈阳 | 自营 | AAAA-008 | 340000 | 63287 | 37066 | 26221 | 41.43% | |
| 10 | 东北 | 辽宁 | 沈阳 | 自营 | AAAA-009 | 150000 | 112345 | 45707 | 66638 | 59.32% | |
| 11 | 东北 | 黑龙江 | 哈尔滨 | 自营 | AAAA-010 | 220000 | 80036 | 22360 | 57676 | 72.06% | |
| 12 | 东北 | 黑龙江 | 哈尔滨 | 自营 | AAAA-011 | 120000 | 73687 | 19356 | 54330 | 73.73% | |
| 13 | 东北 | 黑龙江 | 哈尔滨 | 加盟 | AAAA-012 | 350000 | 47395 | 29067 | 18328 | 38.67% | |

Sheet1

图 5-12　销售月报数据表

现在的任务是：

（1）筛选指定地区，这里选择华北和华南，以后也会增加筛选区域。

（2）筛选自营店，以后也可以自营加盟都筛选。

（3）毛利率在 50% 以上，这个数字条件以后也会改变的。

（4）毛利在 50000 元以上，这个数字条件以后也会改变的。

好吧，既然筛选条件随时在变，我也不想每次重复筛选动作，可以建立一个筛选模型。条件区域设置如图 5-13 所示。

执行筛选里的“高级”命令，打开“高级筛选”对话框，设置各个项目：

（1）选择“将筛选结果复制到其他位置”

（2）列表区域：引用原始数据区域

（3）条件区域：引用前面设计的条件区域。

（4）复制到：指定筛选结果的位置。

设置完毕后的对话框如图 5-14 所示。

| | L | M | N | O | P |
|---|---|---|---|---|---|
| 1 | | | | | |
| 2 | | 筛选条件区域 | | | |
| 3 | | | | | |
| 4 | | 地区 | 性质 | 毛利 | 毛利率 |
| 5 | | 华北 | 自营 | >=50000 | >=0.5 |
| 6 | | 华南 | 自营 | >=50000 | >=0.5 |
| 7 | | | | | |

图 5-13　设计筛选条件区域

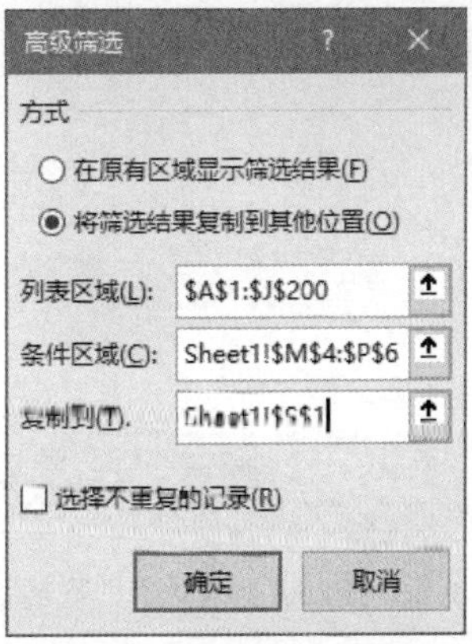
高级筛选
方式
在原有区域显示筛选结果(F)
将筛选结果复制到其他位置(O)
列表区域(L):
$A$1:$J$200
条件区域(C):
Sheet1!$M$4:$P$6
复制到(T):
选择不重复的记录(R)
确定
取消

图 5-14　设置高级筛选项目

单击“确定”按钮，得到下面的结果，如图 5-15 所示。

| | R | S | T | U | V | W | X | Y | Z | AA | AB | AC |
|---|---|---|---|---|---|---|---|---|---|---|---|---|
| 1 | | 地区 | 省份 | 城市 | 性质 | 店名 | 本月指标 | 实际销售金额 | 销售成本 | 毛利 | 毛利率 | |
| 2 | | 华北 | 北京 | 北京 | 自营 | AAAA-020 | 160000 | 104198 | 49603 | 54595 | 52.40% | |
| 3 | | 华北 | 北京 | 北京 | 自营 | AAAA-021 | 150000 | 130105 | 43756 | 86349 | 66.37% | |
| 4 | | 华北 | 北京 | 北京 | 自营 | AAAA-023 | 260000 | 97924 | 45391 | 52533 | 53.65% | |
| 5 | | 华南 | 广东 | 广州 | 自营 | AAAA-158 | 120000 | 92785 | 35001 | 57784 | 62.28% | |
| 6 | | 华南 | 广东 | 深圳 | 自营 | AAAA-165 | 210000 | 86949 | 28543 | 58406 | 67.17% | |
| 7 | | 华南 | 广东 | 东莞 | 自营 | AAAA-169 | 150000 | 86530 | 32403 | 54127 | 62.55% | |
| 8 | | | | | | | | | | | | |

图 5-15　筛选出的结果

如果筛选的条件变更为：

（1）筛选指定地区，这里选择华北、华南、华中。

（2）筛选自营店。

（3）华北毛利率在 50% 以上，华南毛利率在 60% 以上，华中毛利率在 40% 以上。

（4）各个地区的毛利都在 50000 元以上。

此时，筛选条件修改如下，并重新设置高级筛选对话框，如图 5-16、图 5-17 所示。这样，就得到如下的筛选结果，如图 5-18 所示。

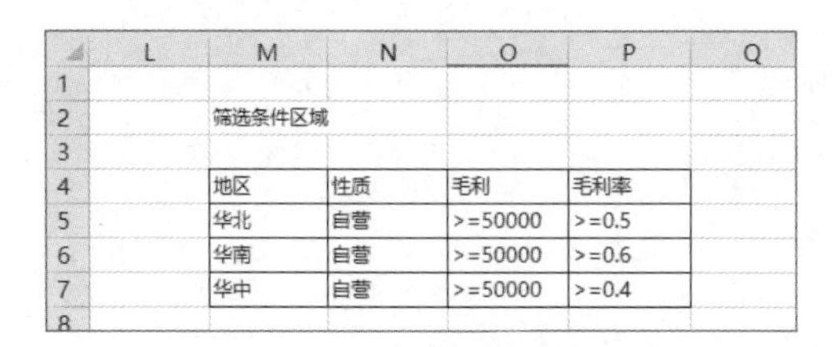

| | L | M | N | O | P | Q |
|---|---|---|---|---|---|---|
| 1 | | | | | | |
| 2 | | 筛选条件区域 | | | | |
| 3 | | | | | | |
| 4 | | 地区 | 性质 | 毛利 | 毛利率 | |
| 5 | | 华北 | 自营 | >=50000 | >=0.5 | |
| 6 | | 华南 | 自营 | >=50000 | >=0.6 | |
| 7 | | 华中 | 自营 | >=50000 | >=0.4 | |
| 8 | | | | | | |

图 5-16　设置新的筛选条件区域

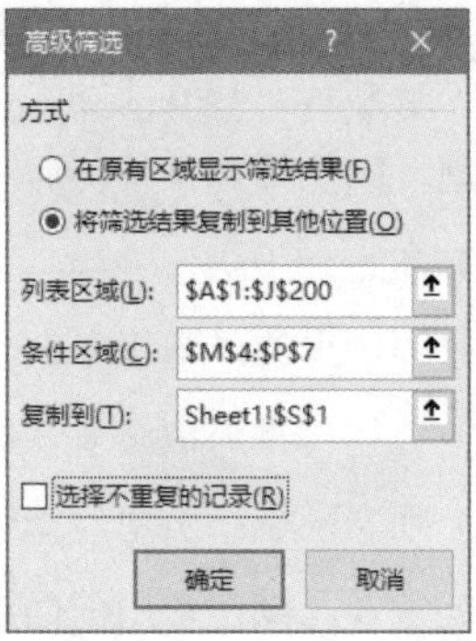
高级筛选
方式
在原有区域显示筛选结果(F)
将筛选结果复制到其他位置(O)
列表区域(L):
$A$1:$J$200
条件区域(C):
$M$4:$P$7
复制到(T):
Sheet1!$S$1
选择不重复的记录(R)
确定
取消

图 5-17　设置高级筛选条件区域

| | R | S | T | U | V | W | X | Y | Z | AA | AB |
|---|---|---|---|---|---|---|---|---|---|---|---|
| 1 | | 地区 | 省份 | 城市 | 性质 | 店名 | 本月指标 | 实际销售金额 | 销售成本 | 毛利 | 毛利率 |
| 2 | | 华北 | 北京 | 北京 | 自营 | AAAA-020 | 160000 | 104198 | 49603 | 54595 | 52.40% |
| 3 | | 华北 | 北京 | 北京 | 自营 | AAAA-021 | 150000 | 130105 | 43756 | 86349 | 66.37% |
| 4 | | 华北 | 北京 | 北京 | 自营 | AAAA-023 | 260000 | 97924 | 45391 | 52533 | 53.65% |
| 5 | | 华南 | 广东 | 广州 | 自营 | AAAA-158 | 120000 | 92785 | 35001 | 57784 | 62.28% |
| 6 | | 华南 | 广东 | 深圳 | 自营 | AAAA-165 | 210000 | 86949 | 28543 | 58406 | 67.17% |
| 7 | | 华南 | 广东 | 东莞 | 自营 | AAAA-169 | 150000 | 86530 | 32403 | 54127 | 62.55% |
| 8 | | 华中 | 湖北 | 武汉 | 自营 | AAAA-185 | 260000 | 103156 | 39214 | 63942 | 61.99% |
| 9 | | | | | | | | | | | |

图 5-18　新的筛选结果

# 5.3　三种类型数据的个性化筛选

我们说过，Excel 在处理三类数据：文本、日期和时间、数字。当筛选这三类数据时，各有各的个性化筛选，从而可以得到不同的筛选结果。

## 5.3.1　对数字数据进行特殊筛选

如果要对数字类型的数据进行筛选，可以筛选出更多符合特殊条件的数据来，比如等于、不等于、大于、大于或等于、小于、小于或等于、介于、10 个最大的值、高于平均值、低于平均值，如图 5-19 所示。

升序(S)
降序(O)
按颜色排序(T)
从"毛利"中清除筛选(C)
按颜色筛选(I)
数字筛选(F)
搜索
(全选)
5907
10009
10522
10645
11106
11288
11529
确定
取消
等于(E)...
不等于(N)...
大于(G)...
大于或等于(O)...
小于(L)...
小于或等于(Q)...
介于(W)...
前 10 项(T)...
高于平均值(A)
低于平均值(O)
自定义筛选(F)...

图 5-19　数字筛选的特有功能

## 5.3.2　对日期数据进行特殊筛选

对于日期数据，我们可以筛选出指定日期之前、之后的记录，筛选出某两个日期之间的记录，筛选出今天、明天、昨天、本周、上周、下周、本月、上月、下月、本季度、上季度、下季度、今年、明年、去年、本年度截止到现在等的记录，如图 5-20 所示。

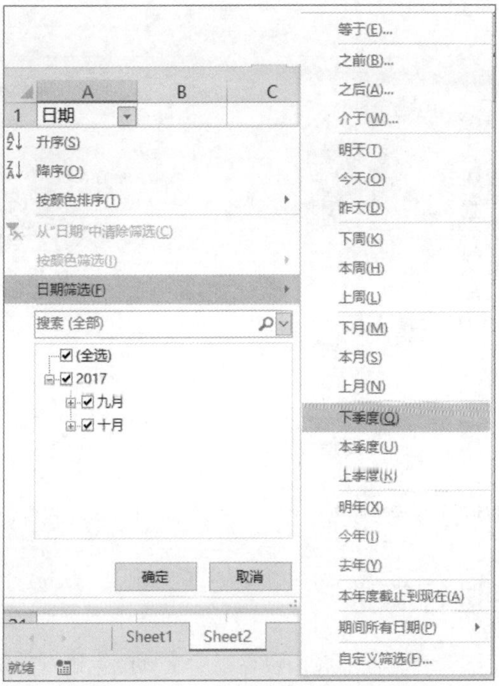
A
B
C
1
日期
升序(S)
降序(O)
按颜色排序(T)
从"日期"中清除筛选(C)
按颜色筛选(I)
日期筛选(F)
搜索 (全部)
(全选)
2017
九月
十月
确定
取消
Sheet1
Sheet2
就绪
等于(E)...
之前(B)...
之后(A)...
介于(W)...
明天(T)
今天(O)
昨天(D)
下周(K)
本周(H)
上周(L)
下月(M)
本月(S)
上月(N)
下季度(Q)
本季度(U)
上季度(R)
明年(X)
今年(I)
去年(Y)
本年度截止到现在(A)
期间所有日期(P)
自定义筛选(F)...

图 5-20　日期筛选的特有功能

### 5.3.3 对文本数据进行特殊筛选

对于文本数据，我们可以筛选出等于、不等于、开头是、结尾是、包含、不包含、自定义筛选等的记录，如图 5-21 所示。

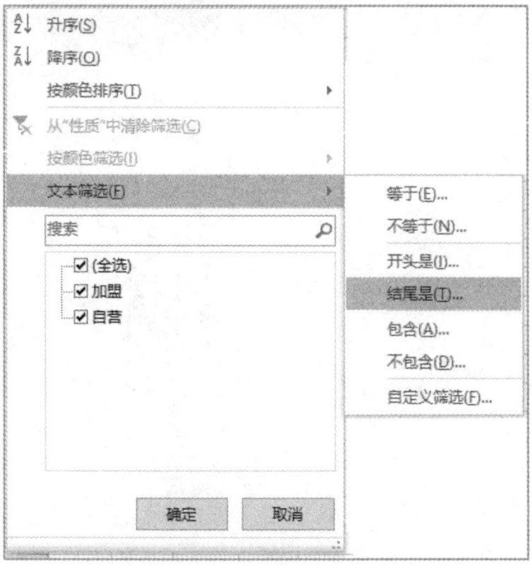
升序(S)
降序(O)
按颜色排序(T)
从"性质"中清除筛选(C)
按颜色筛选(I)
文本筛选(F)
搜索
(全选)
加盟
自营
确定
取消
等于(E)...
不等于(N)...
开头是(I)...
结尾是(T)...
包含(A)...
不包含(D)...
自定义筛选(F)...

图 5-21　文本数据筛选的特有功能

## 5.4 按照颜色进行筛选

如果我们为单元格设置了颜色，不论是单元格颜色，还是字体颜色；不论是设置的固定颜色，还是使用条件格式设置的变动颜色，都可以按照设定的颜色来筛选，非常方便。

### 5.4.1 按单元格颜色进行筛选

图 5-22 是通过条件格式对 D 列销售额标识的单元格颜色。建立自动筛选，就可以对 D 列按单元格颜色进行筛选，如图 5-23 所示。

| | A | B | C | D |
|---|---|---|---|---|
| 1 | 日期 | 地区 | 产品 | 销售额 |
| 2 | 2018-2-4 | 西北 | 产品6 | 9,530.04 |
| 3 | 2018-2-14 | 华东 | 产品2 | 75,736.67 |
| 4 | 2018-2-15 | 华中 | 产品8 | 42,932.69 |
| 5 | 2018-2-18 | 华北 | 产品7 | 2,368.12 |
| 6 | 2018-2-20 | 华东 | 产品5 | 55,229.13 |
| 7 | 2018-2-21 | 华南 | 产品8 | 141,141.13 |
| 8 | 2018-3-9 | 华东 | 产品8 | 56,036.80 |
| 9 | 2018-3-11 | 西南 | 产品1 | 22,262.57 |
| 10 | 2018-3-21 | 华南 | 产品2 | 109,784.01 |
| 11 | 2018-4-16 | 华北 | 产品8 | 94,872.81 |
| 12 | 2018-4-19 | 华东 | 产品4 | 1,570.29 |
| 13 | 2018-4-25 | 西北 | 产品7 | 976.96 |
| 14 | 2018-4-25 | 西南 | 产品4 | 39,437.03 |
| 15 | 2018-5-17 | 华中 | 产品2 | 99,770.57 |

图 5-22　条件格式设置的不同单元格颜色

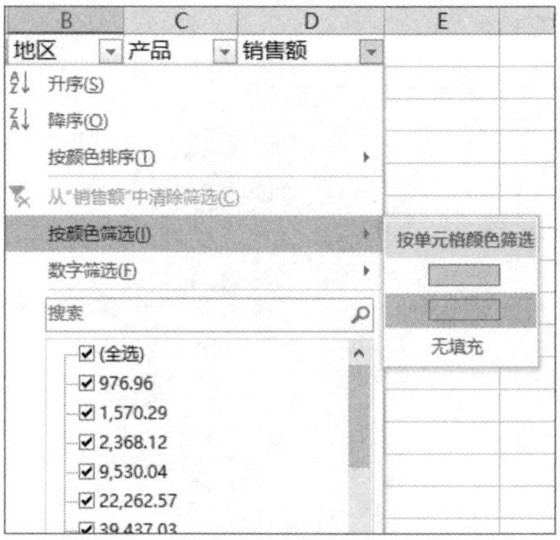
B
C
D
E
地区
产品
销售额
升序(S)
降序(O)
按颜色排序(T)
从"销售额"中清除筛选(C)
按颜色筛选(I)
数字筛选(F)
搜索
(全选)
976.96
1,570.29
2,368.12
9,530.04
22,262.57
按单元格颜色筛选
无填充

图 5-23　按单元格颜色进行筛选

### 5.4.2 按字体颜色进行筛选

我们不仅可以按照单元格颜色进行筛选，也可以对字体颜色进行筛选，不论这种字体颜色是设置的固定颜色，还是条件格式设置的变动颜色。如图 5-24、图 5-25 所示。

| | A | B | C | D |
|---|---|---|---|---|
| 1 | 日期 | 地区 | 产品 | 销售额 |
| 2 | 2018-2-4 | 西北 | 产品6 | 9,530.04 |
| 3 | 2018-2-14 | 华东 | 产品2 | 75,736.67 |
| 4 | 2018-2-15 | 华中 | 产品8 | 42,932.69 |
| 5 | 2018-2-18 | 华北 | 产品7 | 2,368.12 |
| 6 | 2018-2-20 | 华东 | 产品5 | 55,229.13 |
| 7 | 2018-2-21 | 华南 | 产品8 | 141,141.13 |
| 8 | 2018-3-9 | 华东 | 产品8 | 56,036.80 |
| 9 | 2018-3-11 | 西南 | 产品1 | 22,262.57 |
| 10 | 2018-3-21 | 华南 | 产品2 | 109,784.01 |
| 11 | 2018-4-16 | 华北 | 产品8 | 94,872.81 |
| 12 | 2018-4-19 | 华东 | 产品4 | 1,570.29 |
| 13 | 2018-4-25 | 西北 | 产品7 | 976.96 |
| 14 | 2018-4-25 | 西南 | 产品4 | 39,437.03 |
| 15 | 2018-5-17 | 华中 | 产品2 | 99,770.57 |

图 5-24　条件格式设置的不同字体颜色

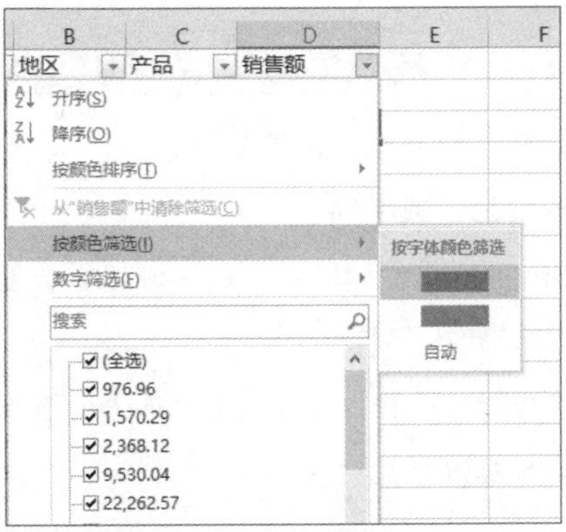
B C D E F
地区 产品 销售额
升序(S)
降序(O)
按颜色排序(T)
从"销售额"中清除筛选(C)
按颜色筛选(I)
数字筛选(F)
搜索
(全选)
976.96
1,570.29
2,368.12
9,530.04
22,262.57
按字体颜色筛选
自动

图 5-25　按字体颜色进行筛选

## 5.5　筛选的其他操作

利用筛选，我们可以对数据进行某些特殊的处理，例如修改某些满足条件的单元格数据，修改某些满足条件单元格的公式，等等。

### 5.5.1　只修改筛选出来的数据

如果已经对数据区域建立了筛选，现在对筛选出来的数据进行批量修改，如何做呢？比如要对筛选出来的数据统一乘以 0.17，可以按照下面的步骤来进行。

步骤 01　先进行筛选。

步骤 02　在工作表的某个空单元格输入 0.17，并复制此单元格。

步骤 03　选择要修改的筛选数据区域，按 Alt+ 分号组合键定位可见单元格，也就是筛选出来的区域。

步骤 04　打开“选择性粘贴”对话框，选择“数值”选项按钮和“乘”选项按钮，单击“确定”按钮。

请读者自己模拟数据进行练习。

### 5.5.2　只修改筛选出来的单元格的公式

如果已经对数据区域建立了筛选，现在对筛选出来的单元格公式进行批量修改，如何做呢？此时可以按照下面的步骤来进行。

步骤 01　先进行筛选。

步骤 02　选择要修改的数据区域，按 Alt+ 分号组合键定位可见单元格。

步骤 03　在键盘上输入新公式（此时公式会在活动单元格进行）。

步骤 04　按 Ctrl+Enter 组合键。

请读者自己模拟数据进行练习。

### 5.5.3　如何将筛选结果复制到其他工作表

在进行普通筛选后，如果要将筛选结果复制到其他工作表，可以先按 Alt+ 分号组合键定位可见单元格，然后再复制粘贴。

# 5.6 建立智能表格，使用切片器进行快速筛选

不论是自动筛选，还是高级筛选，当需要对某个字段下的各个项目进行筛选，或者同时对多个字段进行筛选时，还是不方便。在Excel 2016中，我们可以对数据区域建立智能表格，然后再使用切片器进行快速筛选。

创建智能表格的命令按钮是“插入”选项卡最左边的“表格”按钮，如图5-26所示。

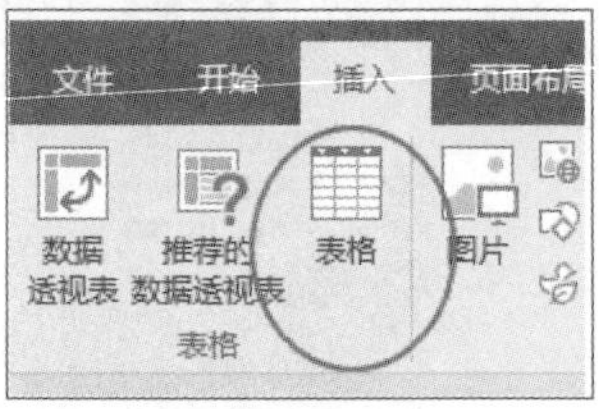

文件
开始
插入
页面布局
数据
透视表
推荐的
数据透视表
表格
图片
表格


图5-26 智能表格工具

## 5.6.1 为数据区域建立智能表格

**案例5–3**

创建智能表格是非常简单的，单击表单中的任意单元格，然后单击图5-26所示的“表格”按钮，就将普通的表单区域转换为智能表格，如图5-27、图5-28所示。

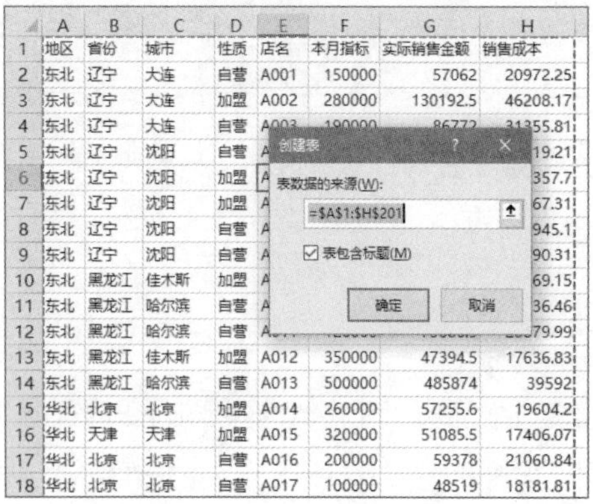

创建表
表数据的来源(W):
=$A$1:$H$201
表包含标题(M)
确定
取消


图5-27 准备创建表格

| | A | B | C | D | E | F | G | H |
|---|---|---|---|---|---|---|---|---|
| 1 | 地区 | 省份 | 城市 | 性质 | 店名 | 本月指标 | 实际销售金额 | 销售成本 |
| 2 | 东北 | 辽宁 | 大连 | 自营 | A001 | 150000 | 57062 | 20972.25 |
| 3 | 东北 | 辽宁 | 大连 | 加盟 | A002 | 280000 | 130192.5 | 46208.17 |
| 4 | 东北 | 辽宁 | 大连 | 自营 | A003 | 190000 | 86772 | 31355.81 |
| 5 | 东北 | 辽宁 | 沈阳 | 自营 | A004 | 90000 | 103890 | 39519.21 |
| 6 | 东北 | 辽宁 | 沈阳 | 加盟 | A005 | 270000 | 107766 | 38357.7 |
| 7 | 东北 | 辽宁 | 沈阳 | 加盟 | A006 | 180000 | 57502 | 20867.31 |
| 8 | 东北 | 辽宁 | 沈阳 | 自营 | A007 | 280000 | 116300 | 40945.1 |
| 9 | 东北 | 辽宁 | 沈阳 | 自营 | A008 | 340000 | 63287 | 22490.31 |
| 10 | 东北 | 黑龙江 | 佳木斯 | 加盟 | A009 | 150000 | 112345 | 39869.15 |
| 11 | 东北 | 黑龙江 | 哈尔滨 | 自营 | A010 | 220000 | 80036 | 28736.46 |
| 12 | 东北 | 黑龙江 | 哈尔滨 | 自营 | A011 | 120000 | 73686.5 | 23879.99 |
| 13 | 东北 | 黑龙江 | 佳木斯 | 加盟 | A012 | 350000 | 47394.5 | 17636.83 |
| 14 | 东北 | 黑龙江 | 哈尔滨 | 自营 | A013 | 500000 | 485874 | 39592 |
| 15 | 华北 | 北京 | 北京 | 加盟 | A014 | 260000 | 57255.6 | 19604.2 |
| 16 | 华北 | 天津 | 天津 | 加盟 | A015 | 320000 | 51085.5 | 17406.07 |
| 17 | 华北 | 北京 | 北京 | 自营 | A016 | 200000 | 59378 | 21060.84 |
| 18 | 华北 | 北京 | 北京 | 自营 | A017 | 100000 | 48519 | 18181.81 |

图5-28 创建的表格

## 5.6.2 插入切片器，实现数据的快速筛选

建立了智能表格后，我们可以为智能表格插入一个或多个切片器，并用切片器来控制筛选，非常方便。

插入切片器的方法是：单击“设计”→“插入切片器”命令按钮，或单击“插入”→“切片器”命令按钮，就会打开“插入切片器”对话框，选择要插入切片器的字段即可，如图5-29所示。

这样，就得到相应的切片器，如图5-30所示。

当选择某个切片器，在功能区就会出现一个“选项”的选项卡，它是用来对切片器进行设置的，例如设置切片器的样式，名称，大小、切片器项目列数，等等，如图5-31所示。

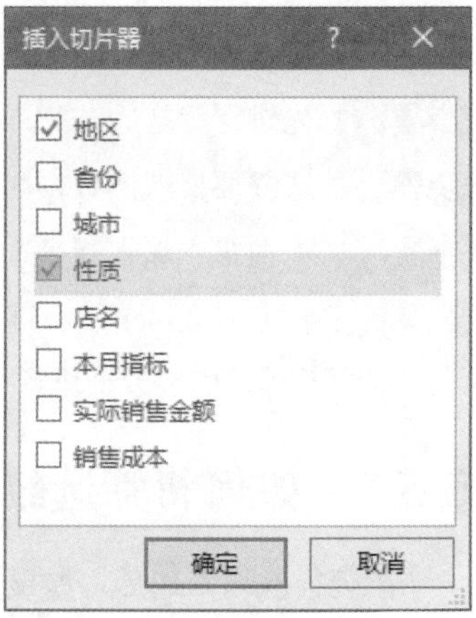

插入切片器
?
地区
省份
城市
性质
店名
本月指标
实际销售金额
销售成本
确定
取消


图5-29 选择要控制的字段

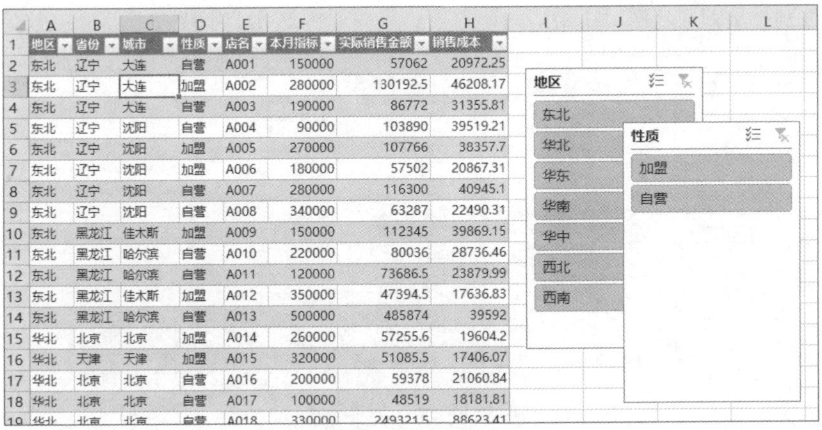

| 地区 | 省份 | 城市 | 性质 | 店名 | 本月指标 | 实际销售金额 | 销售成本 |
|---|---|---|---|---|---|---|---|
| 东北 | 辽宁 | 大连 | 自营 | A001 | 150000 | 57062 | 20972.25 |
| 东北 | 辽宁 | 大连 | 加盟 | A002 | 280000 | 130192.5 | 46208.17 |
| 东北 | 辽宁 | 大连 | 自营 | A003 | 190000 | 86772 | 31355.81 |
| 东北 | 辽宁 | 沈阳 | 自营 | A004 | 90000 | 103890 | 39519.21 |
| 东北 | 辽宁 | 沈阳 | 加盟 | A005 | 270000 | 107766 | 38357.7 |
| 东北 | 辽宁 | 沈阳 | 自营 | A006 | 180000 | 57502 | 20867.31 |
| 东北 | 辽宁 | 沈阳 | 自营 | A007 | 280000 | 116300 | 40945.1 |
| 东北 | 辽宁 | 沈阳 | 自营 | A008 | 340000 | 63287 | 22490.31 |
| 东北 | 黑龙江 | 佳木斯 | 加盟 | A009 | 150000 | 112345 | 39869.15 |
| 东北 | 黑龙江 | 哈尔滨 | 自营 | A010 | 220000 | 80036 | 28736.46 |
| 东北 | 黑龙江 | 哈尔滨 | 自营 | A011 | 120000 | 73686.5 | 23879.99 |
| 东北 | 黑龙江 | 佳木斯 | 加盟 | A012 | 350000 | 47394.5 | 17636.83 |
| 东北 | 黑龙江 | 哈尔滨 | 自营 | A013 | 500000 | 485874 | 39592 |
| 华北 | 北京 | 北京 | 加盟 | A014 | 260000 | 57255.6 | 19604.2 |
| 华北 | 天津 | 天津 | 加盟 | A015 | 320000 | 51085.5 | 17406.07 |
| 华北 | 北京 | 北京 | 自营 | A016 | 200000 | 59378 | 21060.84 |
| 华北 | 北京 | 北京 | 自营 | A017 | 100000 | 48519 | 18181.81 |

地区
东北
华北
华东
华南
华中
西北
西南
性质
加盟
自营

图 5-30　插入的切片器

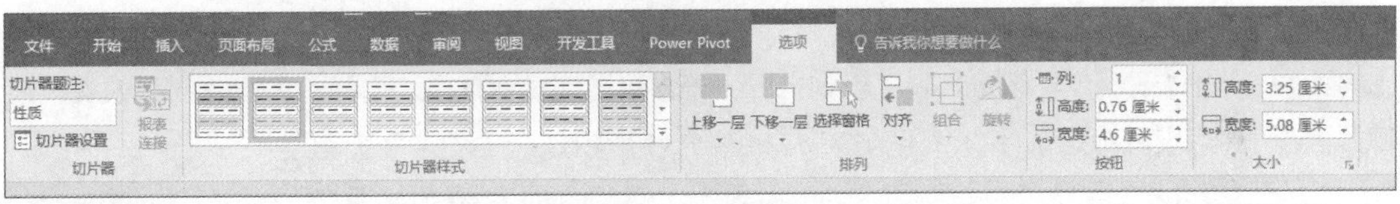
文件
开始
插入
页面布局
公式
数据
审阅
视图
开发工具
Power Pivot
选项
告诉我你想要做什么
切片器题注:
性质
切片器设置
报表连接
切片器
切片器样式
上移一层
下移一层
选择窗格
对齐
组合
旋转
排列
列: 1
高度: 0.76 厘米
宽度: 4.6 厘米
按钮
高度: 3.25 厘米
宽度: 5.08 厘米
大小

图 5-31　切片器的设置工具

图 5-32 是对切片器进行设置后的情况，单击切片器的某个项目，即可迅速筛选数据。

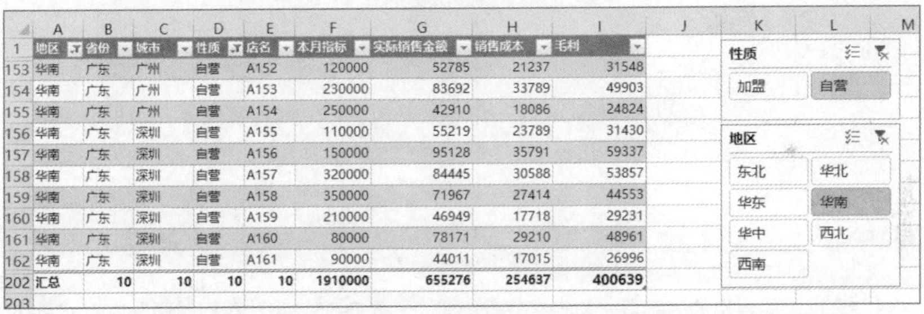

| 行 | 地区 | 省份 | 城市 | 性质 | 店名 | 本月指标 | 实际销售金额 | 销售成本 | 毛利 |
|---|---|---|---|---|---|---|---|---|---|
| 153 | 华南 | 广东 | 广州 | 自营 | A152 | 120000 | 52785 | 21237 | 31548 |
| 154 | 华南 | 广东 | 广州 | 自营 | A153 | 230000 | 83692 | 33789 | 49903 |
| 155 | 华南 | 广东 | 广州 | 自营 | A154 | 250000 | 42910 | 18086 | 24824 |
| 156 | 华南 | 广东 | 深圳 | 自营 | A155 | 110000 | 55219 | 23789 | 31430 |
| 157 | 华南 | 广东 | 深圳 | 自营 | A156 | 150000 | 95128 | 35791 | 59337 |
| 158 | 华南 | 广东 | 深圳 | 自营 | A157 | 320000 | 84445 | 30588 | 53857 |
| 159 | 华南 | 广东 | 深圳 | 自营 | A158 | 350000 | 71967 | 27414 | 44553 |
| 160 | 华南 | 广东 | 深圳 | 自营 | A159 | 210000 | 46949 | 17718 | 29231 |
| 161 | 华南 | 广东 | 深圳 | 自营 | A160 | 80000 | 78171 | 29210 | 48961 |
| 162 | 华南 | 广东 | 深圳 | 自营 | A161 | 90000 | 44011 | 17015 | 26996 |
| 202 | 汇总 | 10 | 10 | 10 | 10 | 1910000 | 655276 | 254637 | 400639 |

性质
加盟
自营
地区
东北
华北
华东
华南
华中
西北
西南

图 5-32　使用切片器控制筛选

## 5.7　海量数据情况下的高效筛选工具

筛选，必须打开表格，并且是在基础数据中进行的。如果表格数据很大，又不想打开这个源工作簿，但是希望从这个源工作簿的数据中把满足条件的数据筛选出来，保存到一个新工作簿中，并且要求这个筛选出来的表格数据与源数据工作簿建立链接，当源数据工作簿数据发生变化时，筛选数据工作表也能更新，这样的任务要求，你会怎么去做？

Excel 给我们提供了两个非常有用的工具：Microsoft Query 工具，在任何版本中都可以使用；Power Query 工具，只有在 Excel 2016 中才能使用。下面我们结合案例，介绍这两个工具的使用方法。

### 5.7.1　Microsoft Query 工具

#### 案例 5-4

图 5-33 是一个员工信息表，现在要从这个总表中分离出离职人员信息表，离职人员信息表只

保留姓名、性别、部门、年龄、工龄、离职时间、离职原因这几个字段。

| | A | B | C | D | E | F | G | H | I | J | K | L | M | N |
|---|---|---|---|---|---|---|---|---|---|---|---|---|---|---|
| 1 | 工号 | 姓名 | 性别 | 民族 | 部门 | 职务 | 学历 | 婚姻状况 | 出生日期 | 年龄 | 进公司时间 | 工龄 | 离职时间 | 离职原因 |
| 2 | 0001 | AAA1 | 男 | 满族 | 总经理办公室 | 总经理 | 博士 | 已婚 | 1968-10-9 | 49 | 1987-4-8 | 31 | | |
| 3 | 0002 | AAA2 | 男 | 汉族 | 总经理办公室 | 副总经理 | 硕士 | 已婚 | 1969-6-18 | 48 | 1990-1-8 | 28 | | |
| 4 | 0003 | AAA3 | 女 | 汉族 | 总经理办公室 | 副总经理 | 本科 | 已婚 | 1979-10-22 | 38 | 2002-5-1 | 16 | | |
| 5 | 0004 | AAA4 | 男 | 回族 | 总经理办公室 | 职员 | 本科 | 已婚 | 1986-11-1 | 31 | 2006-9-24 | 2 | 2009-6-5 | 因个人原因辞职 |
| 6 | 0005 | AAA5 | 女 | 汉族 | 总经理办公室 | 职员 | 本科 | 已婚 | 1982-8-26 | 35 | 2007-8-8 | 10 | | |
| 7 | 0006 | AAA6 | 女 | 汉族 | 人力资源部 | 职员 | 本科 | 已婚 | 1983-5-15 | 35 | 2005-11-28 | 12 | | |
| 8 | 0007 | AAA7 | 男 | 锡伯 | 人力资源部 | 经理 | 本科 | 已婚 | 1982-9-16 | 35 | 2005-3-9 | 13 | | |
| 9 | 0008 | AAA8 | 男 | 汉族 | 人力资源部 | 副经理 | 本科 | 未婚 | 1972-3-19 | 46 | 1995-4-19 | 23 | | |
| 10 | 0009 | AAA9 | 男 | 汉族 | 人力资源部 | 职员 | 硕士 | 已婚 | 1978-5-4 | 40 | 2003-1-26 | 15 | | |
| 11 | 0010 | AAA10 | 男 | 汉族 | 人力资源部 | 职员 | 大专 | 已婚 | 1981-6-24 | 36 | 2006-11-11 | 11 | | |
| 12 | 0011 | AAA11 | 女 | 土家 | 人力资源部 | 职员 | 本科 | 已婚 | 1972-12-15 | 45 | 1997-10-15 | 20 | | |
| 13 | 0012 | AAA12 | 女 | 汉族 | 人力资源部 | 职员 | 本科 | 未婚 | 1971-8-22 | 46 | 1994-5-22 | 23 | | |
| 14 | 0013 | AAA13 | 男 | 汉族 | 财务部 | 副经理 | 本科 | 已婚 | 1978-8-12 | 39 | 2002-10-12 | 15 | | |
| 15 | 0014 | AAA14 | 女 | 汉族 | 财务部 | 经理 | 硕士 | 已婚 | 1960-7-15 | 57 | 1984-12-21 | 24 | 2009-6-10 | 因个人原因辞职 |
| 16 | 0015 | AAA15 | 男 | 汉族 | 财务部 | 职员 | 本科 | 未婚 | 1968-6-6 | 49 | 1991-10-18 | 26 | | |
| 17 | 0016 | AAA16 | 女 | 汉族 | 财务部 | 职员 | 本科 | 未婚 | 1967-8-9 | 50 | 1990-4-28 | 28 | | |

图 5-33　员工信息总表

**步骤 01** Microsoft Query 工具的使用方法在第 4 章有过介绍。首先执行“来自 Microsoft Query”命令，当进入“查询向导 - 选择列”对话框时，把需要的字段移到右侧的列表中，如图 5-34 所示。

**步骤 02** 单击“下一步”按钮，在“查询向导 - 筛选数据”对话框中，选择“离职时间”或者“离职原因”，然后设置筛选条件为“不为空”，如图 5-35 所示。

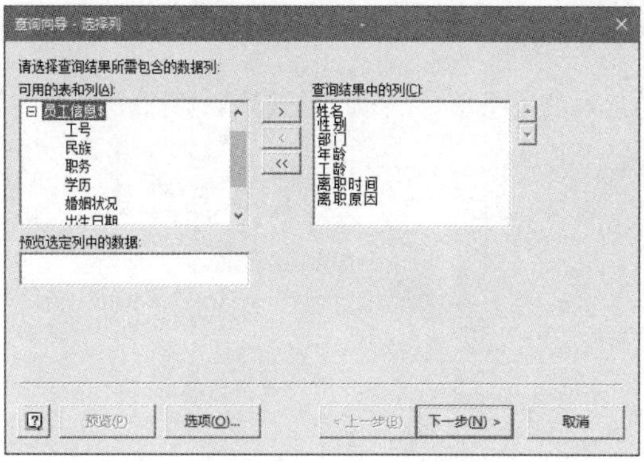
查询向导 - 选择列
请选择查询结果所需包含的数据列:
可用的表和列(A):
员工信息$
工号
民族
职务
学历
婚姻状况
查询结果中的列(C):
姓名
性别
部门
年龄
工龄
离职时间
离职原因
预览选定列中的数据:
预览(P)
选项(O)...
< 上一步(B)
下一步(N) >
取消

图 5-34　选择需要导出的列字段

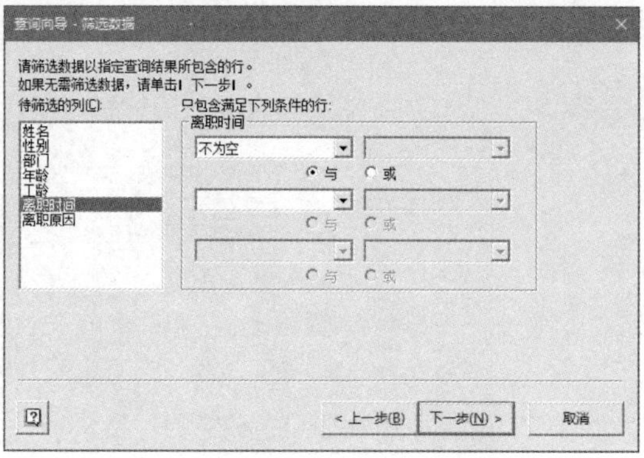
查询向导 - 筛选数据
请筛选数据以指定查询结果所包含的行。
如果无需筛选数据，请单击「下一步」。
待筛选的列(C):
姓名
性别
部门
年龄
工龄
离职时间
离职原因
只包含满足下列条件的行:
离职时间
不为空
与
或
< 上一步(B)
下一步(N) >
取消

图 5-35　将“离职时间”或者“离职原因”设置筛选条件为“不为空”

**步骤 03** 单击“下一步”按钮，在“查询向导 - 排序数据”对话框中，对“离职时间”进行排序，如图 5-36 所示。

**步骤 04** 继续按照向导往下做，就可以得到离职人员信息表，如图 5-37 所示。

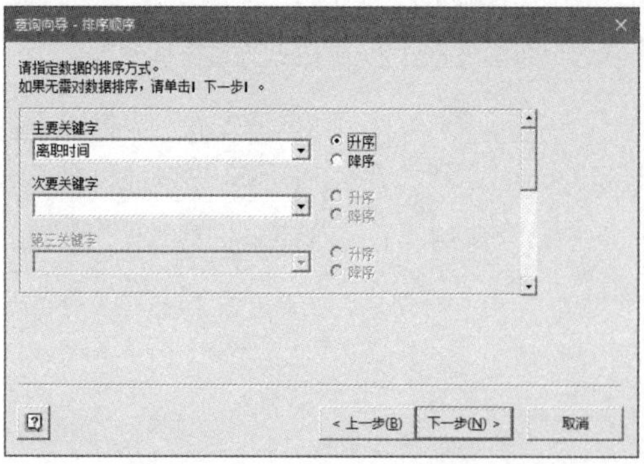
查询向导 - 排序顺序
请指定数据的排序方式。
如果无需对数据排序，请单击「下一步」。
主要关键字
离职时间
升序
降序
次要关键字
升序
降序
第三关键字
升序
降序
< 上一步(B)
下一步(N) >
取消

图 5-36　按照离职时间进行排序

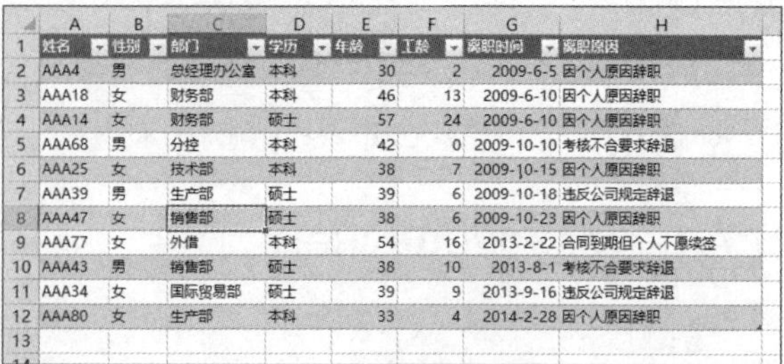

| | A | B | C | D | E | F | G | H |
|---|---|---|---|---|---|---|---|---|
| 1 | 姓名 | 性别 | 部门 | 学历 | 年龄 | 工龄 | 离职时间 | 离职原因 |
| 2 | AAA4 | 男 | 总经理办公室 | 本科 | 30 | 2 | 2009-6-5 | 因个人原因辞职 |
| 3 | AAA18 | 女 | 财务部 | 本科 | 46 | 13 | 2009-6-10 | 因个人原因辞职 |
| 4 | AAA14 | 女 | 财务部 | 硕士 | 57 | 24 | 2009-6-10 | 因个人原因辞职 |
| 5 | AAA68 | 男 | 分控 | 本科 | 42 | 0 | 2009-10-10 | 考核不合要求辞退 |
| 6 | AAA25 | 女 | 技术部 | 本科 | 38 | 7 | 2009-10-15 | 因个人原因辞职 |
| 7 | AAA39 | 男 | 生产部 | 硕士 | 39 | 6 | 2009-10-18 | 违反公司规定辞退 |
| 8 | AAA47 | 女 | 销售部 | 硕士 | 38 | 6 | 2009-10-23 | 因个人原因辞职 |
| 9 | AAA77 | 女 | 外借 | 本科 | 54 | 16 | 2013-2-22 | 合同到期但个人不愿续签 |
| 10 | AAA43 | 男 | 销售部 | 硕士 | 38 | 10 | 2013-8-1 | 考核不合要求辞退 |
| 11 | AAA34 | 女 | 国际贸易部 | 硕士 | 39 | 9 | 2013-9-16 | 违反公司规定辞退 |
| 12 | AAA80 | 女 | 生产部 | 本科 | 33 | 4 | 2014-2-28 | 因个人原因辞职 |
| 13 | | | | | | | | |

图 5-37　离职人员信息表

如果源数据发生了变化，那么只需要在得到的离职人员信息表中右击，执行“刷新”命令即可。

Microsoft Query 工具，不仅可以在当前工作簿上筛选查询数据，也可以在不打开源工作簿的情况下把满足条件的数据查询出来，保存到一个新工作簿中。

## 5.7.2　Power Query 工具

Excel 2016 提供了一个更为强大的 Power Query 工具，可以快速对工作簿数据进行查询、对大量工作表进行合并汇总，也可以从不同的数据来源获取数据，其有关命令如图 5-38 所示。

这里，我们只介绍如何利用 Power Query 工具，在不打开工作簿的情况下，快速从源工作簿中查找满足条件的数据，并保存到一个新工作簿中。所用源数据为前面的“案例 5-4”的员工信息表，要从这个表格中筛选提取离职人员信息。

**步骤 01** 新建一个工作簿。

**步骤 02** 单击“数据”→“新建查询”→“从文件”→“从工作簿”命令，打开“导入数据”对话框，然后从文件夹中选择文件“案例 5-4”，如图 5-39 所示。

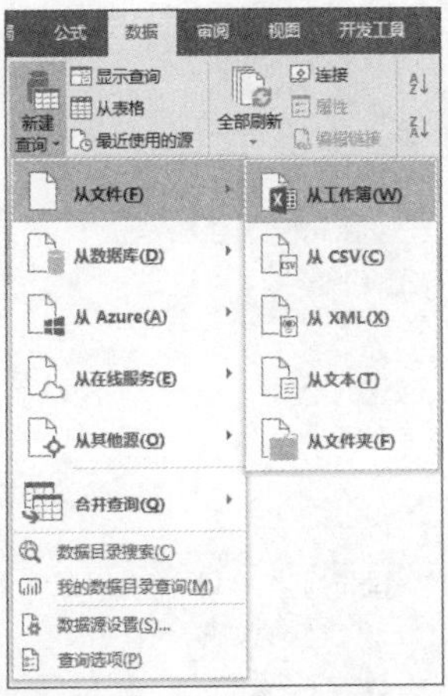
公式
数据
审阅
视图
开发工具
新建查询
显示查询
从表格
最近使用的源
全部刷新
连接
属性
编辑链接
从文件(F)
从数据库(D)
从 Azure(A)
从在线服务(E)
从其他源(O)
合并查询(Q)
数据目录搜索(C)
我的数据目录查询(M)
数据源设置(S)...
查询选项(P)
从工作簿(W)
从 CSV(C)
从 XML(X)
从文本(T)
从文件夹(F)

图 5-38　Excel　2016 的新建查询工具

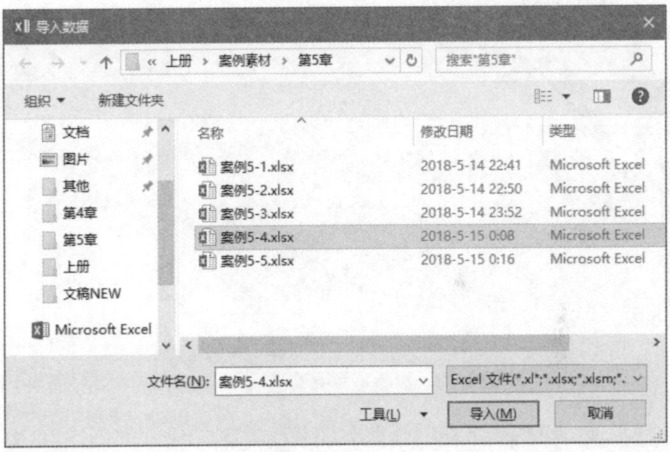
导入数据
« 上册 › 案例素材 › 第5章
搜索"第5章"
组织
新建文件夹
文档
图片
其他
第4章
第5章
上册
文稿NEW
Microsoft Excel
名称
修改日期
类型
案例5-1.xlsx　2018-5-14 22:41　Microsoft Excel
案例5-2.xlsx　2018-5-14 22:50　Microsoft Excel
案例5-3.xlsx　2018-5-14 23:52　Microsoft Excel
案例5-4.xlsx　2018-5-15 0:08　Microsoft Excel
案例5-5.xlsx　2018-5-15 0:16　Microsoft Excel
文件名(N):
案例5-4.xlsx
Excel 文件(*.xl*;*.xlsx;*.xlsm;*.
工具(L)
导入(M)
取消

图 5-39　选择要查询的源文件

**步骤 03** 单击“导入”对话框，打开“导航器”对话框，选择左侧的“员工信息”，如图 5-40 所示。

**步骤 04** 单击此对话框右下角的“编辑”按钮，打开“查询编辑器”窗口，如图 5-41 所示。

**步骤 05** 在窗口右侧“应用的步骤”中，删除“更改的类型”步骤，因为 Power Query 会自动更改数据表的某些字段的数据类型，删除这个默认的操作，是为了恢复原始的数据类型。

**步骤 06** 保留姓名、性别、部门、年龄、工龄、离职时间、离职原因这几个字段，将其他字段删除，方法是，选择某列，右击，删除列，得到下面的结果如图 5-42 所示。

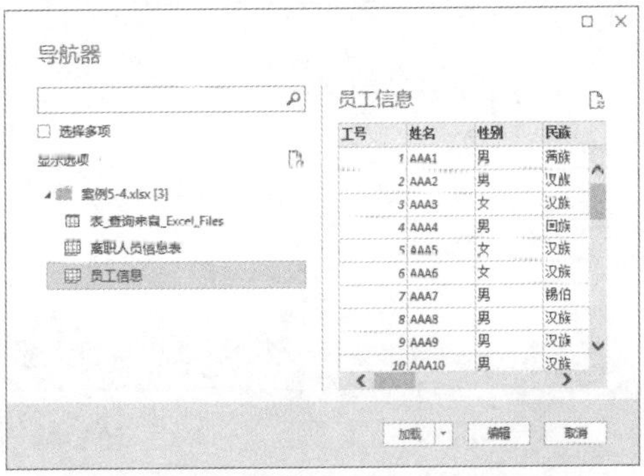
导航器
选择多项
显示选项
案例5-4.xlsx [3]
离职人员信息表
员工信息
员工信息
工号
姓名
性别
民族
加载
编辑
取消

图 5-40　选择要查询的工作表“员工信息”

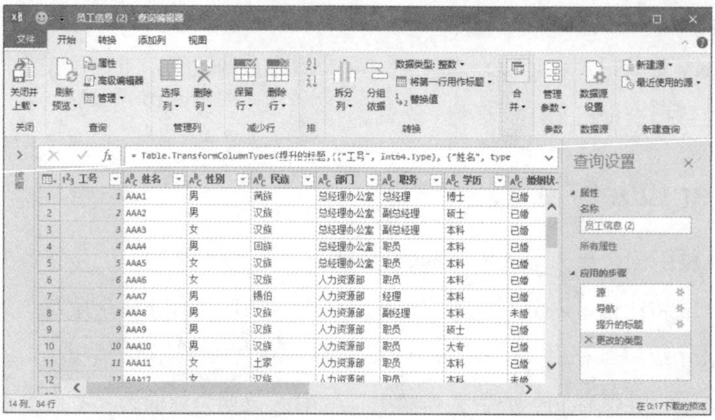

图 5-41　“查询编辑器”窗口

**步骤 07** 从“离职时间”或者“离职原因”中筛选掉“(null)”，如图 5-43 所示。

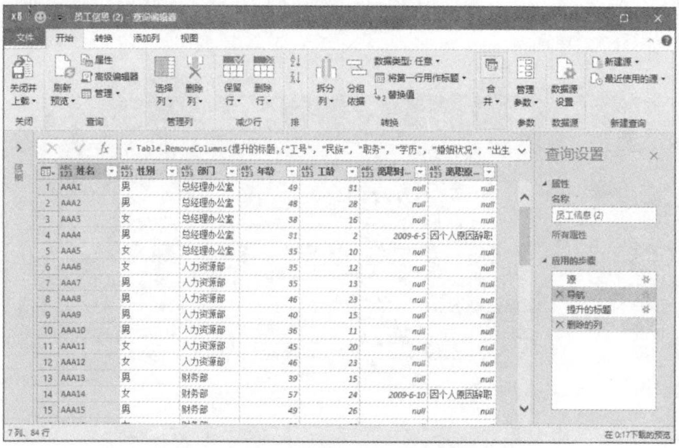

图 5-42　删除不需要的列

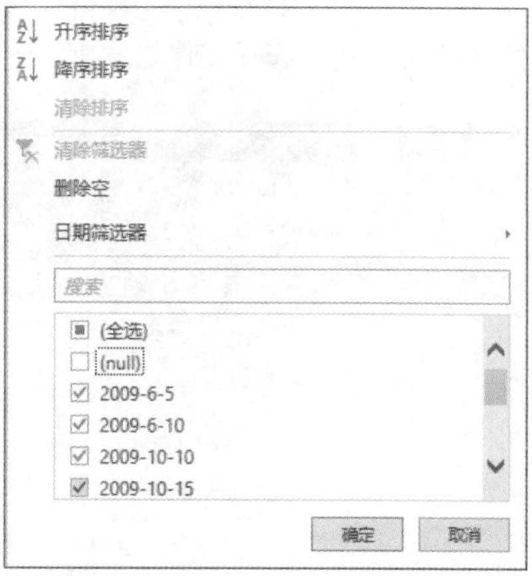
升序排序
降序排序
清除排序
清除筛选器
删除空
日期筛选器
搜索
(全选)
(null)
2009-6-5
2009-6-10
2009-10-10
2009-10-15
确定
取消

图 5-43　从“离职时间”字段中筛选掉“(null)”

这样就可以得到下面的离职人员信息筛选结果，如图 5-44 所示。

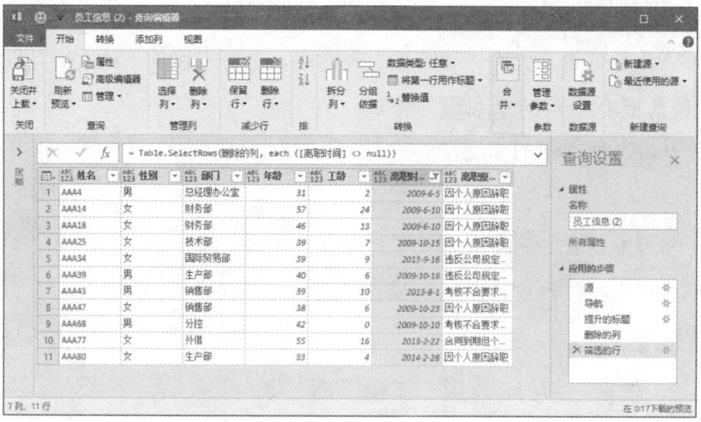

图 5-44　筛选出的离职人员信息

**步骤 08** 选择“离职时间”，单击“开始”→“数据类型”下拉菜单，选择“日期”，如图 5-45 所示。然后再对离职时间进行升序排序。

**步骤 09** 单击“开始”→“关闭并上载”命令按钮，如图 5-46 所示，就立即得到离职人员的查询结果，并保存在一个新工作表，如图 5-47 所示。

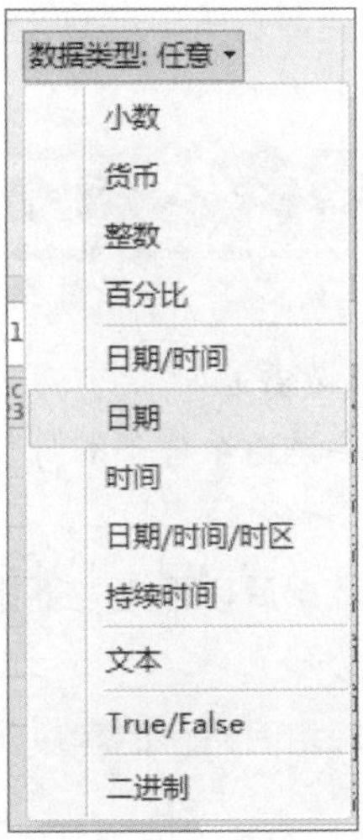
数据类型: 任意
小数
货币
整数
百分比
日期/时间
日期
时间
日期/时间/时区
持续时间
文本
True/False
二进制

图 5-45　更改“离职时间”的数据类型

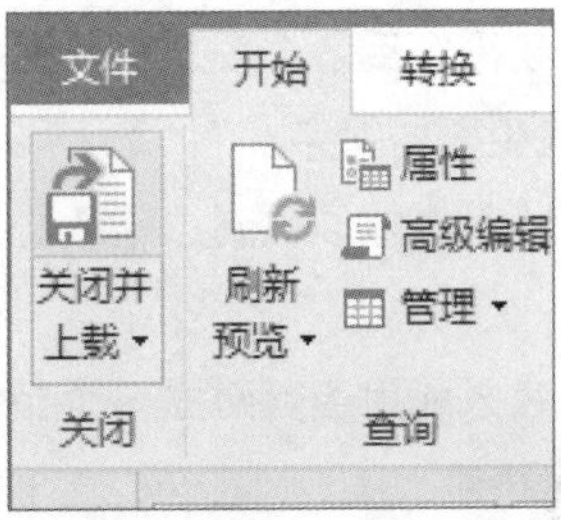
文件
开始
转换
关闭并上载
刷新预览
属性
高级编辑
管理
关闭
查询

图 5-46　“关闭并上载”命令按钮

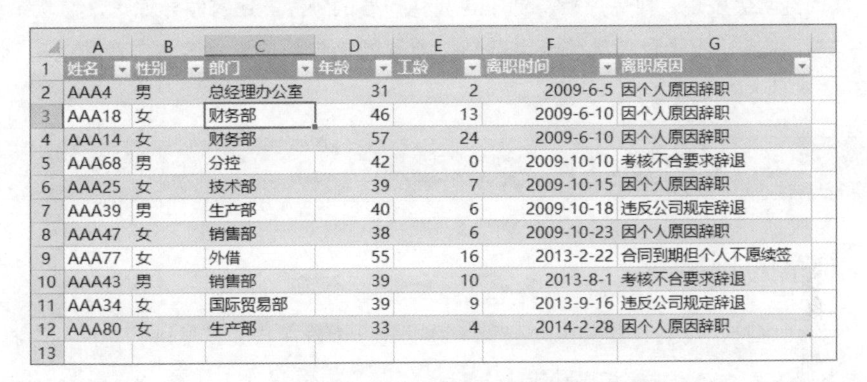

| | A | B | C | D | E | F | G |
|---|---|---|---|---|---|---|---|
| 1 | 姓名 | 性别 | 部门 | 年龄 | 工龄 | 离职时间 | 离职原因 |
| 2 | AAA4 | 男 | 总经理办公室 | 31 | 2 | 2009-6-5 | 因个人原因辞职 |
| 3 | AAA18 | 女 | 财务部 | 46 | 13 | 2009-6-10 | 因个人原因辞职 |
| 4 | AAA14 | 女 | 财务部 | 57 | 24 | 2009-6-10 | 因个人原因辞职 |
| 5 | AAA68 | 男 | 分控 | 42 | 0 | 2009-10-10 | 考核不合要求辞退 |
| 6 | AAA25 | 女 | 技术部 | 39 | 7 | 2009-10-15 | 因个人原因辞职 |
| 7 | AAA39 | 男 | 生产部 | 40 | 6 | 2009-10-18 | 违反公司规定辞退 |
| 8 | AAA47 | 女 | 销售部 | 38 | 6 | 2009-10-23 | 因个人原因辞职 |
| 9 | AAA77 | 女 | 外借 | 55 | 16 | 2013-2-22 | 合同到期但个人不愿续签 |
| 10 | AAA43 | 男 | 销售部 | 39 | 10 | 2013-8-1 | 考核不合要求辞退 |
| 11 | AAA34 | 女 | 国际贸易部 | 39 | 9 | 2013-9-16 | 违反公司规定辞退 |
| 12 | AAA80 | 女 | 生产部 | 33 | 4 | 2014-2-28 | 因个人原因辞职 |
| 13 | | | | | | | |

图 5-47　得到的离职人员信息表

如果源数据变化了，就在这个查询表中右击，执行“刷新”命令即可。

# 第 6 章　数据排序：人人都会，但很多人用不好

“老师，为什么我每次排序时都会弹出一个排序提醒框？我哪里做错了？”

“老师，我排序后各个项目的次序不是我想要的次序，为什么会是这个样子的呀？怎样把项目次序排序成我想要的次序？”

“老师，我怎样才能做到边输入数据边排序？我都是每次输完数据后，再点一下排序按钮，觉得很麻烦。”

“老师，我想利用函数建立一个销售客户排名分析模板，但发现相同销售的客户无法进行排名处理了，怎么办啊？”

排序，是数据处理的基本操作之一，相信每个人都会进行降序或升序排序，运用鼠标一点按钮，OK！然而经常会发现，排完序后，却不是我们想要的顺序。还有领导说了，你从销售流水中，把所有客户进行排序，我要看销量前十大客户，我要看销售额前十大客户，我要看毛利前十大客户。你是不是觉得头皮发麻了？

## 6.1 排序的规则与注意事项

### 6.1.1 排序的规则

Excel 允许对字符、数字等数据按大小顺序进行升序或降序排列，要进行排序的数据称之为关键字。不同类型的关键字的排序规则如下。

- 数值：按数值的大小。
- 字母：按字母先后顺序。
- 日期：按日期的先后。
- 汉字：按汉语拼音的顺序或按笔画顺序。
- 逻辑值：升序时 FLASE 排在 TRUE 前面，降序时相反，因为 TRUE 比 FALSE 大。
- 空格：总是排在最后。

### 6.1.2 排序时的注意事项

经常有学生问我，老师，我进行排序时，总是出现错误，为什么会是这个样子？

同学啊，你要知道，当进行排序时，默认第一行是标题，这样，如果表格第一行是合并单元格，你猜会出现什么情况？

假如数据有很多列，现在要根据某列数据，对整个数据区域进行升序排序，很多人的操作是选中该整列，然后单击升序排序按钮或降序排序按钮，但是这样做会弹出一个“排序提醒”对话

框，如图 6-1 所示，此时需要选择“扩展选定区域”才能得到正确的排序结果。

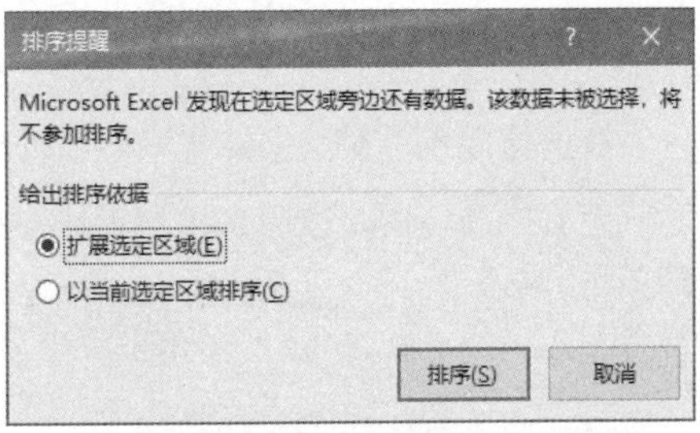
排序提醒
Microsoft Excel 发现在选定区域旁边还有数据。该数据未被选择，将不参加排序。
给出排序依据
扩展选定区域(E)
以当前选定区域排序(C)
排序(S)
取消

图 6-1　“排序提醒”对话框

其实，依据某列数据对整个数据区域进行排序是最简单不过的了，只要单击该列的某个单元格，再单击排序按钮即可，大可不必先选择整列排序。

在使用这些日常最简单不过的工具的时候，很多人是太习惯化了，想怎么干就怎么干，全然不想想这样做是否合乎规范，已经给出了警告框，再三的警告你，还是要这么做，只能说没认真看。

## 6.2　特殊的排序

常规情况下，排序是按照字母顺序和拼音顺序排序的，但有时候我们需要按照汉字笔画排序，或者按照我们要求的特殊次序排序，此时，就需要进行必要的设置和特殊操作了。

### 6.2.1　对多个关键字排序

如果要对多个关键字排序，就不能直接单击功能区的升序排序按钮或者降序排序按钮了，而是需要单击“排序”按钮，打开“排序”对话框，单击“添加条件”按钮，就可以增加排序条件；单击“删除条件”按钮，就可以删除某个筛选条件，如图 6-2 所示。

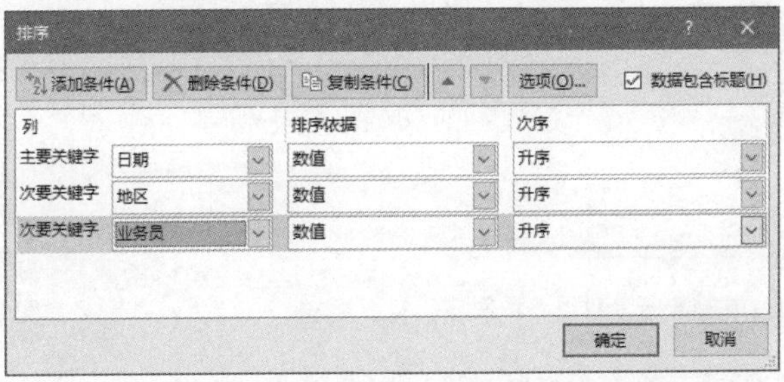
排序
添加条件(A)
删除条件(D)
复制条件(C)
选项(O)...
数据包含标题(H)
列
排序依据
次序
主要关键字
日期
数值
升序
次要关键字
地区
数值
升序
次要关键字
业务员
数值
升序
确定
取消

图 6-2　“排序”对话框，添加排序条件或删除排序条件

在排序时，一定要检查这个对话框中是否勾选了右上角的“数据包含标题”，因为有时候这个复选框是没勾选的，这样的话，表格标题也参与了排序，这是不对的。

### 6.2.2　按照笔划排序

一般的排序规则是按照拼音、字母等进行排序的，如果要对汉字按照笔划进行排序，可以在“排序”对话框中单击“选项”按钮，打开“排序选项”对话框，选择“笔划排序”选项按钮即可，如图 6-3 所示。

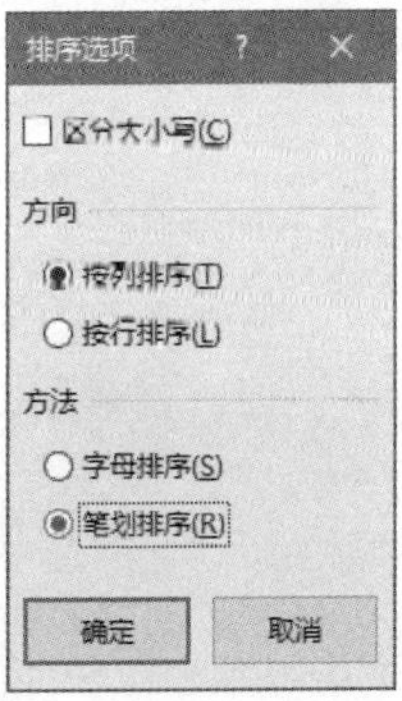
排序选项
区分大小写(C)
方向
按列排序(T)
按行排序(L)
方法
字母排序(S)
笔划排序(R)
确定
取消

图 6-3　“排序选项”对话框

如果要恢复正常的字母排序，就在“排序选项”对话框中选择“字母排序”选项按钮。

在这个“排序选项”对话框中，我们还可以选择“区分大小写”排序，可以选择“按行排序”，等等。

## 6.2.3 自定义排序

有些情况下，对数据的排序要求可能非常特殊，既不是按数值大小次序也不是按汉字的拼音顺序或笔画顺序，而是按照自己指定的特殊次序进行排序。例如，对总公司的各个分公司按照要求的顺序进行排序，按产品的种类或规格排序，对项目按照规定的名称次序，等等，这时就需要自定义排序了。

也许你在使用透视表时经常遇到这样的情况，做好透视表后，发现项目名称次序乱七八糟的，其实并不乱，这种“乱”是因为透视表自动对字段项目进行了默认的升序排序，但这种次序并不是我们要求的，领导会不满意的。如果就几个项目，手工调整一下也不费事。但是，如果有数十个项目呢？手工调整就有点困难了，可以使用自定义排序。

**案例 6–1**

图 6-4 是前 8 个月的管理费用汇总表，现在要求对此表 A 列的科目名称按照图 6-5 规定的次序进行排序。主要方法和步骤如下。

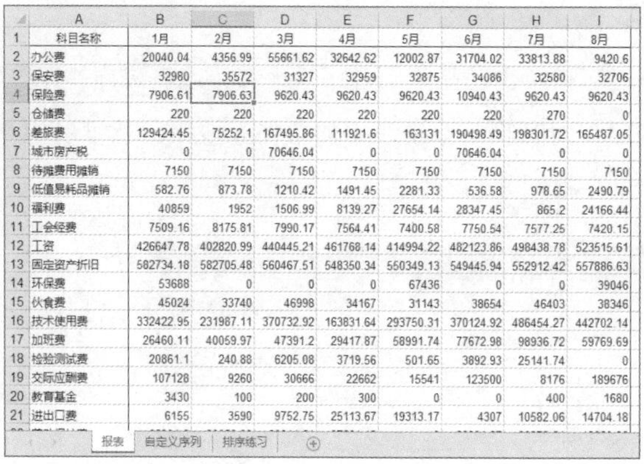

| | A | B | C | D | E | F | G | H | I |
|---|---|---|---|---|---|---|---|---|---|
| 1 | 科目名称 | 1月 | 2月 | 3月 | 4月 | 5月 | 6月 | 7月 | 8月 |
| 2 | 办公费 | 20040.04 | 4356.99 | 55661.62 | 32642.62 | 12002.87 | 31704.02 | 33813.88 | 9420.6 |
| 3 | 保安费 | 32980 | 35572 | 31327 | 32959 | 32875 | 34086 | 32580 | 32706 |
| 4 | 保险费 | 7906.61 | 7906.63 | 9620.43 | 9620.43 | 9620.43 | 10940.43 | 9620.43 | 9620.43 |
| 5 | 仓储费 | 220 | 220 | 220 | 220 | 220 | 220 | 270 | 0 |
| 6 | 差旅费 | 129424.45 | 75252.1 | 167495.86 | 111921.6 | 163131 | 190498.49 | 198301.72 | 165487.05 |
| 7 | 城市房产税 | 0 | 0 | 70646.04 | 0 | 0 | 70646.04 | 0 | 0 |
| 8 | 待摊费用摊销 | 7150 | 7150 | 7150 | 7150 | 7150 | 7150 | 7150 | 7150 |
| 9 | 低值易耗品摊销 | 582.76 | 873.78 | 1210.42 | 1491.45 | 2281.33 | 536.58 | 978.65 | 2490.79 |
| 10 | 福利费 | 40859 | 1952 | 1506.99 | 8139.27 | 27654.14 | 28347.45 | 865.2 | 24166.44 |
| 11 | 工会经费 | 7509.16 | 8175.81 | 7990.17 | 7564.41 | 7400.58 | 7750.54 | 7577.25 | 7420.15 |
| 12 | 工资 | 426647.78 | 402820.99 | 440445.21 | 461768.14 | 414994.22 | 482123.86 | 498438.78 | 523515.61 |
| 13 | 固定资产折旧 | 582734.18 | 582705.48 | 560467.51 | 548350.34 | 550349.13 | 549445.94 | 552912.42 | 557886.63 |
| 14 | 环保费 | 53688 | 0 | 0 | 0 | 67436 | 0 | 0 | 39046 |
| 15 | 伙食费 | 45024 | 33740 | 46998 | 34167 | 31143 | 38654 | 46403 | 38346 |
| 16 | 技术使用费 | 332422.95 | 231987.11 | 370732.92 | 163831.64 | 293750.31 | 370124.92 | 486454.27 | 442702.14 |
| 17 | 加班费 | 26460.11 | 40059.97 | 47391.2 | 29417.87 | 58991.74 | 77672.98 | 98936.72 | 59769.69 |
| 18 | 检验测试费 | 20861.1 | 240.88 | 6205.08 | 3719.56 | 501.65 | 3892.93 | 25141.74 | 0 |
| 19 | 交际应酬费 | 107128 | 9260 | 30666 | 22662 | 15541 | 123500 | 8176 | 189676 |
| 20 | 教育基金 | 3430 | 100 | 200 | 300 | 0 | 0 | 400 | 1680 |
| 21 | 进出口费 | 6155 | 3590 | 9752.75 | 25113.67 | 19313.17 | 4307 | 10582.06 | 14704.18 |

报表
自定义序列
排序练习

图 6-4　原始数据，科目名称次序不符合要求

| | A |
|---|---|
| 1 | 工资 |
| 2 | 加班费 |
| 3 | 伙食费 |
| 4 | 社保费 |
| 5 | 福利费 |
| 6 | 审计费 |
| 7 | 水电费 |
| 8 | 租赁费 |
| 9 | 汽车费用 |
| 10 | 办公费 |
| 11 | 差旅费 |
| 12 | 邮电费 |
| 13 | 修理费 |
| 14 | 保险费 |
| 15 | 交际应酬费 |
| 16 | 税金 |
| 17 | 固定资产折旧 |
| 18 | 待摊费用摊销 |
| 19 | 低值易耗品摊销 |
| 20 | 无形资产摊销 |
| 21 | 教育基金 |
| 22 | 保安费 |
| 23 | 其他费用 |

图 6-5　规定的次序

**步骤 01** 首先在某个工作表上把这个次序的数据输入某列中。

**步骤 02** 打开“Excel 选项”对话框，切换到“高级”分类，找到“编辑自定义列表”按钮，如图 6-6 所示。

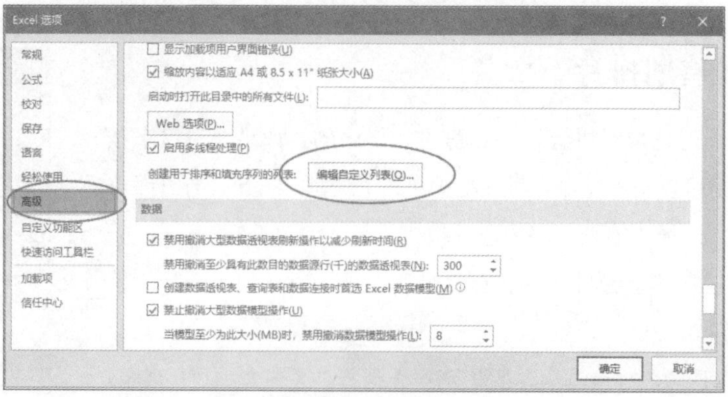
Excel 选项
常规
公式
校对
保存
语言
轻松使用
高级
自定义功能区
快速访问工具栏
加载项
信任中心
显示加载项用户界面错误(U)
缩放内容以适应 A4 或 8.5 x 11" 纸张大小(A)
启动时打开此目录中的所有文件(L):
Web 选项(P)...
启用多线程处理(P)
创建用于排序和填充序列的列表:
编辑自定义列表(O)...
数据
禁用撤消大型数据透视表刷新操作以减少刷新时间(R)
禁用撤消至少具有此数目的数据源行(千)的数据透视表(N):
300
创建数据透视表、查询表和数据连接时首选 Excel 数据模型(M)
禁止撤消大型数据模型操作(U)
当模型至少为此大小(MB)时，禁用撤消数据模型操作(L):
8
确定
取消

图 6-6　“Excel 选项”对话框，切换到“高级”分类中

**步骤 03** 单击“编辑自定义序列”按钮，打开“选项”对话框，在对话框底部的输入框中先用鼠标选择已经输入工作表的某列数据，再单击“导入”按钮，就将该序列导入到自定义序列中，如图 6-7 所示，然后单击“确定”按钮，关闭此对话框。

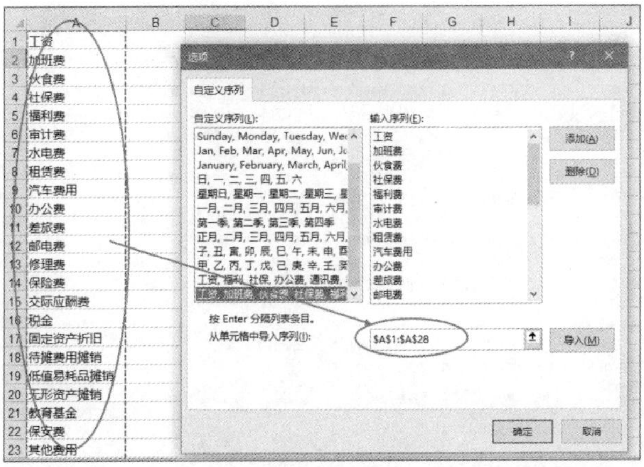
选项
自定义序列
自定义序列(L):
输入序列(E):
添加(A)
删除(D)
按 Enter 分隔列表条目。
从单元格中导入序列(I):
$A$1:$A$28
导入(M)
确定
取消

图 6-7　从工作表中将数据序列导入到自定义系列

**步骤 04** 下面对原始数据的 A 列科目名称按照此自定义序列进行排序，具体方法如图 6-8 所示。

（1）单击“排序”按钮，打开“排序”对话框；

（2）在“主要关键字”中的第一个下拉列表中选择“科目名称”；

（3）在第二个下拉列表中选择“数值”；

（4）在第三个下拉列表中选择“自定义”，打开“自定义序列”对话框，从自定义序列中选择刚才添加的自定义序列，如图 6-9 所示；

（5）单击“确定”按钮，返回到“排序”对话框，可以看到，自定义序列已经被调出来了，如图 6-10 所示。

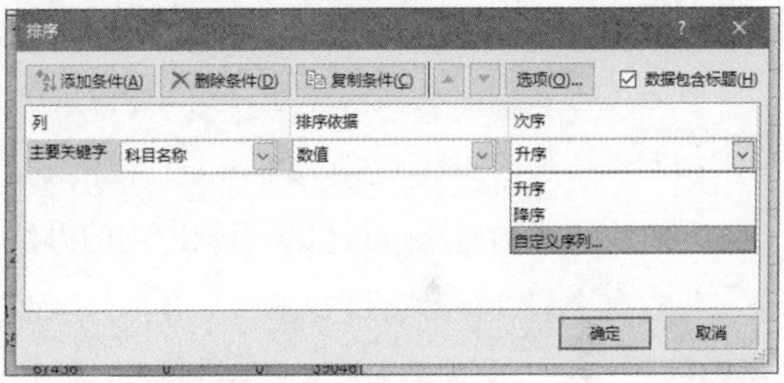
排序
添加条件(A)
删除条件(D)
复制条件(C)
选项(O)...
数据包含标题(H)
列
排序依据
次序
主要关键字
科目名称
数值
升序
升序
降序
自定义序列...
确定
取消

图 6-8　设置排序条件，注意要从“次序”列表中选择“自定义序列”

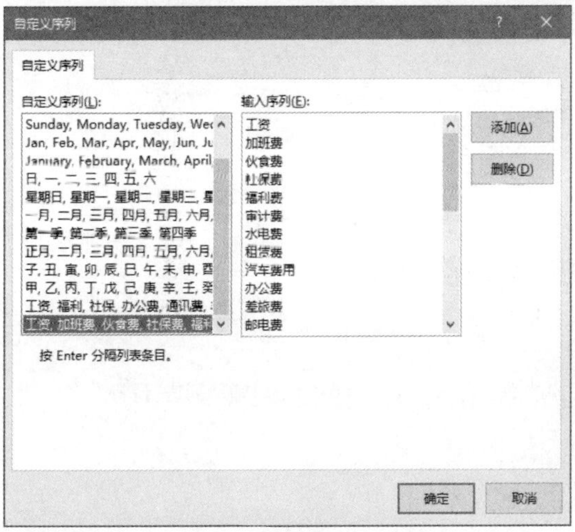
自定义序列
自定义序列
自定义序列(L):
输入序列(E):
添加(A)
删除(D)
按 Enter 分隔列表条目。
确定
取消

图 6-9　选择自定义序列

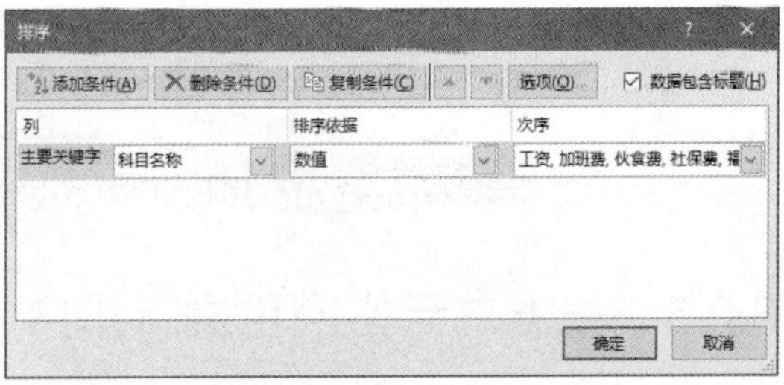
排序
添加条件(A)
删除条件(D)
复制条件(C)
选项(O)...
数据包含标题(H)
列
排序依据
次序
主要关键字
科目名称
数值
工资, 加班费, 伙食费, 社保费, 福
确定
取消

图 6-10　选择自定义序列后的排序对话框

（6）最后单击“确定”按钮，得到如下的排序结果，如图 6-11 所示。

| | A | B | C | D | E | F | G | H | I |
|---|---|---|---|---|---|---|---|---|---|
| 1 | 科目名称 | 1月 | 2月 | 3月 | 4月 | 5月 | 6月 | 7月 | 8月 |
| 2 | 工资 | 426647.78 | 402820.99 | 440445.21 | 461768.14 | 414994.22 | 482123.86 | 498438.78 | 523515.61 |
| 3 | 加班费 | 26460.11 | 40059.97 | 47391.2 | 29417.87 | 58991.74 | 77672.98 | 98936.72 | 59769.69 |
| 4 | 伙食费 | 45024 | 33740 | 46998 | 34167 | 31143 | 38654 | 46403 | 38346 |
| 5 | 社保费 | 86718.34 | 87501.85 | 91464.25 | 96742.92 | 99107.97 | 112261.92 | 120098.63 | 114081.91 |
| 6 | 福利费 | 40859 | 1952 | 1506.99 | 8139.27 | 27654.14 | 28347.45 | 865.2 | 24166.44 |
| 7 | 审计费 | 0 | 0 | 16000 | 80000 | 0 | 0 | 0 | 0 |
| 8 | 水电费 | 364822.53 | 283964.1 | 305003.13 | 257352.31 | 273579.94 | 342184.67 | 361031.88 | 361883.96 |
| 9 | 租赁费 | 44000 | 57080 | 45800 | 45800 | 45800 | 45800 | 45800 | 45800 |
| 10 | 汽车费用 | 27137.9 | 13161.21 | 71079.63 | 35005.9 | 48270.04 | 55289.51 | 46419.06 | 54307.4 |
| 11 | 办公费 | 20040.04 | 4356.99 | 55661.62 | 32642.62 | 12002.87 | 31704.02 | 33813.88 | 9420.6 |
| 12 | 差旅费 | 129424.45 | 75252.1 | 167495.86 | 111921.6 | 163131 | 190498.49 | 198301.72 | 165487.05 |
| 13 | 邮电费 | 16448.59 | 20490.44 | 17145.72 | 18543.2 | 16909.98 | 25284.03 | 35067.31 | 36751.5 |
| 14 | 修理费 | 60978.7 | 160215.42 | 98116.73 | 148546.56 | 85042.96 | 179738.71 | 192085.22 | 695961.29 |
| 15 | 保险费 | 7906.61 | 7906.63 | 9620.43 | 9620.43 | 9620.43 | 10940.43 | 9620.43 | 9620.43 |
| 16 | 交际应酬费 | 107128 | 9260 | 30666 | 22662 | 15541 | 123500 | 8176 | 189676 |
| 17 | 税金 | 0.02 | 1716 | 60157.5 | 33020.2 | 0 | 79206.7 | 7243 | 0 |
| 18 | 固定资产折旧 | 582734.18 | 582705.48 | 560467.51 | 548350.34 | 550349.13 | 549445.94 | 552912.42 | 557886.63 |
| 19 | 待摊费用摊销 | 7150 | 7150 | 7150 | 7150 | 7150 | 7150 | 7150 | 7150 |
| 20 | 低值易耗品摊销 | 582.76 | 873.78 | 1210.42 | 1491.45 | 2281.33 | 536.58 | 978.65 | 2490.79 |
| 21 | 无形资产摊销 | 11287.95 | 11287.95 | 11287.95 | 11287.95 | 11287.95 | 11287.95 | 11287.95 | 11287.95 |

报表　自定义序列　排序练习

图 6-11　按照自定义的次序排好序

## 6.2.4　按照行基于字符串内特征字符进行排序

**案例 6–2**

有时候，我们需要按照基于字符串内特征字符进行排序。例如，对于图 6-12 所示的数据，现要求按照小括号内的数字从大到小进行排序。

要解决这样的问题，可以采用辅助列的办法，即增加一个辅助列，先将小括号内的数字提取出来，再对这个辅助列数字进行排序。具体方法和步骤如下。

**步骤 01** 在数据区域的右侧插入一个空白列。

**步骤 02** 在单元格 B2 输入提取小括号内数字的计算公式，如图 6-13 所示：

```
=1*MID(A2,FIND("(",A2)+1,FIND(")",A2)-1-FIND("(",A2))
```

**步骤 03** 将单元格 B2 的公式向下填充复制到需要的行。

**步骤 04** 对 B 列的数字进行排序，得到了需要的结果，如图 6-14 所示。

| | A |
|---|---|
| 1 | 编码 |
| 2 | DFJ(100.08)[h043] |
| 3 | DFJ(58.54)[048] |
| 4 | DFJ(10.2)[669] |
| 5 | DFJ(55.44)[2950] |
| 6 | DFJ(49.5)[68jk] |
| 7 | DFJ(105.11)[hg-54] |
| 8 | DFJ(452.22)[577-01] |
| 9 | DFJ(107.09)[ghh-33] |

图 6-12　示例数据

| | A | B |
|---|---|---|
| 1 | 编码 | 辅助列 |
| 2 | DFJ(100.08)[h043] | 100.08 |
| 3 | DFJ(58.54)[048] | 58.54 |
| 4 | DFJ(10.2)[669] | 10.2 |
| 5 | DFJ(55.44)[2950] | 55.44 |
| 6 | DFJ(49.5)[68jk] | 49.5 |
| 7 | DFJ(105.11)[hg-54] | 105.11 |
| 8 | DFJ(452.22)[577-01] | 452.22 |
| 9 | DFJ(107.09)[ghh-33] | 107.09 |

图 6-13　提取小括号内的数字

| | A | B |
|---|---|---|
| 1 | 编码 | 辅助列 |
| 2 | DFJ(10.2)[669] | 10.2 |
| 3 | DFJ(49.5)[68jk] | 49.5 |
| 4 | DFJ(55.44)[2950] | 55.44 |
| 5 | DFJ(58.54)[048] | 58.54 |
| 6 | DFJ(100.08)[h043] | 100.08 |
| 7 | DFJ(105.11)[hg-54] | 105.11 |
| 8 | DFJ(107.09)[ghh-33] | 107.09 |
| 9 | DFJ(452.22)[577-01] | 452.22 |

图 6-14　对辅助列进行排序

## 6.2.5　根据单元格颜色进行排序

数据不仅可以根据颜色筛选，还可以根据颜色排序，即在“排序”对话框中，排序依据选择颜色类型即可（单元格颜色、字体颜色、单元格图标等），如图 6-15 所示。

不过，这种排序只能对选定的某种颜色进行排序，其他颜色是不参与排序的。如果要将各种颜色的单元格数据各自排在一起，需要多执行几次这样的操作。

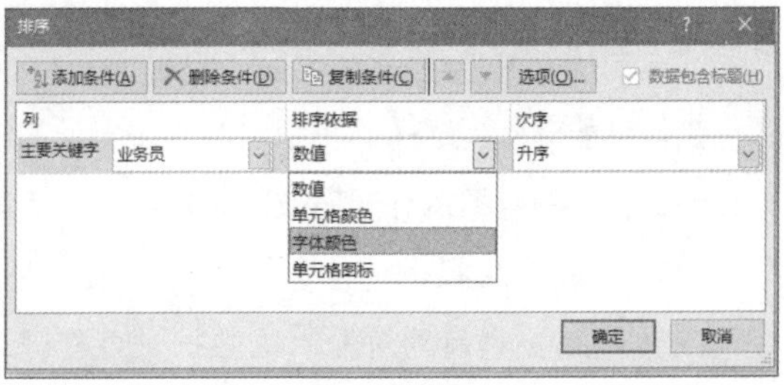
排序
添加条件(A)
删除条件(D)
复制条件(C)
选项(O)...
数据包含标题(H)
列
排序依据
次序
主要关键字
业务员
数值
升序
数值
单元格颜色
字体颜色
单元格图标
确定
取消

图 6-15　按颜色进行排序

## 6.2.6　先排序再恢复原始状态

数据区域一经排序，原来的数据先后顺序就会被打乱。如果还没有保存，可以按 Ctrl+Z 组合键撤销排序。不过，如果保存了文档，就无法使用 Ctrl+Z 组合键撤销排序了。

为了能够在需要时将已经排序后的数据恢复为原始状态，可以采用下面的办法：

步骤 01　在数据区域右侧插入一个空白辅助列，并输入自然数 1、2、3、…。

步骤 02　对数据区域进行排序。

步骤 03　要恢复原始数据状态，可对辅助列进行升序排序。

感兴趣的读者请自行模拟数据进行练习。

# 6.3　利用函数自动排序

单击功能区的排序按钮，是对数据区域的手动排序操作，在有些情况下，我们需要建立一个自动化的排序模型，以便更加灵活地对数据进行排名分析，此时就需要使用函数。

## 6.3.1　排名分析的几个函数

我们可以以数据清单为基础，利用有关的排序函数，在工作表的其他区域对数据进行排序并自动生成排序结果。

这种排序，可以建立自动化的排序模板，快速对比分析数据，比如，可以建立客户排名分析模板，业务员业绩排名分析模板，等等。

常用的排名函数有 LARGE 函数和 SMALL 函数，LARGE 函数用于从大到小排序（降序），SMALL 函数用于从小到大排序（升序）。

函数的用法如下：

```
=LARGE(一组数字，第 k 个)
=SMALL(一组数字，第 k 个)
```

但需要注意的是，如果是几个相同的数字，则排序就不分前后了。

如果要建立自动化排名分析模板的话，就需要对这些相同的数据进行处理，使之能够区分开，但又不影响其排名，此时，我们采用的方法如下，在数字后面加一个较小的随机数，比如 =B2+RAND()/10000000，这里 RAND 函数是产生一个 0 ～ 1 之间的随机数，有 15 位小数点，两个数字几乎是不会相同的。

## 6.3.2 边输入数据边排序

我们可能会碰到这样的实际问题：在一个工作表的A列输入流水数据，在另外一个工作表的A列自动对输入的数据进行升序或降序排序，如何能做到这一点呢？

图6-16就是这样的一个简单例子，在“原始数据”工作表的A列输入数字，那么在“排序”工作表的A列自动对输入的数据进行降序排序。

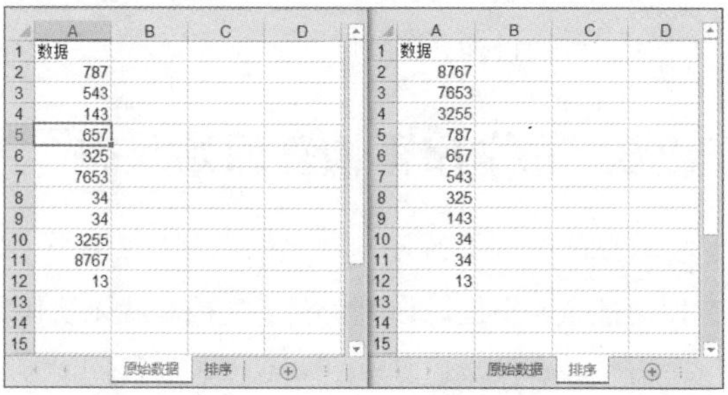

| | A（原始数据） | A（排序） |
|---|---|---|
| 1 | 数据 | 数据 |
| 2 | 787 | 8767 |
| 3 | 543 | 7653 |
| 4 | 143 | 3255 |
| 5 | 657 | 787 |
| 6 | 325 | 657 |
| 7 | 7653 | 543 |
| 8 | 34 | 325 |
| 9 | 34 | 143 |
| 10 | 3255 | 34 |
| 11 | 8767 | 34 |
| 12 | 13 | 13 |


原始数据
排序


图6-16 边输入数据边排序

解决这个问题可以使用了LARGE函数，即在“排序”工作表的A2单元格输入公式，并往下复制到一定的行：

```
=IFERROR(LARGE(原始数据!A:A,ROW(A1)),“ ”)
```

感兴趣的读者自己模拟数据进行练习。

## 6.3.3 建立自动化排名分析模板

**案例6–3**

图6-17是一个各个客户、各个产品的销售数据，现在要对选定的产品，对客户进行自动降序或升序排序。

这里的产品有6个，我们不可能每次对某个产品单击排序按钮降序排序，需要建立一个自动化的排名分析模板。下面是这个模板的主要制作过程。

**步骤01** 设计数据验证，方便快速选择产品和排序方式，如图6-18所示。

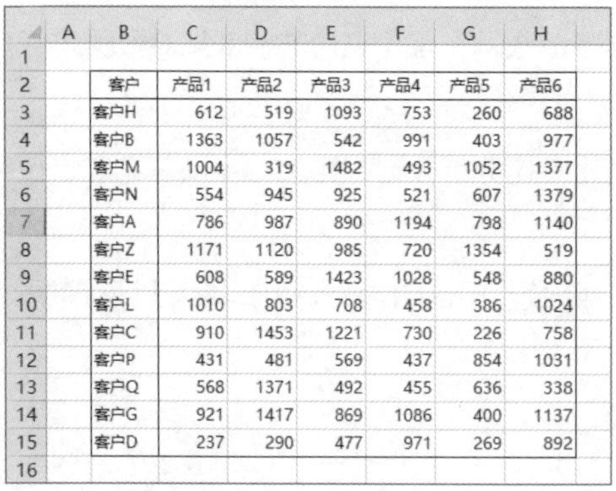

| 客户 | 产品1 | 产品2 | 产品3 | 产品4 | 产品5 | 产品6 |
|---|---|---|---|---|---|---|
| 客户H | 612 | 519 | 1093 | 753 | 260 | 688 |
| 客户B | 1363 | 1057 | 542 | 991 | 403 | 977 |
| 客户M | 1004 | 319 | 1482 | 493 | 1052 | 1377 |
| 客户N | 554 | 945 | 925 | 521 | 607 | 1379 |
| 客户A | 786 | 987 | 890 | 1194 | 798 | 1140 |
| 客户Z | 1171 | 1120 | 985 | 720 | 1354 | 519 |
| 客户E | 608 | 589 | 1423 | 1028 | 548 | 880 |
| 客户L | 1010 | 803 | 708 | 458 | 386 | 1024 |
| 客户C | 910 | 1453 | 1221 | 730 | 226 | 758 |
| 客户P | 431 | 481 | 569 | 437 | 854 | 1031 |
| 客户Q | 568 | 1371 | 492 | 455 | 636 | 338 |
| 客户G | 921 | 1417 | 869 | 1086 | 400 | 1137 |
| 客户D | 237 | 290 | 477 | 971 | 269 | 892 |

图6-17 原始数据

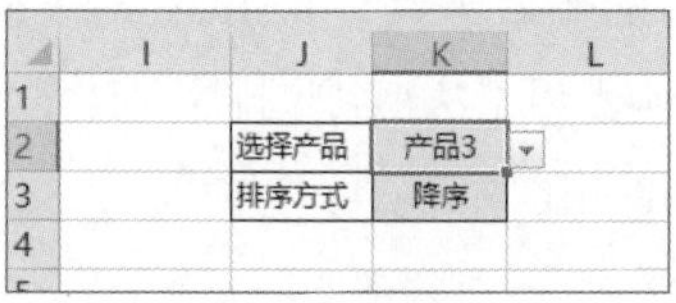

| | |
|---|---|
| 选择产品 | 产品3 |
| 排序方式 | 降序 |

图6-18 选择产品和排序方式

**步骤02** 根据选定的产品，从原始数据中查找数据，做出辅助区域，设计查找公式，并同时处理可能存在的相同数据，如图6-19、图6-20所示。单元格N3的公式为：

```
=VLOOKUP(M3,$B$2:$H$15,MATCH($K$2,$B$2:$H$2,0),0)+RAND()/1000000
```

**步骤03** 对N列数据，依据指定的排序方式进行排序，单元格Q3公式为：

```
=IF($K$3=“降序”,
LARGE($N$3:$N$15,ROW(A1)),
```

```
SMALL($N$3:$N$15,ROW(A1)))
```

排完序后，将每个数值对应的客户名称提取出来，单元格 P3 公式为：

```
=INDEX($M$3:$M$15,MATCH(Q3,$N$3:$N$15,0))
```

| | J | K | L | M | N |
|---|---|---|---|---|---|
| 1 | | | | step1：取数并处理 | |
| 2 | 选择产品 | 产品3 | | 客户 | 数据 |
| 3 | 排序方式 | 降序 | | 客户H | 1093 |
| 4 | | | | 客户B | 542 |
| 5 | | | | 客户M | 1482 |
| 6 | | | | 客户N | 925 |
| 7 | | | | 客户A | 890 |
| 8 | | | | 客户Z | 985 |
| 9 | | | | 客户E | 1423 |
| 10 | | | | 客户L | 708 |
| 11 | | | | 客户C | 1221 |
| 12 | | | | 客户P | 569 |
| 13 | | | | 客户Q | 925 |
| 14 | | | | 客户G | 869 |
| 15 | | | | 客户D | 477 |

图 6-19　查找指定产品的数据

| | J | K | L | M | N | O | P | Q |
|---|---|---|---|---|---|---|---|---|
| 1 | | | | step1：取数并处理 | | | step2：排序 | |
| 2 | 选择产品 | 产品3 | | 客户 | 数据 | | 客户 | 排序后 |
| 3 | 排序方式 | 降序 | | 客户H | 1093 | | 客户M | 1482 |
| 4 | | | | 客户B | 542 | | 客户E | 1423 |
| 5 | | | | 客户M | 1482 | | 客户C | 1221 |
| 6 | | | | 客户N | 925 | | 客户H | 1093 |
| 7 | | | | 客户A | 890 | | 客户Z | 985 |
| 8 | | | | 客户Z | 985 | | 客户Q | 925 |
| 9 | | | | 客户E | 1423 | | 客户N | 925 |
| 10 | | | | 客户L | 708 | | 客户A | 890 |
| 11 | | | | 客户C | 1221 | | 客户G | 869 |
| 12 | | | | 客户P | 569 | | 客户L | 708 |
| 13 | | | | 客户Q | 925 | | 客户P | 569 |
| 14 | | | | 客户G | 869 | | 客户B | 542 |
| 15 | | | | 客户D | 477 | | 客户D | 477 |

图 6-20　数据排序，并匹配客户名称

**步骤 04** 对排序后的数据画图，得到排名分析图表，如图 6-21 所示。

选择不同的产品，选择不同的排序方式，即可分析指定产品各个客户的排名情况，如图 6-22 所示。

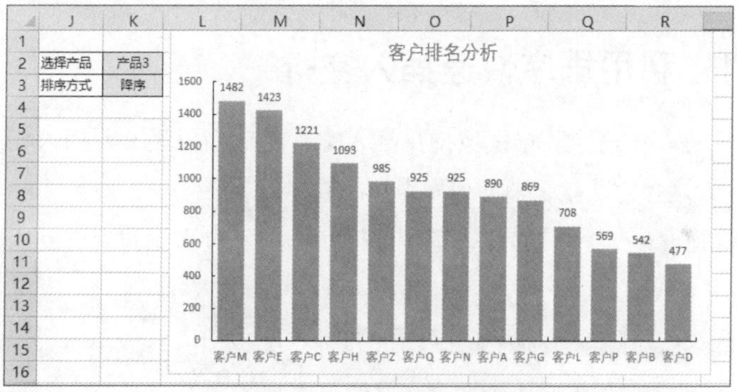
选择产品
产品3
排序方式
降序
客户排名分析
1482 1423 1221 1093 985 925 925 890 869 708 569 542 477
客户M 客户E 客户C 客户H 客户Z 客户Q 客户N 客户A 客户G 客户L 客户P 客户B 客户D

图 6-21　制作好的排名分析图

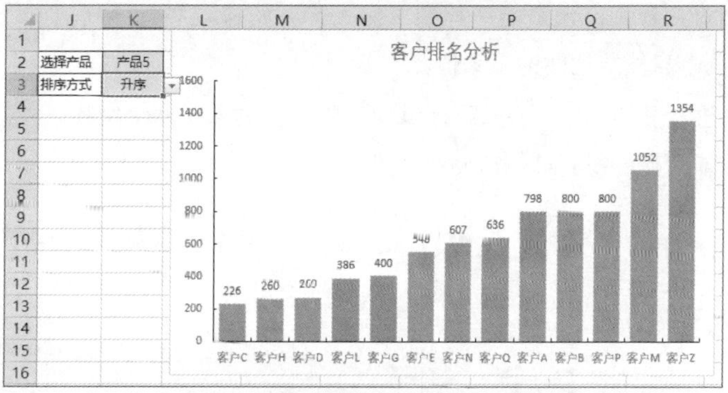
选择产品
产品5
排序方式
升序
客户排名分析
226 260 260 386 400 548 607 636 798 800 800 1052 1354
客户C 客户H 客户D 客户L 客户G 客户E 客户N 客户Q 客户A 客户B 客户P 客户M 客户Z

图 6-22　指定任意产品的客户排名

在实际数据分析中，这种使用数据验证制作变量选择器的方法是比较麻烦的，更多的是使用表单控件来控制图表。图 6-23 就是一个例子。有关表单控件使用方法及动态图表的制作，将在以后章节中进行介绍。

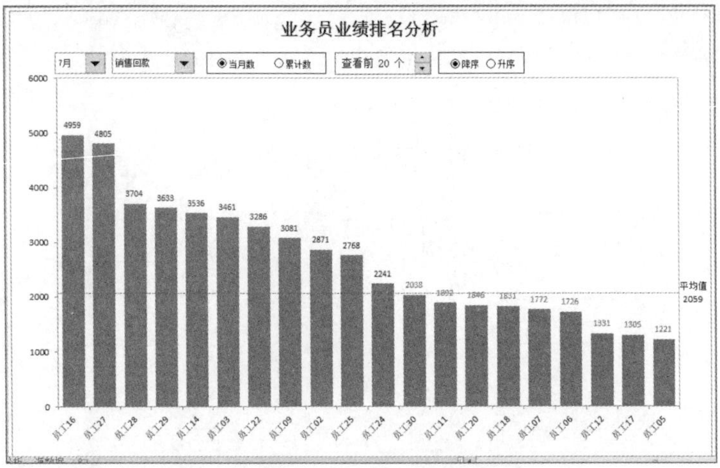

业务员业绩排名分析
7月
销售回款
当月数
累计数
查看前 20 个
降序
升序
6000
5000
4000
3000
2000
1000
0
4959
4805
3704
3633
3536
3461
3286
3081
2871
2768
2241
2038
1892
1846
1831
1772
1726
1331
1305
1221
平均值
2059
员工16
员工27
员工28
员工29
员工14
员工03
员工22
员工09
员工02
员工25
员工24
员工30
员工11
员工20
员工18
员工07
员工06
员工12
员工17
员工05


图 6-23　多功能组合排序模板

# 6.4　排序的几个妙用

排序，很简单。排序，又很奇妙。排序可以帮助我们解决很多看起来很复杂的问题。下面我介绍两个例子。

## 6.4.1　妙用 1：利用排序快速插入空行

利用排序工具，可以快速给数据区域批量插入空行，比如每隔 n 行插入 m 个空行，没必要编制复杂的 VBA 程序。这种方法就是辅助列排序法。

辅助列排序法就是设计一个辅助列，输入相应的数据序列，并通过对辅助列进行排序如图 6-24、图 6-25 所示。

例如，在数据区域中每隔 1 行插入 1 个空行的具体方法如下。

**步骤 01** 在数据区域的右侧插入一个辅助列，并输入序列数字 1、2、3、…，一直输入到数据区域的最后一行位置。

**步骤 02** 在辅助列对应数据区域最后一行的下面一行开始输入等差序列 1.1、2.1、3.1、…，这个等差序列就是前面两个自然数之间的某个值。

**步骤 03** 对辅助列进行升序排序，在数据区域内每隔一行插入了两个空行。

**步骤 04** 最后删除辅助列，得到最后需要的结果。

| | A | B | C | D | E | F |
|---|---|---|---|---|---|---|
| 1 | 数据1 | 数据2 | 数据3 | 数据4 | 数据5 | 辅助列 |
| 2 | 594 | 536 | 679 | 368 | 415 | 1 |
| 3 | 306 | 800 | 560 | 761 | 325 | 2 |
| 4 | 409 | 119 | 682 | 204 | 159 | 3 |
| 5 | 541 | 636 | 861 | 842 | 581 | 4 |
| 6 | 715 | 733 | 696 | 446 | 604 | 5 |
| 7 | 343 | 784 | 682 | 592 | 483 | 6 |
| 8 | 107 | 513 | 297 | 243 | 378 | 7 |
| 9 | 390 | 792 | 477 | 643 | 594 | 8 |
| 10 | 878 | 568 | 234 | 294 | 741 | 9 |
| 11 | 843 | 307 | 744 | 392 | 321 | 10 |
| 12 | | | | | | 1.1 |
| 13 | | | | | | 2.1 |
| 14 | | | | | | 3.1 |
| 15 | | | | | | 4.1 |
| 16 | | | | | | 5.1 |
| 17 | | | | | | 6.1 |
| 18 | | | | | | 7.1 |
| 19 | | | | | | 8.1 |
| 20 | | | | | | 9.1 |

图 6-24　设计辅助列并输入数字序列

| | A | B | C | D | E | F |
|---|---|---|---|---|---|---|
| 1 | 数据1 | 数据2 | 数据3 | 数据4 | 数据5 | 辅助列 |
| 2 | 594 | 536 | 679 | 368 | 415 | 1 |
| 3 | | | | | | 1.1 |
| 4 | 306 | 800 | 560 | 761 | 325 | 2 |
| 5 | | | | | | 2.1 |
| 6 | 409 | 119 | 682 | 204 | 159 | 3 |
| 7 | | | | | | 3.1 |
| 8 | 541 | 636 | 861 | 842 | 581 | 4 |
| 9 | | | | | | 4.1 |
| 10 | 715 | 733 | 696 | 446 | 604 | 5 |
| 11 | | | | | | 5.1 |
| 12 | 343 | 784 | 682 | 592 | 483 | 6 |
| 13 | | | | | | 6.1 |
| 14 | 107 | 513 | 297 | 243 | 378 | 7 |
| 15 | | | | | | 7.1 |
| 16 | 390 | 792 | 477 | 643 | 594 | 8 |
| 17 | | | | | | 8.1 |
| 18 | 878 | 568 | 234 | 294 | 741 | 9 |
| 19 | | | | | | 9.1 |
| 20 | 843 | 307 | 744 | 392 | 321 | 10 |
| 21 | | | | | | |

图 6-25　对辅助列进行升序排序

这种辅助列排序插入空行的方法是非常实用的，感兴趣的读者可自行练习每隔 1 行插入多个空行，每隔几行插入 1 个空行，每隔几行插入几个空行，等等。

## 6.4.2　妙用 2：快速制作工资条

### 案例 6–4

联合使用排序、定位、复制粘贴工具，可以快速制作常规的工资条，就是一个人占两行，第一行是标题，第二行是各项目金额，并且每个人之间空一行。原始数据和效果如图 6-26、图 6-27 所示。

| | A | B | C | D | E | F | G | H | I | J | K | L | M | N |
|---|---|---|---|---|---|---|---|---|---|---|---|---|---|---|
| 1 | 工号 | 姓名 | 所属部门 | 基本工资 | 岗位工资 | 工龄工资 | 补贴 | 考勤扣款 | 应发合计 | 社保个人 | 住房公积金 | 个人所得税 | 应扣合计 | 实发合计 |
| 2 | 0001 | 刘晓晨 | 办公室 | 1581 | 1000 | 360 | 747 | 57 | 3631 | 369.6 | 588.9 | 3.93 | 962.43 | 2668.57 |
| 3 | 0004 | 祁正人 | 办公室 | 3037 | 800 | 210 | 747 | 69 | 4725 | 265.1 | 435.4 | 36.75 | 737.25 | 3987.75 |
| 4 | 0005 | 张丽莉 | 办公室 | 4376 | 800 | 150 | 438 | 135 | 5629 | 247.5 | 387 | 107.9 | 742.4 | 4886.6 |
| 5 | 0006 | 孟欣然 | 行政部 | 6247 | 800 | 300 | 549 | 148 | 7748 | 308 | 456.1 | 319.8 | 1083.9 | 6664.1 |
| 6 | 0007 | 毛利民 | 行政部 | 4823 | 600 | 420 | 459 | 72 | 6230 | 222.2 | 369.1 | 168 | 759.3 | 5470.7 |
| 7 | 0016 | 马梓 | 财务部 | 6442 | 800 | 210 | 639 | 87 | 8004 | 243.1 | 424.6 | 345.8 | 1013.5 | 6990.5 |
| 8 | 0017 | 张慈淼 | 财务部 | 3418 | 800 | 210 | 747 | 23 | 5152 | 265.1 | 435.4 | 60.2 | 760.7 | 4391.3 |
| 9 | 0018 | 李萌 | 财务部 | 4187 | 800 | 150 | 438 | 181 | 5394 | 247.5 | 387 | 84.4 | 718.9 | 4675.1 |
| 10 | 0019 | 何欣 | 技术部 | 1926 | 800 | 300 | 549 | 100 | 3475 | 308 | 456.1 | 0 | 764.1 | 2710.9 |
| 11 | 0020 | 李然 | 技术部 | 1043 | 600 | 420 | 459 | 27 | 2495 | 222.2 | 369.1 | 0 | 591.3 | 1903.7 |
| 12 | 0021 | 黄兆炜 | 技术部 | 3585 | 1000 | 330 | 868 | 92 | 5691 | 289.3 | 509.5 | 114.1 | 912.9 | 4778.1 |
| 13 | 0022 | 彭然君 | 技术部 | 3210 | 1000 | 330 | 682 | 0 | 5222 | 322.3 | 522.4 | 67.2 | 911.9 | 4310.1 |
| 14 | 0023 | 舒思雨 | 技术部 | 7793 | 600 | 300 | 849 | 173 | 9369 | 264 | 486.1 | 618.8 | 1368.9 | 8000.1 |
| 15 | 0024 | 王雨燕 | 技术部 | 5747 | 600 | 420 | 949 | 151 | 7565 | 255.2 | 488.1 | 301.5 | 1044.8 | 6520.2 |

图 6-26　工资清单

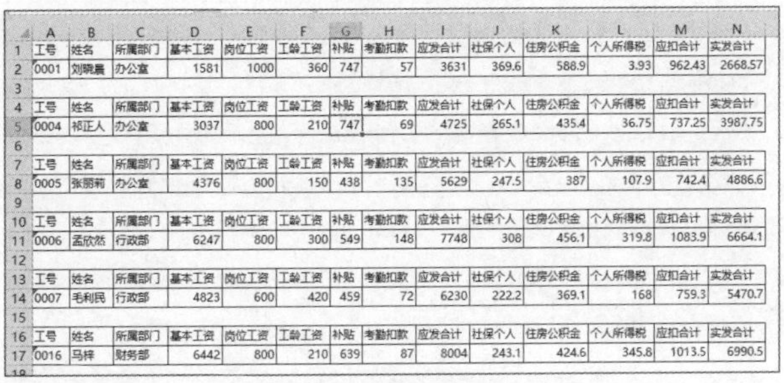

| | A | B | C | D | E | F | G | H | I | J | K | L | M | N |
|---|---|---|---|---|---|---|---|---|---|---|---|---|---|---|
| 1 | 工号 | 姓名 | 所属部门 | 基本工资 | 岗位工资 | 工龄工资 | 补贴 | 考勤扣款 | 应发合计 | 社保个人 | 住房公积金 | 个人所得税 | 应扣合计 | 实发合计 |
| 2 | 0001 | 刘晓晨 | 办公室 | 1581 | 1000 | 360 | 747 | 57 | 3631 | 369.6 | 588.9 | 3.93 | 962.43 | 2668.57 |
| 3 | | | | | | | | | | | | | | |
| 4 | 工号 | 姓名 | 所属部门 | 基本工资 | 岗位工资 | 工龄工资 | 补贴 | 考勤扣款 | 应发合计 | 社保个人 | 住房公积金 | 个人所得税 | 应扣合计 | 实发合计 |
| 5 | 0004 | 祁正人 | 办公室 | 3037 | 800 | 210 | 747 | 69 | 4725 | 265.1 | 435.4 | 36.75 | 737.25 | 3987.75 |
| 6 | | | | | | | | | | | | | | |
| 7 | 工号 | 姓名 | 所属部门 | 基本工资 | 岗位工资 | 工龄工资 | 补贴 | 考勤扣款 | 应发合计 | 社保个人 | 住房公积金 | 个人所得税 | 应扣合计 | 实发合计 |
| 8 | 0005 | 张丽莉 | 办公室 | 4376 | 800 | 150 | 438 | 135 | 5629 | 247.5 | 387 | 107.9 | 742.4 | 4886.6 |
| 9 | | | | | | | | | | | | | | |
| 10 | 工号 | 姓名 | 所属部门 | 基本工资 | 岗位工资 | 工龄工资 | 补贴 | 考勤扣款 | 应发合计 | 社保个人 | 住房公积金 | 个人所得税 | 应扣合计 | 实发合计 |
| 11 | 0006 | 孟欣然 | 行政部 | 6247 | 800 | 300 | 549 | 148 | 7748 | 308 | 456.1 | 319.8 | 1083.9 | 6664.1 |
| 12 | | | | | | | | | | | | | | |
| 13 | 工号 | 姓名 | 所属部门 | 基本工资 | 岗位工资 | 工龄工资 | 补贴 | 考勤扣款 | 应发合计 | 社保个人 | 住房公积金 | 个人所得税 | 应扣合计 | 实发合计 |
| 14 | 0007 | 毛利民 | 行政部 | 4823 | 600 | 420 | 459 | 72 | 6230 | 222.2 | 369.1 | 168 | 759.3 | 5470.7 |
| 15 | | | | | | | | | | | | | | |
| 16 | 工号 | 姓名 | 所属部门 | 基本工资 | 岗位工资 | 工龄工资 | 补贴 | 考勤扣款 | 应发合计 | 社保个人 | 住房公积金 | 个人所得税 | 应扣合计 | 实发合计 |
| 17 | 0016 | 马梓 | 财务部 | 6442 | 800 | 210 | 639 | 87 | 8004 | 243.1 | 424.6 | 345.8 | 1013.5 | 6990.5 |

图 6-27　工资条效果

下面是主要步骤，详细的制作过程。

**步骤 01**　首先把数据区域里的所有公式选择粘贴成数值，并把所有的空单元格填充 0。

**步骤 02**　在数据区域右侧做一个辅助列，数据区域部分输入连续的序号，数据区域下面的部分输入 1.1、2.1、3.1 这样是数字（特点是：输入 1 和 2、2 和 3、3 和 4，等等之间的任意数字即可，但要有规律），如图 6-28 所示。

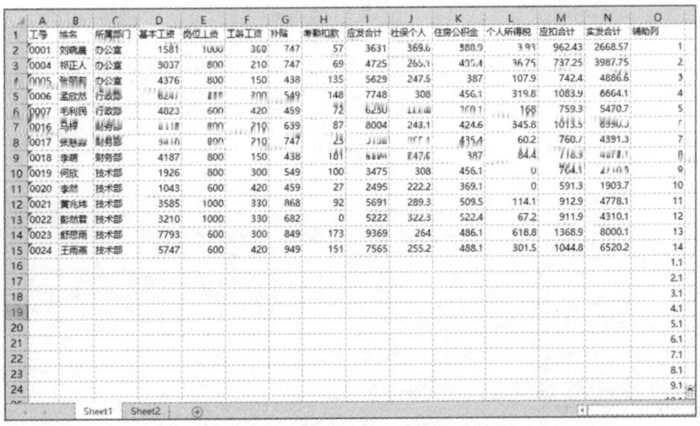

| | A | B | C | D | E | F | G | H | I | J | K | L | M | N | O |
|---|---|---|---|---|---|---|---|---|---|---|---|---|---|---|---|
| 1 | 工号 | 姓名 | 所属部门 | 基本工资 | 岗位工资 | 工龄工资 | 补贴 | 考勤扣款 | 应发合计 | 社保个人 | 住房公积金 | 个人所得税 | 应扣合计 | 实发合计 | 辅助列 |
| 2 | 0001 | 刘晓晨 | 办公室 | 1581 | 1000 | 360 | 747 | 57 | 3631 | 369.6 | 588.9 | 3.93 | 962.43 | 2668.57 | 1 |
| 3 | 0004 | 祁正人 | 办公室 | 3037 | 800 | 210 | 747 | 69 | 4725 | 265.1 | 435.4 | 36.75 | 737.25 | 3987.75 | 2 |
| 4 | 0005 | 张丽莉 | 办公室 | 4376 | 800 | 150 | 438 | 135 | 5629 | 247.5 | 387 | 107.9 | 742.4 | 4886.6 | 3 |
| 5 | 0006 | 孟欣然 | 行政部 | [illegible] | [illegible] | [illegible] | 549 | 148 | 7748 | 308 | 456.1 | 319.8 | 1083.9 | 6664.1 | 4 |
| 6 | 0007 | 毛利民 | 行政部 | 4823 | 600 | 420 | 459 | 72 | [illegible] | [illegible] | [illegible] | 168 | 759.3 | 5470.7 | 5 |
| 7 | 0016 | 马梓 | [illegible] | [illegible] | 800 | 210 | 639 | 87 | 8004 | 243.1 | 424.6 | 345.8 | 1013.5 | [illegible] | [illegible] |
| 8 | 0017 | [illegible] | [illegible] | [illegible] | 800 | 210 | 747 | 23 | [illegible] | [illegible] | 435.4 | 60.2 | 760.7 | 4391.3 | 7 |
| 9 | 0018 | 李萌 | 财务部 | 4187 | 800 | 150 | 438 | 181 | [illegible] | [illegible] | 387 | 84.4 | [illegible] | [illegible] | 8 |
| 10 | 0019 | 何欣 | 技术部 | 1926 | 800 | 300 | 549 | 100 | 3475 | 308 | 456.1 | 0 | 764.1 | [illegible] | 9 |
| 11 | 0020 | 李然 | 技术部 | 1043 | 600 | 420 | 459 | 27 | 2495 | 222.2 | 369.1 | 0 | 591.3 | 1903.7 | 10 |
| 12 | 0021 | 黄兆炜 | 技术部 | 3585 | 1000 | 330 | 868 | 92 | 5691 | 289.3 | 509.5 | 114.1 | 912.9 | 4778.1 | 11 |
| 13 | 0022 | 彭然君 | 技术部 | 3210 | 1000 | 330 | 682 | 0 | 5222 | 322.3 | 522.4 | 67.2 | 911.9 | 4310.1 | 12 |
| 14 | 0023 | 舒思雨 | 技术部 | 7793 | 600 | 300 | 849 | 173 | 9369 | 264 | 486.1 | 618.8 | 1368.9 | 8000.1 | 13 |
| 15 | 0024 | 王雨燕 | 技术部 | 5747 | 600 | 420 | 949 | 151 | 7565 | 255.2 | 488.1 | 301.5 | 1044.8 | 6520.2 | 14 |
| 16 | | | | | | | | | | | | | | | 1.1 |
| 17 | | | | | | | | | | | | | | | 2.1 |
| 18 | | | | | | | | | | | | | | | 3.1 |
| 19 | | | | | | | | | | | | | | | 4.1 |
| 20 | | | | | | | | | | | | | | | 5.1 |
| 21 | | | | | | | | | | | | | | | 6.1 |
| 22 | | | | | | | | | | | | | | | 7.1 |
| 23 | | | | | | | | | | | | | | | 8.1 |
| 24 | | | | | | | | | | | | | | | 9.1 |

Sheet1
Sheet2

图 6-28　做辅助列，输入序号

**步骤 03** 对辅助列进行升序排序，就得到每个人之间插入了空行，如图 6-29 所示。

| | A | B | C | D | E | F | G | H | I | J | K | L | M | N | O |
|---|---|---|---|---|---|---|---|---|---|---|---|---|---|---|---|
| 1 | 工号 | 姓名 | 所属部门 | 基本工资 | 岗位工资 | 工龄工资 | 补贴 | 考勤扣款 | 应发合计 | 社保个人 | 住房公积金 | 个人所得税 | 应扣合计 | 实发合计 | 辅助列 |
| 2 | 0001 | 刘晓晨 | 办公室 | 1581 | 1000 | 360 | 747 | 57 | 3631 | 369.6 | 588.9 | 3.93 | 962.43 | 2668.57 | 1 |
| 3 | | | | | | | | | | | | | | | 1.1 |
| 4 | 0004 | 祁正人 | 办公室 | 3037 | 800 | 210 | 747 | 69 | 4725 | 265.1 | 435.4 | 36.75 | 737.25 | 3987.75 | 2 |
| 5 | | | | | | | | | | | | | | | 2.1 |
| 6 | 0005 | 张丽莉 | 办公室 | 4376 | 800 | 150 | 438 | 135 | 5629 | 247.5 | 387 | 107.9 | 742.4 | 4886.6 | 3 |
| 7 | | | | | | | | | | | | | | | 3.1 |
| 8 | 0006 | 孟欣然 | 行政部 | 6247 | 800 | 300 | 549 | 148 | 7748 | 308 | 456.1 | 319.8 | 1083.9 | 6664.1 | 4 |
| 9 | | | | | | | | | | | | | | | 4.1 |
| 10 | 0007 | 毛利民 | 行政部 | 4823 | 600 | 420 | 459 | 72 | 6230 | 222.2 | 369.1 | 168 | 759.3 | 5470.7 | 5 |
| 11 | | | | | | | | | | | | | | | 5.1 |
| 12 | 0016 | 马梓 | 财务部 | 6442 | 800 | 210 | 639 | 87 | 8004 | 243.1 | 424.6 | 345.8 | 1013.5 | 6990.5 | 6 |
| 13 | | | | | | | | | | | | | | | 6.1 |
| 14 | 0017 | 张慈淼 | 财务部 | 3418 | 800 | 210 | 747 | 23 | 5152 | 265.1 | 435.4 | 60.2 | 760.7 | 4391.3 | 7 |
| 15 | | | | | | | | | | | | | | | 7.1 |
| 16 | 0018 | 李萌 | 财务部 | 4187 | 800 | 150 | 438 | 181 | 5394 | 247.5 | 387 | 84.4 | 718.9 | 4675.1 | 8 |
| 17 | | | | | | | | | | | | | | | 8.1 |
| 18 | 0019 | 何欣 | 技术部 | 1926 | 800 | 300 | 549 | 100 | 3475 | 308 | 456.1 | 0 | 764.1 | 2710.9 | 9 |
| 19 | | | | | | | | | | | | | | | 9.1 |
| 20 | 0020 | 李然 | 技术部 | 1043 | 600 | 420 | 459 | 27 | 2495 | 222.2 | 369.1 | 0 | 591.3 | 1903.7 | 10 |

图 6-29　每个人之间插入了空行

**步骤 04** 选择第一行的姓名标题，按 Ctrl+C 组合键，然后选择数据区域，按 F5 键定位出所有的空单元格，再按 Ctrl+V 组合键，将标题粘贴到每个人上面的空单元格，如图 6-30 所示。

| | A | B | C | D | E | F | G | H | I | J | K | L | M | N |
|---|---|---|---|---|---|---|---|---|---|---|---|---|---|---|
| 1 | 工号 | 姓名 | 所属部门 | 基本工资 | 岗位工资 | 工龄工资 | 补贴 | 考勤扣款 | 应发合计 | 社保个人 | 住房公积金 | 个人所得税 | 应扣合计 | 实发合计 |
| 2 | 0001 | 刘晓晨 | 办公室 | 1581 | 1000 | 360 | 747 | 57 | 3631 | 369.6 | 588.9 | 3.93 | 962.43 | 2668.57 |
| 3 | 工号 | 姓名 | 所属部门 | 基本工资 | 岗位工资 | 工龄工资 | 补贴 | 考勤扣款 | 应发合计 | 社保个人 | 住房公积金 | 个人所得税 | 应扣合计 | 实发合计 |
| 4 | 0004 | 祁正人 | 办公室 | 3037 | 800 | 210 | 747 | 69 | 4725 | 265.1 | 435.4 | 36.75 | 737.25 | 3987.75 |
| 5 | 工号 | 姓名 | 所属部门 | 基本工资 | 岗位工资 | 工龄工资 | 补贴 | 考勤扣款 | 应发合计 | 社保个人 | 住房公积金 | 个人所得税 | 应扣合计 | 实发合计 |
| 6 | 0005 | 张丽莉 | 办公室 | 4376 | 800 | 150 | 438 | 135 | 5629 | 247.5 | 387 | 107.9 | 742.4 | 4886.6 |
| 7 | 工号 | 姓名 | 所属部门 | 基本工资 | 岗位工资 | 工龄工资 | 补贴 | 考勤扣款 | 应发合计 | 社保个人 | 住房公积金 | 个人所得税 | 应扣合计 | 实发合计 |
| 8 | 0006 | 孟欣然 | 行政部 | 6247 | 800 | 300 | 549 | 148 | 7748 | 308 | 456.1 | 319.8 | 1083.9 | 6664.1 |
| 9 | 工号 | 姓名 | 所属部门 | 基本工资 | 岗位工资 | 工龄工资 | 补贴 | 考勤扣款 | 应发合计 | 社保个人 | 住房公积金 | 个人所得税 | 应扣合计 | 实发合计 |
| 10 | 0007 | 毛利民 | 行政部 | 4823 | 600 | 420 | 459 | 72 | 6230 | 222.2 | 369.1 | 168 | 759.3 | 5470.7 |
| 11 | 工号 | 姓名 | 所属部门 | 基本工资 | 岗位工资 | 工龄工资 | 补贴 | 考勤扣款 | 应发合计 | 社保个人 | 住房公积金 | 个人所得税 | 应扣合计 | 实发合计 |
| 12 | 0016 | 马梓 | 财务部 | 6442 | 800 | 210 | 639 | 87 | 8004 | 243.1 | 424.6 | 345.8 | 1013.5 | 6990.5 |
| 13 | 工号 | 姓名 | 所属部门 | 基本工资 | 岗位工资 | 工龄工资 | 补贴 | 考勤扣款 | 应发合计 | 社保个人 | 住房公积金 | 个人所得税 | 应扣合计 | 实发合计 |
| 14 | 0017 | 张慈淼 | 财务部 | 3418 | 800 | 210 | 747 | 23 | 5152 | 265.1 | 435.4 | 60.2 | 760.7 | 4391.3 |
| 15 | 工号 | 姓名 | 所属部门 | 基本工资 | 岗位工资 | 工龄工资 | 补贴 | 考勤扣款 | 应发合计 | 社保个人 | 住房公积金 | 个人所得税 | 应扣合计 | 实发合计 |
| 16 | 0018 | 李萌 | 财务部 | 4187 | 800 | 150 | 438 | 181 | 5394 | 247.5 | 387 | 84.4 | 718.9 | 4675.1 |
| 17 | 工号 | 姓名 | 所属部门 | 基本工资 | 岗位工资 | 工龄工资 | 补贴 | 考勤扣款 | 应发合计 | 社保个人 | 住房公积金 | 个人所得税 | 应扣合计 | 实发合计 |
| 18 | 0019 | 何欣 | 技术部 | 1926 | 800 | 300 | 549 | 100 | 3475 | 308 | 456.1 | 0 | 764.1 | 2710.9 |
| 19 | 工号 | 姓名 | 所属部门 | 基本工资 | 岗位工资 | 工龄工资 | 补贴 | 考勤扣款 | 应发合计 | 社保个人 | 住房公积金 | 个人所得税 | 应扣合计 | 实发合计 |
| 20 | 0020 | 李然 | 技术部 | 1043 | 600 | 420 | 459 | 27 | 2495 | 222.2 | 369.1 | 0 | 591.3 | 1903.7 |

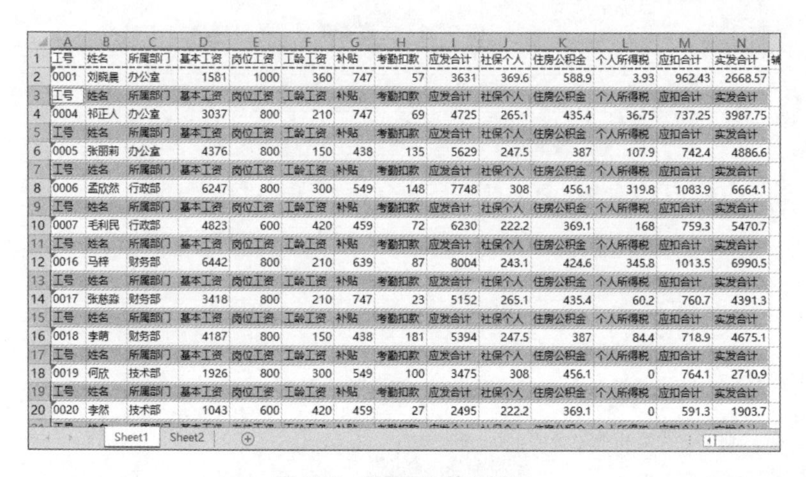

图 6-30　批量复制填充标题

**步骤 05** 在辅助列重新做序号，数据区域部分输入连续的序号，数据区域下面的部分输入 1.1、3.1、5.1 这样是数字（也就是每隔两行插入一个空行），如图 6-31 所示。

| | A | B | C | D | E | F | G | H | I | J | K | L | M | N | O |
|---|---|---|---|---|---|---|---|---|---|---|---|---|---|---|---|
| 1 | 工号 | 姓名 | 所属部门 | 基本工资 | 岗位工资 | 工龄工资 | 补贴 | 考勤扣款 | 应发合计 | 社保个人 | 住房公积金 | 个人所得税 | 应扣合计 | 实发合计 | 辅助列 |
| 2 | 0001 | 刘晓晨 | 办公室 | 1581 | 1000 | 360 | 747 | 57 | 3631 | 369.6 | 588.9 | 3.93 | 962.43 | 2668.57 | 1 |
| 23 | 工号 | 姓名 | 所属部门 | 基本工资 | 岗位工资 | 工龄工资 | 补贴 | 考勤扣款 | 应发合计 | 社保个人 | 住房公积金 | 个人所得税 | 应扣合计 | 实发合计 | 22 |
| 24 | 0022 | 彭然君 | 技术部 | 3210 | 1000 | 330 | 682 | 0 | 5222 | 322.3 | 522.4 | 67.2 | 911.9 | 4310.1 | 23 |
| 25 | 工号 | 姓名 | 所属部门 | 基本工资 | 岗位工资 | 工龄工资 | 补贴 | 考勤扣款 | 应发合计 | 社保个人 | 住房公积金 | 个人所得税 | 应扣合计 | 实发合计 | 24 |
| 26 | 0023 | 舒思雨 | 技术部 | 7793 | 600 | 300 | 849 | 173 | 9369 | 264 | 486.1 | 618.8 | 1368.9 | 8000.1 | 25 |
| 27 | 工号 | 姓名 | 所属部门 | 基本工资 | 岗位工资 | 工龄工资 | 补贴 | 考勤扣款 | 应发合计 | 社保个人 | 住房公积金 | 个人所得税 | 应扣合计 | 实发合计 | 26 |
| 28 | 0024 | 王雨燕 | 技术部 | 5747 | 600 | 420 | 949 | 151 | 7565 | 255.2 | 488.1 | 301.5 | 1044.8 | 6520.2 | 27 |
| 29 | | | | | | | | | | | | | | | 1.1 |
| 30 | | | | | | | | | | | | | | | 3.1 |
| 31 | | | | | | | | | | | | | | | 5.1 |
| 32 | | | | | | | | | | | | | | | 7.1 |
| 33 | | | | | | | | | | | | | | | 9.1 |
| 34 | | | | | | | | | | | | | | | 11.1 |
| 35 | | | | | | | | | | | | | | | 13.1 |
| 36 | | | | | | | | | | | | | | | 15.1 |
| 37 | | | | | | | | | | | | | | | 17.1 |
| 38 | | | | | | | | | | | | | | | 19.1 |
| 39 | | | | | | | | | | | | | | | 21.1 |
| 40 | | | | | | | | | | | | | | | 23.1 |

图 6-31　重新设计辅助列

**步骤 06** 对辅助列进行排序，然后删除辅助列，得到如下的结果，如图 6-32 所示。

**步骤 07** 选择数据区域，按 F5 键定位出区域内的常量区域（也就是有数据的区域，非空白单元格），如图 6-32 所示。然后统一设置边框，即可得到需要的工资条，如图 6-33 所示。

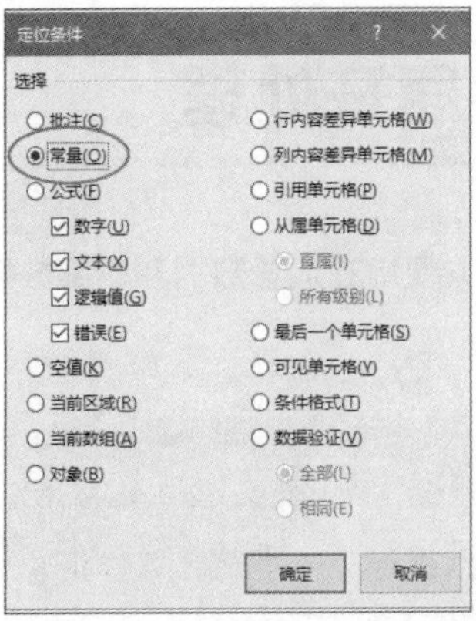
定位条件
选择
批注(C)
常量(O)
公式(F)
数字(U)
文本(X)
逻辑值(G)
错误(E)
空值(K)
当前区域(R)
当前数组(A)
对象(B)
行内容差异单元格(W)
列内容差异单元格(M)
引用单元格(P)
从属单元格(D)
直属(I)
所有级别(L)
最后一个单元格(S)
可见单元格(Y)
条件格式(T)
数据验证(V)
全部(L)
相同(E)
确定
取消

图 6-32 定位选择所有的有数据单元格

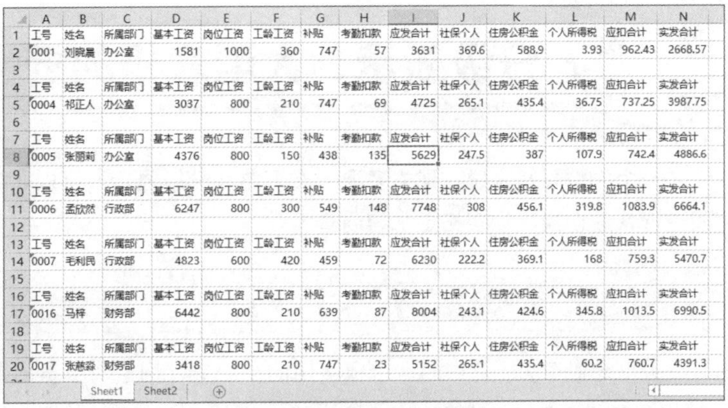

| | A | B | C | D | E | F | G | H | I | J | K | L | M | N |
|---|---|---|---|---|---|---|---|---|---|---|---|---|---|---|
| 1 | 工号 | 姓名 | 所属部门 | 基本工资 | 岗位工资 | 工龄工资 | 补贴 | 考勤扣款 | 应发合计 | 社保个人 | 住房公积金 | 个人所得税 | 应扣合计 | 实发合计 |
| 2 | 0001 | 刘晓晨 | 办公室 | 1581 | 1000 | 360 | 747 | 57 | 3631 | 369.6 | 588.9 | 3.93 | 962.43 | 2668.57 |
| 3 | | | | | | | | | | | | | | |
| 4 | 工号 | 姓名 | 所属部门 | 基本工资 | 岗位工资 | 工龄工资 | 补贴 | 考勤扣款 | 应发合计 | 社保个人 | 住房公积金 | 个人所得税 | 应扣合计 | 实发合计 |
| 5 | 0004 | 祁正人 | 办公室 | 3037 | 800 | 210 | 747 | 69 | 4725 | 265.1 | 435.4 | 36.75 | 737.25 | 3987.75 |
| 6 | | | | | | | | | | | | | | |
| 7 | 工号 | 姓名 | 所属部门 | 基本工资 | 岗位工资 | 工龄工资 | 补贴 | 考勤扣款 | 应发合计 | 社保个人 | 住房公积金 | 个人所得税 | 应扣合计 | 实发合计 |
| 8 | 0005 | 张丽莉 | 办公室 | 4376 | 800 | 150 | 438 | 135 | 5629 | 247.5 | 387 | 107.9 | 742.4 | 4886.6 |
| 9 | | | | | | | | | | | | | | |
| 10 | 工号 | 姓名 | 所属部门 | 基本工资 | 岗位工资 | 工龄工资 | 补贴 | 考勤扣款 | 应发合计 | 社保个人 | 住房公积金 | 个人所得税 | 应扣合计 | 实发合计 |
| 11 | 0006 | 孟欣然 | 行政部 | 6247 | 800 | 300 | 549 | 148 | 7748 | 308 | 456.1 | 319.8 | 1083.9 | 6664.1 |
| 12 | | | | | | | | | | | | | | |
| 13 | 工号 | 姓名 | 所属部门 | 基本工资 | 岗位工资 | 工龄工资 | 补贴 | 考勤扣款 | 应发合计 | 社保个人 | 住房公积金 | 个人所得税 | 应扣合计 | 实发合计 |
| 14 | 0007 | 毛利民 | 行政部 | 4823 | 600 | 420 | 459 | 72 | 6230 | 222.2 | 369.1 | 168 | 759.3 | 5470.7 |
| 15 | | | | | | | | | | | | | | |
| 16 | 工号 | 姓名 | 所属部门 | 基本工资 | 岗位工资 | 工龄工资 | 补贴 | 考勤扣款 | 应发合计 | 社保个人 | 住房公积金 | 个人所得税 | 应扣合计 | 实发合计 |
| 17 | 0016 | 马梓 | 财务部 | 6442 | 800 | 210 | 639 | 87 | 8004 | 243.1 | 424.6 | 345.8 | 1013.5 | 6990.5 |
| 18 | | | | | | | | | | | | | | |
| 19 | 工号 | 姓名 | 所属部门 | 基本工资 | 岗位工资 | 工龄工资 | 补贴 | 考勤扣款 | 应发合计 | 社保个人 | 住房公积金 | 个人所得税 | 应扣合计 | 实发合计 |
| 20 | 0017 | 张慈淼 | 财务部 | 3418 | 800 | 210 | 747 | 23 | 5152 | 265.1 | 435.4 | 60.2 | 760.7 | 4391.3 |

Sheet1
Sheet2

图 6-33 基本完成的工资条

# 第 7 章 分级显示：大型表格的折叠展开处理

对一个大型表格来说，建立多层分类汇总和分级显示，可以非常方便地在汇总数据和明细数据之间进行快速切换，让表格更加容易查看。

## 7.1 分类汇总

分类汇总是 Excel 提供的一个很实用的小工具，用于对大量的数据进行分类汇总计算，汇总计算的方式可以是求和、计数、最大值、最小值、平均值等，从而可以从不同的角度对海量的数据进行快速汇总分析，而且这个工具不像数据透视表那样占用大量的内存。

### 7.1.1 创建单一分类汇总

**案例 7–1**

图 7-1 是一个销售数据表单，我们现在要对地区做分类汇总，计算每个地区的指标、销售额和成本合计数，可以按照下面的步骤进行。

| | A | B | C | D | E | F | G | H |
|---|---|---|---|---|---|---|---|---|
| 1 | 地区 | 省份 | 城市 | 性质 | 店名 | 本月指标 | 实际销售金额 | 销售成本 |
| 2 | 东北 | 辽宁 | 大连 | 自营 | AAAA-001 | 150000 | 57062 | 20972.25 |
| 3 | 东北 | 辽宁 | 大连 | 自营 | AAAA-002 | 280000 | 130192.5 | 46208.17 |
| 4 | 东北 | 辽宁 | 大连 | 自营 | AAAA-003 | 190000 | 86772 | 31355.81 |
| 5 | 东北 | 辽宁 | 沈阳 | 自营 | AAAA-004 | 90000 | 103890 | 39519.21 |
| 6 | 东北 | 辽宁 | 沈阳 | 自营 | AAAA-005 | 270000 | 107766 | 38357.7 |
| 7 | 东北 | 辽宁 | 沈阳 | 自营 | AAAA-006 | 180000 | 57502 | 20867.31 |
| 8 | 东北 | 辽宁 | 沈阳 | 自营 | AAAA-007 | 280000 | 116300 | 40945.1 |
| 9 | 东北 | 辽宁 | 沈阳 | 自营 | AAAA-008 | 340000 | 63287 | 22490.31 |
| 10 | 东北 | 辽宁 | 沈阳 | 自营 | AAAA-009 | 150000 | 112345 | 39869.15 |
| 11 | 东北 | 辽宁 | 沈阳 | 自营 | AAAA-010 | 220000 | 80036 | 28736.46 |
| 12 | 东北 | 辽宁 | 沈阳 | 自营 | AAAA-011 | 120000 | 73686.5 | 23879.99 |
| 13 | 华北 | 北京 | 北京 | 加盟 | AAAA-013 | 260000 | 57255.6 | 19604.2 |
| 14 | 华北 | 天津 | 天津 | 加盟 | AAAA-014 | 320000 | 51085.5 | 17406.07 |
| 15 | 华北 | 北京 | 北京 | 自营 | AAAA-015 | 200000 | 59378 | 21060.84 |
| 16 | 华北 | 北京 | 北京 | 自营 | AAAA-016 | 100000 | 48519 | 18181.81 |

**图 7-1 销售数据表单**

步骤 01 首先对数据区域按照地区进行排序，升序或者降序都是可以的。这点很重要。

步骤 02 单击“数据”→“分类汇总”命令，如图 7-2 所示。

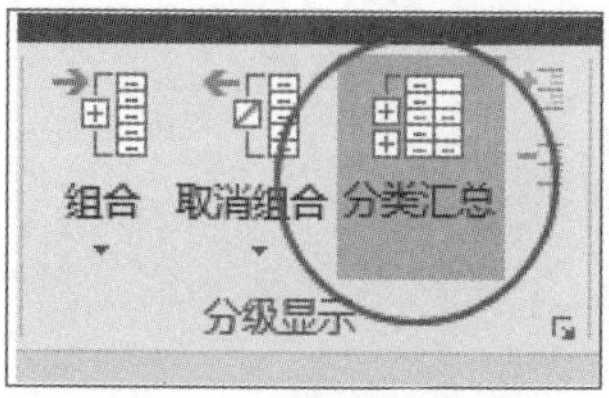
组合
取消组合
分类汇总
分级显示

**图 7-2 “分类汇总”命令**

步骤 03 打开“分类汇总”对话框，进行如下的设置：

（1）在“分类字段”下拉列表中选择要汇总的字段（这里是“地区”）；

（2）在“汇总方式”下拉列表中选择计算方式（这里是“求和”），

（3）在“选定汇总项”下拉列表中选择要进行汇总计算的列（这里是“本月指标”、“实际销售金额”和“销售成本”），如图 7-3 所示。

步骤 04 单击“确定”按钮，即可得到以地区进行分类汇总的报表，如图 7-4 所示。

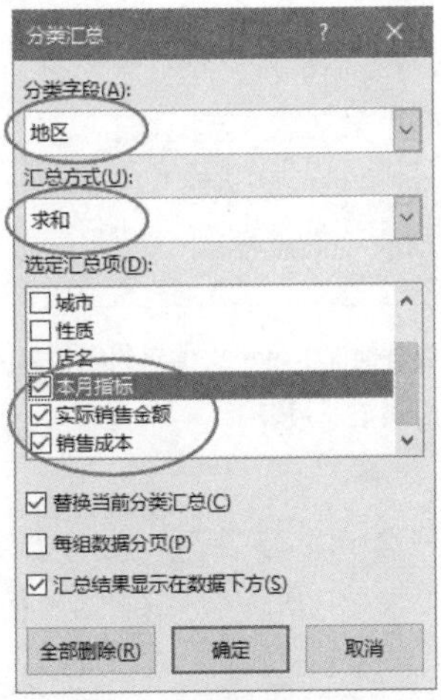
分类汇总
分类字段(A):
地区
汇总方式(U):
求和
选定汇总项(D):
城市
性质
店名
本月指标
实际销售金额
销售成本
替换当前分类汇总(C)
每组数据分页(P)
汇总结果显示在数据下方(S)
全部删除(R)
确定
取消

图 7-3　设置分类汇总

| | A | B | C | D | E | F | G | H |
|---|---|---|---|---|---|---|---|---|
| 1 | 地区 | 省份 | 城市 | 性质 | 店名 | 本月指标 | 实际销售金额 | 销售成本 |
| 2 | 东北 | 辽宁 | 大连 | 自营 | AAAA-001 | 150000 | 57062 | 20972.25 |
| 3 | 东北 | 辽宁 | 大连 | 自营 | AAAA-002 | 280000 | 130192.5 | 46208.17 |
| 4 | 东北 | 辽宁 | 大连 | 自营 | AAAA-003 | 190000 | 86772 | 31355.81 |
| 5 | 东北 | 辽宁 | 沈阳 | 自营 | AAAA-004 | 90000 | 103890 | 39519.21 |
| 6 | 东北 | 辽宁 | 沈阳 | 自营 | AAAA-005 | 270000 | 107766 | 38357.7 |
| 7 | 东北 | 辽宁 | 沈阳 | 自营 | AAAA-006 | 180000 | 57502 | 20867.31 |
| 8 | 东北 | 辽宁 | 沈阳 | 自营 | AAAA-007 | 280000 | 116300 | 40945.1 |
| 9 | 东北 | 辽宁 | 沈阳 | 自营 | AAAA-008 | 340000 | 63287 | 22490.31 |
| 10 | 东北 | 辽宁 | 沈阳 | 自营 | AAAA-009 | 150000 | 112345 | 39869.15 |
| 11 | 东北 | 辽宁 | 沈阳 | 自营 | AAAA-010 | 220000 | 80036 | 28736.46 |
| 12 | 东北 | 辽宁 | 沈阳 | 自营 | AAAA-011 | 120000 | 73686.5 | 23879.99 |
| 13 | **东北 汇总** | | | | | 2270000 | 988839 | 353201.46 |
| 14 | 华北 | 北京 | 北京 | 加盟 | AAAA-013 | 260000 | 57255.6 | 19604.2 |
| 15 | 华北 | 天津 | 天津 | 加盟 | AAAA-014 | 320000 | 51085.5 | 17406.07 |
| 16 | 华北 | 北京 | 北京 | 自营 | AAAA-015 | 200000 | 59378 | 21060.84 |
| 17 | 华北 | 北京 | 北京 | 自营 | AAAA-016 | 100000 | 48519 | 18181.81 |
| 18 | 华北 | 北京 | 北京 | 自营 | AAAA-017 | 330000 | 249321.5 | 88623.41 |
| 19 | 华北 | 北京 | 北京 | 自营 | AAAA-018 | 250000 | 99811 | 36295.97 |
| 20 | 华北 | 北京 | 北京 | 自营 | AAAA-019 | 170000 | 87414 | 33288.2 |

原始数据
分类汇总练习

图 7-4　建立好的分类汇总

在创建分类汇总报表后，工作表的左侧会出现 3 个按钮 1 2 3，同时在行号的左侧也出现了分级显示按钮 - 和 +。

单击按钮 1，将只显示整个表格的总计数；

单击按钮 2，将只显示整个表格的各个地区的汇总数；

单击按钮 3，将显示整个表格的分类汇总数和明细数。

如果只是想显示或隐藏某个大区的分类汇总数和明细数，可以单击分级显示按钮 - 和 +。

在默认情况下，分类汇总结果显示在明细数据的下方。如果要把分类汇总结果显示在明细数据的上方，则需要在“分类汇总”对话框中取消选中“汇总结果显示在数据下方”复选框，如图 7-5 所示。

如果想要把每个地区的分类数据（明细数据和汇总数据）单独打印在一张纸上，可以在“分类汇总”对话框中，选择“每组数据分页”复选框。

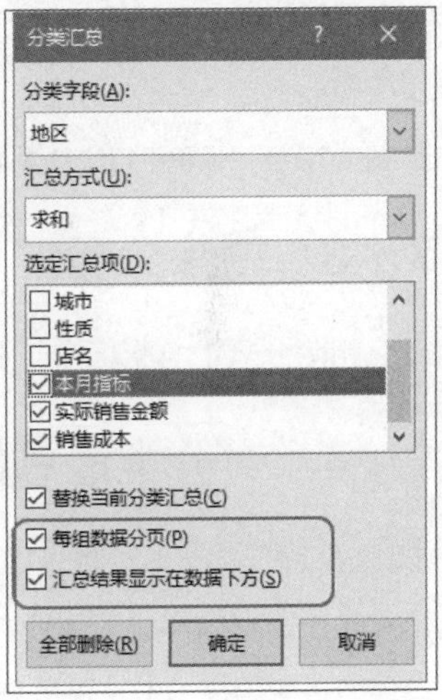
分类汇总
分类字段(A):
地区
汇总方式(U):
求和
选定汇总项(D):
城市
性质
店名
本月指标
实际销售金额
销售成本
替换当前分类汇总(C)
每组数据分页(P)
汇总结果显示在数据下方(S)
全部删除(R)
确定
取消

图 7-5　分类汇总数据显示在明细数据上方，或者地区分类数据分页打印

## 7.1.2　创建多种分类汇总

我们还可以对一列数据进行多种分类汇总，比如对要统计每个地区的门店数、销售总额、平均每家店铺的销售额，就可以按照下面的步骤进行。

步骤 01 首先对数据区域按照地区进行排序，升序或者降序排序都是可以的。

步骤 02 执行“分类汇总”命令，对地区进行“平均值”的分类汇总，得到第 1 次的分类汇总结果，如图 7-6 所示。

**步骤 03** 再次执行“分类汇总”命令，对地区进行“求和”的分类汇总，得到第 2 次的分类汇总结果，如 7-7 图所示。

但要特别注意，在“分类汇总”对话框中，一定要取消选中“替换当前分类汇总”复选框

**步骤 04** 以此方法，再做“计数”的分类汇总。

最后的分类汇总报表如图 7-8 所示。在这个报表上，同时显示了每个地区的平均销售额数据、销售总额和店铺数的数据。

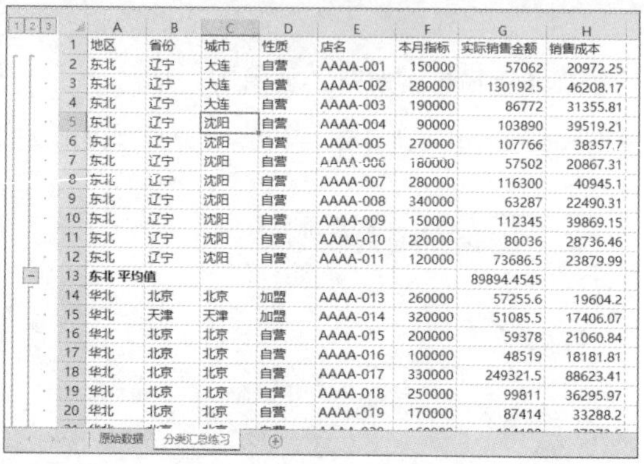

| | A | B | C | D | E | F | G | H |
|---|---|---|---|---|---|---|---|---|
| 1 | 地区 | 省份 | 城市 | 性质 | 店名 | 本月指标 | 实际销售金额 | 销售成本 |
| 2 | 东北 | 辽宁 | 大连 | 自营 | AAAA-001 | 150000 | 57062 | 20972.25 |
| 3 | 东北 | 辽宁 | 大连 | 自营 | AAAA-002 | 280000 | 130192.5 | 46208.17 |
| 4 | 东北 | 辽宁 | 大连 | 自营 | AAAA-003 | 190000 | 86772 | 31355.81 |
| 5 | 东北 | 辽宁 | 沈阳 | 自营 | AAAA-004 | 90000 | 103890 | 39519.21 |
| 6 | 东北 | 辽宁 | 沈阳 | 自营 | AAAA-005 | 270000 | 107766 | 38357.7 |
| 7 | 东北 | 辽宁 | 沈阳 | 自营 | AAAA-006 | 180000 | 57502 | 20867.31 |
| 8 | 东北 | 辽宁 | 沈阳 | 自营 | AAAA-007 | 280000 | 116300 | 40945.1 |
| 9 | 东北 | 辽宁 | 沈阳 | 自营 | AAAA-008 | 340000 | 63287 | 22490.31 |
| 10 | 东北 | 辽宁 | 沈阳 | 自营 | AAAA-009 | 150000 | 112345 | 39869.15 |
| 11 | 东北 | 辽宁 | 沈阳 | 自营 | AAAA-010 | 220000 | 80036 | 28736.46 |
| 12 | 东北 | 辽宁 | 沈阳 | 自营 | AAAA-011 | 120000 | 73686.5 | 23879.99 |
| 13 | 东北 平均值 | | | | | | 89894.4545 | |
| 14 | 华北 | 北京 | 北京 | 加盟 | AAAA-013 | 260000 | 57255.6 | 19604.2 |
| 15 | 华北 | 天津 | 天津 | 加盟 | AAAA-014 | 320000 | 51085.5 | 17406.07 |
| 16 | 华北 | 北京 | 北京 | 自营 | AAAA-015 | 200000 | 59378 | 21060.84 |
| 17 | 华北 | 北京 | 北京 | 自营 | AAAA-016 | 100000 | 48519 | 18181.81 |
| 18 | 华北 | 北京 | 北京 | 自营 | AAAA-017 | 330000 | 249321.5 | 88623.41 |
| 19 | 华北 | 北京 | 北京 | 自营 | AAAA-018 | 250000 | 99811 | 36295.97 |
| 20 | 华北 | 北京 | 北京 | 自营 | AAAA-019 | 170000 | 87414 | 33288.2 |


原始数据
分类汇总练习


图 7-6　得到的计算每个地区下各个店铺平均销售额的分类汇总报表

| | A | B | C | D | E | F | G | H |
|---|---|---|---|---|---|---|---|---|
| 1 | 地区 | 省份 | 城市 | 性质 | 店名 | 本月指标 | 实际销售金额 | 销售成本 |
| 2 | 东北 | 辽宁 | 大连 | 自营 | AAAA-001 | 150000 | 57062 | 20972.25 |
| 3 | 东北 | 辽宁 | 大连 | 自营 | AAAA-002 | 280000 | 130192.5 | 46208.17 |
| 4 | 东北 | 辽宁 | 大连 | 自营 | AAAA-003 | 190000 | 86772 | 31355.81 |
| 5 | 东北 | 辽宁 | 沈阳 | 自营 | AAAA-004 | 90000 | 103890 | 39519.21 |
| 6 | 东北 | 辽宁 | 沈阳 | 自营 | AAAA-005 | 270000 | 107766 | 38357.7 |
| 7 | 东北 | 辽宁 | 沈阳 | 自营 | AAAA-006 | 180000 | 57502 | 20867.31 |
| 8 | 东北 | 辽宁 | 沈阳 | 自营 | AAAA-007 | 280000 | 116300 | 40945.1 |
| 9 | 东北 | 辽宁 | 沈阳 | 自营 | AAAA-008 | 340000 | 63287 | 22490.31 |
| 10 | 东北 | 辽宁 | 沈阳 | 自营 | AAAA-009 | 150000 | 112345 | 39869.15 |
| 11 | 东北 | 辽宁 | 沈阳 | 自营 | AAAA-010 | 220000 | 80036 | 28736.46 |
| 12 | 东北 | 辽宁 | 沈阳 | 自营 | AAAA-011 | 120000 | 73686.5 | 23879.99 |
| 13 | 东北 汇总 | | | | | | 988839 | |
| 14 | 东北 平均值 | | | | | | 89894.4545 | |
| 15 | 华北 | 北京 | 北京 | 加盟 | AAAA-013 | 260000 | 57255.6 | 19604.2 |
| 16 | 华北 | 天津 | 天津 | 加盟 | AAAA-014 | 320000 | 51085.5 | 17406.07 |
| 17 | 华北 | 北京 | 北京 | 自营 | AAAA-015 | 200000 | 59378 | 21060.84 |
| 18 | 华北 | 北京 | 北京 | 自营 | AAAA-016 | 100000 | 48519 | 18181.81 |
| 19 | 华北 | 北京 | 北京 | 自营 | AAAA-017 | 330000 | 249321.5 | 88623.41 |
| 20 | 华北 | 北京 | 北京 | 自营 | AAAA-018 | 250000 | 99811 | 36295.97 |


原始数据
分类汇总练习


图 7-7　同时显示平均值和总计数的分类汇总报表

| | A | B | C | D | E | F | G | H |
|---|---|---|---|---|---|---|---|---|
| 1 | 地区 | 省份 | 城市 | 性质 | 店名 | 本月指标 | 实际销售金额 | 销售成本 |
| 2 | 东北 | 辽宁 | 大连 | 自营 | AAAA-001 | 150000 | 57062 | 20972.25 |
| 3 | 东北 | 辽宁 | 大连 | 自营 | AAAA-002 | 280000 | 130192.5 | 46208.17 |
| 4 | 东北 | 辽宁 | 大连 | 自营 | AAAA-003 | 190000 | 86772 | 31355.81 |
| 5 | 东北 | 辽宁 | 沈阳 | 自营 | AAAA-004 | 90000 | 103890 | 39519.21 |
| 6 | 东北 | 辽宁 | 沈阳 | 自营 | AAAA-005 | 270000 | 107766 | 38357.7 |
| 7 | 东北 | 辽宁 | 沈阳 | 自营 | AAAA-006 | 180000 | 57502 | 20867.31 |
| 8 | 东北 | 辽宁 | 沈阳 | 自营 | AAAA-007 | 280000 | 116300 | 40945.1 |
| 9 | 东北 | 辽宁 | 沈阳 | 自营 | AAAA-008 | 340000 | 63287 | 22490.31 |
| 10 | 东北 | 辽宁 | 沈阳 | 自营 | AAAA-009 | 150000 | 112345 | 39869.15 |
| 11 | 东北 | 辽宁 | 沈阳 | 自营 | AAAA-010 | 220000 | 80036 | 28736.46 |
| 12 | 东北 | 辽宁 | 沈阳 | 自营 | AAAA-011 | 120000 | 73686.5 | 23879.99 |
| 13 | 东北 计数 | | | | | | 11 | |
| 14 | 东北 汇总 | | | | | | 988839 | |
| 15 | 东北 平均值 | | | | | | 89894.4545 | |
| 16 | 华北 | 北京 | 北京 | 加盟 | AAAA-013 | 260000 | 57255.6 | 19604.2 |
| 17 | 华北 | 天津 | 天津 | 加盟 | AAAA-014 | 320000 | 51085.5 | 17406.07 |
| 18 | 华北 | 北京 | 北京 | 自营 | AAAA-015 | 200000 | 59378 | 21060.84 |
| 19 | 华北 | 北京 | 北京 | 自营 | AAAA-016 | 100000 | 48519 | 18181.81 |
| 20 | 华北 | 北京 | 北京 | 自营 | AAAA-017 | 330000 | 249321.5 | 88623.41 |


原始数据
分类汇总练习


图 7-8　同时显示合计数、平均数和店铺数的分类汇总报表

### 7.1.3　删除分类汇总

删除分类汇总很简单，打开“分类汇总”对话框，单击对话框左下角的“全部删除”按钮即可。

### 7.1.4　对分类汇总的看法

分类汇总是 Excel 提供的一个比较实用的小工具，说是比较实用，是对于那些不喜欢使用透视表的用户来说，它确实比较方便。但是，这种操作是在基础表单上进行的，破坏了原有表格的结构（当然可以通过删除分类汇总来恢复原始表单），这与我的理念不相符。我的理念是：基础表单就是基础表单，永远保持它的纯洁性，而分类汇总其实就是汇总报告，应该做到另外一个表格上，使两者彼此分开。

从这点来说，分类汇总就不如透视表了。透视表可以做在另一个工作表中，而且透视表的汇总和分析功能远远不是分类汇总所能比的。当需要对基础表单数据进行分类汇总分析时，还是建议使用透视表。

创建分类汇总还有一个必须要做的前提工作：就是先要把分类汇总的字段进行排序，这样才能做成想要的分类汇总样子，这也是不方便的。

## 7.2　分级显示

组合则是一个非常有用的小工具，利用组合工具，可以把那些不愿意查看的行或列组合并隐藏起来，这样可以通过折叠 / 展开按钮，快速隐藏或显示这些数据，也就是建立表格数据的分级显示。

我们可以在行方向和列方向上同时建立起分级显示，这样对于查看数据，美化表格是非常有用的。

创建分级显示有两种方法：自动创建分级显示和通过组合方式创建分级显示。

## 7.2.1　自动创建分级显示

**案例 7-2**

图 7-9 是各个部门各个员工各个月的社保公积金数据，按照部门和季度做了小计求和，现在要求建立分级显示，能同时查看每个季度、每个部门汇总数据和明细数据，其效果如图 7-10 所示。

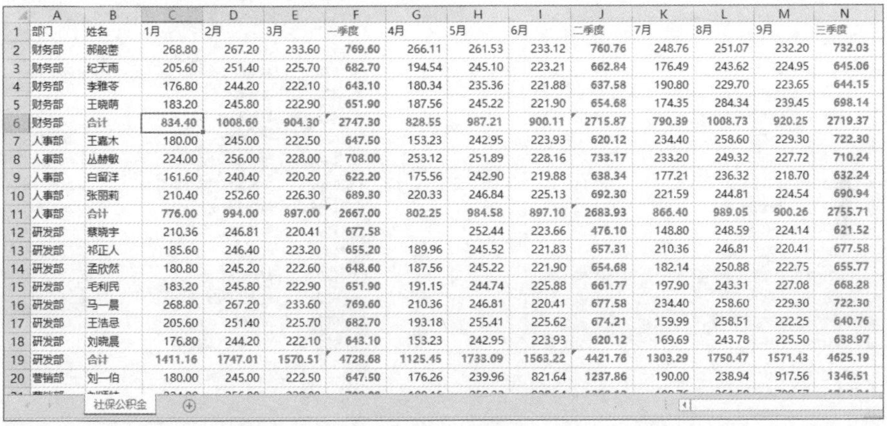

| | A | B | C | D | E | F | G | H | I | J | K | L | M | N |
|---|---|---|---|---|---|---|---|---|---|---|---|---|---|---|
| 1 | 部门 | 姓名 | 1月 | 2月 | 3月 | 一季度 | 4月 | 5月 | 6月 | 二季度 | 7月 | 8月 | 9月 | 三季度 |
| 2 | 财务部 | 郝般蕾 | 268.80 | 267.20 | 233.60 | 769.60 | 266.11 | 261.53 | 233.12 | 760.76 | 248.76 | 251.07 | 232.20 | 732.03 |
| 3 | 财务部 | 纪天雨 | 205.60 | 251.40 | 225.70 | 682.70 | 194.54 | 245.10 | 223.21 | 662.84 | 176.49 | 243.62 | 224.95 | 645.06 |
| 4 | 财务部 | 李雅苓 | 176.80 | 244.20 | 222.10 | 643.10 | 180.34 | 235.36 | 221.88 | 637.58 | 190.80 | 229.70 | 223.65 | 644.15 |
| 5 | 财务部 | 王晓萌 | 183.20 | 245.80 | 222.90 | 651.90 | 187.56 | 245.22 | 221.90 | 654.68 | 174.35 | 284.34 | 239.45 | 698.14 |
| 6 | 财务部 | 合计 | 834.40 | 1008.60 | 904.30 | 2747.30 | 828.55 | 987.21 | 900.11 | 2715.87 | 790.39 | 1008.73 | 920.25 | 2719.37 |
| 7 | 人事部 | 王嘉木 | 180.00 | 245.00 | 222.50 | 647.50 | 153.23 | 242.95 | 223.93 | 620.12 | 234.40 | 258.60 | 229.30 | 722.30 |
| 8 | 人事部 | 丛赫敏 | 224.00 | 256.00 | 228.00 | 708.00 | 253.12 | 251.89 | 228.16 | 733.17 | 233.20 | 249.32 | 227.72 | 710.24 |
| 9 | 人事部 | 白留洋 | 161.60 | 240.40 | 220.20 | 622.20 | 175.56 | 242.90 | 219.88 | 638.34 | 177.21 | 236.32 | 218.70 | 632.24 |
| 10 | 人事部 | 张丽莉 | 210.40 | 252.60 | 226.30 | 689.30 | 220.33 | 246.84 | 225.13 | 692.30 | 221.59 | 244.81 | 224.54 | 690.94 |
| 11 | 人事部 | 合计 | 776.00 | 994.00 | 897.00 | 2667.00 | 802.25 | 984.58 | 897.10 | 2683.93 | 866.40 | 989.05 | 900.26 | 2755.71 |
| 12 | 研发部 | 蔡晓宇 | 210.36 | 246.81 | 220.41 | 677.58 | | 252.44 | 223.66 | 476.10 | 148.80 | 248.59 | 224.14 | 621.52 |
| 13 | 研发部 | 祁正人 | 185.60 | 246.40 | 223.20 | 655.20 | 189.96 | 245.52 | 221.83 | 657.31 | 210.36 | 246.81 | 220.41 | 677.58 |
| 14 | 研发部 | 孟欣然 | 180.80 | 245.20 | 222.60 | 648.60 | 187.56 | 245.22 | 221.90 | 654.68 | 182.14 | 250.88 | 222.75 | 655.77 |
| 15 | 研发部 | 毛利民 | 183.20 | 245.80 | 222.90 | 651.90 | 191.15 | 244.74 | 225.88 | 661.77 | 197.90 | 243.31 | 227.08 | 668.28 |
| 16 | 研发部 | 马一晨 | 268.80 | 267.20 | 233.60 | 769.60 | 210.36 | 246.81 | 220.41 | 677.58 | 234.40 | 258.60 | 229.30 | 722.30 |
| 17 | 研发部 | 王浩忌 | 205.60 | 251.40 | 225.70 | 682.70 | 193.18 | 255.41 | 225.62 | 674.21 | 159.99 | 258.51 | 222.25 | 640.76 |
| 18 | 研发部 | 刘晓晨 | 176.80 | 244.20 | 222.10 | 643.10 | 153.23 | 242.95 | 223.93 | 620.12 | 169.69 | 243.78 | 225.50 | 638.97 |
| 19 | 研发部 | 合计 | 1411.16 | 1747.01 | 1570.51 | 4728.68 | 1125.45 | 1733.09 | 1563.22 | 4421.76 | 1303.29 | 1750.47 | 1571.43 | 4625.19 |
| 20 | 营销部 | 刘一伯 | 180.00 | 245.00 | 222.50 | 647.50 | 176.26 | 239.96 | 821.64 | 1237.86 | 190.00 | 238.94 | 917.56 | 1346.51 |

社保公积金

图 7-9　示例数据

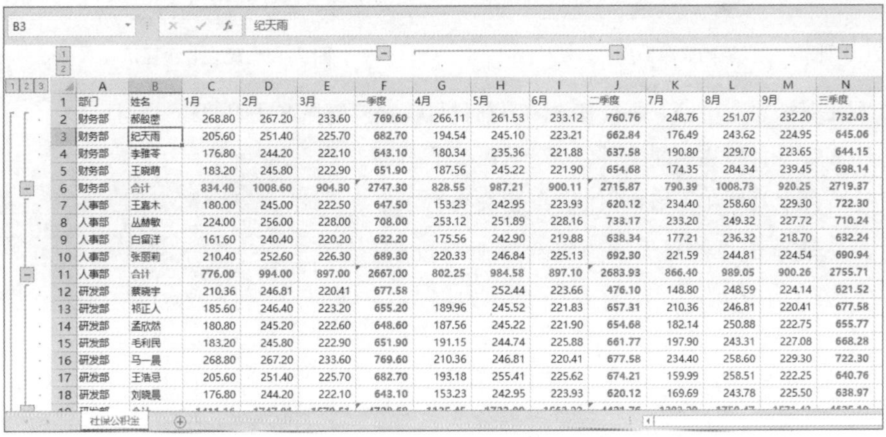

B3　纪天雨

| | A | B | C | D | E | F | G | H | I | J | K | L | M | N |
|---|---|---|---|---|---|---|---|---|---|---|---|---|---|---|
| 1 | 部门 | 姓名 | 1月 | 2月 | 3月 | 一季度 | 4月 | 5月 | 6月 | 二季度 | 7月 | 8月 | 9月 | 三季度 |
| 2 | 财务部 | 郝般蕾 | 268.80 | 267.20 | 233.60 | 769.60 | 266.11 | 261.53 | 233.12 | 760.76 | 248.76 | 251.07 | 232.20 | 732.03 |
| 3 | 财务部 | 纪天雨 | 205.60 | 251.40 | 225.70 | 682.70 | 194.54 | 245.10 | 223.21 | 662.84 | 176.49 | 243.62 | 224.95 | 645.06 |
| 4 | 财务部 | 李雅苓 | 176.80 | 244.20 | 222.10 | 643.10 | 180.34 | 235.36 | 221.88 | 637.58 | 190.80 | 229.70 | 223.65 | 644.15 |
| 5 | 财务部 | 王晓萌 | 183.20 | 245.80 | 222.90 | 651.90 | 187.56 | 245.22 | 221.90 | 654.68 | 174.35 | 284.34 | 239.45 | 698.14 |
| 6 | 财务部 | 合计 | 834.40 | 1008.60 | 904.30 | 2747.30 | 828.55 | 987.21 | 900.11 | 2715.87 | 790.39 | 1008.73 | 920.25 | 2719.37 |
| 7 | 人事部 | 王嘉木 | 180.00 | 245.00 | 222.50 | 647.50 | 153.23 | 242.95 | 223.93 | 620.12 | 234.40 | 258.60 | 229.30 | 722.30 |
| 8 | 人事部 | 丛赫敏 | 224.00 | 256.00 | 228.00 | 708.00 | 253.12 | 251.89 | 228.16 | 733.17 | 233.20 | 249.32 | 227.72 | 710.24 |
| 9 | 人事部 | 白留洋 | 161.60 | 240.40 | 220.20 | 622.20 | 175.56 | 242.90 | 219.88 | 638.34 | 177.21 | 236.32 | 218.70 | 632.24 |
| 10 | 人事部 | 张丽莉 | 210.40 | 252.60 | 226.30 | 689.30 | 220.33 | 246.84 | 225.13 | 692.30 | 221.59 | 244.81 | 224.54 | 690.94 |
| 11 | 人事部 | 合计 | 776.00 | 994.00 | 897.00 | 2667.00 | 802.25 | 984.58 | 897.10 | 2683.93 | 866.40 | 989.05 | 900.26 | 2755.71 |
| 12 | 研发部 | 蔡晓宇 | 210.36 | 246.81 | 220.41 | 677.58 | | 252.44 | 223.66 | 476.10 | 148.80 | 248.59 | 224.14 | 621.52 |
| 13 | 研发部 | 祁正人 | 185.60 | 246.40 | 223.20 | 655.20 | 189.96 | 245.52 | 221.83 | 657.31 | 210.36 | 246.81 | 220.41 | 677.58 |
| 14 | 研发部 | 孟欣然 | 180.80 | 245.20 | 222.60 | 648.60 | 187.56 | 245.22 | 221.90 | 654.68 | 182.14 | 250.88 | 222.75 | 655.77 |
| 15 | 研发部 | 毛利民 | 183.20 | 245.80 | 222.90 | 651.90 | 191.15 | 244.74 | 225.88 | 661.77 | 197.90 | 243.31 | 227.08 | 668.28 |
| 16 | 研发部 | 马一晨 | 268.80 | 267.20 | 233.60 | 769.60 | 210.36 | 246.81 | 220.41 | 677.58 | 234.40 | 258.60 | 229.30 | 722.30 |
| 17 | 研发部 | 王浩忌 | 205.60 | 251.40 | 225.70 | 682.70 | 193.18 | 255.41 | 225.62 | 674.21 | 159.99 | 258.51 | 222.25 | 640.76 |
| 18 | 研发部 | 刘晓晨 | 176.80 | 244.20 | 222.10 | 643.10 | 153.23 | 242.95 | 223.93 | 620.12 | 169.69 | 243.78 | 225.50 | 638.97 |

社保公积金

图 7-10　分级显示效果

**步骤 01** 要建立起图 7-10 所示的表格分级显示效果，首先必须先对相同类别的数据进行加总计算，也就是插入行和列，输入求和公式（使用 SUM 函数或者直接加减），然后再执行相关的命令。在这个案例中，我们已经做了相应的计算公式。

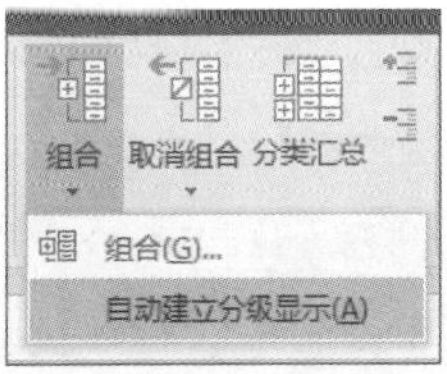

组合
取消组合
分类汇总
组合(G)...
自动建立分级显示(A)


图 7-11　“自动建立分级显示”命令

**步骤 02** 单击“数据”→“组合”→“自动建立分级显示”命令，如图 7-11 所示，那为数据表自动创建了分级显示效果。

## 7.2.2 手动组合创建分级显示

有时候，我们需要把一个既有总账科目数据又有明细科目数据的一张表格，建立一个分级显示，以方便查看总账科目，或者查看某个总账科目下的明细科目。此时，就需要使用组合工具来手动创建分级显示了。

**案例 7–3**

图 7-12 是一个既有总账科目数据又有明细科目数据的一张表格，现在要将其转变为简练的分级显示表格，如图 7-13 所示。具体方法和步骤如下。

| | A | B | C |
|---|---|---|---|
| 1 | 科目编码 | 科目名称 | 金额 |
| 2 | 5101 | 主营业务收入 | 407,158.64 |
| 3 | 510101 | 品销售收入 | 407,158.64 |
| 4 | 510102 | 销售退回 | - |
| 5 | 5102 | 其他业务收入 | 4,000.00 |
| 6 | 5201 | 投资收益 | - |
| 7 | 5203 | 补贴收入 | - |
| 8 | 5301 | 营业外收入 | 968.49 |
| 9 | 5401 | 主营业务成本 | -157,202.96 |
| 10 | 540101 | 主营业务成本 | -145,243.44 |
| 11 | 540102 | 产品价格差异 | - |
| 12 | 540103 | 产品质检差旅费 | -9,954.86 |
| 13 | 54010301 | 机票 | -3,045.43 |
| 14 | 54010302 | 火车票及其他 | -1,506.43 |
| 15 | 54010303 | 住宿费 | -2,058.00 |
| 16 | 54010304 | 当地出差交通费 | -296.00 |
| 17 | 54010305 | 出差补贴及其他 | -3,049.00 |
| 18 | 540104 | 其他成本 | -2,004.66 |
| 19 | 5402 | 主营业务税金及附加 | -1,236.79 |
| 20 | 5405 | 其他业务支出 | -200.00 |

源数据 分级显示

图 7-12 原始表单数据

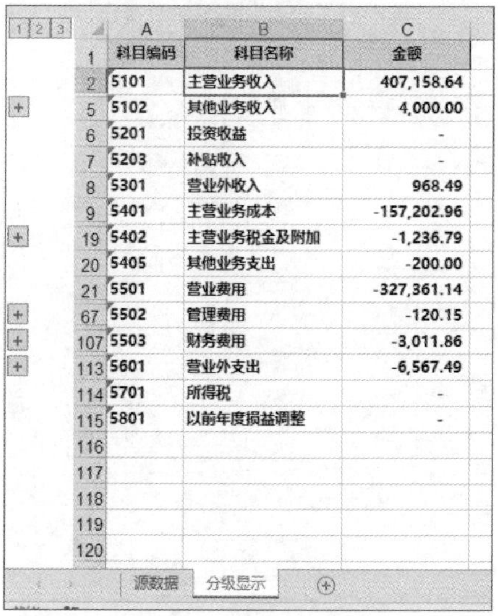

| | A | B | C |
|---|---|---|---|
| 1 | 科目编码 | 科目名称 | 金额 |
| 2 | 5101 | 主营业务收入 | 407,158.64 |
| 5 | 5102 | 其他业务收入 | 4,000.00 |
| 6 | 5201 | 投资收益 | - |
| 7 | 5203 | 补贴收入 | - |
| 8 | 5301 | 营业外收入 | 968.49 |
| 9 | 5401 | 主营业务成本 | -157,202.96 |
| 19 | 5402 | 主营业务税金及附加 | -1,236.79 |
| 20 | 5405 | 其他业务支出 | -200.00 |
| 21 | 5501 | 营业费用 | -327,361.14 |
| 67 | 5502 | 管理费用 | -120.15 |
| 107 | 5503 | 财务费用 | -3,011.86 |
| 113 | 5601 | 营业外支出 | -6,567.49 |
| 114 | 5701 | 所得税 | - |
| 115 | 5801 | 以前年度损益调整 | - |
| 116 | | | |
| 117 | | | |
| 118 | | | |
| 119 | | | |
| 120 | | | |

源数据 分级显示

图 7-13 建立分级显示

**步骤 01** 如果某个总账科目下面只有一级明细科目，直接选择这些明细科目的行。

例如，总账科目“主营业务收入”下有 2 个明细科目“产品销售收入”和“销售退回”，就选择第 3 行和第 4 行，然后单击“数据”→“组合”命令按钮，就将选择的第 3 行和第 4 行组合在一起，如图 7-14 所示。

| | A | B | C |
|---|---|---|---|
| 1 | 科目编码 | 科目名称 | 金额 |
| 2 | 01 | 主营业务收入 | 407,158.64 |
| 3 | 510101 | 产品销售收入 | 407,158.64 |
| 4 | 510102 | 销售退回 | - |
| 5 | 5102 | 其他业务收入 | 4,000.00 |
| 6 | 5201 | 投资收益 | - |
| 7 | 5203 | 补贴收入 | - |
| 8 | 5301 | 营业外收入 | 968.49 |
| 9 | 5401 | 主营业务成本 | -157,202.96 |
| 10 | 540101 | 主营业务成本 | -145,243.44 |

图 7-14 手工组合第 3 行和第 4 行

**步骤 02** 如果总账科目下既有一级明细，又有二级明细和三级明细，就首先从最里面的一层开始进行组合。

例如，在总账科目“主营业务成本”下的一级明细科目“产品质检差旅费”中还有二级明细科目“机票”、“火车票及其他”等，那么就先选择这些二级明细科目所在的行，再执行“组合”命令，将这些二级明细科目进行组合，如图 7-15 所示。

**步骤 03** 当组合完毕二级明细科目后，将该级项目折叠起来，然后再选择该总账科目下的所有一级明细科目，执行“组合”命令，将这些一级明细科目进行组合，从而建立多级分级显示，如图 7-16 所示。

| | 科目编码 | 科目名称 | 金额 |
|---|---|---|---|
| 2 | 5101 | 主营业务收入 | 407,158.64 |
| 3 | 510101 | 产品销售收入 | 407,158.64 |
| 4 | 510102 | 销售退回 | - |
| 5 | 5102 | 其他业务收入 | 4,000.00 |
| 6 | 5201 | 投资收益 | - |
| 7 | 5203 | 补贴收入 | - |
| 8 | 5301 | 营业外收入 | 968.49 |
| 9 | 5401 | 主营业务成本 | -157,202.96 |
| 10 | 540101 | 主营业务成本 | -145,243.44 |
| 11 | 540102 | 产品价格差异 | - |
| 12 | 0103 | 产品质检差旅费 | -9,954.86 |
| 13 | 54010301 | 机票 | -3,045.43 |
| 14 | 54010302 | 火车票及其他 | -1,506.43 |
| 15 | 54010303 | 住宿费 | -2,058.00 |
| 16 | 54010304 | 当地出差交通费 | -296.00 |
| 17 | 54010305 | 出差补贴及其他 | -3,049.00 |
| 18 | 540104 | 其他成本 | -2,004.66 |
| 19 | 5402 | 主营业务税金及附加 | -1,236.79 |

图 7-15　先组合二级明细科目

| | 科目编码 | 科目名称 | 金额 |
|---|---|---|---|
| 2 | 5101 | 主营业务收入 | 407,158.64 |
| 3 | 510101 | 产品销售收入 | 407,158.64 |
| 4 | 510102 | 销售退回 | - |
| 5 | 5102 | 其他业务收入 | 4,000.00 |
| 6 | 5201 | 投资收益 | - |
| 7 | 5203 | 补贴收入 | - |
| 8 | 5301 | 营业外收入 | 968.49 |
| 9 | 01 | 主营业务成本 | -157,202.96 |
| 10 | 540101 | 主营业务成本 | -145,243.44 |
| 11 | 540102 | 产品价格差异 | - |
| 12 | 540103 | 产品质检差旅费 | -9,954.86 |
| 18 | 540104 | 其他成本 | -2,004.66 |
| 19 | 5402 | 主营业务税金及附加 | -1,236.79 |
| 20 | 5405 | 其他业务支出 | -200.00 |
| 21 | 5501 | 营业费用 | -327,361.14 |
| 22 | 550101 | 工资 | - |
| 23 | 550102 | 劳务费 | -136,848.53 |

图 7-16　组合一级明细科目

**步骤 04**　按照上面的方法，把所有的明细科目进行组合，就得到需要的报表。

### 7.2.3　取消分级显示

取消分级显示也是很简单的，单击“取消组合”按钮下的“清除分级显示”命令即可，如图 7-17 所示。

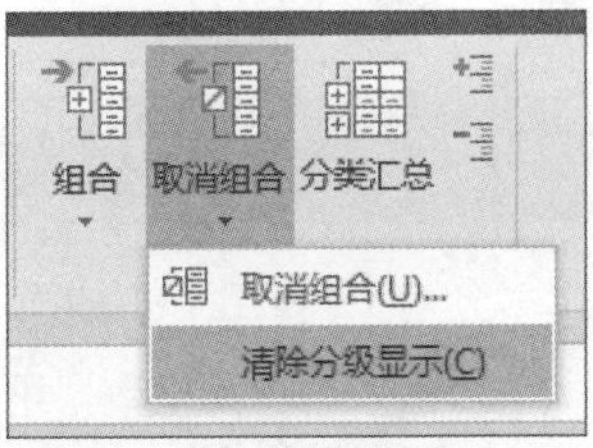
组合
取消组合
分类汇总
取消组合(U)...
清除分级显示(C)

图 7-17　“清除分级显示”命令

## 7.3　复制分类汇总和分级显示数据

当建立了分类汇总和分级显示后，就可以把分类汇总数据复制到一个新工作表中。

但是，我们不能按照常规的方法选择全部的分类汇总数据进行复制粘贴，因为这样会把隐藏的明细数据也一并复制。

要复制分类汇总数据，需要按照下面的步骤进行操作。

**步骤 01**　选择整个数据区域。

**步骤 02**　按“Alt+ 分号”组合键，选择可见单元格。

因为这些可见单元格才是要复制的分类汇总数据，所以复制分类汇总数据之前，必须先选择这些可见单元格。

**步骤 03**　按“Ctrl+C”组合键进行复制。

**步骤 04**　指定保存位置，按“Ctrl+V”组合键进行粘贴。

# 第8章 数据分列：让数据各居其位，让数字真正变身

很多学生会咨询下面的问题：

如何把单元格里的数据分成几列？

如何把一列的文本型数字转换为纯数字，让其能够计算？

如何把系统导出的非法日期转换为真正的日期？

如何把错误的负数表达（负号在右边，比如 100-，表示的是 -100），变成正确的负数？

诸如此类的询问，我一般的回答是：使用分列工具！

在第 4 章，我们已经使用过分列工具对数据进行分列，以及转换数字格式。本章我们再全面介绍一下分列工具。

## 8.1 分列数据

分列工具的主要功能是对数据进行分列，也就是把一个单元格的数据分成几列保存。

当需要对单元格数据进行分列时，要注意观察数据的特征，是用“分隔符号”还是“固定宽度”的类型来分列，这个设定需要在文本分列向导的第 1 步来设置，如图 8-1 所示。

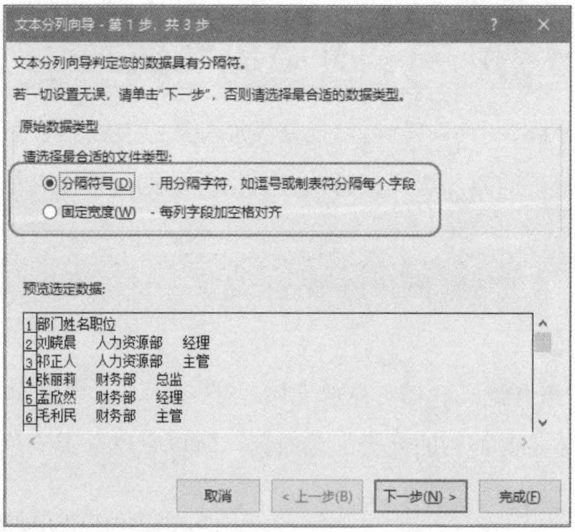

文本分列向导 - 第 1 步，共 3 步
文本分列向导判定您的数据具有分隔符。
若一切设置无误，请单击“下一步”，否则请选择最合适的数据类型。
原始数据类型
请选择最合适的文件类型：
分隔符号(D) - 用分隔字符，如逗号或制表符分隔每个字段
固定宽度(W) - 每列字段加空格对齐
预览选定数据：
1 部门姓名职位
2 刘晓晨 人力资源部 经理
3 祁正人 人力资源部 主管
4 张丽莉 财务部 总监
5 孟欣然 财务部 经理
6 毛利民 财务部 主管
取消
< 上一步(B)
下一步(N) >
完成(F)


图 8-1 分列向导的第 1 步：选择原始文件类型，是分隔符号分隔，还是固定宽度

### 8.1.1 根据固定宽度分列

例如，对于图 8-2，我们需要把邮编和地址分开，保存在两列里。

这个数据分列，需要使用“固定宽度”类型，因为邮编是固定的 6 位数字，因此在分列向导第 1 步选择“固定宽度”后，在第 2 步就需要置分列线，如图 8-3 所示。

如果数据特征非常明显，分列工具会自动给出分列线的位置。

如果没有自动给出分列线，就用鼠标在标尺上单击要分列的位置即可。

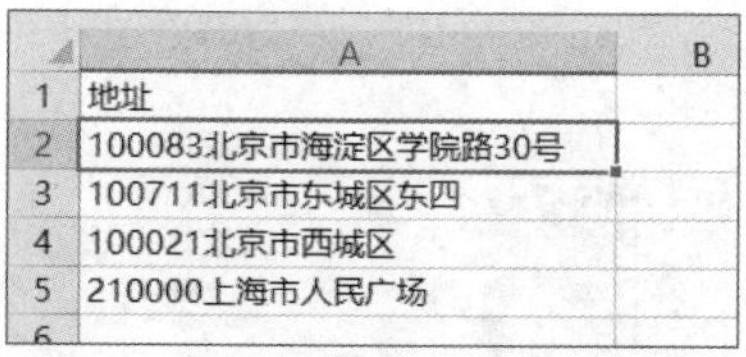
A
B
1 地址
2 100083北京市海淀区学院路30号
3 100711北京市东城区东四
4 100021北京市西城区
5 210000上海市人民广场

图 8-2　邮政编码和地址在一起

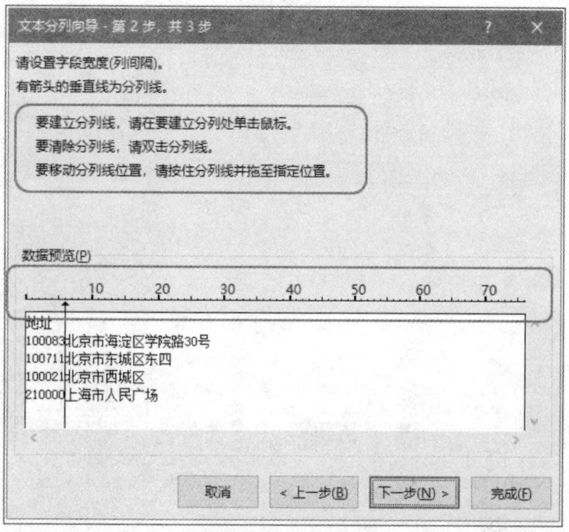
文本分列向导 - 第 2 步，共 3 步
请设置字段宽度(列间隔)。
有箭头的垂直线为分列线。
要建立分列线，请在要建立分列处单击鼠标。
要清除分列线，请双击分列线。
要移动分列线位置，请按住分列线并拖至指定位置。
数据预览(P)
10 20 30 40 50 60 70
地址
100083北京市海淀区学院路30号
100711北京市东城区东四
100021北京市西城区
210000上海市人民广场
取消
< 上一步(B)
下一步(N) >
完成(F)

图 8-3　分列向导第 2 步：设置分列线

## 8.1.2　根据分隔符号分列

如果是符号或者字符（可以是任何一种字符）隔开的，那么就需要在分列向导第 1 步中，选择“分隔符号”类型，这样就会自动根据符号的位置，把数据分开。

图 8-4 就是一个例子，邮政编码和地址之间是空格，空格就可以作为分隔符号来处理。

这样，在分列向导第 1 步中选择“分隔符号”类型，在第 2 步中选择“空格”，就自动把邮政编码和地址分开了，如图 8-5 所示。

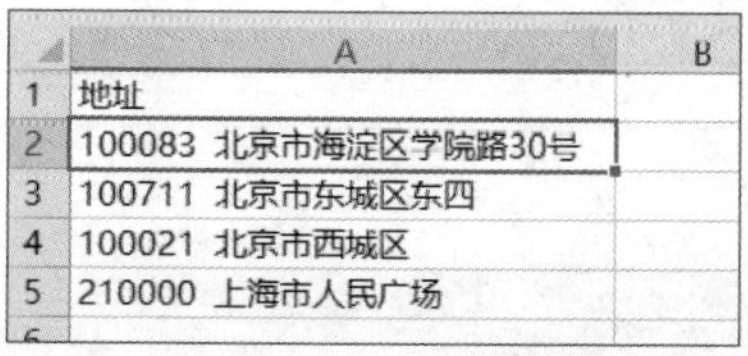
A
B
1 地址
2 100083 北京市海淀区学院路30号
3 100711 北京市东城区东四
4 100021 北京市西城区
5 210000 上海市人民广场

图 8-4　以符号（空格）分隔的文本

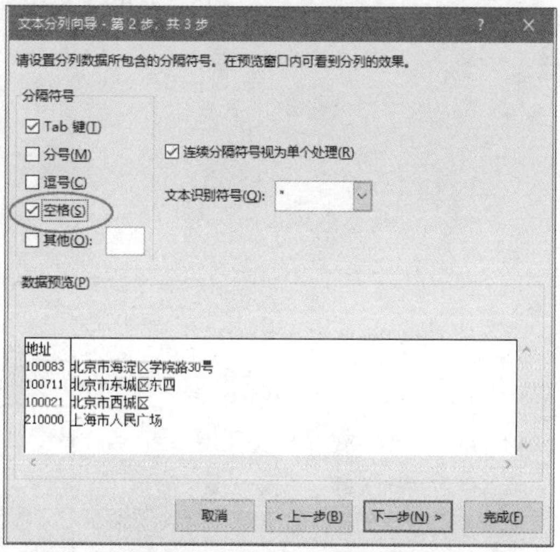
文本分列向导 - 第 2 步，共 3 步
请设置分列数据所包含的分隔符号。在预览窗口内可看到分列的效果。
分隔符号
Tab 键(T)
分号(M)
逗号(C)
空格(S)
其他(O):
连续分隔符号视为单个处理(R)
文本识别符号(Q):
数据预览(P)
地址
100083 北京市海淀区学院路30号
100711 北京市东城区东四
100021 北京市西城区
210000 上海市人民广场
取消
< 上一步(B)
下一步(N) >
完成(F)

图 8-5　分列向导第 2 步：选择分隔符号“空格”

也有一些特殊的情况，要分列的数据之间是特有的符号，比如汉字、字母、括号、等等，此时在分列向导第 2 步中，选择“其他”，然后在“其他”右侧的小文本框里输入该符号即可。

图 8-6 就是这样的一种情况，各列数据之间是使用符号“|”分隔的，此时，在分列向导的第 2 步中需要选择“其他”，并输入“|”，如图 8-7 所示。

不过需要注意的是，如果选择“其他”，则只能在右侧的小文本框里输入一个字符，不能输入两个以上的字符。

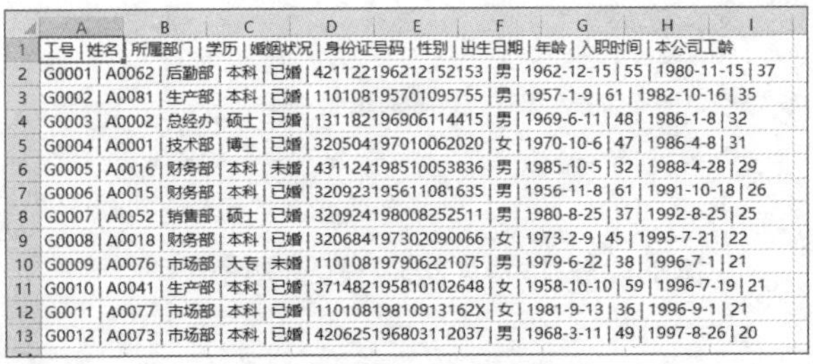
工号 | 姓名 | 所属部门 | 学历 | 婚姻状况 | 身份证号码 | 性别 | 出生日期 | 年龄 | 入职时间 | 本公司工龄
G0001 | A0062 | 后勤部 | 本科 | 已婚 | 421122196212152153 | 男 | 1962-12-15 | 55 | 1980-11-15 | 37
G0002 | A0081 | 生产部 | 本科 | 已婚 | 110108195701095755 | 男 | 1957-1-9 | 61 | 1982-10-16 | 35
G0003 | A0002 | 总经办 | 硕士 | 已婚 | 131182196906114415 | 男 | 1969-6-11 | 48 | 1986-1-8 | 32
G0004 | A0001 | 技术部 | 博士 | 已婚 | 320504197010062020 | 女 | 1970-10-6 | 47 | 1986-4-8 | 31
G0005 | A0016 | 财务部 | 本科 | 未婚 | 431124198510053836 | 男 | 1985-10-5 | 32 | 1988-4-28 | 29
G0006 | A0015 | 财务部 | 本科 | 已婚 | 320923195611081635 | 男 | 1956-11-8 | 61 | 1991-10-18 | 26
G0007 | A0052 | 销售部 | 硕士 | 已婚 | 320924198008252511 | 男 | 1980-8-25 | 37 | 1992-8-25 | 25
G0008 | A0018 | 财务部 | 本科 | 已婚 | 320684197302090066 | 女 | 1973-2-9 | 45 | 1995-7-21 | 22
G0009 | A0076 | 市场部 | 大专 | 未婚 | 110108197906221075 | 男 | 1979-6-22 | 38 | 1996-7-1 | 21
G0010 | A0041 | 生产部 | 本科 | 已婚 | 371482195810102648 | 女 | 1958-10-10 | 59 | 1996-7-19 | 21
G0011 | A0077 | 市场部 | 本科 | 已婚 | 11010819810913162X | 女 | 1981-9-13 | 36 | 1996-9-1 | 21
G0012 | A0073 | 市场部 | 本科 | 已婚 | 420625196803112037 | 男 | 1968-3-11 | 49 | 1997-8-26 | 20

图 8-6　特殊字符分隔的文本

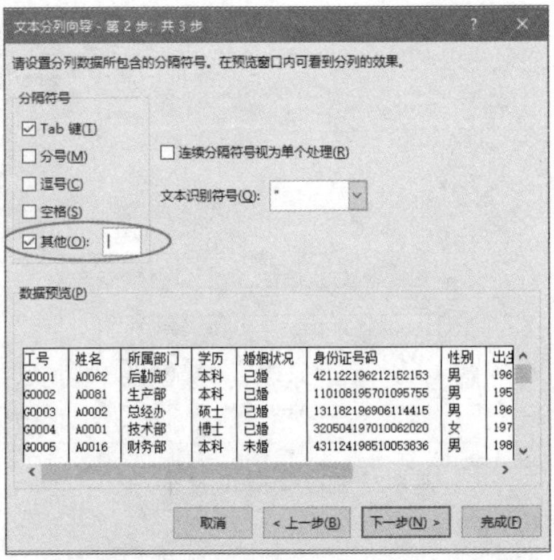
文本分列向导 - 第 2 步，共 3 步
请设置分列数据所包含的分隔符号。在预览窗口内可看到分列的效果。
分隔符号
Tab 键(T)
分号(M)
逗号(C)
空格(S)
其他(O): |
连续分隔符号视为单个处理(R)
文本识别符号(Q): "
数据预览(P)
取消
< 上一步(B)
下一步(N) >
完成(F)

图 8-7　使用其他字符作为分隔符号

分列工具还可以迅速地把一列包含正负数的数据分成两列，正数保存一列，负数保存一列，这样的问题在财务中经常遇到。

例如一列有正有负的发生额，要分成借方和贷方两列，此时使用分列工具最简单，在分列向导第 2 步中选择“其他”，在小文本框里输入减号（-）即可，如图 8-8 ～图 8-10 所示。

| | A | B | C |
|---|---|---|---|
| 1 | 日期 | 摘要 | 发生额 |
| 2 | 2018-5-5 | J0011229140060U | 39,149.68 |
| 3 | 2018-5-5 | A011918730RISC6K | 50,000.00 |
| 4 | 2018-5-6 | A011909323RISC6K | -350,556.18 |
| 5 | 2018-5-6 | A011909299RISC6K | -245,669.20 |
| 6 | 2018-5-6 | A011909307RISC6K | 120,851.42 |
| 7 | 2018-5-6 | A011909302RISC6K | -101,541.05 |
| 8 | 2018-5-6 | A011909279RISC6K | -36,494.32 |
| 9 | 2018-5-6 | A011909287RISC6K | 14,084.60 |
| 10 | 2018-5-6 | A011909285RISC6K | 13,751.90 |
| 11 | 2018-5-6 | A011909295RISC6K | -11,372.43 |

图 8-8　不区分借方贷方的发生额

| | A | B | C | D |
|---|---|---|---|---|
| 1 | 日期 | 摘要 | 借方发生额 | 贷方发生额 |
| 2 | 2018-5-5 | J0011229140060U | 39,149.68 | |
| 3 | 2018-5-5 | A011918730RISC6K | 50,000.00 | |
| 4 | 2018-5-6 | A011909323RISC6K | | 350556.18 |
| 5 | 2018-5-6 | A011909299RISC6K | | 245669.2 |
| 6 | 2018-5-6 | A011909307RISC6K | 120,851.42 | |
| 7 | 2018-5-6 | A011909302RISC6K | | 101541.05 |
| 8 | 2018-5-6 | A011909279RISC6K | | 36494.32 |
| 9 | 2018-5-6 | A011909287RISC6K | 14,084.60 | |
| 10 | 2018-5-6 | A011909285RISC6K | 13,751.90 | |
| 11 | 2018-5-6 | A011909295RISC6K | | 11372.43 |

图 8-9　正数负数分成了两列

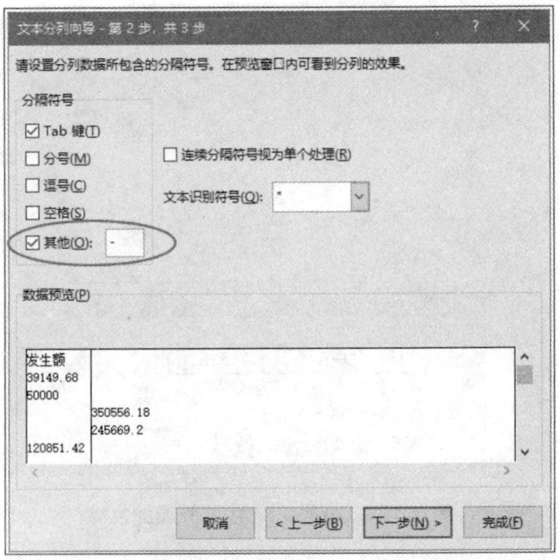
文本分列向导 - 第 2 步，共 3 步
请设置分列数据所包含的分隔符号。在预览窗口内可看到分列的效果。
分隔符号
Tab 键(T)
分号(M)
逗号(C)
空格(S)
其他(O): -
连续分隔符号视为单个处理(R)
文本识别符号(Q): "
数据预览(P)
发生额
39149.68
50000
350556.18
245669.2
120851.42
取消
< 上一步(B)
下一步(N) >
完成(F)

图 8-10　分列向导第 2 步，选择“其他”，在小文本框里输入减号（-）

### 8.1.3　数据分列时要特别注意的问题

如果数据中有日期数据，或者有编码类的文本型数字，那么在分列向导的第 3 步，要特别注意对该列数据选择合适的数据类型了，但很多人容易忽略此步。

第 3 步中，是给某列的数据分配格式。如果遇到了非法日期，就在此步里选择“日期”；如果原本是文本型数字，就需要选择“文本”。

例如，下面的分列中就需要在第 3 步中，从对话框底部的数据表中分别选择“日期”和“起息日”，然后选择数据类型为“日期”，并指定匹配的日期组合格式，如图 8-11 所示。

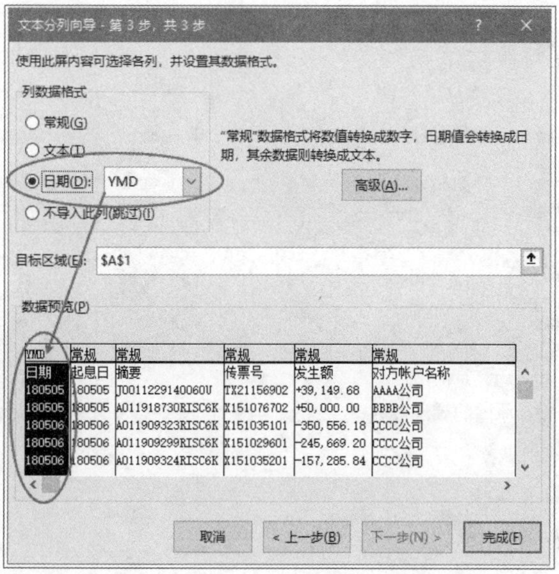

文本分列向导 - 第 3 步，共 3 步
使用此屏内容可选择各列，并设置其数据格式。
列数据格式
常规(G)
文本(T)
日期(D): YMD
不导入此列(跳过)(I)
“常规”数据格式将数值转换成数字，日期值会转换成日期，其余数据则转换成文本。
高级(A)...
目标区域(E): $A$1
数据预览(P)
YMD 常规 常规 常规 常规 常规
日期 起息日 摘要 传票号 发生额 对方帐户名称
180505 180505 J0011229140060U TX21156902 +39,149.68 AAAA公司
180505 180505 A011918730RISC6K X151076702 +50,000.00 BBBB公司
180506 180506 A011909323RISC6K X151035101 -350,556.18 CCCC公司
180506 180506 A011909299RISC6K X151029601 -245,669.20 CCCC公司
180506 180506 A011909324RISC6K X151035201 -157,285.84 CCCC公司
取消
< 上一步(B)
下一步(N) >
完成(F)


图 8-11　分列向导第 3 步，对日期或编码数类指定数据类型

## 8.2　转换数据

分列工具的另一个用途是修改列数据格式，比如修改非法日期，把文本型数字转换为纯数字，把纯数字转换为文本型数字，就是从根本上把数据转换为另一种数据，这些应用，我们在第 4 章已经做了详细的介绍。这里再总结一下。

### 8.2.1　将文本型数字转换为纯数字

如果表单中有一列或数列的数据是文本型数字，要将其转换为纯数字，以便能够进行计算，可以先选择这列，打开文本分列向导对话框，在第 1 步中，直接单击“完成”按钮即可。说实话，没你想的那么复杂。

### 8.2.2　将纯数字转换为文本型数字

如果是编码类数字，记得一定要将其处理为文本型数字。但是，如果已经输入了数字，要将其变为文本型数字，怎么做？设置单元格格式是行不通的，这个我在前面已经重点强调过了。要将纯

数字转换为文本型数字，要么使用 TEXT 函数，要么使用分列工具，后者是在分类向导第 3 步的对话框中，选择要转换的数据列，再选择“文本”即可。

## 8.2.3 奇怪问题的解答

下面是一个学生问我的问题，导出的数据很奇怪，负数的符号在右侧，如何快速转换过来？要知道这样的数据有很多，不想一个一个地去折腾。

数据原形如图 8-12 所示，这个问题，用分列就可以了，选择该列，打开分列向导对话框，在第 1 步里直接点击完成即可，如图 8-13 所示。

| | A | B |
|---|---|---|
| 1 | 客户 | 金额 |
| 2 | 客户1 | 324,329.43 |
| 3 | 客户2 | 27,473.28 |
| 4 | 客户3 | 103,000.00 |
| 5 | 客户4 | 1,738- |
| 6 | 客户5 | 1,005,834.24 |
| 7 | 客户6 | 37,768.32 |
| 8 | 客户7 | 3,394.36- |
| 9 | 客户8 | 8,000.00- |
| 10 | 客户9 | 32.38 |
| 11 | 客户10 | 4,350.11 |
| 12 | 客户11 | 10,404.19- |
| 13 | 客户12 | 2,385.20- |
| 14 | | |

图 8-12　原始的错误负数

| | A | B |
|---|---|---|
| 1 | 客户 | 金额 |
| 2 | 客户1 | 324,329.43 |
| 3 | 客户2 | 27,473.28 |
| 4 | 客户3 | 103,000.00 |
| 5 | 客户4 | -1,738.00 |
| 6 | 客户5 | 1,005,834.24 |
| 7 | 客户6 | 37,768.32 |
| 8 | 客户7 | -3,394.36 |
| 9 | 客户8 | -8,000.00 |
| 10 | 客户9 | 32.38 |
| 11 | 客户10 | 4,350.11 |
| 12 | 客户11 | -10,404.19 |
| 13 | 客户12 | -2,385.20 |
| 14 | | |

图 8-13　分列转换后的负数

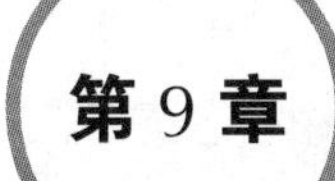

# 第 9 章　数据验证：控制规范数据输入

所谓数据验证，就是对单元格设置的一个规则，只有满足这个规则的数据才是合法的，才能输入单元格，否则是不允许输入单元格中的。

数据验证是一个非常有用的、并且效率极高的数据输入方法。利用数据验证，我们可以限制只能输入某种类型的数据，只能输入规定格式的数据，只能输入满足条件的数据，不能输入重复数据等，还可以控制在工作表上输入数据的过程（例如不能空行输入，不能在几个单元格都输入数据，在几个单元格中只能输入某个单元格等）。当输入数据出现错误时，还可以提醒用户为什么出现了错误，应该如何去纠正。

灵活使用据验证，并结合一些函数，可以设置非常复杂的限制输入数据条件，从而使数据的输入工作既快又准，工作效率也会大大提高。

## 9.1　数据验证的基本用法

### 9.1.1　数据验证命令

单击“数据”→“数据验证”命令按钮，打开“数据验证”对话框，然后可以根据实际要求来设置各种数据验证，如图 9-1、图 9-2 所示。

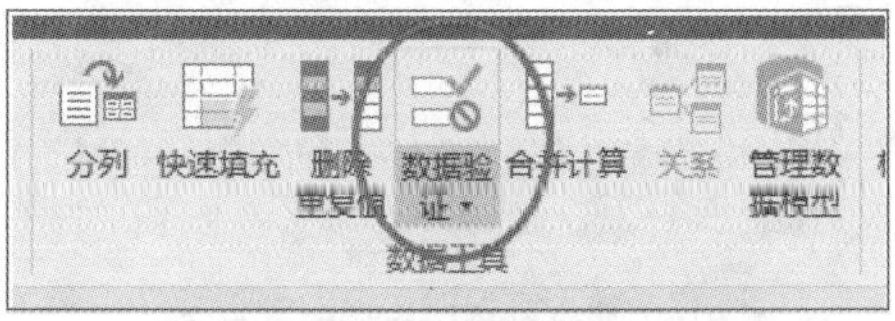
分列
快速填充
删除重复值
数据验证
合并计算
关系
管理数据模型
数据工具

图 9-1　数据验证命令按钮

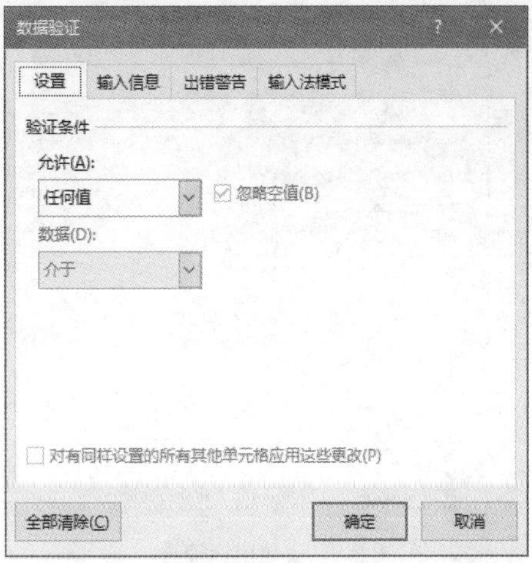
数据验证
设置
输入信息
出错警告
输入法模式
验证条件
允许(A):
任何值
忽略空值(B)
数据(D):
介于
对有同样设置的所有其他单元格应用这些更改(P)
全部清除(C)
确定
取消

图 9-2　“数据验证”对话框

### 9.1.2　数据验证对话框的四个选项卡用法

数据验证对话框有四个选项卡：“设置”、“输入信息”、“出错警告”和“输入法模式”。

（1）“设置”选项卡

是数据验证的核心，用于设置各种验证条件。单击“允许”下拉箭头，就会出现各种规则，如图 9-3 所示。

（2）“输入信息”选项卡

用于对设置有数据验证的单元格设置提示信息，当单击该单元格时，就出现一个信息提示框，如图 9-4 所示。

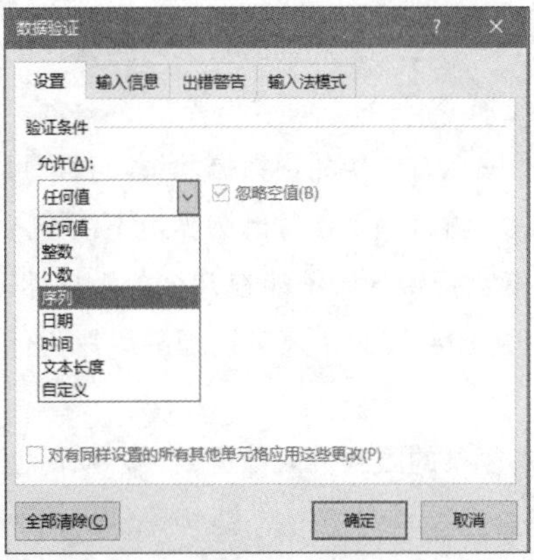
数据验证
设置
输入信息
出错警告
输入法模式
验证条件
允许(A):
任何值
忽略空值(B)
任何值
整数
小数
序列
日期
时间
文本长度
自定义
对有同样设置的所有其他单元格应用这些更改(P)
全部清除(C)
确定
取消

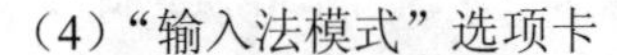

图 9-3 “设置”选项卡：选择设置验证条件

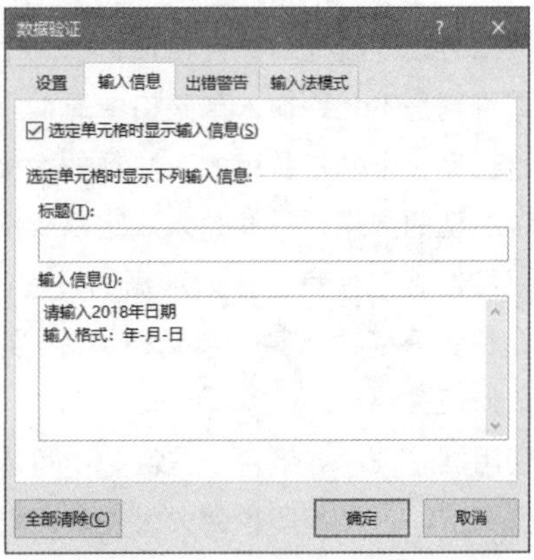
数据验证
设置
输入信息
出错警告
输入法模式
选定单元格时显示输入信息(S)
选定单元格时显示下列输入信息:
标题(T):
输入信息(I):
请输入2018年日期
输入格式：年-月-日
全部清除(C)
确定
取消

图 9-4 设置输入信息

（3）“出错警告”选项卡

用于设置出错信息提示，也就是当在单元格输入错误数据时，弹出一个警告框，告诉出错的原因等，如图 9-5 ～图 9-7 所示。

（4）“输入法模式”选项卡

用于是否开启或者关闭输入法，此设置用途不大。

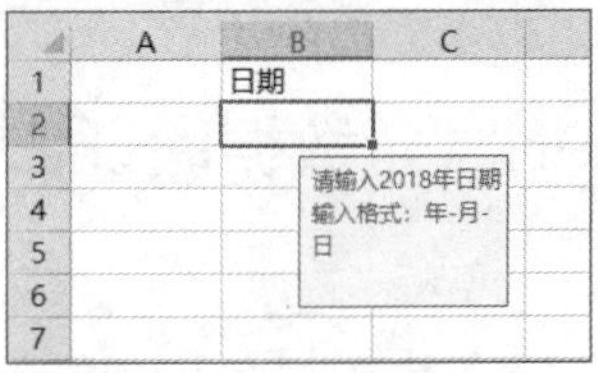
A
B
C
日期
请输入2018年日期
输入格式：年-月-日

图 9-5 单元格出现提示信息

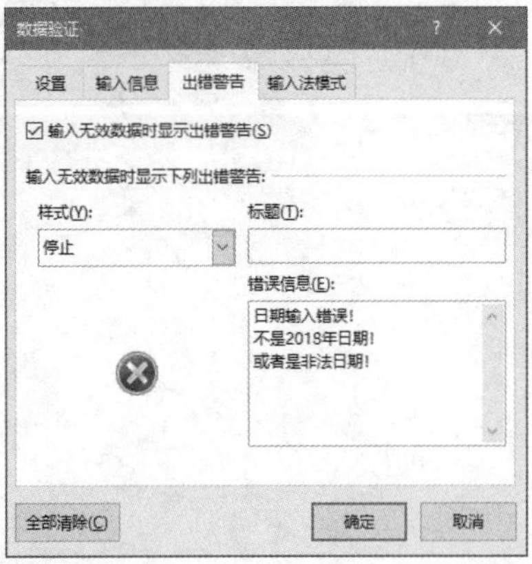
数据验证
设置
输入信息
出错警告
输入法模式
输入无效数据时显示出错警告(S)
输入无效数据时显示下列出错警告:
样式(Y):
停止
标题(T):
错误信息(E):
日期输入错误！
不是2018年日期！
或者是非法日期！
全部清除(C)
确定
取消

图 9-6 设置出错警告

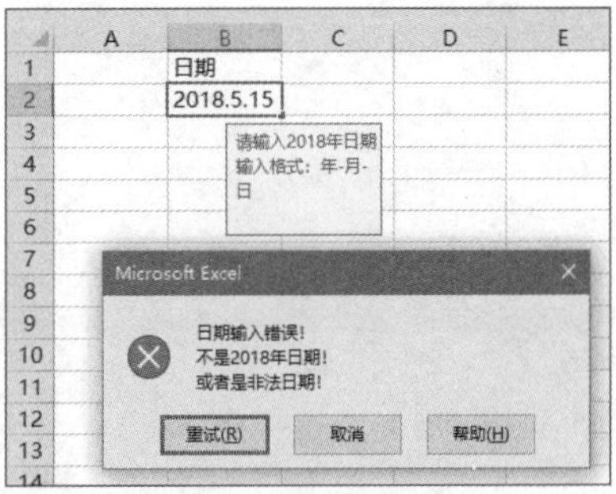
A
B
C
D
E
日期
2018.5.15
请输入2018年日期
输入格式：年-月-日
Microsoft Excel
日期输入错误！
不是2018年日期！
或者是非法日期！
重试(R)
取消
帮助(H)

图 9-7 输入错误时出现的警告框

## 9.2 限制输入规定格式的数字

数字有正数和小数之分，因此在数据验证中，可以分别设置正数和小数的验证规则，以便能够在单元格输入满足条件的数字。

## 9.2.1　只能输入整数

从验证条件中选择“整数”，展开关于整数的条件，这些条件有：介于、未介于、等于、不等于、大于、小于、大于或等于、小于或等 6 种情况。

例如，要在单元格限制只能输入正整数（比如销售商品的件数、套数等），就可以选择“大于或等于”的条件，然后在“最小值”中输入 0。然后设置输入信息和出错警告，如图 9-8 所示。

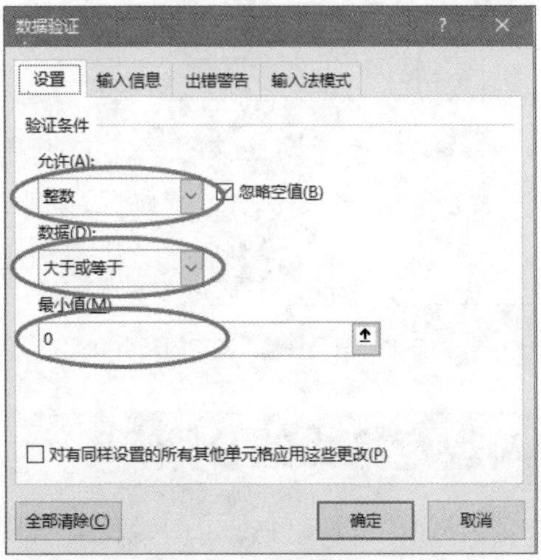
数据验证
设置
输入信息
出错警告
输入法模式
验证条件
允许(A):
整数
忽略空值(B)
数据(D):
大于或等于
最小值(M)
0
对有同样设置的所有其他单元格应用这些更改(P)
全部清除(C)
确定
取消

图 9-8　选择“大于或等于”，并输入 0

这时，只要单击设置有数据验证的单元格，就出现提示文字“请输入正整数”，如果输入错误，就会弹出警告框，如图 9-9、图 9-10 所示。

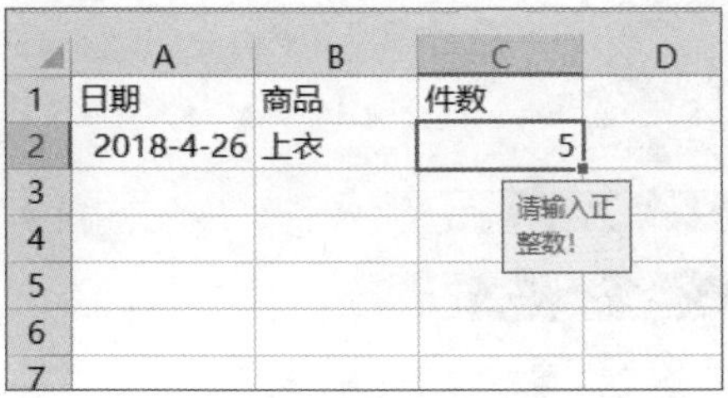
日期
商品
件数
2018-4-26
上衣
5
请输入正整数!

图 9-9　输入提示信息，马上知道要输入什么样的数据

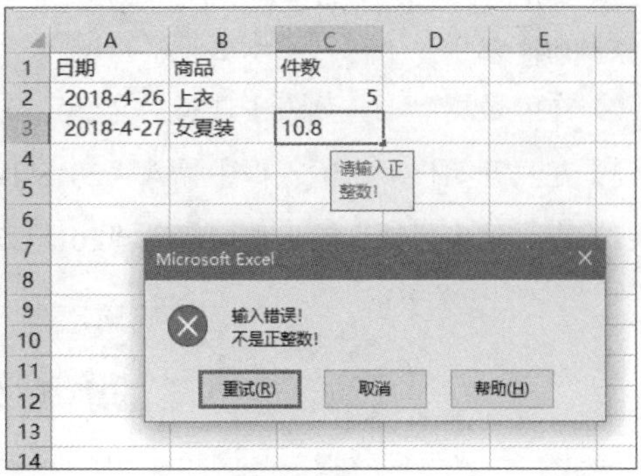
日期
商品
件数
2018-4-26
上衣
5
2018-4-27
女夏装
10.8
请输入正整数!
Microsoft Excel
输入错误!
不是正整数!
重试(R)
取消
帮助(H)

图 9-10　输入的数据不满足条件，弹出警告框

## 9.2.2　只能输入小数

例如，假设公司规定各个部门每天的日常费用开支不能超过 1000 元，可以是小数，但不能为负数，那么就可以进行图 9-11 所示的数据验证设置：

（1）在“允许”下拉列表中选择“小数”。

（2）在“数据”下拉列表中选择“介于”。

（3）在“最小值”输入框中输入 0。

（4）在“最大值”输入框中输入 1000。

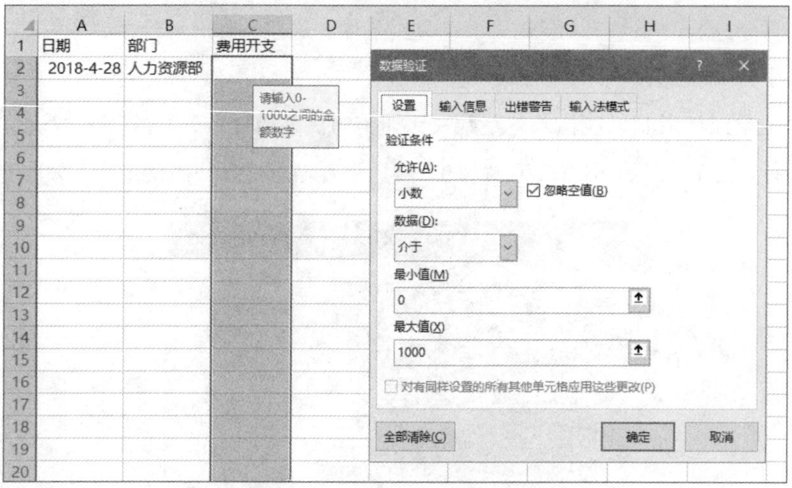

图 9-11　只允许输入规定的正小数

# 9.3 限制输入规定格式的日期

日期是最容易出错的数据，因此在表单设计中，对于日期字段，最好设置数据验证，从一开始就输入正确的日期，把错误消灭在萌芽之中。

## 9.3.1 只允许输入固定期间的日期

假若某个表单中只允许输入 2018 年的日期，那么可以进行如图 9-12 所示的验证设置：

（1）在“允许”下拉列表中选择“日期”。

（2）在“数据”下拉列表中选择“介于”。

（3）在“开始日期”输入框中输入“2018-1-1”。

（4）在“结束日期”输入框中输入“2018-12-31”。

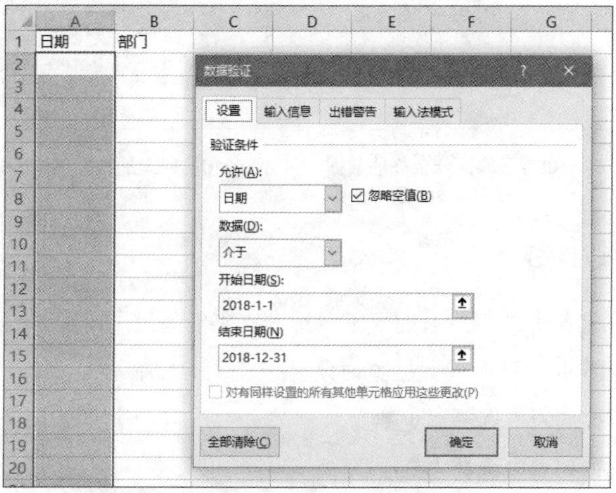

图 9-12　只允许输入 2018 年的日期

## 9.3.2　只允许输入当天的日期

假若某个表单只允许输入当天的日期，那么可以进行如图 9-13 所示的验证设置：

（1）在“允许”下拉列表中选择“日期”。

（2）在“数据”下拉列表中选择“等于”。

（3）在“日期”输入框中输入公式“=TODAY()”。

为什么必须输入“=TODAY()”，而不能直接输入“TODAY”呢？因为 TODAY 是函数，在单独使用函数时，必须以公式的形式输入，也就是说，必须先输等号（=）。

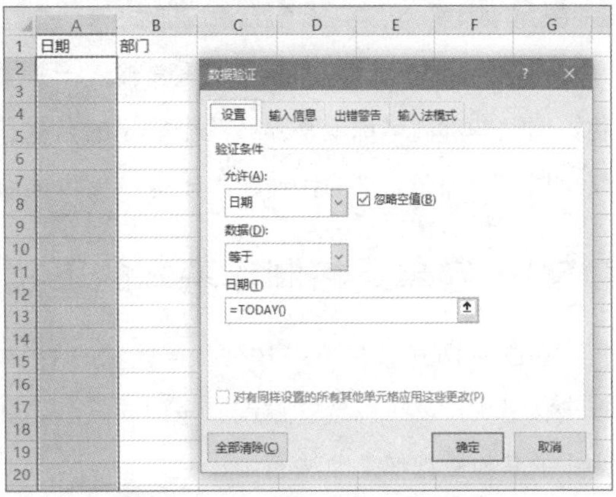
日期
部门
数据验证
设置
输入信息
出错警告
输入法模式
验证条件
允许(A):
日期
忽略空值(B)
数据(D):
等于
日期(T)
=TODAY()
对有同样设置的所有其他单元格应用这些更改(P)
全部清除(C)
确定
取消

图 9-13　只允许输入当天的日期

## 9.3.3　只允许输入当天及以前的日期

假若某个表单只允许输入当天及以前的日期，那么可以进行如图 9-14 所示的验证设置：

（1）在“允许”下拉列表中选择“日期”。

（2）在“数据”下拉列表中选择“小于或等于”。

（3）在“结束日期”输入框中输入公式“=TODAY()”。

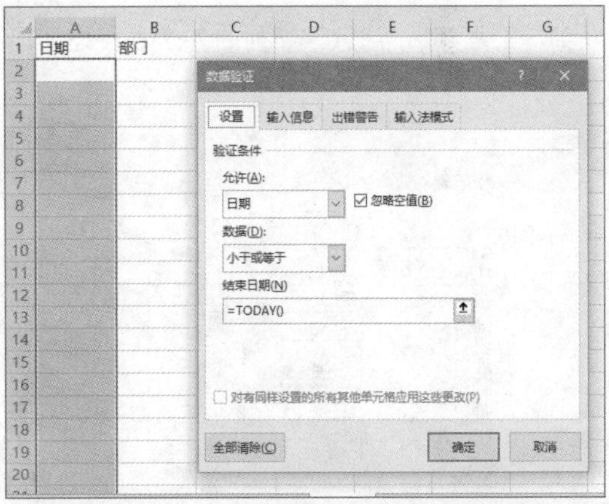
日期
部门
数据验证
设置
输入信息
出错警告
输入法模式
验证条件
允许(A):
日期
忽略空值(B)
数据(D):
小于或等于
结束日期(N)
=TODAY()
对有同样设置的所有其他单元格应用这些更改(P)
全部清除(C)
确定
取消

图 9-14　只允许输入当天（含）以前的日期

# 9.4　限制输入规定格式的文本

文本的输入，也是需要从一开始进行规范的。例如，只能输入 6 位数的邮政编码，只能输入 18 位的身份证号码，不允许输入的汉字中存在空格，等等。此时，也需要设置数据验证。

我们也可以对输入的文本进行控制，比如只能输入规定长度（或长度区间）的文本。例如，在 A 列里只能输入 6 位数的员工工号，那么可以进行如图 9-15 所示的验证设置：

（1）在“允许”下拉列表中选择“文本长度”。

（2）在“数据”下拉列表中选择“等于”。

（3）在“长度”输入框中输入数字 4。

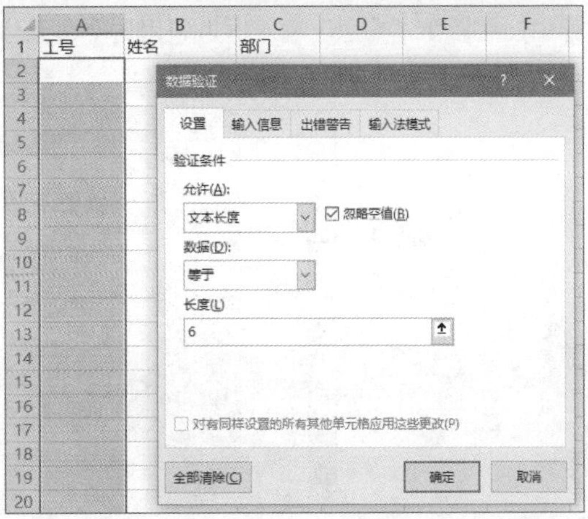
工号
姓名
部门
数据验证
设置
输入信息
出错警告
输入法模式
验证条件
允许(A):
文本长度
忽略空值(B)
数据(D):
等于
长度(L)
6
对有同样设置的所有其他单元格应用这些更改(P)
全部清除(C)
确定
取消

图 9-15　限制输入文本的长度

# 9.5 在单元格制作下拉菜单

在很多情况下，我们经常要重复输入一些固定数据，例如，要在员工信息表的某列输入部门名称，而这些部门名称就是那么几个固定的名称。此时，利用数据验证，在单元格制作下拉菜单，不仅可以实现部门名称的快速输入，也可以防止输入错误的、不规范的部门名称。

## 9.5.1 在单元格制作基本的下拉菜单

在图 9-16 中，当单击 B 列数据区域的某个单元格时，就在该单元格的右侧出现一个下拉箭头，单击该箭头，就可以选择输入该序列的某个项目，或者人工输入序列中已存在的项目，输入不在序列中的其他数据都是非法的。

这种数据验证是序列类型，也就是在单元格事做下拉菜单，主要步骤如下：

（1）在“允许”下拉列表中选择“序列”。

（2）在“来源”输入框中输入部门名称序列，如“办公室，人力资源部，财务部，销售部，开发部，工程部”，注意该序列的各个项目之间用英文逗号隔开，如图 9-17 所示。

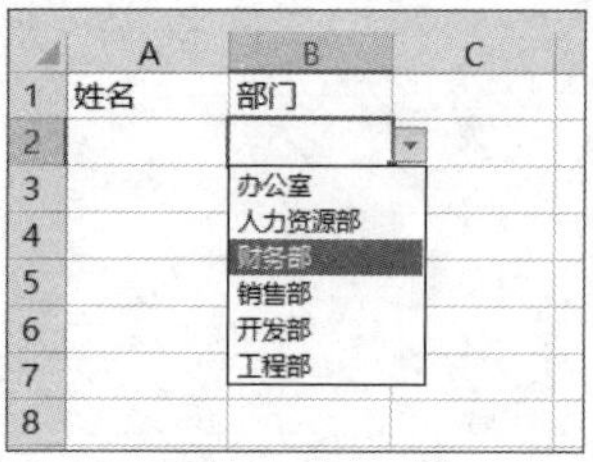

图 9-16 从单元格下拉列表中选择输入数据

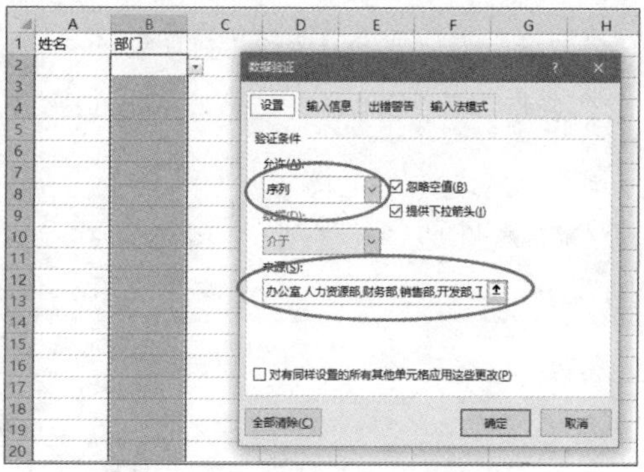

图 9-17 只能输入指定的序列数据

在很多情况下，要输入的序列项目很多，或者每个项目都是很长的字符串，那么在“来源”输入框里输入这些序列名称是不方便的，一个好方法就是把这些序列数据保存在工作表的某列或者某行中，然后在“来源”输入框里引用这个单元格区域，如图 9-18 所示。

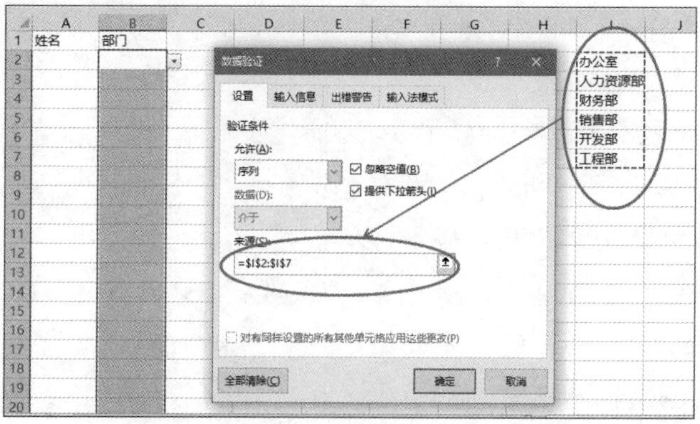

图 9-18 将保存在工作表的某列（或某行）数据作为数据序列的来源

这种做法也有一个问题，对于基础表单来说，诸如部门名称、产品名称、客户名称、项目名称等这样的基本资料数据，最好不要保存在当前源数据工作表中，而应该是保存另外一个专门保存基本资料数据的工作表中，这样日常不断输入数据、维护数据的表单工作表与基本资料工作表分开。此时，数据验证的设置方法与上面介绍的是一样的，直接引用基本资料工作表的数据即可，如图 9-19 所示。

图 9-19　将保存在另外一个工作表的数据作为数据序列的来源

## 9.5.2　在单元格制作二级下拉菜单

在设计诸如员工信息管理表格时，我们还会经常碰到这样的问题，要输入各个部门名称及其下属的员工姓名，如果将所有部门员工姓名放在一个列表中，并利用此列表数据设置数据验证，那么很难判断某个员工是属于哪个部门的，容易造成张冠李戴的错误，如图 9-20 所示。

| | A | B | C | D | E | F | G | H |
|---|---|---|---|---|---|---|---|---|
| 1 | 部门 | 姓名 | | | | | | AAA1 |
| 2 | 财务部 | | | | | | | AAA2 |
| 3 | | AAA1 | | | | | | AAA3 |
| 4 | | AAA2 | | | | | | AAA4 |
| 5 | | AAA3 | | | | | | BBB1 |
| 6 | | AAA4 | | | | | | BBB2 |
| 7 | | BBB1 | | | | | | BBB3 |
| 8 | | BBB2 | | | | | | BBB4 |
| 9 | | BBB3 | | | | | | BBB5 |
| 10 | | BBB4 | | | | | | BBB6 |
| 11 | | | | | | | | CCC1 |
| 12 | | | | | | | | CCC2 |
| 13 | | | | | | | | CCC3 |

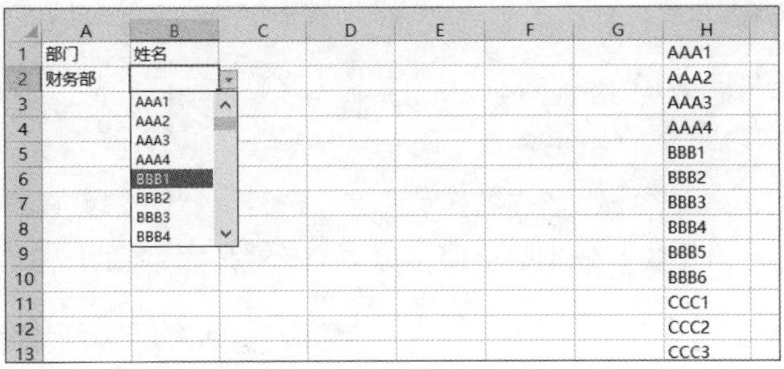

图 9-20　无法确定某个职工是哪个部门的

我们能不能在 A 列输入部门名称后，在 B 列只能选择输入该部门下的员工姓名，别的部门员工姓名不会出现在序列列表中呢？

使用多种限制的数据验证来制作二级下拉菜单，就可以解决这样的问题。下面介绍制作二级下拉菜单的具体方法和步骤。

**案例 9–1**

**步骤 01**　首先设计部门名称及其下属员工姓名列表，如图 9-21 所示。其中，第一行是部门名称，每个部门名称下面保存该部门的员工姓名。

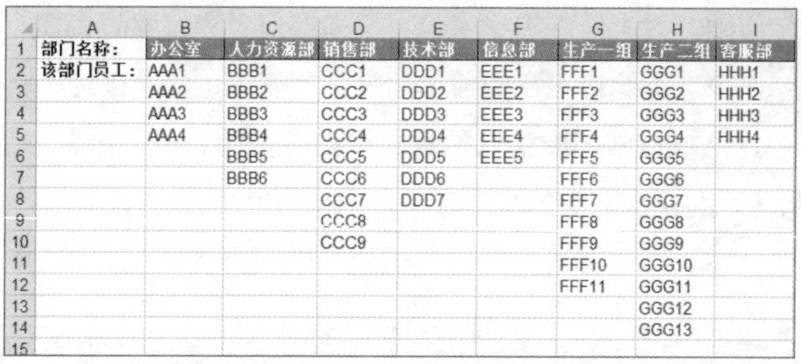

| | A | B | C | D | E | F | G | H | I |
|---|---|---|---|---|---|---|---|---|---|
| 1 | 部门名称： | 办公室 | 人力资源部 | 销售部 | 技术部 | 信息部 | 生产一组 | 生产二组 | 客服部 |
| 2 | 该部门员工： | AAA1 | BBB1 | CCC1 | DDD1 | EEE1 | FFF1 | GGG1 | HHH1 |
| 3 | | AAA2 | BBB2 | CCC2 | DDD2 | EEE2 | FFF2 | GGG2 | HHH2 |
| 4 | | AAA3 | BBB3 | CCC3 | DDD3 | EEE3 | FFF3 | GGG3 | HHH3 |
| 5 | | AAA4 | BBB4 | CCC4 | DDD4 | EEE4 | FFF4 | GGG4 | HHH4 |
| 6 | | | BBB5 | CCC5 | DDD5 | EEE5 | FFF5 | GGG5 | |
| 7 | | | BBB6 | CCC6 | DDD6 | | FFF6 | GGG6 | |
| 8 | | | | CCC7 | DDD7 | | FFF7 | GGG7 | |
| 9 | | | | CCC8 | | | FFF8 | GGG8 | |
| 10 | | | | CCC9 | | | FFF9 | GGG9 | |
| 11 | | | | | | | FFF10 | GGG10 | |
| 12 | | | | | | | FFF11 | GGG11 | |
| 13 | | | | | | | | GGG12 | |
| 14 | | | | | | | | GGG13 | |
| 15 | | | | | | | | | |

图 9-21　设计部门名称及其下属员工姓名列表

**步骤 02** 选择 B 列至 I 列含第一行部门名称及该部门下员工姓名在内的区域，单击“公式”→“定义的名称”→“根据所选内容创建”命令，如图 9-22 所示。

**步骤 03** 打开“根据所选内容创建名称”对话框，选择“首行”，单击“确定”按钮，将 B 列至 I 列的第 2 行开始往下的各列员工姓名区域分别定义名称，如图 9-23 所示。

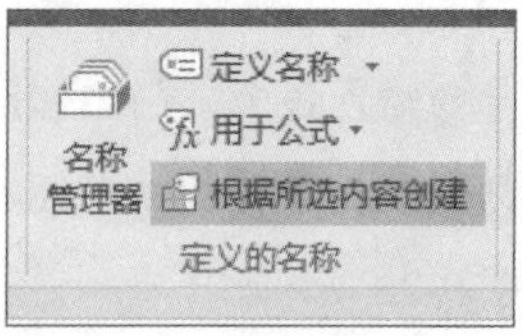
定义名称
用于公式
名称管理器
根据所选内容创建
定义的名称

图 9-22　批量创建名称命令

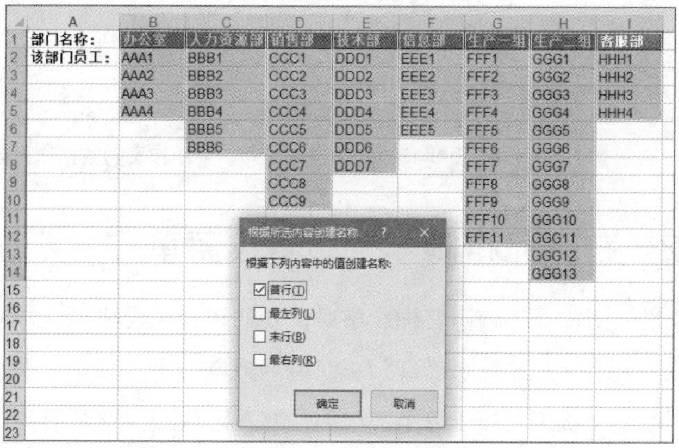
根据所选内容创建名称
根据下列内容中的值创建名称：
首行(T)
最左列(L)
末行(B)
最右列(R)
确定
取消

图 9-23　先选取区域，再批量定义名称

**步骤 04** 再选择单元格区域 B1:I1，单击名称框，输入名称“部门名称”，然后按 Enter 键，将这个区域定义名称“部门名称”，如图 9-24 所示。

单击“公式”→“定义的名称”→“名称管理器”命令，打开“名称管理器”对话框，可以看到我们定义了很多名称，其中各个部门员工姓名区域的名称就是第 1 行的部门名称，如图 9-25 所示。

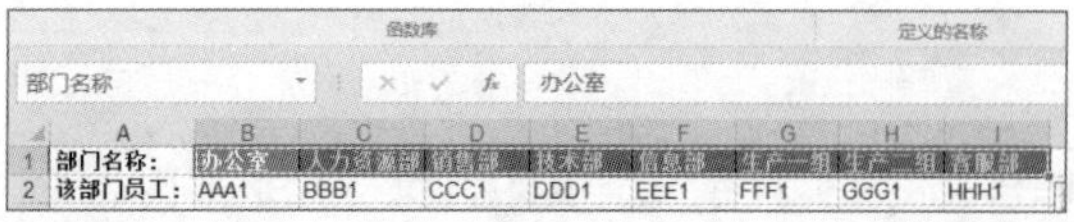
部门名称
办公室
部门名称：
该部门员工：

图 9-24　把第一行各个部门名称区域定义名称“部门名称”

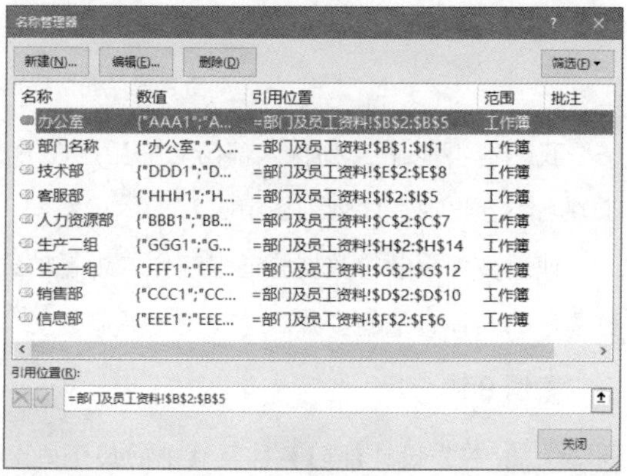
名称管理器
新建(N)...
编辑(E)...
删除(D)
筛选(F)
名称
数值
引用位置
范围
批注
办公室 {"AAA1";"A... =部门及员工资料!$B$2:$B$5 工作簿
部门名称 {"办公室","A... =部门及员工资料!$B$1:$I$1 工作簿
技术部 {"DDD1";"D... =部门及员工资料!$E$2:$E$8 工作簿
客服部 {"HHH1";"H... =部门及员工资料!$I$2:$I$5 工作簿
人力资源部 {"BBB1";"BB... =部门及员工资料!$C$2:$C$7 工作簿
生产二组 {"GGG1";"G... =部门及员工资料!$H$2:$H$14 工作簿
生产一组 {"FFF1";"FFF... =部门及员工资料!$G$2:$G$12 工作簿
销售部 {"CCC1";"CC... =部门及员工资料!$D$2:$D$10 工作簿
信息部 {"EEE1";"EEE... =部门及员工资料!$F$2:$F$6 工作簿
引用位置(R):
=部门及员工资料!$B$2:$B$5
关闭

图 9-25　定义的名称

**步骤 05** 选取单元格区域 A2:A100，打开“数据验证”，做如下设置：

- 在“允许”下拉列表中选择“序列”，
- 在“来源”栏中输入公式“= 部门名称”，如图 9-26 所示。

**步骤 06** 选取单元格区域 B2:B100，打开“数据验证”对话框，做如下设置：

- 在“允许”下拉列表中选择“序列”，
- 在“来源”栏中输入公式“=INDIRECT(A2)”，如图 9-27 所示。

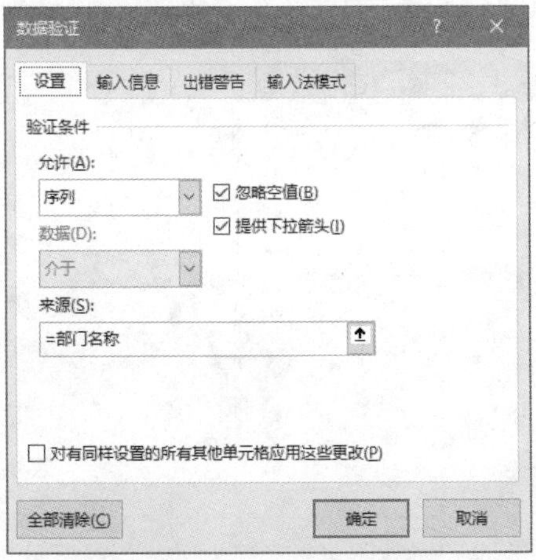
数据验证
设置
输入信息
出错警告
输入法模式
验证条件
允许(A):
序列
忽略空值(B)
提供下拉箭头(I)
数据(D):
介于
来源(S):
=部门名称
对有同样设置的所有其他单元格应用这些更改(P)
全部清除(C)
确定
取消

图 9-26　为 A 列设置部门名称序列

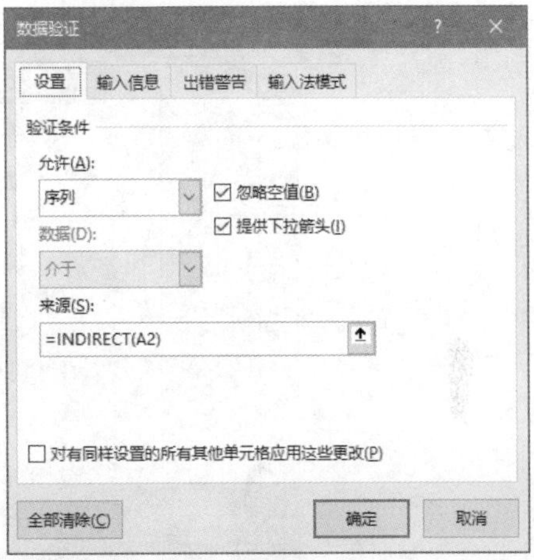
数据验证
设置
输入信息
出错警告
输入法模式
验证条件
允许(A):
序列
忽略空值(B)
提供下拉箭头(I)
数据(D):
介于
来源(S):
=INDIRECT(A2)
对有同样设置的所有其他单元格应用这些更改(P)
全部清除(C)
确定
取消

图 9-27　为 B 列设置某部门下员工姓名序列

这样，在 A 列的某个单元格选择输入部门名称，那么就在 B 列的该行单元格内只能选择输入该部门所属的员工姓名，如图 9-28、图 9-29 所示。

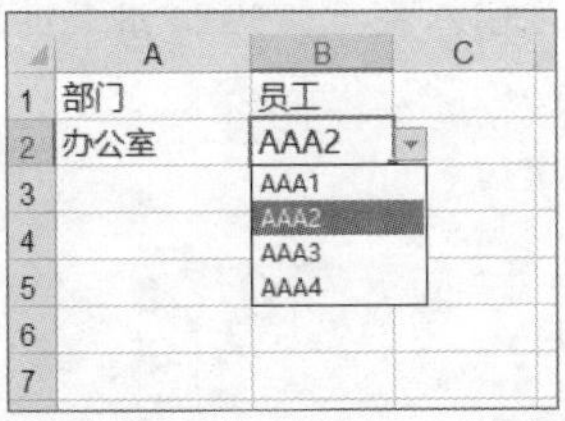
A
B
C
部门
员工
办公室
AAA2
AAA1
AAA2
AAA3
AAA4

图 9-28　选择输入“办公室”的员工姓名

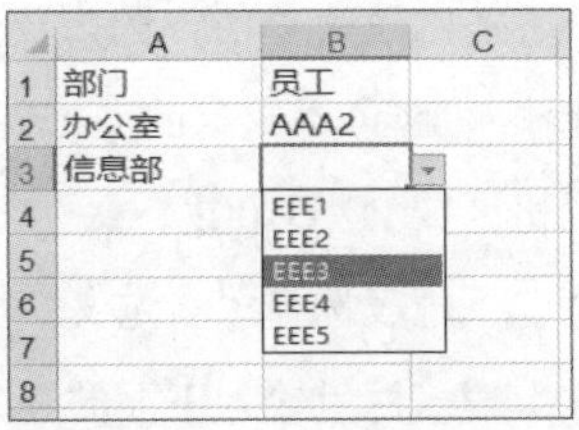
A
B
C
部门
员工
办公室
AAA2
信息部
EEE1
EEE2
EEE3
EEE4
EEE5

图 9-29　选择输入“信息部”的员工姓名

## 9.6　自定义条件下的数据验证

很多情况下的数据验证，是需要我们自己来制定条件，此时就需要使用自定义条件下的数据验证了。例如，不能输入重复数据，那么请问：何为不重复？怎么才知道不重复？这个需要使用函数来统计，并进行逻辑判断了。

在数据验证对话框中，选择“自定义”，就会出现“公式”输入框，然后根据实际需要，输入规则公式，即可完成数据验证设置。

自定义规则公式的计算结果必须是逻辑值（TRUE 或 FALSE），因此公式中要使用条件表达式，或者使用信息函数，或者使用逻辑函数，并建立公式进行计算。

下面我们介绍几个实际工作中要使用自定义数据验证的例子。

## 9.6.1 控制不能输入重复数据

例如，在表单 A 列从第 2 行开始，不能输入重复数据，就可以设置如下的数据验证：

- 选择单元格区域 A2:A100；
- 在“条件”下拉列表中选择“自定义”；
- 在“公式”输入框里输入下面的公式：

=COUNTIF($A$2:A2,A2)=1，如图 9-30 所示。

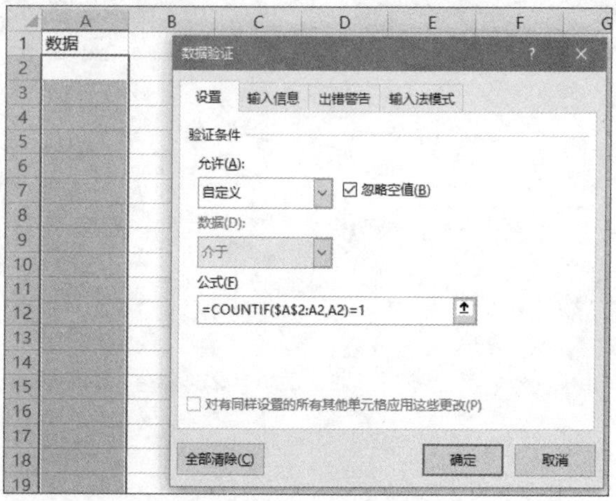
数据
数据验证
设置
输入信息
出错警告
输入法模式
验证条件
允许(A):
自定义
忽略空值(B)
数据(D):
介于
公式(F)
=COUNTIF($A$2:A2,A2)=1
对有同样设置的所有其他单元格应用这些更改(P)
全部清除(C)
确定
取消

图 9-30 A 列不允许输入重复数据

## 9.6.2 只能输入 18 位不重复的身份证号码

上面的例子还是比较简单的，因为仅仅是限制了不能输入重复数据。如果再加一个条件，例如，在 D 列只能输入 18 位不重复的身份证号码？此时，数据验证设置如下：

- 选择单元格区域 D2:D100；
- 在“条件”下拉表选择“自定义”；
- 在“公式”输入框里输入下面的公式：

=AND(COUNTIF($D$2:D2,D2)=1,LEN(D2)=18)，如图 9-31 所示。

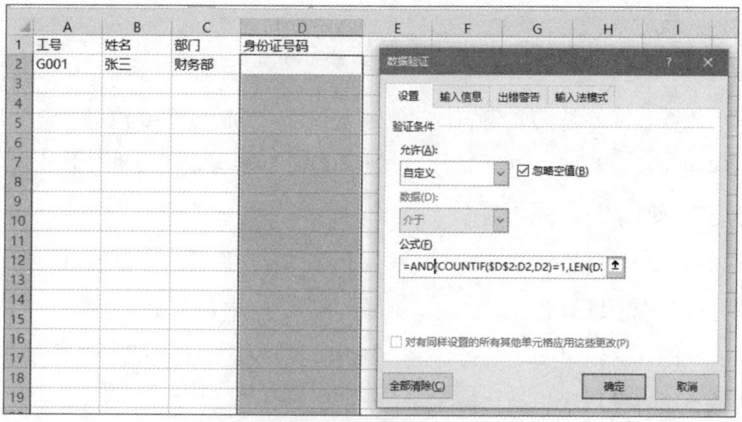
工号
姓名
部门
身份证号码
G001
张三
财务部
数据验证
设置
输入信息
出错警告
输入法模式
验证条件
允许(A):
自定义
忽略空值(B)
数据(D):
介于
公式(F)
=AND(COUNTIF($D$2:D2,D2)=1,LEN(D.
对有同样设置的所有其他单元格应用这些更改(P)
全部清除(C)
确定
取消

图 9-31 只能输入 18 位不重复的身份证号码

## 9.6.3　只能输入 4 位数字表示的不重复的员工工号

我们再加一个条件，如果只能在 A 列里输入 4 位数字表示的、不重复的员工工号呢？这里是 3 个条件都必须满足：

条件 1：工号必须是 4 位；

条件 2：工号必须是数字；

条件 3：工号不能重复

此时，数据验证设置如下：

- 选择单元格区域 A2:A100；
- 在“条件”下拉表选择“自定义”；
- 在“公式”输入框里输入下面的公式：

=AND(LEN(A2)=4,ISNUMBER(A2),COUNTIF($A$2:A2,A2)=1)，如图 9-32 所示。

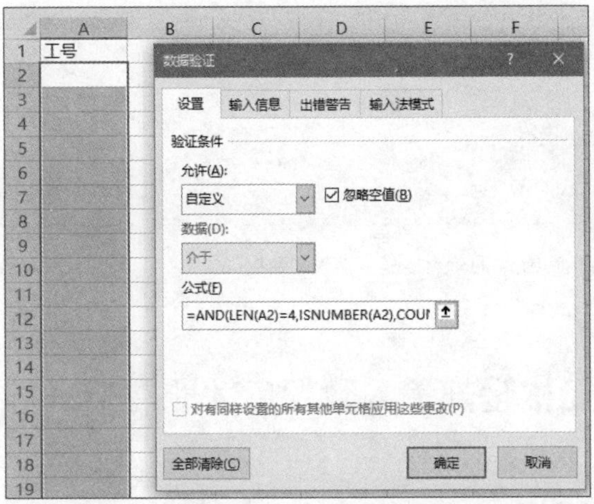
A
B
C
D
E
F
工号
数据验证
设置
输入信息
出错警告
输入法模式
验证条件
允许(A):
自定义
忽略空值(B)
数据(D):
介于
公式(F)
=AND(LEN(A2)=4,ISNUMBER(A2),COUN
对有同样设置的所有其他单元格应用这些更改(P)
全部清除(C)
确定
取消

图 9-32　只能输入 4 位不重复数字的员工工号

## 9.6.4　当特定单元格输入数据后时才可输入数据

大多数情况下的数据表单的第 1 列是关键字段，不能是空白单元格，但其他列可以根据实际情况来输入数据或者不输入数据。

如果在数据表单的第 1 列没有输入数据，那么其他各列的数据就无法判断是属于哪类的，比如是哪天的数据，哪个销售人员的数据，哪个城市的数据，哪个部门的数据，等等。

为了防止在数据表单的第一列没有输入数据时就在其他列输入数据，可以利用数据验证进行输入控制。

**案例 9-2**

假设数据表单是工作表的A列至F列，A列为关键字段，必须在A列的单元格输入员工姓名后，才能在 B 列至 H 列单元格输入其他，我们可以进行如下的数据验证设置。

- 选择单元格区域 B2:F100；
- 在“允许”下拉列表中选择“自定义”；

● 在“来源”栏中输入下面的公式：

```
=COUNTA($A2)>0
```

这个公式是很容易理解的：对B列至D列的每个单元格，都会利用函数COUNTA来统计该行对应A列的单元格是否为空，如果不为空，那么函数COUNTA的返回值就是1，这样公式“=COUNTA($A2)>0”的返回值就是TRUE，因而数据是有效的。否则，如果对应A列的单元格为空，那么函数COUNTA的返回值就是0，这样公式“=COUNTA($A2)>0”的返回值就是FALSE，因而数据是无效的。

这样，如果A列的单元格没有数据，那么在择B列至F列对应的任意单元格中都是不允许输入数据的，如图9-33、图9-34所示。

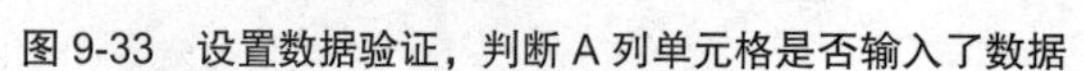

图9-33 设置数据验证，判断A列单元格是否输入了数据

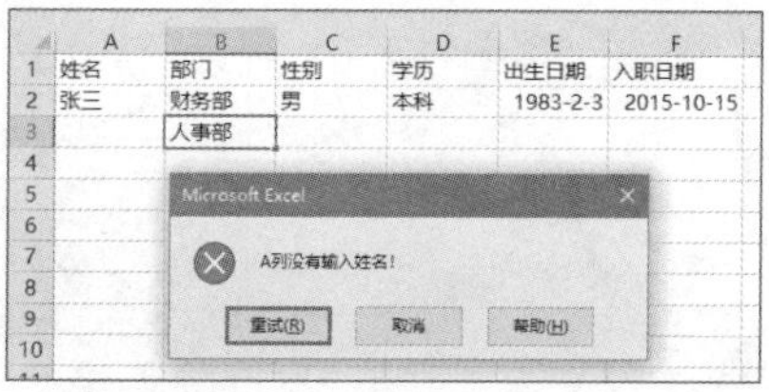

图9-34 A列没有输入数据时，不允许在B列至H列输入数据

## 9.6.5 上一行单元格全部输入数据后才能在下一行输入新数据

大多数的表单中，作为一个完整的数据记录清单，每一条记录的信息都应该是完整的，因此在输入数据时就要保证每行的每个单元格都输入了数据。如果在某行的单元格没有输全数据，那么在下一行就不能开始输入新的数据，除非上一行的所有单元格都输入了数据。利用数据验证，很容易就可以实现这个目的。

**案例9–3**

假设数据清单区域是A列至F列，并要求必须在上一行单元格都输入数据后才能在下一行输入数据，则设置数据验证的具体步骤如下：

● 选择A列至F列的单元格区域A2:F100；

● 在“允许”下拉列表中选择“自定义”；

● 在“来源”栏中输入下面的公式：

```
=COUNTA($A2:$F2)=6
```

这个公式不难理解：当在本行的某个单元格输入数据时，都会对上一行A列至F列的单元格利用函数COUNTA来统计不为空的单元格个数。如果上一行A列至H列的不为空的单元格个数恰好等于6，就表明上一行所有单元格都输入了数据，那么就可以在下一行开始输入新的记录数据，否则就被禁止。

这样，如果在某行没有输全数据，那么就不能在下一行输入新的记录数据，如图 9-35、图 9-36 所示。

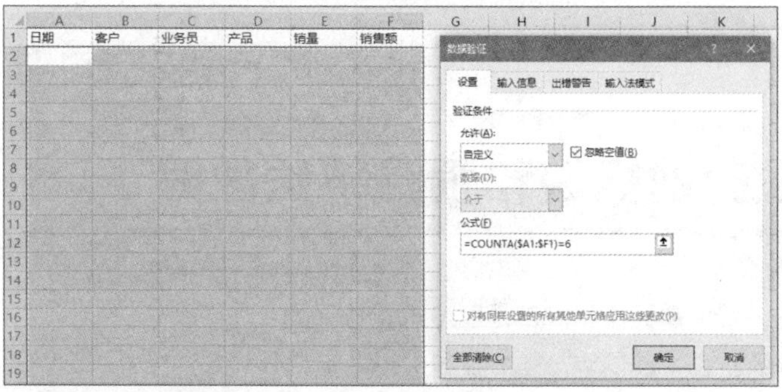

日期
客户
业务员
产品
销量
销售额
数据验证
设置
输入信息
出错警告
输入法模式
验证条件
允许(A):
自定义
忽略空值(B)
数据(D):
介于
公式(F)
=COUNTA($A1:$F1)=6
对有同样设置的所有其他单元格应用这些更改(P)
全部清除(C)
确定
取消

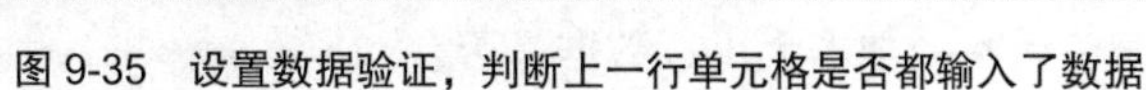

图 9-35　设置数据验证，判断上一行单元格是否都输入了数据

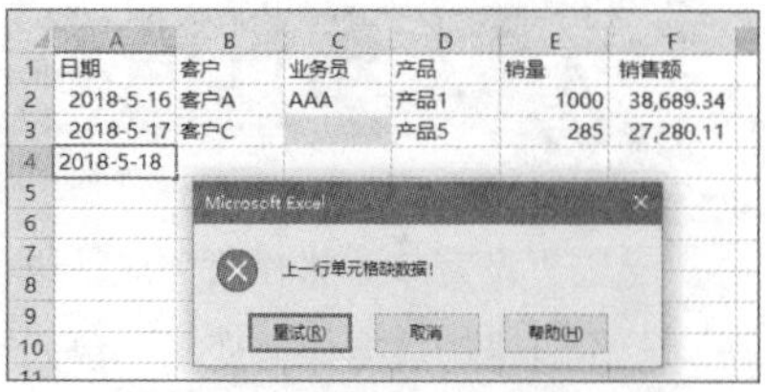

日期
客户
业务员
产品
销量
销售额
2018-5-16
客户A
AAA
产品1
1000
38,689.34
2018-5-17
客户C
产品5
285
27,280.11
2018-5-18
Microsoft Excel
上一行单元格缺数据！
重试(R)
取消
帮助(H)


图 9-36　第 3 行还没有输全数据，因此在第 4 行的任意单元格均不能输入新的数据

## 9.7 清除数据验证

清除数据验证是很简单的，先定位要清除的数据验证区域，然后打开“数据验证”对话框，单击对话框左下角的“全部清除”按钮即可，如图 9-37 所示。

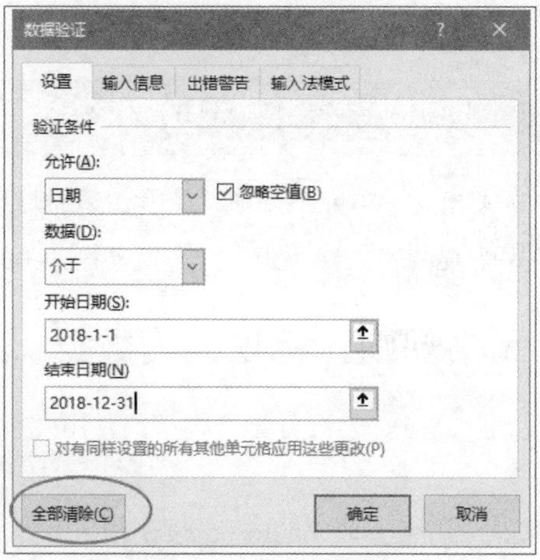

数据验证
设置
输入信息
出错警告
输入法模式
验证条件
允许(A):
日期
忽略空值(B)
数据(D):
介于
开始日期(S):
2018-1-1
结束日期(N)
2018-12-31
对有同样设置的所有其他单元格应用这些更改(P)
全部清除(C)
确定
取消


图 9-37　准备清除数据验证

## 9.8 数据验证的几个注意点

在使用数据验证时，要特别注意的是，数据验证只能控制纯手工往单元格里输入数据，但无法控制填充数据、复制粘贴数据等，这种操作会破坏已设置的数据验证规则，使数据验证失去作用。

如果已经在单元格输入了数据，后来才设置的数据验证，那么对原来的数据是没有影响的，仅仅对以后输的新数据才有影响。

# 第 10 章 条件格式：自动标识和跟踪特殊数据

通过“设置单元格格式”对话框来设置的单元格格式都是固定的，也就是说，无论表格的数据如何变化，单元格的格式永远不变，除非重新进行设置。

但是在实际工作中，我们往往需要根据单元格的数据大小、数据是否合法、单元格是否有数据、单元格是否满足指定条件来动态设置单元格的格式，此时就需要使用条件格式来实现了。

利用条件格式对单元格格式进行自定义设置的一个最大好处就是单元格的格式是动态的，会随着数据的变化而自动调整，从而可以实现对数据的动态高效管理，并且可以迅速得到需要格式的表格。

单击“开始”→“条件格式”命令，即可展开条件格式的命令集，如图 10-1 所示。根据实际要求，选择相应命令进行设置即可。

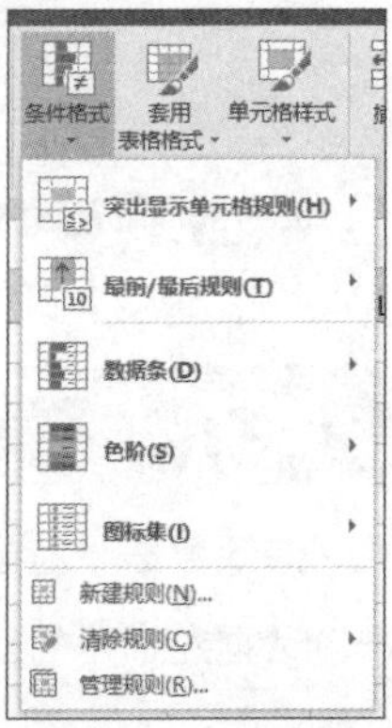

条件格式
套用
表格格式
单元格样式
突出显示单元格规则(H)
最前/最后规则(T)
数据条(D)
色阶(S)
图标集(I)
新建规则(N)...
清除规则(C)
管理规则(R)...


图 10-1　条件格式命令集

## 10.1 常用条件规则及其应用

条件格式的常用规则包括：突出显示单元格规则、最前 / 最后规则、数据条、色阶、图标集等，这些规则用起来并不复杂，也不需要创建条件公式，只需要设置有关的选项即可。

### 10.1.1　突出显示单元格规则：标识某类数据

单击“突出显示单元格规则”命令，会展开该规则下的常用几种情况，如图 10-2 所示，从而可以自动标识某类数据。

例如，要把单元格区域内的重复数据标识出来，可以选择“重复值”命令，打开“重复值”对话框，然后设置格式即可，如图 10-3 所示。

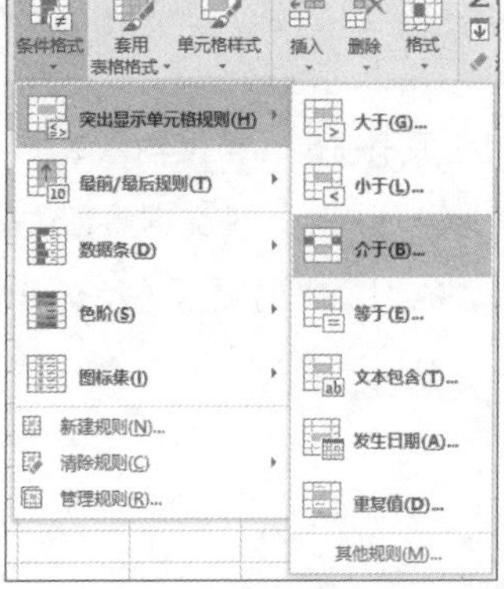

条件格式
套用
表格格式
单元格样式
插入
删除
格式
突出显示单元格规则(H)
最前/最后规则(T)
数据条(D)
色阶(S)
图标集(I)
新建规则(N)...
清除规则(C)
管理规则(R)...
大于(G)...
小于(L)...
介于(B)...
等于(E)...
文本包含(T)...
发生日期(A)...
重复值(D)...
其他规则(M)...


图 10-2　突出显示单元格规则的常用几种情况

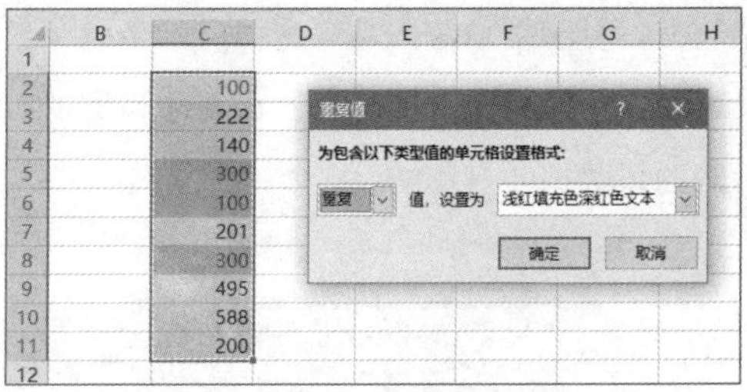

B
C
D
E
F
G
H
100
222
140
300
100
201
300
495
588
200
重复值
为包含以下类型值的单元格设置格式:
重复
值，设置为
浅红填充色深红色文本
确定
取消


图 10-3　标注重复值

在这个“重复值”对话框中，也可以选择标注唯一值，如图 10-4 所示。

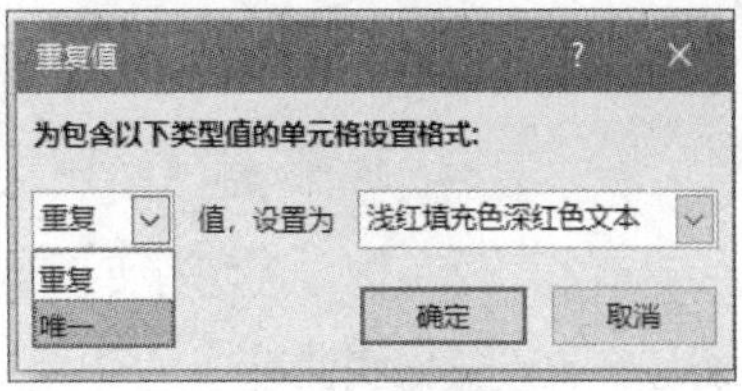
重复值
为包含以下类型值的单元格设置格式:
重复
值，设置为
浅红填充色深红色文本
重复
唯一
确定
取消

图 10-4　标注唯一值

## 10.1.2　最前 / 最后规则：标识最好或最差的数据

如果想把最好的前 5 个数字或者最差的后 5 个数字标注出来，可以使用“最前 / 最后规则”。单击这个命令，即可展开该规则下的几种情况，如图 10-5 所示。

例如，从销售额中标出销售额最好的前 5 个客户，就选择“前 10 项”，打开“前 10 项”对话框，选择项数为 5，并设置格式即可，如图 10-6 所示。

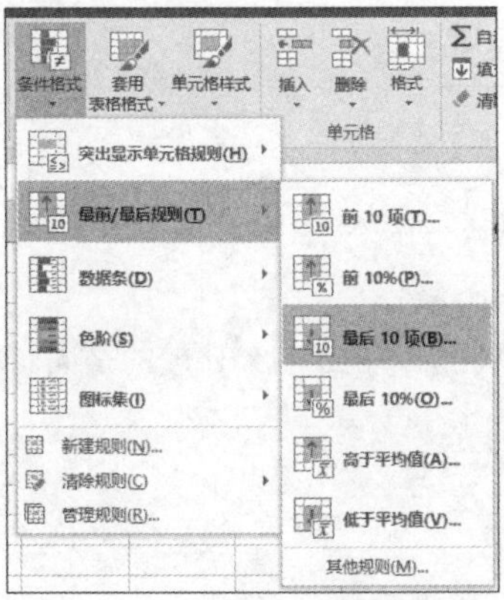
条件格式
套用表格格式
单元格样式
插入
删除
格式
单元格
突出显示单元格规则(H)
最前/最后规则(T)
数据条(D)
色阶(S)
图标集(I)
新建规则(N)...
清除规则(C)
管理规则(R)...
前 10 项(T)...
前 10%(P)...
最后 10 项(B)...
最后 10%(O)...
高于平均值(A)...
低于平均值(V)...
其他规则(M)...

图 10-5　最前 / 最后规则的几种情况

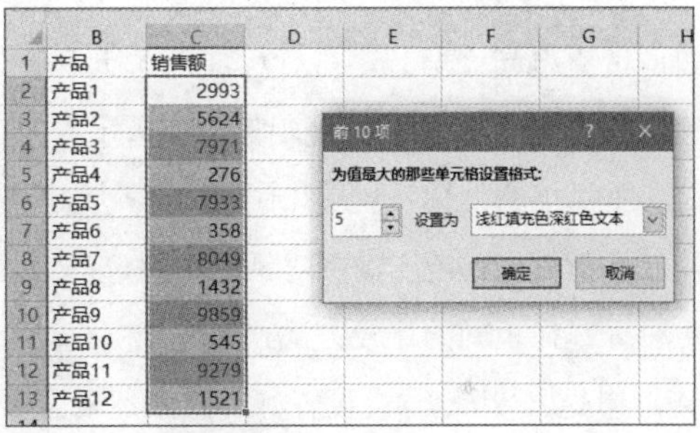
产品
销售额
产品1 2993
产品2 5624
产品3 7971
产品4 276
产品5 7933
产品6 358
产品7 8049
产品8 1432
产品9 9859
产品10 545
产品11 9279
产品12 1521
前 10 项
为值最大的那些单元格设置格式:
5
设置为
浅红填充色深红色文本
确定
取消

图 10-6　标识销售额前 5 大产品

## 10.1.3　进度条：标注呈现不同变化的数据

如果想要自动标注很多数据的不同变化程度，谁大谁小，可以使用进度条。

选择区域，单击条件格式下的“进度条”命令，就可以自动标注不同数据的大小以及比较的可视化效果，如图 10-7 所示。

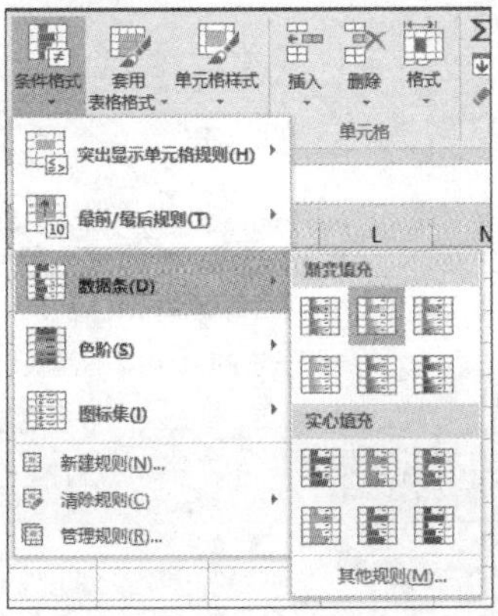
条件格式
套用表格格式
单元格样式
插入
删除
格式
单元格
突出显示单元格规则(H)
最前/最后规则(T)
数据条(D)
色阶(S)
图标集(I)
新建规则(N)...
清除规则(C)
管理规则(R)...
渐变填充
实心填充
其他规则(M)...

地区
销售额
华北 925
东北 572
西北 1447
西南 2181
华东 1391
华中 2783
华南 1290

图 10-7　条件格式里的进度条及其显示效果

### 10.1.4　图标集：标准上升 / 下降和红绿灯效果

如果要把数据标注出上升 / 下降或者红绿灯的效果，可以使用“图标集”，如图 10-8 所示。

但是，这种固定的图标并不能满足我们的要求，往往需要重新定义，根据不同的数据类型和判断标准来设置格式即可。

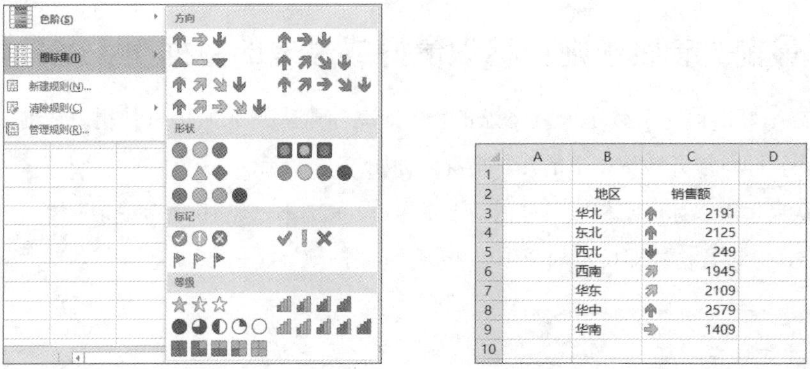
色阶(S)
图标集(I)
新建规则(N)...
清除规则(C)
管理规则(R)...
方向
形状
标记
等级
地区
销售额
华北 2191
东北 2125
西北 249
西南 1945
华东 2109
华中 2579
华南 1409

图 10-8　条件格式里的图标集及其显示效果

例如，希望将同比增长率进行标注：大于 0 的是向上的绿色箭头，等于 0 的是黄色水平箭头，小于零的是红色向下箭头，效果如图 10-9 所示。

那么，图标集的设置及效果如图 10-10 所示。这里要特别注意，由于我们比较的是同比增长率，它们实际上是小数，因此在规则对话框中要选择小数，而不能选择百分比。

还要注意选择正确的比较方式，是大于（>）还是大于或等于（>=），是小于（<）还是小于或等于（<=），只要一个地方没设置好，就出不来需要的效果。

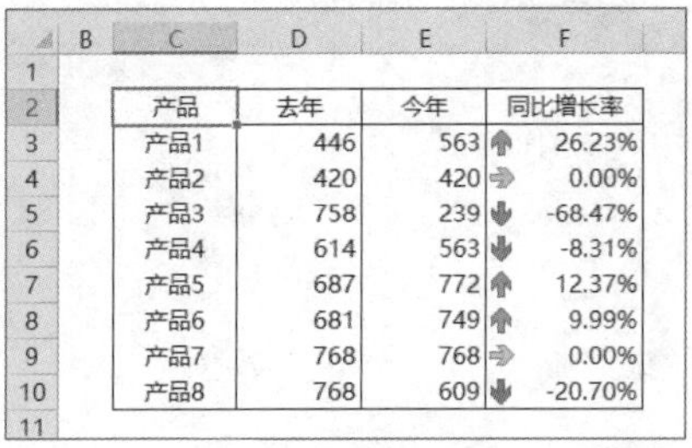
产品 去年 今年 同比增长率
产品1 446 563 26.23%
产品2 420 420 0.00%
产品3 758 239 -68.47%
产品4 614 563 -8.31%
产品5 687 772 12.37%
产品6 681 749 9.99%
产品7 768 768 0.00%
产品8 768 609 -20.70%

图 10-9　显示效果

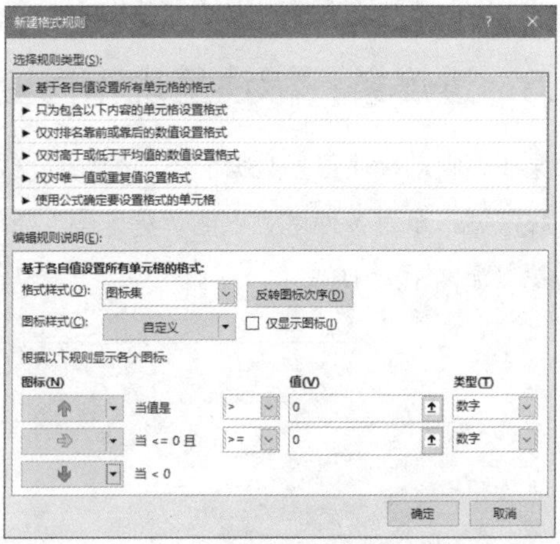
新建格式规则
选择规则类型(S):
► 基于各自值设置所有单元格的格式
► 只为包含以下内容的单元格设置格式
► 仅对排名靠前或靠后的数值设置格式
► 仅对高于或低于平均值的数值设置格式
► 仅对唯一值或重复值设置格式
► 使用公式确定要设置格式的单元格
编辑规则说明(E):
基于各自值设置所有单元格的格式:
格式样式(O): 图标集
反转图标次序(D)
图标样式(C): 自定义
仅显示图标(I)
根据以下规则显示各个图标:
图标(N)
值(V)
类型(T)
当值是 > 0 数字
当 <= 0 且 >= 0 数字
当 < 0
确定
取消

图 10-10　大于 0 的向上绿色箭头，等于 0 的黄色水平箭头，小于零的红色向下箭头

## 10.2　根据需要新建公式判断规则

财务经理问了，一周内哪些客户的应收款要到期了？生产经理对采购经理说，物料库存快不够了，要抓紧进货了。

人事经理说，这个月某某的合同要到期了，我要提前做好准备了。

这些场景，在表格数据管理中，就是自动跟踪监控的问题，比如合同的提前提醒，应收账款的提前提醒，生日提前提醒，最低库存预警，最低资金持有量预警，等等。

这些情况下的条件格式设置，给定的条件是比较复杂的，超出了条件格式已有的规则类型，需要使用条件公式来判断并设置格式。这就是条件格式下的“新建规则”命令。

## 10.2.1　合同提前提醒

**案例 10–1**

图 10-11 是一个合同管理表单，现在要把那些 30 天内即将到期的合同用颜色标注出来。

所谓 30 天内到期，就是把 D 列的到期日与今天相比较，两者的差值小于或等于 30。这样，就可以做如下的条件格式设置。

| | A | B | C | D |
|---|---|---|---|---|
| 1 | 今天是: | 2018-5-17 | | |
| 2 | | | | |
| 3 | 姓名 | 合同签订日 | 期限（年） | 到期日 |
| 4 | A001 | 2018-2-28 | 2 | 2020-2-27 |
| 5 | A002 | 2016-12-5 | 2 | 2018-12-4 |
| 6 | A003 | 2016-6-1 | 2 | 2018-5-31 |
| 7 | A004 | 2016-6-20 | 2 | 2018-6-19 |
| 8 | A005 | 2016-6-3 | 2 | 2018-6-2 |
| 9 | A006 | 2018-12-17 | 2 | 2020-12-16 |

图 10-11　合同表单

**步骤 01** 选择第 4 行开始的数据区域 A4:D9，注意从 A4 单元格右下选择区域。

**步骤 02** 执行条件格式下的“新建规则”命令，打开“新建格式规则”对话框。

**步骤 03** 在规则类型中选择“使用公式确定要设置格式的单元格”。

**步骤 04** 在条件公式输入框中输入下面的公式：

```
=$D4-TODAY()<=30
```

然后再单击对话框右下角的“格式”按钮，打开“设置单元格格式”对话框，为单元格设置相应的格式。

设置好的条件格式对话框如图 10-12 所示。

**步骤 05** 单击“确定”按钮，关闭对话框，即可得到需要的结果，如图 10-13 所示。

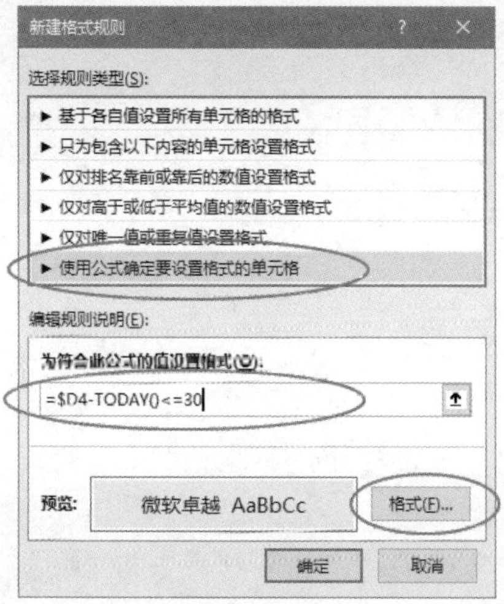
新建格式规则
?
选择规则类型(S):
► 基于各自值设置所有单元格的格式
► 只为包含以下内容的单元格设置格式
► 仅对排名靠前或靠后的数值设置格式
► 仅对高于或低于平均值的数值设置格式
► 仅对唯一值或重复值设置格式
► 使用公式确定要设置格式的单元格
编辑规则说明(E):
为符合此公式的值设置格式(O):
=$D4-TODAY()<=30
预览:
微软卓越 AaBbCc
格式(F)...
确定
取消

图 10-12　设置条件公式和格式

| | A | B | C | D |
|---|---|---|---|---|
| 1 | 今天是: | 2018-5-17 | | |
| 2 | | | | |
| 3 | 姓名 | 合同签订日 | 期限（年） | 到期日 |
| 4 | A001 | 2018-2-28 | 2 | 2020-2-27 |
| 5 | A002 | 2016-12-5 | 2 | 2018-12-4 |
| 6 | A003 | 2016-6-1 | 2 | 2018-5-31 |
| 7 | A004 | 2016-6-20 | 2 | 2018-6-19 |
| 8 | A005 | 2016-6-3 | 2 | 2018-6-2 |
| 9 | A006 | 2018-12-17 | 2 | 2020-12-16 |

图 10-13　设置好的条件格式：30 天内到期的合同自动标注出来

> **说明：**这个条件格式设置的例子仅仅是说明条件格式设置的方法和步骤。其实这个例子是不完善的，比如过去的合同怎么办（此时的两个日期相减的天数是负数了，也符合小于或等于30 的条件）？如果要把当天到期的合同单独标出一种颜色怎么办？

这就是多条件情况下的条件格式设置问题，请看下例。

**案例 10-2**

图 10-14 就是一个应收账款提前提醒的例子，要求根据不同的情况，设置不同的颜色。

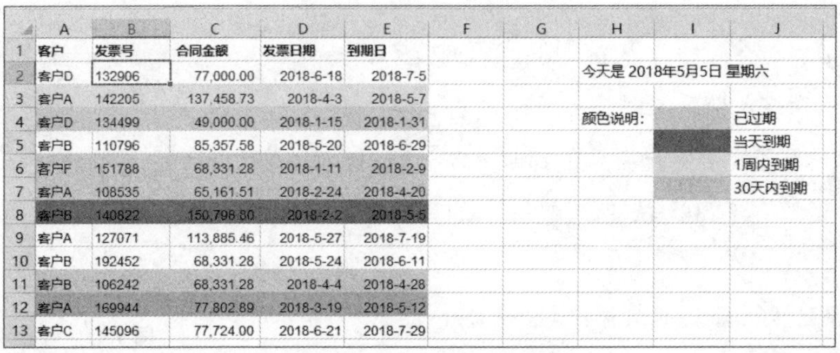

| | A | B | C | D | E | F | G | H | I | J |
|---|---|---|---|---|---|---|---|---|---|---|
| 1 | 客户 | 发票号 | 合同金额 | 发票日期 | 到期日 | | | | | |
| 2 | 客户D | 132906 | 77,000.00 | 2018-6-18 | 2018-7-5 | | | 今天是 2018年5月5日 星期六 | | |
| 3 | 客户A | 142205 | 137,458.73 | 2018-4-3 | 2018-5-7 | | | | | |
| 4 | 客户D | 134499 | 49,000.00 | 2018-1-15 | 2018-1-31 | | | 颜色说明: | | 已过期 |
| 5 | 客户B | 110796 | 85,357.58 | 2018-5-20 | 2018-6-29 | | | | | 当天到期 |
| 6 | 客户F | 151788 | 68,331.28 | 2018-1-11 | 2018-2-9 | | | | | 1周内到期 |
| 7 | 客户A | 108535 | 65,161.51 | 2018-2-24 | 2018-4-20 | | | | | 30天内到期 |
| 8 | 客户B | 140822 | 150,798.80 | 2018-2-2 | 2018-5-5 | | | | | |
| 9 | 客户A | 127071 | 113,885.46 | 2018-5-27 | 2018-7-19 | | | | | |
| 10 | 客户B | 192452 | 68,331.28 | 2018-5-24 | 2018-6-11 | | | | | |
| 11 | 客户B | 106242 | 68,331.28 | 2018-4-4 | 2018-4-28 | | | | | |
| 12 | 客户A | 169944 | 77,802.89 | 2018-3-19 | 2018-5-12 | | | | | |
| 13 | 客户C | 145096 | 77,724.00 | 2018-6-21 | 2018-7-29 | | | | | |

**图 10-14 应收账款提前提醒**

由于是要建立很多个条件格式，此时可以单击条件格式下的“管理规则”命令，打开“条件格式规则管理器”对话框，如图 10-15 所示，再单击对话框上的“新建规则”按钮，打开“新建格式规则”对话框。

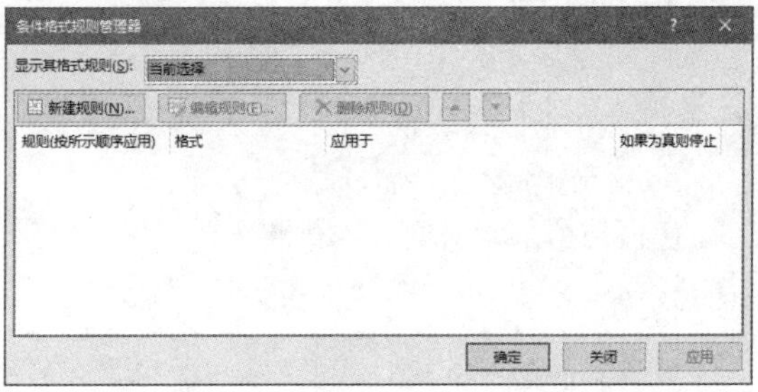

条件格式规则管理器
显示其格式规则(S):
当前选择
新建规则(N)...
编辑规则(E)...
删除规则(D)
规则(按所示顺序应用)
格式
应用于
如果为真则停止
确定
关闭
应用


**图 10-15 “条件格式规则管理器”对话框**

下面是本案例的条件格式的设置过程。

**步骤 01** 选择单元格区域 A2:E13。

**步骤 02** 打开“条件格式规则管理器”对话框。

**步骤 03** 先设置过期的条件格式。

（1）单击“新建格式”按钮。

（2）打开“新建格式规则”对话框。

（3）选择“使用公式确定要设置格式的单元格”类型。

（4）在公式输入框中输入公式“=$E2<TODAY()”。

（5）单击“格式”按钮，设置单元格格式为灰色填充色。

（6）设置完毕后关闭此对话框，返回到规则管理器。

**步骤 04** 再设置其他情况的条件格式，方法与上相同。各个条件格式公式如下：

（1）当前到期：=$E2=TODAY()。

（2）7 天内到期：=AND($E2>TODAY(),$E2<TODAY()+7)。

（3）30 天内到期：=AND($E2>=TODAY()+7,$E2<TODAY()+30)。

最后的规则管理器就变为如图 10-16 所示的情形。

条件格式规则管理器
显示其格式规则(S): 当前选择
新建规则(N)...
编辑规则(E)...
删除规则(D)
规则(按所示顺序应用)
格式
应用于
如果为真则停止
公式: =AND($E...
微软卓越 AaBbCc
=$A$2:$E$13
公式: =AND($E...
微软卓越 AaBbCc
=$A$2:$E$13
公式: =$E2=TO...
微软卓越 AaBbCc
=$A$2:$E$13
公式: =$E2<TO...
微软卓越 AaBbCc
=$A$2:$E$13
确定
关闭
应用

图 10-16　所有条件都设置完毕

## 10.2.2　自动美化表格

利用条件格式动态设置边框，可以使表格更加整洁，数据管理更加方便。这种设置经常在设计动态的明细表中用到，例如根据查询出来的数据，自动为有数据的单元格区域添加边框。

**案例 10–3**

您可能要设计这样一个表格，只有在 A 列有数据时，A 列至 H 列的单元格才有框线，否则，单元格没有框线，其效果如图 10-17 所示。这种设置使得工作表看起来非常简洁和美观。

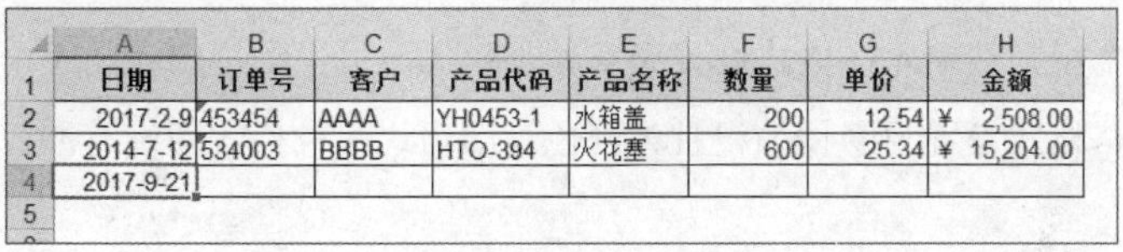

| | A | B | C | D | E | F | G | H |
|---|---|---|---|---|---|---|---|---|
| 1 | 日期 | 订单号 | 客户 | 产品代码 | 产品名称 | 数量 | 单价 | 金额 |
| 2 | 2017-2-9 | 453454 | AAAA | YH0453-1 | 水箱盖 | 200 | 12.54 | ¥ 2,508.00 |
| 3 | 2014-7-12 | 534003 | BBBB | HTO-394 | 火花塞 | 600 | 25.34 | ¥ 15,204.00 |
| 4 | 2017-9-21 | | | | | | | |
| 5 | | | | | | | | |

图 10-17　根据 A 列是否有数据自动生成表格

**步骤 01** 首先取消显示工作表的网格线。

**步骤 02** 选取 A2:H100（或者到一定的行）。

**步骤 03** 打开“新建格式规则”对话框，做如图 10-18 所示的设置，公式为“=$A2<>”””。

这样，只要在 A 列某单元格输入数据，则该单元格所在行的 A 列至 H 列就自动出现边框。而若删除 A 列某单元格的数据，该单元格所在行的 A 列至 H 列边框就会自动消失。

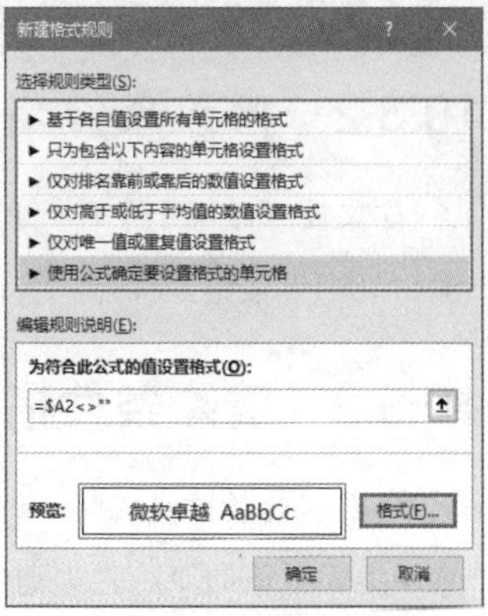
新建格式规则
选择规则类型(S):
► 基于各自值设置所有单元格的格式
► 只为包含以下内容的单元格设置格式
► 仅对排名靠前或靠后的数值设置格式
► 仅对高于或低于平均值的数值设置格式
► 仅对唯一值或重复值设置格式
► 使用公式确定要设置格式的单元格
编辑规则说明(E):
为符合此公式的值设置格式(O):
=$A2<>""
预览:
微软卓越 AaBbCc
格式(F)...
确定
取消

图 10-18　设置条件格式

# 10.3　条件格式的其他处理

## 10.3.1　如何解决条件格式的冲突

尽管条件格式操作起来简单易懂，但要注意的是，各个条件的设置先后顺序是非常重要的。在有些情况下，这些条件先后顺序不对的话，就得不到期望的结果。因此，在设置条件格式之前，需要理清各个条件的逻辑关系与先后顺序，也就是要管理好规则。

管理规则是在“条件格式规则管理器”对话框中进行的，执行“条件格式”下的“管理规则”命令，就可以打开此对话框，如图 10-19 所示。

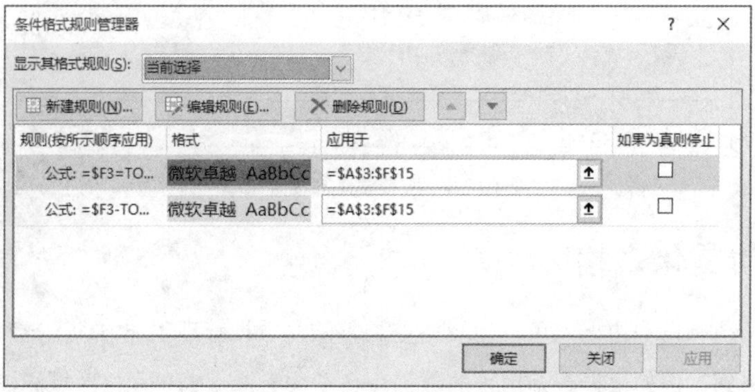
条件格式规则管理器
显示其格式规则(S): 当前选择
新建规则(N)...
编辑规则(E)...
删除规则(D)
规则(按所示顺序应用)
格式
应用于
如果为真则停止
公式: =$F3=TO...
微软卓越 AaBbCc
=$A$3:$F$15
公式: =$F3-TO...
微软卓越 AaBbCc
=$A$3:$F$15
确定
关闭
应用

**图 10-19 “条件格式规则管理器”对话框**

当我们添加了很多条件格式规则时，新添加的规则总是添加到列表的顶部，因此具有较高的优先级，但是您可以使用对话框中的“上移”箭头和“下移”箭头更改优先级顺序，以克服或避免某些冲突。

例如，如果一个规则将单元格格式设置为字体加粗，而另一个规则将同一个单元格的格式设置为红色，则该单元格格式设置为字体加粗且为红色。因为这两种格式间没有冲突，所以两个规则都能得到应用。

但是，如果一个规则将字体颜色设置为红色，而另一个规则将字体颜色设置为绿色，那么这两个规则就发生了冲突，所以只应用一个规则。此时，Excel 将应用优先级较高的规则。

## 10.3.2 修改条件格式

如果要修改某个条件规则，可以在“条件格式规则管理器”对话框中选择某个规则，然后单击“编辑规则”按钮，打开“编辑格式规则”进行编辑即可。

## 10.3.3 清除条件格式

当不需要条件格式时，可以清除条件格式。方法是先选择要清除条件格式的单元格区域，单击“条件格式”下的“清除规则”命令，然后执行“清除所选单元格的规则”命令，如图 10-20 所示。

如果不是删除全部条件格式，而是删除某个或某几个条件格式，可以在“条件格式规则管理器”对话框中选择某个要删除的条件，再单击“删除规则”按钮。

**小技巧**：有时候，我们可能忘记了哪些单元格设置有条件格式，此时可以使用【F5】键，通过“定位条件”对话框来快速定位选择设置有条件格式的单元格，如图 10-21 所示。

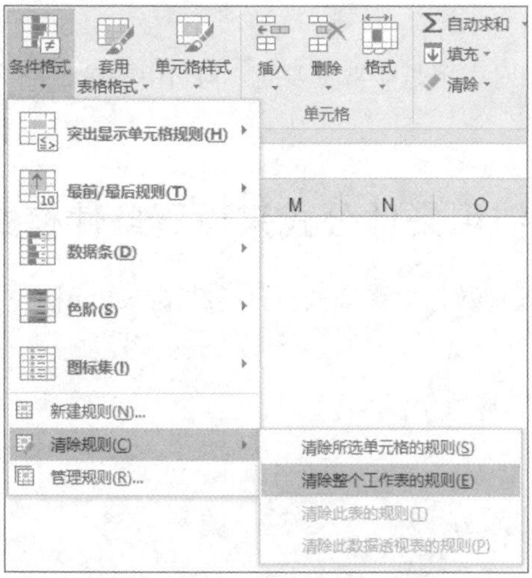
条件格式
套用表格格式
单元格样式
插入
删除
格式
自动求和
填充
清除
单元格
突出显示单元格规则(H)
最前/最后规则(T)
数据条(D)
色阶(S)
图标集(I)
新建规则(N)...
清除规则(C)
管理规则(R)...
清除所选单元格的规则(S)
清除整个工作表的规则(E)
清除此表的规则(T)
清除此数据透视表的规则(P)

图 10-20　清除条件格式

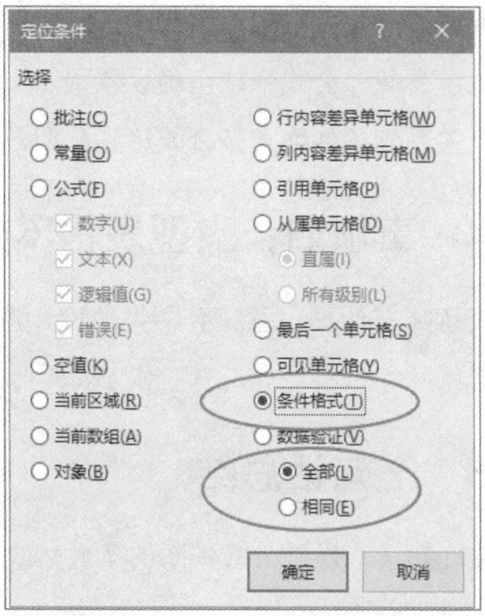
定位条件
选择
批注(C)
常量(O)
公式(F)
数字(U)
文本(X)
逻辑值(G)
错误(E)
空值(K)
当前区域(R)
当前数组(A)
对象(B)
行内容差异单元格(W)
列内容差异单元格(M)
引用单元格(P)
从属单元格(D)
直属(I)
所有级别(L)
最后一个单元格(S)
可见单元格(Y)
条件格式(T)
数据验证(V)
全部(L)
相同(E)
确定
取消

图 10-21　定位选择设置有条件格式的单元格区域

# 10.4　使用公式来做条件格式的重要注意事项

上述“使用公式确定要设置格式的单元格”规则类型，重点是如何构建条件公式。因此，有几个非常重要的注意事项要牢记在心。

## 10.4.1　事项一：条件公式计算的结果必须是逻辑值

条件格式的结果必须是逻辑值 TRUE 或 FALSE。因此，要在公式中使用条件表达式，或者使用逻辑函数，或者用 IS 类信息函数。

## 10.4.2　事项二：如何选择单元格区域

要正确选择设置格式的单元格区域。如果要从第 2 行设置格式，就从第 2 行往下选择区域，不能不加分析就选择整列。

例如，要对单元格区域 B2:B20 的日期设置条件格式，如果日期是今天，单元格字体为加粗黑色。

一般情况下是从上面第一个单元格 B2 开始往下选择区域，但也有人喜欢从下面最后一个单元格 B20 往上选择区域。

这两种选区域的方式，在设计公式引用单元格时是完全不同的，前者条件公式为“=B2=TODAY()”，后者条件公式为“=B20=TODAY()”。

一句话，在条件公式中，引用的单元格永远必须是选择区域方向上的第一个单元格！

## 10.4.3　事项三：绝对引用和相对引用要设置好

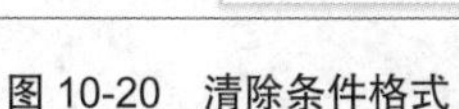

例如，要对单元格区域 A2:M100 设置条件格式，当 A 列某个单元格有数据，就把该单元格所在行区域设置边框。此时，条件公式为“=$A2<>""”。因为我们选择了这么大的数据区域 A2:M100，判断的依据总是 A 列的数据，因此 A 列是锁定的，是绝对引用；但是每行是一个不同

的记录数据，行是变化的，因此行是相对引用。

因此，在条件公式中，正确设置绝对引用和相对引用是非常重要的，与引用的是哪个单元格一样重要，关系到条件格式是否能达到预期效果。

### 10.4.4 事项四：大型表格不建议使用条件公式来设置条件格式

公式意味着计算，意味着牺牲速度，意味着处理数据效率降低。只要在某个单元格一做编辑，所有公式就开始重新计算，有时候 Excel 会出现停止响应。

### 10.4.5 一句话总结

总结一句话，设置公式判断的条件格式核心点就是：

- 如何选区域。
- 引用哪个单元格。
- 绝对引用和相对引用怎么设置。

# 第 11 章 数字格式：自定义为需要的样式

当一个工作表有大量的数字，尤其是数字较大时，对数字的格式进行自定义设置是非常重要的，因为这关系到表格的整洁性、美观性、实用性、管理性、突出性等。

特别要注意的是，自定义数字格式不是自定义文本的格式，所以，如果单元格保存的是文本型数字，就不能自定义数字格式了。

## 11.1 自定义数字格式的基本方法

使用 Excel 的自定义数字格式，我们可以在不改变数字本身的情况下，把数字显示为任意的格式，这本身其实是设置单元格格式。

自定义数字格式要使用“设置单元格格式”对话框，如图 11-1 所示，主要步骤如下。

**步骤 01** 先选取设置自定义格式的单元格区域。

**步骤 02** 打开“设置单元格格式”对话框。

**步骤 03** 在“分类”中选择“自定义”。

**步骤 04** 在“类型”文本框中输入自定义数字格式代码。

**步骤 05** 单击“确定”按钮，关闭对话框。

如果输入的自定义数字格式代码正确，就会在类型上面的“示例”框架内显示出正确的显示样式；如果输入的数字格式代码错误，就不会在上面的“示例”框架内显示出任何样式。因此，通过“示例”框架中的显示内容，我们可以判断输入的自定义数字格式代码是否正确。

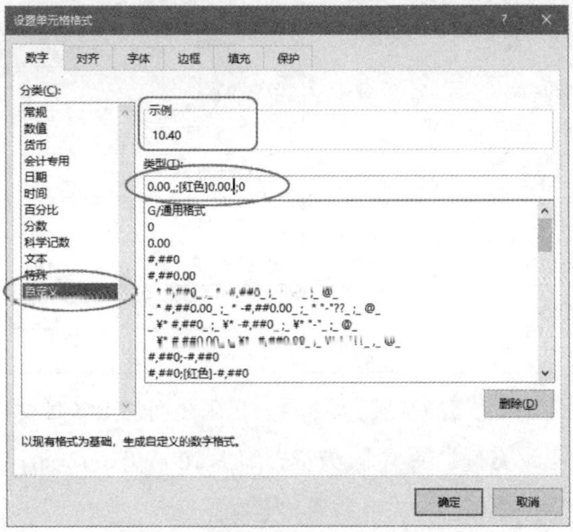

设置单元格格式
数字
对齐
字体
边框
填充
保护
分类(C):
常规
数值
货币
会计专用
日期
时间
百分比
分数
科学记数
文本
特殊
自定义
示例
10.40
类型(T):
0.00,,;[红色]0.00,;0
G/通用格式
0
0.00
#,##0
#,##0.00
#,##0;-#,##0
#,##0;[红色]-#,##0
删除(D)
以现有格式为基础，生成自定义的数字格式。
确定
取消


图 11-1 设置数字的自定义显示格式

自定义数字格式，不仅可以设置单元格数字的自定义格式，也可以设置图表中数据标签数字的自定义格式。

## 11.2 自定义数字格式的代码结构

自定义数字格式的代码最多可分为4部分：第一部分为正数；第二部分为负数；第三部分为零；第四部分为文本，各个部分之间用分号隔开，如下所示。

正数 ; 负数 ; 零 ; 文本

如果在格式代码中只指定两个节，则第一部分用于表示正数和零，第二部分用于表示负数。

如果在格式代码中只指定了一个节，那么所有数字都会使用该格式。

如果在格式代码中要跳过某一节，则对该节仅使用分号即可。

这样，通过设置格式代码各个部分的格式，我们就可以灵活地控制数据的显示。

例如，把正数、负数都缩小1000倍，并且显示两位小数点，零值还显示为0，那么自定义数字格式代码为：

```
0.00,;-0.00,;0
```

## 11.3 缩小位数显示数字

当表格的金额数字很大时，既不便于查看数据，又影响表格的美观。这时，我们就可以把数字缩小位数显示，但不改变数字的大小。

例如，单元格的数字是13596704.65，缩小100万倍显示就是13.60，但单元格的数字仍为13596704.65。

缩小位数显示的数字，也遵循四舍五入的规则。

表11-1是不同缩小位数显示数字的自定义格式代码。

**表11-1　缩小位数显示数字的格式代码**

| 缩小位数 | 自定义格式代码 | 原始数字 | 缩位后显示 |
|---|---|---|---|
| 缩小1百位 | 0“.”00 | 1034765747.52 | 10347657.48 |
| 缩小1千位 | 0.00, | 1034765747.52 | 1034765.75 |
| 缩小1万位 | 0!.0, | 1034765747.52 | 103476.6 |
| 缩小10万位 | 0!.00, | 1034765747.52 | 10347.66 |
| 缩小100万位 | 0.00,, | 1034765747.52 | 1034.77 |
| 缩小1000万位 | 0!.0,, | 1034765747.52 | 103.5 |
| 缩小1亿位 | 0!.00,, | 1034765747.52 | 10.35 |
| 缩小10亿位 | 0.00,,, | 1034765747.52 | 1.03 |

此外，在自定义格式代码中，我们还可以在格式代码前面加上各种文字或者货币符号。

除了缩小1百位、缩小1万位、缩小10万位、缩小1000万位、缩小10亿位等几种特殊情况，我们还可以对缩位后的数字使用千分位符、货币符号等。

例如，数字1034765747.52缩小1千位显示，就可以有很多种情况的组合，也可以显示千分位符，显示小数点位数，等等，如表 11-2 所示。显示千分位符的格式代码是：#,##，显示小数点的代码是 0.00（假设显示两位小数点）。

表 11-2　数字 1034765747.52 缩小 1 千位显示的各种组合

| 自定义格式代码 | 显示效果 | 自定义格式代码 | 显示效果 |
|---|---|---|---|
| 0.00, | 1034765.75 | #,##0.00, | 1,034,765.75 |
| $0.00, | $1034765.75 | $#,##0.00, | $1,034,765.75 |
| ¥0.00, | ¥1034765.75 | | |

## 11.4 将数字显示为指定的颜色

在 Excel 自定义数字格式代码中，我们还可以根据条件，把数字设置为指定的颜色。

能够设置字体颜色的是下面的 8 种颜色之一：[ 黑色 ]，[ 绿色 ]，[ 白色 ]，[ 蓝色 ]，[ 洋红色 ]，[ 黄色 ]，[ 蓝绿色 ]，[ 红色 ]，这些颜色名称也必须用方括号“[]”括起来。

需要注意的是：如果使用的是英文版本，则需要把方括号中的颜色汉字名称改为颜色英文名称，比如“蓝色”和“红色”分别改为“Blue”和“Red”。

例如，图 11-2 就是把正数显示为蓝色，负数显示为红色，都缩小 1000 倍显示，并且显示千分位符，格式代码如下：

[ 蓝色 ]#,##0.00,;[ 红色 ]- #,##0.00,;0

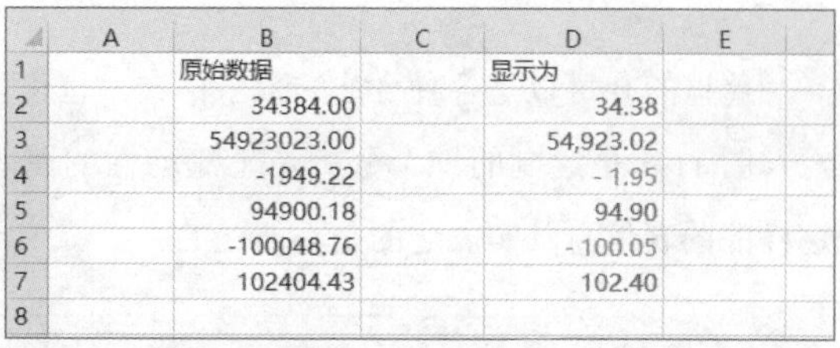

| | A | B | C | D | E |
|---|---|---|---|---|---|
| 1 | | 原始数据 | | 显示为 | |
| 2 | | 34384.00 | | 34.38 | |
| 3 | | 54923023.00 | | 54,923.02 | |
| 4 | | -1949.22 | | - 1.95 | |
| 5 | | 94900.18 | | 94.90 | |
| 6 | | -100048.76 | | - 100.05 | |
| 7 | | 102404.43 | | 102.40 | |
| 8 | | | | | |

图 11-2　将数字显示为指定的颜色，并缩小 1000 倍显示

## 11.5 在数字前显示标识符号

在数字的前面，也可以添加各种标识符号，比如上箭头，下箭头，以便醒目标识要重点关注的数字。

不过要注意，某些特殊字符无法直接输入到单元格格式对话框的“类型”输入框中，因此最好是在某个单元格先把该自定义代码写好，然后再将这个代码字符串复制粘贴到单元格格式对话框的“类型”输入框里。

假若表格的数字是百分比，现在要把正的百分比显示为默认的颜色，把负的百分比显示为红色字体，并不显示负数的负号，此时就需要使用下面的自定义格式代码：

```
0.00%;[红色]0.00%
```

下面是一个示例数据。这里数字的显示要求如下，如图 11-3、图 11-4 所示。

（1）金额数字缩小 1 万倍显示；

（2）差异值中的负数显示为红色字体，不显示负号，左边添加下箭头；

这样自定义格式代码为：

B 列和 C 列的预算数和实际数：0!.0,;-0!.0,;0

D 列的差异数：0!.0,;↓ [ 红色 ]0!.0,;0

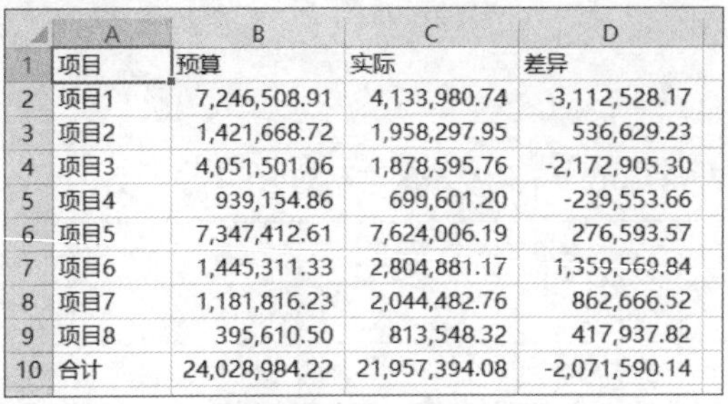

| | A | B | C | D |
|---|---|---|---|---|
| 1 | 项目 | 预算 | 实际 | 差异 |
| 2 | 项目1 | 7,246,508.91 | 4,133,980.74 | -3,112,528.17 |
| 3 | 项目2 | 1,421,668.72 | 1,958,297.95 | 536,629.23 |
| 4 | 项目3 | 4,051,501.06 | 1,878,595.76 | -2,172,905.30 |
| 5 | 项目4 | 939,154.86 | 699,601.20 | -239,553.66 |
| 6 | 项目5 | 7,347,412.61 | 7,624,006.19 | 276,593.57 |
| 7 | 项目6 | 1,445,311.33 | 2,804,881.17 | 1,359,569.84 |
| 8 | 项目7 | 1,181,816.23 | 2,044,482.76 | 862,666.52 |
| 9 | 项目8 | 395,610.50 | 813,548.32 | 417,937.82 |
| 10 | 合计 | 24,028,984.22 | 21,957,394.08 | -2,071,590.14 |

图 11-3　原始数据显得非常零乱，不易阅读

| | A | B | C | D |
|---|---|---|---|---|
| 1 | 项目 | 预算 | 实际 | 差异 |
| 2 | 项目1 | 724.7 | 413.4 | ↓311.3 |
| 3 | 项目2 | 142.2 | 195.8 | 53.7 |
| 4 | 项目3 | 405.2 | 187.9 | ↓217.3 |
| 5 | 项目4 | 93.9 | 70.0 | ↓24.0 |
| 6 | 项目5 | 734.7 | 762.4 | 27.7 |
| 7 | 项目6 | 144.5 | 280.5 | 136.0 |
| 8 | 项目7 | 118.2 | 204.4 | 86.3 |
| 9 | 项目8 | 39.6 | 81.4 | 41.8 |
| 10 | 合计 | 2402.9 | 2195.7 | ↓207.2 |

图 11-4　设置后表格重点突出

## 11.6 将正负数字转换显示

我们还可以将负数显示为正数，或者将正数显示为负数。

将负数显示为正数的基本格式代码如下：

```
0;0;0
```

将正数显示为负数

```
-0;0;0
```

这里的 0 可以是各种合法的数字格式，也可以是缩位后的格式代码。

图 11-5 是绘制的一个分析员工流动性的图表，大部分人会绘制右侧的图表来表示流动信息，这样的图表信息其实表达的是不清楚的。

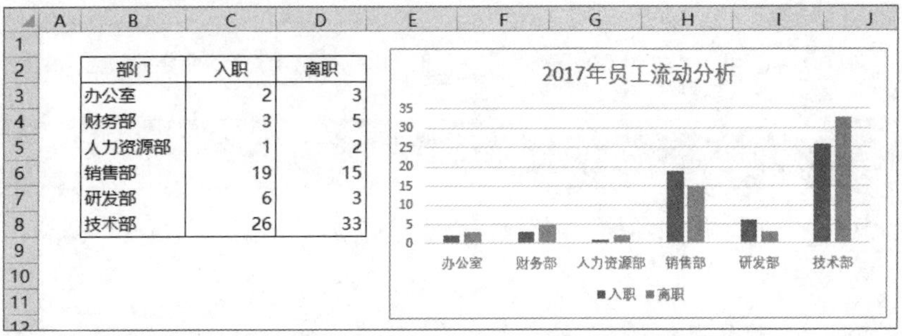

| 部门 | 入职 | 离职 |
|---|---|---|
| 办公室 | 2 | 3 |
| 财务部 | 3 | 5 |
| 人力资源部 | 1 | 2 |
| 销售部 | 19 | 15 |
| 研发部 | 6 | 3 |
| 技术部 | 26 | 33 |

2017年员工流动分析
35
30
25
20
15
10
5
0
办公室
财务部
人力资源部
销售部
研发部
技术部
入职
离职

图 11-5　员工流动性分析，柱形图不清楚

我们可以通过重新组织数据，绘制堆积柱形图，就得到如图 11-6 所示的具有左右两侧条形表示入职和离职的图表。

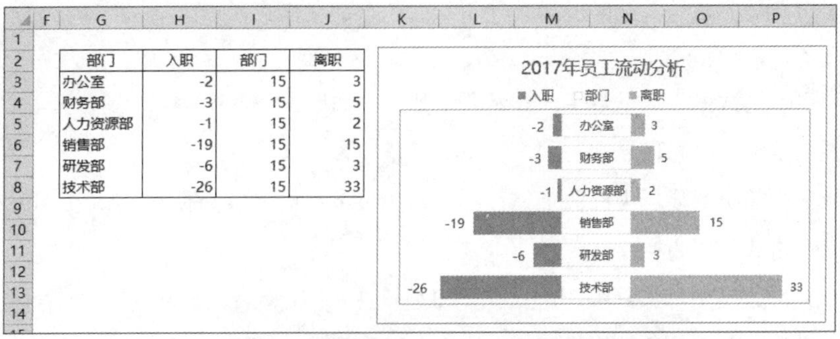

| 部门 | 入职 | 部门 | 离职 |
|---|---|---|---|
| 办公室 | -2 | 15 | 3 |
| 财务部 | -3 | 15 | 5 |
| 人力资源部 | -1 | 15 | 2 |
| 销售部 | -19 | 15 | 15 |
| 研发部 | -6 | 15 | 3 |
| 技术部 | -26 | 15 | 33 |

2017年员工流动分析
入职
部门
离职
-2 办公室 3
-3 财务部 5
-1 人力资源部 2
-19 销售部 15
-6 研发部 3
-26 技术部 33

图 11-6　具有左右两侧条形表示入职和离职的图表

但这个图表上显示的标签有正数、有负数，这种默认的显示是不对的，很容易让人误解。不过，我们可以自定义数据标签的自定义数字格式，将负数显示为正数，并再在数字后面显示“人”，格式代码为：

0人;0人;;

就会得到图 11-7 所示的图表，是不是非常清楚？

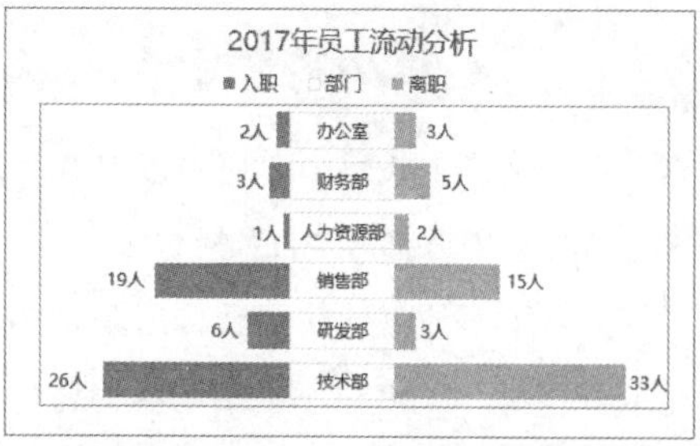
2017年员工流动分析
入职
部门
离职
2人
办公室
3人
3人
财务部
5人
1人
人力资源部
2人
19人
销售部
15人
6人
研发部
3人
26人
技术部
33人

图 11-7　清晰表达员工入职和离职的流动性分析图表

# 11.7 隐藏单元格数据

我们可以根据需要隐藏单元格的数据，有以下几种情况：

- 格式代码“;;;”，不显示任何数据。
- 格式代码“;”，不显示任何数字，但显示文本。
- 格式代码“0;0;@”，不显示正数，但显示负数、零和文本。
- 格式代码“0;;0;@”，不显示负数，但显示正数、零和文本。
- 格式代码“0;-0;;@”，不显示零，但显示正数、负数和文本。
- 格式代码“0;-0;0;”，不显文本，但显示正数、负数和零。

这里，格式代码中的数字 0 可以设置成任何已知的数字格式或自定义格式。

图 11-8 是一个分析当年各月销售的图表，汇总表的各月数据是从原始数据利用 SUMIF 函数汇总而来，绘制的柱形图上没有数据的月份，数据标签就显示为数字 0，很是难看。

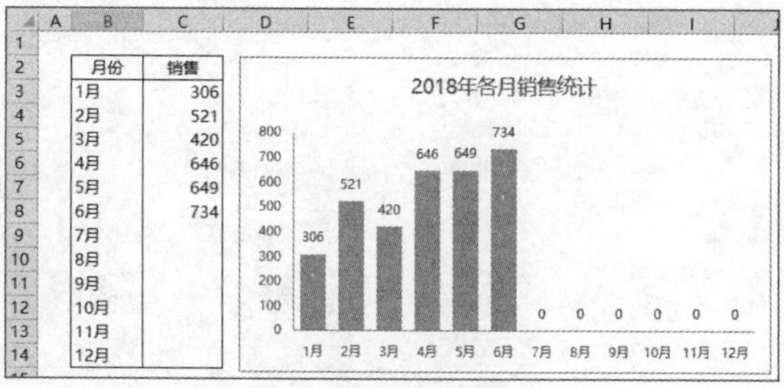
月份
销售
1月 306
2月 521
3月 420
4月 646
5月 649
6月 734
7月
8月
9月
10月
11月
12月
2018年各月销售统计
306 521 420 646 649 734 0 0 0 0 0 0

图 11-8　没有数据的月份，数据标签显示为数字 0，图表难看

我们可以设置数据标签不显示 0，仅仅显示正数，此时的代码是：0;;;，图表就变为如图 11-9 所示的效果。

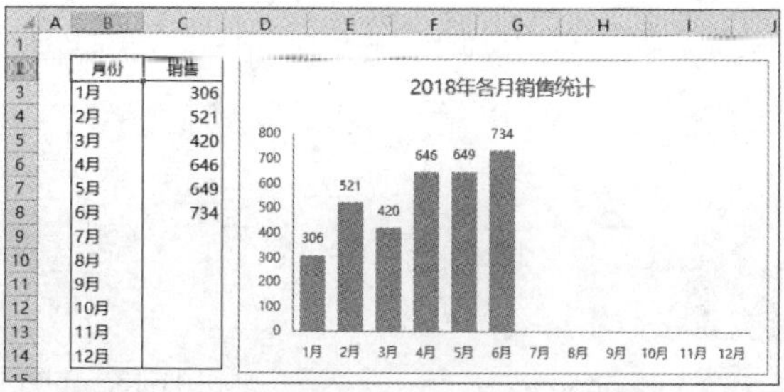
月份
销售
1月 306
2月 521
3月 420
4月 646
5月 649
6月 734
7月
8月
9月
10月
11月
12月
2018年各月销售统计
306 521 420 646 649 734

图 11-9　不显示数据标签的数字 0，图表很美

## 11.8 使用条件判断设置数字格式

在自定义格式代码中，还可以对数字进行比较判断（设置条件表达式），根据判断的结果设置格式。条件要用方括号“[]”括起来。

例如，下面的格式代码结构就是把1000以上的数字标为红色字体，显示两位小数，并在数字前显示符号▲，1000以下数字的标为蓝色字体，显示两位小数，并在数字前显示符号▼，

[>1000][红色] ▲ 0.00;[<=1000][蓝色]▼ 0.00

效果对比如图11-10所示。

| | A | B | C | D | E | F |
|---|---|---|---|---|---|---|
| 1 | 分公司 | 销售额 | | | 分公司 | 显示效果 |
| 2 | 分公司1 | 704 | | | 分公司1 | ▼ 704.00 |
| 3 | 分公司2 | 682 | | | 分公司2 | ▼ 682.00 |
| 4 | 分公司3 | 1678 | | | 分公司3 | ▲ 1678.00 |
| 5 | 分公司4 | 938 | | | 分公司4 | ▼ 938.00 |
| 6 | 分公司5 | 2291 | | | 分公司5 | ▲ 2291.00 |
| 7 | 分公司6 | 2748 | | | 分公司6 | ▲ 2748.00 |
| 8 | 分公司7 | 235 | | | 分公司7 | ▼ 235.00 |
| 9 | 分公司8 | 2367 | | | 分公司8 | ▲ 2367.00 |
| 10 | | | | | | |

图11-10 根据条件判断设置数字格式

图11-11、图11-12就是对预算进行分析的报表及显示效果：

（1）金额数字缩小1万倍显示；

（2）差异值中的负数显示为红色字体，不显示负号，左边添加下箭头；

（3）执行率小于1的设置红色字体，仍按0.00%的格式显示，前面添加下箭头。

这样，自定义格式代码为：

B列和C列的预算数和实际数：0!.0,;-0!.0,;0

D列的差异数：0!.0,;↓[红色]0!.0,;0

E列的执行率：[>=1]0.00%,;[<1]↓[红色]0.00%,;0.00%

| | A | B | C | D | E |
|---|---|---|---|---|---|
| 1 | 项目 | 预算 | 实际 | 差异 | 执行率 |
| 2 | 项目1 | 3637997 | 318065 | -3319932 | 8.74% |
| 3 | 项目2 | 1757494 | 2476835 | 719341 | 140.93% |
| 4 | 项目3 | 824899 | 639988 | -184911 | 77.58% |
| 5 | 项目4 | 3882016 | 4751272 | 869256 | 122.39% |
| 6 | 项目5 | 3438328 | 2309054 | -1129274 | 67.16% |
| 7 | 项目6 | 1504350 | 688207 | -816143 | 45.75% |
| 8 | 项目7 | 4432850 | 5565893 | 1133043 | 125.56% |
| 9 | 项目8 | 3304923 | 2756648 | -548275 | 83.41% |
| 10 | 项目9 | 2302270 | 3577227 | 1274957 | 155.38% |
| 11 | 合计 | 25085127 | 23083189 | -2001938 | 92.02% |
| 12 | | | | | |

图11-11 原始数据显得很零乱

| | A | B | C | D | E |
|---|---|---|---|---|---|
| 1 | 项目 | 预算 | 实际 | 差异 | 执行率 |
| 2 | 项目1 | 363,8 | 31,8 | ↓332.0 | ↓8.74%, |
| 3 | 项目2 | 175,7 | 247,7 | 71.9 | 140.93%, |
| 4 | 项目3 | 82,5 | 64,0 | ↓18.5 | ↓77.58%, |
| 5 | 项目4 | 388,2 | 475,1 | 86.9 | 122.39%, |
| 6 | 项目5 | 343,8 | 230,9 | ↓112.9 | ↓67.16%, |
| 7 | 项目6 | 150,4 | 68,8 | ↓81.6 | ↓45.75%, |
| 8 | 项目7 | 443,3 | 556,6 | 113.3 | 125.56%, |
| 9 | 项目8 | 330,5 | 275,7 | ↓54.8 | ↓83.41%, |
| 10 | 项目9 | 230,2 | 357,7 | 127.5 | 155.38%, |
| 11 | 合计 | 2508,5 | 2308,3 | ↓200.2 | ↓92.02%, |
| 12 | | | | | |

图11-12 设置后的表格重点突出

## 11.9 让长数字编码看起来更清楚

很多长数字的编码看起来很不方便，例如银行账号，手机号码，等等。我们可以将这类的数字显示为一种分隔状态的阅读效果，又不改变数字本身。

例如，手机号码是11位数字，记忆起来很不方便，图11-13就是进行自定义数字格式的设置后的显示效果，格式代码为“000 0000 0000”。

| | A | B | C | D |
|---|---|---|---|---|
| 1 | | 手机号码 | 显示效果 | |
| 2 | | 13520987729 | 135 2098 7729 | |
| 3 | | 13520987730 | 135 2098 7730 | |
| 4 | | 13520987738 | 135 2098 7738 | |
| 5 | | | | |

图11-13 让手机号码看起来更清楚

## 11.10 自定义日期和时间格式

日期和时间也是数字，是特殊的数字，我们也可以对日期和时间自定义格式，以满足不同报表的要求。例如，我们可以设计动态的考勤表表头，自动显示日期和星期几。

在自定义日期和时间时，必须了解代码及其含义。表 11-3 就是常用的代码。这些代码，既可以用在设置单元格格式对话框的自定义格式中，也可以用在 TEXT 函数中。

表 11-3　自定义日期和时间代码、含义、示例

| 自定义格式代码 | 原始数字 | 原始日期和时间 | 显示为 |
|---|---|---|---|
| y 或 yy | 只显示两位数的年份 | 2014-2-8 | 14 |
| yyyy | 只显示四位数的年份 | 2014-2-8 | 2014 |
| m | 只显示原始的月份数字 | 2014-2-8 | 2 |
| mm | 只显示两位月份数 | 2014-2-8 | 02 |
| d | 只显示原始的日数字 | 2014-2-8 | 8 |
| dd | 只显示两位的日数字 | 2014-2-8 | 08 |
| yyyy-mm-dd | 显示完整的日期 | 2014-2-8 | 2014-02-08 |
| yyyymmdd | 显示完整的日期 | 2014-2-8 | 20140208 |
| yyyy.mm.dd | 显示完整的日期 | 2014-2-8 | 2014.02.08 |
| yyyy 年 m 月 d 日 | 显示中文日期 | 2014-2-8 | 2014 年 2 月 8 日 |
| d-mmm-yyyy | 显示英文日期 | 2014-2-8 | 8-Feb-2014 |
| m 月 | 只显示中文月份 | 2014-2-8 | 2 月 |
| mmm | 只显示英文月份 | 2014-2-8 | Feb |
| aaa | 只显示中文星期简称 | 2014-2-8 | 六 |
| aaaa | 只显示中文星期全称 | 2014-2-8 | 星期六 |
| ddd | 只显示英文星期简称 | 2014-2-8 | Sat |
| dddd | 只显示英文星期全称 | 2014-2-8 | Saturday |
| h:m:s | 显示原始时间 | 20:8:9 | 20:8:9 |
| hh:mm:ss | 显示两位数字的时间 | 20:8:9 | 20:08:09 |
| [h]:m | 小时不进位，计算累计 | 20:8:9 | 20:8 |
| [m]:s | 分钟不进位，计算累计 | 20:8:9 | 1208:9 |
| [s] | 秒不进位，计算累计 | 20:8:9 | 72489 |

# 04

# 第 4 部分

## 规则与逻辑思路，是函数和公式的核心

不管是在培训课堂上，还是课下各种途径的交流学习中，我听到最多的一句话就是：函数太难学了，公式太难做了，绕着绕着就把自己绕晕了。就在昨天的一次大型公益沙龙讲座上，面对台下300多位财务人员，我只问了一句话：你们觉得学习Excel最难的是什么：几乎所有人都异口同声地回答：函数！

确实，函数公式是Excel中比较难学的，说比较难学而不是说最难学，是因为还有一个更难学的东西：那就是数据分析。

函数本身学起来并不难，看看帮助信息，基本上都能学会如何使用。最难的是如何利用函数创建公式，因为公式离不开具体的表格，离不开具体的问题，因此需要去好好理解表格，细心理解表格的逻辑，仔细去寻找解决问题的思路，一句话，逻辑思路永远是学习函数公式的最核心的东西。

当拿到一个表格要做汇总分析时，首先明确自己要做什么，然后是阅读表格，分析数据的逻辑关系，最后才是选择相应的函数来做公式。而当创建计算公式时，除了对函数必须熟练运用外，还要学会绘制逻辑流程图，清晰地表达出解决问题的详细思路和步骤。实际上，当你绘制出逻辑流程图后，问题就已经解决了一半甚至四分之三，剩下的仅仅是输入函数创建公式，或者绘制分析图表。

在学习函数公式时，永远牢记以下几点：

- 学会阅读表格，了解表格之间、字段之间的逻辑关系
- 学会梳理逻辑思路，学会画逻辑思路图
- 了解公式和函数的重要规则
- 了解函数本身的逻辑、原理和使用方法
- 掌握嵌套函数公式的高效创建方法技巧

不论是在本书中，还是在每次的培训课堂上，我一直在强调逻辑思路的重要性，任何一个公式都是来源于你对表格逻辑的理解。

也许你对每个单个的函数都会使用了，也很熟练，但是，要把它们嵌套在一起，该如何入手呢？很多人觉得嵌套函数很难，那是因为你还没有理清思路。

思路不同，思考问题的出发点也会不同，更会得到不同的公式，但解决问题的最终结果是一样的，只是公式的复杂程度不一样而已，公式的效率高低有区别而已。

永远不要只喜欢（只会）套用公式，因为别人的公式，是针对别人表格的逻辑产生的，是别人的逻辑思路结晶，您的表格符合这个逻辑吗？

所以应遵循以下几点思路：

从阅读表格发现逻辑；

从表格逻辑寻找思路；

从逻辑思路选择函数；

从函数创造计算公式。

# 第 12 章 公式基础：你必须了解和掌握的基本规则和注意事项

## 12.1 公式基础知识

### 12.1.1 什么是公式

简单来说，公式是以等号“=”开头的，以运算符将多个元素连接起来的数学表达式。在 Excel 中，凡是在单元格中先输入等号（=）然后再输入其他数据的，Excel 就自动判断为公式。

例如，假如在单元格输入了“=100”，那么尽管该单元格显示出的数据为 100，但它的真正面目并不是数字 100，而是一个公式，其计算结果是 100。

例如，在单元格输入“= 北京”，Excel 就认为引用一个名称“北京”；在单元格输入“=”北京””，就是在单元格输入文本“北京”。

### 12.1.2 公式元素

输入单元格中的计算公式，由以下几种基本元素组成：

- 等号（=）：任何公式前面必须是以等号（=）开头。
- 运算符：运算符是将多个参与计算的元素连接起来的运算符号，Excel 公式常用的运算符有引用运算符、算术运算符、文本运算符和比较运算符。
- 常数或字符串：常数是指值永远不变的数据，如 10.02，2000 等；字符串是指用双引号括起来的文本，如“47838”，“日期”等。
- 数组：在公式中还可以使用数组，以创建更加复杂的公式。比如，{1,2,3,4,5} 就是一个数组。
- 单元格引用：单元格引用是指以单元格地址或名称来代表单元格的数据进行计算。比如，公式“=A1+B2+200”就是将单元格 A1 的数据和 B2 的数据以及常数 200 进行相加；公式“=SUM( 销售量 )”就是利用函数 SUM 对名称“销售量”所代表的单元格区域进行加总计算。
- 工作表函数和它们的参数：公式的元素可以是函数，例如公式“=SUM(A1:A10)”就使用了函数 SUM，而 A1:A10 就是为 SUM 函数设置的一个参数。
- 括号：括号主要用于控制公式中各元素运算的先后顺序。要注意区别函数中的括号，函数中的括号是函数不可分割的一部分。

### 12.1.3 公式运算符

Excel 公式的运算符有引用运算符、算术运算符、文本运算符和比较运算符。

#### 1. 引用运算符

引用运算符用于对单元格区域合并计算，常见的引用运算符有冒号（:）、逗号（,）、空格和括号，其中：

- 冒号（:），是区域运算符，用于对两个引用单元格之间所有单元格进行引用，如 A1:B10 表示以 A1 为左上角、以 B10 为右下角的连续单元格区域；A:A 表示整个 A 列；5:5 表示第 5 行。
- 逗号（,），是函数参数分隔符，即在函数的各个参数之间，必须有逗号予以分隔。
- 空格，是交集运算符，用于对两个单元格区域的交叉单元格的引用，例如，公式“=SUM(B5:D5 C5:E5)”则是将两个单元格区域 B5:D5 和 C5:E5 的交叉单元格区域 C5:D5 的数据进行加总。
- 括号，是运算规则的组合，或函数的组成部分。

#### 2. 算术运算符

算术运算符用于完成基本的算术运算，按运算的先后顺序，算术运算符有负号（-）、百分数（%）、幂（^）、乘（*）、除（/）、加（+）、减（-）。

例如，公式“=A1*B1+C1”就是将单元格 A1 和 B1 数据相乘后再加上单元格 C1 数据。

公式“=A1^(1/3)”就是求单元格 A1 的数据的立方根。

公式“=-A1”就是将单元格 A1 的数字变为负数后输入到某个单元格。

#### 3. 文本运算符

文本运算符用于两个或多个值连接或串起来产生一个连续的文本值，文本运算符主要是文本连接运算符“&”。例如，公式“=A1&A2&A3”就是将单元格 A1、A2、A3 的数据连接起来组成一个新的文本。

#### 4. 比较运算符

比较运算符用于比较两个值，并返回逻辑值 TRUE（真）或 FLASE（假）。比较运算符有等于（=）、小于（<）、小于等于（<=）、大于（>）、大于等于（>=）、不等于（<>）。

例如，公式“=A1=A2”就是比较单元格 A1 和 A2 的值，如果 A1 的值等于 A2 的值，就返回 TRUE，否则就返回 FALSE。注意这个公式的左边第一个等号是公式的等号，而第二个等号是比较运算符。

需要注意的是，Excel 是不区分字母大小写的，因此在对英文字符串利用上述比较运算符进行比较时，要注意这个问题。例如，假设在单元格 A1 为字母“a”，在单元格 A2 为字母“A”，那么公式“=A1=A2”的结果是 TRUE。

### 12.1.4 公式运算符的优先顺序

当公式中有不同的运算符一起使用时，要特别注意它们的优先顺序。一般情况下，Excel 公式会按照默认的运算符优先顺序（引用运算符→算术运算符→文本运算符→比较运算符）进行逐次运算。

但是，如果公式中的运算符具有相同的优先顺序时，则计算的顺序是从左到右进行依次计算。不过，我们也可以使用多组的小括号“()”改变公式的计算顺序：当有多层小括号组成层状结构时，原则上由内往外逐次计算。

例如，公式“=((A1*B1)+(A2*B2))*C1”就是利用小括号设置计算顺序的例子，它首先计算单元格 A1 和 B1 的乘积以及 A2 和 B2 的乘积，然后再将两者相加，最后再乘以单元格 C1 的值。

又如，如果要计算单元格 A1 数值的立方根，就必须使用公式“=A1^(1/3)”，也就是先计算小括号内的表达式“1/3”，然后以此结果对单元格 A1 进行幂计算。切忌不能将公式写为“=A1^1/3”，这样的话就是先计算单元格 A1 的 1 次幂，然后再将结果除以 3。

## 12.1.5　公式中的常量

Excel 处理的数据有三类：文本、日期时间、数字，当要在公式或函数中输入这样的常量时，要依据数据类型做不同的处理。

（1）文本

要用双引号括起来，比如：=“北京”。如果在单元格输入这样的公式“=“100””，那么单元格得到的结果将不再是数字 100，而是文本型数字。

（2）日期和时间

也用双引号括起来，比如：=“2017-10-1”，=“13:23:48”。如果直接输入公式“=2017-10-1”，那么就是减法运算了。

但要注意，带双引号的日期在直接做算术运算以及用在日期函数进行计算中时，不需要特殊处理；但要用在其他函数中，最好使用 DATEVALUE 函数和 TIMEVALUE 函数将文本型日期和时间进行转换，即：

```
= DATEVALUE(“2017-10-1”)
=TIMEVALUE(“13:23:48”)
```

（3）数字

直接输入即可。例如，公式“=100083&“北京市海淀区学院路””。

## 12.1.6　公式中标点符号都必须是半角字符

无论是在公式直接输入，还是在函数里作为参数，当用到单引号、双引号、逗号、冒号等标点符号时，必须都是英文半角字符，不能是汉字状态下的全角字符。这点在输入公式时要特别注意，尽管有时候输入了全角字符，Excel 能够自动转换为半角字符，但大多数情况是会出现错误的。

## 12.1.7　公式中字母不区分大小写

在公式中，大写字母和小写字母都是一样的。当输入函数时，既可以输入小写也可以输入大写，即 Sum、SUM 均可。如果要严格区分字母的大小写，那么就需要使用函数来匹配了。

# 12.2 单元格引用方式：相对引用和绝对引用

引用的作用在于标识工作表上的单元格或单元格区域，并告知Excel在何处查找公式中所要使用的数值或数据。

通过引用，可以在一个公式中使用工作表不同单元格所包含的数据，或者在多个公式中使用同一个单元格的数值。

引用也可以是同一个工作簿中其他工作表上的单元格或者其他工作簿中的数据。

引用其他工作簿中的单元格被称为链接或外部引用。

## 12.2.1 A1引用样式和R1C1引用样式

在默认情况下，Excel使用A1引用样式，在此样式下，引用字母标识列，数字标识行，这些字母和数字被称为列标和行号。若要引用某个单元格，应先输入列标字母再输入行号。例如，B2引用B第2行交叉处的单元格。

Excel还可以设置为R1C1引用方式，此时R表示行，C表示列，R10C5表示引用第10行第5列的单元格，也就是常规的E10单元格。

A1引用样式和R1C1引用样式的切换是在“Excel选项”对话框中进行的，如图12-1所示。

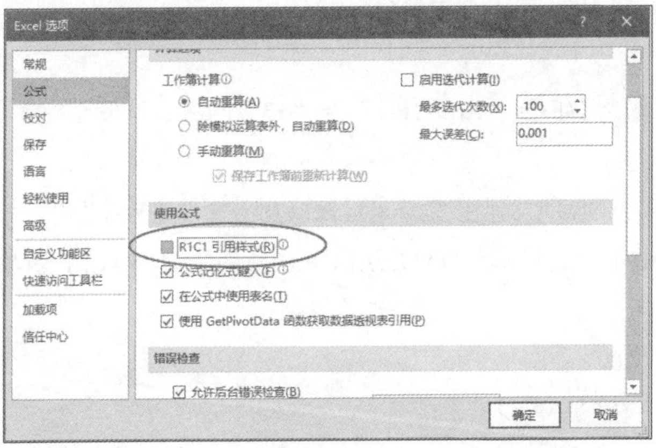
Excel 选项
常规
公式
校对
保存
语言
轻松使用
高级
自定义功能区
快速访问工具栏
加载项
信任中心
工作簿计算
自动重算(A)
除模拟运算表外，自动重算(D)
手动重算(M)
保存工作簿前重新计算(W)
启用迭代计算(I)
最多迭代次数(X): 100
最大误差(C): 0.001
使用公式
R1C1 引用样式(R)
公式记忆式键入(F)
在公式中使用表名(T)
使用 GetPivotData 函数获取数据透视表引用(P)
错误检查
允许后台错误检查(B)
确定
取消

图12-1 A1引用样式和R1C1引用样式的切换

## 12.2.2 绝对引用和相对引用

在引用单元格进行计算时，如果您想要**复制公式**（俗称拉公式），那么就要特别注意单元格引用位置是否也随着公式的移动发生变化，也就是说，要考虑单元格的引用方式：**相对引用，绝对引用**，以免复制后的公式不是您想要的结果。

### 1. 相对引用

相对引用也称相对地址，用列标和行号直接表示单元格，如A2、B5等。在默认情况下，输入的新公式使用相对引用。

当某个单元格的公式被复制到另一个单元格时，原单元格内公式中的地址在新的单元格中就要发生变化，但其引用的单元格地址之间的相对位置间距保持不变。

例如，单元格 C2 的公式为“=A1”，将其复制到单元格 E6，也就是往下复制 4 行，再往右复制 2 列，则单元格 E6 的公式就是“=C5”，引用位置发生了同步变化。

### 2. 绝对引用

绝对引用又称绝对地址，在表示单元格的列标和行号前加“$”符号就称为绝对引用，其特点是在将此单元格复制到新的单元格时，公式中引用的单元格地址始终保持不变。

例如，单元格 C2 的公式为“=$A$1”，将其复制到单元格 E6，也就是往下复制 4 行，再往右复制 2 列，单元格 E6 的公式仍为“=$C$5”，引用位置不变。

### 3. 列绝对、行相对引用

列标前有 $ 号，而行号前没有 $ 号，就是列绝对、行相对引用。此时，当往左右复制公式时，引用的列是不发生变化的，但是往上下复制公式时，引用的行会发生变化。

例如，单元格 C2 公式为“=$A1”，将其复制到单元格 E6，也就是往下复制 4 行，再往右复制 2 列，单元格 E6 的公式变为“=$A5”，此时，仍然引用的是 A 列，第 1 行变为了第 5 行。

### 4. 行绝对、列相对引用

列标前没有 $ 号，而行号前有 $ 号，就是列相对、行绝对引用。此时，当往左右复制公式时，引用的列会发生变化，但是往上下复制公式时，引用的行不会发生变化。

例如，单元格 C2 公式为“=A$1”，将其复制到单元格 E6，也就是往下复制 4 行，再往右复制 2 列，单元格 E6 的公式变为“=C$1”，此时，仍然引用的是第 1 行，但 A 列变为了 C 列。

### 5. 三维引用

三维引用是指在一个工作簿中，从不同的工作表引用单元格地址，或从不同的工作簿引用单元格地址。

当从同一工作簿的不同工作表引用单元格，要在引用工作表名称后面跟一个感叹号（！），然后是单元格地址，例如“=Sheet2!B5”。

当工作表名称是数字或者是以数字开头的字符串时，鼠标直接单击引用该工作表单元格时，会在工作表名称外面自动添加一对单引号，如下所示：

```
='22'!A1
='1月'!A1
```

如果工作表名称之间有空格，那么必须用一对单引号将工作表名称扩起来，否则 Excel 会认为这个空格是交集运算符，空格左右的单词是名称，这样就会出现错误。例如：

```
='China Sales'!B2:B10
```

当引用其他工作簿的某个工作表单元格时，需要先用方括号将其他工作簿括起来，然后是某个工作表名称及感叹号，最后是单元格地址，例如“=[Book2.xls]Sheet1!$B$2”

如果引用的某个工作簿关闭了，那么就必须加上该工作簿的具体路径，即

```
='C:\TEMP\[Book2.xls]Sheet1'!$B$2
```

注意：这里引用的具体写法是用单引号将包括工作簿路径、工作簿名及工作表名在内的字符串

括起来，然后在后面跟一个感叹号（！），最后是单元格地址，如下所示：

=' 工作簿保存文件夹路径 \[ 工作簿名 .xls] 工作表名' ！单元格地址

需要注意的是，三维引用不能用于数组公式，也不能与交叉引用运算符（即空格）一起使用。

**6. F4 键：相对引用和绝对引用快速转换键**

牢记一个引用转换小技巧：F4 键。循环按 F4 键，就会依照相对引用→绝对引用→列相对行绝对→列绝对行相对→相对引用……这样的顺序循环下去。

## 12.2.3 相对引用和绝对引用举例

图 12-2 是计算各个产品销售额占销售总额的百分比，它们分别等于单元格 B2、B3、B4 和 B5 的数值除以单元格 B6 的数值。

在各个单元格的计算公式中，总是要使用单元格 B6 的数值作为分母，因此，在各个单元格的计算公式中对单元格 B6 要采用绝对引用。这样，在单元格 C2 输入公式“=B2/$B$6”，然后向下复制到单元格 C6，就能得到各个产品销售额的百分比数据。

C2 =B2/$B$6

| | A | B | C | D |
|---|---|---|---|---|
| 1 | 产品 | 销售额 | 占比 | |
| 2 | 产品A | 543 | 15.39% | |
| 3 | 产品B | 765 | 21.68% | |
| 4 | 产品C | 1345 | 38.11% | |
| 5 | 产品D | 876 | 24.82% | |
| 6 | 合计 | 3529 | 100.00% | |

**图 12-2 绝对引用的应用实例**

图 12-3 的表格左半部分是某企业的日常费用开支管理账。通过这个表格，如果我们要查看哪天哪个部门有什么费用开支，是非常不方便的。但是，如果我们设计一个图右半部分的表格，那么就很容易看出哪天哪个部门有费用开支。

选取单元格 F2，输入公式“=IF($D2=F$1,$C2,"" )”，这个公式的意义就是：如果单元格 D2 的数据等于单元格 F1 的数据，那么就在单元格 F2 中输入单元格 C2 的数据，否则就不输入任何数据。

左侧表格的部门数据总保存在 D 列里，列位置是固定的，但每行的部门是不同的，因此单元格 D2 的引用为列绝对行相对 $D2；右侧表格的标题是指定的部门名称，总保持在第一行，但是每列的部门是不同的，因此单元格 F1 的引用为列相对行绝对 F$1；取数的金额总保存在 C 列里，但每行是不同的，因此单元格 $C2 的引用为列绝对行相对 $C2。

这样，当在单元格 F2 输入公式“=IF($D2=F$1,$C2,"" )”后，往右往下复制，就在单元格区域 F2:J9 中输入了所有的公式，每个费用项目的金额，都归纳到对应的部门下了。

F2 =IF($D2=F$1,$C2,"")

| | A | B | C | D | E | F | G | H | I | J |
|---|---|---|---|---|---|---|---|---|---|---|
| 1 | 日期 | 费用项目 | 金额 | 部门 | | 办公室 | 销售部 | 信息部 | 财务部 | 人事部 |
| 2 | 2017-11-2 | 办公用品 | 466 | 办公室 | | 466 | | | | |
| 3 | 2017-11-3 | 出差费 | 1032 | 人事部 | | | | | | 1032 |
| 4 | 2017-11-5 | 出差费 | 273 | 销售部 | | | 273 | | | |
| 5 | 2017-11-5 | 加班费 | 3233 | 信息部 | | | | 3233 | | |
| 6 | 2017-11-9 | 杂费 | 682 | 财务部 | | | | | 682 | |
| 7 | 2017-11-10 | 印刷费 | 2433 | 人事部 | | | | | | 2433 |
| 8 | 2017-11-10 | 出差费 | 8473 | 信息部 | | | | 8473 | | |
| 9 | 2017-11-11 | 办公用品 | 787 | 办公室 | | 787 | | | | |
| 10 | | | | | | | | | | |

**图 12-3 日常费用开支管理账**

图 12-4 是一个很常见的表格结构，每个地区下有一个合计，现在要加总所有地区合计数，单元格 C17 的公式如下：

```
=SUMIF($B$2:$B$16,"合计",C2:C16)
```

在这个公式中，判断区域是 B2:B16，无论公式复制到哪里，这个判断区域是永远固定在这个地方的，所以要绝对引用 $B$2:$B$16，而求和区域是 C2:C16，这个仅仅是计算 1 月份的总计，当向右复制公式时，要分别计算其他月份的总计，因此这个区域要相对引用。

| | A | B | C | D | E | F | G | H | I | J | K | L | M | N | O |
|---|---|---|---|---|---|---|---|---|---|---|---|---|---|---|---|
| 1 | 地区 | 产品 | 1月 | 2月 | 3月 | 4月 | 5月 | 6月 | 7月 | 8月 | 9月 | 10月 | 11月 | 12月 | 合计 |
| 2 | 华北 | 产品1 | 229 | 150 | 686 | 626 | 500 | 429 | 460 | 236 | 439 | 749 | 258 | 567 | 5329 |
| 3 | | 产品2 | 277 | 725 | 729 | 281 | 606 | 730 | 800 | 709 | 279 | 483 | 772 | 746 | 7137 |
| 4 | | 产品3 | 398 | 233 | 464 | 744 | 193 | 167 | 750 | 785 | 413 | 352 | 450 | 627 | 5576 |
| 5 | | 合计 | 904 | 1108 | 1879 | 1651 | 1299 | 1326 | 2010 | 1730 | 1131 | 1584 | 1480 | 1940 | 18042 |
| 6 | 华东 | 产品1 | 354 | 130 | 254 | 532 | 581 | 747 | 531 | 419 | 498 | 276 | 139 | 164 | 4625 |
| 7 | | 产品2 | 638 | 686 | 147 | 100 | 310 | 356 | 668 | 475 | 517 | 733 | 357 | 365 | 5352 |
| 8 | | 产品3 | 454 | 427 | 591 | 524 | 315 | 154 | 281 | 391 | 626 | 445 | 185 | 498 | 4891 |
| 9 | | 产品4 | 496 | 508 | 602 | 457 | 414 | 780 | 527 | 192 | 178 | 506 | 167 | 561 | 5388 |
| 10 | | 合计 | 1942 | 1751 | 1594 | 1613 | 1620 | 2037 | 2007 | 1477 | 1819 | 1960 | 848 | 1588 | 20256 |
| 11 | 华南 | 产品2 | 316 | 403 | 538 | 389 | 501 | 460 | 571 | 383 | 512 | 727 | 360 | 422 | 5582 |
| 12 | | 产品3 | 427 | 268 | 196 | 591 | 375 | 250 | 344 | 634 | 656 | 334 | 739 | 569 | 5383 |
| 13 | | 产品4 | 307 | 378 | 700 | 411 | 312 | 469 | 771 | 373 | 495 | 643 | 274 | 223 | 5356 |
| 14 | | 产品5 | 562 | 786 | 739 | 139 | 136 | 126 | 518 | 506 | 599 | 574 | 126 | 101 | 4912 |
| 15 | | 产品6 | 371 | 665 | 475 | 111 | 664 | 628 | 422 | 677 | 126 | 483 | 660 | 445 | 5727 |
| 16 | | 合计 | 1983 | 2500 | 2648 | 1641 | 1988 | 1933 | 2626 | 2573 | 2388 | 2761 | 2159 | 1760 | 26960 |
| 17 | 总计 | | 4829 | 5359 | 6121 | 4905 | 4907 | 5296 | 6643 | 5780 | 5338 | 6305 | 4487 | 5288 | 65258 |

图 12-4　计算总计

图 12-5 是一个各个月的预算分析表，现在要计算全年的合计数。此时，单元格 B3 的公式为：

```
=SUMIF($E$2:$AN$2,B$2,$E3:$AN3)
```

在这个公式中，判断区域是第 2 行各个月的标题，无论公式往右往下复制到哪里，这个区域是固定不变的，因此要绝对引用 $E$2:$AN$2。

条件值是使用第 2 行 B2 的标题，当往右复制时，要变成不同的名称，因此列相对；当在该列往下复制时，该行单元格的标题是不能变化的，仍旧是单元格 B2，因此是行绝对。因此，函数 SUMIF 的条件值引用是行绝对列相对：B$2。

无论公式怎么复制，求和区域永远是 E 列到 AN 列的区域，因此往右复制公式时，这个区域是不能变化的，要列绝对，但是每行是一个不同的项目，往下复制公式时要变成不同项目的数据区域，因此要行相对，这样，求和区域要设置为列相对行绝对：$E3:$AN3。

B3　=SUMIF($E$2:$AN$2,B$2,$E3:$AN3)

| | A | B | C | D | E | F | G | H | I | J | K | L | M | N | O | P | Q |
|---|---|---|---|---|---|---|---|---|---|---|---|---|---|---|---|---|---|
| 1 | 项目 | 全年 | | | 1月 | | | 2月 | | | 3月 | | | 4月 | | | |
| 2 | | 预算 | 实际 | 差异 | 预算 | 实际 | 差异 | 预算 | 实际 | 差异 | 预算 | 实际 | 差异 | 预算 | 实际 | 差异 | 预算 |
| 3 | 项目01 | 6279 | 5609 | -670 | 363 | 645 | 282 | 693 | 338 | -355 | 742 | 207 | -535 | 503 | 454 | -129 | 216 |
| 4 | 项目02 | 6604 | 5750 | -854 | 284 | 482 | 198 | 770 | 719 | -51 | 455 | 414 | -41 | 787 | 413 | -374 | 659 |
| 5 | 项目03 | 6146 | 5238 | -908 | 316 | 226 | -90 | 606 | 672 | 66 | 365 | 499 | 134 | 740 | 385 | -355 | 405 |
| 6 | 项目04 | 5744 | 6194 | 450 | 255 | 658 | 403 | 362 | 512 | 150 | 748 | 227 | -521 | 435 | 771 | 336 | 558 |
| 7 | 项目05 | 6815 | 6689 | -126 | 528 | 202 | -326 | 326 | 329 | 3 | 797 | 557 | -240 | 637 | 771 | 134 | 411 |
| 8 | 项目06 | 6104 | 6291 | 187 | 745 | 375 | -370 | 421 | 258 | -163 | 735 | 607 | -128 | 494 | 684 | 190 | 579 |
| 9 | 项目07 | 4908 | 4857 | -51 | 618 | 593 | -25 | 338 | 391 | 53 | 243 | 542 | 299 | 650 | 314 | -336 | 225 |
| 10 | 项目08 | 6361 | 5337 | -1024 | 670 | 211 | -459 | 341 | 421 | 80 | 728 | 791 | 63 | 371 | 504 | 133 | 281 |
| 11 | 项目09 | 5790 | 6422 | 632 | 305 | 476 | 171 | 365 | 411 | 46 | 271 | 736 | 465 | 647 | 543 | -104 | 622 |
| 12 | 项目10 | 6696 | 6276 | -420 | 757 | 797 | 40 | 687 | 617 | -70 | 565 | 243 | -322 | 609 | 313 | -296 | 529 |
| 13 | 合计 | 61447 | 58663 | -2784 | 4841 | 4665 | -176 | 4909 | 4668 | -241 | 5649 | 4823 | -826 | 5953 | 5152 | -801 | 4485 |
| 14 | | | | | | | | | | | | | | | | | |

图 12-5　计算全年合计数

# 12.3 公式错误的检查与改正

设计公式，不可避免会出现错误。了解错误的类型，以及快速查找更正错误值，也是一个需要掌握的技能和技巧。

## 12.3.1 公式的错误信息

Excel 提供了单元格公式错误信息的标志。当单元格的公式出现错误时，就会在该单元格的左上角出现一个小三角符号，如图 12-6 所示。当单击该单元格时，在该单元格旁边就会出现错误提示符号，单击此符号，就会弹出该错误的一些提示，如图 12-7 所示。

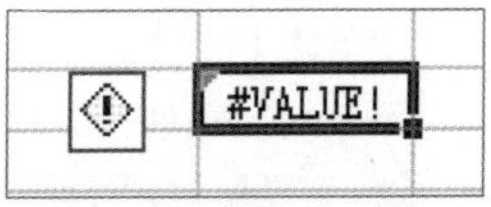
#VALUE!

图 12-6 错误信息提示

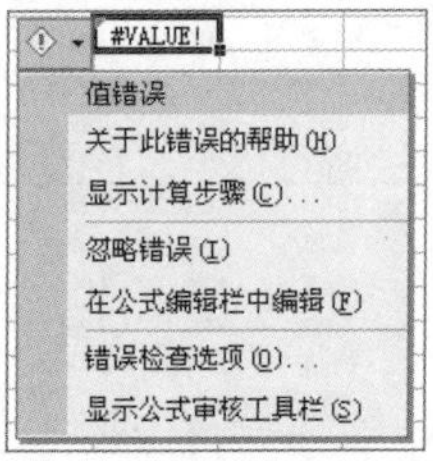
#VALUE!
值错误
关于此错误的帮助(H)
显示计算步骤(C)...
忽略错误(I)
在公式编辑栏中编辑(F)
错误检查选项(O)...
显示公式审核工具栏(S)

图 12-7 错误提示选项

Excel 的错误信息返回值如表 12-1 所示。可以根据 Excel 的错误信息返回值来判断错误的原因。

表 12-1 Excel 的常见错误信息

| 错误值 | 错误原因 |
|---|---|
| #DIV/0! | 公式的除数为零，比如 =B3/0 |
| #N/A | 查找函数找不到数据，比如 VLOOKUP 函数找不到数据后的情况 |
| #NAME? | 不能识别的名字，比如 =SUM( 国内市场 )，但你却没有定义名称“国内市场” |
| #NUM! | 在函数中使用了不能接受的参数，比如 B2:F2 数据有问题，=IRR(B2:F2) 的结果 |
| #REF! | 公式中引用了无效的单元格，比如公式 =A1，你却把 A 列删除了 |
| #VAULE! | 参数类型有错误，比如公式 =“2017.9.28” +10，这里“2017.9.28”是文字，无法与数字相加 |

## 12.3.2 快速检查公式错误：公式求值

当制作了一个比较复杂的公式，希望按照公式的计算次序来检查公式每一部分的计算结果，则可以使用“公式求值”工具。

单击“公式”→“公示审核”→“公式求值”命令，打开“公式求值”对话框，单击“求值”按钮，就会看到每步的计算结果，如图 12-8 所示。

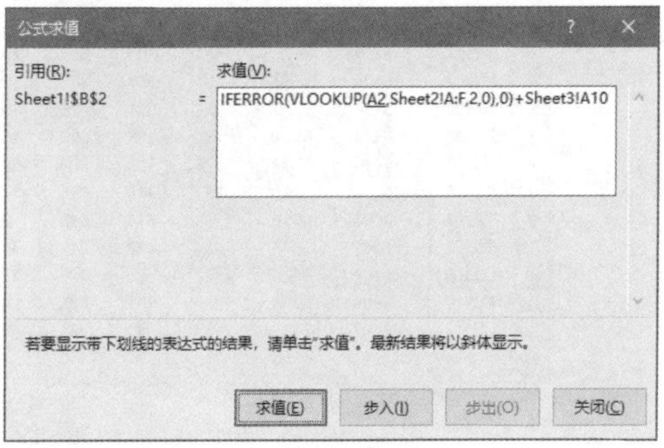
公式求值
引用(R):
求值(V):
Sheet1!$B$2
=
IFERROR(VLOOKUP(A2,Sheet2!A:F,2,0),0)+Sheet3!A10
若要显示带下划线的表达式的结果，请单击“求值”。最新结果将以斜体显示。
求值(E)
步入(I)
步出(O)
关闭(C)

图 12-8 用公式求值来检查公式

### 12.3.3　快速检查公式某部分计算结果：利用 F9 键

如果要查看公式中的某部分表达式计算结果，以便于我们检查公式各个部分计算结果的正确性，则可以利用编辑栏的计算器功能和“F9”键，具体方法是：

（1）先在公式编辑栏或者单元格内选择公式中的某部分表达式。

（2）然后按“F9”键查看其计算结果。

（3）检查完毕计算结果后不要按“Enter”键，否则就会将表达式替换为计算结果数值，而是按“Esc”键放弃计算，恢复公式。

## 12.4　复制和移动公式

复制和移动公式是最常见的操作之一，尤其是在需要输入大量计算公式的场合。复制和移动公式有很多方法和小窍门，您可以根据自己的喜好和实际情况采用某种方法。

### 12.4.1　复制公式的基本方法

复制公式的基本方法是在一个单元格输入公式后，将鼠标对准该单元格右下角的黑色小方块，按住左键不放，然后向下、向右、向上或者向左拖动鼠标，从而完成其他单元格相应计算公式的输入工作。

### 12.4.2　复制公式的快捷方法

除了上面介绍的通过拖动单元格右下角的黑色小方块来复制公式外，还可以采用一些小技巧来实现公式的快速复制。例如双击法、快速复制法等。

当在某单元格输入公式后，如果要将该单元格的公式向下填充复制，一般的方法是向下拖动鼠标。但还有一个更快的方法：双击单元格右下角的黑色小方块，就可以迅速得到复制的公式。不过，这种方法只能快速向下复制公式，无法向上、向左或向右快速复制公式。而且这种方法也不适用于中间有空行的场合：如果中间有空行，复制公式就会停止在空行处。

如果要复制公式的单元格区域很大，例如有很多行和很多列，采用上述的拖动鼠标的方法就比较笨拙了。可以在单元格区域的第一个单元格输入公式，然后再选取包括第一个单元格在内的要输入公式的全部单元格区域，按“F2”键，然后再按“Ctrl+Enter”组合键，可迅速得到所有的计算公式。

### 12.4.3　移动公式的基本方法

移动公式就是将某个单元格的计算公式移动到其他单元格中，基本方法是选择要移动公式的单元格区域，按“Ctrl+X”组合键，再选取目标单元格区域的第一个单元格，按“Ctrl+V”组合键。

需要注意的是，这种方法只能移动连续单元格区域，不能操作不连续单元格区域。

### 12.4.4　移动公式的快捷方法

如果您觉得按“Ctrl+X”组合键和“Ctrl+V”组合键麻烦，可以采用下面的快速方法：选择要移动公式的单元格区域，将鼠标指针选定区域的边框上，按住左键，拖动鼠标到目标单元格区域的左上角单元格。

不过这种方法只能移动连续单元格区域，不能操作不连续的单元格区域。

### 12.4.5 移动复制公式本身或公式的一部分

一般情况下，复制公式时会引起公式中对单元格引用的相对变化，除非采用的是绝对引用。但是有时候我们却希望将单元格的公式本身复制到其他的单元格区域，不改变公式中单元格的引用。此时，就需要采用特殊的方法了，就是将公式作为文本进行复制，基本方法和步骤为：选择要复制公式本身的单元格，在编辑栏中选择整个公式文本，按“Ctrl+C”组合键，将选取的公式文本复制到剪切板，然后双击目标单元格，再按“Ctrl+V”组合键。

另外一个复制公式本身的方法是先将单元格公式前面的等号删除，然后再将该单元格复制到其他单元格，最后再将这个单元格的公式字符串前面加上等号。

利用上述介绍的方法，我们还可以复制公式文本的一部分，只要在单元格内和公式编辑栏中选取公式的一部分，然后再进行复制粘贴就可以了。

### 12.4.6 将公式转换为值

当利用公式将数据进行计算和处理后，如果公式结果不再变化，可以将公式转换为值，这样可以防止一不小心把公式的引用数据删除造成公式错误。

将整个公式的值转换为不变的数据，可以采用选择性粘贴的方法。

## 12.5 让公式容易阅读理解的技巧

### 12.5.1 将公式分行输入，以便使公式更加容易理解和查看

当输入的公式非常复杂又很长时，我们希望能够将公式分成几部分并分行显示，以便于查看公式。Excel 允许将公式分行输入，这种处理并不影响公式的计算结果。

要将公式分行输入，应在需要分行处按“Alt+ Enter”组合键进行强制分行，当所有部分输入完毕后再按“Enter”键。图 12-9 就是将公式分行输入后的情形。

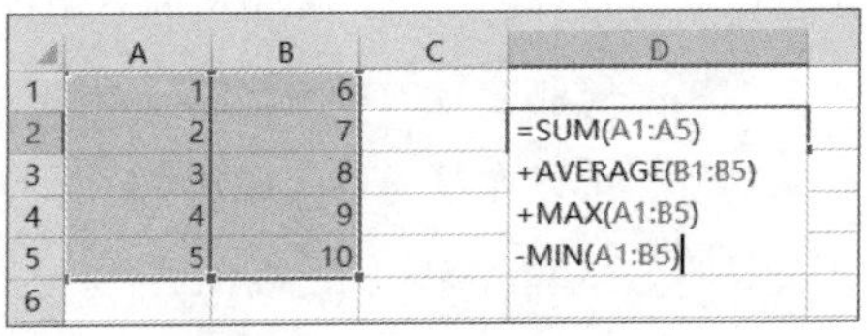
A
B
C
D
=SUM(A1:A5)
+AVERAGE(B1:B5)
+MAX(A1:B5)
-MIN(A1:B5)

图 12-9　将公式各个部分分行输入

### 12.5.2 在公式表达式中插入空格

Excel 也允许在运算符和表达式之间添加空格，但是不能在函数名的字母之间以及函数名与函数的括号之间插入空格。插入空格后的公式查看起来更加清楚，便于我们对公式进行分析和编辑。图 12-10 就是在公式的表达式和运算符之间插入空格后的情形。

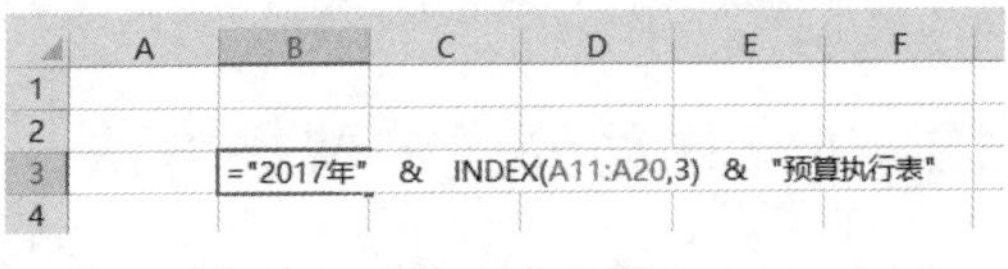
A
B
C
D
E
F
="2017年"  &  INDEX(A11:A20,3)  &  "预算执行表"

图 12-10　在公式的表达式和运算符之间插入空格

# 12.6 隐藏、显示和保护公式

在输入完毕所有的公式并检查无误后，一个重要的工作就是要将这些公式保护起来，以免不小心破坏公式。此外，我们也可能要查看各个单元格的公式，或者希望将计算公式隐藏起来，以免被别人看到。本节我们就介绍隐藏、显示和保护公式的基本方法和技巧。

## 12.6.1 显示公式计算结果和显示公式表达式

按“Ctrl+`”组合键可以在显示计算结果和显示公式之间进行切换。按一次“Ctrl+`”组合键，会显示公式，再次按该组合键，则会显示计算结果。

如果要在公式的旁边一列显示左边单元格的公式字符串，在 Excel 2016 版中，可以使用 FORMULATEXT 函数，其功能就是把单元格公式字符串显示出来（不计算），如图 12-11 所示。

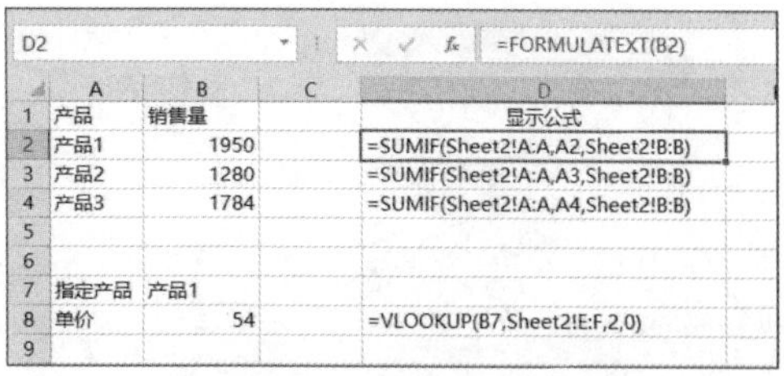
D2
=FORMULATEXT(B2)
A B C D
1 产品 销售量 显示公式
2 产品1 1950 =SUMIF(Sheet2!A:A,A2,Sheet2!B:B)
3 产品2 1280 =SUMIF(Sheet2!A:A,A3,Sheet2!B:B)
4 产品3 1784 =SUMIF(Sheet2!A:A,A4,Sheet2!B:B)
7 指定产品 产品1
8 单价 54 =VLOOKUP(B7,Sheet2!E:F,2,0)

图 12-11　利用 FORMULATEXT 显示公式字符串

## 12.6.2 保护公式

当你辛辛苦苦地将工作表的一些单元格输入好了计算公式后，要注意将公式保护起来（但其他没有公式的单元格不能进行保护），如果需要保密的话，还可以将公式隐藏起来，使任何人都看不见单元格的公式。

保护并隐藏公式的具体步骤如下：

**步骤 01** 选择数据区域。打开“设置单元格格式”对话框，在“保护”选项卡中取消“锁定”复选框，如图 12-12 所示。这一步的操作是为了解除数据区域全部单元格的锁定。否则，当保护工作表后就会保护工作表的全部单元格。

**步骤 02** 利用“定位条件”对话框，选择要保护的有计算公式的单元格区域，如图 12-13 所示。

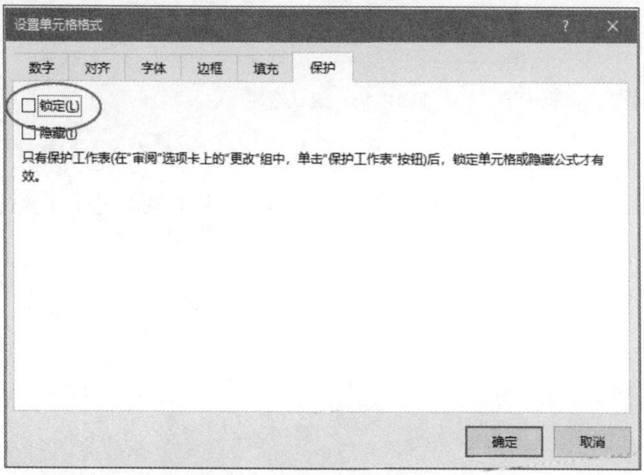
设置单元格格式
数字 对齐 字体 边框 填充 保护
锁定(L)
隐藏(I)
只有保护工作表(在"审阅"选项卡上的"更改"组中，单击"保护工作表"按钮)后，锁定单元格或隐藏公式才有效。
确定 取消

图 12-12　取消选择“锁定”按钮

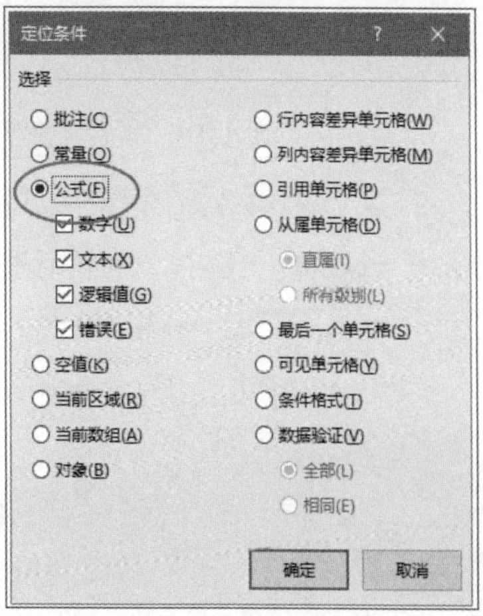
定位条件
选择
批注(C)
常量(O)
公式(F)
数字(U)
文本(X)
逻辑值(G)
错误(E)
空值(K)
当前区域(R)
当前数组(A)
对象(B)
行内容差异单元格(W)
列内容差异单元格(M)
引用单元格(P)
从属单元格(D)
直属(I)
所有级别(L)
最后一个单元格(S)
可见单元格(Y)
条件格式(T)
数据验证(V)
全部(L)
相同(E)
确定 取消

图 12-13　选择“公式”

**步骤03** 再次打开“设置单元格格式”对话框，在“保护”选项卡中，选择“锁定”复选框。如果要隐藏计算公式，则需要选择“隐藏”复选框，如图12-14所示。

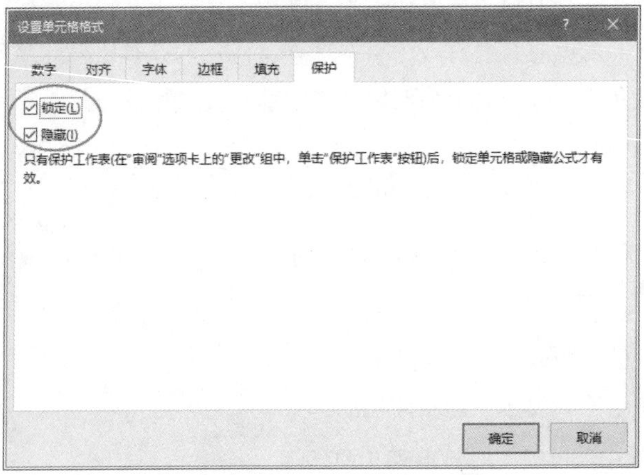
设置单元格格式
数字
对齐
字体
边框
填充
保护
锁定(L)
隐藏(I)
只有保护工作表(在"审阅"选项卡上的"更改"组中，单击"保护工作表"按钮)后，锁定单元格或隐藏公式才有效。
确定
取消

图 12-14　选择“锁定”和“隐藏”

**步骤04** 单击“审阅”→“保护工作表”命令，打开“保护工作表”对话框，设置保护密码，并进行有关设置，如图12-15、图12-16所示。

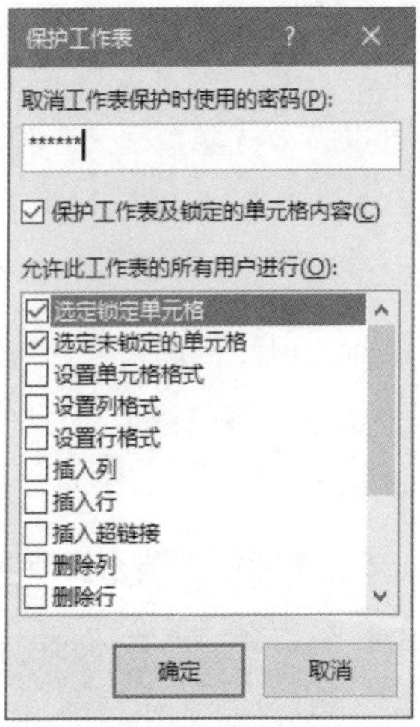
保护工作表
取消工作表保护时使用的密码(P):
******
保护工作表及锁定的单元格内容(C)
允许此工作表的所有用户进行(O):
选定锁定单元格
选定未锁定的单元格
设置单元格格式
设置列格式
设置行格式
插入列
插入行
插入超链接
删除列
删除行
确定
取消

图 12-15　保护工作表

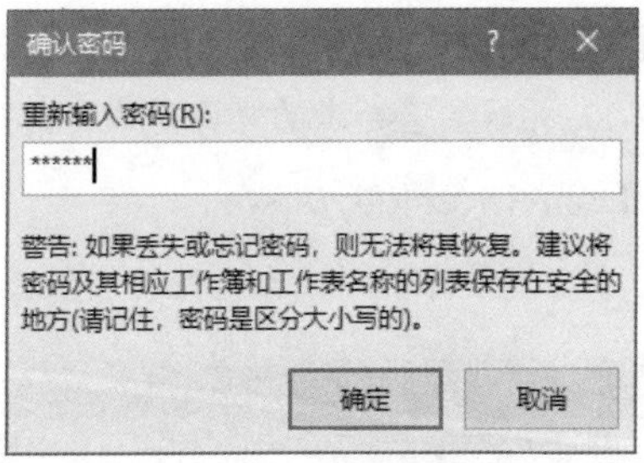
确认密码
重新输入密码(R):
******
警告: 如果丢失或忘记密码，则无法将其恢复。建议将密码及其相应工作簿和工作表名称的列表保存在安全的地方(请记住，密码是区分大小写的)。
确定
取消

图 12-16　确认密码

这样，我们就将含有计算公式的所有单元格进行了保护，并且也隐藏了计算公式，任何用户是无法操作这些单元格的，也看不见这些单元格的计算公式。但其他的单元格还是可以进行正常操作的。

# 第13章 函数基础：你必须了解和掌握的基本语法、规则和技巧

Excel 提供了大量的内置函数可供用户使用，利用这些函数进行数据计算与分析，不仅可以大大提高工作效率，而且不容易出错。

我们自己也可以利用宏和 VBA 编写自定义函数，并像工作表函数那样使用。

其实，就 Excel 的这些函数而言，我们经常使用的也就 20 个左右，因此，除了要掌握必要的函数基本知识外，还应熟练掌握这 20 个左右常用的函数。

## 13.1 函数基础知识

### 13.1.1 什么是函数

函数就是我们在公式中使用的一种 Excel 内置工具，它用来迅速完成简单的或复杂的计算，并得到一个计算结果。大多数函数的计算结果是根据指定的参数值计算出来的，比如公式“=SUM(A1:A10,100)”就是加总单元格区域 A1:A10 的数值并再加上 100。也有一些函数不需要指定参数而直接得到计算结果，比如公式“=TODAY()”就是得到系统当前的日期。

### 13.1.2 函数的基本语法

在使用函数时，必须遵循一定的规则，即函数都有自己的基本语法。函数的基本语法为：

```
= 函数名 (参数 1, 参数 2,…, 参数 n)
```

在使用函数时，应注意以下几个问题。

- 函数也是公式，所以当公式中只有一个函数时，函数前面必须有等号（=）。
- 函数也可以作为公式中表达式一部分，或者作为另外一个函数的参数，此时在函数名前就不能输入等号了。
- 函数名与其后的小括号“(”之间不能有空格。
- 参数的前后必须用小括号“(”和“)”括起来，也就是说，一对括号是函数的组成部分。如果函数没有参数，则函数名后面必须带有左右小括号“()”。
- 当有多个参数时，参数之间要用逗号“,”分隔。
- 参数可以是数值、文本、逻辑值、单元格或单元格区域地址、名称，也可以是各种表达式或函数。
- 函数中的逗号“,”、引号“"”等都是半角字符，而不是全角字符。
- 有些函数的参数中，某些参数是可选参数，那么这些函数是否输入具体的数据可依实际情

况而定。从语法上来说，不输入这些可选参数是合法的。

### 13.1.3 函数参数的类型

上面我们已经提到，函数的参数可以是数值、文本、逻辑值、单元格或单元格区域地址、名称，也可以是各种表达式或函数，或者根本就没有参数。函数的参数具体是哪种类型，可以根据实际情况灵活确定。

比如，要获取当前的日期和时间，可以在单元格输入下面没有任何参数的公式：

```
=NOW()
```

假若我们将单元格区域 A1:A100 定义了名称“Data”，那么就可以在函数中直接使用这个名称，下面两个公式的结果是完全一样的：

```
=SUM(A1:A100)
=SUM(Data)
```

有时我们可以将整行或整列作为函数的参数。比如，要计算 A 列的所有数值之和，可以使用下面的公式：

```
=SUM(A:A)
```

也许您认为公式“=SUM(A:A)”的计算要花较长的时间，认为它是对“整个列”的计算，（一个列有 1048576 行），事实并非如此，Excel 只是计算到 A 列中有数据的最后一个单元格，并不会一直计算到 A 列的最后一行。

在函数的参数中，我们也可以直接使用具体的数字，比如公式“=SQRT(156)”就是计算 156 的平方根；也可以直接使用文本，比如公式“=MATCH(“aaa”,A1:A10,0)”就是从数据区域 A1:A10 中查找文本“aaa”的位置。

此外，我们还可以将表达式作为函数的参数。例如，公式“=PMT(B2/12,B3,B1)”中，函数 PMT 的第一个参数就是一个表达式“B2/12”。

一个函数的参数还可以是另外一个函数，称为嵌套函数。例如，下面的公式就是联合使用 INDEX 函数和 MTACH 函数查找数据，函数 MATCH 的结果是函数 INDEX 的参数：

```
=INDEX(B2:C4,MATCH(E2,A2:A4,0),MATCH(E1,B1:C1,0))
```

更为复杂和高级一点的情况是：函数参数还可以是数组。例如，下面的公式就是判断单元格 A1 的数字是否为 1、5、9，只要是它们的任意一个，公式就返回 TRUE，否则就返回 FALSE：

```
=OR(A1={1,5,9})
```

总之，函数的参数可以是多种多样的，要根据实际情况采用不同的参数类型。

### 13.1.4 函数的种类

Excel 提供的函数种类有以下 10 大类：财务函数、逻辑函数、文本函数、日期和时间函数、查找与引用函数、数学与三角函数、统计函数、信息函数、工程函数、多维数据集函数。

除了利用上述几大类函数外，我们还可以利用宏和 VBA 编写自定义函数。

**财务函数**：用于进行财务计算和分析，例如，NPV 用于计算净现值，IRR 函数用于计算投资收益率，PMT 函数用于计算贷款的每月偿还额，等等。

**逻辑函数**：主要用来进行数据的逻辑判断和处理。例如，IF 函数就是根据指定的条件进行判断，当条件满足时处理为结果 1，条件不满足时处理为结果 2。IFERROR 函数用于处理单元格的错误值。

**文本函数**：用于对文本数据进行处理。例如，利用 LEFT 函数从文本字符串的左边开始取指定个数的字符，利用 CLEAN 函数删除文本中不可打印的字符，用 TEXT 函数转换数字格式，等等。

**日期和时间函数**：用来对工作表中的日期和时间数据进行处理和分析。例如，利用 TODAY 函数可以获取电脑当前的日期，利用 EDATE 可以计算一定月数之后或之前的日期。

**查找与引用函数**：用于查找数据清单或数据区域中的数据，或者引用某个区域，或者获取工作表单元格的行号和列标号以及单元格地址。比如，MATCH 就是从一组数（或者一列数或者一行数）中把指定数据的位置找出来。

**数学与三角函数**：包含很多函数，它们主要用于进行数学和三角方面的计算。在管理工作中我们常用的求和函数如 SUM 函数、SUMIF 函数、SUMIFS 函数、SUMPRODUCT 函数以及四舍五入函数如 ROUND 函数等，都属于这类函数。

**统计函数**：用于对数据进行统计分析，比如计算一组数据的最大值、最小值、平均值，计算一组数据的标准差，计算概率分布，进行预测分析等。比如常用的 COUNTIF 就是把指定单元格区域内满足条件的单元格个数统计出来，COUNTA 是把一个区域内不为空的单元格个数统计出来，等等。这类函数非常多，有 100 多个。

**信息函数**：可以帮助我们确定单元格数据的类型，例如，我们可以利用 ISNUMBER 判断单元格的数据是否为数字，使用 CELL 函数可以获取单元格的很多有用信息，使用 N 函数将一些无法计算的数据转换为纯数字以便于进行计算。

**工程函数**：在工程应用中非常有用，利用这类函数可以处理复杂的工程数据，并且在不同的单位制之间进行转换。

**多维数据集函数**：用于操作 OLAP 多维数据集。

**自定义函数**：是用户自己利用 VBA 编写的一类函数，这些函数像 Excel 工作表函数那样使用，不同的是，这类函数需在“插入函数”对话框的“用户定义”类别中才能找到。

### 13.1.5　关于 Excel 的易变函数

在 Excel 的众多函数中，有些函数是“易变”函数。所谓“易变”函数，就是每次打开含有这类函数的工作簿后，都会进行重新计算。

此外，在打开这样的工作簿后，即使没有对工作表进行任何改动，在关闭工作簿时，Excel 会提醒您是否要保存对工作簿的修改。

这类“易变”函数主要包括下面的函数：

| | | | | |
|---|---|---|---|---|
| TODAY | NOW | OFFSET | INDEX | INDIRECT |
| CELL | AREAS | COLUMNS | ROWS | RAND |

### 13.1.6 即将消失的老版本函数和替代的新版本函数

Excel 新版本层出不穷，没几年就推出一个新版本，功能也越来越强大。在输入函数时，有人发现了，怎么在插入函数对话里找不到那个函数了？但是在输入等号（=）再输入函数名时，还是会出现这个函数。另外，从老版本升级到新版本后，发现有相似的函数名字后面跟着一个后缀，这是怎么回事？

每个新版本都会推出几个新函数，也会把旧函数进行完善，甚至扔掉旧函数，但旧函数仍作为老版本的兼容函数。

表 13-1 是几个工作中常用的新老版本函数对照表（以 Excel 2016 为最新版本）。

表 13-1 工作中常用的新老版本函数对照表

| 老版本 | 新版本 |
|---|---|
| CEILING | CEILING.MATH，CEILING.PRECISE，ISO.CEILING |
| FLOOR | FLOOR.MATH，FLOOR.PRECISE |
| FORECAST | FORECAST.ETS，FORECAST.ETS.CONFINT，FORECAST.ETS.SEASONALITY，FORECAST.ETS.STAT，FORECAST.LINEAR |
| MODE | MODE.MULT，MODE.SNGL |
| NETWORKDAYS | NETWORKDAYS.INTL |
| QUARTILE | QUARTILE.EXC，QUARTILE.INC |
| RANK | RANK.AVG，RANK.EQ |

## 13.2 培养输入函数的好习惯

在设计公式时，有时候仅需使用一个函数，有时候需要使用多个函数。在输入函数时，要从日常的点滴中养成好习惯。

### 13.2.1 尽可能使用参数对话框输入函数

很多人在单元格输入函数时，特别喜欢一个字母、一个逗号、一个括号的往单元格输入，殊不知这样很容易出错，即使你对函数的语法比较熟悉，也容易搞错参数，或者漏掉参数，或者逗号加错了位置，或者括号加错了位置。

输入函数最好的方法是单击编辑栏上的插入函数按钮 fx，打开“函数参数”对话框，这样就可以快速准确地输入函数的参数。

图 13-1 就是 VLOOKUP 函数的参数对话框，将光标移到每个参数输入框中，就可以看出该参数的含义，如果不清楚函数的使用方法，还可以单击对话框左下角的“有关该函数的帮助”标签，打开帮助信息进行查看。

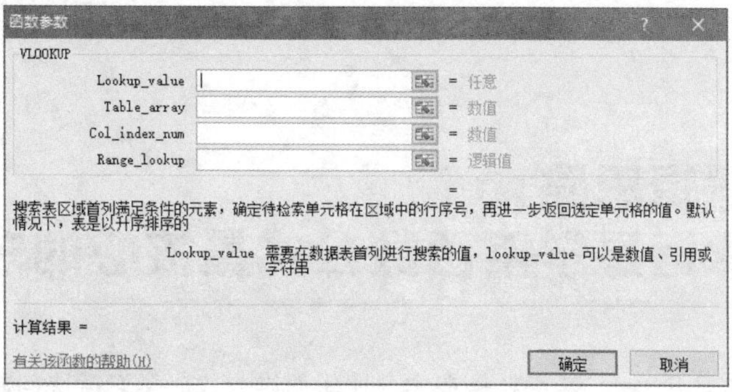
函数参数
VLOOKUP
Lookup_value
= 任意
Table_array
= 数值
Col_index_num
= 数值
Range_lookup
= 逻辑值
=
搜索表区域首列满足条件的元素，确定待检索单元格在区域中的行序号，再进一步返回选定单元格的值。默认情况下，表是以升序排序的
Lookup_value 需要在数据表首列进行搜索的值，lookup_value 可以是数值、引用或字符串
计算结果 =
有关该函数的帮助(H)
确定
取消

图 13-1　函数参数对话框

## 13.2.2　在单元格快速输入函数

Excel 提供了非常快捷的函数输入方法，当在单元格直接输入函数时，只要输入某个字母，就会自动列出以该字母打头的所有函数列表。如图 13-2 所示的就是输入字母 SUM 后，所有以字母 SUM 开头的函数列表，从而方便我们选择输入函数。

如果在函数中又输入另外一个函数，同样也会显示以某字母开头的函数列表，如图 13-3 所示。

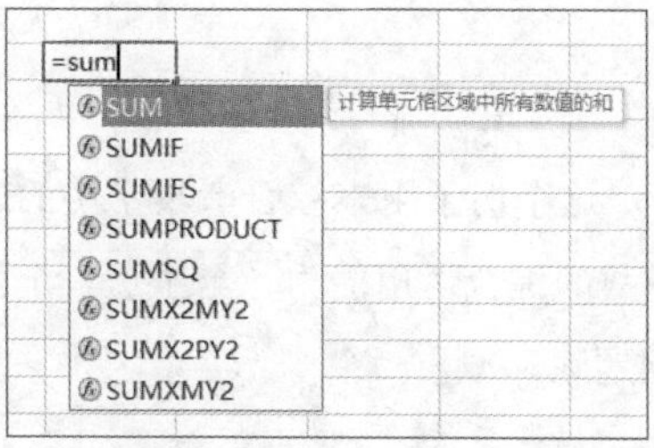
=sum
SUM
计算单元格区域中所有数值的和
SUMIF
SUMIFS
SUMPRODUCT
SUMSQ
SUMX2MY2
SUMX2PY2
SUMXMY2

图 13-2　在单元格直接输入函数时，会自动列出以某字母打头的所有函数列表

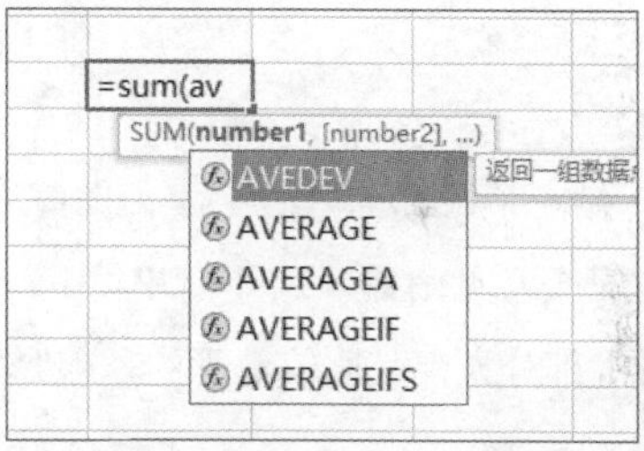
=sum(av
SUM(number1, [number2], ...)
AVEDEV
AVERAGE
AVERAGEA
AVERAGEIF
AVERAGEIFS

图 13-3　在函数中输入另外一个函数时，也会自动列出以某字母打头的所有函数列表

## 13.2.3　使用 Ctrl+A 键快速调出函数参数对话框

当在单元格输入等号（=），输入某个函数名称前几个字母后，按 Tab 键，可以快速输入函数名称全部字母以及左括号，此时按 Ctrl+A 键，就可以快速调出函数参数对话框。

## 13.2.4　使用 Tab 键快速切换参数输入框

Tab 键在函数参数对话框中，可以快速切换到要设置的参数输入框中，没必要使用鼠标单击该输入框，要养成使用 Tab 键的习惯。

# 第 14 章 逻辑思路：永远是学用函数公式最核心的东西

我一直强调，学习 Excel，其实就是在学习逻辑思维方式，学习解决问题的逻辑思路；应用 Excel，也是逻辑思维在各种数据分析中的具体应用。很多人觉得函数很难，那是因为没有思路；很多人认为数据分析很难，那也是因为没有思路！

## 14.1 从仔细阅读表格入手

当拿到一个表格要做汇总分析时，首先要明确需要做什么，然后是阅读表格，分析数据的逻辑关系，最后才是选择相应的函数来做公式。而当创建计算公式时，除了对函数必须熟练运用外，还要学会绘制逻辑流程图，以清晰地表达出解决问题的详细思路和步骤。实际上，当你绘制出逻辑流程图后，问题就已经解决了一半甚至四分之三，剩下的仅仅是输入函数创建公式，或者绘制分析图表。

**案例 14-1**

图 14-1 是一个我上课时给学生出的综合测验例子，这个例子用来综合考察学生的逻辑思维能力，以及对三个常见函数 VLOOKUP、IF、MATCH 函数的综合运用能力。至于这三个函数的单独运用，想必大部分人都是比较熟悉的，但是对于这个问题呢？

| | A | B | C | D | E | F | G | H | I | J | K | L | M | N |
|---|---|---|---|---|---|---|---|---|---|---|---|---|---|---|
| 1 | 地区 | 产品 | 1月 | 2月 | 3月 | 4月 | 5月 | 6月 | 7月 | 8月 | 9月 | 10月 | 11月 | 12月 |
| 2 | | 产品1 | 277 | 453 | 313 | 556 | 359 | 323 | 411 | 395 | 271 | 207 | 241 | 352 |
| 3 | | 产品2 | 299 | 364 | 271 | 239 | 382 | 600 | 524 | 366 | 235 | 585 | 225 | 553 |
| 4 | 北区 | 产品3 | 336 | 309 | 262 | 320 | 271 | 337 | 304 | 278 | 353 | 553 | 496 | 564 |
| 5 | | 产品4 | 567 | 516 | 408 | 266 | 346 | 328 | 304 | 418 | 484 | 383 | 302 | 461 |
| 6 | | 产品5 | 357 | 234 | 545 | 287 | 329 | 485 | 518 | 555 | 234 | 426 | 408 | 418 |
| 7 | | 产品6 | 249 | 523 | 511 | 453 | 311 | 385 | 360 | 235 | 323 | 257 | 227 | 274 |
| 8 | | 产品1 | 352 | 544 | 501 | 341 | 282 | 306 | 363 | 562 | 298 | 405 | 568 | 438 |
| 9 | | 产品2 | 642 | 262 | 441 | 240 | 599 | 260 | 379 | 402 | 319 | 211 | 293 | 418 |
| 10 | 东区 | 产品3 | 302 | 338 | 206 | 220 | 342 | 652 | 557 | 644 | 496 | 692 | 268 | 670 |
| 11 | | 产品4 | 528 | 384 | 366 | 611 | 651 | 263 | 547 | 223 | 375 | 424 | 624 | 579 |
| 12 | | 产品5 | 260 | 440 | 540 | 521 | 283 | 551 | 552 | 309 | 236 | 413 | 439 | 627 |
| 13 | | 产品6 | 444 | 490 | 505 | 241 | 349 | 446 | 540 | 324 | 434 | 328 | 355 | 351 |
| 14 | | 产品1 | 678 | 429 | 712 | 806 | 575 | 898 | 908 | 506 | 529 | 765 | 674 | 865 |
| 15 | | 产品2 | 903 | 786 | 945 | 636 | 547 | 873 | 560 | 556 | 482 | 444 | 417 | 582 |
| 16 | 南区 | 产品3 | 921 | 527 | 640 | 541 | 689 | 966 | 534 | 564 | 955 | 964 | 645 | 825 |
| 17 | | 产品4 | 819 | 974 | 540 | 902 | 857 | 429 | 827 | 655 | 989 | 472 | 930 | 534 |
| 18 | | 产品5 | 793 | 483 | 681 | 952 | 539 | 655 | 940 | 508 | 430 | 806 | 543 | 525 |
| 19 | | 产品6 | 488 | 935 | 733 | 621 | 873 | 656 | 408 | 673 | 760 | 766 | 894 | 743 |
| 20 | | 产品1 | 395 | 684 | 250 | 481 | 274 | 691 | 239 | 289 | 467 | 444 | 142 | 339 |
| 21 | | 产品2 | 349 | 192 | 240 | 309 | 260 | 385 | 101 | 497 | 334 | 101 | 277 | 183 |
| 22 | 西区 | 产品3 | 689 | 414 | 631 | 606 | 359 | 191 | 589 | 455 | 146 | 309 | 324 | 411 |
| 23 | | 产品4 | 533 | 269 | 657 | 662 | 338 | 590 | 576 | 638 | 213 | 209 | 565 | 556 |
| 24 | | 产品5 | 517 | 520 | 387 | 420 | 523 | 587 | 328 | 599 | 589 | 607 | 326 | 119 |
| 25 | | 产品6 | 225 | 356 | 143 | 663 | 581 | 163 | 584 | 499 | 319 | 152 | 426 | 205 |

图 14-1 各个地区各个产品的销售汇总

### 14.1.1 阅读表格，确定任务

有人会问了：这个表要做什么？

问得好！表扬一下。不弄明白这个问题，就先别动手。

下面就布置任务：

任务 1：如何分析指定地区、指定产品在各个月的销售波动及趋势？

任务 2：如何分析指定月份下，各个产品的累计销售对比？

任务 3：如何分析指定月份下，各个地区的累计销售对比？

任务 4：如何分析指定月份、指定产品在各个地区的累计销售占比？

## 14.1.2　根据任务，寻找思路

先看任务 1。

分析指定地区、指定产品在各个月的销售波动及趋势，那么地区和产品是两个可选变量，可以使用控件或者数据验证来选择要分析的对象（这里使用数据验证），而月份是第 3 个变量。因此，这个问题实质上就是查找满足 3 个条件的数据了。

在另外一个工作表上，设计需要的分析报告如图 14-2 所示，其中单元格 C2 选择地区，单元格 C3 选择产品，下面的任务就是要在单元格 C6 创建数据查找公式了。

很多人拿到这个查找问题就懵了，不知所措，不知如何下手，怎么做啊？怎么做啊？脑袋都大了几圈！谁给出了这么个难题啊？

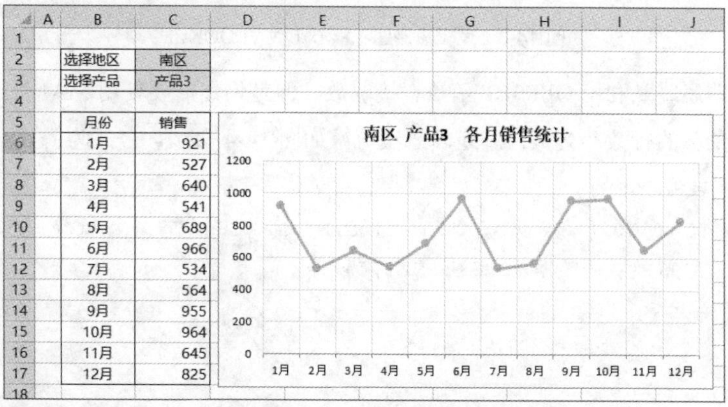

| | |
|---|---|
| 选择地区 | 南区 |
| 选择产品 | 产品3 |

| 月份 | 销售 |
|---|---|
| 1月 | 921 |
| 2月 | 527 |
| 3月 | 640 |
| 4月 | 541 |
| 5月 | 689 |
| 6月 | 966 |
| 7月 | 534 |
| 8月 | 564 |
| 9月 | 955 |
| 10月 | 964 |
| 11月 | 645 |
| 12月 | 825 |

南区 产品3 各月销售统计
1200
1000
800
600
400
200
0
1月 2月 3月 4月 5月 6月 7月 8月 9月 10月 11月 12月

图 14-2　任务 1 的报告

这个问题的解决思路有很多，其中最简单、也最容易理解的一个思路是通过分析数据表格的结构特征和逻辑关系，这个问题可以归结为：

（1）要从 4 个区域中，根据左边的产品名称，往右侧分别取出各列（各月）数据，因此首选的函数是 VLOOKUP；

（2）我们需要从 4 个区域查找数据，这个可以使用嵌套 IF 来解决；

（3）每个月的位置，可以使用 MATCH 函数来解决。

这样，就可以绘制出逻辑思维流程图，并在单元格 C6 中创建如下公式：

```
=VLOOKUP($C$3,
         IF($C$2="北区",源数据!$B$2:$N$7,
         IF($C$2="东区",源数据!$B$8:$N$13,
```

```
    IF($C$2="南区",源数据!$B$14:$N$19,
    源数据!$B$20:$N$25))),
    MATCH(B6,源数据!$B$1:$N$1,0),
    0)
```

查找出数据后，可以绘制图 14-3 所示的动态图表，查看指定地区和产品的各月销售数据了。

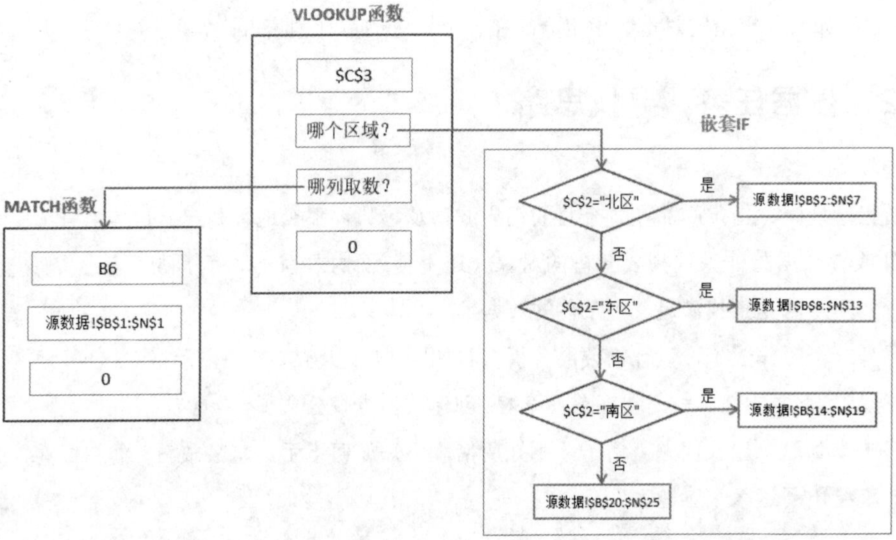

VLOOKUP函数
$C$3
哪个区域？
哪列取数？
0
MATCH函数
B6
源数据!$B$1:$N$1
0
嵌套IF
$C$2="北区"
是
源数据!$B$2:$N$7
否
$C$2="东区"
是
源数据!$B$8:$N$13
否
$C$2="南区"
是
源数据!$B$14:$N$19
否
源数据!$B$20:$N$25


图 14-3　逻辑思路图：核心函数 VLOOKUP

一个更简单的思路是利用 OFFSET 函数直接取数，但是仍然需要使用 MATCH 函数来定位出位置，以确定需要偏移的行数和列数，其逻辑思维流程如图 14-4 所示，公式为：

```
=OFFSET(源数据!$B$1,
        MATCH($C$2,源数据!$A$2:$A$25,0)+MATCH($C$3,源数据!$B$2:$B$7,0)-1,
        MATCH(B6,源数据!$C$1:$N$1,0)
        )
```

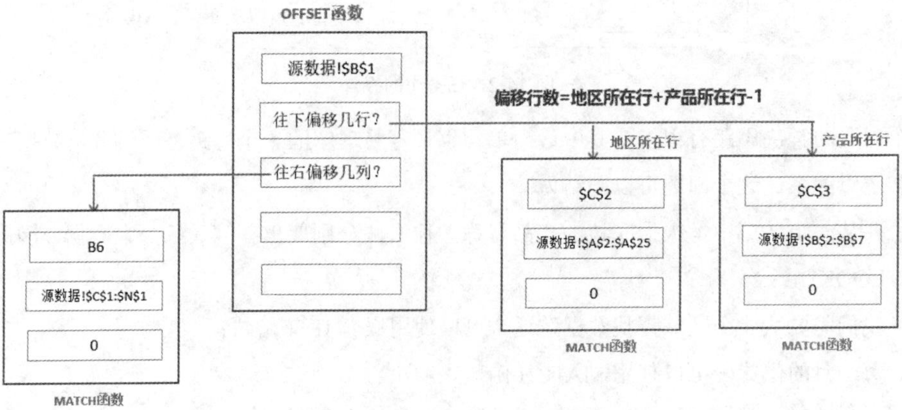

OFFSET函数
源数据!$B$1
往下偏移几行？
往右偏移几列？
偏移行数=地区所在行+产品所在行-1
地区所在行
产品所在行
B6
源数据!$C$1:$N$1
0
MATCH函数
$C$2
源数据!$A$2:$A$25
0
MATCH函数
$C$3
源数据!$B$2:$B$7
0
MATCH函数


图 14-4　逻辑思路图：核心函数 OFFSET

上面的两个解决思路，得到了两个不同的公式，使用的函数不一样，看起来公式很长，很是复杂，一些人看到这么长的公式就开始头晕。其实，通过对表格的仔细阅读，分析表格的逻辑关系，寻找解决问题的思路，再把这个思路绘制逻辑思维流程图，你是不是觉得问题的解决其实是很简单的？

每次的培训课堂上，我都会要求培训组织者准备白板，以备随时给学生画问题解决方案的逻辑思维流程图。这是我与其他 Excel 培训师不同的地方，也是我十几年来培训一直强调，学习 Excel 必须掌握的逻辑思维技能。

一句话：学习 Excel，其实并不仅仅是学习函数公式，最重要的是**学习逻辑思路**！

### 14.1.3　要学会转换思路

上面的案例，通过阅读表格，绘制逻辑思维流程图来寻找解决方案。当表格的逻辑弄清楚了后，最终的解决方案其实是很简单的。

但是，在有些情况下，直接求解不见得是一个好思路。比如上面的“任务 2：如何分析指定月份下，各个产品的累计销售对比？”，这个问题，如果你想一步到位，用一个公式来解决，可就有点儿麻烦了。

所谓分析指定月份下的累计数，实际上是要计算指定个数的单元格区域的合计，这样就需要使用 OFFSET 来获取这样的动态单元格区域。

但是我们是要对各个产品进行求和，而每个地区都有该产品，这样要加的区域就是 4 个单元格个数不定的区域了（因为现在的表格是 4 个地区）。当然，可以使用 4 个 OFFSET 这样的函数相加，但是，如果有 20 个地区呢？如果有 100 个地区呢？

如果你对数学中的矩阵计算比较熟悉，那么就可以使用一个公式来解决，不过这里也需要使用 INDIRECT 来构建动态区域。此时的公式如下（是数组公式，参考图 14-5，注意：由于使用矩阵函数 MMULT，因此需要清楚矩阵乘法计算的规则），具体公式的逻辑就不再介绍了。

```
=SUMPRODUCT( MMULT(TRANSPOSE((源数据!$B$2:$B$25=B6)*1), INDIRECT("源数据!R2C3:R25C"&MATCH($C$3,源数据!$A$1:$N$1,0),FALSE)))
```

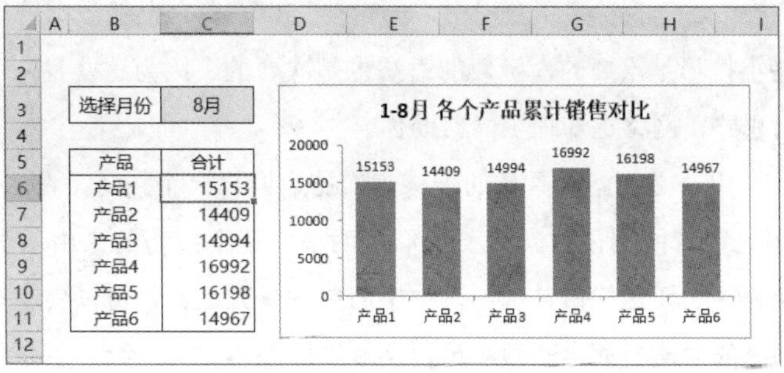

选择月份
8月
产品
合计
产品1
15153
产品2
14409
产品3
14994
产品4
16992
产品5
16198
产品6
14967
1-8月 各个产品累计销售对比


图 14-5　要制作复杂公式的汇总表结构

相信大部分人第一眼看到这个公式后的第一感觉是头晕。确实，没有扎实的函数基础和数学基础，是无法理解这样难的公式的。

既然这个思路太难了，不妨换一个角度来考虑：直接计算所有地区的每个产品总计不方便，那么，能否先把每个地区的每个产品的合计数算出来，然后再将所有地区的数据求和，不就可以了吗？

计算每个地区每个产品的合计数就比较简单了：先用 MATCH 函数定位地区位置，用 MATCH

函数定位产品位置，再用 MATCH 函数定位月份位置，然后用 OFFSET 函数偏移来获取每个地区、每个产品的求和区域，最后用 SUM 函数求和，即可大功告成！效果如图 14-6 所示。

其中，单元格 C6 公式为：

```
=SUM(OFFSET(源数据!$C$1,MATCH(C$5,源数据! $A$2:$A$25,0)+MATCH($B6,源数据!$B$2:$B$7,0)-1,,, MATCH($C$3,源数据! $C$1:$N$1,0)))
```

单元格 G6 公式为：

```
=SUM(C6:F6)
```

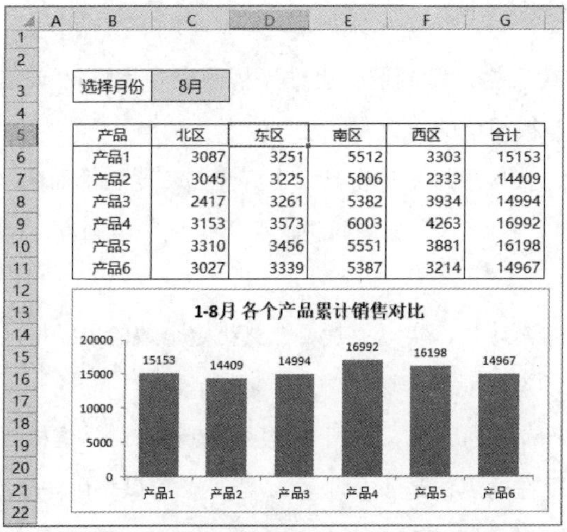

| 选择月份 | 8月 | | | | |
|---|---|---|---|---|---|
| 产品 | 北区 | 东区 | 南区 | 西区 | 合计 |
| 产品1 | 3087 | 3251 | 5512 | 3303 | 15153 |
| 产品2 | 3045 | 3225 | 5806 | 2333 | 14409 |
| 产品3 | 2417 | 3261 | 5382 | 3934 | 14994 |
| 产品4 | 3153 | 3573 | 6003 | 4263 | 16992 |
| 产品5 | 3310 | 3456 | 5551 | 3881 | 16198 |
| 产品6 | 3027 | 3339 | 5387 | 3214 | 14967 |


1-8月 各个产品累计销售对比
20000
15000
10000
5000
0
15153
14409
14994
16992
16198
14967
产品1
产品2
产品3
产品4
产品5
产品6


图 14-6　合理设计报告结构，简化计算过程

# 14.2　训练自己的逻辑思维能力

## 14.2.1　逻辑思路，是 Excel 的核心

我一直在强调，在 Excel 的学习和应用中，一定要重点培养自己的数据管理和数据分析的逻辑思维能力，至于一些小技巧是次要的，函数的语法也是次要的，因为这些我们可以去网上搜索，但是，解决问题的逻辑思路，网络上却很少能帮助你。

任何一个技巧的应用，必须结合具体的表格来实施，同样一个技巧，在这个表格中可以使用，在另外一个表格中不见得就能用，这就需要我们弄明白，这个技巧的来由：怎么用，用在什么地方？解决什么问题？为什么要这样做？例如，一个简单的分列工具，可以快速把非法日期修改为真正的日期，但是表格里的非法日期也必须满足日期规则的基本要求才行，不是所有的非法日期都可以用这种方法来解决。

任何一个函数的应用都离不开具体的表格；而同一个问题，可以用不同的函数组合来解决：甲喜欢使用 VLOOKUP 函数，乙喜欢使用 MATCH 和 INDEX 函数，丙喜欢 OFFSET 函数，丁喜欢 INDIRECT 函数。为什么会出现这样的多样化？原因就是每个人思考问题的出发点不同，脑子里储备的知识和技能不同，解决问题的方式不同，而这些最终归结为思路的不同。

任何一个公式都是逻辑思路的结晶，离开了具体的表格，讲解函数公式就没有任何意义。没有表格的公式，犹如没人穿的衣服，只能挂在那里供人观看，甚至看都懒得看一眼。常常有人问我：韩老师，我想学公式，就是觉得函数公式太难了，我该怎么学？我上次听了一个老师的公开课，也看了他的网络视频，学了很多小技巧，但回来还是不会做公式，还是不会解决问题！我说，认真阅读表格，弄清楚表格的结构，搞明白数据的逻辑关系，尤其重要的是，先清楚自己要做什么，找出思路来，然后才是做公式。要特别注意这几个字：**阅读表格，逻辑思路**！公式存在于表格中，逻辑思路产生于大脑中！**逻辑思路是树干，技巧是枝叶**！

典型的一个案例：厦门一个朋友，听说我在有网络直播课程，就自费报名参加学习，第一堂课下来，他跟我说，我原来是冲着技巧来的，今天听了您的课，发现我的观念错了，您整堂课都一直在结合实际案例给我们介绍逻辑思路，介绍如何阅读表格，介绍如何寻找解决问题的方法。

总结了几句话，与大家共勉：

学为用，用以学。奈世人多学而不用，或用而不学，学用脱节，徒耗精力，徒费时光，却无大收获，究其原因，谓不正用，不正学，不正理，不正思，不正技，不正师，故学得一堆技巧却不得要领，学得几个函数却不知贯通，讨得几个模板却不知逻辑，日常工作仍然是加班加点，制作报告仍是不被认可，呜呼！

## 14.2.2　学会绘制逻辑思路图

在上面介绍的案例中，通过绘制逻辑思路图，就很容易创建计算公式了。

逻辑思路图，就是你在详细阅读表，弄清楚了数据之间的逻辑关系，然后寻找出解决问题的一个思路，以及解决问题的详细步骤。

如果你经过了系统的学习和训练，可以把逻辑思路图画在脑子里，直接就在单元格里创建公式了。如果您对函数的使用不熟练，也没有基本的逻辑训练，那么，还是老老实实的先学会如何画逻辑思路图吧：

逻辑思路图有两种：

（1）计算机式的逻辑流程图；

（2）函数对话框式的逻辑流程图。

下面结合几个例子来说明这种逻辑思路流程图的形式及其重要性。

### 1. IF 之间嵌套（串联嵌套）

**案例 14-2**

年休假规定如下：工作满 1 年不到 10 年，给 5 天假期；满 10 年不满 20 年，给 10 天假期；满 20 年以上，给 15 天假期。示例数据如图 14-7 所示。

这个问题，实际上是要处理 4 个结果：0，5，10，15，最简单的是使用 3 个 IF 函数嵌套解决，根据判断的方向，我们可以绘制如下的两种逻辑思路图。

这样，按照这个流程做公式就非常方便了。公式如下：

| | A | B | C | D |
|---|---|---|---|---|
| 1 | 今天是： | 2017年10月1日 | | |
| 2 | | | | |
| 3 | 姓名 | 参加工作时间 | 工龄 | 年休假天数 |
| 4 | A001 | 1995-5-22 | 22 | 15 |
| 5 | A002 | 1997-6-18 | 20 | 15 |
| 6 | A003 | 2003-12-1 | 13 | 10 |
| 7 | A004 | 2008-5-31 | 9 | 5 |
| 8 | A005 | 2012-8-12 | 5 | 5 |
| 9 | A006 | 2015-9-15 | 2 | 5 |
| 10 | A007 | 2017-6-18 | 0 | 0 |
| 11 | | | | |

图 14-7　年休假计算示例

从小到大判断的公式：=IF(C4<1,0,IF(C4<10,5,IF(C4<20,10,15)))，

从大到小判断的公式：=IF(C4>=20,15,IF(C4>=10,10,IF(C4>=1,5,0)))，如图 14-8、图 14-9 所示。

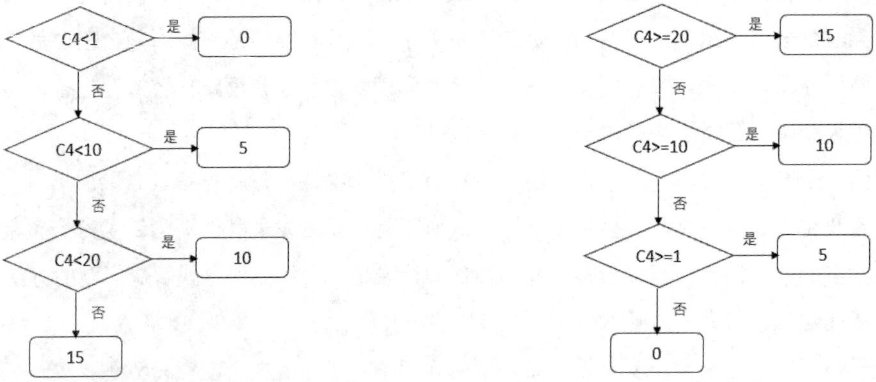
C4<1
是
0
否
C4<10
是
5
否
C4<20
是
10
否
15
C4>=20
是
15
否
C4>=10
是
10
否
C4>=1
是
5
否
0

**图 14-8　嵌套 IF 的计算机式的逻辑流程图：左图是从小到大判断，右图是从大到小判断**

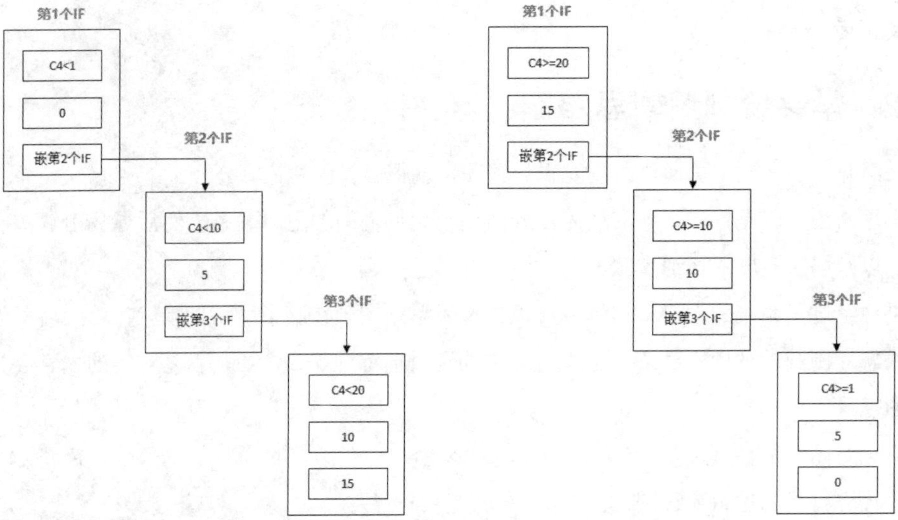
第1个IF
C4<1
0
嵌第2个IF
第2个IF
C4<10
5
嵌第3个IF
第3个IF
C4<20
10
15
第1个IF
C4>=20
15
嵌第2个IF
第2个IF
C4>=10
10
嵌第3个IF
第3个IF
C4>=1
5
0

**图 14-9　嵌套 IF 的函数对话框式的逻辑流程图：左图是从小到大判断，右图是从大到小判断**

对于逻辑关系比较复杂的问题，绘制逻辑思路图就是非常重要的了，绘制的过程就是梳理思路的过程，千万别小瞧了这项技能。

### 2. IF 函数的嵌套（串联 + 并联嵌套）

#### 案例 14–3

图 14-10 是几百人的工资发放单，每个人分别填报了银行账号，但是，有的人给了两个账号，有的人没有银行账号，现在需要对这些账号进行分类：

如果只填工行账号，就在 F 列输入“工行”；

如果只填农行账号，就在 F 列输入“农行”；

如果两个账号都有，就在 F 列输入“重复”；

如果两个账号都没有，就在 F 列输入“现金”。

| | A | B | C | D | E | F |
|---|---|---|---|---|---|---|
| 1 | 姓名 | 部门 | 实发工资 | 工行账号 | 农行账号 | 分类结果 |
| 2 | A001 | HR&D | 7542.54 | 439403204320 | 54843294329 | 重复 |
| 3 | A002 | HR&D | 8389.45 | | 43294392321 | 农行 |
| 4 | A003 | 财务部 | 7622.91 | | | 现金 |
| 5 | A004 | 财务部 | 11485.23 | 432959454323 | | 工行 |
| 6 | A005 | 财务部 | 5952.59 | 543543219393 | | 工行 |
| 7 | A006 | 销售部 | 9833.28 | 543493943939 | | 工行 |
| 8 | A007 | 销售部 | 3064.65 | | 43995439543 | 农行 |
| 9 | A008 | 销售部 | 7365.91 | | | 现金 |
| 10 | A009 | 销售部 | 5690.45 | 432995439594 | 58432949329 | 重复 |

图 14-10　对工资发放方式进行分类

这个问题看起来比较复杂，其实是很简单的，如果你能画出下面的逻辑思路图的话：

函数对话框的逻辑流程图如图 14-11、图 14-12 所示：

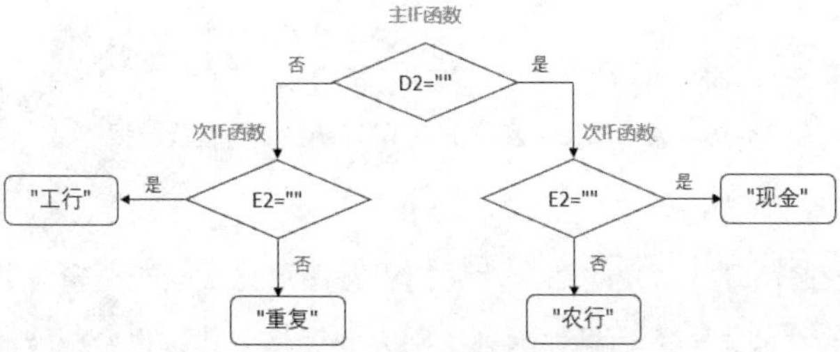

主IF函数
D2=""
否
是
次IF函数
次IF函数
E2=""
E2=""
是
是
"工行"
"现金"
否
否
"重复"
"农行"


图 14-11　IF 函数嵌套的逻辑流程图

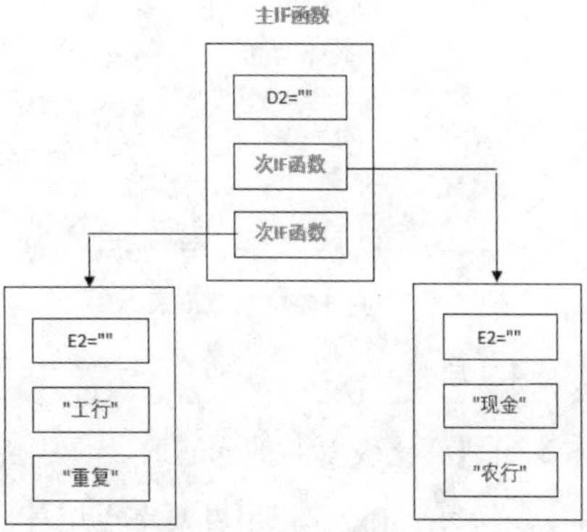

主IF函数
D2=""
次IF函数
次IF函数
E2=""
"工行"
"重复"
E2=""
"现金"
"农行"


图 14-12　IF 函数嵌套的对话框式逻辑流程图

然后，利用后面我们将要介绍的快速输入嵌套函数的方法，就可以快速准确的创建公式：

=IF(D2=“ ”,IF(E2=“ ”,“现金”,“农行”),IF(E2=“ ”,“工行”,“重复”))

### 3. 不同函数之间的嵌套

#### 案例 14–4

图 14-13 是一个工资表，现在要求制作指定员工的各个工资大项的金额，用什么公式？

| | A | B | C | D | E | F | G | H | I | J | K | L | M | U | V | W | X | Y | Z |
|---|---|---|---|---|---|---|---|---|---|---|---|---|---|---|---|---|---|---|---|
| 1 | 工号 | 姓名 | 性别 | 所属部门 | 级别 | 基本工资 | 岗位工资 | 工龄工资 | 住房补贴 | 交通补贴 | 医疗补助 | 奖金 | 加项合计 | 医疗保险 | 失业保险 | 社保合计 | 个人所得税 | 应扣合计 | 实发合计 |
| 2 | 0001 | 刘晓晨 | 男 | 办公室 | 1级 | 1581 | 1000 | 360 | 543 | 120 | 84 | 1570 | 5258 | 67.2 | 33.6 | 369.6 | 211.38 | 1169.88 | 4031.12 |
| 3 | 0004 | 祁正人 | 男 | 办公室 | 5级 | 3037 | 800 | 210 | 543 | 120 | 84 | 985 | 5779 | 48.2 | 24.1 | 265.1 | 326.42 | 1026.92 | 4683.08 |
| 4 | 0005 | 张丽莉 | 女 | 办公室 | 3级 | 4376 | 800 | 150 | 234 | 120 | 84 | 970 | 6734 | 45 | 22.5 | 247.5 | 469.68 | 1104.18 | 5494.82 |
| 5 | 0006 | 孟欣然 | 女 | 行政部 | 1级 | 6247 | 800 | 300 | 345 | 120 | 84 | 1000 | 8896 | 56 | 28 | 308 | 821.78 | 1585.88 | 7162.12 |
| 6 | 0007 | 毛利民 | 男 | 行政部 | 4级 | 4823 | 600 | 420 | 255 | 120 | 84 | 1000 | 7302 | 40.4 | 20.2 | 222.2 | 570.8 | 1162.1 | 6067.9 |
| 7 | 0008 | 马一晨 | 男 | 行政部 | 1级 | 3021 | 1000 | 330 | 664 | 120 | 84 | 1385 | 6604 | 52.6 | 26.3 | 289.3 | 439.18 | 1237.98 | 5322.02 |
| 8 | 0009 | 王浩忌 | 男 | 行政部 | 1级 | 6859 | 1000 | 330 | 478 | 120 | 84 | 1400 | 10271 | 58.6 | 29.3 | 322.3 | 1107.66 | 1952.36 | 8305.64 |
| 9 | 0013 | 王玉成 | 男 | 财务部 | 6级 | 4842 | 600 | 390 | 577 | 120 | 84 | 1400 | 8013 | 45.8 | 22.9 | 251.9 | 666.16 | 1386.36 | 6539.64 |
| 10 | 0014 | 蔡齐豫 | 女 | 财务部 | 5级 | 7947 | 1000 | 360 | 543 | 120 | 84 | 1570 | 11624 | 67.2 | 33.6 | 369.6 | 1354.1 | 2312.6 | [illegible] |
| 11 | 0015 | 秦玉邦 | 男 | 财务部 | 6级 | 6287 | 800 | 270 | 655 | 120 | 84 | 955 | 9171 | 51.4 | 25.7 | 282.7 | 910.74 | 1653.04 | 7517.96 |
| 12 | 0016 | 马梓 | 女 | 财务部 | 1级 | 6442 | 800 | 210 | 435 | 120 | 84 | 1100 | 9276 | 44.2 | 22.1 | 243.1 | 929.26 | 1596.96 | 7592.04 |
| 13 | 0017 | 张慈淼 | 女 | 财务部 | 3级 | 3418 | 800 | 210 | 543 | 120 | 84 | 985 | 6160 | 48.2 | 24.1 | 265.1 | 390.48 | 1090.98 | 5046.02 |
| 14 | 0018 | 李萌 | 女 | 财务部 | 4级 | 4187 | 800 | 150 | 234 | 120 | 84 | 970 | 6545 | 45 | 22.5 | 247.5 | 434.42 | 1060.92 | [illegible] |
| 15 | 0019 | 何欣 | 女 | 技术部 | 3级 | 1926 | 800 | 300 | 345 | 120 | 84 | 1000 | 4575 | 56 | 28 | 308 | 146.09 | 910.19 | 3564.81 |
| 16 | 0020 | 李然 | 男 | 技术部 | 4级 | 1043 | 600 | 420 | 255 | 120 | 84 | 1000 | 3522 | 40.4 | 20.2 | 222.2 | 65.37 | 656.67 | 2838.33 |
| 17 | 0021 | 黄兆炜 | 男 | 技术部 | 4级 | 3585 | 1000 | [illegible] | 664 | 120 | 84 | 1385 | 7168 | 52.6 | 26.3 | 289.3 | 516.58 | 1315.38 | 5760.62 |

工资清单　灵活查找

图 14-13　工资清单表

在这个查询表中，姓名是条件，要从工资清单的 B 列数据中进行匹配，各个工资项目是要姓名右侧的取数的列位置，因此可以使用 VLOOKUP 函数进行查找，而各个项目的位置可以使用 MATCH

函数确定。此时，函数对话框式的逻辑流程如图 14-14 所示。查找公式就可以依据此逻辑思路创建，如图 14-15 所示：

```
=VLOOKUP($C$2,工资清单!$B:$Z,MATCH(B5,工资清单!$B$1:$Z$1,0),0)
```

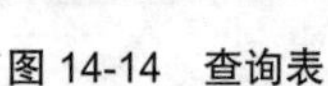

A
B
C
指定姓名
任若思
项目
金额
基本工资
4,400.00
加项合计
7,571.00
扣项合计
38.00
应发合计
7,533.00
住房公积金
468.30
社保合计
251.90
个人所得税
596.92
应扣合计
1,317.12
实发合计
6,215.88
工资清单
灵活查找

图 14-14　查询表

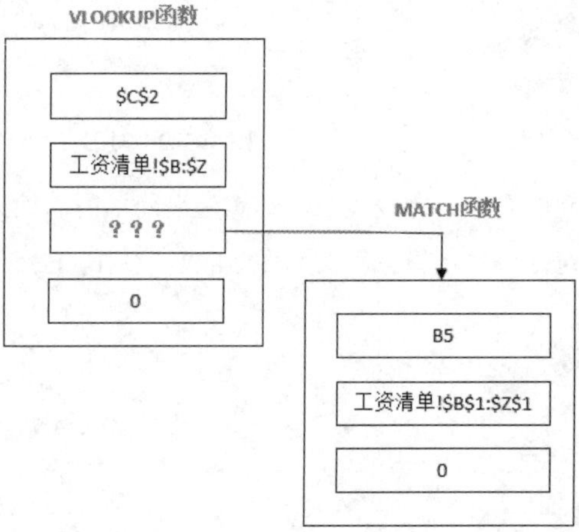
VLOOKUP函数
$C$2
工资清单!$B:$Z
? ? ?
0
MATCH函数
B5
工资清单!$B$1:$Z$1
0

图 14-15　VLOOKUP 函数 +MATCH 函数联合查找数据

**4. 总结**

当遇到比较复杂的问题时，仔细阅读表格，寻找解决思路，然后把思路图形化（绘制逻辑思路图），是每个 Excel 使用者要重点培养的核心技能之一。如果你拿到了别人的表格公式，也希望能够理解别人表格公式的逻辑思路，并图形化出来，这样才是真正灵活运用，而不是机械的照搬套用。

## 14.3 快速准确输入嵌套函数

绘制逻辑思路图，是创建公式的第一步，要完成单元格的公式，还需要掌握公式的输入方法和技巧。简单的公式直接敲就可以了，但是比较复杂的嵌套函数公式呢？

输入嵌套函数公式的实用方法有：

（1）分解综合法；

（2）函数对话框 + 名称框法。

### 14.3.1 分解综合法：先分解，再综合

创建的公式计算过程复杂，如果有几个不同的函数，我们可以使用“分解综合法”来快速准确创建公式，基本步骤如下：

**步骤01** 将一个问题分解成几步，分别用不同的函数计算；

**步骤02** 将上述几步的公式综合成一个公式；

**步骤03** 完善公式（比如处理公式的错误值）。

**案例 14-5**

图 14-16 是一个各个分公司、各个产品、各个月的数据汇总表。现在要制作一个动态的分析图表，可以查看指定分公司、指定产品的各个月的销售情况，如图 14-17 所示。

| | A | B | C | D | E | F | G | H | I | J | K | L | M | N |
|---|---|---|---|---|---|---|---|---|---|---|---|---|---|---|
| 1 | 分公司 | 产品 | 1月 | 2月 | 3月 | 4月 | 5月 | 6月 | 7月 | 8月 | 9月 | 10月 | 11月 | 12月 |
| 2 | 分公司A | 产品A | 952.06 | 967.64 | 1030.04 | 1089.22 | 876.33 | 973.82 | 744.53 | 480.39 | 669.68 | 864.86 | 869.59 | 892.64 |
| 3 | | 产品B | 40.38 | 57.42 | 61.80 | 70.04 | 68.84 | 68.35 | 69.62 | 57.77 | 36.79 | 59.00 | 60.14 | 62.06 |
| 4 | | 产品C | 1248.81 | 1282.82 | 1455.70 | 1162.85 | 1330.94 | 1311.36 | 1111.64 | 1045.48 | 1268.01 | 1246.40 | 1265.31 | 1269.56 |
| 5 | | 产品D | 258545.00 | 268472.00 | 271434.00 | 268392.00 | 276706.00 | 279346.00 | 273547.00 | 269776.00 | 275237.00 | 271272.78 | 272766.14 | 273704.97 |
| 6 | | 产品E | 194.36 | 139.47 | 76.99 | 90.78 | 151.30 | 91.16 | 131.43 | 46.18 | 43.63 | 107.26 | 91.36 | 98.94 |
| 7 | 分公司B | 产品A | 952.06 | 875.77 | 952.09 | 1245.38 | 1387.58 | 1341.90 | 1435.19 | 1241.27 | 1159.16 | 1176.71 | 1171.88 | 1242.57 |
| 8 | | 产品B | 40.38 | 47.04 | 39.15 | 20.35 | 40.94 | 44.26 | 26.41 | 45.77 | 46.71 | 39.00 | 40.60 | 36.69 |
| 9 | | 产品C | 1248.81 | 1187.57 | 1076.82 | 1217.77 | 969.14 | 1047.46 | 1197.61 | 1241.21 | 1049.40 | 1137.31 | 1112.77 | 1099.36 |
| 10 | | 产品D | 258545.00 | 262737.00 | 268451.00 | 259891.00 | 268968.00 | 266058.00 | 260798.00 | 264793.00 | 261261.00 | 263500.22 | 264594.14 | 264132.46 |
| 11 | | 产品E | 194.36 | 263.72 | 268.10 | 272.74 | 330.61 | 285.23 | 359.58 | 426.34 | 438.61 | 315.48 | 326.48 | 324.34 |
| 12 | 分公司C | 产品A | 952.06 | 944.47 | 790.09 | 763.39 | 489.85 | 269.42 | 283.76 | 560.45 | 681.44 | 637.21 | 642.73 | 559.31 |
| 13 | | 产品B | 40.38 | 42.26 | 41.37 | 57.33 | 85.62 | 101.36 | 81.73 | 102.64 | 111.11 | 73.76 | 77.38 | 78.90 |
| 14 | | 产品C | 1248.81 | 958.51 | 661.03 | 792.98 | 1073.52 | 1019.26 | 921.01 | 654.19 | 365.99 | 855.03 | 789.35 | 812.69 |
| 15 | | 产品D | 258545.00 | 265406.00 | 260379.00 | 268823.00 | 259149.00 | 268956.00 | 263614.00 | 273201.00 | 275809.00 | 265986.89 | 267389.00 | 266102.41 |
| 16 | | 产品E | 194.36 | 210.70 | 293.32 | 391.12 | 428.22 | 502.19 | 601.22 | 590.04 | 546.00 | 417.46 | 423.08 | 454.22 |
| 17 | 分公司D | 产品A | 952.06 | 1218.70 | 1456.63 | 1654.84 | 1508.74 | 1697.74 | 1733.65 | 1861.99 | 1793.37 | 1541.97 | 1598.86 | 1626.71 |
| 18 | | 产品B | 40.38 | 13.72 | 30.26 | 34.50 | 36.49 | 35.40 | 10.58 | 5.77 | 7.28 | 23.82 | 23.35 | 25.48 |
| 19 | | 产品C | 1248.81 | 1521.38 | 1711.87 | 1862.68 | 2059.04 | 2160.56 | 2078.48 | 1881.48 | 2179.25 | 1855.95 | 1910.89 | 1986.83 |
| 20 | | 产品D | 258545.00 | 260129.00 | 259559.00 | 262487.00 | 254186.00 | 245682.00 | 255405.00 | 250358.00 | 252077.00 | 255380.89 | 254925.43 | 254968.13 |

查询表　汇总表

图 14-16　数据统计表

| | B | C |
|---|---|---|
| 2 | 指定公司 | 分公司F |
| 3 | 指定类别 | 产品B |
| 5 | 月份 | 数据 |
| 6 | 1月 | 40.38 |
| 7 | 2月 | 28.27 |
| 8 | 3月 | 31.44 |
| 9 | 4月 | 49.18 |
| 10 | 5月 | 53.35 |
| 11 | 6月 | 28.33 |
| 12 | 7月 | 10.88 |
| 13 | 8月 | 9.75 |
| 14 | 9月 | 11.88 |
| 15 | 10月 | 29.27 |
| 16 | 11月 | 30.31 |
| 17 | 12月 | 30.62 |

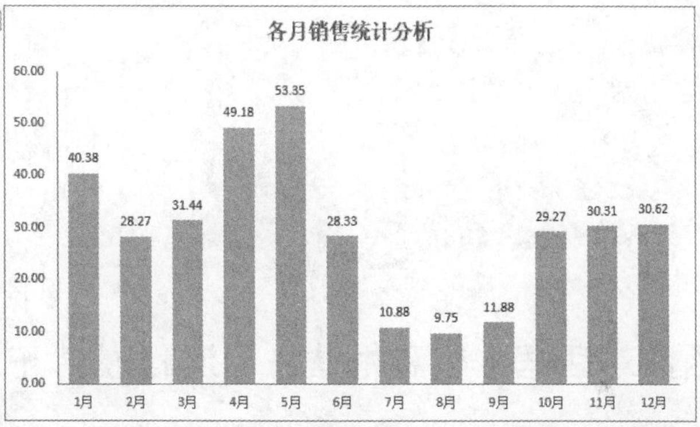
各月销售统计分析
60.00
50.00
40.00
30.00
20.00
10.00
0.00
40.38
28.27
31.44
49.18
53.35
28.33
10.88
9.75
11.88
29.27
30.31
30.62
1月
2月
3月
4月
5月
6月
7月
8月
9月
10月
11月
12月

查询表　汇总表

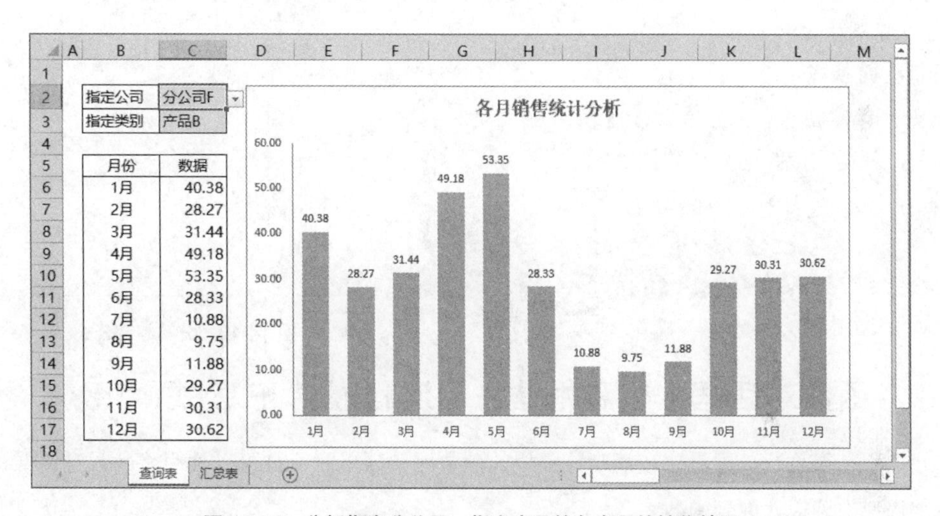

图 14-17　分析指定分公司、指定产品的各个月的销售情况

这个问题可以联合使用 MATCH 函数和 INDEX 函数来解决，即先用 MATCH 函数定位，再用 INDEX 函数取数。分解过程如图 14-18 所示。

**步骤 01** 首先要确定取数的区域是汇总表的单元格区域 C2:N81。

**步骤 02** 确定分公司位置。在单元格 G6 输入公式，得到指定分公司的位置（第几行）：

```
=MATCH($C$2，汇总表!$A$2:$A$81,0)
```

**步骤 03** 确定产品位置。由于每个分公司下的产品个数和位置是一样的，因此在单元格 G7 输入公式，就得到每个分公司下的指定产品的位置：

```
=MATCH($C$3，汇总表!$B$2:$B$6,0)
```

**步骤 04** 确定指定分公司、指定产品的实际位置。这个位置是上面两个公式计算出来的，在单元格 G8 中输入公式，就得到实际位置：

```
=G6+G7-1
```

**步骤 05** 下面把这个行位置公式综合起来。

把这个公式中的 G6 替换为

```
MATCH($C$2，汇总表!$A$2:$A$81,0)，
```

把这个公式中的 G7 替换为

```
MATCH($C$3, 汇总表 !$B$2:$B$6,0),
```

那么数据行位置公式综合为（单元格 G10）：

```
= MATCH($C$2, 汇总表 !$A$2:$A$81,0)+ MATCH($C$3, 汇总表 !$B$2:$B$6,0)-1
```

**步骤 06** 确定月份位置。在单元格 G11 输入公式，得到 1 月的列位置：

```
=MATCH(B6, 汇总表 !$C$1:$N$1,0)
```

**步骤 07** 在实际表格的单元格 C6 输入下面的公式，就得到指定分公司、指定产品在 1 月份的数据：

```
=INDEX( 汇总表 !$C$2:$N$81,G10,G11)
```

**步骤 08** 这个公式使用了单元格 G10 和 G11，下面进行综合：

把 G10 替换成

```
MATCH($C$2, 汇总表 !$A$2:$A$81,0)+ MATCH
($C$3, 汇总表 !$B$2:$B$6,0)-1
```

把 G11 替换成

```
MATCH(B6, 汇总表 !$C$1:$N$1,0)
```

那么，就得到最终的查找数据公式：

```
=INDEX( 汇总表 !$C$2:$N$81,
     MATCH($C$2, 汇总表 !$A$2:$A$81,0)
+MATCH($C$3, 汇总表 !$B$2:$B$6,0)-1,
     MATCH(B6, 汇总表 !$C$1:$N$1,0))
```

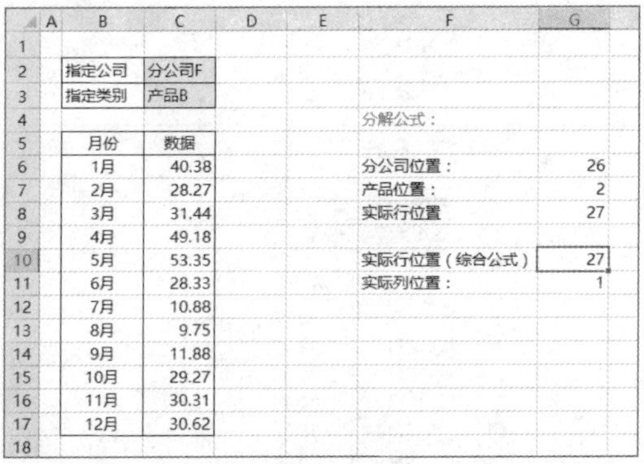
指定公司 分公司F
指定类别 产品B
月份 数据
1月 40.38
2月 28.27
3月 31.44
4月 49.18
5月 53.35
6月 28.33
7月 10.88
8月 9.75
9月 11.88
10月 29.27
11月 30.31
12月 30.62
分解公式：
分公司位置： 26
产品位置： 2
实际行位置 27
实际行位置（综合公式） 27
实际列位置： 1

图 14-18　分解综合公式

## 14.3.2　函数对话框 + 名称框法：单流程嵌套 IF 公式

当问题不是很复杂，逻辑比较清晰，使用的函数比较简单时，就可以使用“函数对话框 + 名称框法”来快速准确输入嵌套函数。

单流程嵌套 IF 公式，就是在进行判断时，是使用一个自始至终的、向着一个方向进行的判断公式。这种判断的流程是比较简单的，输入嵌套 IF 公式时也是比较容易的。

以前面的年休假数据为例，如嵌套 IF 的主要步骤如下。

**步骤 01** 首先插入第 1 个 IF 函数，输入条件表达式和条件成立的结果，如图 14-19 所示。

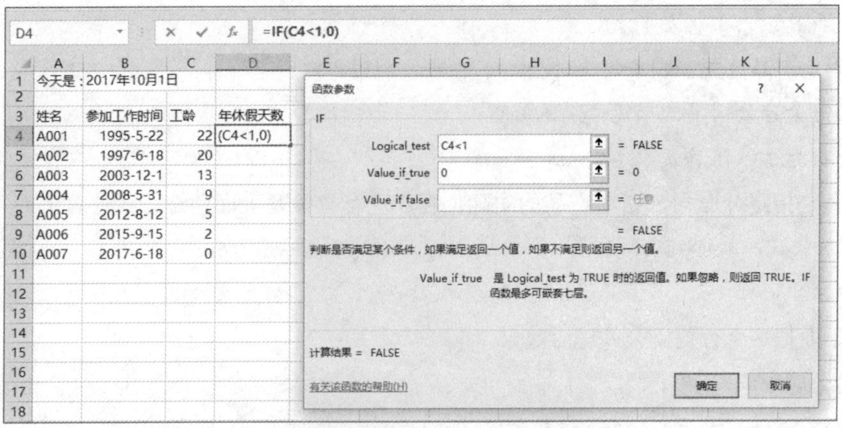
=IF(C4<1,0)
今天是：2017年10月1日
姓名 参加工作时间 工龄 年休假天数
A001 1995-5-22 22 (C4<1,0)
A002 1997-6-18 20
A003 2003-12-1 13
A004 2008-5-31 9
A005 2012-8-12 5
A006 2015-9-15 2
A007 2017-6-18 0
函数参数
IF
Logical_test C4<1 = FALSE
Value_if_true 0 = 0
Value_if_false = 任意
= FALSE
判断是否满足某个条件，如果满足返回一个值，如果不满足则返回另一个值。
Value_if_true 是 Logical_test 为 TRUE 时的返回值。如果忽略，则返回 TRUE。IF 函数最多可嵌套七层。
计算结果 = FALSE
有关该函数的帮助(H)
确定
取消

图 14-19　设置第 1 个 IF 函数的参数

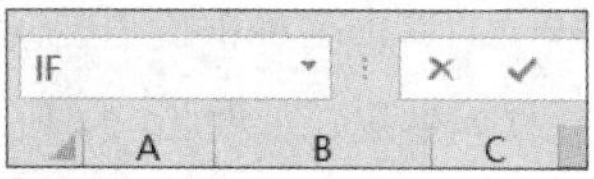
IF
A
B
C

图 14-20　编辑栏左侧的名称框出现了 IF 函数

**步骤 02** 将光标移到 IF 函数的第 3 个参数输入框中，单击名称框里出现的 IF 函数，打开第 2 个 IF 函数的参数对话框，再设置该函数的条件表达式和条件成立的结果，如图 14-20、图 14-21 所示。

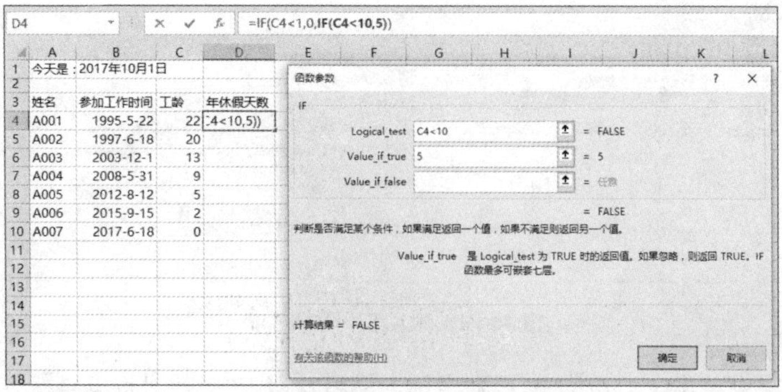
D4
=IF(C4<1,0,IF(C4<10,5))
今天是：2017年10月1日
姓名
参加工作时间
工龄
年休假天数
函数参数
IF
Logical_test　C4<10　= FALSE
Value_if_true　5　= 5
Value_if_false　= 任意
= FALSE
判断是否满足某个条件，如果满足返回一个值，如果不满足则返回另一个值。
Value_if_true　是 Logical_test 为 TRUE 时的返回值。如果忽略，则返回 TRUE。IF 函数最多可嵌套七层。
计算结果 = FALSE
有关该函数的帮助(H)
确定
取消

图 14-21　设置第 2 个 IF 函数的参数

**步骤 03** 将光标移到 IF 函数的第 3 个参数输入框中，单击名称框的 IF 函数，打开第 3 个 IF 函数的参数对话框，再设置该函数的条件表达式和条件成立的结果，如图 14-22 所示。

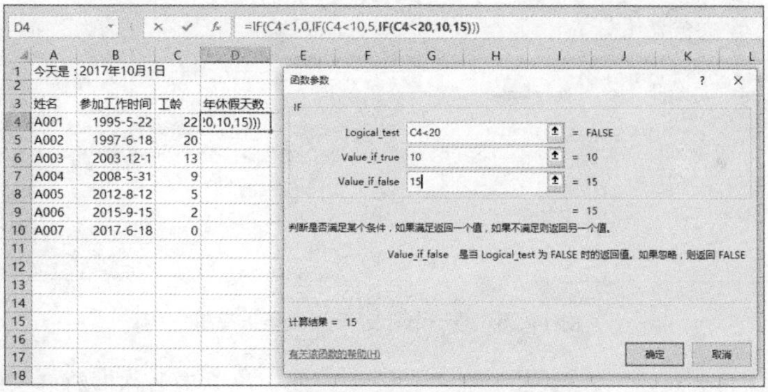
D4
=IF(C4<1,0,IF(C4<10,5,IF(C4<20,10,15)))
今天是：2017年10月1日
姓名
参加工作时间
工龄
年休假天数
函数参数
IF
Logical_test　C4<20　= FALSE
Value_if_true　10　= 10
Value_if_false　15　= 15
= 15
判断是否满足某个条件，如果满足返回一个值，如果不满足则返回另一个值。
Value_if_false　是当 Logical_test 为 FALSE 时的返回值。如果忽略，则返回 FALSE
计算结果 = 15
有关该函数的帮助(H)
确定
取消

图 14-22　设置第 3 个 IF 函数的参数

**步骤 04** 最后单击"确定"按钮，完成公式输入。

### 14.3.3　函数对话框 + 名称框法：多流程嵌套 IF 公式

多流程嵌套 IF 公式，就是在进行判断时，是使用多个分支、向着两个或多个方向进行判断。这种判断的流程是比较复杂的，如果手工输入函数很容易出错。下面以"案例 14-3"的数据为例，来说明这种复杂嵌套 IF 公式的输入方法。

**步骤 01** 首先插入第 1 个 IF 函数，输入条件表达式，判断 D2 否为空，如图 14-23 所示。

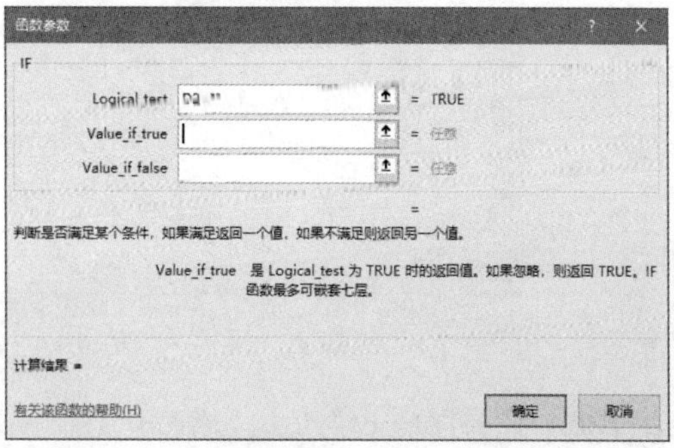
函数参数
IF
Logical_test　= TRUE
Value_if_true　= 任意
Value_if_false　= 任意
判断是否满足某个条件，如果满足返回一个值，如果不满足则返回另一个值。
Value_if_true　是 Logical_test 为 TRUE 时的返回值。如果忽略，则返回 TRUE。IF 函数最多可嵌套七层。
计算结果 =
有关该函数的帮助(H)
确定
取消

图 14-23　第 1 个 IF 函数，判断 D2 是否为空

**步骤 02** 将光标移到该 IF 函数的第 2 个参数输入

框中，单击名称框的IF函数，打开第1个分支IF函数的参数对话框（参见前面的流程图），输入条件和结果，如图14-24所示。

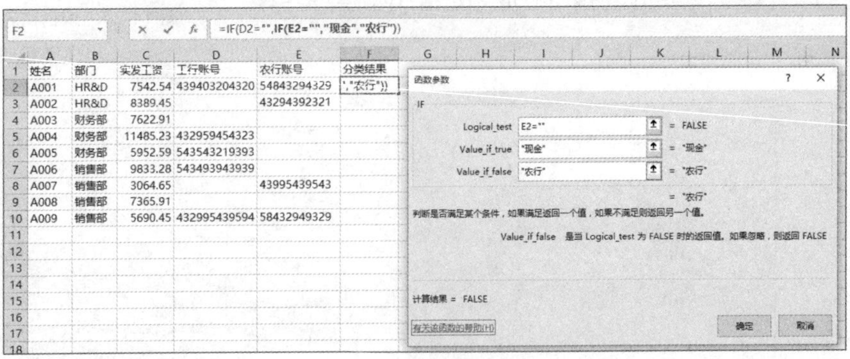
F2
=IF(D2="",IF(E2="","现金","农行"))
姓名 部门 实发工资 工行账号 农行账号 分类结果
A001 HR&D 7542.54 439403204320 54843294329 ","农行"))
A002 HR&D 8389.45 43294392321
A003 财务部 7622.91
A004 财务部 11485.23 432959454323
A005 财务部 5952.59 543543219393
A006 销售部 9833.28 543493943939
A007 销售部 3064.65 43995439543
A008 销售部 7365.91
A009 销售部 5690.45 432995439594 58432949329
函数参数
IF
Logical_test E2="" = FALSE
Value_if_true "现金" = "现金"
Value_if_false "农行" = "农行"
= "农行"
判断是否满足某个条件，如果满足返回一个值，如果不满足则返回另一个值。
Value_if_false 是当 Logical_test 为 FALSE 时的返回值。如果忽略，则返回 FALSE
计算结果 = FALSE
有关该函数的帮助(H)
确定
取消

图14-24 输入第一个分支IF

**步骤03** 在编辑栏中单击上一级的IF函数名称，就将该级IF函数对话框重新打开，可以看到第一个分支IF已经输入到上一级的IF对话框中，如图14-25所示。

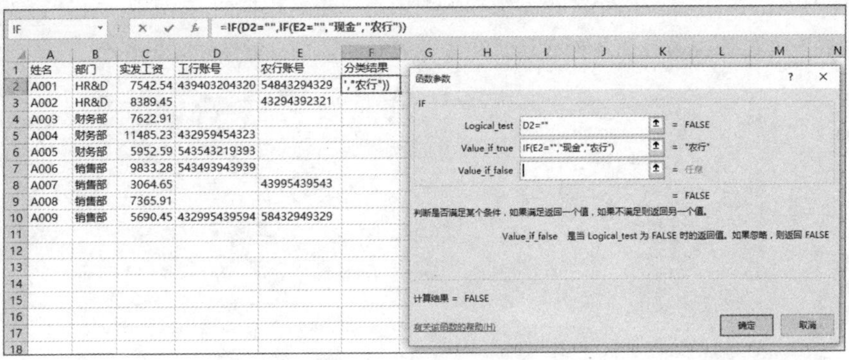
IF
=IF(D2="",IF(E2="","现金","农行"))
函数参数
IF
Logical_test D2="" = FALSE
Value_if_true IF(E2="","现金","农行") = "农行"
Value_if_false = 任意
= FALSE
判断是否满足某个条件，如果满足返回一个值，如果不满足则返回另一个值。
Value_if_false 是当 Logical_test 为 FALSE 时的返回值。如果忽略，则返回 FALSE
计算结果 = FALSE
有关该函数的帮助(H)
确定
取消

图14-25 第一个分支IF已经输入完毕

**步骤04** 然后光标移到该级IF函数的第3个参数输入框中，单击名称框的IF函数，打开另外一个分支IF函数的参数对话框，输入条件和结果，如图14-26所示。

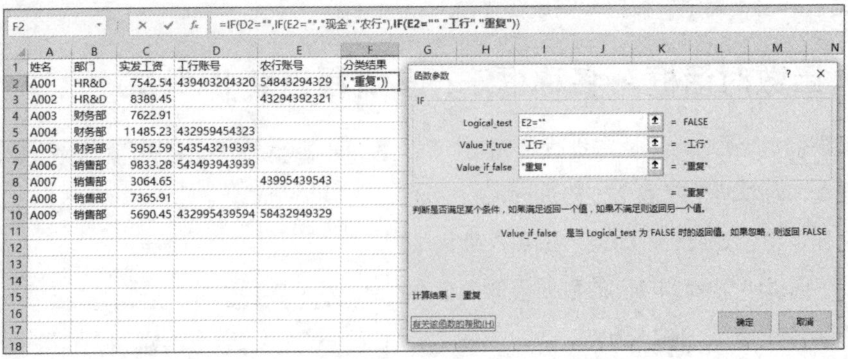
F2
=IF(D2="",IF(E2="","现金","农行"),IF(E2="","工行","重复"))
函数参数
IF
Logical_test E2="" = FALSE
Value_if_true "工行" = "工行"
Value_if_false "重复" = "重复"
= "重复"
判断是否满足某个条件，如果满足返回一个值，如果不满足则返回另一个值。
Value_if_false 是当 Logical_test 为 FALSE 时的返回值。如果忽略，则返回 FALSE
计算结果 = 重复
有关该函数的帮助(H)
确定
取消

图14-26 输入第二个分支IF

**步骤05** 在编辑栏中单击上一级的IF函数名称，就将该级IF函数对话框重新打开，可以看到两个分支IF都已经输入完毕，如图14-27所示。

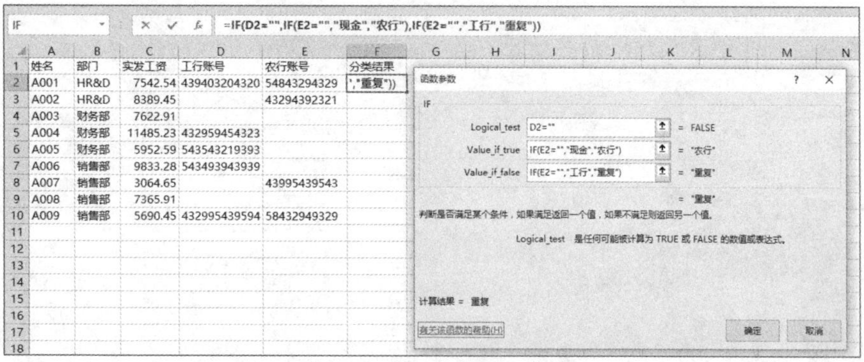
IF
=IF(D2="",IF(E2="","现金","农行"),IF(E2="","工行","重复"))
姓名
部门
实发工资
工行账号
农行账号
分类结果
A001 HR&D 7542.54 439403204320 54843294329
A002 HR&D 8389.45 43294392321
A003 财务部 7622.91
A004 财务部 11485.23 432959454323
A005 财务部 5952.59 543543219393
A006 销售部 9833.28 543493943939
A007 销售部 3064.65 43995439543
A008 销售部 7365.91
A009 销售部 5690.45 432995439594 58432949329
函数参数
IF
Logical_test D2="" = FALSE
Value_if_true IF(E2="","现金","农行") = "农行"
Value_if_false IF(E2="","工行","重复") = "重复"
= "重复"
判断是否满足某个条件，如果满足返回一个值，如果不满足则返回另一个值。
Logical_test 是任何可能被计算为 TRUE 或 FALSE 的数值或表达式。
计算结果 = 重复
有关该函数的帮助(H)
确定
取消

图 14-27　两个分支 IF 输入完毕

**步骤 06** 最后单击“确定”按钮，即可完成公式输入，得到一个最终的计算公式。

## 14.3.4　函数对话框 + 名称框法：不同函数的嵌套公式

很多问题需要使用多个不同函数来创建计算公式，了解这些函数之间的逻辑关系以及如何输入嵌套函数公式，也是必须要掌握的一项重要技能。这种不同函数的嵌套公式，同样也可以使用函数“对话框 + 名称框法”来完成。

下面我们以“案例 14-4”的数据为例来说明这类嵌套函数公式的输入方法。

**步骤 01** 插入 VLOOKUP 函数，把确定的参数都设置好，如图 14-28 所示。

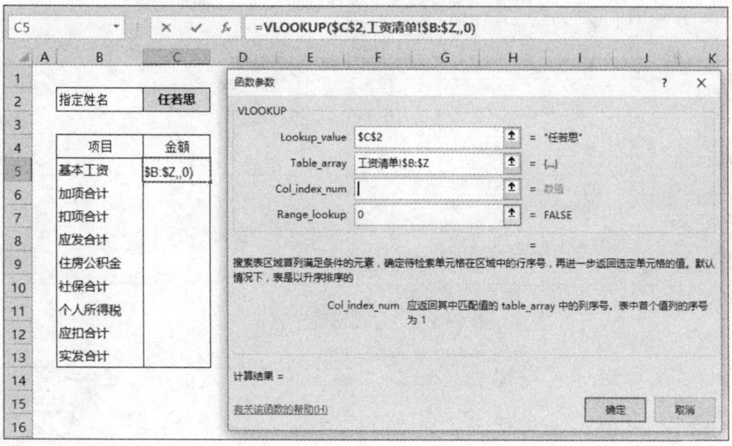
C5
=VLOOKUP($C$2,工资清单!$B:$Z,,0)
指定姓名
任若思
项目
金额
基本工资
加项合计
扣项合计
应发合计
住房公积金
社保合计
个人所得税
应扣合计
实发合计
函数参数
VLOOKUP
Lookup_value $C$2 = "任若思"
Table_array 工资清单!$B:$Z = {...}
Col_index_num = 数值
Range_lookup 0 = FALSE
搜索表区域首列满足条件的元素，确定待检索单元格在区域中的行序号，再进一步返回选定单元格的值。默认情况下，表是以升序排序的
Col_index_num 应返回其中匹配值的 table_array 中的列序号。表中首个值列的序号为 1
计算结果 =
有关该函数的帮助(H)
确定
取消

图 14-28　输入 VLOOKUP 函数的确定参数

**步骤 02** 将光标移到第 3 个参数中，单击名称框的右侧的下拉箭头，从展开的函数列表中选择 MATCH 函数（如果没有该函数，就单击“其他函数”，然后从“插入函数”对话框中选择 MATCH 函数），如图 14-29 所示。

**步骤 03** 打开 MATCH 函数对话框，设置 MATCH 的参数，如图 14-30 所示。

**步骤 04** 单击编辑栏里的 VLOOKUP 函数，返回到 VLOOKUP 函数对话框，检查下是否所有的参数都已经设置好，如图 14-31 所示。

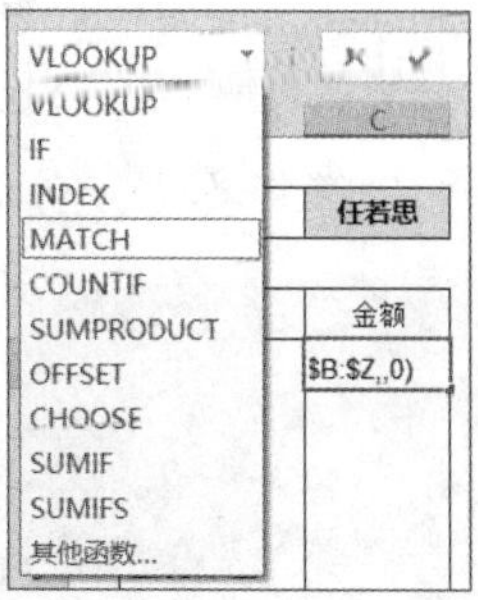
VLOOKUP
VLOOKUP
IF
INDEX
MATCH
COUNTIF
SUMPRODUCT
OFFSET
CHOOSE
SUMIF
SUMIFS
其他函数...
任若思
金额
$B:$Z,,0)

图 14-29　选择 MATCH 函数

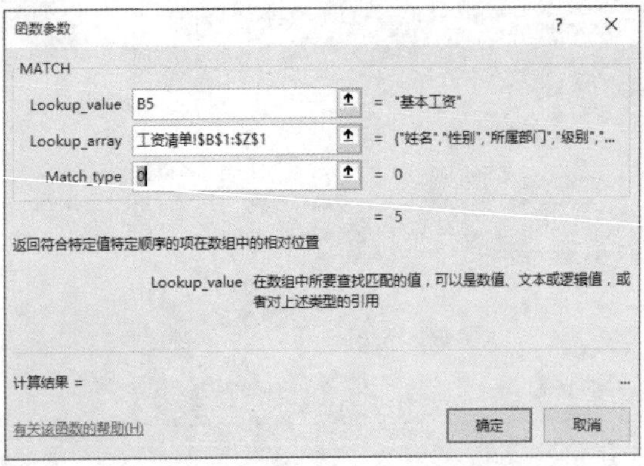
函数参数
MATCH
Lookup_value B5 = "基本工资"
Lookup_array 工资清单!$B$1:$Z$1 = {"姓名","性别","所属部门","级别",...
Match_type 0 = 0
= 5
返回符合特定值特定顺序的项在数组中的相对位置
Lookup_value 在数组中所要查找匹配的值，可以是数值、文本或逻辑值，或者对上述类型的引用
计算结果 =
有关该函数的帮助(H)
确定
取消

图 14-30　设置 MATCH 函数参数

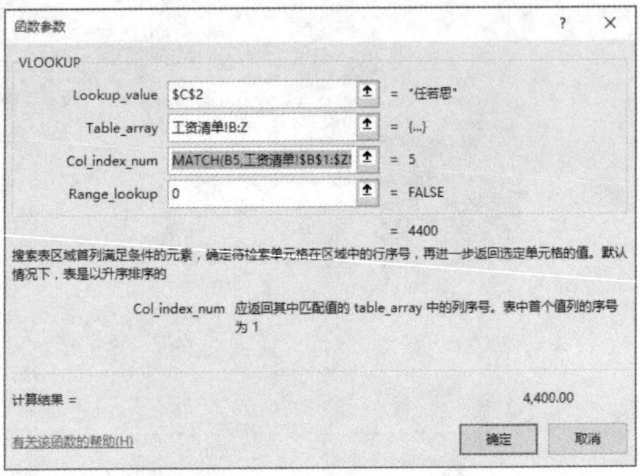
函数参数
VLOOKUP
Lookup_value $C$2 = "任若思"
Table_array 工资清单!B:Z = {...}
Col_index_num MATCH(B5,工资清单!$B$1:$Z! = 5
Range_lookup 0 = FALSE
= 4400
搜索表区域首列满足条件的元素，确定待检索单元格在区域中的行序号，再进一步返回选定单元格的值。默认情况下，表是以升序排序的
Col_index_num 应返回其中匹配值的 table_array 中的列序号。表中首个值列的序号为 1
计算结果 = 4,400.00
有关该函数的帮助(H)
确定
取消

图 14-31　设置好的 VLOOKUP 函数

**步骤 05** 单击“确定”按钮，完成公式输入。

## 14.3.5　如何快速检查哪层做错了

对于嵌套函数公式，如果最后发现计算结果是错的，那么如何快速确定是哪层出错了呢？最好的方法是使用函数参数对话框来检查。

例如，目测下面的公式是错误的，因为工龄 7 年的工龄工资居然是 0！，如图 14-32 所示。

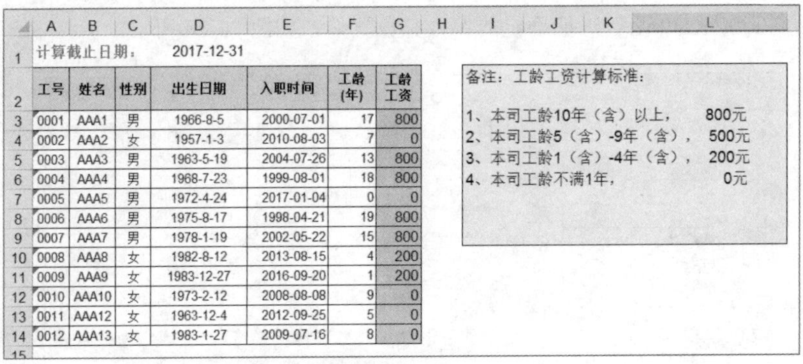

| | A | B | C | D | E | F | G |
|---|---|---|---|---|---|---|---|
| 1 | 计算截止日期： | | | 2017-12-31 | | | |
| 2 | 工号 | 姓名 | 性别 | 出生日期 | 入职时间 | 工龄(年) | 工龄工资 |
| 3 | 0001 | AAA1 | 男 | 1966-8-5 | 2000-07-01 | 17 | 800 |
| 4 | 0002 | AAA2 | 女 | 1957-1-3 | 2010-08-03 | 7 | 0 |
| 5 | 0003 | AAA3 | 男 | 1963-5-19 | 2004-07-26 | 13 | 800 |
| 6 | 0004 | AAA4 | 男 | 1968-7-23 | 1999-08-01 | 18 | 800 |
| 7 | 0005 | AAA5 | 男 | 1972-4-24 | 2017-01-04 | 0 | 0 |
| 8 | 0006 | AAA6 | 男 | 1975-8-17 | 1998-04-21 | 19 | 800 |
| 9 | 0007 | AAA7 | 男 | 1978-1-19 | 2002-05-22 | 15 | 800 |
| 10 | 0008 | AAA8 | 女 | 1982-8-12 | 2013-08-15 | 4 | 200 |
| 11 | 0009 | AAA9 | 女 | 1983-12-27 | 2016-09-20 | 1 | 200 |
| 12 | 0010 | AAA10 | 女 | 1973-2-12 | 2008-08-08 | 9 | 0 |
| 13 | 0011 | AAA12 | 女 | 1963-12-4 | 2012-09-25 | 5 | 0 |
| 14 | 0012 | AAA13 | 女 | 1983-1-27 | 2009-07-16 | 8 | 0 |

备注：工龄工资计算标准：
1、本司工龄10年（含）以上，　800元
2、本司工龄5（含）-9年（含），　500元
3、本司工龄1（含）-4年（含），　200元
4、本司工龄不满1年，　0元

图 14-32　公式出现了错误

如何快速找出是在哪层嵌套里出现了错误呢？单击公式单元格，再单击编辑栏上的插入函数按钮，打开函数参数对话框，然后在编辑栏里分别单击各个函数名称，打开各个函数的对话框，就可以很快找到是哪层函数设置错误了，如图 14-33 所示。本案例中的错误出现在第二层。

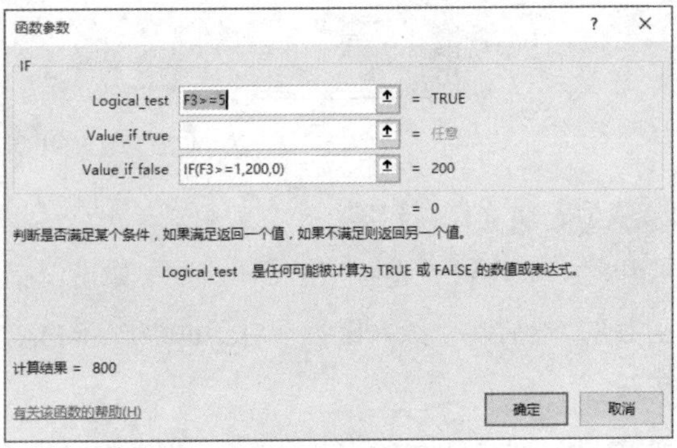
函数参数
IF
Logical_test F3>=5 = TRUE
Value_if_true = 任意
Value_if_false IF(F3>=1,200,0) = 200
= 0
判断是否满足某个条件，如果满足返回一个值，如果不满足则返回另一个值。
Logical_test 是任何可能被计算为 TRUE 或 FALSE 的数值或表达式。
计算结果 = 800
有关该函数的帮助(H)
确定
取消

图 14-33　第二层 IF 函数设置错误

# 第 15 章 使用名称：让公式更加简练和灵活

名称就是给工作表中的对象命名，在公式或函数中，可以直接使用定义的名称进行计算，而不必去理会对象在哪里。

例如，下面的公式就是使用了两个名称“客户”和“销量”：

=SUMIF(客户，“华为”,销量)

定义名称的相关命令在“公式”选项卡中，如图 15-1 所示。

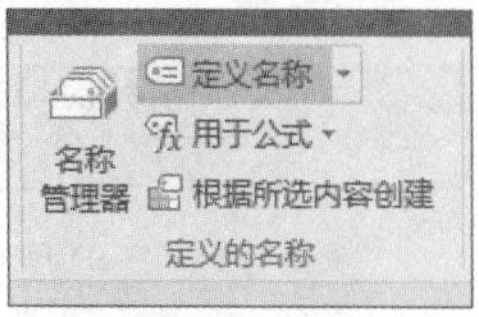
定义名称
名称
管理器
用于公式
根据所选内容创建
定义的名称

图 15-1 定义和管理名称的相关命令

## 15.1 名称基本概念

### 15.1.1 能够定义名称的对象

几乎所有的 Excel 对象，例如常量、单元格、公式、图形等，都可以定义名称。

**常量**。比如可以定义一个名称“增值税”，它代表 0.16。公式“=D2* 增值税”中，这个“增值税”就是 0.16。

**一个单元格**。比如把单元格 A1 定义名称“年份”，若在公式中使用“年份”两字，就是引用单元格 A1 中指定的年份。

**单元格区域**。比如把 B 列定义名称“日期”，D 列定义名称“销售量”，那么公式“=SUMIF( 日期,“2018 年”, 销售量 )”就使用了 2 个名称，就是对 B 列进行条件判断，对 D 列求和。

**公式**。可以对创建的公式定义名称，以便更好地处理分析数据。

例如，把公式“=OFFSET($A$1,,,$A:$A,$1:$1)”命名为“data”，就可以利用这个动态的名称制作基于动态数据源的数据透视表，而不必每次去更改数据源。

合理使用名称，可以使数据处理和分析更加快捷和高效。

### 15.1.2 定义名称的规则

定义名称要遵循一定的规则，如下所示：

- 名称的长度不能超过 255 个字符。
- 名称中不能含有空格，但可以使用下画线和句点。例如，名称不能是“Month Total”，但可以是“Month_Total”或“Month.Total”。
- 名称中不能使用除下画线和句点以外的其他符号。
- 名称的第一个字符必须是字母、汉字，不能使用单元格地址、阿拉伯数字。
- 避免使用 Excel 本身预设的一些特殊用途的名称，如 Extract、Criteria、Print_Area、Print_

Titles、Database 等。

- 名称中的字母不区分大小写。例如，名称“MYNAME”和“myname”或“myName”是相同的，在公式中使用哪个都是可以的。
- 不过要注意的是，定义的名称会是我们在第一次定义时所键入的名字保存的。因此，如果在首次定义名称时键入的名字是“MYNAME”，那么我们在名字列表中看不到名字“myname”，只能看到名字“MYNAME”。
- 可以为一个单元格或单元格区域定义多个名称，不过这么做似乎没有什么意义。

## 15.2 定义名称的四种方法

定义名称是很简单的，主要有 4 种方法：利用名称框、利用定义名称对话框、利用名称管理器、批量定义名称。

### 15.2.1 利用名称框

使用名称框定义名称，是一种比较简单、适用性强的方法。其基本步骤是：首先选取要定义名称的单元格区域（不论是整行、整列、连续的单元格区域，还是不连续的单元格区域），然后在名称框中键入名称，最后按“Enter”键即可。如图 15-2 所示。

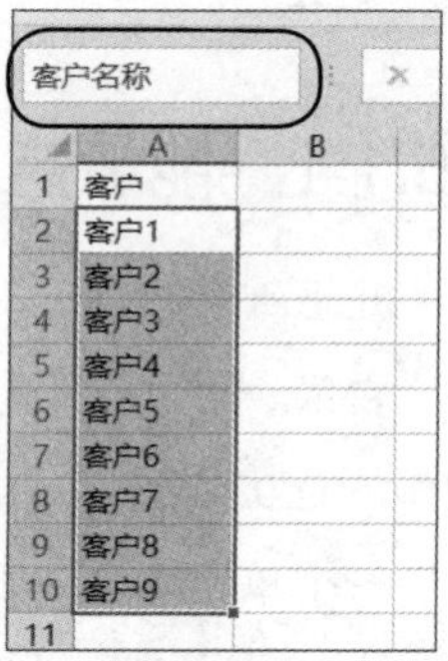
客户名称
A
B
客户
客户1
客户2
客户3
客户4
客户5
客户6
客户7
客户8
客户9

图 15-2 利用名称框定义名称

### 15.2.2 利用定义名称对话框

使用“定义名称”对话框来定义名称，就是执行“定义名称”命令按钮，在打开的“新建名称”对话框中定义名称，如图 15-3 所示，步骤如下。

步骤 01 单击“公式”→“定义名称”命令。

步骤 02 打开“定义名称”对话框。

步骤 03 在“名称”文本框中输入要定义的名字。

步骤 04 在“引用位置”中选择要定义名称的单元格区域。

步骤 05 单击“确定”按钮。

> **说明**：名称的“范围”可以保持默认的“工作簿”，也就是定义的名称适用于本工作簿的所有工作表。

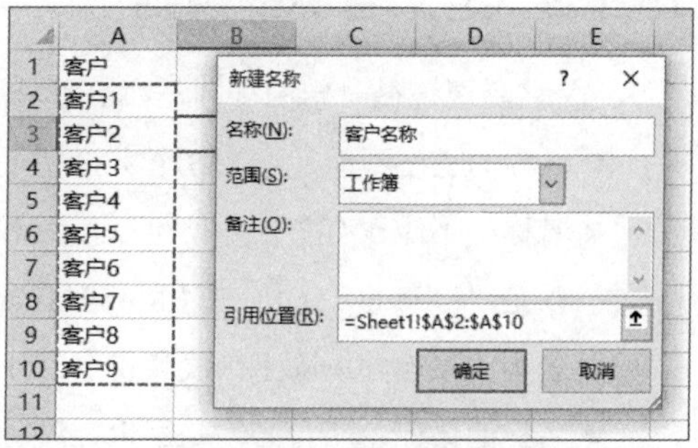
新建名称
名称(N):
客户名称
范围(S):
工作簿
备注(O):
引用位置(R):
=Sheet1!$A$2:$A$10
确定
取消

图 15-3 在“新建名称”对话框中定义名称

## 15.2.3　使用名称管理器

如果一次要定义几个不同的名称，可以执行“公式”→“名称管理器”命令，打开“名称管理器”对话框，再单击“新建”按钮，如图 15-4 所示，打开“新建名称”对话框，定义好名称后，返回名称管理器，所有名称都定义完毕后，关闭名称管理器。

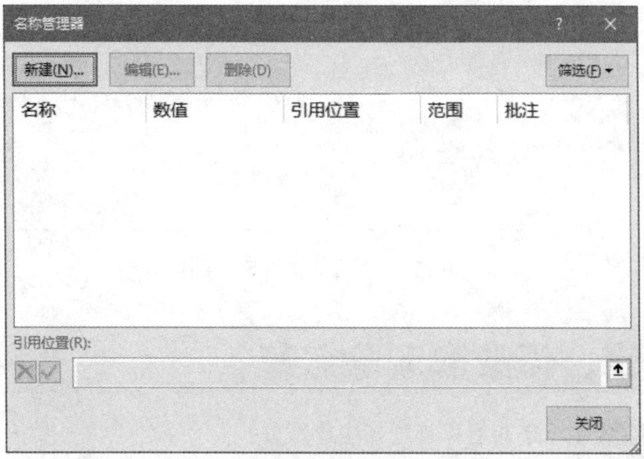
名称管理器
新建(N)...
编辑(E)...
删除(D)
筛选(F)
名称
数值
引用位置
范围
批注
引用位置(R):
关闭

图 15-4　“名称管理器”对话框

## 15.2.4　批量定义名称

当工作表的数据区域有行标题或列标题时，我们希望把这些标题文字作为名称使用时，可以利用“根据所选内容创建”命令自动快速定义多个名称。具体步骤是：

**步骤 01** 首先选择要定义行名称和列名称的数据区域（包含行标题或列标题）。

**步骤 02** 单击“公式”→“根据所选内容创建”命令。

**步骤 03** 打开“根据所选内容创建名称”对话框

**步骤 04** 选择“首行”或者“最左列”等选项。

**步骤 05** 单击“确定”按钮。

示例数据如图 15-5 所示。

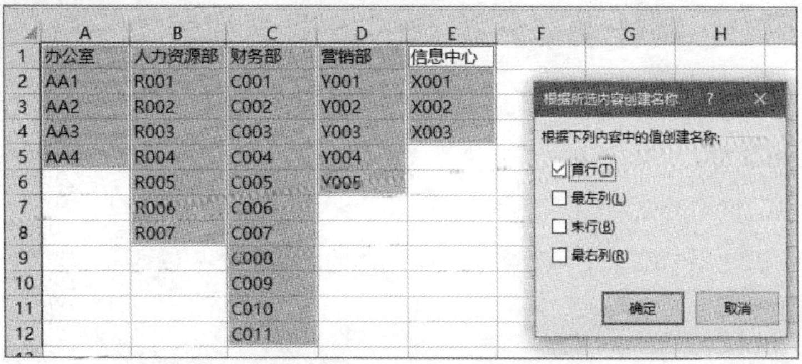
办公室
人力资源部
财务部
营销部
信息中心
AA1 AA2 AA3 AA4
R001 R002 R003 R004 R005 R006 R007
C001 C002 C003 C004 C005 C006 C007 C008 C009 C010 C011
Y001 Y002 Y003 Y004 Y005
X001 X002 X003
根据所选内容创建名称
根据下列内容中的值创建名称:
首行(T)
最左列(L)
末行(B)
最右列(R)
确定
取消

图 15-5　根据行标题或列标题定义名称

打开名称管理器，就可以看到批量定义了 5 个名称，如图 15-6 所示。

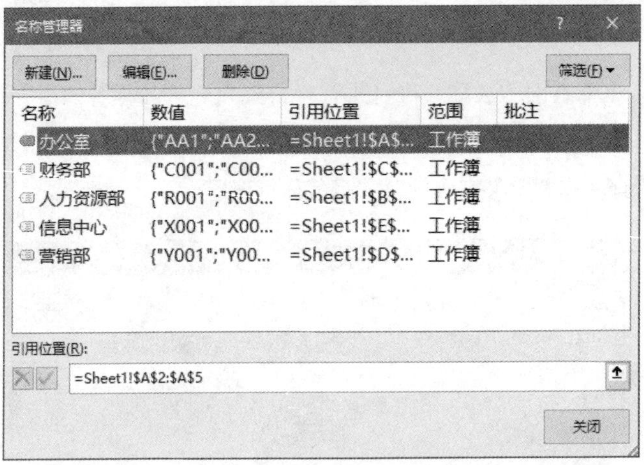
名称管理器
新建(N)...
编辑(E)...
删除(D)
筛选(F)
名称 数值 引用位置 范围 批注
办公室 {"AA1";"AA2... =Sheet1!$A$... 工作簿
财务部 {"C001";"C00... =Sheet1!$C$... 工作簿
人力资源部 {"R001";"R00... =Sheet1!$B$... 工作簿
信息中心 {"X001";"X00... =Sheet1!$E$... 工作簿
营销部 {"Y001";"Y00... =Sheet1!$D$... 工作簿
引用位置(R):
=Sheet1!$A$2:$A$5
关闭

图 15-6　批量定义的 5 个名称

## 15.3　编辑、修改和删除名称

编辑、修改和删除名称，是在名称管理器中进行的。

要编辑修改某个名称，可在对话框的名称列表中选择该名称，单击“编辑”按钮。

要删除某个或者几个名称，可在对话框的名称列表中选择该名称或者几个名称，单击“删除”按钮。

## 15.4　名称应用举例

名称的应用是广泛的，特别是对数据进行灵活性分析方面，更是离不开名称（尤其是动态名称）。下面我们介绍几个名称的实际应用案例。

### 15.4.1　应用 1：在单元格制作二级下拉菜单

在第 9 章，我们介绍了数据验证的基本应用，其中包括在单元格制作二级下拉菜单，详细情况请参阅“案例 9-1”。

### 15.4.2　应用 2：制作动态数据源的数据透视表

一般情况下，透视表是以一个选定的固定区域来做的。如果数据源发生了变化（增加行、增加列），需要执行“更改数据源”命令，重新设置数据区域，很不方便。

其实，我们可以利用 OFFSET 函数定义一个动态的名称，然后以这个名称制作透视表。

**案例 15-1**

图 15-7 是一个简单的数据表，要以这个表格制作每个月、每个产品的销量汇总。

| | A | B | C |
|---|---|---|---|
| 1 | 日期 | 产品 | 销量 |
| 2 | 2017-1-23 | 产品D | 51 |
| 3 | 2017-1-30 | 产品C | 82 |
| 4 | 2017-2-13 | 产品C | 101 |
| 5 | 2017-3-25 | 产品B | 87 |
| 6 | 2017-4-19 | 产品A | 146 |
| 7 | 2017-5-23 | 产品A | 108 |
| 8 | 2017-5-29 | 产品D | 96 |
| 9 | 2017-6-12 | 产品B | 47 |
| 10 | 2017-6-18 | 产品B | 158 |
| 11 | 2017-7-2 | 产品B | 73 |
| 12 | 2017-7-28 | 产品A | 120 |
| 13 | 2017-8-28 | 产品A | 113 |
| 14 | | | |

图 15-7　会不断更新的数据清单

**步骤 01** 使用 OFFSET 函数引用动态的数据区域，公式如下：

```
=OFFSET($A$1,,,COUNTA($A:$A),3)
```

**步骤 02** 将这个公式定义为一个名称“data”，如图 15-8 所示。

**步骤 03** 执行创建透视表命令，数据区域为“data”，如图 15-9 所示。

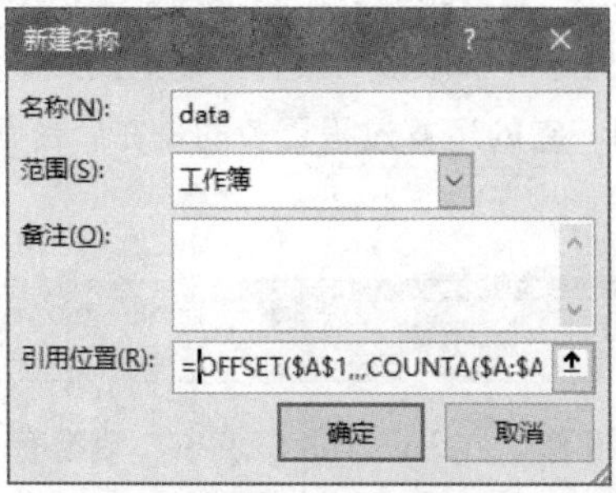
新建名称
名称(N):
data
范围(S):
工作簿
备注(O):
引用位置(R):
=OFFSET($A$1,,,COUNTA($A:$A
确定
取消

图 15-8　定义动态名称“data”

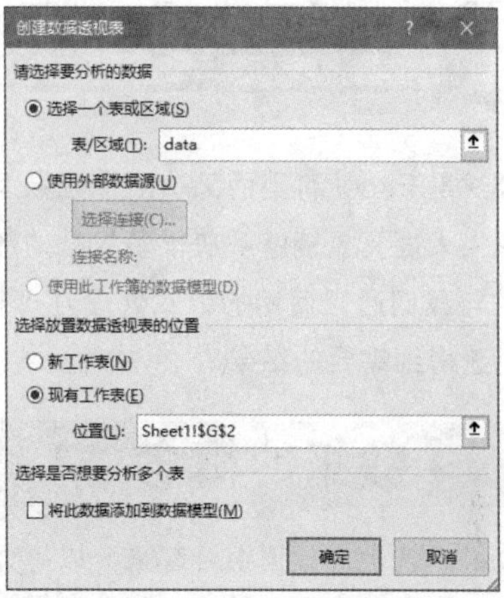
创建数据透视表
请选择要分析的数据
选择一个表或区域(S)
表/区域(T):
data
使用外部数据源(U)
选择连接(C)...
连接名称:
使用此工作簿的数据模型(D)
选择放置数据透视表的位置
新工作表(N)
现有工作表(E)
位置(L):
Sheet1!$G$2
选择是否想要分析多个表
将此数据添加到数据模型(M)
确定
取消

图 15-9　以动态名称创建数据透视表

**步骤 04** 布局透视表，并对日期进行组合，得到下面的报表，如图 15-10 所示。（透视表的详细操作，在后面的章节里会详细介绍。）

| | A | B | C | D | E | F | G | H | I | J | K | L |
|---|---|---|---|---|---|---|---|---|---|---|---|---|
| 1 | 日期 | 产品 | 销量 | | | | | | | | | |
| 2 | 2017-1-23 | 产品D | 51 | | | | 销量 | 产品 | | | | |
| 3 | 2017-1-30 | 产品C | 82 | | | | 月 | 产品A | 产品B | 产品C | 产品D | 总计 |
| 4 | 2017-2-13 | 产品C | 101 | | | | 1月 | | | 82 | 51 | 133 |
| 5 | 2017-3-25 | 产品B | 87 | | | | 2月 | | | 101 | | 101 |
| 6 | 2017-4-19 | 产品A | 146 | | | | 3月 | | 87 | | | 87 |
| 7 | 2017-5-23 | 产品A | 108 | | | | 4月 | 146 | | | | 146 |
| 8 | 2017-5-29 | 产品D | 96 | | | | 5月 | 108 | | | 96 | 204 |
| 9 | 2017-6-12 | 产品B | 47 | | | | 6月 | | 205 | | | 205 |
| 10 | 2017-6-18 | 产品B | 158 | | | | 7月 | 120 | 73 | | | 193 |
| 11 | 2017-7-2 | 产品B | 73 | | | | 8月 | 113 | | | | 113 |
| 12 | 2017-7-28 | 产品A | 120 | | | | 总计 | 487 | 365 | 183 | 147 | 1182 |
| 13 | 2017-8-28 | 产品A | 113 | | | | | | | | | |

图 15-10　得到的数据透视表

如果数据增加了，只要刷新透视表，就能得到更新后的报表，如图 15-11 所示。

| | A | B | C | D | E | F | G | H | I | J | K | L |
|---|---|---|---|---|---|---|---|---|---|---|---|---|
| 1 | 日期 | 产品 | 销量 | | | | | | | | | |
| 2 | 2017-1-23 | 产品D | 51 | | | | 销量 | 产品 | | | | |
| 3 | 2017-1-30 | 产品C | 82 | | | | 月 | 产品A | 产品B | 产品C | 产品D | 总计 |
| 4 | 2017-2-13 | 产品C | 101 | | | | 1月 | | | 82 | 51 | 133 |
| 5 | 2017-3-25 | 产品B | 87 | | | | 2月 | | | 101 | | 101 |
| 6 | 2017-4-19 | 产品A | 146 | | | | 3月 | | 87 | | | 87 |
| 7 | 2017-5-23 | 产品A | 108 | | | | 4月 | 146 | | | | 146 |
| 8 | 2017-5-29 | 产品D | 96 | | | | 5月 | 108 | | | 96 | 204 |
| 9 | 2017-6-12 | 产品B | 47 | | | | 6月 | | 205 | | | 205 |
| 10 | 2017-6-18 | 产品B | 158 | | | | 7月 | 120 | 73 | | | 193 |
| 11 | 2017-7-2 | 产品B | 73 | | | | 8月 | 113 | | | | 113 |
| 12 | 2017-7-28 | 产品A | 120 | | | | 9月 | 454 | 222 | | | 676 |
| 13 | 2017-8-28 | 产品A | 113 | | | | 10月 | | 200 | 100 | | 300 |
| 14 | 2017-9-12 | 产品A | 454 | | | | 总计 | 941 | 787 | 283 | 147 | 2158 |
| 15 | 2017-9-18 | 产品B | 222 | | | | | | | | | |
| 16 | 2017-10-5 | 产品C | 100 | | | | | | | | | |
| 17 | 2017-10-25 | 产品B | 200 | | | | | | | | | |

图 15-11　源数据变化后，更新透视表即可

# 第 16 章 数组公式：解决复杂的问题

数组公式是 Excel 有趣而又功能十分强大的工具之一。数组公式用来处理数组，使得数据处理的工作效率大大提高，能够解决很多复杂的数据处理问题。说数组公式神奇，是因为数组公式处理数据的方式与我们通常使用的公式处理方式有所不同，它的运算过程更多的是在后台默默进行的，但却可以迅速得到需要的结果。

## 16.1 数组的概念

所谓数组，就是把数据组合起来，以方便管理和操作。在 Excel 工作表中，数组有一维数组和二维数组两种（在 Excel VBA 中，数组还有三维甚至更多维之分）。无论是一维数组还是二维数组，数组中的各个数据（又称元素）需要用逗号或分号隔开。

数组中的各个元素，可以是同类型数据，也可以是不同类型数据。对于数字，直接写上即可，但对于文本和日期，则需要用双引号括起来。

### 16.1.1 一维数组

一维数组就相当于数学中的一维向量，它用于存储管理一组连续的数据。一维数组又有一维水平数组和一维垂直数组之分。

在一维水平数组中，各个元素是以逗号分隔的，下面的数组就是一维水平数组：

{1,2,3,4,5}

这个数组相当于下面的数学一维向量：

[1,2,3,4,5]

在一维垂直数组中，各个元素是以分号分隔的，下面的数组就是一维垂直数组：

{1;2;3;4;5}

这个数组就相当于下面的数学一维向量：

$$\begin{bmatrix}1\\2\\3\\4\\5\end{bmatrix}$$

### 16.1.2 二维数组

在二维数组中，用逗号分隔水平元素，用分号分隔垂直元素。二维数组就相当于数学中的

m×n 维矩阵。

例如，下面的数组就是二维数组，它有 3 行数据和 5 列数据：

{1,2,3,4,5;6,7,8,9,10;11,12,13,14,15}

这个数组就相当于下面的数学 3×5 维矩阵：

$$\begin{bmatrix} 1 & 2 & 3 & 4 & 5 \\ 6 & 7 & 8 & 9 & 10 \\ 11 & 12 & 13 & 14 & 15 \end{bmatrix}$$

### 16.1.3　数组与工作表单元格区域的对应关系

了解了数组的基本概念，下面我们看看数组与工作表单元格区域有怎么样的对应关系。

一维水平数组就是工作表的某行连续单元格数据，例如，如果将数组 {1,2,3,4,5} 输入到工作表，就是如图 16-1 所示的情形，数组 {1,2,3,4,5} 就相当于单元格区域 B2:F2，如图 16-1 所示。

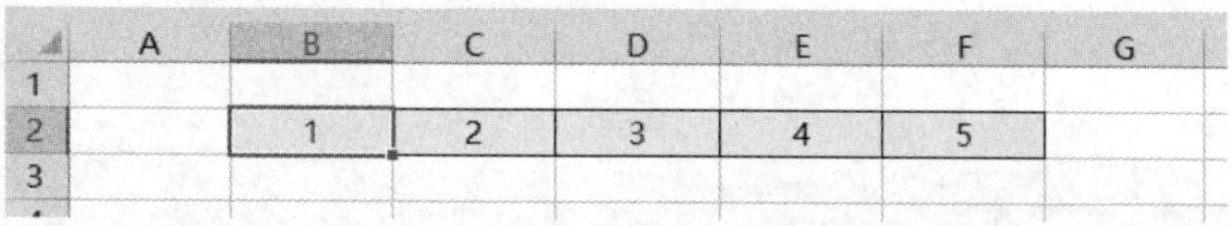
A B C D E F G
1
2 1 2 3 4 5
3

图 16-1　一维水平数组与工作表单元格区域的对应关系

一维垂直数组就是工作表的某列连续单元格数据，例如，如果将数组 {1;2;3;4;5} 输入到工作表，就是如图 16-2 所示的情形，数组 {1;2;3;4;5} 就相当于单元格区域 B2:B6。

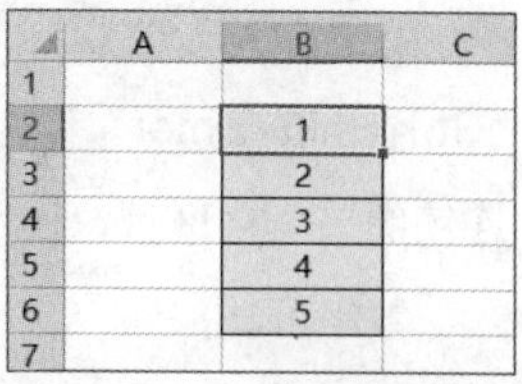
A B C
1
2 1
3 2
4 3
5 4
6 5
7

图 16-2　一维垂直数组与工作表单元格区域的对应关系

二维数组就是工作表中一个连续的矩形单元格区域。例如，如果将数组 {1,2,3,4,5;6,7,8,9,10;11,12,13,14,15} 输入到工作表，就是如图 16-3 所示的情形，数组 {1,2,3,4,5;6,7,8,9,10;11,12,13,14,15} 就相当于单元格区域 B2:F4。

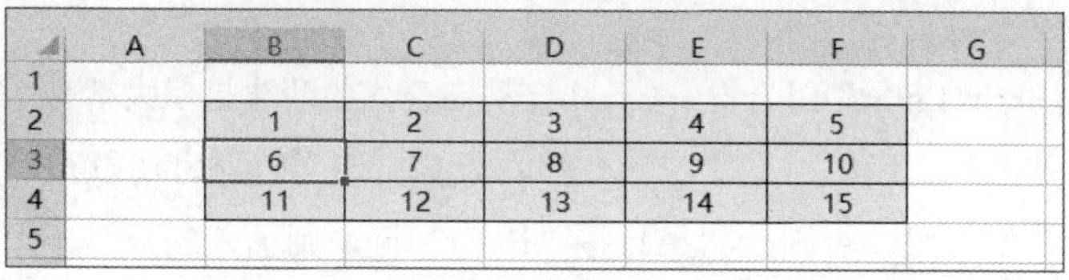
A B C D E F G
1
2 1 2 3 4 5
3 6 7 8 9 10
4 11 12 13 14 15
5

图 16-3　二维数组与工作表单元格区域的对应关系

## 16.2　数组公式的概念

所谓数组公式，就是对数组进行计算的公式。一般的公式基本上都是执行一个简单计算，并且返回一个计算结果。

当需要对两组或两组以上的数据进行计算并返回一个或多个计算结果时，就需要使用数组公式了。使用数组公式能大大简化计算，减少工作量，提高效率。

在数组公式中，我们可以将某一常量与数组进行加、减、乘、除，也可以对数组进行幂、开方等运算。

需要注意的是，数组公式中的每个数组参数必须有相同数量的行和列。

### 16.2.1 数组公式特征

数组公式有以下特征：

- 单击数组公式所在的任意单元格，就可以在公式编辑栏中可看到公式前后出现的大括号“{ }”，如果在公式编辑栏中单击，大括号就会消失。
- 每个单元格中输入的数值公式是完全相同的。
- 必须同时按“Ctrl+Shift+Enter”组合键才能得到数组公式（此时可以在编辑栏里看到公式的前后有一对大括号），否则，如果只按 Enter 键，那样得到的是普通公式。
- 公式中必定有单元格区域的引用，或者必定有数组常量。
- 不能单独对数组公式所涉及的单元格区域中的某一个单元格进行编辑、删除或移动等操作。
- 不能在合并单元格内输入数组公式。

### 16.2.2 输入数组公式

在工作表中输入数组公式必须遵循一定的方法和步骤。

尽管数组公式返回值可以是多个或一个，但输入数组公式的基本方法是一样的，最后都必须按“Ctrl+Shift+Enter”组合键，唯一的区别是选取单元格的不同：返回多个结果的数组公式是要选取连续的单元格区域，返回一个结果的数组公式仅选取一个单元格。

数组公式的输入方法和基本步骤如下：

**步骤01** 选定某个单元格或单元格区域。

如果数组公式返回一个结果，单击需要输入数组公式的某个单元格；

如果数组公式返回多个结果，则要选定需要输入数组公式的单元格区域。

**步骤02** 输入数组公式。

**步骤03** 按“Ctrl+Shift+Enter”组合键，Excel 自动在公式的两边显示大括号 { }。

特别要注意的是，第 3 步相当重要，只有输入公式后按“Ctrl+Shift+Enter”组合键，Excel 才会把公式视为一个数组公式。否则，如果只按“Enter”键，则输入的只是一个简单的公式，也只在选中的单元格区域的第 1 个单元格显示出一个计算结果。

此外，数组公式前后的大括号是系统自动显示上去的，仅仅表明该公式是一个数组公式。切不可人为的在输入数组公式时在数组公式的两端添加大括号。

## 16.3 数组公式引用举例

了解了数组公式的基本概念和应用注意事项后，下面结合几个具体例子来说明数组公式的实际应用。

## 16.3.1　应用 1：计算数据区域内 N 个最大数或最小数之和

若一个数据区域的数据杂乱无章，现在要不经排序将最大或者最小的 N 个数值求和，可以联合使用 SUM 函数、LARGE 函数或 SMALL 函数。

基本原理是这样的：利用 LARGE 函数得到一个最大的 N 个数的数据序列，利用 SMALL 函数得到一个最小的 N 个数的数据序列，然后用 SUM 函数对这个数据序列进行求和。

**案例 16–1**

图 16-4 为一个不经排序将最大的 5 个数求和，以及将最小的 5 个数求和的案例，计算公式如下。

单元格 H2：=SUM(LARGE(A1:E8,{1,2,3,4,5}))

单元格 H4：=SUM(SMALL(A1:E8,{1,2,3,4,5}))

| | A | B | C | D | E | F | G | H |
|---|---|---|---|---|---|---|---|---|
| 1 | 148 | 16 | 64 | 17 | 7 | | | |
| 2 | 56 | 79 | 85 | 84 | 139 | | 前5大数字之和 | 891 |
| 3 | 114 | 192 | 70 | 136 | 173 | | 后5小数字之和 | 74 |
| 4 | 97 | 64 | 42 | 142 | 135 | | | |
| 5 | 94 | 27 | 80 | 191 | 166 | | | |
| 6 | 151 | 169 | 89 | 29 | 81 | | | |
| 7 | 162 | 42 | 92 | 97 | 80 | | | |
| 8 | 148 | 116 | 158 | 92 | 7 | | | |

图 16-4　计算数据区域内 N 个最大数或最小数之和

为了更好地理解这个公式，在公式编辑栏里选择 LARGE(A1:E8,{1,2,3,4,5}) 部分，按 F9 键，可以看到 LARGE 函数的结果是一个数组：{192,191,173,169,166}，就是前 5 个最大的数字，如图 16-5 所示，而 SUM 就是对这个数组的 5 个数字求和。

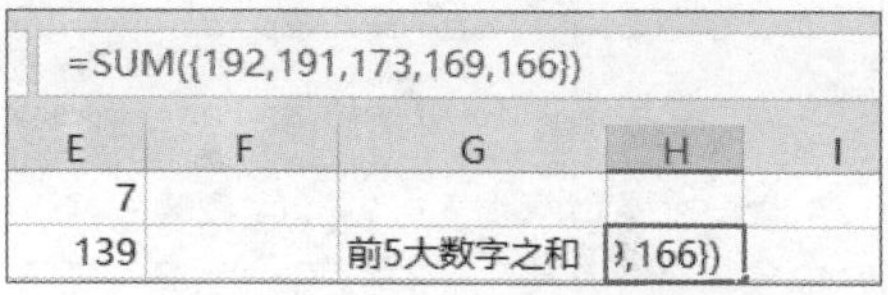
=SUM({192,191,173,169,166})
E
F
G
H
I
7
139
前5大数字之和
),166})

图 16-5　查看公式里的数组

## 16.3.2　应用 2：获取数据列中最后一个非空单元格数据

有些人可能把数据表做成了流水账形式，比如最后一列是计算出来的余额，这样就需要把每天的余额自动取出来（而每天余额所在的单元格是向下不断移动的）。此时可以使用数组公式来获取最后一个单元格的数据。

**案例 16–2**

例如，图 16-6 为资金管理表，要获取 E 列最后的非空单元格数据的公式如下。

使用 LOOKUP 函数：=LOOKUP(1,0/(E2:E100<>"" ),E2:E100)

使用 INDEX 函数：=INDEX(E1:E100,MAX((E1:E100<>"" )*ROW(E1:E100)))

在这两个公式中，都是使用了条件表达式来构建数组，然后对数组进行运算。区别是，LOOKUP 函数是一个普通公式，按 Enter 键即可；INDEX 函数是一个数组公式，需要按 Ctrl+Shift+Enter 组合键。

H2 fx =LOOKUP(1,0/(E2:E100<>""),E2:E100)

| | A | B | C | D | E | F | G | H | I |
|---|---|---|---|---|---|---|---|---|---|
| 1 | 日期 | 摘要 | 收入 | 支出 | 余额 | | | | |
| 2 | 2017-1-1 | 期初余额 | | | 3,853.59 | | 当前余额： | 20,401.32 | ←使用LOOKUP函数 |
| 3 | 2017-1-22 | aaaa | 25,940.23 | | 29,793.82 | | | | |
| 4 | 2017-1-29 | awuruf | | 4,599.33 | 25,194.49 | | | 20,401.32 | ←使用INDEX函数 |
| 5 | 2017-2-25 | dlflroeo | | 4,000.00 | 21,194.49 | | | | |
| 6 | 2017-3-18 | sururo | 3,590.00 | 9,383.17 | 15,401.32 | | | | |
| 7 | 2017-5-19 | qruriq | 20,000.00 | | 35,401.32 | | | | |
| 8 | 2017-6-30 | | | 15,000.00 | 20,401.32 | | | | |

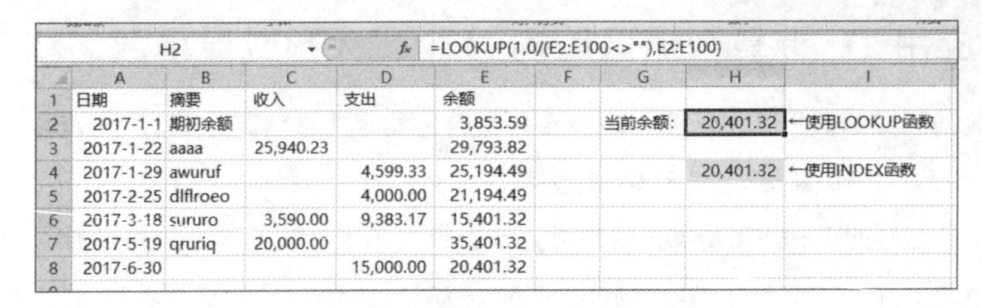

图 16-6　获取某列最后一个单元格数据

## 16.3.3　应用 3：查找各个项目的最后发生日期

**案例 16–3**

图 16-7 左是一个售房收款明细表，现在要制作每个房号的最后一笔收款日期，以及收款总金额，结果如图 16-7 右所示。

| | A | B | C | D | E | F | G | H | I | J |
|---|---|---|---|---|---|---|---|---|---|---|
| 1 | 交款日期 | 房号 | 姓名 | 收款 | | | 房号 | 姓名 | 最后款日期 | 收款总金额 |
| 2 | 2017-1-2 | 9-1-204 | HHH | 124223 | | | 9-1-101 | AAA | 2017-5-1 | 124223 |
| 3 | 2017-1-2 | 9-1-104 | DDD | 140873 | | | 9-1-102 | BBB | 2017-5-29 | 140873 |
| 4 | 2017-1-7 | 9-1-202 | FFF | 140367 | | | 9-1-103 | CCC | 2017-5-18 | 140367 |
| 5 | 2017-1-13 | 9-1-204 | HHH | 101533 | | | 9-1-104 | DDD | 2017-5-19 | 101533 |
| 6 | 2017-2-1 | 9-1-201 | EEE | 116655 | | | 9-1-201 | EEE | 2017-5-1 | 116655 |
| 7 | 2017-2-5 | 9-1-202 | FFF | 146168 | | | 9-1-202 | FFF | 2017-2-28 | 146168 |
| 8 | 2017-2-10 | 9-1-101 | AAA | 128323 | | | 9-1-203 | GGG | 2017-5-9 | 128323 |
| 9 | 2017-2-13 | 9-1-103 | CCC | 149230 | | | 9-1-204 | HHH | 2017-3-31 | 149230 |
| 10 | 2017-2-13 | 9-1-102 | BBB | 121658 | | | | | | |
| 11 | 2017-2-13 | 9-1-202 | FFF | 113065 | | | | | | |
| 12 | 2017-2-14 | 9-1-103 | CCC | 119480 | | | | | | |
| 13 | 2017-2-26 | 9-1-103 | CCC | 119925 | | | | | | |
| 14 | 2017-2-28 | 9-1-202 | FFF | 142859 | | | | | | |
| 15 | 2017-3-4 | 9-1-102 | BBB | 136370 | | | | | | |

明细

图 16-7　计算每个房号的最后一笔收款日期

这个问题看起来比较复杂，其实是很简单的。如果你使用的是 Excel 2016，直接使用 MAXIFS 函数即可，公式如下：

```
=MAXIFS(A:A,B:B,G2)
```

但是，如果是其他版本，那么只好求助于数组公式了。

基本思路是：先在 B 列里判断是否为指定的房号，如果是，就把该房号所有的付款时间取出来，如果不是，就用空值代替（也就是剔除掉），这样就构建了一组该房号收款时间的数组，然后从这组日期里取出最大日期即可。

单元格 I2 的公式如下：

```
=MAX(IF(明细!$B$2:$B$100=G2,明细!$A$2:$A$100,””))
```

## 16.3.4　应用 4：分列文本和数字

数组公式尽管不是很常用，但是在某些数据处理和分析中，数组公式是不可或缺的工具之一。数组公式的基本逻辑是：在公式中使用条件表达式或者其他的方式构建数组，然后再使用函数处理这个数组。数组公式中的数组，就相当于在工作表上做的辅助列。但是，在有些情况下，我们不可能在工作表上做大量的辅助列，此时数组公式就变得异常强大了。

**案例 16–4**

例如，图 16-8 为数量和规格在一个单元格，要把它们分开，怎么办？

| | A | B | C | D | E |
|---|---|---|---|---|---|
| 1 | 日期 | 品名 | 批次 | 数量 | 规格 |
| 2 | 2017-10-26 | aaaa | 205瓶 | | |
| 3 | 2017-10-26 | bbbb | 200支 | | |
| 4 | 2017-10-27 | cccc | 496箱 | | |
| 5 | 2017-10-27 | eeee | 20050瓶(50ml) | | |
| 6 | 2017-10-28 | dddd | 1006箱(AT-250) | | |
| 7 | | | | | |

**图 16-8　数量和规格在一个单元格**

在单元格数据中，既有数字，也有汉字和英文字母，但有一个明显的规律：一个汉字（比如瓶、支、箱）前面的数字是数量，该汉字开始后面的是规格。那么，只要能确定从左往右到哪个字符开始是汉字（也就是文本），就能够取出左边的数量数字了。

下面是基本逻辑思路。

（1）利用 INDIRECT 函数和 ROW 函数得到一个从 1 开始到批次数据长度结束的自然数序列。

比如，“205 瓶”长度为 4 位，要生成一个数组 {1;2;3;4}，此时的序号数组表达式为：

`ROW(INDIRECT(“1:”&LEN(C2)))`。

（2）使用 MID 函数从该字符串中从左往右依次取出各个字符，此时的数组表达式为：

`MID(C2,ROW(INDIRECT(“1:”&LEN(C2))),1)`

其计算结果就是数组 { “2”；“0”；“5”；“瓶” }。

（3）将这个数组的各个元素乘以 1，即

`1*MID(C2,ROW(INDIRECT(“1:”&LEN(C2))),1)`

得到一个有纯数字和错误值组成的数组（文本型数字可以直接加减乘除，文字不允许）：

`{2;0;5;#VALUE!}`。

（4）使用 ISERROR 函数判断该数组的各个元素是否为错误值，如果是，结果就是 TRUE，如果不是，结果就是 FALSE，此判断表达式为：

`ISERROR(1*MID(C2,ROW(INDIRECT(“1:”&LEN(C2))),1))`

表达式的结果就是一个新的由 TRUE 和 FALSE 组成的数组；

`{FALSE;FALSE;FALSE;TRUE}`

（5）使用 MATCH 函数从这个数组中查找第一个错误值（TRUE）的位置：

`MATCH(TRUE,ISERROR(1*MID(C2,ROW(INDIRECT(“1:”&LEN(C2))),1)),0)`

这个函数的结果是 4，也就是从左数第 4 个字符是文字，那么实际的数量数字位数就是，

MATCH(TRUE,ISERROR(1*MID(C2,ROW(INDIRECT(“1:”&LEN(C2))),1)),0)-1

（6）使用 LEFT 函数从左边取出数量数字，并转换为纯数字，公式如下：

```
=LEFT(C2,MATCH(TRUE,ISERROR(1*MID(C2,ROW(INDIRECT(“1:”&LEN(C2))),1)),0)-1)
```

（7）而规格的提取就比较方便了，使用 MID 函数即可，公式如下：

```
=MID(C2,LEN(D2)+1,100)
```

最终结果如图 16-9 所示。

| 日期 | 品名 | 批次 | 数量 | 规格 |
| --- | --- | --- | --- | --- |
| 2017-10-26 | aaaa | 205瓶 | 205 | 瓶 |
| 2017-10-26 | bbbb | 200支 | 200 | 支 |
| 2017-10-27 | cccc | 496箱 | 496 | 箱 |
| 2017-10-27 | eeee | 20050瓶(50ml) | 20050 | 瓶(50ml) |
| 2017-10-28 | dddd | 1006箱(AT-250) | 1006 | 箱(AT-250) |

图 16-9　分离数量和规格

## 16.4 数组公式的缺点

除非迫不得已，尽可能不要使用数组公式，因为数组公式意味着要做大量的计算，当数据量很大时，会严重影响计算速度。

此外，即使是要使用数组公式，也不要选择整列数据，尽可能选择一个合适大小的固定单元格区域。

# 05

## 第 5 部分

# 彻底掌握函数和公式应用：先从逻辑判断开始

任何一个表格，都有其自身结构上的逻辑。任何一列数据，都有其自身管理上的逻辑。数据处理和分析，离不开对表格逻辑的思考；任何一个计算公式，也是表格逻辑思路的结晶。

逻辑判断，是使用函数创建公式的第一步，是数据处理和数据分析的基础。要了解什么是逻辑运算，就要学会如何使用条件表达式和逻辑判断函数构建计算公式。

IF 函数是最基本的逻辑判断函数之一，嵌套 IF 绕晕了一大批人，但如果能梳理清楚变量之间的逻辑关系，掌握嵌套 IF 函数的科学方法，创建这样的公式并不是什么难事。

# 第 17 章 逻辑条件：在公式函数中使用条件表达式

对于各种条件下的数据处理分析问题，我们可以联合使用 IF 函数、AND 函数和 OR 函数来解决。不过，由于 Excel 对函数的嵌套层数有限制，因此在很多情况下，由于嵌套的限制导致无法用一个公式来解决问题。另外，嵌套层数越多，公式就越复杂，也就更容易出错，而且计算速度也越慢。有些问题根本不能使用 IF 函数、AND 函数和 OR 函数来进行判断。

在公式中合理使用条件表达式就可以克服嵌套函数的缺点，也使得公式的结构和逻辑更加清楚。不要小瞧条件表达式，它可以帮助我们解决很多复杂的实际问题。

## 17.1 条件表达式基础知识

### 17.1.1 什么是条件表达式

条件表达式，就是根据指定的条件准则，对两个项目进行比较（逻辑运算），得到要么是 TRUE、要么是 FALSE 的判定值。

这里要注意两点：

（1）只能是两个项目进行比较，不能是三个以上的项目做比较。

比如 =100>200 就是判断 100 是否小于 200，结果是 FALSE ；而 =100>200>300 的判断逻辑是先判断 100 是否大于 200，结果为 FALSE，再把这个结果 FALSE 与 300 进行判断，因此这个公式是两个判断的过程，其结果是 TRUE。

（2）条件表达式的结果只能是两个逻辑值：TRUE 或 FALSE。

逻辑值 TRUE 和 FALSE 分别以 1 和 0 来代表，在 Excel 中也遵循这个规定，因此在公式中逻辑值 TRUE 和 FALSE 分别以 1 和 0 来参与运算。

例如，下面的公式就会得到不同的结果：

```
= ISNUMBER(A1)
= ISNUMBER(A1)*100
```

第一个公式只能返回 TRUE 或 FALSE，第二个公式将根据实际情况返回 0 或 100：当单元格 A1 的数据为数字时，第一个公式的结果是 TRUE，第二个公式的结果是 100（即 TRUE*100=1*100=100）。

### 17.1.2 了解逻辑运算符

条件表达式就是利用逻辑运算符对两个项目进行比较判断。逻辑运算符是条件表达式中判断逻辑关系的最基本元素，逻辑运算符有以下 6 个：

等于（=）

大于（>）

大于或者等于（>=）

小于（<）

小于或者等于（<=）

不等于（<>）

要注意的是，在公式中使用条件表达式进行逻辑判断时，逻辑运算符是所有运算符中运算顺序最低的，因此，为了得到正确结果，最好使用一组小括号将每个条件表达式括起来，例如：

```
=(A2>100)*(A2<1000)
```

# 17.2 条件表达式的书写

## 17.2.1 简单的条件表达式

当我们只对两个项目进行比较时，利用简单的逻辑运算符就可以建立一个简单的条件表达式了。

例如，下面的公式都是简单的条件表达式，它们对两个项目进行比较：

```
= A1>B1
= A1<>(C1-200)
= A1=“华东”
= SUM(A1:A10)>=2000
```

这些条件表达式都是返回逻辑值 TRUE 或 FALSE。

## 17.2.2 复杂的条件表达式

在实际工作中，我们经常需要将多个条件表达式进行组合，设计更为复杂的逻辑判断条件，以完成更为复杂的任务。例如，

```
=(A1>100)*(A1<1000)
=(A1=“彩电”)+(A1=“冰箱”)
=((A1=“彩电”)+(A1=“冰箱”))*(B1=“A级”)
```

# 17.3 使用条件表达式来解决复杂的问题

如果我们能够合理使用条件表达式，那么就可以创建一个简单、高效的计算公式。另外，有些实际问题，也必须使用条件表达式来解决。

## 17.3.1 使用条件表达式替代逻辑判断函数

AND 函数与乘号（*）的功能是一样的，它们都是构建多个条件的与关系，也就是这些条件必须同时满足。

OR 函数和加号（+）的功能也是一样的，它们都是构建多个条件的或关系，也就是这些条件只要有一个满足即可。

乘号（*）和加号（+）在构造复杂的条件表达式方面比 AND 函数和 OR 函数更加方便，构建的公式也更加容易理解。

例如，下面的两个公式就是分别使用 AND 函数和乘号（*）构造的条件表达式，它们的结果是一样的：

```
= AND(A2="彩电",B2="A级")
= (A2="彩电")*(B2="A级")
```

下面的两个公式分别使用 OR 函数和加号（+）构建条件表达式，它们的结果是一样的：

```
= OR(A2="彩电",B2="A级")
= (A2="彩电")+(B2="A级")
```

## 17.3.2　使用条件表达式构建公式数组

条件表达式更适合用在数组公式中，构建公式数组，以完成特定的复杂判断计算。

**案例 17-1**

图 17-1 是计算各个部门本月的总加班时数，一个简单的公式是使用 SUMPRODUCT 函数，公式如下，这里使用了条件表达式来判断部门。

```
=SUMPRODUCT(($C$3:$C$52=I3)*1,($D$3:$D$52)+($E$3:$E$52)+($F$3:$F$52))
```

公式中，使用条件表达式 ($C$3:$C$52=I3) 来判断部门，将其乘以 1 是为了把逻辑值 TRUE 和 FLASE 转换为数字 1 和 0，因为 SUMPRODUCT 函数会把逻辑值统统当成 0 来处理。

| | A | B | C | D | E | F | G | H | I | J |
|---|---|---|---|---|---|---|---|---|---|---|
| 1 | 工号 | 姓名 | 部门 | 平时加班 | 周末加班 | 节假日加班 | | | 部门 | 总加班时间 |
| 2 | G001 | A001 | HR | 23 | | 16 | | | HR | 134 |
| 3 | G002 | A002 | HR | 5 | 22 | | | | 财务部 | 383 |
| 4 | G003 | A003 | HR | 34 | | 16 | | | 销售部 | 299 |
| 5 | G004 | A004 | HR | 12 | 6 | | | | 质检部 | 67 |
| 6 | G005 | A005 | 财务部 | 26 | 17 | | | | 生产部 | 220 |
| 7 | G006 | A006 | 财务部 | 65 | 21 | | | | 信息中心 | 70 |
| 8 | G007 | A007 | 财务部 | 34 | 13 | | | | 客服部 | 447 |
| 9 | G008 | A008 | 财务部 | 76 | 5 | | | | | |
| 10 | G009 | A009 | 财务部 | 3 | 8 | | | | | |
| 11 | G010 | A010 | 财务部 | 23 | | | | | | |
| 12 | G011 | A011 | 财务部 | 52 | | 24 | | | | |
| 13 | G012 | A012 | 财务部 | | 16 | | | | | |
| 14 | G013 | A013 | 销售部 | | 13 | | | | | |
| 15 | G014 | A014 | 销售部 | 24 | 4 | | | | | |
| 16 | G015 | A015 | 销售部 | 33 | 8 | | | | | |

图 17-1　联合使用条件表达式和 SUMPRODUCT 解决求和

如果不使用 SUMPRODUCT，一般就需要使用 3 个 SUMIF 函数来求和了：

```
=SUMIF($C$3:$C$52,I3,$D$3:$D$52)
+SUMIF($C$3:$C$52,I3,$E$3:$E$52)
+SUMIF($C$3:$C$52,I3,$F$3:$F$52)
```

**案例 17-2**

图 17-2 是从 ERP 导出的原始数据，现在要求直接从原始数据得到每个月的销售额。

| | A | B | C | D | E | F | G | H |
|---|---|---|---|---|---|---|---|---|
| 1 | 日期 | 产品 | 销售额 | | | 月份 | 销售额 | |
| 2 | 170101 | 产品08 | 534 | | | 1月 | 38341 | |
| 3 | 170101 | 产品03 | 792 | | | 2月 | 39768 | |
| 4 | 170102 | 产品10 | 1119 | | | 3月 | 35629 | |
| 5 | 170103 | 产品02 | 381 | | | 4月 | 36014 | |
| 6 | 170103 | 产品09 | 645 | | | 5月 | 48706 | |
| 7 | 170104 | 产品05 | 525 | | | 6月 | 44663 | |
| 8 | 170105 | 产品08 | 871 | | | 7月 | 40729 | |
| 9 | 170105 | 产品10 | 672 | | | 8月 | 30806 | |
| 10 | 170106 | 产品07 | 1220 | | | 9月 | 47233 | |
| 11 | 170106 | 产品04 | 1327 | | | 10月 | 37815 | |
| 12 | 170106 | 产品10 | 1155 | | | 11月 | 43412 | |
| 13 | 170106 | 产品06 | 928 | | | 12月 | 42099 | |
| 14 | 170108 | 产品06 | 1155 | | | 合计 | 485215 | |
| 15 | 170109 | 产品01 | 1148 | | | | | |
| 16 | 170109 | 产品06 | 441 | | | | | |

Sheet1

**图 17-2　原始数据的 A 列数据不是日期**

A 列的日期是 6 位数的文本，并不是真正的日期。如果要按月份汇总，一个方法是利用分列工具先把 A 列转换为日期，然后再利用透视表组合日期。但这种方式比较麻烦，也无法实时更新数据。

使用 SUMPRODUCT 函数，就可以直接利用原始数据进行汇总。单元格 G2 的计算公式如下。

```
=SUMPRODUCT(
            (TEXT(MID($A$2:$A$1000,3,2),“0 月”)=F2)*1,
            $C$2:$C$1000)
```

在这个公式中的诀窍就是：

（1）利用 MID 函数从 A 列的六位数字中把中间的代表月份的两位数字取出来，就是表达式：

```
MID($A$2:$A$1000,3,2)
```

（2）然后利用 TEXT 函数把这个两位数字转换为中文月份名称，从而得到一个由中文月份名称组成的数组，就是表达式：

```
TEXT(MID($A$2:$A$1000,3,2),“0 月”)
```

（3）再将这个数组中的每个月份名称与汇总表的标题进行比较判断，如果相同，结果就是 TRUE，如果不相同，结果就是 FALSE，得到一个由逻辑值 TRUE 和 FALSE 组成的数组，就是表达式：

```
TEXT(MID($A$2:$A$1000,3,2),“0 月”)=F2
```

（4）最后将这个数组的 TRUE 和 FALSE 分别乘以 1，得到一个由数字 1 和 0 组成的数组，就是表达式：

```
(TEXT(MID($A$2:$A$1000,3,2),“0 月”)=F2)*1
```

## 17.4　使用信息函数进行判断

信息函数也是 Excel 非常重要的一类函数，主要有 IS 类函数：ISBLANK，ISERR，ISERROR，ISEVEN，ISFORMULA，ISLOGICAL，ISNA，ISNONTEXT，ISNUMBER，ISODD，ISREF，ISTEXT。这些函数经常用在对数据类型进行判断。

### 17.4.1　IS 类函数

IS 类函数用于判断一个值是否为某种类型的数据，在有些数据处理场合，需要使用这种判断，以便做进一步处理。这些函数的结果要么是 TRUE，要么是 FALSE，它们的功能如表 17-1 所示。

表 17-1　IS 类函数的功能

| 函数 | 功能 | 函数 | 功能 |
|---|---|---|---|
| ISBLANK | 判断是否引用了空单元格 | ISEVEN | 判断是否为偶数 |
| ISERR | 判断是否除去 #N/A 以外的错误值 | ISODD | 判断是否为奇数 |
| ISERROR | 判断是否为任意错误值 | ISNUMBER | 判断是否为数字 |
| ISNA | 判断是否为 #N/A 错误值 | ISTEXT | 判断是否为文本 |
| ISFORMULA | 判断是否为公式 | ISNONTEXT | 判断是否为非文本 |
| ISLOGICAL | 判断是否为逻辑值 | ISREF | 判断是否为引用 |

下面我们举几个例子来说明几个函数的应用案例。

### 17.4.2　应用 1：从身份证号码里提取性别

图 17-3 是从身份证号码里提取性别，使用了 ISEVEN 函数和 ISODD 函数来判断数字的奇偶，进而判断男女，公式如下。

```
=IF(ISEVEN(MID(B2,17,1)),“女”,“男”)
```

或者：

```
=IF(ISODD(MID(B2,17,1)),“男”,“女”)
```

| | A | B | C | D |
|---|---|---|---|---|
| 1 | 姓名 | 身份证号码 | 性别 | |
| 2 | A001 | 110108197802222280 | 女 | |
| 3 | A002 | 32011019811224001X | 男 | |
| 4 | A003 | 110108198302021195 | 男 | |
| 5 | | | | |

图 17-3　从身份证号码里提取性别：ISEVEN 函数和 ISODD 函数

### 17.4.3　应用 2：从字符串提取主要信息

图 17-4 是一个费用记录表，摘要写的是诸如“付 ×× 旅差费”这样的格式，现在要求把报销人、项目、金额提取出来，如何做？

| | A | B | C | D |
|---|---|---|---|---|
| 1 | 摘要 | 金额 | 报销人？ | 费用项目？ |
| 2 | 付张小雨旅差费 | 4324 | | |
| 3 | 付徐晖办公费 | 633 | | |
| 4 | 付刘大林餐费 | 245 | | |
| 5 | 付王猛办公费 | 545 | | |
| 6 | 付何谶纬招待费 | 363 | | |
| 7 | 付欧阳普晖交通费 | 109 | | |
| 8 | 付苗曦书报费 | 287 | | |
| 9 | | | | |

图 17-4　从摘要里提取姓名和费用项目

显然，这样格式的摘要数据分列是比较麻烦的，因为没有一个明显的标志来区分姓名和费用项目。不过，一般来说，我们知道有多少个费用项目，那么就可以利用查找函数构建数组公式，从摘要数据中分别取出项目和费用项目。图 17-5 就是分列结果。

| | A | B | C | D | E | F |
|---|---|---|---|---|---|---|
| 1 | 摘要 | 报销人 | 费用项目 | 金额 | | 费用项目列表 |
| 2 | 付张小雨旅差费 | 张小雨 | 旅差费 | 4324 | | 旅差费 |
| 3 | 付徐晖办公费 | 徐晖 | 办公费 | 633 | | 办公费 |
| 4 | 付刘大林餐费 | 刘大林 | 餐费 | 245 | | 餐费 |
| 5 | 付王猛办公费 | 王猛 | 办公费 | 545 | | 招待费 |
| 6 | 付何巍纬招待费 | 何巍纬 | 招待费 | 363 | | 交通费 |
| 7 | 付欧阳普晖交通费 | 欧阳普晖 | 交通费 | 109 | | 书报费 |
| 8 | 付苗曦书报费 | 苗曦 | 书报费 | 287 | | |
| 9 | | | | | | |

图 17-5　分列结果

这个问题的解决步骤如下。

步骤 01　首先在工作表的某列把所有费用项目做一个列表，即 F 列数据。

步骤 02　在 A 列和 B 列之间插入两个空列，分别输入标题“报销人”和“费用项目”。

步骤 03　在单元格 C2 输入下面的数组公式，并向下复制，得到费用项目。

```
=INDEX($F$2:$F$7,MATCH(TRUE,ISNUMBER(FIND($F$2:$F$7,A2)),0))
```

步骤 04　在单元格 B2 输入公式“=MID(A2,2,LEN(A2)-LEN(C2)-1)”，向下复制，得到报销人姓名。

这个问题的解决思路如下：首先利用 FIND 函数从费用项目列表中查找某个费用项目是否存在，如果存在（也就是 FIND 函数的结果是数字），利用 MATCH 函数确定其在费用项目列表中的位置，然后再利用 INDEX 函数将其取出。

# 第 18 章 函数应用：数据逻辑判断处理

逻辑判断函数是 Excel 最基础的函数之一，不仅仅是函数本身很基础，这些逻辑函数还锻炼着我们分析问题的逻辑思路，培养我们的逻辑思维能力。我曾说过，无逻辑不成表，无逻辑不成公式，无逻辑不成思路，无逻辑不成分析。因此，好好领会并灵活运用逻辑判断函数，是极其重要的一件事。

在实际工作中，常用的逻辑判断函数有：

- IF 函数
- IFS 函数
- AND 函数
- OR 函数
- IFERROR 函数

## 18.1 IF 函数及其嵌套应用

### 18.1.1 IF 函数基本用法

IF 函数的功能是根据指定的条件是否成立，得到不是 A 就是 B 的结果，其用法和逻辑关系，如图 18-1 所示。

=IF(条件是否成立，条件成立的结果 A，条件不成立的结果 B)

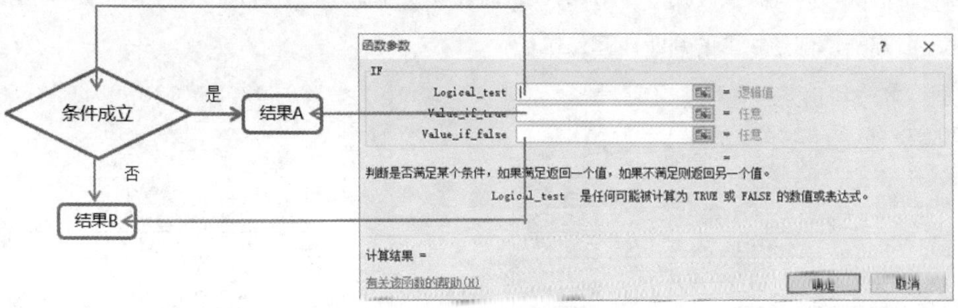

条件成立
是
结果A
否
结果B
函数参数
IF
Logical_test
Value_if_true
Value_if_false
= 逻辑值
= 任意
= 任意
判断是否满足某个条件，如果满足返回一个值，如果不满足则返回另一个值。
Logical_test 是任何可能被计算为 TRUE 或 FALSE 的数值或表达式。
计算结果 =
有关该函数的帮助(H)
确定
取消


图 18-1 IF 函数的逻辑关系及用法

**案例 18–1**

图 18-2 是要根据每个人的签到时间和签退时间，计算迟到分钟数和早退分钟数。这里的出勤时间是：8:30-17:30。

这是一个最简单的判断问题。就迟到判断来说，就是把每个人的签到时间与 8:30 做比较，如果签到时间小于 8:30，代表没迟到，单元格留空；如果签到时间大于 8:30，代表迟到了，那么需要计算迟到分钟数。此时，计算公式如下：

单元格 G2，迟到分钟数：=IF(E2>8.5/24,(E2-8.5/24)*24*60,”” )

以下是早退时间的计算公式：

单元格 H2，早退分钟数：=IF(F2<17.5/24,(17.5/24-F2)*24*60,”” )

| | A | B | C | D | E | F | G | H |
|---|---|---|---|---|---|---|---|---|
| 1 | 登记号码 | 姓名 | 部门 | 日期 | 签到时间 | 签退时间 | 迟到分钟数 | 早退分钟数 |
| 2 | 3 | 李四 | 总公司 | 2017-8-2 | 8:19 | 17:30 | | |
| 3 | 3 | 李四 | 总公司 | 2017-8-3 | 9:01 | 17:36 | 31 | |
| 4 | 3 | 李四 | 总公司 | 2017-8-4 | 8:16 | 17:02 | | 28 |
| 5 | 3 | 李四 | 总公司 | 2017-8-9 | 8:21 | 17:27 | | 3 |
| 6 | 3 | 李四 | 总公司 | 2017-8-10 | 8:33 | 17:36 | 3 | |
| 7 | 3 | 李四 | 总公司 | 2017-8-12 | 8:23 | 17:13 | | 17 |
| 8 | 3 | 李四 | 总公司 | 2017-8-14 | 8:18 | 17:29 | | 1 |
| 9 | 3 | 李四 | 总公司 | 2017-8-15 | 8:21 | 17:28 | | 2 |
| 10 | 3 | 李四 | 总公司 | 2017-8-19 | 8:18 | 17:27 | | 3 |
| 11 | 3 | 李四 | 总公司 | 2017-8-20 | 8:19 | 17:29 | | 1 |
| 12 | 3 | 李四 | 总公司 | 2017-8-21 | 8:26 | 17:28 | | 2 |
| 13 | 3 | 李四 | 总公司 | 2017-8-25 | 8:31 | 17:30 | 1 | |

Sheet1

图 18-2 计算每个人的迟到分钟数和早退分钟数

## 18.1.2 IF 函数嵌套应用：纯串联嵌套

在实际工作中，频繁遇到的是几个 IF 函数嵌套使用，可能是串联嵌套，也可能是并联 + 串联的嵌套。无论是何种嵌套关系，都需要先梳理清楚逻辑关系，绘制逻辑流程图，然后采用**函数对话框 + 名称框**的方法，快速准确地输入 IF 函数，创建正确的计算公式。前面我们已经介绍了很多这样的例子，你可以往回看复习一下。下面我们再练习几个实际应用例子。

**案例 18–2**

图 18-3 是计算考核工资的例子，根据考核成绩分数有不同的考核工资计算标准。具体计算标准分为 6 种情况，因此需要使用 5 个 IF 函数串联嵌套。绘制逻辑流程图如图 18-4 所示。使用函数对话框 + 名称框，创建如下的判断计算公式。

```
=IF(C2>=110,B2+200,IF(C2>=105,B2+100,IF(C2>=100,B2,IF(C2>=95,B2*80%,IF(
C2>=90,B2*60%,B2*40%)))))
```

| | A | B | C | D |
|---|---|---|---|---|
| 1 | 姓名 | 目标考核工资 | 考核成绩分数 | 实发考核工资 |
| 2 | AAA1 | 1200 | 120 | 1400 |
| 3 | AAA2 | 800 | 98 | 640 |
| 4 | AAA4 | 900 | 110 | 1100 |
| 5 | AAA5 | 600 | 102 | 600 |
| 6 | AAA6 | 850 | 100 | 850 |
| 7 | AAA7 | 788 | 98 | 630.4 |
| 8 | AAA8 | 309 | 118 | 509 |
| 9 | AAA9 | 950 | 65 | 380 |
| 10 | AAA10 | 602 | 90 | 361.2 |
| 11 | | | | |

考核工资计算标准

| 成绩 | 考核工资比例 |
|---|---|
| ≥110分 | 100%基础上，再额外奖励200元 |
| ≥105分 | 100%基础上，再额外奖励100元 |
| ≥100分 | 100% |
| ≥95分 | 80% |
| ≥90分 | 60% |
| 不合格<90分 | 40% |

图 18-3 计算考核工资

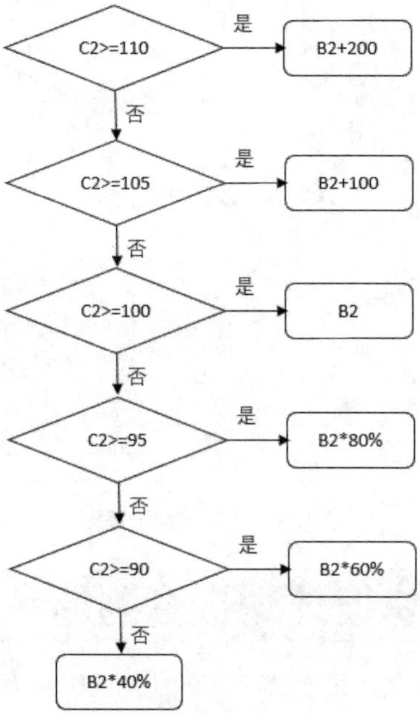

C2>=110
是
B2+200
否
C2>=105
是
B2+100
否
C2>=100
是
B2
否
C2>=95
是
B2*80%
否
C2>=90
是
B2*60%
否
B2*40%


图 18-4　逻辑流程图

## 18.1.3　IF 函数嵌套应用：串联 + 并联组合嵌套

### 案例 18–3

图 18-5 是串联 + 并联的嵌套 IF 应用例子，用于计算不同职位、不同工龄下的工龄工资。这个例子就比较复杂了，因为需要在两列里分别做不同的判断：先在 D 列里判断职位，再在 F 列里判断工龄。每个职位是嵌套关系，每个职位下的工龄判断也是嵌套关系，但每个职位下的各自的工龄判断是并联关系。这种既有串联又有并联的逻辑关系，看起来非常复杂，但只要把逻辑流程梳理清楚，画出逻辑流程图，如图 18-6 所示。问题就迎刃而解了。

采用函数对话框 + 名称框的方法输入函数，得到计算公式如下。

```
=IF(D2=“经理”,IF(F2>=10,500,IF(F2>=6,400,IF(F2>=2,250,0))),
    IF(D2=“科长”,IF(F2>=10,350,IF(F2>=2,200,0)),
    IF(F2>=10,100,IF(F2>=2,50,0))))
```

| | A | B | C | D | E | F | G |
|---|---|---|---|---|---|---|---|
| 1 | 工号 | 姓名 | 性别 | 职位 | 入职时间 | 工龄(年) | 工龄工资 |
| 2 | 0001 | AAA1 | 男 | 经理 | 2000-07-01 | 12 | 500 |
| 3 | 0002 | AAA2 | 女 | 职员 | 2006-08-03 | 6 | 50 |
| 4 | 0003 | AAA3 | 男 | 科长 | 2004-07-26 | 8 | 300 |
| 5 | 0004 | AAA4 | 男 | 经理 | 2006-08-01 | 6 | 400 |
| 6 | 0005 | AAA5 | 男 | 经理 | 2011-06-04 | 1 | 0 |
| 7 | 0006 | AAA6 | 男 | 经理 | 1998-04-21 | 14 | 500 |
| 8 | 0007 | AAA7 | 男 | 职员 | 2002-05-22 | 10 | 100 |
| 9 | 0008 | AAA8 | 女 | 科长 | 2005-08-15 | 7 | 200 |
| 10 | 0009 | AAA9 | 女 | 经理 | 2012-01-20 | 0 | 0 |
| 11 | 0010 | AAA10 | 女 | 经理 | 2009-08-28 | 3 | 250 |
| 12 | 0011 | AAA12 | 女 | 职员 | 2010-09-25 | 2 | 50 |
| 13 | 0012 | AAA13 | 女 | 科长 | 2005-07-16 | 7 | 200 |

1、职位=经理
（1）工龄>=10年　500元
（2）工龄6~9年　400元
（3）工龄2~5年　250元
（4）工龄<2年　0元
2、职位=科长
（1）工龄>=10年　350元
（2）工龄2~9年　200元
（3）工龄<2年　0元
3、职位=职员
（1）工龄>=10年　100元
（2）工龄2~9年　50元
（3）工龄<2年　0元

图 18-5　计算不同职位、不同工龄下的工龄工资

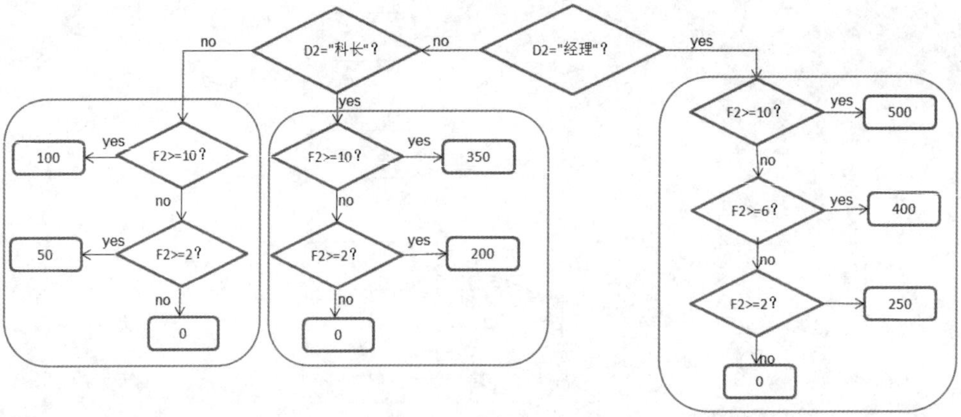
D2="经理"？
D2="科长"？
no
yes
F2>=10？
F2>=6？
F2>=2？
500
400
250
0
350
200
100
50

图 18-6　逻辑判断流程图

## 18.2　使用 IFS 快速处理嵌套判断

Excel 2016 新增了一个 IFS 函数，用于处理串联的多层 IF 嵌套判断，即替代上面介绍的串联嵌套 IF 公式。IFS 函数的语法如下：

=IFS(条件判断 1，结果 1，条件判断 2，结果 2，条件判断 3，结果 3，……)

使用这个函数要注意，条件判断与其判断成立的结果成对出现。

比如，对于上面考核工资的计算例子，使用 IFS 的公式如下：

```
=IFS(C2>=110,B2+200,
     C2>=105,B2+100,
     C2>=100,B2,
     C2>=95,B2*80%,
     C2>=90,B2*60%,
     C2<90,B2*40%)
```

而对于前面介绍的年休假计算，使用 IFS 函数的公式如下：

```
=IFS(C4>=20,15,C4>=10,10,C4>=1,5,C4<1,0)
```

## 18.3　使用 AND 或 OR 组合条件

有些实际数据的判断处理要复杂得多，需要联合使用 IF 函数、AND 函数、OR 函数来解决，也就是把复杂的条件组合起来进行综合判断。

AND 函数用来组合几个与条件，也就是这几个条件必须同时满足，其使用语法如下：

=AND(条件 1，条件 2，条件 3，……)

OR 函数用来组合几个或条件，也就是这几个条件中，只要有一个满足即可，其使用语法如下：

=OR(条件 1，条件 2，条件 3，……)

### 18.3.1　考勤数据处理

**案例 18-4**

例如，要从指纹考勤数据中进行统计，如何把那些正常出勤的人筛选出来，也把非正常出勤的人筛选出来？

所谓正常出勤，就是既不迟到也不早退的人，也就是签到时间小于 8:30，同时签退时间大于 17:30，这两个条件需要使用 AND 连接。

所有非正常出勤，就是迟到或者早退的人，也就是签到时间大于 8:30，或者签退时间小于 17:30，这两个条件需要使用 OR 连接。

这样，单元格 G2 公式和 H2 的公式分别如下，如图 18-7 所示。

单元格 G2，正常出勤：=IF(AND(E2<=8.5/24,F2>=17.5/24), “是“,””)

单元格 H2，非正常出勤：=IF(OR(E2>8.5/24,F2<17.5/24), “是“,””)

| | A | B | C | D | E | F | G | H |
|---|---|---|---|---|---|---|---|---|
| 1 | 登记号码 | 姓名 | 部门 | 日期 | 签到时间 | 签退时间 | 是否正常出勤 | 是否非正常出勤 |
| 2 | 3 | 李四 | 总公司 | 2017-8-2 | 8:19 | 17:30 | 是 | |
| 3 | 3 | 李四 | 总公司 | 2017-8-3 | 9:01 | 17:36 | | 是 |
| 4 | 3 | 李四 | 总公司 | 2017-8-4 | 8:16 | 17:02 | | 是 |
| 5 | 3 | 李四 | 总公司 | 2017-8-9 | 8:21 | 17:27 | | 是 |
| 6 | 3 | 李四 | 总公司 | 2017-8-10 | 8:33 | 17:36 | | 是 |
| 7 | 3 | 李四 | 总公司 | 2017-8-12 | 8:23 | 17:13 | | 是 |
| 8 | 3 | 李四 | 总公司 | 2017-8-14 | 8:18 | 17:29 | | 是 |
| 9 | 3 | 李四 | 总公司 | 2017-8-15 | 8:21 | 17:28 | | 是 |
| 10 | 3 | 李四 | 总公司 | 2017-8-19 | 8:18 | 17:27 | | 是 |
| 11 | 3 | 李四 | 总公司 | 2017-8-20 | 8:19 | 17:29 | | 是 |
| 12 | 3 | 李四 | 总公司 | 2017-8-21 | 8:26 | 17:28 | | 是 |
| 13 | 3 | 李四 | 总公司 | 2017-8-25 | 8:31 | 17:30 | | 是 |
| 14 | 13 | 刘备 | 总公司 | 2017-8-3 | 8:28 | 17:38 | 是 | |
| 15 | 13 | 刘备 | 总公司 | 2017-8-4 | 8:23 | 17:31 | 是 | |
| 16 | 13 | 刘备 | 总公司 | 2017-8-5 | 8:09 | 17:43 | 是 | |
| 17 | 13 | 刘备 | 总公司 | 2017-8-6 | 8:05 | 17:51 | 是 | |
| 18 | 13 | 刘备 | 总公司 | 2017-8-9 | 7:56 | 17:46 | 是 | |

Sheet1

图 18-7　使用 AND 函数组合条件进行判断处理

## 18.3.2　计算绩效工资

**案例 18–5**

图 18-8 是一个稍微复杂一点的例子，要根据每个人的岗位和工龄，确定绩效工资。这是一个联合使用 IF 和 OR 函数的例子，而且要嵌套 IF，公式如下（不再提供逻辑流程图）。

```
=IF(OR(B2="借调人员",B2="大班长"),IF(D2>=1,850,750),
    IF(B2="班长",IF(D2>=3,750,IF(D2>=2,700,IF(D2>=1,650,550))),
                IF(D2>=3,650,IF(D2>=2,600,IF(D2>=1,550,450)))))
```

| | A | B | C | D | E | F | G | H | I | J |
|---|---|---|---|---|---|---|---|---|---|---|
| 1 | 姓名 | 岗位 | 入职日期 | 工龄 | 绩效工资 | | | 绩效工资标准 | | |
| 2 | A001 | 大班长 | 2007-11-1 | 9 | 850 | | | 岗位 | 工作年限 | 绩效工资 |
| 3 | A002 | 大班长 | 2009-8-1 | 8 | 850 | | | 借调人员、大班长 | 一年以上 | 850 |
| 4 | A003 | 票据员 | 2016-11-1 | 0 | 450 | | | | 一年以下 | 750 |
| 5 | A004 | 收费员 | 2014-11-1 | 2 | 600 | | | 班长 | 三年以上 | 750 |
| 6 | A005 | 班长 | 2007-11-1 | 9 | 750 | | | | 满两年 | 700 |
| 7 | A006 | 监控员 | 2012-7-1 | 5 | 650 | | | | 满一年 | 650 |
| 8 | A007 | 借调人员 | 2010-3-1 | 7 | 850 | | | | 一年以下 | 550 |
| 9 | A008 | 监控员 | 2010-3-1 | 7 | 650 | | | 其他人员 | 三年以上 | 650 |
| 10 | A009 | 监控员 | 2016-9-1 | 1 | 550 | | | | 满两年 | 600 |
| 11 | A010 | 收费员 | 2013-8-1 | 4 | 650 | | | | 满一年 | 550 |
| 12 | A011 | 路政员 | 2015-3-1 | 2 | 600 | | | | 一年以下 | 450 |
| 13 | | | | | | | | | | |

图 18-8　计算不同岗位、不同工龄下的绩效工资

## 18.4 使用 IFERROR 处理错误值

在制作数据分析模板时，常常会遇到公式出现错误的场合，但并不是说公式做错了，而是由于源数据的问题导致公式出现计算错误，此时可以使用 IFERROR 来处理错误值。

IFERROR 的功能就是把一个错误值处理为要求的结果，用法如下：

```
=IFERROR(表达式，错误值要处理的结果)
```

也就是说，如果表达式的结果是错误值，就要把错误值处理为你想要的结果，如果不是错误值，就不用管它。

**案例 18–6**

图 18-9 是要根据商品名称，从编码表里把每个商品对应的编码查找出来。由于某些商品名称不存在，查找公式就会出现错误，因此使用 IFERROR 处理这个错误值。公式如下。

```
=IFERROR(INDEX(编码!A:A,MATCH(D3,编码!B:B,0)),“”)
```

| | A | B | C | D | E |
|---|---|---|---|---|---|
| 1 | 科目编码 | 商品名称 | 实盘表 | 单价 | 期初的库存金额 |
| 2 | 1405.21.007A | 1979一级盒装红茶300g | | | |
| 3 | 1405.21.007 | 1979一级听装红茶100g | | | |
| 4 | 1405.21.008 | 1985二级袋装红茶100g | | | |
| 5 | 1405.21.006 | 1985二级礼盒红茶400g | | | |
| 6 | 1405.07.015 | 305g袋装开心果305g | | | |
| 7 | | 305克罐装开口松子305g | | | |
| 8 | 1405.07.017 | 365克袋装开口松子365g | | | |
| 9 | 1405.09.016 | 400克篓装野笋400g | | | |
| 10 | 1405.07.014 | 405克袋装小银杏405g | | | |
| 11 | | 650克篓装野笋650g | | | |
| 12 | | 吊瓜子礼盒360g*2 | | | |
| 13 | 1405.22.003 | 江南绕绩溪红烧肉260g | | | |
| 14 | 1405.22.016 | 江南绕烧鸡500g | | | |
| 15 | 1405.22.002 | 江南绕鸭翅膀208g | | | |

| | A | B |
|---|---|---|
| 1 | 科目代码 | 科目名称 |
| 2 | 1405.01 | 山核桃原子系列 |
| 3 | 1405.01.013 | 2500g原果核桃（合作社） |
| 4 | 1405.02.010 | 2500克手剥核桃（合作社） |
| 5 | 1405.02.12 | 品尝手剥核桃 |
| 6 | 1405.03.012 | 合作社山核桃仁 |
| 7 | 1405.03.020 | 品尝仁 |
| 8 | 1405.03.021 | 散黑仁 |
| 9 | 1405.05.005 | 味道安徽之仁者天下130g*6 |
| 10 | 1405.05.006 | 味道安徽之核王天下280g*5,130g |
| 11 | 1405.05.007 | 特制无糖山核桃仁礼盒350g |
| 12 | 1405.05.01 | 壳壳果山核桃180克 |
| 13 | 1405.05.010 | 尊享原真单盒（2大袋手剥） |
| 14 | 1405.05.012 | 250g仁礼盒 |
| 15 | 1405.05.013 | 尊享原真单盒（1大袋15克仁+1袋手剥无手提袋） |

图 18-9　根据商品名称查找对应编码

06

# 第6部分

## 彻底掌握函数和公式应用，高效处理文本数据和日期数据

通过本书前面几章的学习，我们已经知道了Excel有三类数据：文本、日期时间、数字。任何一个表格，都是这三类数据“表演”的舞台。

在处理文本数据中，我们经常要从一个文本字符串中截取数据、分列数据、替换修改等，这些工作可以使用相应的文本函数来快速完成。

在处理日期数据中，我们经常要计算到期日，计算年龄，计算工龄，计算折旧，处理考勤数据，等等，这些问题，使用几个日期函数即可解决。

这些文本函数和日期函数，不仅可以单独用来做最基本的计算，还经常用来与其他函数联合使用，创建复杂的计算公式，建立高效数据分析模板。

# 第 19 章　函数应用：处理文本数据

文本函数主要用于处理文本数据，比如从文本字符中提取某段字符，将数字转换为文本，替换文本，连接字符串，等等。文本函数有近 40 个，在实际工作中，常用的文本函数有以下几个：

- 计算字符长度：LEN、LENB
- 截取一段字符：LEFT、RIGHT、MID
- 查找字符位置：FIND、SEARCH
- 连接字符：CONCATENATE、CONCAT、TEXTJOIN
- 清除空格：TRIM
- 清除非打印字符：CLEAN
- 替换字符：SUBSTITUTE
- 数字转换为文本：TEXT
- 文本转换为数字：VALUE
- 获取键盘 ASC 码：CHAR

有些函数还有孪生的字节处理函数，比如 LENB、LEFTB、RIGHTB、MIDB、FINDB、SEARCHB 等，这些函数是以字节为单位来处理的。不过这些函数在我国用到较少，不用特别关注。

## 19.1　计算字符串长度

### 19.1.1　LEN 函数基本用法

计算字符串长度（位数）可以使用 LEN 函数。其用法为：

=LEN(字符串)

比如，字符串“中国 1949 年”共有 7 个字符，用函数 LEN 计算就是：=LEN(“中国 1949 年”)，结果为 7。

还有一个计算字节数的函数 LENB，在某些情况下，LENB 也是非常有用的，其用法为：

=LENB(字符串)

例如，=LENB(“中国 1949 年”) 的结果是 10，因为 3 个汉字是 6 个字节（每个汉字是 2 个字节），4 个数字是 4 个字节，合计 10 个字节。

### 19.1.2　应用 1：数据验证，只能输入规定长度的数据

我们可以使用 LEN 函数来自定义数据验证，比如身份证号码只能输入 18 位，就是使用了 LEN

函数进行计算判断。如图 19-1 所示。自定义公式如下（这里还有一个不重复的条件）：

```
=AND(LEN(B2)=18,COUNTIF($B$2:B2,B2)=1)
```

在图 19-2 中，设置了自定义数据验证，只能输入汉字，自定义公式为：

```
=2*LEN(B2)=LENB(B2)
```

这个公式利用了这样的规则：一个汉字是两个字节。

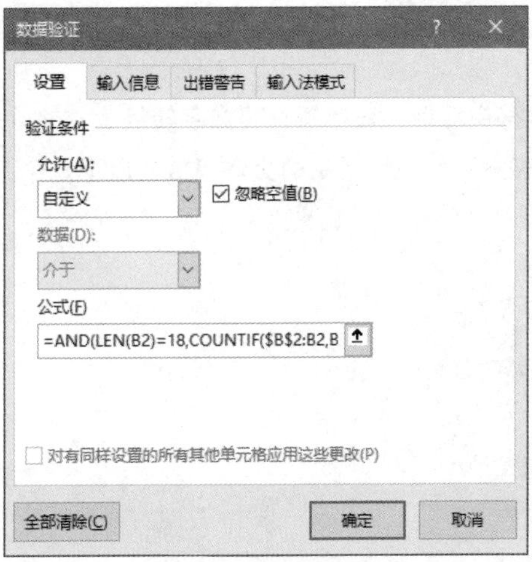
数据验证
设置
输入信息
出错警告
输入法模式
验证条件
允许(A):
自定义
忽略空值(B)
数据(D):
介于
公式(F)
=AND(LEN(B2)=18,COUNTIF($B$2:B2,B
对有同样设置的所有其他单元格应用这些更改(P)
全部清除(C)
确定
取消

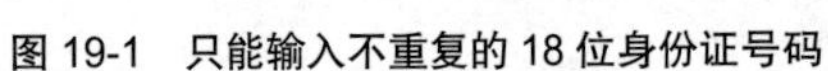

图 19-1　只能输入不重复的 18 位身份证号码

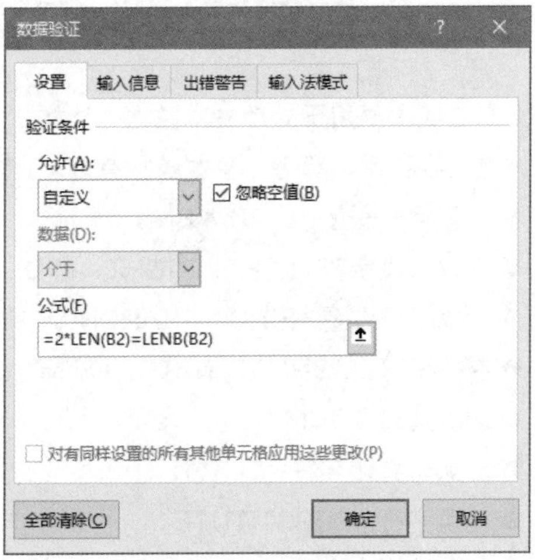
数据验证
设置
输入信息
出错警告
输入法模式
验证条件
允许(A):
自定义
忽略空值(B)
数据(D):
介于
公式(F)
=2*LEN(B2)=LENB(B2)
对有同样设置的所有其他单元格应用这些更改(P)
全部清除(C)
确定
取消

图 19-2　只能输入汉字

## 19.1.3　应用 2：筛选指定位数的数据

**案例 19–1**

图 19-3 是一个既有总账科目数据又有明细科目数据的一张表格，现在要将总账科目的数据筛选出来，如何做？

考虑到总账科目是 4 位数字，因此可以在 D 列里做辅助，标题为“编码长度”，在单元格 D2 输入公式“=LEN(A2)”，往下复制，然后在 D 列筛选数字 4 即可，如图 19-14 所示。

| | A | B | C | D |
|---|---|---|---|---|
| 1 | 科目编码 | 科目名称 | 金额 | |
| 2 | 5101 | 主营业务收入 | 407,158.64 | |
| 3 | 510101 | 产品销售收入 | 407,158.64 | |
| 4 | 510102 | 销售退回 | - | |
| 5 | 5102 | 其他业务收入 | 4,000.00 | |
| 6 | 5201 | 投资收益 | - | |
| 7 | 5203 | 补贴收入 | - | |
| 8 | 5301 | 营业外收入 | 968.49 | |
| 9 | 5401 | 主营业务成本 | -157,202.96 | |
| 10 | 540101 | 主营业务成本 | -145,243.44 | |
| 11 | 540102 | 产品价格差异 | - | |
| 12 | 540103 | 产品质检差旅费 | -9,954.86 | |
| 13 | 54010301 | 机票 | -3,045.43 | |
| 14 | 54010302 | 火车票及其他 | -1,506.43 | |
| 15 | 54010303 | 住宿费 | -2,058.00 | |
| 16 | 54010304 | 当地出差交通费 | -296.00 | |
| 17 | 54010305 | 出差补贴及其他 | -3,049.00 | |
| 18 | 540104 | 其他成本 | -2,004.66 | |
| 19 | 5402 | 主营业务税金及附加 | -1,236.79 | |
| 20 | 5405 | 其他业务支出 | -200.00 | |

源数据

图 19-3　总账科目数据和明细科目数据

| | A | B | C | D |
|---|---|---|---|---|
| 1 | 科目编码 | 科目名称 | 金额 | 编码长度 |
| 2 | 5101 | 主营业务收入 | 407,158.64 | 4 |
| 5 | 5102 | 其他业务收入 | 4,000.00 | 4 |
| 6 | 5201 | 投资收益 | - | 4 |
| 7 | 5203 | 补贴收入 | - | 4 |
| 8 | 5301 | 营业外收入 | 968.49 | 4 |
| 9 | 5401 | 主营业务成本 | -157,202.96 | 4 |
| 19 | 5402 | 主营业务税金及附加 | -1,236.79 | 4 |
| 20 | 5405 | 其他业务支出 | -200.00 | 4 |
| 21 | 5501 | 营业费用 | -327,361.14 | 4 |
| 67 | 5502 | 管理费用 | -120.15 | 4 |
| 107 | 5503 | 财务费用 | -3,011.86 | 4 |
| 113 | 5601 | 营业外支出 | -6,567.49 | 4 |
| 114 | 5701 | 所得税 | - | 4 |
| 115 | 5801 | 以前年度损益调整 | - | 4 |

图 19-4　以科目编码长度筛选出总账科目

# 19.2 截取一段字符

## 19.2.1 截取字符的三个函数 LEFT、RIGHT 和 MID

从一个字符串中截取一段字符，根据具体要求，可以使用 LEFT 函数、RIGHT 函数、MID 函数，这 3 个函数的用法如下：

```
=LEFT(字符串，从左边第一个字符开始往右要截取的字符个数)
=RIGHT(字符串，从右边第一个字符开始往左要截取的字符个数)
=MID(字符串，从左边开始截取的位置，截取的字符个数)
```

这 3 个函数用起来比较简单，也不是什么难事，下面是一个简单的例子。

## 19.2.2 应用 1：分列开户行和账号

**案例 19-2**

图 19-5 的 A 列是开户行和账号，它们连在了一起，现在要把账号和开户行分成两列。

仔细观察数据特征，发现账号都是 12 位数，并且都在左边，这样我们就可以使用 LEFT 函数从左边把账号取出，使用 MID 函数或者 RIGHT 函数把右边的开户行取出。

单元格 B2 的公式为：=LEFT(A2,12)

单元格 C2 的公式为：=MID(A2,13,99)

后一个公式中，将 MID 函数的第 3 个参数 num_chars 参数取为 99，是因为一般情况下开户行名称不会超过 99 字符。当然，我们也可以不使用 99 而使用一个更大的数字。

开户行也可以使用 RIGHT 函数来提取：=RIGHT(A2,LEN(A2)-12)

| | A | B | C |
|---|---|---|---|
| 1 | 银行及账号 | 账号 | 开户行 |
| 2 | 090110220254招行唐山分行 | 090110220254 | 招行唐山分行 |
| 3 | 100030460148招行北京分行四环路支行 | 100030460148 | 招行北京分行四环路支行 |
| 4 | 090110260258招行唐山分行 | 090110260258 | 招行唐山分行 |
| 5 | 090110700911海通证券学院路营业部 | 090110700911 | 海通证券学院路营业部 |
| 6 | 090100980836北京中信海淀支行 | 090100980836 | 北京中信海淀支行 |
| 7 | 090100990837北京中信西城支行 | 090100990837 | 北京中信西城支行 |
| 8 | | | |

图 19-5　分离银行账号和开户行名称

## 19.2.3 应用 2：分列名称和规格

**案例 19-3**

图 19-6 是一个稍微复杂一点的例子，要求从 A 列的一大串文字中提取出名称和规格，分别保存在 B 列和 C 列。

这个问题看起来十分复杂，实际上并不难，因为名称是汉字，是全角字符，在左边；规格是由数字和乘号（*）组成，是半角字符，在右边。而每个半角字符占 1 个字节，每个全角字符占 2 个字节，1 个全角字符比 1 个半角字符多了 1 个字节，因此只要计算出多出的字节数，就知道了汉字的个数，取出名称就不是难事了。

因此，先使用 LENB 函数和 LEN 函数计算字节数和字符数，再进行必要的数学计算，得出汉字的个数和数字的个数，最后再利用 LEFT 函数和 RIGHT 函数将名称和规格分开。下面是计算公式。

单元格 B2：=LEFT(A2,LENB(A2)-LEN(A2))

单元格 C2：=RIGHT(A2,LEN(A2)-LEN(B2))

| | A | B | C |
|---|---|---|---|
| 1 | 产品名称 | 名称 | 规格 |
| 2 | 钢排800*1800 | 钢排 | 800*1800 |
| 3 | 钢吸800*4000 | 钢吸 | 800*4000 |
| 4 | 自浮式排泥胶管800*11800 | 自浮式排泥胶管 | 800*11800 |
| 5 | 钢伸700*710 | 钢伸 | 700*710 |
| 6 | 钢排700*1800 | 钢排 | 700*1800 |
| 7 | 钢排700*11800 | 钢排 | 700*11800 |
| 8 | 钢伸750*500 | 钢伸 | 750*500 |
| 9 | 钢伸750*3000 | 钢伸 | 750*3000 |
| 10 | 钢伸600*275 | 钢伸 | 600*275 |
| 11 | 钢伸600*10000 | 钢伸 | 600*10000 |
| 12 | 钢伸600*700*360 | 钢伸 | 600*700*360 |
| 13 | 钢伸600*750*975 | 钢伸 | 600*750*975 |
| 14 | 钢伸450*1300L | 钢伸 | 450*1300L |
| 15 | 钢伸450*2570L | 钢伸 | 450*2570L |
| 16 | | | |

图 19-6　分列名称和规格

### 19.2.4　应用 3：分列编码和名称

图 19-7 是一个类似的问题，只不过编码数字在左边，名称汉字在右边，此时计算公式为：

单元格 B2：=LEFT(A2,2*LEN(A2)-LENB(A2))

单元格 C2：=RIGHT(A2,LENB(A2)-LEN(A2))

| | A | B | C |
|---|---|---|---|
| 1 | 项目 | 编码 | 名称 |
| 2 | 1001010012现金 | 1001010012 | 现金 |
| 3 | 10010100银行存款 | 10010100 | 银行存款 |
| 4 | 1001010104承兑汇票 | 1001010104 | 承兑汇票 |
| 5 | 100101024532其他货币资金 | 100101024532 | 其他货币资金 |
| 6 | | | |

图 19-7　分列编码和名称

## 19.3　查找字符位置

### 19.3.1　查找字符位置函数 FIND 和 SEARCH

查找字符位置可以使用 FIND 函数或者 SEARCH，前者区分大小写，后者不区分大小写，用法为：

=FIND(要查找的字符，字符串，起始位置)

=SEARCH(要查找的字符，字符串，起始位置)

比如，字母“E”在字符串“财务人员 Excel 应用技能”中的位置，从左边第一个开始数，是 5，而字母“e”正在该字符串的位置，是 8，公式分别如下：

=FIND(“E”，“财务人员 Excel 应用技能”)，结果是 5

=FIND(“e”，“财务人员 Excel 应用技能”)，结果是 8

联合使用 FIND 函数和 LEFT、RIGHT、MID 函数，可以从字符串中某个特定的位置提取出需要的信息。

### 19.3.2　应用 1：楼号、房号、业主姓名

**案例 19–4**

图 19-8 的 A 列是包含楼号、房号、业主姓名的一串字符，现在要把它们分成 3 列，结果如下，怎么做呢？

乍一看，好复杂！头疼！早知现在，何必当初（居然把这些都写在一个格子里）！仔细分析数据特征，其实并不难。

楼号与房号之间有一个汉字“幢”，这样可以使用 FIND 函数找出“幢”的位置，再使用 LEFT 函数取出楼号。

取出楼号后，从原始数据中把“** 幢”删除（可以使用 SUBSTITUTE 函数），剩下的就是由楼号数字和姓名汉字组成的字符串了，然后再用前面介绍的方法分别取出房号数字和业主姓名汉字。

单元格 B2：=LEFT(A2,FIND(“幢”,A2)-1)

单元格 C2：=LEFT(SUBSTITUTE(A2,B2&“幢“,””),2*LEN(SUBSTITUTE(A2,B2&“幢“,””)) -LENB(SUBSTITUTE(A2,B2&“幢“,””)))

单元格 D2：=RIGHT(A2,LEN(A2)-LEN(B2&“幢”&C2))

| | A | B | C | D |
|---|---|---|---|---|
| 1 | 摘要 | 楼号 | 房号 | 业主 |
| 2 | 21幢305黄天峰 | 21 | 305 | 黄天峰 |
| 3 | 8幢1209夏灿 | 8 | 1209 | 夏灿 |
| 4 | 7幢2201黄桦 | 7 | 2201 | 黄桦 |
| 5 | | | | |

图 19-8　提取楼号、房号、业主姓名

## 19.3.3　应用 2：提取美元金额和美元汇率

**案例 19–5**

图 19-9 是一个更为复杂的例子，要求从 A 列的数据中，提取美元金额和美元汇率，保存在 B 列和 C 列。

好复杂的问题！别着急上火，没办法，从系统导出的就是这样的数据，咱们还得努力整理一下。下面梳理梳理这个问题的解决思路和步骤。

（1）从 A 列单元格的字符串中找“美元”两字，如果有“美元”，就往下做工作，如果没有，就过去。找“美元”两字的公式为 FIND(“美元”,A2)，判断是不是有“美元”两字的公式是 ISNUMBER(FIND(“美元”,A2))，如果此公式是数字，就是有美元。

（2）再找“金额：”的位置，公式为 FIND(“金额：”,A2)

（3）这个“金额：”的位置 +3，就是美元金额数字的开始位置：FIND(“金额：”,A2)+3

（4）再找“汇率”两字的位置，公式为 FIND(“汇率”,A2)

（5）金额数字的位数，就是上面两个位置计算出来的，公式为 FIND(“汇率”,A2)-FIND(“金额：”,A2)-5

（6）使用 MID 函数取出金额，公式为 MID(A2,FIND(“金额：”,A2)+3,FIND(“汇率”,A2)-FIND(“金额：”,A2)-5)

这样综合起来，提取美元金额的公式如下（单元格 B2）：

```
=IF(ISNUMBER(FIND(“美元”,A2)),--MID(A2,FIND(“金额:”,A2)+3,FIND(“汇率”,A2)-FIND(“金额:“,A2)-5),””)
```

而美元汇率的思路基本相同，就是找“汇率：”和“对应”文字的位置，然后再进行计算，得到美元汇率的起始位置和长度。最后的计算公式为（单元格 B3）：

```
=IF(ISNUMBER(FIND(“美元”,A2)),--MID(A2,FIND(“汇率:”,A2)+3,FIND(“对应”,A2)-FIND(“汇率:“,A2)-5),””)
```

特别需要注意的是，原始单元格数据是分行保存的，分行符也是符号，也占一个长度。

| | A | B | C |
|---|---|---|---|
| 1 | 备注 | 美元金额 | 美元汇率 |
| 2 | 贸易方式：一般贸易<br>币种：美元<br>外币金额：4616.64<br>汇率：6.7772<br>对应外销发票号：DTC1706005 | 4616.64 | 6.7772 |
| 3 | 贸易方式：一般贸易<br>币种：美元<br>外币金额：8790.28<br>汇率：6.7772<br>对应外销发票号：DTC1706074(19217434) | 8790.28 | 6.7772 |
| 4 | 贸易方式：一般贸易<br>币种：日元<br>外币金额：79328<br>汇率：0.060352<br>对应外销发票号：DTC1706075(19217435) | | |
| 5 | 贸易方式：一般贸易<br>币种：欧元<br>外币金额：4147.40<br>汇率：7.7697<br>对应外销发票号：DTC1706076(19217436) | | |
| | 贸易方式：一般贸易<br>币种：欧元<br>外币金额：8693.32 | | |

Sheet1

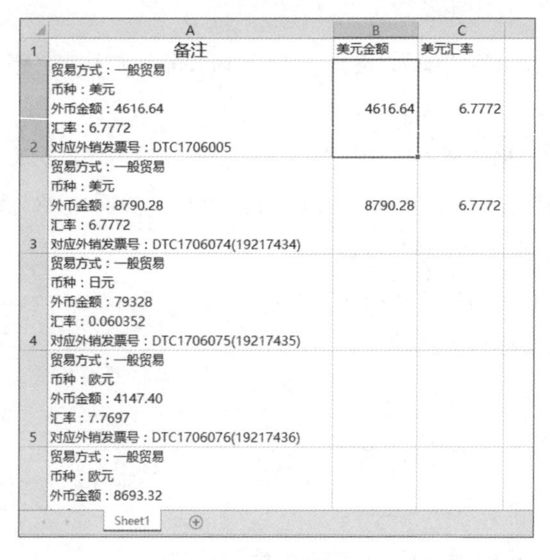

图 19-9　不规范的数据

## 19.4　连接字符串

在数据处理中，我们经常会把固定的字符或者几个单元格的字符按照要求连接成一个字符串，可以是直接连接，也可以在每个字符之间用逗号、分号隔开连接，一般情况下，我们都是使用 & 符号来做，很是麻烦。

### 19.4.1　CONCATENATE 即将消失

目前的版本中，在连接字符方面，我们很多人早已经习惯用 CONCATENATE 函数，其用法如下：

=CONCATENATE(数据 1，数据 2，数据 3，……)

这个函数只能一个一个的单元格引用，如果要连接数十个单元格，就非常不方便了。

### 19.4.2　新增 CONCAT 和 TEXTJOIN，功能强大

Excel 2016 新增了两个文本字符串连接函数 CONCAT 和 TEXTJOIN，可以非常方便地进行连接，而且 CONCAT 将替代 CONCATENATE。下面是 3 个函数的使用方法。

=CONCAT(数据 1，数据 2，数据 3，……)

=TEXTJOIN(数据之间是否插入符号，是否忽略空值，数据 1，数据 2，数据 3，……)

图 19-10 是字符串连接的例子。

| | A | B | C | D | E |
|---|---|---|---|---|---|
| 1 | 邮编 | 城市 | 地址 | 连接后 | 公式 |
| 2 | 100083 | 北京市 | 海淀区成府路32号 | 100083北京市海淀区成府路32号 | =CONCATENATE(A2,B2,C2) |
| 3 | | | | 100083北京市海淀区成府路32号 | =CONCAT(A2:C2) |
| 4 | | | | 100083北京市海淀区成府路32号 | =TEXTJOIN(,,A2:C2) |
| 5 | | | | | |

图 19-10　连接字符串

CONCAT 不仅可以一个一个单元格选，还可以一下子选取单元格区域，甚至可以选取整列或整行；

TEXTJOIN 更方便，可以选取个别单元格，也可以选择整列或整行，还可以在每个数据之间插入分隔符。

图 19-11 是一个例子。可以看出，TEXTJOIN 函数是最方便的。

| | A | B | C | D | E |
|---|---|---|---|---|---|
| 1 | 刘晓晨 | | | | 结果 |
| 2 | 石破天 | | CONCATENATE函数： | 直接连接 | 刘晓晨石破天蔡晓宇祁正人张丽莉孟欣然毛利民马一晨王浩忌王嘉木丛赫敏白留洋 |
| 3 | 蔡晓宇 | | | 插逗号 | 刘晓晨，石破天，蔡晓宇，祁正人，张丽莉，孟欣然，毛利民，马一晨，王浩忌，王嘉木，丛赫敏，白留洋 |
| 4 | 祁正人 | | | | |
| 5 | 张丽莉 | | CONCAT函数： | 直接连接 | 刘晓晨石破天蔡晓宇祁正人张丽莉孟欣然毛利民马一晨王浩忌王嘉木丛赫敏白留洋 |
| 6 | 孟欣然 | | | 插逗号 | 刘晓晨，石破天，蔡晓宇，祁正人，张丽莉，孟欣然，毛利民，马一晨，王浩忌，王嘉木，丛赫敏，白留洋 |
| 7 | 毛利民 | | | | |
| 8 | 马一晨 | | TEXTJOIN函数： | 直接连接 | 刘晓晨石破天蔡晓宇祁正人张丽莉孟欣然毛利民马一晨王浩忌王嘉木丛赫敏白留洋 |
| 9 | 王浩忌 | | | 插逗号 | 刘晓晨，石破天，蔡晓宇，祁正人，张丽莉，孟欣然，毛利民，马一晨，王浩忌，王嘉木，丛赫敏，白留洋 |
| 10 | 王嘉木 | | | | |
| 11 | 丛赫敏 | | | | 公式 |
| 12 | 白留洋 | | CONCATENATE函数： | 直接连接 | =CONCATENATE(A1,A2,A3,A4,A5,A6,A7,A8,A9,A10,A11,A12) |
| 13 | | | | 插逗号 | =CONCATENATE(A1,"，",A2,"，",A3,"，",A4,"，",A5,"，",A6,"，",A7,"，",A8,"，",A9,"，",A10,"，",A11,"，",A12) |
| 14 | | | | | |
| 15 | | | CONCAT函数： | 直接连接 | =CONCAT(A1:A12) |
| 16 | | | | 插逗号 | =CONCAT(A1,"，",A2,"，",A3,"，",A4,"，",A5,"，",A6,"，",A7,"，",A8,"，",A9,"，",A10,"，",A11,"，",A12) |
| 17 | | | | | |
| 18 | | | TEXTJOIN函数： | 直接连接 | =TEXTJOIN(,,A1:A12) |
| 19 | | | | 插逗号 | =TEXTJOIN("，",,A1:A12) |

图 19-11　三个函数连接字符串的比较

# 19.5　清除字符中的符号

## 19.5.1　清除空格

如果要清除字符串中的空格，包括前后空格和中间空格，可以使用 TRIM 函数，但要注意，这个函数可以完全清除字符串前后的空格，但内部的空格会保留一个，这是遵循英语语法要求的。

比如，字符串“I am　　an　Excel　Trainer　　”，清除多余的空格，规范英语句子语法，公式如下：

```
=TRIM("I am      an   Excel    Trainer     ")
```

结果是：I am an Excel Trainer

## 19.5.2　清除换行符

有时候，单元格的数据是分行输入保存的，现在要把这些数据恢复成一行保存，可以使用 CLEAN 函数，如图 19-12 所示。

| | A | B | C |
|---|---|---|---|
| 1 | 源数据 | 恢复一行 | 公式 |
| 2 | 北京市<br>海淀区<br>学院路30号<br>2017年10月3日篝火晚会 | 北京市海淀区学院路30号2017年10月3日篝火晚会 | =CLEAN(A2) |
| 3 | | | |

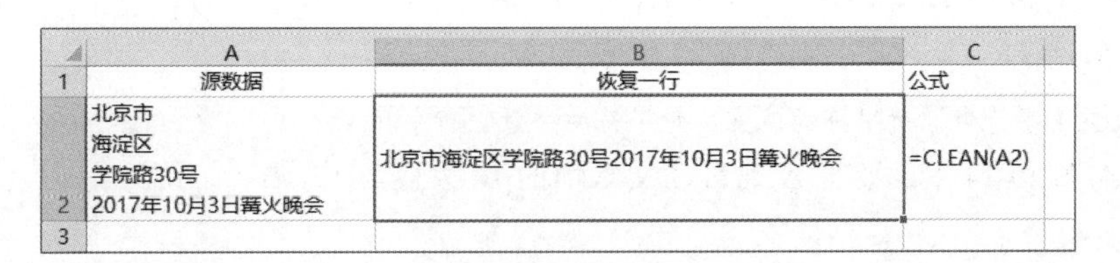

图 19-12　清除换行符

# 19.6 替换字符串中指定的字符

替换字符串中指定的字符，也是经常要做的工作之一。比如，数据中有很多不想要的字符，想删除掉，此时可以使用查找替换，也可以使用相关的函数。

## 19.6.1 替换固定位数的字符：SUBSTITUTE

SUBSTITUTE 函数功能是把一个字符串中指定的字符替换为新的字符。这个函数更多的是用在数据分析模板中，直接处理数据。

SUBSTITUTE 函数的用法是：

= SUBSTITUTE(字符串，旧字符，新字符，替换第几个出现的)

例如，要把字符串“北京市北京西路”的第一个“北京”替换为“上海”，公式如下：

=SUBSTITUTE(“北京市北京西路”，“北京”，“上海”,1)

结果是“上海市北京西路”。

=SUBSTITUTE(“北京市北京西路”，“北京”，“上海”,2)

结果是“北京市上海西路”。

下面的公式就是将字符串“北京市，海淀区，学院路，30 号”中的所有逗号清除：

=SUBSTITUTE(“北京市，海淀区，学院路，30 号“，“，“，””)

结果为“北京市海淀区学院路 30 号”

在前面的案例 19-4 中，就是使用了 SUBSTITUTE 函数来处理数据。

**案例 19–6**

图 19-13 是另外一个实际例子，要求用一个公式计算各个各种卡类的总金额。

分析数据的特征，是两类卡：现金卡和套餐，只要把单位“元”和“套餐”删除，剩下的不就是面值金额了吗？不过，要先使用 FIND 函数查找是“元”还是“套餐”，并使用 ISNUMBER 函数和 IF 函数进行处理。计算公式如下。

=B2*SUBSTITUTE(A2,IF(ISNUMBER(FIND(“元”,A2)),“元”,“套餐”),””)

| | A | B | C |
|---|---|---|---|
| 1 | 卡类 | 数量 | 总金额 |
| 2 | 100元 | 100 | 10000 |
| 3 | 30元 | 30 | 900 |
| 4 | 20元 | 50 | 1000 |
| 5 | 5元 | 5 | 25 |
| 6 | 88套餐 | 20 | 1760 |
| 7 | 128套餐 | 32 | 4096 |
| 8 | 68套餐 | 20 | 1360 |
| 9 | 168套餐 | 100 | 16800 |
| 10 | | | |

**图 19-13 计算卡类总金额**

## 19.6.2 替换位数不定的字符：REPLACE

REPLACE 函数用于把字符串中指定的一个字符，替换为指定个数的字符。语法如下：

=REPLACE(字符串，新字符的位置，新字符的个数，新字符)

例如，在图 19-14 中，要把 A 列日期文本中的 16 替换为 17，B 列公式如下：

=REPLACE(A2,3,2,17)

| | A | B |
|---|---|---|
| 1 | 旧日期文本 | 新日期文本 |
| 2 | 2016年10月08日 | 2017年10月08日 |
| 3 | 2016年10月09日 | 2017年10月09日 |
| 4 | 2016年10月10日 | 2017年10月10日 |
| 5 | 2016年10月11日 | 2017年10月11日 |
| 6 | 2016年10月12日 | 2017年10月12日 |
| 7 | 2016年10月13日 | 2017年10月13日 |
| 8 | 2016年10月14日 | 2017年10月14日 |
| 9 | 2016年10月15日 | 2017年10月15日 |
| 10 | 2016年10月16日 | 2017年10月16日 |
| 11 | 2016年10月17日 | 2017年10月17日 |
| 12 | 2016年10月18日 | 2017年10月18日 |
| 13 | | |

**图 19-14 替换指定位置的字符**

# 19.7 将数字和日期转换为文本

曾经有个学生跟我说，TEXT 函数太强大了，居然可以任意的把数字转换为各种各样的文字，这个函数用在数据分析中太有用了！

确实是这样的，迄今为止，我为很多公司客户和学生做了不少自动化的数据分析模板仪表盘，在这些模板中，都大量使用了 TEXT 函数。下面我们就好好讲讲这个函数。

## 19.7.1 TEXT 函数基本用法

TEXT 函数的功能是把一个数字（日期和时间也是数字）转换为指定格式的文字。函数的用法如下：

=TEXT(数字，格式代吗)

这里的格式代码需要自行指定。转换成不同的格式文本，其代码是不同的，需要在工作中多总结、多记忆。

在使用 TEXT 函数时，应牢记以下两点：

（1）转换的对象必须是数字（文字是无效的）；

（2）转换的结果是文字（已经不是数字了）。

例如，日期“2017-10-3”，将其转换为英文星期，公式为：

=TEXT(“2017-10-13”,“dddd”)，结果是 Friday

又比如，单元格是公式“=B2/SUM(B2:B20)”，假设其结果显示为 23.87%，现在要做一个字符串文字“产品 A 占比 14.01%”，是不能直接连接单元格的，因为单元格显示的仅仅是单元格格式，单元格里的数字仍旧是小数。如图 19-15 所示。

错误的公式：=A2&“占比”&C2

正确的公式：=A2&“占比”&TEXT(C2,“0.00%”)

| | A | B | C | D | E |
|---|---|---|---|---|---|
| 1 | 产品 | 销售额 | 占比 | 要做成的文字--错误 | 要做成的文字--正确 |
| 2 | 产品A | 398 | 14.01% | 产品A占比0.140091517071454 | 产品A占比14.01% |
| 3 | 产品B | 767 | 27.00% | 产品B占比0.269975360788455 | 产品B占比27.00% |
| 4 | 产品C | 213 | 7.50% | 产品C占比0.074973600844773 | 产品C占比7.50% |
| 5 | 产品D | 987 | 34.74% | 产品D占比0.347412882787751 | 产品D占比34.74% |
| 6 | 产品E | 476 | 16.75% | 产品E占比0.167546638507568 | 产品E占比16.75% |
| 7 | 合计 | 2841 | 100.00% | | |
| 8 | | | | | |

图 19-15　想当然的连接，导致错误，根本原因是不了解单元格规则

## 19.7.2 常用的格式代码

TEXT 在数据分析中，更多的是用来对日期、数字等进行转换，以便得到一个与分析报告表格标题格式相匹配的数据，这样可以提高数据分析效率。

表 19-1 是几个常用的、将日期和数字进行转换的格式代码及其含义。

表 19-1　常用的日期、数字格式及其含义

| 格式代码 | 含　义 | 示　例 | 结果（文本） |
|---|---|---|---|
| “000000” | 将数字转换成 6 位的文本 | =TEXT(123, “000000”) | 000123 |
| “0.00%” | 将数字转化成百分比表示的文本 | =TEXT(0.1234, “0.00%”) | 12.34% |
| “0!.0, 万元” | 将数字缩小 1 万倍，加单位万元 | =TEXT(8590875.24, “0!.0, 万元”) | 859.1 万元 |
| “0 月” | 将数字转换成“0 月”文本 | =TEXT(9, “0 月”) | 9 月 |
| “yyyy-m-d” | 将日期转换为“yyyy-m-d”格式 | =TEXT(“2017-10-23”，“yyyy-m-d”) | 2017-10-23 |
| “yyyy-m” | 将日期转换为“yyyy-m”格式 | =TEXT(“2017-10-23”，“yyyy-m”) | 2017-10 |
| “m 月” | 将日期转换为“m 月”格式 | =TEXT(“2017-10-23”，“m 月”) | 10 月 |
| “mmm” | 将日期转换为英文月份简称 | =TEXT(“2017-10-23”，“mmm”) | Oct |
| “aaaa” | 将日期转换为中文星期全称 | =TEXT(“2017-10-23”，“aaaa”) | 星期一 |

**案例 19–7**

图 19-16 是一个销售流水清单，现在要按照英文月份或中文月份名称，直接从原始数据汇总计算各个月、各个产品的销售额。

单元格 G4（英文月份名称）：

```
=SUMPRODUCT((TEXT($A$2:$A$1000,“mmm”)=G$3)*1,
            ($B$2:$B$1000=$F4)*1,
            $C$2:$C$1000)
```

单元格 G13（中文月份名称）：

```
=SUMPRODUCT((TEXT($A$2:$A$1000,“m 月”)=G$12)*1,
            ($B$2:$B$1000=$F13)*1,
            $C$2:$C$1000)
```

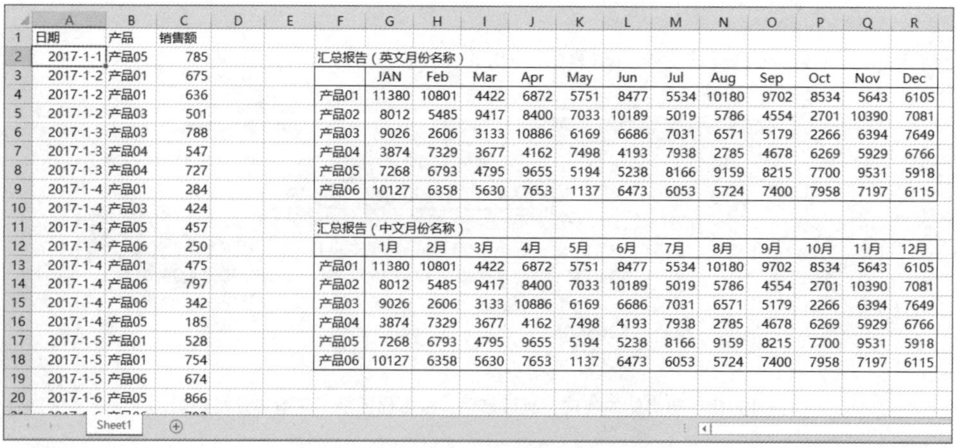

| 日期 | 产品 | 销售额 |
|---|---|---|
| 2017-1-1 | 产品05 | 785 |
| 2017-1-2 | 产品01 | 675 |
| 2017-1-2 | 产品01 | 636 |
| 2017-1-2 | 产品03 | 501 |
| 2017-1-3 | 产品03 | 788 |
| 2017-1-3 | 产品04 | 547 |
| 2017-1-3 | 产品04 | 727 |
| 2017-1-4 | 产品01 | 284 |
| 2017-1-4 | 产品03 | 424 |
| 2017-1-4 | 产品05 | 457 |
| 2017-1-4 | 产品06 | 250 |
| 2017-1-4 | 产品01 | 475 |
| 2017-1-4 | 产品06 | 797 |
| 2017-1-4 | 产品06 | 342 |
| 2017-1-4 | 产品05 | 185 |
| 2017-1-5 | 产品01 | 528 |
| 2017-1-5 | 产品01 | 754 |
| 2017-1-5 | 产品06 | 674 |
| 2017-1-6 | 产品05 | 866 |

汇总报告（英文月份名称）

| | JAN | Feb | Mar | Apr | May | Jun | Jul | Aug | Sep | Oct | Nov | Dec |
|---|---|---|---|---|---|---|---|---|---|---|---|---|
| 产品01 | 11380 | 10801 | 4422 | 6872 | 5751 | 8477 | 5534 | 10180 | 9702 | 8534 | 5643 | 6105 |
| 产品02 | 8012 | 5485 | 9417 | 8400 | 7033 | 10189 | 5019 | 5786 | 4554 | 2701 | 10390 | 7081 |
| 产品03 | 9026 | 2606 | 3133 | 10886 | 6169 | 6686 | 7031 | 6571 | 5179 | 2266 | 6394 | 7649 |
| 产品04 | 3874 | 7329 | 3677 | 4162 | 7498 | 4193 | 7938 | 2785 | 4678 | 6269 | 5929 | 6766 |
| 产品05 | 7268 | 6793 | 4795 | 9655 | 5194 | 5238 | 8166 | 9159 | 8215 | 7700 | 9531 | 5918 |
| 产品06 | 10127 | 6358 | 5630 | 7653 | 1137 | 6473 | 6053 | 5724 | 7400 | 7958 | 7197 | 6115 |

汇总报告（中文月份名称）

| | 1月 | 2月 | 3月 | 4月 | 5月 | 6月 | 7月 | 8月 | 9月 | 10月 | 11月 | 12月 |
|---|---|---|---|---|---|---|---|---|---|---|---|---|
| 产品01 | 11380 | 10801 | 4422 | 6872 | 5751 | 8477 | 5534 | 10180 | 9702 | 8534 | 5643 | 6105 |
| 产品02 | 8012 | 5485 | 9417 | 8400 | 7033 | 10189 | 5019 | 5786 | 4554 | 2701 | 10390 | 7081 |
| 产品03 | 9026 | 2606 | 3133 | 10886 | 6169 | 6686 | 7031 | 6571 | 5179 | 2266 | 6394 | 7649 |
| 产品04 | 3874 | 7329 | 3677 | 4162 | 7498 | 4193 | 7938 | 2785 | 4678 | 6269 | 5929 | 6766 |
| 产品05 | 7268 | 6793 | 4795 | 9655 | 5194 | 5238 | 8166 | 9159 | 8215 | 7700 | 9531 | 5918 |
| 产品06 | 10127 | 6358 | 5630 | 7653 | 1137 | 6473 | 6053 | 5724 | 7400 | 7958 | 7197 | 6115 |

Sheet1

图 19-16　直接根据原始数据计算各月汇总

## 19.8　在公式中使用回车符分行数据

在制作数据分析模板时，常常需要在图表上分行显示动态的文字说明，此时需要使用 CHAR 函数，在公式中使用回车符分行数据。

CHAR 函数是把一个数字转换为 ASCII 码，用法如下：

```
=CHAR(数字)
```

比如，

```
CHAR(65) 的结果是 A
CHAR(97) 的结果是 a
CHAR(10) 就是 Enter 键的回车符
```

**案例 19-8**

图 19-17 所示为在画柱形图时有以下要求：

（1）柱形顶端显示具体的值，

（2）坐标轴显示两行文字：第一行是地区名字，第二行是占比，两行之间是回车符，用 CHAR(10) 表示；百分比文字用 TEXT 转换。

这是通过一个辅助列做的坐标轴，辅助列单元格 E2 公式如下：

```
=A2&CHAR(10)&TEXT(C2,"0.00%")
```

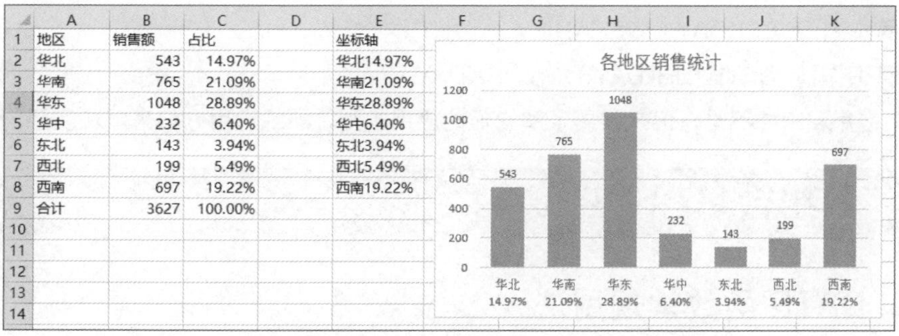

地区 销售额 占比 坐标轴
华北 543 14.97% 华北14.97%
华南 765 21.09% 华南21.09%
华东 1048 28.89% 华东28.89%
华中 232 6.40% 华中6.40%
东北 143 3.94% 东北3.94%
西北 199 5.49% 西北5.49%
西南 697 19.22% 西南19.22%
合计 3627 100.00%
各地区销售统计
华北 14.97%
华南 21.09%
华东 28.89%
华中 6.40%
东北 3.94%
西北 5.49%
西南 19.22%


**图 19-17　既显示实际值，又在坐标轴上显示比例的图表**

图 19-18 是制作的仪表盘，在仪表盘上动态显示预算执行率说明文字。此图的详细制作过程不再介绍。

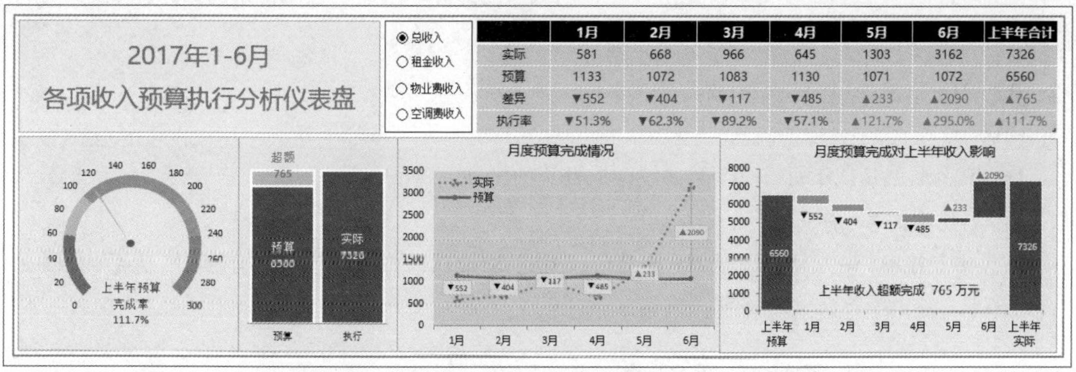

2017年1-6月
各项收入预算执行分析仪表盘
总收入
租金收入
物业费收入
空调费收入
1月 2月 3月 4月 5月 6月 上半年合计
实际 581 668 966 645 1303 3162 7326
预算 1133 1072 1083 1130 1071 1072 6560
差异 ▼552 ▼404 ▼117 ▼485 ▲233 ▲2090 ▲765
执行率 ▼51.3% ▼62.3% ▼89.2% ▼57.1% ▲121.7% ▲295.0% ▲111.7%
上半年预算
完成率
111.7%
超额
765
预算
6560
实际
7326
月度预算完成情况
实际
预算
月度预算完成对上半年收入影响
上半年收入超额完成 765 万元


**图 19-18　预算分析仪表盘**

# 第 20 章 函数应用：处理日期数据

日期是 Excel 的三大数据之一，几乎所有的表格都会有日期数据，在实际工作中，我们也会对日期时间做各种计算，因此有必要了解和掌握几个常用的日期函数，包括：

- 组合日期：DATE
- 拆分日期：YEAR、MONTH、DAY
- 动态日期：TODAY
- 计算到期日：EDATE、EOMONTH
- 计算期限：DATEDIF，YEARFRAC
- 计算星期：WEEKDAY、WEEKNUM
- 计算工作日：NETWORKDAYS、WORKDAY

这些函数用起来并不难，但是需要了解它们的应用规则，熟练运用它们来解决实际问题。

## 20.1 组合日期

### 20.1.1 DATE 函数常规用法

如何把年月日三个数字组合成日期，很多人会做这样的公式：

```
=A2&“-”&B2&“-”&C2
```

殊不知，这样组合得到的并不是日期，而是文本，而在第 1 章已经强调过，日期是正整数字。这样强制连接得到的是文本，无法参与日期数字的计算，用这个方法得来的结果无疑是费力不讨好。

正确的方法是使用 DATE 函数，公式为：

```
=DATE(A2,B2,C2)
```

DATE 函数就是把年月日三个数字组合成真正的日期，语法如下：

```
=DATE(年数字，月数字，日数字)
```

假设单元格 B2 中为某个日期，下面的公式就是要计算该日期 3 年零 8 个月零 15 天后的日期：

```
=DATE(YEAR(B2)+3,MONTH(B2)+8,DAY(B2)+15)
```

### 20.1.2 DATE 函数特殊用法

DATE 函数在确定某些特殊日期方面非常有用，下面是 DATE 函数的一些特殊应用方法。

- 如果将 DATE 函数的参数 day 设置为 0，那么 DATE 函数就会返回指定月份上个月的最后一天。

比如，公式“=DATE(2017,7,0)”的结果就是 2017-6-30。这个技巧是非常有用的，它可以帮助我们确定某个月最后一天的日期。

- 如果 DATE 函数的参数 day 大于 31，那么 DATE 函数就会将超过部分的天数算到下一个月份。

  比如公式“=DATE(2017,10,42)”的结果就是 2017-11-11。

- 如果 DATE 函数的参数 day 小于 0，那么 DATE 函数就会往前推算日期。

  比如公式“=DATE(2017,1,-15)”的结果就是 2016-12-16。

- 如果将 DATE 函数的参数 month 设置为 0，那么 DATE 函数就会返回指定年份上年的最后一月。

  比如，公式“=DATE(2017,0,22)”的结果就是 2016-12-22。这个技巧也是非常有用的，它可以帮助我们确定上年的最后一月的日期。

- 如果 DATE 函数的参数 month 大于 12，那么 DATE 函数就会将超过部分的月数算到下一年。

  比如公式“=DATE(2017,15,21)”的结果就是 2018-3-21。

- 如果 DATE 函数的参数 month 小于 0，那么 DATE 函数就会往前推算月份和年份。

  比如公式“=DATE(2017,-3,21)”的结果就是 2016-9-21。

在日常生活和工作中，需要做计划，而计划的执行需要用时间来控制节奏和速度。假设我们有个某年的年度计划，计划的执行期为 1 月 1 日至 12 月 31 日，怎样快速地计算从计划开始日到今天已经过去了多少天呢？距离计划截止日还剩多少天呢？

不懂函数的人已经开始在掰手指头了。

我默默地打开了 Excel，设置计算公式，并得到了以下的计算结果，如图 20-1、图 20-2 所示。

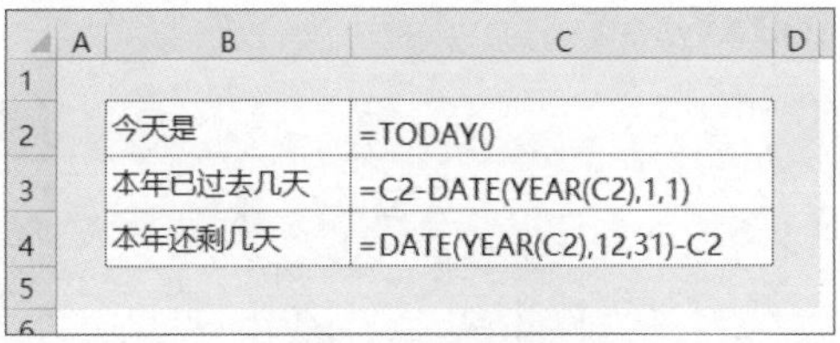
A
B
C
D
今天是
=TODAY()
本年已过去几天
=C2-DATE(YEAR(C2),1,1)
本年还剩几天
=DATE(YEAR(C2),12,31)-C2

图 20-1　设置计算公式

A
B
C
D
今天是
2018-2-3
本年已过去几天
33
本年还剩几天
331

图 20-2　计算结果

在 C2 单元格中，使用公式“=TODAY()”，得到了今天的日期是 2018 年 2 月 3 日（这里操作的时间是 2018 年 2 月 3 日）。

在 C3 单元格中，“YEAR(C2)”的结果是 2018，用“DATE(YEAR(C2),1,1)”得到的结果是本年的第一天，用“C2-DATE(YEAR(C2),1,1)”得到的是从计划开始日至今已过去多少日。函数写完后，一定要把单元格的格式改成常规，否则出现的只是一串日期格式。

在 C4 单元格中，输入公式“=DATE(YEAR(C2),12,31)-C2”，这里“DATE(YEAR(C2),12,31)”得到的结果是本年的 12 月 31 日，即年度计划的截止日，然后用“DATE(YEAR(C2),12,31)-C2”，得到的结果是 331 天，也就是说，从今天开始，到计划截止日还剩 331 天。

如果我们的计划开始日是 1 月 15 日，计划截止日是 7 月 18 日，又该如何操作呢？

其实很简单，在 C3 单元各中把函数的相关指标改成如下即可：

C2-DATE(YEAR(C2),1,15) 其中，1 代表 1 月份，15 代表 15 日。

同理，在 C4 单元格中，把函数相关指标换成如下即可：

DATE(YEAR(C2),7,18)-C2，其中，7 代表 7 月份，18 代表 18 日。

## 20.2 拆分日期

拆分日期可使用 YEAR 函数、MONTH 和 DAY 函数，它们分别用于把日期拆分成年、月、日三个数，其使用方法如下：

=YEAR(日期)

=MONTH(日期)

=DAY(日期)

例如，把日期“2018-5-23”拆分成年、月、日三个数的计算公式就是：

=YEAR(“22018-5-23”)，结果是 2018

=MONTH(“2018-5-23”)，结果是 5

=DAY(“2018-5-23”)，结果是 23

## 20.3 获取当天日期

### 20.3.1 TODAY 函数

获取当天日期使用 TODAY 函数，注意该函数没有参数，因此使用方法为：

=TODAY()

由于该函数没有参数，在使用它时，不能省略 TODAY 后面的左右小括号。

例如，从今天开始，10 天后的日期就是：=TODAY()+10

从今天开始，10 天前的日期就是：=TODAY()-10

昨天就是：=TODAY()-1

前天就是：=TODAY()-2

明天就是：=TODAY()+1

后天就是：=TODAY()+2

图 20-3 就是计算各个合同里到期日的剩余天数，公式为：=B2-TODAY()

| | A | B | C |
|---|---|---|---|
| 1 | 合同 | 到期日 | 到期剩余天数 |
| 2 | A001 | 2017-12-31 | 89 |
| 3 | A002 | 2018-3-25 | 173 |
| 4 | A003 | 2018-5-31 | 240 |
| 5 | A004 | 2018-9-30 | 362 |
| 6 | | | |

图 20-3　计算合同到期剩余天数

### 20.3.2 NOW 函数与 TODAY 函数的区别

TODAY 函数得到的是一个不带时间的日期，也就是一个正整数。

很多人喜欢使用另外一个函数 NOW，但这个函数不仅得到了当天的日期，也得到了运行工作表示的当时时间，因此 NOW 函数不是一个正整数，而是一个带小数点的正数。

例如，当前日期是 2018 年 5 月 23 日，当前时间是 11:18:50，那么 TODAY 函数的结果是 2018-5-23（也就是 43243），而 NOW 函数得到的结果是 43243.471412037。

因此，函数 TODAY 的结果与函数 NOW 的结果是不一样的。

输入有 TODAY 函数的工作表，每次打开时，TODAY 函数都会进行重新计算，并自动更新为当天的日期，在关闭工作簿时也会提醒用户是否保存对工作簿的修改。

# 20.4 计算到期日

如果要计算过多少天以后的到期日，那么直接在起始日上加上天数即可。

如果要计算多少年或者多少月后的到期日，怎么算？肯定不能直接加上月数或者年数，也不能加上诸如 90 天或者 365 天这样的数字。此时，可以使用 EDATE 函数或 EOMONTH 函数。

## 20.4.1 EDATE 函数

EDATE 函数用来计算指定日期之前或之后几个月的日期，也就是给定了期限，要计算到期日。其使用方法如下：

```
=EDATE(指定日期，以月数表示的期限)
```

这个函数的英文是：End of date

例如，单元格 B2 保存一个日期，那么这个日期之后 5 个月的日期就是：=EDATE(B2,5)

这个日期之前 5 个月的日期是：=EDATE(B2,-5)

而从今天开始，3 年 5 个月后的日期就是：=EDATE(TODAY(),3*12+5)

EDATE 函数得到的结果是一个常规的数字，因此需要把单元格的格式设置为日期格式。

## 20.4.2 EOMONTH 函数

EOMONTH 函数用来计算指定日期之前或之后几个月的月底日期，与 EDATE 函数一样，也就是给定了期限，要计算到期日。其使用方法如下：

```
=EOMONTH(指定日期，以月数表示的期限)
```

这个函数的英文是：End of month

例如，单元格 B2 保存一个日期，那么这个日期之后 5 个月的月底日期就是：=EOMONTH (B2,5)

这个日期之前 5 个月的月底日期就是：=EOMONTH(B2,-5)

而从今天开始，3 年 5 个月后的月底日期就是：=EOMONTH(TODAY(),3*12+5)

**案例 20-1**

图 20-4 就是给定合同签订日期以及期限（年），要计算合同到期日，公式分别如下。

单元格 D2：=EDATE(B2,C2*12)-1

单元格 E2：=EOMONTH(B2,C2*12)

| | A | B | C | D | E |
|---|---|---|---|---|---|
| 1 | 合同 | 签订日期 | 期限（年） | 到期日（具体日期） | 到期日（月底日期） |
| 2 | A001 | 2016-12-31 | 2 | 2018-12-30 | 2018-12-31 |
| 3 | A002 | 2017-2-25 | 3 | 2019-2-24 | 2020-2-29 |
| 4 | A003 | 2017-5-31 | 2 | 2019-5-30 | 2019-5-31 |
| 5 | A004 | 2017-6-10 | 2 | 2019-6-9 | 2019-6-30 |
| 6 | | | | | |

图 20-4　计算合同到期日

# 20.5 计算期限

给定两个日期，要计算这两个日期之间的期限，怎么算？

如果要计算间隔天数，直接相减就可以了。

如果要计算间隔年数，相减后除以 365 ？这种做法尽管在大多数情况下没有问题，但是遇到极端的日期，是会出大问题的。

如果要计算间隔月数，相减后除以 30 ？就更不对了，如果期间内有 2 月份呢？ 2 月才 28 天或 29 天啊！

如果要计算两个日期间隔了多少年、零几个月、零几天，如何算？

诸如此类的问题，其实并不难，使用 DATEDIF 函数就可以了。

也许我们需要计算出的期限是几点几年，比如 7.36 年，这种带小数点的年数如何算？使用 YEARFRAC 函数就可以了。

## 20.5.1 DATEDIF 函数

DATEDIF 函数用于计算指定的类型下两个日期之间的期限，该函数的使用方法如下：

=DATEDIF( 开始日期 , 截止日期 , 格式代码 )

函数中的格式代码含义及结果如表 20-1 所示（字母不区分大小写）。

**表 20-1 函数中的格式代码含义及结果**

| 格式代码 | 结果 | 格式代码 | 结果 |
|---|---|---|---|
| “Y” | 时间段中的总年数 | “MD” | 两日期中天数的差，忽略日期数据中的年和月 |
| “M” | 时间段中的总月数 | “YM” | 两日期中月数的差，忽略日期数据中的年和日 |
| “D” | 时间段中的总天数 | “YD” | 两日期中天数的差，忽略日期数据中的年 |

例如：某职员进公司日期为 2001 年 3 月 20 日，离职时间为 2017 年 10 月 28 日，那么他在公司工作了多少年、零多少月和零多少天？

整数年：  =DATEDIF(“2001-3-20”,“2017-10-28”,“Y”)，结果是 16

零几个月：=DATEDIF(“2001-3-20”,“2017-10-28”,“YM”)，结果是 7

零几天：=DATEDIF(“2001-3-20”,“2017-10-28”,“MD”)，结果是 22

这个函数的英文是：Date difference。这个函数是隐藏函数，在插入函数对话框里是找不到的，需要自己在单元格手工输入。

在使用这个函数时，一个重要的注意事项就是两个日期的统一标准问题。在计算期限时，如果开始日期是月初，那么截止日期也要是月初；如果开始日期是月末，那么截止日期也要是月末。比如，开始日期是 2016-10-1，截止日期是 2017-9-30，要计算这两个日期之间的总月数，显然应该是 12 个月，但是下面的公式计算得到的结果却是 11 个月：

```
=DATEDIF(“2016-10-1”,“2017-9-30”,“m”)
```

要想得到正确的结果，公式必须改为：

```
=DATEDIF("2016-10-1","2017-9-30"+1,"m")
```

**案例 20–2**

图 20-5 是一个 HR 计算年龄的例子。

周岁公式：=DATEDIF(C3,TODAY(),"y")

虚岁公式：=YEAR(TODAY())-YEAR(C3)

> **说明：**虚岁只需将两个日期的年份相减就可以了。

**案例 20–3**

图 20-6 是计算员工的工龄的详细情况。各个单元格公式如下。

单元格 D4：=DATEDIF(C4,TODAY(),"y")

单元格 E4：=DATEDIF(C4,TODAY(),"ym")

单元格 F4：=DATEDIF(C4,TODAY(),"md")

| | A | B | C | D | E |
|---|---|---|---|---|---|
| 1 | 今天是： | 2017-10-5 | | | |
| 2 | 姓名 | 部门 | 出生日期 | 年龄（周岁） | 年龄（虚岁） |
| 3 | A001 | HR | 1972-2-1 | 45 | 45 |
| 4 | A002 | HR | 1976-6-19 | 41 | 41 |
| 5 | A003 | 财务部 | 1980-10-28 | 36 | 37 |
| 6 | A004 | 财务部 | 1987-11-25 | 29 | 30 |
| 7 | A005 | 财务部 | 1990-5-4 | 27 | 27 |
| 8 | | | | | |

图 20-5　计算年龄

| | A | B | C | D | E | F |
|---|---|---|---|---|---|---|
| 1 | 今天是： | 2017-10-5 | | | | |
| 2 | 姓名 | 部门 | 入职日期 | 工龄（DATDIF函数） | | |
| 3 | | | | 多少年 | 零几个月 | 零几天 |
| 4 | A001 | HR | 1998-3-22 | 19 | 6 | 13 |
| 5 | A002 | HR | 2002-1-1 | 15 | 9 | 4 |
| 6 | A003 | 财务部 | 2002-12-30 | 14 | 9 | 5 |
| 7 | A004 | 财务部 | 2007-7-6 | 10 | 2 | 29 |
| 8 | A005 | 财务部 | 2012-6-15 | 5 | 3 | 20 |

图 20-6　计算工龄

## 20.5.2　YEARFRAC 函数

如果要计算两个日期之间的小数点年，比如 2.88 年，那么可以使用 YEARFRAC 函数，其使用方法如下：

```
=YEARFRAC(开始日期，截止日期，1)
```

例如，开始日期是 2012-6-18，截止日期是 2017-10-22，两个日期之间共有 5.34 年，即：

```
=YEARFRAC("2012-6-18","2017-10-22",1)
```

**案例 20–4**

图 20-7 是 DATEDIF 函数与 YEARFRAC 函数计算结果的比较。

| | A | B | C | D | E | F | G |
|---|---|---|---|---|---|---|---|
| 1 | 今天是： | 2017-10-5 | | | | | |
| 2 | 姓名 | 部门 | 入职日期 | 工龄（DATDIF函数） | | | 工龄（YEARFRAC函数） |
| 3 | | | | 多少年 | 零几个月 | 零几天 | |
| 4 | A001 | HR | 1998-3-22 | 19 | 6 | 13 | 19.54 |
| 5 | A002 | HR | 2002-1-1 | 15 | 9 | 4 | 15.76 |
| 6 | A003 | 财务部 | 2002-12-30 | 14 | 9 | 5 | 14.77 |
| 7 | A004 | 财务部 | 2007-7-6 | 10 | 2 | 29 | 10.25 |
| 8 | A005 | 财务部 | 2012-6-15 | 5 | 3 | 20 | 5.30 |

图 20-7　DATEDIF 函数与 YEARFRAC 函数计算结果的比较

## 20.6 计算星期

判断一个日期是星期几，可以使用 WEEKDAY 函数。

判断一个日期属于该年的第几周，可以使用 WEEKNUM 函数。

### 20.6.1 WEEKDAY 函数

如果有人问你，用什么函数计算出今天是星期几，你要立马想起来使用 WEEKDAY 函数。

WEEKDAY 函数的使用方法如下：

=WEEKDAY(日期，星期制标准代码)

这里，“星期制标准代码”如果忽略或者是 1，那么该函数就按照国际星期制来计算，也就是每周从星期日开始，这样该函数得到结果 1 时代表星期日，2 代表星期一，依此类推。

如果“星期制标准代码”是 2，那么该函数就按照中国星期制来计算，也就是每周从星期一开始，这样该函数得到结果 1 时代表星期一，2 代表星期二，依此类推。

例如，对于日期“2017-10-3”，下面 3 个公式的结果是不一样的：

=WEEKDAY(“2017-10-3”)，结果是 3（星期二）

=WEEKDAY(“2017-10-3”,1)，结果是 3（星期二）

=WEEKDAY(“2017-10-3”,2)，结果是 2（星期二）

在人力资源管理中，WEEKDAY 函数更多用来设计考勤表，计算不同类型的加班费等。在应付款管理中，用来计算付款截止日（比如遇双休日顺延）。

### 20.6.2 WEEKNUM 函数

如果要问你，今天是今年的第几周？你可能会去翻查日历了。其实，WEEKNUM 就是用来计算一个日期是当年第几周的函数，其使用方法如下：

=WEEKNUM(日期，星期制标准代码)

函数中的“星期制标准代码”设置方法与 WEEKDAY 是一样的。

例如，对于日期“2017-10-7”，判断其是 2017 年的第几周，有下面 3 个公式：

=WEEKNUM(“2017-10-7”)，结果是 40（2017 年的第 40 周）

=WEEKNUM(“2017-10-7”,1)，结果是 40（2017 年的第 40 周）

=WEEKNUM(“2017-10-7”,2)，结果是 41（2017 年的第 41 周）

在实际工作中，可以 WEEKNUM 函数来对日记流水账数据进行分析，制作周汇总报告。

### 20.6.3 综合应用

**案例 20–5**

某家企业对于应付款的付款截止日是这样规定的：从合同签订之日起，3 个月后的下个月 10 日为付款日，遇到双休日顺延到下周一。这样的付款截止日如何计算？

这样的问题并不复杂。首先，要计算 3 个月后的下个月 10 号，如果先计算出 3 个月后的月底日期，再加上 10 天，不就是下个月的 10 号了吗？遇到双休日顺延到下周一就更简单了，使用 WEEKDAY 进行判断，如果是周六就加 2 天，如果是周日就加 1 天，如果是工作日就不加了。图 20-8 就是一个这样的例子，其中单元格 E2 的公式为：

```
=EOMONTH(D2,3)+10
+(WEEKDAY(EOMONTH(D2,3)+10,2)=6)*2
+(WEEKDAY(EOMONTH(D2,3)+10,2)=7)*1
```

思考：上述计算没有考虑法定节假日。如果要考虑法定节假日也一并顺延，调休上班的算工作日，又该如何计算呢？

| | A | B | C | D | E |
|---|---|---|---|---|---|
| 1 | 合同号 | 合同名称 | 合同金额 | 签订日期 | 付款截止日 |
| 2 | A001 | H001 | 200,000.00 | 2017-8-20 | 2017-12-11 |
| 3 | A002 | H002 | 24,858.00 | 2017-9-27 | 2018-1-10 |
| 4 | A003 | H003 | 3,059,000.00 | 2017-11-1 | 2018-3-12 |
| 5 | A004 | H004 | 10,049,582.00 | 2018-1-25 | 2018-5-10 |
| 6 | | | | | |

图 20-8　计算付款截止日

**案例 20-6**

再做一个 HR 的加班例子。图 20-9 是员工的加班数据表，现在要计算每个人的平时加班和双休日加班小时数。计算公式如下。

```
单元格 I2: =SUMPRODUCT(($A$2:$A$33=H2)*1,
            (WEEKDAY($C$2:$C$33,2)>=1)*1,
            (WEEKDAY($C$2:$C$33,2)<=5)*1,
            $E$2:$E$33)
单元格 J2: =SUMPRODUCT(($A$2:$A$33=H2)*1,
            (WEEKDAY($C$2:$C$33,2)>=6)*1,
            (WEEKDAY($C$2:$C$33,2)<=7)*1,
            $E$2:$E$33)
```

| | A | B | C | D | E | F | G | H | I | J | K |
|---|---|---|---|---|---|---|---|---|---|---|---|
| 1 | 姓名 | 部门 | 开始时间 | 结束时间 | 加班小时数 | | | 姓名 | 平时加班 | 双休日加班 | |
| 2 | 蔡晓宇 | 总经理办公室 | 2017-03-01 19:23 | 2017-03-01 21:46 | 2.4 | | | 蔡晓宇 | 9.52 | 12.13 | |
| 3 | 祁正人 | 总经理办公室 | 2017-03-02 18:23 | 2017-03-02 21:09 | 2.8 | | | 祁正人 | 15.27 | 3.98 | |
| 4 | 毛利民 | 人力资源部 | 2017-03-03 17:23 | 2017-03-03 21:23 | 4.0 | | | 毛利民 | 16.12 | 8.45 | |
| 5 | 刘晓晨 | 总经理办公室 | 2017-03-04 20:23 | 2017-03-04 23:09 | 2.8 | | | 刘晓晨 | 19.50 | 2.77 | |
| 6 | 王玉成 | 财务部 | 2017-03-05 09:23 | 2017-03-05 15:23 | 6.0 | | | 王玉成 | 17.42 | 14.20 | |
| 7 | 刘晓晨 | 总经理办公室 | 2017-03-06 09:03 | 2017-03-06 13:09 | 4.1 | | | 刘颂峙 | 2.83 | 0.00 | |
| 8 | 刘晓晨 | 总经理办公室 | 2017-03-07 19:23 | 2017-03-07 21:23 | 2.0 | | | | | | |
| 9 | 王玉成 | 财务部 | 2017-03-08 19:23 | 2017-03-08 23:09 | 3.8 | | | | | | |
| 10 | 毛利民 | 人力资源部 | 2017-03-09 20:23 | 2017-03-09 21:23 | 1.0 | | | | | | |
| 11 | 祁正人 | 总经理办公室 | 2017-03-10 18:23 | 2017-03-10 23:09 | 4.8 | | | | | | |
| 12 | 蔡晓宇 | 总经理办公室 | 2017-03-11 19:23 | 2017-03-11 20:23 | 1.0 | | | | | | |
| 13 | 蔡晓宇 | 总经理办公室 | 2017-03-12 09:23 | 2017-03-12 15:46 | 6.4 | | | | | | |
| 14 | 祁正人 | 总经理办公室 | 2017-03-12 18:24 | 2017-03-12 22:23 | 4.0 | | | | | | |

加班数据

图 20-9　计算平时加班和周末加班

## 20.7 计算工作日

Excel 也提供了两个计算工作日的函数：WORKDAY 和 NETWORKDAYS。

### 20.7.1 WORKDAY

WORKDAY 用于计算若干个工作日之前或之后的日期，用法为：

```
=WORKDAY(开始日期，工作日天数，假日列表)
```

这里的假日列表是国家法定的节假日，无论是星期几放假。

不过，由于我国的放假调休太多，对于存在调休的情况，这个函数就不能用了。

假如没有调休的情况，那么就可以直接使用这个函数计算。例如，2017 年 4 月 27 日收到一张发票，约定 15 个工作日后付款，那么付款日的计算公式如下：

```
=WORKDAY("2017-4-27",15,{"2017-4-29","2017-4-30","2017-5-1"})
```

结果是 2017 年 5 月 19 日。

### 20.7.2 NETWORKDAYS

NETWORKDAYS 用于计算两个日期之间的工作日天数，其用法如下：

```
=NETWORKDAYS(开始日期，结束日期，假日列表)
```

同样的道理，由于我国放假调休太多，对于存在调休的情况，这个函数也是不能用的。

假如没有调休的情况，那么就可以直接使用这个函数计算两个日期时间的工作日。例如，2017 年 5 月份总共有多少个工作日？计算公式如下：

```
=NETWORKDAYS("2017-5-1","2017-5-31",{"2017-5-1","2017-5-28","2017-5-29","2017-5-30"})
```

结果是 20 天。

## 20.8 转换日期格式

在实际工作中，我们也会遇到这样的情况：从系统导入的是文本型日期，或者是非法日期，如何在公式中将这样的非法日期转换为真正的日期？也可能会遇到这样的情况：希望通过公式将一个真正的日期转换为一个与分析报告标题相符的文本字符，怎么做？

### 20.8.1 DATEVALUE 函数：将文本型日期转换为真正日期

DATEVALUE 函数就是将文本型日期转换为真正日期（序列号，也就是数值，因为日期就是数值序列号），但需要注意的是，这样的文本型日期必须是日期的合法格式。图 20-10 就是几个例子。

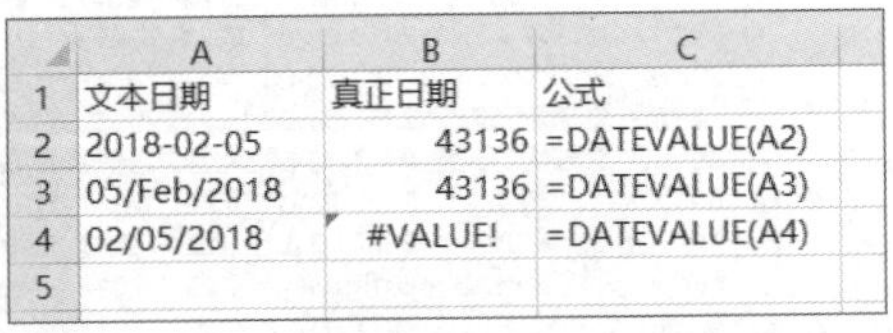

| | A | B | C |
|---|---|---|---|
| 1 | 文本日期 | 真正日期 | 公式 |
| 2 | 2018-02-05 | 43136 | =DATEVALUE(A2) |
| 3 | 05/Feb/2018 | 43136 | =DATEVALUE(A3) |
| 4 | 02/05/2018 | #VALUE! | =DATEVALUE(A4) |
| 5 | | | |

图 20-10　将文本型日期转换为真正日期

我曾经说过，如果要在公式中输入一个固定日期，必须用双引号括起来，但这样输入的日期就变成了文本型日期，此时最好使用 DATEVALUE 函数进行转换，例如：

```
=DATEVALUE("2018-12-31")
```

幸运的是：在大多数情况下，文本型日期是可以直接在公式中做加减法，也可以直接用到日期函数以及某些函数中，在这样的公式中，会自动把文本型日期转换为数值型日期。例如：

公式：= "2018-12-31" -TODAY()，假如今天是 2018 年 2 月 3 日，这个公式的结果就是 331。

公式：=DATEDIF("1978-12-05",TODAY(),"y")，假如今天是 2018 年 2 月 3 日，这个公式的结果就是 39。

图 20-11 的公式就是在 SUMIF 函数里对一个固定的日期进行求和。

图 20-12 就是在 VLOOKUP 函数中使用一个固定文本字符串日期进行查找。

| | A | B | C | D | E |
|---|---|---|---|---|---|
| 1 | 日期 | 订单 | | | |
| 2 | 2018-1-10 | 2 | | | |
| 3 | 2018-1-14 | 6 | | 2018年2月1日的订单合计数 | |
| 4 | 2018-1-15 | 8 | | | |
| 5 | 2018-1-15 | 34 | | 40 | |
| 6 | 2018-1-25 | 3 | | | |
| 7 | 2018-1-27 | 11 | | =SUMIF(A:A,"2018-2-1",B:B) | |
| 8 | 2018-1-30 | 6 | | | |
| 9 | 2018-2-1 | 30 | | | |
| 10 | 2018-2-1 | 10 | | | |
| 11 | 2018-2-2 | 12 | | | |
| 12 | 2018-2-2 | 7 | | | |
| 13 | | | | | |

图 20-11　在 SUMIF 函数中输入固定的文本型日期

| | A | B | C | D | E | F |
|---|---|---|---|---|---|---|
| 1 | 日期 | 订单 | | | | |
| 2 | 2018-1-10 | 2 | | 2018年1月30日订单 | | |
| 3 | 2018-1-14 | 6 | | | | |
| 4 | 2018-1-15 | 8 | | 26 | | |
| 5 | 2018-1-25 | 3 | | | | |
| 6 | 2018-1-27 | 11 | | =VLOOKUP("2018-1-30",A:B,2,0) | | |
| 7 | 2018-1-30 | 26 | | | | |
| 8 | 2018-2-1 | 30 | | | | |
| 9 | 2018-2-2 | 12 | | | | |
| 10 | | | | | | |

图 20-12　在 VLOOKUP 函数中输入固定的文本型日期

不过，为了保险起见，还是建议使用 DATEVALUE 对文本型日期进行转换。

### 20.8.2　TEXT 函数：将数值型日期转换为指定格式文本

在第 17 章中，我们介绍过了 TEXT 在转换数字方面的强大功能，感兴趣的读者可以往回阅读。再强调一下，TEXT 函数得到的结果是文本，换句话说，TEXT 是动筋骨了，得到的结果已经跟原来的数字或日期完全不同了。

例如，从身份证号码中提取生日，先使用 MID 函数取出中间的 8 位数字，但 MID 函数得到的结果是文本，再用 TEXT 函数将这 8 位数字转换为文本型日期，最后再使用 DATEVALUE 将文本型日期转换为数值型日期，公式如下：

```
=DATEVALUE(TEXT(MID(B2,7,8),"0000-00-00"))
```

说明：对于文本型日期（或文本型数字）来说，将文本属性转换为数值属性，还有更简单的方法：乘以 1 或者除以 1，或者在公式前面输入两个负号。以上面的身份证号码提取生日的公式为例，还可以简化为：

```
=1*TEXT(MID(B2,7,8),"0000-00-00")
=TEXT(MID(B2,7,8),"0000-00-00")/1
=--TEXT(MID(B2,7,8),"0000-00-00")
```

## 20.9　几个实用的日期计算公式

下面介绍一个在处理日期数据时常见的几个问题及其计算公式。

### 20.9.1　确定某日期所在年份已经过去的天数和剩余天数

确定某日期所在年份已经过去的天数可以使用下面的公式（单元格 A1 保存某个日期）：

```
=A1-DATE(YEAR(A1),1,0)
```

而确定某日期所在年份剩余的天数可以使用下面的公式（单元格 A1 保存某个日期）：

```
=DATE(YEAR(A1),12,31)-A1
```

这两个公式实际上就是利用了 DATE 函数。

## 20.9.2 确定某个月有几个星期几

要确定某个月有几个星期几，需要使用数组公式了。下面的数组公式就是确定某日期所在月份有几个星期几，其中单元格 B1 中是某个日期，单元格 B2 保存星期几的编号（1 表示星期一、2 表示星期二，……依此类推），计算公式如下，如图 20-13 所示。

```
=SUMPRODUCT((WEEKDAY(DATE(YEAR(B1),MONTH(B1)
,ROW(INDIRECT(“1:”&DAY(DATE(YEAR(B1),MONTH(B1)
+1,0))))),2)=B2)*1)
```

| | A | B | C |
|---|---|---|---|
| 1 | 给定一个日期 | 2017-10-3 | |
| 2 | 给定一个星期的数字 | 6 | |
| 3 | | | |
| 4 | 本月星期6的个数 | 4 | |
| 5 | | | |

图 20-13 确定某个月有几个星期几

## 20.9.3 确定某个日期在该年的第几季度

考虑到一年分成 4 个季度，每个季度又 3 个月，那么我们就可以使用下面的公式确定某个日期在该年的第几季度（单元格 A2 保存某个日期），它返回一个数字，1 表示一季度，2 表示二季度，3 表示三季度，4 表示四季度：

```
=ROUNDUP(MONTH(A2)/3,0)
```

如果想要把上述公式返回的数字显示为具体的季度名称（如一季度、二季度、三季度或四季度），可以将公式修改如下：

```
=TEXT(ROUNDUP(MONTH(A2)/3,0),“0 季度”
```

图 20-14 是一个示例。

| | A | B | C |
|---|---|---|---|
| 1 | 日期 | 所属季度（数字） | 所属季度（文字） |
| 2 | 2017-2-28 | 1 | 1季度 |
| 3 | 2017-4-12 | 2 | 2季度 |
| 4 | 2017-6-29 | 2 | 2季度 |
| 5 | 2017-8-1 | 3 | 3季度 |
| 6 | 2017-9-5 | 3 | 3季度 |
| 7 | 2017-10-3 | 4 | 4季度 |
| 8 | 2017-11-18 | 4 | 4季度 |
| 9 | | | |

图 20-14 判断一个日期所属的季度

## 20.9.4 获取某个月第一天日期

利用 EOMONTH 函数得出上个月月底日期，再加 1 天，就是这个月的第一天日期，公式如下（单元格 A1 是指定日期）：=EOMONTH(A1,-1)+1

也可以使用下面的公式，不过比较复杂：=DATE(YEAR(A1),MONTH(A1),1)

## 20.9.5 获取某个月最后一天日期

每个月最后一天的日期不仅相同，有 28 日（或 29 日）的，有 30 日的，也有 31 日的。获取某个月最后一天的日期可以使用 EOMONTH 函数。下面的两个公式都可以确定单元格 A1 中日期所在月份的最后一天日期：=EOMONTH(A1,0)

将这个公式稍加修改，我们还可以确定某个月有多少天，它实际上是利用 DAY 函数取出该月最后一天的日期数字：=DAY(EOMONTH(A1,0))

# 20.10 时间的计算

## 20.10.1 常用的时间函数

在实际工作中，对时间的计算更多的是人事刷卡考勤数据的处理。但也有几个常用的时间函数可供使用，包括：

（1）NOW 函数：获取当前日期和时间。

例如，公式“=NOW()”就得到电脑当前的系统时间。

（2）TIME 函数：将小时、分钟、秒三个数字组合成时间。

例如，公式“=TIME(10,22,45)”的结果就是 10:22:45；公式“=TIME(10,88,45)”的结果是 11:28:45（这里 88 分钟已经超过了 60 分钟，因此会自动进位到小时）。

（3）TIMEVALUE 函数：将文本型时间转换为数值型时间。例如，公式“=TIMEVALUE(“15:02:38”)”的结果是 0.626828703703704，也就是真正的时间 15:02:38。

（4）HOUR、MINUTE、SECOND 函数：将一个时间拆分成小时、分钟和秒。

下面的公式就是把时间 15:02:38 进行拆分：

```
=HOUR(“15:02:38”)，结果为 15
=MINUTE(“15:02:38”)，结果为 2
=SECOND(“15:02:38”)，结果为 38
```

## 20.10.2 应用 1：一般情况下的加班时间

如果加班没有跨夜的情况，那么时间计算就很简单了，两个时间直接相减即可。但要注意的是，时间相减的结果仍是时间。如果想要得到一个加班小时数或者分钟数，需要进行特殊处理。

例如，公司规定，加班时间按照下面的规则进行计算：不满半小时的不计，满半小时不满一小时的按半小时计，计算结果需要以小时为度量单位。这样的加班时间如何计算？图 20-15 所示为计算加班小时数，加班时间的计算公式为：

```
=HOUR(D2-C2)+(MINUTE(D2-C2)>=30)*0.5
```

| | A | B | C | D | E |
|---|---|---|---|---|---|
| 1 | 姓名 | 加班日期 | 加班开始时间 | 加班结束时间 | 加班时间(小时) |
| 2 | 张三 | 2018-2-2 | 19:39:38 | 21:24:56 | 1.5 |
| 3 | 李四 | 2018-2-2 | 19:30:31 | 20:58:12 | 1 |
| 4 | 王五 | 2018-2-2 | 18:45:19 | 22:31:33 | 3.5 |
| 5 | 马六 | 2018-2-2 | 5:25:46 | 7:48:32 | 2 |
| 6 | | | | | |

图 20-15 计算加班小时数

## 20.10.3 应用 2：跨午夜的加班时间

如果加班时间出现了跨夜的情况，此时需要使用 IF 函数进行判断处理了。根据 Excel 处理时间的规则，如果时间超过了 24 点，就会重新从 0 点进行计时，满 24 小时的时间就自动进位到 1 天。

图 20-16 就是一个例子，加班时间仍然按照下面的规则进行计算：不满半小时的不计，满半小时不满一小时的按半小时计，计算结果需要以小时为度量单位。公式如下：

```
=HOUR(D2-C2+(D2<C2))+(MINUTE(D2-C2+(D2<C2))>=30)*0.5
```

这里使用了条件表达式 (D2<C2) 判断加班结束时间是否跨夜，如果是，就加 1 天（这个表达式成立的结果是 TRUE，就是数字 1）。

| | A | B | C | D | E |
|---|---|---|---|---|---|
| 1 | 姓名 | 加班日期 | 加班开始时间 | 加班结束时间 | 加班时间(小时) |
| 2 | 张三 | 2018-2-2 | 19:39:38 | 0:24:56 | 4.5 |
| 3 | 李四 | 2018-2-2 | 19:30:31 | 20:58:12 | 1 |
| 4 | 王五 | 2018-2-2 | 18:45:19 | 22:31:33 | 3.5 |
| 5 | 马六 | 2018-2-2 | 21:25:46 | 7:48:32 | 10 |
| 6 | | | | | |

图 20-16　计算加班小时数：出现了跨夜情况

# 07

# 第 7 部分

# 彻底掌握函数和公式应用：数据高效统计与分类汇总

在日常工作中，我们经常要做的工作就是对数据进行分类汇总和分析。例如，在人力资源数据分析中，统计员工人数，计算人均成本；在财务分析中，汇总计算销售量、销售额和毛利，分析预算执行情况，分析同比增长情况；在销售分析中，对客户进行排名，对业务员进行排名；等等。

这些数据汇总计算，除了使用数据透视表外，更多的是需要使用汇总统计函数，包括计数类函数，求和类函数，我们必须彻底了解这些函数，熟练的运用这些函数，为以后创建自动化数据分析模板仪表盘打下坚实的基础。

# 第 21 章　函数应用：计数统计汇总分析

几年前，我到一家公司做内训，在长长的走廊，经过各个办公室门口，顺便瞄了一眼各个办公室的情况，边走边问旁边的 HR 美女，你们公司的员工年龄偏大，快步入老龄社会了，得抓紧招聘年轻的帅哥美女。HR 小美女说，是啊，今年六月份开始把招聘作为重点任务来做了，这不前几天还去校园招聘了呢。我说，应该实时监控员工属性，及时了解员工的结构，这样随时了解情况，也为招聘提供数据依据，你们以前是怎么制作员工属性统计报表的？她说：筛选，数数，填写，2000 多人的花名册，统计起来非常难，花名册也特别乱。

我当场“晕倒”在长长的走廊，睁大眼睛望着天花板，怀疑起了人生。这家公司统计员工人数居然用筛选数数！用这种方式来完成统计工作的，估计世界上也没有第二家了吧？其实，这样的统计工作，使用一个简单的 COUNTIFS 函数就能搞定，当然，需要员工花名册必须规范。

计数统计汇总，就是对单元格区域内把满足指定条件的数据个数（也就是单元格个数）统计出来。在人力资源数据处理中，统计各个部门的人数、统计每个年龄段的人数；销售分析中，统计订单数，客户数；财务数据处理中，统计发票数，凭证数；等等。本章我们介绍常用的计数函数及其实际应用。

## 21.1　简单计数

简单计数，包括统计指定单元格内数字单元格个数，非空单元格个数，空单元格个数，常用函数有：COUNT、COUNTA、COUNTBLANK。

### 21.1.1　COUNT 函数

COUNT 函数仅仅统计单元格区域内是数字的单元格个数，非数字单元格（包括文字、文本型数字、逻辑值、错误值）不包括在内，用法如下：

=COUNT(单元格区域)

图 21-1 就是一个利用 COUNT 函数计算的简单例子。

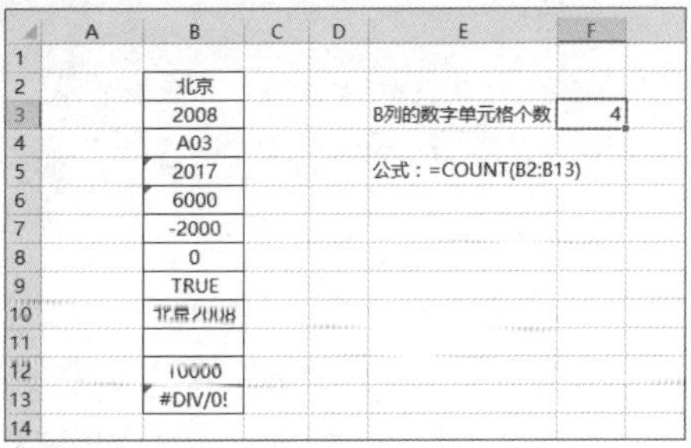

A
B
C
D
E
F
北京
2008
A03
2017
6000
-2000
0
TRUE
北京2008
10000
#DIV/0!
B列的数字单元格个数
4
公式：=COUNT(B2:B13)


图 21-1　统计数字单元格个数

### 21.1.2　COUNTA 函数

COUNTA 函数是统计单元格区域内不为空的单元格个数，没有数据的空单元格会被排除在外。用法如下：

```
=COUNTA(单元格区域)
```

例如图 21-1 中的非空单元格个数，公式为“=COUNTA(B2:B13)”，结果是 11。

特别需要注意的是，如果是使用公式处理的“空单元格”，诸如这样的公式：

```
=IFERROR(VLOOKUP(B2,Sheet2!A:F,6,0),"")
```

那么，如果使用 COUNTA 函数，会把这样的“空单元格”统计在内，因为这样公式处理的“空单元格”并不是真正的空单元格，而是一个有零长度字符的单元格。

也许您要问了，那么该如何处理这样的情况呢？回答：使用 SUMPRODUCT 函数做公式即可：

```
=SUMPRODUCT((C2:C100<>"")*1)。
```

### 21.1.3 COUNTBLANK 函数

COUNTBLANK 函数是统计单元格区域内空单元格的个数，语法如下：

```
=COUNTBLANK(单元格区域)
```

例如图 21-1 中的非空单元格个数，公式为“=COUNTBLANK(B2:B13)”，结果是 1。

这个函数会把前面介绍的公式处理的“空单元格”计算在内，请务必留意。

## 21.2 单条件计数：COUNTIF 函数

单条件计数就是统计单元格区域内满足指定某个条件的单元格个数。单条件计数可以使用 COUNTIF 函数。

### 21.2.1 基本原理与注意事项

COUNTIF 函数用于统计满足一个指定条件的单元格个数。

从函数名称上看，COUNT 是计数，IF 是一个条件，COUNT + IF = COUNTIF，所以这个函数的基本原理就是：先 IF，再 COUNT；先判断，再数数。

从本质上来说，就像本章开头说的那样，COUNTIF 的基本原理就是先在某列里筛选满足条件的数据，然后再数数有几行。

函数用法如下：

```
=COUNTIF(统计区域，条件值)
```

在使用这个函数时要牢记以下几点：

（1）第 1 个参数必须是工作表里真实存在的单元格区域，不能是公式里做的数组，因为 COUNTIF 函数的本质就是筛选数数，如果工作表上没有这个区域，怎么筛选？

（2）第 2 个参数是条件值，可以是精确的一个匹配值，也可以是大于或小于某个值的条件，还可以是诸如开头是、结尾是、包含等这样的模糊匹配，因为这些条件筛选里也是存在的。

### 21.2.2 精确条件下的计数

**案例 21-1**

把 COUNTIF 函数的第 2 个参数设置为一个具体的、明确的数值，就是精确条件计数。

图 21-2 是从员工花名册中统计每个部门的人数，公式如下。

```
=COUNTIF(C:C,L2)
```

| 工号 | 姓名 | 部门 | 性别 | 学历 | 出生日期 | 年龄 | 入职时间 | 司龄 | 部门 | 人数 |
|---|---|---|---|---|---|---|---|---|---|---|
| G0001 | A0062 | 后勤部 | 男 | 本科 | 1962-12-15 | 54 | 1980-11-15 | 36 | 总经办 | 6 |
| G0002 | A0081 | 生产部 | 男 | 本科 | 1957-1-9 | 60 | 1982-10-16 | 34 | 人力资源部 | 9 |
| G0003 | A0002 | 总经办 | 男 | 硕士 | 1969-6-11 | 48 | 1986-1-8 | 31 | 财务部 | 8 |
| G0004 | A0001 | 总经办 | 男 | 博士 | 1970-10-6 | 47 | 1986-4-8 | 31 | 技术部 | 10 |
| G0005 | A0016 | 财务部 | 男 | 本科 | 1985-10-5 | 32 | 1988-4-28 | 29 | 生产部 | 7 |
| G0006 | A0015 | 财务部 | 男 | 本科 | 1956-11-8 | 60 | 1991-10-18 | 25 | 销售部 | 11 |
| G0007 | A0052 | 销售部 | 男 | 硕士 | 1980-8-25 | 37 | 1992-8-25 | 25 | 市场部 | 16 |
| G0008 | A0018 | 财务部 | 女 | 本科 | 1973-2-9 | 44 | 1995-7-21 | 22 | 信息部 | 5 |
| G0009 | A0076 | 市场部 | 男 | 大专 | 1979-6-22 | 38 | 1996-7-1 | 21 | 贸易部 | 5 |
| G0010 | A0041 | 生产部 | 女 | 本科 | 1958-10-10 | 58 | 1996-7-19 | 21 | 质检部 | 6 |
| G0011 | A0077 | 市场部 | 女 | 本科 | 1981-9-13 | 36 | 1996-9-1 | 21 | 后勤部 | 4 |
| G0012 | A0073 | 市场部 | 男 | 本科 | 1968-3-11 | 49 | 1997-8-26 | 20 | 合计 | 87 |
| G0013 | A0074 | 市场部 | 男 | 本科 | 1968-3-8 | 49 | 1997-10-28 | 19 | | |

图 21-2　统计每个部门的人数

## 21.2.3　数值限制条件下的模糊匹配计数

我们可以在 COUNTIF 函数的第 2 个参数里使用逻辑运算符，进行比较判断并统计，这就是比较条件下的模糊匹配计数。

例如，在上例中，以 40 岁为界限，要求统计 40 岁以下、40 岁（含）以上的人数，公式如下：

40 岁以下人数：=COUNTIF(G:G, "<40")

40 岁（含）以上人数：=COUNTIF(G:G, ">=40")

**案例 21–2**

图 21-3 是一个销售记录表，要求统计出毛利在 10 万元以上的店铺数，公式如下。

```
=COUNTIF(H:H, ">=100000")
```

| 地区 | 城市 | 性质 | 店名 | 本月指标 | 实际销售金额 | 销售成本 | 毛利 | 统计分析 |
|---|---|---|---|---|---|---|---|---|
| 东北 | 大连 | 自营 | AAAA-001 | 150000 | 57062 | 20972 | 36090 | |
| 东北 | 大连 | 加盟 | AAAA-002 | 280000 | 130193 | 46208 | 83984 | 毛利在10万元（含）以上的店铺数 |
| 东北 | 大连 | 自营 | AAAA-003 | 190000 | 86772 | 31356 | 55416 | 14 |
| 东北 | 沈阳 | 自营 | AAAA-004 | 90000 | 103890 | 39519 | 64371 | |
| 东北 | 沈阳 | 加盟 | AAAA-005 | 270000 | 107766 | 38358 | 69408 | |
| 东北 | 沈阳 | 加盟 | AAAA-006 | 180000 | 57502 | 20867 | 36635 | |
| 东北 | 沈阳 | 自营 | AAAA-007 | 280000 | 116300 | 40945 | 75355 | |
| 东北 | 沈阳 | 自营 | AAAA-008 | 220000 | 80036 | 28736 | 51300 | |
| 东北 | 沈阳 | 自营 | AAAA-009 | 120000 | 73687 | 23880 | 49807 | |
| 东北 | 哈尔滨 | 自营 | AAAA-010 | 500000 | 485874 | 39592 | 446282 | |
| 华北 | 北京 | 自营 | AAAA-011 | 2200000 | 1689284 | 663000 | 1026284 | |
| 华北 | 北京 | 加盟 | AAAA-012 | 260000 | 57256 | 19604 | 37651 | |
| 华北 | 天津 | 加盟 | AAAA-013 | 320000 | 51086 | 17406 | 33679 | |
| 华北 | 北京 | 自营 | AAAA-014 | 200000 | 59378 | 21061 | 38317 | |
| 华北 | 北京 | 自营 | AAAA-015 | 100000 | 48519 | 18182 | 30337 | |

图 21-3　销售月报

当条件值不是一个具体的限值，而是一个变动的数值时，需要把逻辑运算符和这个数值用连字符（&）连接成一个条件。

**案例 21–3**

图 21-4 就是从一个流水清单中，把最近 7 天的订单数统计出来（一行记录就是一个订单）：

```
=COUNTIF(A:A, ">=" &TODAY()-6)
```

又比如，把指定日期以前或以后（含该日期）的订单数进行统计，公式如下：

指定日期以前的订单数：=COUNTIF(A:A,“<”&G5)

指定日期以后的订单数：=COUNTIF(A:A,“>=”&G5)

| | A | B | C | D | E | F | G |
|---|---|---|---|---|---|---|---|
| 1 | 日期 | 客户 | 购买数量 | 金额 | | | |
| 2 | 2017-9-23 | A003 | 16 | 1600 | | 最近7天的订单数 | 9 |
| 3 | 2017-9-24 | A001 | 17 | 1700 | | | |
| 4 | 2017-9-25 | A002 | 6 | 600 | | | |
| 5 | 2017-9-26 | A003 | 13 | 1300 | | 指定日期 | 2017-10-4 |
| 6 | 2017-9-27 | A002 | 17 | 1700 | | 该日期以前的订单数 | 12 |
| 7 | 2017-9-28 | A003 | 18 | 1800 | | 该日期以后的订单数 | 5 |
| 8 | 2017-9-29 | A001 | 5 | 500 | | | |
| 9 | 2017-9-30 | A003 | 19 | 1900 | | | |
| 10 | 2017-10-1 | A004 | 1 | 100 | | | |
| 11 | 2017-10-2 | A005 | 9 | 900 | | | |
| 12 | 2017-10-3 | A002 | 10 | 1000 | | | |
| 13 | 2017-10-3 | A002 | 12 | 1200 | | | |
| 14 | 2017-10-4 | A003 | 4 | 400 | | | |
| 15 | 2017-10-4 | a005 | 25 | 2500 | | | |
| 16 | 2017-10-5 | A002 | 15 | 1500 | | | |
| 17 | 2017-10-6 | A003 | 16 | 1600 | | | |
| 18 | 2017-10-7 | A001 | 2 | 200 | | | |
| 19 | | | | | | | |

**图 21-4　指定日期的订单数统计**

**案例 21-4**

图 21-5 的例子是统计指定日期以后新入职的员工人数、离职的员工人数等，计算公式为：

```
=COUNTIF(D:D,“>=”&H2)
```

| | A | B | C | D | E | F | G | H | I |
|---|---|---|---|---|---|---|---|---|---|
| 1 | 工号 | 姓名 | 部门 | 入职日期 | | | | | |
| 2 | G001 | A001 | 信息中心 | 2009-4-15 | | | 统计日期 | 2017-7-1 | |
| 3 | G002 | A002 | 研发部 | 2007-7-21 | | | | | |
| 4 | G003 | A003 | 财务部 | 2008-4-8 | | | 2017年7月1日以后新入职的人数 | 9 | |
| 5 | G004 | A004 | 研发部 | 2015-6-13 | | | | | |
| 6 | G005 | A005 | 生产部 | 2012-10-6 | | | | | |
| 7 | G006 | A006 | 信息中心 | 2017-11-27 | | | | | |
| 8 | G007 | A007 | 人力资源部 | 2016-4-8 | | | | | |
| 9 | G008 | A008 | 信息中心 | 2016-4-25 | | | | | |
| 10 | G009 | A009 | 研发部 | 2015-1-12 | | | | | |
| 11 | G010 | A010 | 财务部 | 2006-10-20 | | | | | |
| 12 | G011 | A011 | 研发部 | 2016-12-21 | | | | | |
| 13 | G012 | A012 | 财务部 | 2007-12-19 | | | | | |

Sheet1

**图 21-5　统计指定时间以后的新入职人数**

## 21.2.4　包含关键词条件的模糊匹配计数

对于文本数据来说，在筛选中有以下几个筛选条件是非常有用的：

- 开头是
- 结尾是
- 包含
- 不包含

这样的条件同样也可以用在 COUNTIF 函数的条件里，这样的条件称为关键词匹配，需要使用通配符（*）。假如要匹配关键词“苏州”，有如表 21-1 所示的几个常见组合。

**表 21-1　通配符的关键词匹配**

| 条　件 | 条件值表达 | 条　件 | 条件值表达 |
|---|---|---|---|
| 以“苏州”开头 | 苏州 * | 不以“苏州”结尾 | <>* 苏州 |
| 不以“苏州”开头 | <> 苏州 * | 包含“苏州” | * 苏州 * |
| 以“苏州”结尾 | * 苏州 | 不包含“苏州” | <>* 苏州 * |

**案例 21-5**

图 21-6 是这种关键词匹配计数的一个实际例子，统计每个类别产品的订单数。

单元格 G3 公式为：=COUNTIF(B:B,F3&“*”)

在这个例子中，如果要计算除“TC”类别外的所有产品订单，公式怎么做？有些人会使用下面的公式，先计算所有数，再减去 TC 数，结果用了两个函数：

=COUNTA(B2:B299)-COUNTIF(B2:B299,“TC*”)

其实，如果使用通配符（*），只需 1 个 COUNTIF 函数就够了：

=COUNTIF(B2:B299,“<> TC*”)

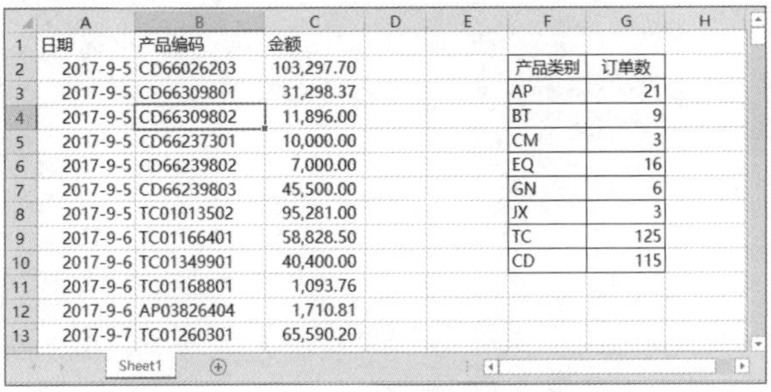

| | A | B | C | D | E | F | G | H |
|---|---|---|---|---|---|---|---|---|
| 1 | 日期 | 产品编码 | 金额 | | | | | |
| 2 | 2017-9-5 | CD66026203 | 103,297.70 | | | 产品类别 | 订单数 | |
| 3 | 2017-9-5 | CD66309801 | 31,298.37 | | | AP | 21 | |
| 4 | 2017-9-5 | CD66309802 | 11,896.00 | | | BT | 9 | |
| 5 | 2017-9-5 | CD66237301 | 10,000.00 | | | CM | 3 | |
| 6 | 2017-9-5 | CD66239802 | 7,000.00 | | | EQ | 16 | |
| 7 | 2017-9-5 | CD66239803 | 45,500.00 | | | GN | 6 | |
| 8 | 2017-9-5 | TC01013502 | 95,281.00 | | | JX | 3 | |
| 9 | 2017-9-6 | TC01166401 | 58,828.50 | | | TC | 125 | |
| 10 | 2017-9-6 | TC01349901 | 40,400.00 | | | CD | 115 | |
| 11 | 2017-9-6 | TC01168801 | 1,093.76 | | | | | |
| 12 | 2017-9-6 | AP03826404 | 1,710.81 | | | | | |
| 13 | 2017-9-7 | TC01260301 | 65,590.20 | | | | | |

Sheet1

图 21-6　统计各个类别产品的订单数

注意，这里不能选择整列统计，要选真正的数据区域，否则把下面没有数据的所有空单元格也算在内了，道理很明显：这些单元格不是以 TC 开头的！

# 21.3　多条件计数：COUNTIFS 函数

当对单元格区域内的数据进行判断，同时满足多个条件的单元格个数是多少时，就是多条件计数问题。多条件计数可以使用 COUNTIFS 函数。

## 21.3.1　基本原理

COUNTIFS 函数用于统计满足多个指定条件的单元格个数。从函数名称上看，COUNT 是计数，IFS 是多个条件，COUNT + IFS = COUNTIFS，所以这个函数的基本原理就是：先 IFS，再 COUNT；先判断是否同时满足指定的几个条件（与条件），再去数数。

COUNTIFS 函数的本质是多条件筛选下的计数，就是先在某列里筛选与条件，或者在几列里筛选数据，只有这些条件同时满足，然后才去数数有几行。

函数用法如下：

=COUNTIFS(统计区域 1，条件值 1，统计区域 2，条件值 2 统计区域 3，条件值 3，……)

在使用这个函数时，同样也要牢记以下几点：

（1）所有的统计区域是必须真实存在的单元格区域，不能是手工设计的数组。

（2）所有的条件值，既可以是一个精确的具体值，也可以是大于或小于某个值的条件，或者是诸如开头是、结尾是、包含等这样的模糊匹配。

（3）所有的条件都必须是与条件，也就是说，所有的条件必须都满足。

## 21.3.2　精确条件下的计数

**案例 21-6**

以案例 21-1 的数据为例，统计每个部门、每个学历的人数，如图 21-7 所示。也就是精确条件下的计数。单元格 M2 的公式如下（注意绝对引用和相对引用的设置，才能往右往下复制公式）：

=COUNTIFS($C:$C,$L2,$E:$E,M$1)

| 工号 | 姓名 | 部门 | 性别 | 学历 | 出生日期 | 年龄 | 入职时间 | 司龄 |
|---|---|---|---|---|---|---|---|---|
| G0001 | A0062 | 后勤部 | 男 | 本科 | 1962-12-15 | 54 | 1980-11-15 | 36 |
| G0002 | A0081 | 生产部 | 男 | 本科 | 1957-1-9 | 60 | 1982-10-16 | 34 |
| G0003 | A0002 | 总经办 | 男 | 硕士 | 1969-6-11 | 48 | 1986-1-8 | 31 |
| G0004 | A0001 | 总经办 | 男 | 博士 | 1970-10-6 | 47 | 1986-4-8 | 31 |
| G0005 | A0016 | 财务部 | 男 | 本科 | 1985-10-5 | 32 | 1988-4-28 | 29 |
| G0006 | A0015 | 财务部 | 男 | 本科 | 1956-11-8 | 60 | 1991-10-18 | 25 |
| G0007 | A0052 | 销售部 | 男 | 硕士 | 1980-8-25 | 37 | 1992-8-25 | 25 |
| G0008 | A0018 | 财务部 | 女 | 本科 | 1973-2-9 | 44 | 1995-7-21 | 22 |
| G0009 | A0076 | 市场部 | 男 | 大专 | 1979-6-22 | 38 | 1996-7-1 | 21 |
| G0010 | A0041 | 生产部 | 女 | 本科 | 1958-10-10 | 58 | 1996-7-19 | 21 |
| G0011 | A0077 | 市场部 | 女 | 本科 | 1981-9-13 | 36 | 1996-9-1 | 21 |
| G0012 | A0073 | 市场部 | 男 | 本科 | 1968-3-11 | 49 | 1997-8-26 | 20 |
| G0013 | A0074 | 市场部 | 男 | 本科 | 1968-3-8 | 49 | 1997-10-28 | 19 |
| G0014 | A0017 | 财务部 | 男 | 本科 | 1970-10-6 | 47 | 1999-12-27 | 17 |
| G0015 | A0057 | 信息部 | 男 | 硕士 | 1966-7-16 | 51 | 1999-12-28 | 17 |

| 部门 | 博士 | 硕士 | 本科 | 大专 | 高中 | 中专 | 合计 |
|---|---|---|---|---|---|---|---|
| 总经办 | 1 | 1 | 4 | | | | 6 |
| 人力资源部 | | 1 | 7 | 1 | | | 9 |
| 财务部 | | 3 | 5 | | | | 8 |
| 技术部 | | 5 | 5 | | | | 10 |
| 生产部 | 1 | 1 | 5 | | | | 7 |
| 销售部 | | 3 | 6 | | | 2 | 11 |
| 市场部 | | | 9 | 3 | 4 | | 16 |
| 信息部 | | 2 | 3 | | | | 5 |
| 贸易部 | | 2 | 3 | | | | 5 |
| 质检部 | | 3 | 3 | | | | 6 |
| 后勤部 | | | 2 | 1 | 1 | | 4 |
| 合计 | 2 | 21 | 52 | 5 | 5 | 2 | 87 |

基本信息

图 21-7　统计各个部门、各个学历的人数

为了验证计算结果，最右边和最下面的合计数公式不使用 SUM 函数求和，而是直接使用 COUNTIF 函数计算，公式如下：

单元格 S2：=COUNTIF(C:C,L2)

单元格 M13：=COUNTIF($E:$E,M1)

## 21.3.3　数值限制条件下的模糊匹配计数

### 案例 21–7

以案例 21-1 的数据为例，统计每个部门、每个年龄段的人数，也就是数值限制条件下的模糊计数。图 21-8 是统计报表，各单元格公式如下：

单元格 M2：=COUNTIFS($C:$C,$L2,$G:$G,“<=30”)

单元格 N2：=COUNTIFS($C:$C,$L2,$G:$G,“>=31”,$G:$G,“<=40”)

单元格 O2：=COUNTIFS($C:$C,$L2,$G:$G,“>=41”,$G:$G,“<=50”)

单元格 P2：=COUNTIFS($C:$C,$L2,$G:$G,“>=51”,$G:$G,“<=60”)

单元格 Q2：=COUNTIFS($C:$C,$L2,$G:$G,“>60”)

而右侧和底部的合计数，同样也可以使用 COUNTIF 和 COUNTIFS 函数直接解决，具体公式请打开案例文件查看。

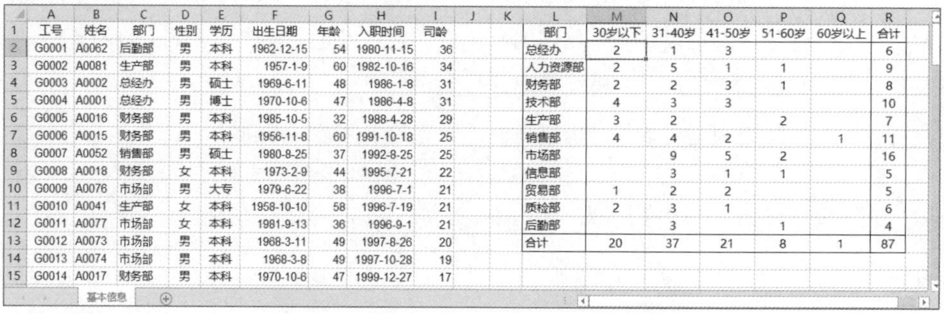

| 工号 | 姓名 | 部门 | 性别 | 学历 | 出生日期 | 年龄 | 入职时间 | 司龄 |
|---|---|---|---|---|---|---|---|---|
| G0001 | A0062 | 后勤部 | 男 | 本科 | 1962-12-15 | 54 | 1980-11-15 | 36 |
| G0002 | A0081 | 生产部 | 男 | 本科 | 1957-1-9 | 60 | 1982-10-16 | 34 |
| G0003 | A0002 | 总经办 | 男 | 硕士 | 1969-6-11 | 48 | 1986-1-8 | 31 |
| G0004 | A0001 | 总经办 | 男 | 博士 | 1970-10-6 | 47 | 1986-4-8 | 31 |
| G0005 | A0016 | 财务部 | 男 | 本科 | 1985-10-5 | 32 | 1988-4-28 | 29 |
| G0006 | A0015 | 财务部 | 男 | 本科 | 1956-11-8 | 60 | 1991-10-18 | 25 |
| G0007 | A0052 | 销售部 | 男 | 硕士 | 1980-8-25 | 37 | 1992-8-25 | 25 |
| G0008 | A0018 | 财务部 | 女 | 本科 | 1973-2-9 | 44 | 1995-7-21 | 22 |
| G0009 | A0076 | 市场部 | 男 | 大专 | 1979-6-22 | 38 | 1996-7-1 | 21 |
| G0010 | A0041 | 生产部 | 女 | 本科 | 1958-10-10 | 58 | 1996-7-19 | 21 |
| G0011 | A0077 | 市场部 | 女 | 本科 | 1981-9-13 | 36 | 1996-9-1 | 21 |
| G0012 | A0073 | 市场部 | 男 | 本科 | 1968-3-11 | 49 | 1997-8-26 | 20 |
| G0013 | A0074 | 市场部 | 男 | 本科 | 1968-3-8 | 49 | 1997-10-28 | 19 |
| G0014 | A0017 | 财务部 | 男 | 本科 | 1970-10-6 | 47 | 1999-12-27 | 17 |

| 部门 | 30岁以下 | 31-40岁 | 41-50岁 | 51-60岁 | 60岁以上 | 合计 |
|---|---|---|---|---|---|---|
| 总经办 | 2 | 1 | 3 | | | 6 |
| 人力资源部 | 2 | 5 | 1 | 1 | | 9 |
| 财务部 | 2 | 2 | 3 | 1 | | 8 |
| 技术部 | 4 | 3 | 3 | | | 10 |
| 生产部 | 3 | 2 | | 2 | | 7 |
| 销售部 | 4 | 4 | 2 | | 1 | 11 |
| 市场部 | | 9 | 5 | 2 | | 16 |
| 信息部 | | 3 | 1 | 1 | | 5 |
| 贸易部 | 1 | 2 | 2 | | | 5 |
| 质检部 | 2 | 3 | 1 | | | 6 |
| 后勤部 | | 3 | | 1 | | 4 |
| 合计 | 20 | 37 | 21 | 8 | 1 | 87 |

基本信息

图 21-8　统计各个部门、各个年龄段的人数

## 21.3.4　包含关键词条件下的模糊匹配计数

与 COUNTIF 函数一样，COUNTIFS 函数的各个条件值也可以使用通配符（*）做关键词的匹

配汇总。

**案例 21-8**

图 21-9 是统计不同客户、不同产品类别（编码的左 3 个字母是产品大类）的订单数，单元格 H4 的公式如下。

```
=COUNTIFS($B:$B,$G4,$C:$C,H$3&"*")
```

在这个公式中，客户是精确条件，产品大类是关键词的模糊条件。

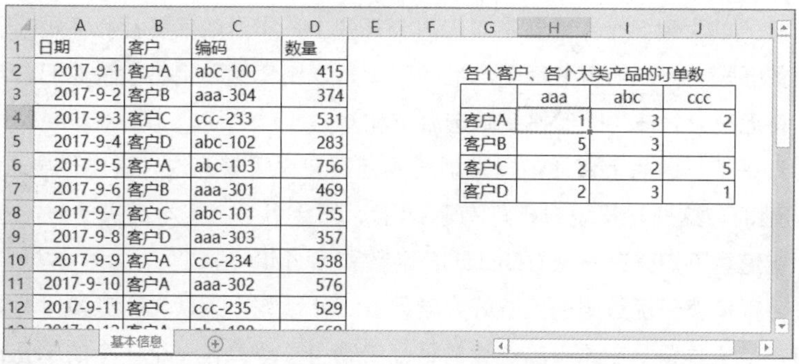

| | A | B | C | D |
|---|---|---|---|---|
| 1 | 日期 | 客户 | 编码 | 数量 |
| 2 | 2017-9-1 | 客户A | abc-100 | 415 |
| 3 | 2017-9-2 | 客户B | aaa-304 | 374 |
| 4 | 2017-9-3 | 客户C | ccc-233 | 531 |
| 5 | 2017-9-4 | 客户D | abc-102 | 283 |
| 6 | 2017-9-5 | 客户A | abc-103 | 756 |
| 7 | 2017-9-6 | 客户B | aaa-301 | 469 |
| 8 | 2017-9-7 | 客户C | abc-101 | 755 |
| 9 | 2017-9-8 | 客户D | aaa-303 | 357 |
| 10 | 2017-9-9 | 客户A | ccc-234 | 538 |
| 11 | 2017-9-10 | 客户A | aaa-302 | 576 |
| 12 | 2017-9-11 | 客户C | ccc-235 | 529 |

各个客户、各个大类产品的订单数

| | aaa | abc | ccc |
|---|---|---|---|
| 客户A | 1 | 3 | 2 |
| 客户B | 5 | 3 | |
| 客户C | 2 | 2 | 5 |
| 客户D | 2 | 3 | 1 |

基本信息

图 21-9　不同客户、不同产品类别的订单数

# 第 22 章 函数应用：求和统计汇总分析

在一次 300 多人的大型 Excel 财务高效应用公开课上，学员的回答让我怀疑起了人生。我拿出一个标准的销售数据表，问：如何把每个产品的订单量、销售量和销售额快速汇总起来？一半人回答：用透视表，将近三分之一的人回答：筛选后求和！

我真的目瞪口呆了。因为上课之前，培训机构还跟我说了好几次，说学员要求上高级的内容，韩老师你别讲基础的，这些学员说自己都有基础了，都会用了，想学高级的宏，想学报表分析模板。筛选求和！难道真不知道有一个 COUNTIF 函数和 SUMIF 函数？

效率是生命，很多整天玩数据的人不好好学习 Excel 函数，不认真研究如何高效地使用函数和公式，非要把自己的青春埋葬在这千篇一律的重复劳动中，埋葬在一个一个的单元格里，这又是何苦呢？

求和，就是对单元格区域内把满足指定条件的数据进行加总求和。求和计算几乎遍布所有的数据处理和分析，求和函数也是用得最多的函数之一。

根据指定的条件，求和函数可以分为如下几种：

- 无条件求和：SUM
- 单条件求和：SUMIF
- 多条件求和：SUMIFS
- 计算乘积的和：SUMPRODUCT
- 用于筛选或智能表格求和：SUBTOTAL

这些函数用起来并不难，但是我们需要去了解它们的应用规则和应用场合，掌握它们的各种变形应用，并熟练运用它们来解决实际问题。

## 22.1 SUM 最简单，但也有个性

几乎人人都会用 SUM 函数，直接求和公式“=SUM(A1:A5)”即可。但是，我也见过一些人创造出了这样的公式：“=SUM(A1+A2+A3+A4+A5)”，你说是会用还是不会用 SUM 函数呢？

### 22.1.1 SUM 函数基本应用与注意事项

尽管 SUM 函数很简单，但也有几个需要注意的问题：

（1）不能对含有错误值的单元格区域求和。你不妨想想，错误值加上错误值等于多少？或者错误值加上数字等于多少？

（2）会忽略所有的文本，不管是文字还是文本型数字，只加“数”不加“文”。很多从软件导出的数据表，数字会是文本型数字，这样的话，SUM 的结果就是 0 了，因此必须先将文本型数字

转换为纯数字。

（3）当引用单元格区域时，单元格里的逻辑值 TRUE 和 FALSE 也被忽略（不是说 TRUE 是 1，FALSE 是 0？不好意思，SUM 函数不管单元格里的“真假”，统统忽略）。只有逻辑值单独作为参数键入时，SUM 才认“真假”，例如公式“=SUM(10,TRUE)”的结果是 11。

在对一列或一行用 SUM 求和，或者要快速地在一个区域的右边和下边添加合计数时，常用的方法是单击功能区的“自动求和”按钮，也可以使用组合键“Alt+ 等号（=）”。

## 22.1.2　对大量结构相同的工作表求和

当要对大量结构完全相同的工作表求和时，使用 SUM 最简单。

**案例 22–1**

图 22-1 是保存在同一个工作簿上的 12 个工作表，它们保存全年 12 个月的预算汇总数据，每个工作表的结构完全相同，也就是行一样多，列也一样多，行顺序和列顺序也一模一样。现在要制作一个汇总表，把这 12 个工作表的数据加总在一起，结果如图 22-2 所示。

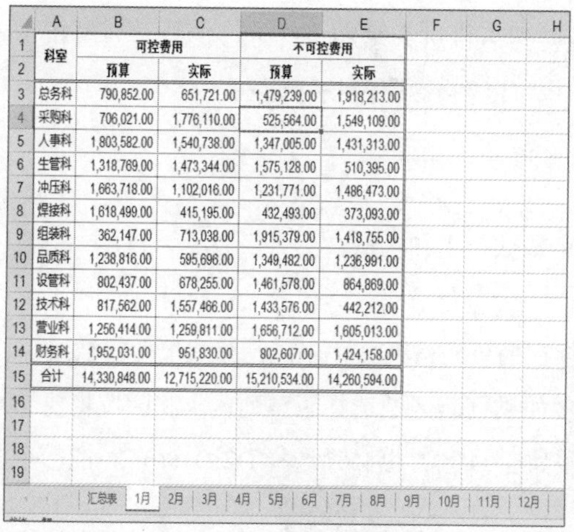

| 科室 | 可控费用 | | 不可控费用 | |
|---|---|---|---|---|
| | 预算 | 实际 | 预算 | 实际 |
| 总务科 | 790,852.00 | 651,721.00 | 1,479,239.00 | 1,918,213.00 |
| 采购科 | 706,021.00 | 1,776,110.00 | 525,564.00 | 1,549,109.00 |
| 人事科 | 1,803,582.00 | 1,540,738.00 | 1,347,005.00 | 1,431,313.00 |
| 生管科 | 1,318,769.00 | 1,473,344.00 | 1,575,128.00 | 510,395.00 |
| 冲压科 | 1,663,718.00 | 1,102,016.00 | 1,231,771.00 | 1,486,473.00 |
| 焊接科 | 1,618,499.00 | 415,195.00 | 432,493.00 | 373,093.00 |
| 组装科 | 362,147.00 | 713,038.00 | 1,915,379.00 | 1,418,755.00 |
| 品质科 | 1,238,816.00 | 595,696.00 | 1,349,482.00 | 1,236,991.00 |
| 设管科 | 802,437.00 | 678,255.00 | 1,461,578.00 | 864,869.00 |
| 技术科 | 817,562.00 | 1,557,466.00 | 1,433,576.00 | 442,212.00 |
| 营业科 | 1,256,414.00 | 1,259,811.00 | 1,656,712.00 | 1,605,013.00 |
| 财务科 | 1,952,031.00 | 951,830.00 | 802,607.00 | 1,424,158.00 |
| 合计 | 14,330,848.00 | 12,715,220.00 | 15,210,534.00 | 14,260,594.00 |

汇总表
1月
2月
3月
4月
5月
6月
7月
8月
9月
10月
11月
12月

图 22-1　12 个月份的预算数据

| 科室 | 可控费用 | | 不可控费用 | |
|---|---|---|---|---|
| | 预算 | 实际 | 预算 | 实际 |
| 总务科 | 15,629,118.00 | 13,403,535.00 | 12,155,315.00 | 13,258,441.00 |
| 采购科 | 15,759,131.00 | 16,485,037.00 | 12,699,015.00 | 14,108,215.00 |
| 人事科 | 15,881,113.00 | 13,340,918.00 | 12,743,116.00 | 12,344,260.00 |
| 生管科 | 13,798,138.00 | 14,085,184.00 | 14,694,123.00 | 13,059,492.00 |
| 冲压科 | 14,666,811.00 | 16,738,493.00 | 15,250,877.00 | 14,668,570.00 |
| 焊接科 | 18,222,839.00 | 12,695,326.00 | 14,149,069.00 | 10,602,779.00 |
| 组装科 | 13,077,505.00 | 12,319,090.00 | 14,519,982.00 | 15,107,042.00 |
| 品质科 | 15,643,542.00 | 13,077,754.00 | 15,349,121.00 | 16,238,324.00 |
| 设管科 | 17,122,577.00 | 13,192,928.00 | 12,293,865.00 | 15,704,406.00 |
| 技术科 | 10,641,972.00 | 14,396,514.00 | 14,196,089.00 | 10,853,598.00 |
| 营业科 | 14,075,528.00 | 15,705,309.00 | 15,361,156.00 | 14,891,348.00 |
| 财务科 | 14,546,531.00 | 13,568,645.00 | 13,534,992.00 | 16,768,406.00 |
| 合计 | 179,064,805.00 | 169,008,733.00 | 166,946,720.00 | 167,604,881.00 |

图 22-2　汇总计算结果

**步骤 01** 首先把那些要加总的工作表全部移动在一起，顺序无关紧要，但要特别注意，这些要加总的工作表之间不能有其他工作表。

**步骤 02** 插入一个工作表，设计汇总表的结构。由于要加总的每个工作表结构完全相同，简便的办法就是把某个工作表复制一份，然后删除表格中的数据。汇总表的结构如图 22-3 所示。

| 科室 | 可控费用 | | 不可控费用 | |
|---|---|---|---|---|
| | 预算 | 实际 | 预算 | 实际 |
| 总务科 | | | | |
| 采购科 | | | | |
| 人事科 | | | | |
| 生管科 | | | | |
| 冲压科 | | | | |
| 焊接科 | | | | |
| 组装科 | | | | |
| 品质科 | | | | |
| 设管科 | | | | |
| 技术科 | | | | |
| 营业科 | | | | |
| 财务科 | | | | |
| 合计 | | | | |

图 22-3　设计汇总表的结构

**步骤 03** 单击单元格 B3，插入 SUM 函数，单击要加总的第一个工作表标签，按住 Shift 键不放，再单击要加总的最后一个工作表标签，最后再单击要加总的单元格 B3，即得到加总公式为：

```
=SUM('1月:12月'!B3)
```

步骤04 按 Enter 键，完成公式的输入。

步骤05 将单元格 B3 的公式进行复制，即可得到汇总报表。

## 22.2 单条件求和：SUMIF 函数

经常遇到学生这样询问：老师，如何每隔 3 列相加？如何每隔 5 行相加？如何把表格里的所有小计进行相加？我一个一个单元格相加太累了，还很容易出错。

这样的问题，其实用一个简单的 SUMIF 函数就可以解决。

### 22.2.1 基本原理与注意事项

都知道 SUM 是无条件求和，那么现在给一个限制条件 IF，也就是说，在满足条件范围内求和，不符合条件的不参与求和运算，这也是 SUMIF 函数的由来。

```
SUM + IF = SUMIF
```

SUMIF 的本质是筛选求和，即先进行条件筛选，然后再进行求和，既可以在当前列求和（比如筛选条件是数字区域，求和也是这个数字区域），也可以在另外一列求和。

SUMIF 函数用法如下：

```
=SUMIF(判断区域，条件值，求和区域)
```

与 COUNTIF 函数相比，SUMIF 函数多了第 3 个参数：求和区域。

在使用 SUMIF 函数时，要注意以下几点：

（1）判断区域与求和区域必须是工作表上真实存在的单元格区域，不能是公式里做的数组。

（2）判断区域与求和区域必须一致，也就是说，如果判断区域选择了整列，求和区域也要选择整列；如果判断区域选择了 B2:B100，求和区域（假如在 D 列）也必须选择 D2:D100，不能一个多一个少，不然就会出现错误结果。

（3）条件值可以是一个具体的精确值，也可以是大于或小于某个值的条件，或者是诸如开头是、结尾是、包含、不包含等这样的模糊匹配。

（4）如果判断区域与求和区域是同一个区域，则第 3 个参数可以不写。

### 22.2.2 精确条件下的单条件求和：基本用法

当 SUMIF 函数的第 2 个参数给定的是一个精确的条件值时，就是精确条件下的求和。

**案例 22–2**

图 22-4 是一个销售数据清单，现在要求计算各个地区的总指标、总销售额、总成本和总毛利。

在单元格 K3 输入下面公式，往右往下复制即可：

```
=SUMIF($A:$A,$J3,E:E)
```

| 地区 | 城市 | 性质 | 店名 | 本月指标 | 实际销售金额 | 销售成本 | 毛利 |
|---|---|---|---|---|---|---|---|
| 东北 | 大连 | 自营 | AAAA-001 | 150000 | 57062 | 20972 | 36090 |
| 东北 | 大连 | 加盟 | AAAA-002 | 280000 | 130193 | 46208 | 83984 |
| 东北 | 大连 | 自营 | AAAA-003 | 190000 | 86772 | 31356 | 55416 |
| 东北 | 沈阳 | 自营 | AAAA-004 | 90000 | 103890 | 39519 | 64371 |
| 东北 | 沈阳 | 加盟 | AAAA-005 | 270000 | 107766 | 38358 | 69408 |
| 东北 | 沈阳 | 加盟 | AAAA-006 | 180000 | 57502 | 20867 | 36635 |
| 东北 | 沈阳 | 自营 | AAAA-007 | 280000 | 116300 | 40945 | 75355 |
| 东北 | 沈阳 | 自营 | AAAA-008 | 340000 | 63287 | 22490 | 40797 |
| 东北 | 沈阳 | 加盟 | AAAA-009 | 150000 | 112345 | 39869 | 72476 |
| 东北 | 沈阳 | 自营 | AAAA-010 | 220000 | 80036 | 28736 | 51300 |
| 东北 | 沈阳 | 自营 | AAAA-011 | 120000 | 73687 | 23880 | 49807 |
| 东北 | 齐齐哈尔 | 加盟 | AAAA-012 | 350000 | 47395 | 17637 | 29758 |
| 东北 | 哈尔滨 | 自营 | AAAA-013 | 500000 | 485874 | 39592 | 446282 |
| 华北 | 北京 | 加盟 | AAAA-014 | 260000 | 57256 | 19604 | 37651 |

统计分析表

| 地区 | 本月指标 | 实际销售金额 | 销售成本 | 毛利 |
|---|---|---|---|---|
| 东北 | 3120000 | 1522108 | 410430 | 1111677 |
| 华北 | 7450000 | 2486906 | 898261 | 1588644 |
| 华东 | 25070000 | 9325386 | 3454477 | 5870908 |
| 华南 | 3590000 | 1262112 | 486438 | 775673 |
| 华中 | 2280000 | 531590 | 192372 | 339217 |
| 西北 | 3100000 | 889196 | 305568 | 583628 |
| 西南 | 2390000 | 1009293 | 360685 | 648608 |
| 合计 | 47000000 | 17026589 | 6108233 | 10918356 |

Sheet1

图 22-4　各个地区统计汇总报表

## 22.2.3　精确条件下的单条件求和：快速加总所有小计数

**案例 22-3**

图 22-5 是一个常见的表格结构，现在要计算所有产品的总计数，也就是把所有产品的小计数相加总，你会怎么做？

有相当一部分人会睁大眼睛目不转睛地直接去表格中寻找单元格，然后一个一个加起来：

```
=C5+C11+C14+C18+C22
```

这个例子比较简单，要加的小计数才有 5 个单元格，在实际中，可能不止 5 个吧？数十个都会有的，一个一个的点击相加，估计要烦死了。更要命的是，加错单元格怎么办？

很多人也有这样的习惯：常常插入行、删除行的，如果把某个产品删掉了，这个公式还能出正确的结果吗？如果新插入了一个产品，这个产品的小计能自动添加到总计数中吗？

可以这样问问自己：为什么要加 C5？你说是“小计”，那么你在加的过程中，是不是眼睛不断地观察 B 列里是不是有“小计”两个字，如果有才加上。这种判断后再相加，不就是条件求和吗？所以，这个问题，只需一个 SUMIF 函数就能解决。

单元格 C23 的公式如下：

```
=SUMIF($B:$B,“小计”,C:C)
```

| 产品 | 客户 | 1月 | 2月 | 3月 | 4月 | 5月 | 6月 | 7月 | 8月 | 9月 | 10月 | 11月 | 12月 | 全年 |
|---|---|---|---|---|---|---|---|---|---|---|---|---|---|---|
| 产品A | 客户1 | 242 | 127 | 200 | 344 | 294 | 294 | 384 | 205 | 80 | 203 | 130 | 57 | 2560 |
| | 客户2 | 493 | 367 | 31 | 287 | 386 | 280 | 183 | 352 | 151 | 405 | 203 | 258 | 3396 |
| | 客户5 | 18 | 206 | 30 | 423 | 487 | 233 | 452 | 255 | 28 | 233 | 468 | 116 | 2949 |
| | 小计 | 753 | 700 | 261 | 1054 | 1167 | 807 | 1019 | 812 | 259 | 841 | 801 | 431 | 8905 |
| 产品B | 客户1 | 475 | 256 | 471 | 337 | 346 | 340 | 57 | 196 | 258 | 493 | 91 | 277 | 3597 |
| | 客户3 | 184 | 483 | 230 | 199 | 71 | 130 | 480 | 426 | 128 | 148 | 216 | 260 | 2955 |
| | 客户5 | 491 | 370 | 415 | 441 | 357 | 187 | 379 | 274 | 48 | 147 | 32 | 192 | 3333 |
| | 客户4 | 268 | 128 | 376 | 241 | 367 | 322 | 274 | 243 | 403 | 346 | 335 | 215 | 3518 |
| | 客户2 | 281 | 155 | 64 | 379 | 427 | 208 | 256 | 488 | 381 | 30 | 33 | 100 | [illegible] |
| | 小计 | 1699 | 1392 | 1556 | 1507 | 1668 | 1187 | 1446 | 1627 | 1198 | 1164 | 707 | 1364 | 16505 |
| 产品C | 客户3 | 113 | 171 | 484 | 332 | 481 | 56 | 352 | 171 | 273 | 476 | 263 | 436 | 3608 |
| | 客户4 | 367 | 112 | 51 | 414 | 191 | 261 | 288 | 432 | 482 | 216 | 386 | 323 | 3523 |
| | 小计 | 480 | 283 | 535 | 746 | 672 | 317 | 640 | 603 | 755 | 692 | 649 | 759 | 7131 |
| 产品D | 客户1 | 443 | 453 | 455 | 54 | 169 | 133 | 140 | 456 | 182 | 327 | 193 | 167 | 3172 |
| | 客户2 | 105 | 445 | 472 | 353 | 211 | 135 | 370 | 189 | 65 | 262 | 62 | 258 | 2927 |
| | 客户3 | 386 | 129 | 318 | 16 | 191 | 365 | 376 | 391 | 288 | 253 | 304 | 44 | 3061 |
| | 小计 | 934 | 1027 | 1245 | 423 | 571 | 633 | 886 | 1036 | 535 | 842 | 559 | 469 | 9160 |
| 产品E | 客户3 | 39 | 182 | 145 | 209 | 406 | 166 | 426 | 55 | 263 | 290 | 351 | 147 | 2679 |
| | 客户4 | 49 | 402 | 135 | 159 | 377 | 256 | 85 | 352 | 368 | 453 | 397 | 178 | 3211 |
| | 客户5 | 346 | 214 | 174 | 296 | 271 | 19 | 218 | 297 | 429 | 97 | 370 | 50 | 2781 |
| | 小计 | 434 | 798 | 454 | 664 | 1054 | 441 | 729 | 704 | 1060 | 840 | 1118 | 375 | 8671 |
| 总计 | | 4300 | 4200 | 4051 | 4484 | 5032 | 3385 | 4720 | 4782 | 3807 | 4379 | 3834 | 3398 | 50372 |

图 22-5　计算各个产品的小计数汇总

## 22.2.4 精确条件下的单条件求和：每隔几列相加

### 案例 22-4

我们在实际工作中也经常会碰到如图 22-6 所示表格，如何计算全年 12 个月的合计数？

| | A | B | C | D | E | F | G | H | I | J | K | L | M | N | O | P | Q | R | S | T | U | V | W | X |
|---|---|---|---|---|---|---|---|---|---|---|---|---|---|---|---|---|---|---|---|---|---|---|---|---|
| 1 | 项目 | 全年合计 | | | 1月 | | | 2月 | | | 3月 | | | 4月 | | | 5月 | | | 6月 | | | 7月 | |
| 2 | | 预算 | 实际 | 差异 | 预算 | 实际 | 差异 | 预算 | 实际 | 差异 | 预算 | 实际 | 差异 | 预算 | 实际 | 差异 | 预算 | 实际 | 差异 | 预算 | 实际 | 差异 | 预算 | 实际 |
| 3 | 项目01 | | | | 230 | 457 | 227 | 244 | 110 | -134 | 444 | 461 | 17 | 156 | 269 | 113 | 240 | 455 | 215 | 497 | 497 | 0 | 372 | 485 |
| 4 | 项目02 | | | | 447 | 166 | -281 | 383 | 497 | 114 | 101 | 397 | 296 | 100 | 267 | 167 | 251 | 139 | -112 | 171 | 320 | 149 | 102 | 107 |
| 5 | 项目03 | | | | 459 | 328 | -131 | 252 | 107 | -145 | 365 | 377 | 12 | 219 | 371 | 152 | 372 | 230 | -142 | 116 | 325 | 209 | 439 | 384 |
| 6 | 项目04 | | | | 210 | 315 | 105 | 288 | 172 | -116 | 369 | 194 | -175 | 424 | 434 | 10 | 399 | 275 | -124 | 147 | 411 | 264 | 370 | 376 |
| 7 | 项目05 | | | | 206 | 374 | 168 | 302 | 177 | -125 | 469 | 196 | -273 | 421 | 236 | -185 | 148 | 247 | 99 | 279 | 482 | 203 | 378 | 390 |
| 8 | 项目06 | | | | 307 | 176 | -131 | 187 | 271 | 84 | 142 | 356 | 214 | 500 | 407 | -93 | 439 | 431 | -8 | 417 | 222 | -195 | 195 | 410 |
| 9 | 项目07 | | | | 228 | 213 | -15 | 398 | 184 | -214 | 481 | 250 | -231 | 339 | 460 | 121 | 204 | 492 | 288 | 303 | 424 | 121 | 145 | 204 |
| 10 | 项目08 | | | | 386 | 296 | -90 | 259 | 187 | -72 | 155 | 496 | 341 | 428 | 391 | -37 | 354 | 351 | -3 | 206 | 257 | 51 | 161 | 126 |
| 11 | | | | | | | | | | | | | | | | | | | | | | | | |

Sheet1

图 22-6　计算 12 个月的合计数

估计有些人又开始每隔两列加一列的开始相加来计算 12 个月的合计数了：

```
=E3+H3+K3+N3+Q3+T3+W3+Z3+AC3+AF3+AI3+AL3
```

你为什么要加 E3 单元格？因为 E3 单元格是预算数；你为什么要加 H3 单元格？因为 H3 单元格也是预算数！那么你为什么认为 E3 和 H3 是预算数？因为表格第 2 行的标题文字是“预算”两字。

因此，你所加的每一个单元格，其实都是在表格第 2 行的标题里进行判断的：如果标题文字是“预算”，则相加，否则不相加。实际数和差异数的全年合计的计算原理也是如此。这样的话，使用 SUMIF 函数不是更简单吗？

在单元格 B3 输入公式，然后往右往下复制，即可计算出预算、实际、差异的全年合计数，如图 22-7 所示。

```
=SUMIF($E$2:$AN$2,B$2,$E3:$AN3)
```

| | A | B | C | D | E | F | G | H | I | J | K | L | M | N | O | P | Q | R | S | T | U | V | W | X |
|---|---|---|---|---|---|---|---|---|---|---|---|---|---|---|---|---|---|---|---|---|---|---|---|---|
| 1 | 项目 | 全年合计 | | | 1月 | | | 2月 | | | 3月 | | | 4月 | | | 5月 | | | 6月 | | | 7月 | |
| 2 | | 预算 | 实际 | 差异 | 预算 | 实际 | 差异 | 预算 | 实际 | 差异 | 预算 | 实际 | 差异 | 预算 | 实际 | 差异 | 预算 | 实际 | 差异 | 预算 | 实际 | 差异 | 预算 | 实际 |
| 3 | 项目01 | 3275 | 3932 | 657 | 230 | 457 | 227 | 244 | 110 | -134 | 444 | 461 | 17 | 156 | 269 | 113 | 240 | 455 | 215 | 497 | 497 | 0 | 372 | 485 |
| 4 | 项目02 | 3552 | 2826 | -726 | 447 | 166 | -281 | 383 | 497 | 114 | 101 | 397 | 296 | 100 | 267 | 167 | 251 | 139 | -112 | 171 | 320 | 149 | 102 | 107 |
| 5 | 项目03 | 3811 | 3535 | -276 | 459 | 328 | -131 | 252 | 107 | -145 | 365 | 377 | 12 | 219 | 371 | 152 | 372 | 230 | -142 | 116 | 325 | 209 | 439 | 384 |
| 6 | 项目04 | 3416 | 3718 | 302 | 210 | 315 | 105 | 288 | 172 | -116 | 369 | 194 | -175 | 424 | 434 | 10 | 399 | 275 | -124 | 147 | 411 | 264 | 370 | 376 |
| 7 | 项目05 | 3724 | 3525 | -199 | 206 | 374 | 168 | 302 | 177 | -125 | 469 | 196 | -273 | 421 | 236 | -185 | 148 | 247 | 99 | 279 | 482 | 203 | 378 | 390 |
| 8 | 项目06 | 3261 | 3624 | 363 | 307 | 176 | -131 | 187 | 271 | 84 | 142 | 356 | 214 | 500 | 407 | -93 | 439 | 431 | -8 | 417 | 222 | -195 | 195 | 410 |
| 9 | 项目07 | 3649 | 4000 | 351 | 228 | 213 | -15 | 398 | 184 | -214 | 481 | 250 | -231 | 339 | 460 | 121 | 204 | 492 | 288 | 303 | 424 | 121 | 145 | 204 |
| 10 | 项目08 | 3476 | 3608 | 132 | 386 | 296 | -90 | 259 | 187 | -72 | 155 | 496 | 341 | 428 | 391 | -37 | 354 | 351 | -3 | 206 | 257 | 51 | 161 | 126 |
| 11 | | | | | | | | | | | | | | | | | | | | | | | | |

Sheet1

图 22-7　使用 SUMIF 函数快速计算 12 个月的合计数

## 22.2.5 数值限制条件下的单条件模糊匹配求和

如果把 SUMIF 函数的第 2 个参数条件值使用比较运算符，就可以实现对数值进行大小判断的单条件求和。

图 22-8 就是分别从混杂有正数和负数的区域里计算正数合计额和负数合计额：

正数合计：=SUMIF(B2:B7,“>0”)

负数合计：=SUMIF(B2:B7,“<0”)

例如，对于案例 22-3，是使用 SUMIF 函数做得精确匹配求和。我们也可以使用模糊匹配求和：把那些不是小计的数据（明细数据）加起来，不就是总计吗？因为小计也是这些明细数据相加起来。此时，公式如下：

| | A | B | C | D | E | F |
|---|---|---|---|---|---|---|
| 1 | | | | | | |
| 2 | | 100 | | | | |
| 3 | | -100 | | | | 公式 |
| 4 | | 1000 | | 正数合计 | 1300 | =SUMIF(B2:B7,">0") |
| 5 | | 0 | | 负数合计 | -600 | =SUMIF(B2:B7,"<0") |
| 6 | | 200 | | | | |
| 7 | | -500 | | | | |

图 22-8　分别计算正数和负数的合计数

=SUMIF($B$2:$B$22, “<> 小计” ,C2:C22)

**案例 22-5**

图 22-9 是计算毛利在 10 万元以上或以下的店铺的总毛利，此时的计算公式如下。

毛利 10 万以上的店铺毛利总额：=SUMIF(H:H, “>=100000” )

毛利 10 万以下的店铺毛利总额：=SUMIF(H:H, “<100000” )

| | 地区 | 城市 | 性质 | 店名 | 本月指标 | 实际销售金额 | 销售成本 | 毛利 |
|---|---|---|---|---|---|---|---|---|
| 2 | 东北 | 大连 | 自营 | AAAA-001 | 150000 | 57062 | 20972 | 36090 |
| 3 | 东北 | 大连 | 加盟 | AAAA-002 | 280000 | 130193 | 46208 | 83984 |
| 4 | 东北 | 大连 | 自营 | AAAA-003 | 190000 | 86772 | 31356 | 55416 |
| 5 | 东北 | 沈阳 | 自营 | AAAA-004 | 90000 | 103890 | 39519 | 64371 |
| 6 | 东北 | 沈阳 | 加盟 | AAAA-005 | 270000 | 107766 | 38358 | 69408 |
| 7 | 东北 | 沈阳 | 加盟 | AAAA-006 | 180000 | 57502 | 20867 | 36635 |
| 8 | 东北 | 沈阳 | 自营 | AAAA-007 | 280000 | 116300 | 40945 | 75355 |
| 9 | 东北 | 沈阳 | 自营 | AAAA-008 | 220000 | 80036 | 28736 | 51300 |
| 10 | 东北 | 沈阳 | 自营 | AAAA-009 | 120000 | 73687 | 23880 | 49807 |
| 11 | 东北 | 哈尔滨 | 自营 | AAAA-010 | 500000 | 485874 | 39592 | 446282 |
| 12 | 华北 | 北京 | 自营 | AAAA-011 | 2200000 | 1689284 | 663000 | 1026284 |
| 13 | 华北 | 北京 | 加盟 | AAAA-012 | 260000 | 57256 | 19604 | 37651 |
| 14 | 华北 | 天津 | 加盟 | AAAA-013 | 320000 | 51086 | 17406 | 33679 |
| 15 | 华北 | 北京 | 自营 | AAAA-014 | 200000 | 59378 | 21061 | 38317 |
| 16 | 华北 | 北京 | 自营 | AAAA-015 | 100000 | 48519 | 18182 | 30337 |

| 统计分析 | 店铺数 | 毛利总额 | 占比 |
|---|---|---|---|
| 毛利10万以上 | 14 | 3239839 | 27.45% |
| 毛利10万以下 | 184 | 8561772 | 72.55% |

图 22-9　计算毛利 10 万元以上（或以下）的店铺数和毛利总额

## 22.2.6　包含关键词条件下的单条件模糊匹配求和

与 COUNTIF 函数一样，SUMIF 函数的条件值也可以使用通配符（*）进行关键词的匹配。

**案例 22-6**

图 22-10 的左侧是从 NC 导出的管理费用明细表，现在要求制作右侧的各个费用项目的汇总表。

各个费用项目明细数据保存在 B 列里，是含有项目名称的，此时就是根据关键词来匹配汇总了。单元格 I6 公式如下：

=SUMIF(B:B, “*” &H6& “*” ,D:D)

科目余额表

期间: 2014.04-2014.04

币　种:本币

| 科目编码 | 科目名称 | 方向 | 本期借方 本币 | 本期贷方 本币 |
|---|---|---|---|---|
| 660201 | 660201\管理费用\折旧费 | 平 | 1,721.00 | 1,721.00 |
| 660202 | 660202\管理费用\无形资产摊销费 | 平 | 1,489.00 | 1,489.00 |
| 6602070101 | 6602070101\管理费用\职工薪酬\工资\固定职工 | 平 | 693.00 | 693.00 |
| 6602070301 | 6602070301\管理费用\职工薪酬\社会保险费\基本养老保险 | 平 | 956.00 | 956.00 |
| 6602070303 | 6602070303\管理费用\职工薪酬\社会保险费\基本医疗保险 | 平 | 1,049.00 | 1,049.00 |
| 6602070306 | 6602070306\管理费用\职工薪酬\社会保险费\工伤保险 | 平 | 1,878.00 | 1,878.00 |
| 6602070307 | 6602070307\管理费用\职工薪酬\社会保险费\失业保险 | 平 | 468.00 | 468.00 |
| 6602070308 | 6602070308\管理费用\职工薪酬\社会保险费\生育保险 | 平 | 1,103.00 | 1,103.00 |
| 66020707 | 66020707\管理费用\职工薪酬\职工福利 | 平 | 1,765.00 | 1,765.00 |
| 66020718 | 66020718\管理费用\职工薪酬\职工教育经费 | 平 | 1,115.00 | 1,115.00 |

| 费用项目 | 金额 |
|---|---|
| 折旧费 | 1721 |
| 无形资产摊销费 | 1489 |
| 职工薪酬 | 9027 |
| 差旅费 | 848 |
| 业务招待费 | 753 |
| 办公费 | 4681 |
| 车辆使用费 | 734 |
| 修理费 | 209 |
| 租赁费 | 1471 |
| 税金 | 5129 |
| 总计 | 0 |

图 22-10　各类别产品的订单数和订单总额

# 22.3 多条件求和：SUMIFS 函数

当需要在一列里或者几列里判断是否满足多个指定条件，如果满足，就相加，否则就不相加，这样的问题就是多条件求和。多条件求和可以使用 SUMIFS 函数。

## 22.3.1 基本用法与注意事项

SUMIFS 函数用于统计满足多个指定条件的单元格数据的合计数，也就是多条件求和。

从函数名称上看，SUM 是求和，IFS 是多个条件，SUM + IFS = SUMIFS，所以这个函数的基本原理就是：先 IFS，再 SUM；先判断是否满足指定的几个条件，再去求和。

SUMIFS 函数的本质是多条件筛选下的求和，就是先在某列里筛选与条件，或者在几列里筛选数据，只有这些条件同时满足，然后才去求和。

函数用法如下：

=SUMIFS(求和区域，判断区域 1，条件值 1，判断区域 2，条件值 2，……)

在使用这个函数时，同样也要牢记以下几点：

（1）求和区域与所有的判断区域必须是表格内真实存在的单元格区域。

（2）所有的条件值，既可以是一个精确的具体值，也可以是大于或小于某个值的条件，或者是诸如开头是、结尾是、包含等这样的模糊匹配。

（3）所有的条件必须是与条件，而不能是或条件。

建议：在输入 SUMIF 函数时，好习惯是打开函数参数对话框，一个一个的输入参数，这样不容易出错。

## 22.3.2 精确条件下的多条件求和

**案例 22–7**

图 22-11 是计算各个地区自营店和加盟店的销售额和毛利，公式如下。

单元格 K5（销售额）：=SUMIFS($F:$F,$A:$A,$J5,$C:$C,K$4)

单元格 M5（毛利）：=SUMIFS($H:$H,$A:$A,$J5,$C:$C,M$4)

| | A | B | C | D | E | F | G | H |
|---|---|---|---|---|---|---|---|---|
| 1 | 地区 | 城市 | 性质 | 店名 | 本月指标 | 实际销售金额 | 销售成本 | 毛利 |
| 2 | 东北 | 大连 | 自营 | AAAA-001 | 150000 | 57062 | 20972 | 36090 |
| 3 | 东北 | 大连 | 加盟 | AAAA-002 | 280000 | 130193 | 46208 | 83984 |
| 4 | 东北 | 大连 | 自营 | AAAA-003 | 190000 | 86772 | 31356 | 55416 |
| 5 | 东北 | 沈阳 | 自营 | AAAA-004 | 90000 | 103890 | 39519 | 64371 |
| 6 | 东北 | 沈阳 | 加盟 | AAAA-005 | 270000 | 107766 | 38358 | 69408 |
| 7 | 东北 | 沈阳 | 加盟 | AAAA-006 | 180000 | 57502 | 20867 | 36635 |
| 8 | 东北 | 沈阳 | 自营 | AAAA-007 | 280000 | 116300 | 40945 | 75355 |
| 9 | 东北 | 沈阳 | 自营 | AAAA-008 | 340000 | 63287 | 22490 | 40797 |
| 10 | 东北 | 沈阳 | 加盟 | AAAA-009 | 150000 | 112345 | 39869 | 72476 |
| 11 | 东北 | 沈阳 | 自营 | AAAA-010 | 220000 | 80036 | 28736 | 51300 |
| 12 | 东北 | 沈阳 | 自营 | AAAA-011 | 120000 | 73687 | 23880 | 49807 |
| 13 | 东北 | 齐齐哈尔 | 加盟 | AAAA-012 | 350000 | 47395 | 17637 | 29758 |

统计分析表

| 地区 | 销售额 | | 毛利 | |
|---|---|---|---|---|
| | 自营 | 加盟 | 自营 | 加盟 |
| 东北 | 1066908 | 455200 | 819416 | 292261 |
| 华北 | 1493425 | 993481 | 951320 | 637324 |
| 华东 | 7754810 | 1570576 | 4864434 | 1006474 |
| 华南 | 655276 | 606836 | 400639 | 375034 |
| 华中 | 335864 | 195726 | 213807 | 125410 |
| 西北 | 514350 | 374846 | 343138 | 240490 |
| 西南 | 840189 | 169104 | 531735 | 116873 |
| 合计 | 12660822 | 4365767 | 8124490 | 2793867 |

Sheet1

图 22-11 各个地区的自营店和加盟店的销售额和毛利

## 22.3.3 数值限制条件下的多条件模糊匹配求和

如果把 SUMIFS 函数的某个条件值使用比较运算符，就可以实现对数值进行大小判断的多条件求和。这种用法与 COUNTIFS 是一样的，唯一不同的是这里要做求和计算。

**案例 22-8**

图 22-12 是各个城市的发货记录清单，正数表示发出，负数表示退货。现要求计算每个城市的发出数量和退货数量，公式分别如下。

单元格 G4：=SUMIFS(C:C,B:B,F4,C:C,“>0”)

单元格 H4：=SUMIFS(C:C,B:B,F4,C:C,“<0”)

| | A | B | C | D | E | F | G | H |
|---|---|---|---|---|---|---|---|---|
| 1 | 日期 | 城市 | 发货数量 | | | | | |
| 2 | 2017-3-15 | 天津 | 40 | | | | | |
| 3 | 2017-4-15 | 上海 | 90 | | | 城市 | 送货数量 | 退货数量 |
| 4 | 2017-5-16 | 北京 | 200 | | | 北京 | 460 | -230 |
| 5 | 2017-5-18 | 北京 | -200 | | | 上海 | 545 | -60 |
| 6 | 2017-5-24 | 天津 | 120 | | | 天津 | 560 | -25 |
| 7 | 2017-6-30 | 天津 | 400 | | | | | |
| 8 | 2017-8-17 | 北京 | 57 | | | | | |
| 9 | 2017-8-20 | 北京 | 10 | | | | | |
| 10 | 2017-9-25 | 北京 | -20 | | | | | |
| 11 | 2017-9-25 | 上海 | 405 | | | | | |

图 22-12　每个城市的发出数量和退货数量

**案例 22-9**

图 22-13 是一个各个材料的采购记录表，要求制作右侧的指定日期期间内的各个材料的累计采购量，如何设置公式？

材料是一个精确的条件；日期期间则是模糊条件，只要是这个日期期间内的都算，因此是两个模糊条件。但由于单元格 G2 的开始日期和单元格 G3 的截止日期是任意变化的，因此需要通过字符串连接的方式来构建条件。

单元格 G6 公式为：

```
=SUMIFS(C:C,B:B,F6,A:A, “>=” &$G$2,A:A, “<=” &$G$3)
```

| | A | B | C | D | E | F | G |
|---|---|---|---|---|---|---|---|
| 1 | 日期 | 材料 | 采购量 | | | | |
| 2 | 2017-1-6 | 材料01 | 21 | | | 开始日期 | 2017-3-1 |
| 3 | 2017-1-9 | 材料06 | 13 | | | 截止日期 | 2017-3-31 |
| 4 | 2017-1-10 | 材料02 | 47 | | | | |
| 5 | 2017-1-13 | 材料03 | 27 | | | 材料 | 累计采购量 |
| 6 | 2017-1-15 | 材料02 | 36 | | | 材料01 | 73 |
| 7 | 2017-1-18 | 材料05 | 45 | | | 材料02 | 39 |
| 8 | 2017-1-18 | 材料01 | 41 | | | 材料03 | 57 |
| 9 | 2017-1-19 | 材料03 | 37 | | | 材料04 | 0 |
| 10 | 2017-1-20 | 材料01 | 11 | | | 材料05 | 133 |
| 11 | 2017-1-21 | 材料01 | 18 | | | 材料06 | 58 |
| 12 | 2017-1-25 | 材料04 | 38 | | | 材料07 | 0 |
| 13 | 2017-1-27 | 材料05 | 36 | | | | |

Sheet1

图 22-13　计算指定时间内的各个材料的累计采购量

## 22.3.4 包含关键词的多条件模糊匹配求和

如果在 SUMIFS 函数的某个或几个条件值里使用通配符（*），就可以进行关键词的匹配。

**案例 22–10**

图 22-14 是一个例子，要求计算每个客户每个类别产品的销售额，单元格 H2 公式为：

```
=SUMIFS($D:$D,$B:$B,$G2,$C:$C,H$1&“*”)
```

这里，客户条件是精确匹配，产品类别是关键词模糊匹配（以类别名称开头）。

| | A | B | C | D | E | F | G | H | I | J |
|---|---|---|---|---|---|---|---|---|---|---|
| 1 | 日期 | 客户 | 编码 | 数量 | | | | aaa | abc | ccc |
| 2 | 2017-9-1 | 客户A | abc-100 | 415 | | | 客户A | 756 | 1378 | 1078 |
| 3 | 2017-9-2 | 客户B | aaa-304 | 374 | | | 客户B | 3190 | 1316 | 0 |
| 4 | 2017-9-3 | 客户C | ccc-233 | 531 | | | 客户C | 896 | 1019 | 2672 |
| 5 | 2017-9-4 | 客户D | abc-102 | 283 | | | 客户D | 547 | 1499 | 0 |
| 6 | 2017-9-5 | 客户A | aaa-103 | 756 | | | | | | |
| 7 | 2017-9-6 | 客户B | aaa-301 | 469 | | | | | | |
| 8 | 2017-9-7 | 客户C | abc-101 | 755 | | | | | | |
| 9 | 2017-9-8 | 客户D | aaa-303 | 357 | | | | | | |
| 10 | 2017-9-9 | 客户A | ccc-234 | 538 | | | | | | |
| 11 | 2017-9-10 | 客户B | aaa-302 | 576 | | | | | | |

Sheet1

图 22-14　各个客户的各类产品的销售总量

# 22.4 用在分类汇总和筛选里的函数：SUBTOTAL 函数

很多人对 SUBTOTAL 函数感兴趣，但这个函数用得并不多，仅仅是在某些特殊表格中才有使用。本节就这个函数做一个简单的介绍。

## 22.4.1 基本原理与注意事项

SUBTOTAL 函数是用于筛选和智能表格中的一个分类汇总函数，用于对数据进行各种分类汇总计算，比如求和、计算平均值、计算最大值、计算最小值、计数等。

一个 SUBTOTAL 函数就代表了 22 个功能不同的函数，其区别就在该函数的第一个参数“分类汇总计算编号”。

SUBTOTAL 函数使用起来并不复杂，其基本语法是：

```
= SUBTOTAL (分类汇总计算编号，数据区域 1，数据区域 2，……)
```

当插入函数公式后，可以随时通过修改第一个参数，从而把函数目前的汇总方式改变为另一种方式。

使用这个函数时，要注意以下几点。

函数适用于数据列或垂直区域，不适用于数据行或水平区域。

函数的参数 function_num 及其意义如表 22-1 所示。

表 22-1　SUBTOTAL 函数的参数 function_num 及其意义

| Function_num | | 函数 | 功能 |
|---|---|---|---|
| 包含隐藏值 | 忽略隐藏值 | | |
| 1 | 101 | AVERAGE | 计算平均值 |
| 2 | 102 | COUNT | 统计数字单元格个数 |
| 3 | 103 | COUNTA | 统计不为空的单元格个数 |
| 4 | 104 | MAX | 计算最大值 |
| 5 | 105 | MIN | 计算最小值 |
| 6 | 106 | PRODUCT | 计算所有单元格数据的乘积 |
| 7 | 107 | STDEV | 估算基于样本的标准偏差 |
| 8 | 108 | STDEVP | 估算基于整个样本总体的标准偏差 |
| 9 | 109 | SUM | 求和 |
| 10 | 110 | VAR | 估算基于样本的方差 |
| 11 | 111 | VARP | 估算基于整个样本总体的方差 |

## 22.4.2　普通区域中使用 SUBTOTAL 函数

### 案例 22-11

我们可以对一个数据清单建立筛选，然后随便对一个字段进行筛选，那么在数据区域底部单击功能区的自动求和按钮，就会自动插入 SUBTOTAL 函数，如图 22-15 所示。

在筛选情况下，SUBTOTAL 函数的第一个参数无论是设置为哪种情况的数字（1-11 或者 101-111），都会忽略隐藏的行而只计算筛选出来的行。

E200　=SUBTOTAL(9,E2:E199)

| | A | B | C | D | E | F | G |
|---|---|---|---|---|---|---|---|
| 1 | 地[ | 城市 | 性[ | 店名 | 本月指标 | 实际销售金额 | 销售成本 |
| 2 | 东北 | 大连 | 自营 | AAAA-001 | 150000 | 57062 | 20972 |
| 3 | 东北 | 大连 | 自营 | AAAA-002 | 280000 | 130193 | 46208 |
| 4 | 东北 | 大连 | 自营 | AAAA-003 | 190000 | 86772 | 31356 |
| 5 | 东北 | 沈阳 | 自营 | AAAA-004 | 90000 | 103890 | 39519 |
| 6 | 东北 | 沈阳 | 自营 | AAAA-005 | 270000 | 107766 | 38358 |
| 7 | 东北 | 沈阳 | 自营 | AAAA-006 | 180000 | 57502 | 20867 |
| 8 | 东北 | 沈阳 | 自营 | AAAA-007 | 280000 | 116300 | 40945 |
| 9 | 东北 | 沈阳 | 自营 | AAAA-008 | 340000 | 63287 | 22490 |
| 10 | 东北 | 沈阳 | 自营 | AAAA-009 | 150000 | 112345 | 39869 |
| 11 | 东北 | 沈阳 | 自营 | AAAA-010 | 220000 | 80036 | 28736 |
| 12 | 东北 | 沈阳 | 自营 | AAAA-011 | 120000 | 73687 | 23880 |
| 200 | | | | | 2270000 | 988839 | 353201 |
| 201 | | | | | | | |

图 22-15　筛选后，自动插入 SUBTOTAL 函数

### 案例 22-12

但是，如果是手动隐藏的行，那么就要认真设置第一个参数了。图 22-16 是一个例子，左图是全部显示的数据及其合计数，右图是隐藏了某几行后的结果。

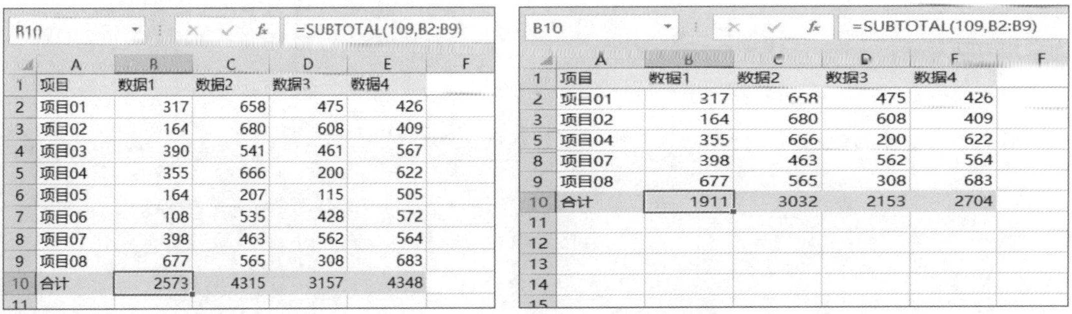

B10　=SUBTOTAL(109,B2:B9)

| | A | B | C | D | E |
|---|---|---|---|---|---|
| 1 | 项目 | 数据1 | 数据2 | 数据3 | 数据4 |
| 2 | 项目01 | 317 | 658 | 475 | 426 |
| 3 | 项目02 | 164 | 680 | 608 | 409 |
| 4 | 项目03 | 390 | 541 | 461 | 567 |
| 5 | 项目04 | 355 | 666 | 200 | 622 |
| 6 | 项目05 | 164 | 207 | 115 | 505 |
| 7 | 项目06 | 108 | 535 | 428 | 572 |
| 8 | 项目07 | 398 | 463 | 562 | 564 |
| 9 | 项目08 | 677 | 565 | 308 | 683 |
| 10 | 合计 | 2573 | 4315 | 3157 | 4348 |

B10　=SUBTOTAL(109,B2:B9)

| | A | B | C | D | E |
|---|---|---|---|---|---|
| 1 | 项目 | 数据1 | 数据2 | 数据3 | 数据4 |
| 2 | 项目01 | 317 | 658 | 475 | 426 |
| 3 | 项目02 | 164 | 680 | 608 | 409 |
| 5 | 项目04 | 355 | 666 | 200 | 622 |
| 8 | 项目07 | 398 | 463 | 562 | 564 |
| 9 | 项目08 | 677 | 565 | 308 | 683 |
| 10 | 合计 | 1911 | 3032 | 2153 | 2704 |

图 22-16　筛选后，自动插入 SUBTOTAL 函数

## 22.4.3 在智能表格中使用 SUBTOTAL 函数

**案例 22–13**

在一个标准的数据清单中，单击“插入”→“表格”命令，如图 22-17、图 22-18 所示，就会给数据区域建立一个智能表格，此表格已不同于普通的区域了，它具有自动筛选、自动往下复制公式、设置表格样式、自动汇总计算等功能。

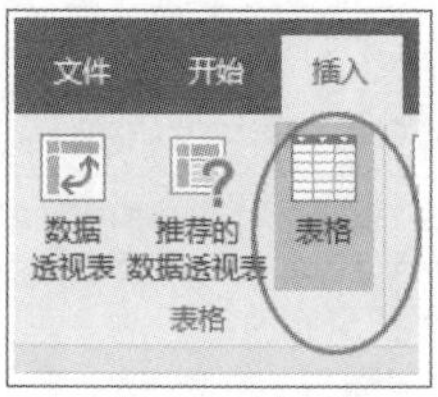
文件
开始
插入
数据
透视表
推荐的
数据透视表
表格
表格

图 22-17　插入表格命令

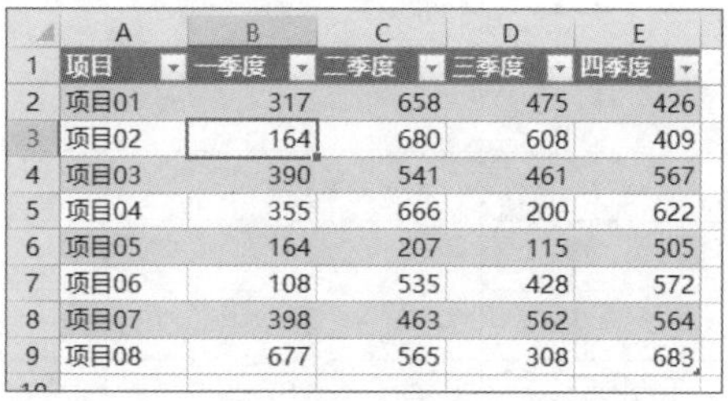

| | A | B | C | D | E |
|---|---|---|---|---|---|
| 1 | 项目 | 一季度 | 二季度 | 三季度 | 四季度 |
| 2 | 项目01 | 317 | 658 | 475 | 426 |
| 3 | 项目02 | 164 | 680 | 608 | 409 |
| 4 | 项目03 | 390 | 541 | 461 | 567 |
| 5 | 项目04 | 355 | 666 | 200 | 622 |
| 6 | 项目05 | 164 | 207 | 115 | 505 |
| 7 | 项目06 | 108 | 535 | 428 | 572 |
| 8 | 项目07 | 398 | 463 | 562 | 564 |
| 9 | 项目08 | 677 | 565 | 308 | 683 |

图 22-18　普通数据区域变成了智能表格

例如，单击表格的“设计”工具中的“汇总行”按钮，如图 22-19 所示，就会在表格底部插入一个汇总行。

单击底部汇总行单元格右侧的下拉箭头，可以选择某个汇总方式，从而快速对数据进行简单的汇总计算，如图 22-20 所示。

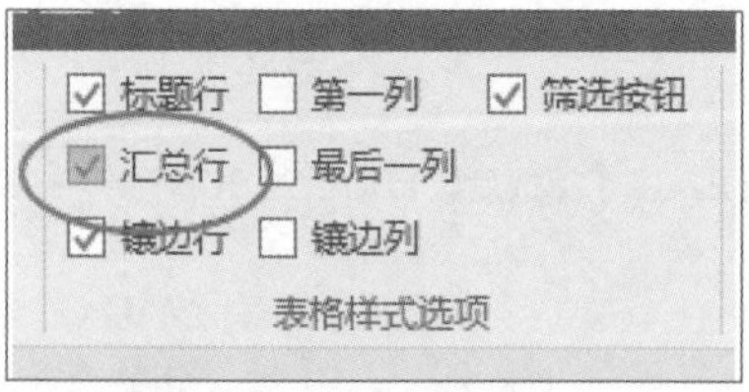
标题行
第一列
筛选按钮
汇总行
最后一列
镶边行
镶边列
表格样式选项

图 22-19　为表格添加汇总行

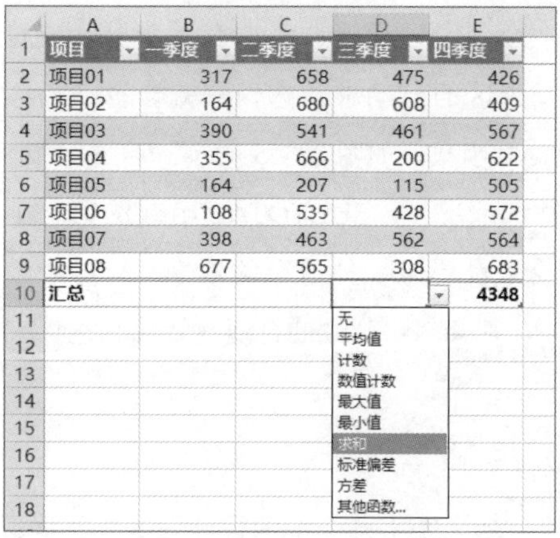

| | A | B | C | D | E |
|---|---|---|---|---|---|
| 1 | 项目 | 一季度 | 二季度 | 三季度 | 四季度 |
| 2 | 项目01 | 317 | 658 | 475 | 426 |
| 3 | 项目02 | 164 | 680 | 608 | 409 |
| 4 | 项目03 | 390 | 541 | 461 | 567 |
| 5 | 项目04 | 355 | 666 | 200 | 622 |
| 6 | 项目05 | 164 | 207 | 115 | 505 |
| 7 | 项目06 | 108 | 535 | 428 | 572 |
| 8 | 项目07 | 398 | 463 | 562 | 564 |
| 9 | 项目08 | 677 | 565 | 308 | 683 |
| 10 | 汇总 | | | | 4348 |

无
平均值
计数
数值计数
最大值
最小值
求和
标准偏差
方差
其他函数...

图 22-20　单击底部汇总行，可以选择汇总方式

在智能表格中，SUBTOTAL 函数所引用的单元格区域已经不是常规的单元格地址表达方式了，而是用方括号括起来的表格标题（字段名称）：

```
=SUBTOTAL(109,[一季度])
```

这点要比普通的公式简单得多，也不用考虑行数的大小。

# 第 23 章 函数应用：集计数与求和于一身的 SUMPRODUCT

无论是 COUNTIF 函数、COUNTIFS 函数，还是 SUMIF 函数、SUMIFS 函数，在进行判断时，工作表必须存在这样的判断区域，否则这几个函数是不能使用的。但是，在实际工作中，原始数据往往是各种各样的，条件隐含在数据中的情况比比皆是。那么，在这种情况下，如何根据原始数据直接得到需要的结果呢？

## 23.1 它是何方神圣

### 23.1.1 问题的提出

图 23-1 就是我上课时经常使用的一个案例。工作表左侧的 3 列是原始数据，右侧是需要的汇总报表，按照产品类别和月份汇总。

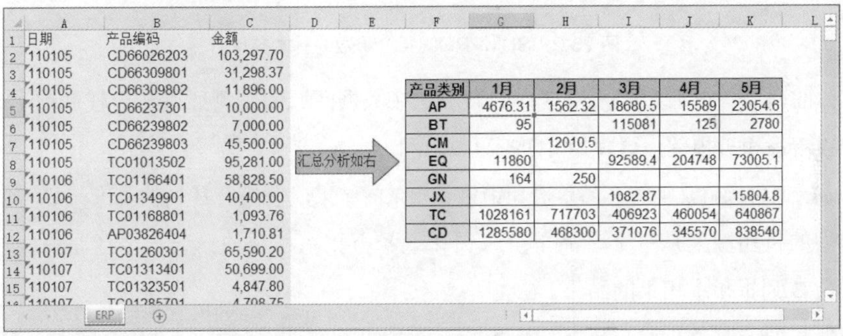

| 日期 | 产品编码 | 金额 |
|---|---|---|
| 110105 | CD66026203 | 103,297.70 |
| 110105 | CD66309801 | 31,298.37 |
| 110105 | CD66309802 | 11,896.00 |
| 110105 | CD66237301 | 10,000.00 |
| 110105 | CD66239802 | 7,000.00 |
| 110105 | CD66239803 | 45,500.00 |
| 110105 | TC01013502 | 95,281.00 |
| 110106 | TC01166401 | 58,828.50 |
| 110106 | TC01349901 | 40,400.00 |
| 110106 | TC01168801 | 1,093.76 |
| 110106 | AP03826404 | 1,710.81 |
| 110107 | TC01260301 | 65,590.20 |
| 110107 | TC01313401 | 50,699.00 |
| 110107 | TC01323501 | 4,847.80 |
| 110107 | TC01285701 | 4,708.75 |

汇总分析如右
ERP

| 产品类别 | 1月 | 2月 | 3月 | 4月 | 5月 |
|---|---|---|---|---|---|
| AP | 4676.31 | 1562.32 | 18680.5 | 15589 | 23054.6 |
| BT | 95 | | 115081 | 125 | 2780 |
| CM | | 12010.5 | | | |
| EQ | 11860 | | 92589.4 | 204748 | 73005.1 |
| GN | 164 | 250 | | | |
| JX | | | 1082.87 | | 15804.8 |
| TC | 1028161 | 717703 | 406923 | 460054 | 640867 |
| CD | 1285580 | 468300 | 371076 | 345570 | 838540 |

图 23-1 多条件下的模糊匹配求和

在这个数据中，工作表中并没有单独的一列来保存产品类别数据，也没有单独的一列来保存月份数据，因此，如果要使用 SUMIFS 函数来求和的话，就必须把 B 列产品编码的左两位所代表的产品类别分离出来单独保存在工作表的一列里，把 A 列日期（实际上并不是真正的日期）中间两位数字取出来转换为月份单独保存另外一列里，这样的操作显然违背了高效数据分析的基本原则。那么，这样的问题能不能在不使用辅助列的情况下，使用一个综合的公式来解决呢？答案是肯定的，就是使用 SUMPRODUCT 函数。

### 23.1.2 基本原理与注意事项

SUMPRODUCT 的基本应用是对多个数组的各个对应的元素进行相乘，然后再把这些乘积相加，语法如下：

```
=SUMPRODUCT(数组 1，数组 2，数组 3，……)
```

在使用这个函数时，要牢记以下重要的两点：

（1）各个数组必须具有相同的维数。

（2）非数值型的数组元素（文本、逻辑值）作是为 0 处理的。

例如，逻辑值 TRUE 和 FALSE 都会被处理成数值 0。为了把 TRUE 还原为数字 1，把 FALSE 还原为数字 0，可以把它们都乘以 1：TRUE*1，FALSE*1。

（3）数组的元素不能有错误值。（试想，错误值能相乘、相加吗？）

## 23.1.3 基本应用举例

**案例 23-1**

图 23-2 是一个各个产品销售单价、销售量和折扣率的数据表，现在要求计算所有产品的销售总额、折扣额、销售净额。

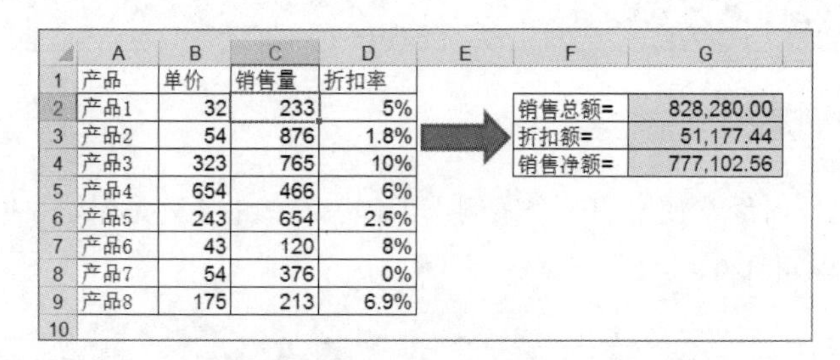

| | A | B | C | D | E | F | G |
|---|---|---|---|---|---|---|---|
| 1 | 产品 | 单价 | 销售量 | 折扣率 | | | |
| 2 | 产品1 | 32 | 233 | 5% | | 销售总额= | 828,280.00 |
| 3 | 产品2 | 54 | 876 | 1.8% | | 折扣额= | 51,177.44 |
| 4 | 产品3 | 323 | 765 | 10% | | 销售净额= | 777,102.56 |
| 5 | 产品4 | 654 | 466 | 6% | | | |
| 6 | 产品5 | 243 | 654 | 2.5% | | | |
| 7 | 产品6 | 43 | 120 | 8% | | | |
| 8 | 产品7 | 54 | 376 | 0% | | | |
| 9 | 产品8 | 175 | 213 | 6.9% | | | |
| 10 | | | | | | | |

图 23-2 SUMPRODUCT 函数的基本应用

对于这样的问题，很多人会采用这样的做法：在数据区域的右侧插入 2 个辅助列，分别计算出每个产品的销售额和折扣额，再使用 SUM 函数求和。

每个产品的销售额就是每个产品单价和销售量相乘的结果，也就是 B 列的单价与 C 列销售量相乘；

每个产品的折扣额就是每个产品单价、销售量和折扣率相乘的结果，也就是 B 列的单价与 C 列销售量以及 D 列折扣率相乘的结果。

这种先把几列（或者几行）数据分别相乘，然后再把这些乘积相加的计算问题，Excel 给我们提供了一个非常有用的函数：SUMPRODUCT 函数。

在这个例子中，利用 SUMPRODUCT 函数计算所有产品的销售总额、折扣额、销售净额的公式分别如下：

销售总额：=SUMPRODUCT(B2:B9,C2:C9)

折扣额：=SUMPRODUCT(B2:B9,C2:C9,D2:D9)

销售净额：=SUMPRODUCT(B2:B9,C2:C9,1-D2:D9)

**案例 23-2**

图 23-3 是一个评分表，有 5 个评价指标，每个指标的权重是不同的，现在要计算每个人的评分，则单元格 G5 的计算公式如下：

```
=SUMPRODUCT($B$2:$F$2,B5:F5)
```

| | A | B | C | D | E | F | G |
|---|---|---|---|---|---|---|---|
| 1 | | | | | | | |
| 2 | 指标权重 | 0.15 | 0.35 | 0.25 | 0.20 | 0.05 | |
| 3 | | | | | | | |
| 4 | 姓名 | 指标1 | 指标2 | 指标3 | 指标4 | 指标5 | 评分 |
| 5 | A001 | 95 | 81 | 90 | 88 | 76 | 86.50 |
| 6 | A002 | 92 | 85 | 84 | 65 | 60 | 80.55 |
| 7 | A003 | 58 | 65 | 57 | 62 | 87 | 62.45 |
| 8 | A004 | 85 | 79 | 87 | 84 | 63 | 82.10 |
| 9 | A005 | 53 | 48 | 89 | 96 | 70 | 69.70 |
| 10 | A006 | 99 | 81 | 50 | 80 | 34 | 73.40 |
| 11 | A007 | 54 | 33 | 98 | 74 | 49 | 61.40 |
| 12 | A008 | 72 | 56 | 60 | 90 | 55 | 66.15 |
| 13 | | | | | | | |

图 23-3 计算评分

**案例 23–3**

SUMPRODUCT 函数不仅可以对 N 个一维数组进行计算，也可以对 N 个多维数组进行计算。图 23-4 纯粹是练习这个函数的多维数组计算问题，没有实际意义，公式如下

```
=SUMPRODUCT(B3:C7,E3:F7)
```

这个公式拆开来就是：

```
=1*11+2*12+3*13+4*14+5*15+6*16+7*17+8*18+9*19+10*20
```

这下你明白 SUMPRODUCT 函数是怎么回事了吧？

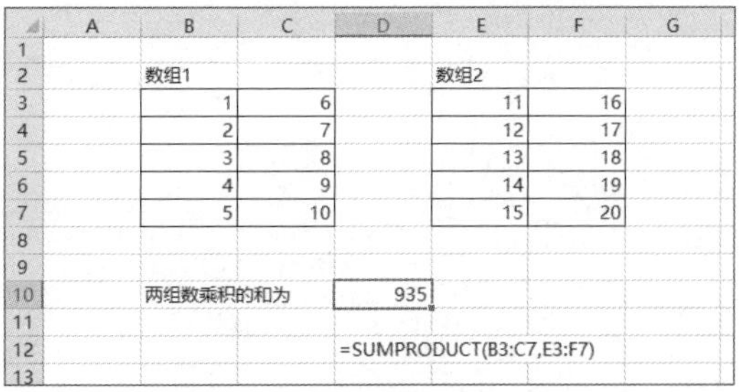

A B C D E F G
数组1
数组2
1 6
2 7
3 8
4 9
5 10
11 16
12 17
13 18
14 19
15 20
两组数乘积的和为
935
=SUMPRODUCT(B3:C7,E3:F7)


**图 23-4　两个多维数组的乘积和**

## 23.2 用于计数汇总

SUMPRODUCT 可以替代 COUNT、COUNTA、COUNTBLANK、COUNTIF、COUNTIFS 等函数，进行多条件计数与多条件求和，其原理就是使用条件表达式构建只有 0 和 1 组成的数组，将这个数组中的所有的 1 和 0 相加，就是满足条件的单元格个数。

但是，条件表达式的结果是两个逻辑值 TRUE 和 FALSE，而 SUMPRODUCT 会把这两个逻辑值都当作数值 0 来处理，因此，条件表达式需要乘以 1，或者除以 1，或者输入两个负号，以使其转换为数字 1 和 0，例如：

(A1:A100=“差旅费”)*1

(A1:A100=“差旅费”)/2

-(A1:A100=“差旅费”)

### 23.2.1 统计公式值不为空的单元格个数

如果利用公式，从原始数据中进行汇总计算，得到一个汇总表，但当公式出现错误值时，我们使用 IFERROR 进行错误值处理，一般的公式如下：

```
=IFERROR(计算表达式, “”)
```

此时，要想统计这个区域内有多少个单元格是有计算结果的，就不能直接使用 COUNTA，而是要使用 SUMPRODUCT 函数了。

例如，图 23-5 的汇总表是使用 VLLOOKUP 函数和 INDIRECT 函数制作滚动汇总公式得到的，单元格 C4 的公式为：

```
=IFERROR(VLOOKUP($B4,INDIRECT(C$3&“!A:B”),2,0),” ”)
```

在这个公式中，如果某个月工作表不存在，公式就会出现错误值，因此使用 IFERROR 函数将错误值处理为空值。

此时，要统计目前月份工作表的个数（也是当前月份），公式如下：

```
=SUMPRODUCT((C11:N11<>” ”)*1)
```

C2 =SUMPRODUCT((C11:N11<>"")*1)

| | | | | | | | | | | | | | |
|---|---|---|---|---|---|---|---|---|---|---|---|---|---|
| 当前月份: | 4 | | | | | | | | | | | | |
| 项目 | 1月 | 2月 | 3月 | 4月 | 5月 | 6月 | 7月 | 8月 | 9月 | 10月 | 11月 | 12月 | 合计 |
| 项目1 | 266 | 302 | 595 | 135 | | | | | | | | | 1298 |
| 项目2 | 460 | 479 | 319 | 279 | | | | | | | | | 1537 |
| 项目3 | 226 | 469 | 272 | 482 | | | | | | | | | 1449 |
| 项目4 | 137 | 244 | 288 | 539 | | | | | | | | | 1208 |
| 项目5 | 261 | 253 | 318 | 465 | | | | | | | | | 1297 |
| 项目6 | 397 | 418 | 525 | 554 | | | | | | | | | 1894 |
| 项目7 | 366 | 562 | 334 | 190 | | | | | | | | | 1452 |
| 合计 | 2113 | 2727 | 2651 | 2644 | | | | | | | | | 10135 |

汇总 | 1月 | 2月 | 3月 | 4月

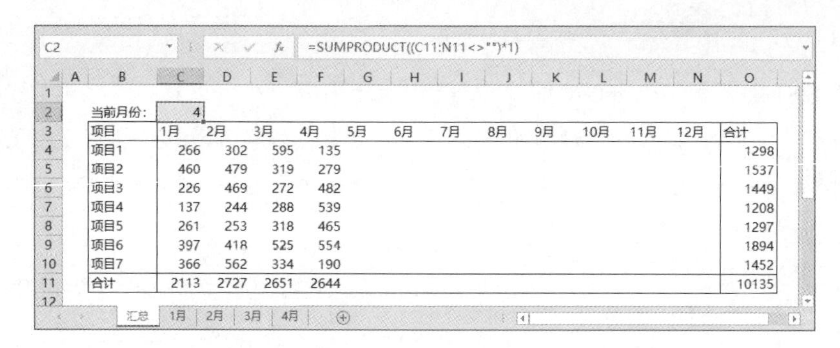

图 23-5　计算当前月份

## 23.2.2　单条件计数

图 23-6 就是使用 SUMPRODUCT 可以替代 COUNT、COUNTA、COUNTBLANK 的例子。

| | B | D | E | F |
|---|---|---|---|---|
| 2 | 1000 | 本区域中 | | |
| 3 | 200 | | | |
| 4 | 0 | 数字单元格个数： | 9 | =SUMPRODUCT((ISNUMBER(B2:B17)*1)) |
| 5 | -100 | 文本单元格个数： | 4 | =SUMPRODUCT((ISTEXT(B2:B17)*1)) |
| 6 | 0 | 空单元格个数： | 3 | =SUMPRODUCT((B2:B17="")*1) |
| 7 | AAA | 不为空单元格个数： | 13 | =SUMPRODUCT((B2:B17<>"")*1) |
| 8 | -200 | | | |
| 9 | BBB | | | |
| 10 | | | | |
| 11 | CCC | | | |
| 12 | -500 | | | |
| 13 | | | | |
| 14 | 2000 | | | |
| 15 | 3000 | | | |
| 16 | | | | |
| 17 | DDD | | | |

图 23-6　利用 SUMPRODUCT 进行简单的计算

在实际数据处理和分析中，SUMPRODUCT 更多的是用来直接利用原始数据进行条件计数以及条件求和。

上面的简单应用，实际上就是条件计数：

哪些单元格是数字（ISNUMBER）？

哪些单元格是文字（ISTEXT）？

哪些单元格是空（=""）？

哪些单元格不是空（<>""）？，等等

这些就是条件判断的结果。

下面我们再介绍几个利用 SUMPRODUCT 函数直接从原始数据中进行单条件计数的实际应用。

**案例 23–4**

图 23-7 是 2017 年新入职员工登记表。现在要求统计各月的新入职人数。

这个问题最简单的解决方法是使用数据透视表。不过，如果不允许使用透视表呢？此时如何从原始的 4 列数据中统计出各月的人数？

使用 SUMPRODUCT 函数即可。单元格 I3 公式如下：

```
=SUMPRODUCT((TEXT($D$2:$D$212,“m月”)=H3)*1)
```

要特别注意，这里的区域不能选择多了，因为空单元格使用表达式“TEXT( 单元格 ,“m 月”)”进行转换时，会被处理成 1 月（Excel 对空单元格在处理成日期时，被认为是 0，而 0 表示 1900 年 1 月 0 日）。

如果这个表格的数据随时会更新，数据随时会增减，最好的方法是使用 OFFSET 函数构建一个动态的数据区域，此时的统计公式如下：

```
=SUMPRODUCT((TEXT(OFFSET($D$2,,,COUNTA($D$2:$D$1000),1),“m 月”)=H3)*1)
```

| | A | B | C | D | E | F | G | H | I |
|---|---|---|---|---|---|---|---|---|---|
| 1 | 工号 | 姓名 | 部门 | 入职日期 | | | | 入职人数月度统计 | |
| 2 | G0610 | A013 | 抛光 | 2017-1-3 | | | | 月份 | 人数 |
| 3 | G0639 | A185 | 一分厂 | 2017-1-3 | | | | 1月 | 17 |
| 4 | G0567 | A042 | 一分厂 | 2017-1-4 | | | | 2月 | 23 |
| 5 | G0463 | A067 | 物流部 | 2017-1-5 | | | | 3月 | 9 |
| 6 | G0760 | A179 | 一分厂 | 2017-1-7 | | | | 4月 | 20 |
| 7 | G0424 | A027 | 三分厂 | 2017-1-8 | | | | 5月 | 15 |
| 8 | G0769 | A030 | 一分厂 | 2017-1-8 | | | | 6月 | 15 |
| 9 | G0191 | A102 | 研发部 | 2017-1-10 | | | | 7月 | 18 |
| 10 | G0204 | A176 | 一分厂 | 2017-1-12 | | | | 8月 | 26 |
| 11 | G0954 | A162 | 一分厂 | 2017-1-13 | | | | 9月 | 19 |
| 12 | G0362 | A097 | 研发部 | 2017-1-20 | | | | 10月 | 18 |
| 13 | G0838 | A133 | 镀膜 | 2017-1-22 | | | | 11月 | 15 |
| 14 | G0204 | A131 | 镀膜 | 2017-1-23 | | | | 12月 | 16 |
| 15 | G0497 | A145 | 工程部 | 2017-1-24 | | | | 合计 | 211 |
| 16 | G0756 | A056 | 三分厂 | 2017-1-26 | | | | | |

新入职人员登记

图 23-7　各月新入职人数统计

## 23.2.3　多条件计数

**案例 23–5**

多设置几个条件表达式，SUMPRODUCT 函数可以做多条件计数了。例如在上面的例子中，如果再要统计每个部门、每个月的新入职人数，怎么做公式？如图 23-8 所示。

这样的问题，无非是多了一个部门判断条件而已，因此单元格 H3 的公式为：

```
=SUMPRODUCT(($C$2:$C$1000=$G3)*1,(TEXT($D$2:$D$1000,“m 月”)=H$2)*1)
```

这个公式也可以写成下面的形式：

```
=SUMPRODUCT(($C$2:$C$1000=$G3)*(TEXT($D$2:$D$1000,“m 月”)=H$2))
```

在这两个公式中，可以多选一些行，比如本公式选择了 1000 行，尽管 TEXT 在处理空单元格时，仍然会处理为 1 月，但由于增加了一个部门条件，因此仍能得到正确的结果。

| | A | B | C | D |
|---|---|---|---|---|
| 1 | 工号 | 姓名 | 部门 | 入职日期 |
| 2 | G0610 | A013 | 抛光 | 2017-1-3 |
| 3 | G0639 | A185 | 一分厂 | 2017-1-3 |
| 4 | G0567 | A042 | 一分厂 | 2017-1-4 |
| 5 | G0463 | A067 | 物流部 | 2017-1-5 |
| 6 | G0760 | A179 | 一分厂 | 2017-1-7 |
| 7 | G0424 | A027 | 三分厂 | 2017-1-8 |
| 8 | G0769 | A030 | 一分厂 | 2017-1-8 |
| 9 | G0191 | A102 | 研发部 | 2017-1-10 |
| 10 | G0204 | A176 | 一分厂 | 2017-1-12 |
| 11 | G0954 | A162 | 一分厂 | 2017-1-13 |
| 12 | G0362 | A097 | 研发部 | 2017-1-20 |
| 13 | G0838 | A133 | 镀膜 | 2017-1-22 |
| 14 | G0204 | A131 | 镀膜 | 2017-1-23 |
| 15 | G0497 | A145 | 工程部 | 2017-1-24 |

2017年新入职人数统计

| 部门 | 1月 | 2月 | 3月 | 4月 | 5月 | 6月 | 7月 | 8月 | 9月 | 10月 | 11月 | 12月 | 合计 |
|---|---|---|---|---|---|---|---|---|---|---|---|---|---|
| 工程部 | 1 | 2 | 1 | 3 | 3 | | 3 | 1 | 1 | | | | 15 |
| 质检部 | 1 | 1 | | 2 | | | | | | 1 | | 2 | 7 |
| 研发部 | 2 | 1 | 1 | 1 | 3 | | | 5 | 2 | 2 | 2 | | 19 |
| 物流部 | 1 | 2 | 2 | 2 | 1 | | 1 | | 2 | 1 | 1 | 1 | 14 |
| 一分厂 | 7 | 3 | 2 | 6 | 4 | 4 | 7 | 7 | 5 | 5 | 4 | 7 | 61 |
| 二分厂 | | 6 | 2 | | 1 | 4 | 3 | 3 | 3 | 3 | 1 | | 26 |
| 三分厂 | 2 | 6 | 1 | 2 | 2 | 3 | 2 | 3 | 3 | 4 | 5 | 2 | 35 |
| 抛光 | 1 | | | 2 | | | 1 | | 1 | | | | 5 |
| 镀膜 | 2 | 2 | | 2 | 1 | 4 | 1 | 7 | 2 | 2 | 2 | 4 | 29 |
| 合计 | 17 | 23 | 9 | 20 | 15 | 15 | 18 | 26 | 19 | 18 | 15 | 16 | 211 |

新入职人员登记

图 23-8　各部门、各月的新入职人数统计

## 案例 23–6

下面的例子是上面这个例子的扩展应用，给出一个员工花名册，如图 23-9 所示。里面有以前年份入职的，也有当年入职的，也有离职信息，如何统计指定年份下，各个部门各个月的入职和离职人数？

| 工号 | 姓名 | 性别 | 部门 | 学历 | 出生日期 | 年龄 | 进公司时间 | 本公司工龄 | 离职时间 | 离职原因 |
|---|---|---|---|---|---|---|---|---|---|---|
| 0062 | AAA62 | 男 | 后勤部 | 本科 | 1956-3-29 | 61 | 1980-11-15 | 36 | | |
| 0035 | AAA35 | 男 | 生产部 | 本科 | 1957-8-14 | 60 | 1981-4-29 | 36 | | |
| 0022 | AAA22 | 女 | 技术部 | 硕士 | 1961-8-8 | 56 | 1982-8-14 | 35 | | |
| 0028 | AAA28 | 女 | 国际贸易部 | 硕士 | 1952-4-30 | 65 | 1984-4-8 | 33 | | |
| 0014 | AAA14 | 女 | 财务部 | 硕士 | 1960-7-15 | 57 | 1984-12-21 | 24 | 2009-6-10 | 因个人原因辞职 |
| 0001 | AAA1 | 男 | 总经理办公室 | 博士 | 1968-10-9 | 49 | 1987-4-8 | 30 | | |
| 0002 | AAA2 | 男 | 总经理办公室 | 硕士 | 1969-6-18 | 48 | 1990-1-8 | 27 | | |
| 0016 | AAA16 | 女 | 财务部 | 本科 | 1967-8-9 | 50 | 1990-4-28 | 27 | | |
| 0015 | AAA15 | 男 | 财务部 | 本科 | 1968-6-6 | 49 | 1991-10-18 | 25 | | |
| 0052 | AAA52 | 男 | 销售部 | 硕士 | 1960-4-7 | 57 | 1992-8-25 | 25 | | |
| 0036 | AAA36 | 男 | 生产部 | 本科 | 1969-12-21 | 47 | 1993-3-2 | 24 | | |
| 0059 | AAA59 | 女 | 后勤部 | 本科 | 1972-12-2 | 44 | 1994-5-16 | 23 | | |
| 0012 | AAA12 | 女 | 人力资源部 | 本科 | 1971-8-22 | 46 | 1994-5-22 | 23 | | |
| 0021 | AAA21 | 男 | 技术部 | 硕士 | 1969-4-24 | 48 | 1994-5-24 | 23 | | |
| 0008 | AAA8 | 男 | 人力资源部 | 本科 | 1972-3-19 | 45 | 1995-4-19 | 17 | 2013-1-18 | 因公司原因辞职 |
| 0018 | AAA18 | 女 | 财务部 | 本科 | 1971-5-24 | 46 | 1995-7-21 | 13 | 2009-6-10 | 因个人原因辞职 |
| 0045 | AAA45 | 男 | 销售部 | 本科 | 1974-4-4 | 43 | 1996-1-14 | 21 | | |

图 23-9　员工花名册

指定部门是 D 列确定的条件，直接判断即可。

当要计算指定年份各个月的新进员工人数时，判断条件是：在 H 列的进公司时间里判断是否为指定的年份和月份，但在 H 列保存的是一个完整的日期，并不是年份数字和月份，因此需要先使用 YEAR 函数和 TEXT 函数从入职日期里提取年份数字和月份文字再进行判断。

同样的道理，当要计算指定年份各个月的离职员工人数时，判断条件是：在 J 列的离职时间里判断是否为指定的年份和月份，但是 J 列保存的也是一个完整的日期，也不是年份数字和月份，因此也是先使用 YEAR 函数和 TEXT 函数从离职时间里提取年份数字和月份文字，再进行判断，如图 23-10 所示。

单元格 B5 的计算公式为：

```
=SUMPRODUCT((YEAR(员工清单!$H$2:$H$1000)=$B$2)*1,
            (TEXT(员工清单!$H$2:$H$1000,"m月")=B$3)*1,
            (员工清单!$D$2:$D$1000=$A5)*1)
```

单元格 C5 的计算公式为：

```
=SUMPRODUCT((YEAR(员工清单!$J$2:$J$1000)=$B$2)*1,
            (TEXT(员工清单!$J$2:$J$1000,"m月")=B$3)*1,
            (员工清单!$D$2:$D$1000=$A5)*1)
```

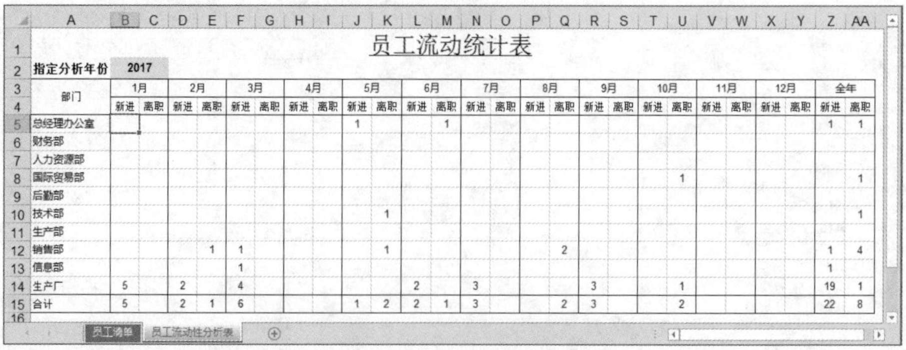

员工流动统计表

指定分析年份：2017

| 部门 | 1月 | | 2月 | | 3月 | | 4月 | | 5月 | | 6月 | | 7月 | | 8月 | | 9月 | | 10月 | | 11月 | | 12月 | | 全年 | |
|---|---|---|---|---|---|---|---|---|---|---|---|---|---|---|---|---|---|---|---|---|---|---|---|---|---|---|
| | 新进 | 离职 | 新进 | 离职 | 新进 | 离职 | 新进 | 离职 | 新进 | 离职 | 新进 | 离职 | 新进 | 离职 | 新进 | 离职 | 新进 | 离职 | 新进 | 离职 | 新进 | 离职 | 新进 | 离职 | 新进 | 离职 |
| 总经理办公室 | | | | | | | | | 1 | | | 1 | | | | | | | | | | | | | 1 | 1 |
| 财务部 | | | | | | | | | | | | | | | | | | | | | | | | | | |
| 人力资源部 | | | | | | | | | | | | | | | | | | | | | | | | | | |
| 国际贸易部 | | | | | | | | | | | | | | | | | | | | 1 | | | | | | 1 |
| 后勤部 | | | | | | | | | | | | | | | | | | | | | | | | | | |
| 技术部 | | | | | | | | | | 1 | | | | | | | | | | | | | | | | 1 |
| 生产部 | | | | | | | | | | | | | | | | | | | | | | | | | | |
| 销售部 | | | | 1 | 1 | | | | | 1 | | | | | | 2 | | | | | | | | | 1 | 4 |
| 信息部 | | | | | 1 | | | | | | | | | | | | | | | | | | | | 1 | |
| 生产厂 | 5 | | 2 | | 4 | | | | | | 2 | | 3 | | | | 3 | | | 1 | | | | | 19 | 1 |
| 合计 | 5 | | 2 | 1 | 6 | | | | 1 | 2 | 2 | 1 | 3 | | | 2 | 3 | | | 2 | | | | | 22 | 8 |

图 23-10　指定年份中，各个月的流动性分析

# 23.3 用于求和汇总

使用 SUMPRODUCT 函数进行单条件求和，无非就是在指定条件的基础上，又增加了需要求和的区域。因此计算方法与计数问题是一样的。

## 23.3.1 单条件求和

**案例 23–7**

图 23-11 是一个从系统里导出的原始数据，现在要求直接从原始数据得到每个月的销售额。

A 列的日期是 6 位数的文本，并不是日期。如果要按月份汇总，一个方法是利用分列工具先把 A 列转换为日期，然后再利用透视表组合日期。但这种方式比较麻烦，也无法实时更新数据。

可以使用 SUMPRODUCT 函数直接利用原始数据进行汇总。单元格 G2 的计算公式如下。

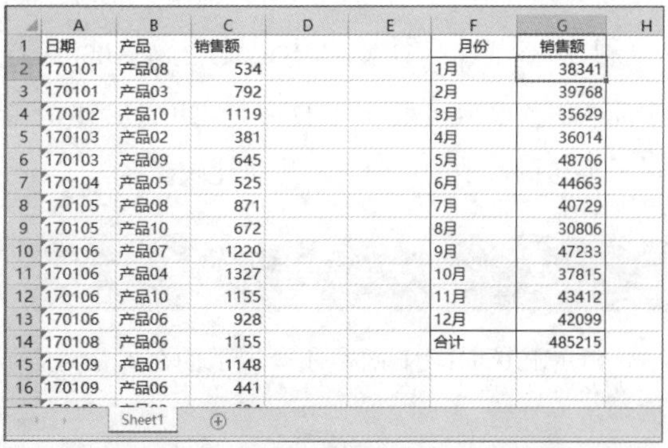

| | A | B | C | D | E | F | G | H |
|---|---|---|---|---|---|---|---|---|
| 1 | 日期 | 产品 | 销售额 | | | 月份 | 销售额 | |
| 2 | 170101 | 产品08 | 534 | | | 1月 | 38341 | |
| 3 | 170101 | 产品03 | 792 | | | 2月 | 39768 | |
| 4 | 170102 | 产品10 | 1119 | | | 3月 | 35629 | |
| 5 | 170103 | 产品02 | 381 | | | 4月 | 36014 | |
| 6 | 170103 | 产品09 | 645 | | | 5月 | 48706 | |
| 7 | 170104 | 产品05 | 525 | | | 6月 | 44663 | |
| 8 | 170105 | 产品08 | 871 | | | 7月 | 40729 | |
| 9 | 170105 | 产品10 | 672 | | | 8月 | 30806 | |
| 10 | 170106 | 产品07 | 1220 | | | 9月 | 47233 | |
| 11 | 170106 | 产品04 | 1327 | | | 10月 | 37815 | |
| 12 | 170106 | 产品10 | 1155 | | | 11月 | 43412 | |
| 13 | 170106 | 产品06 | 928 | | | 12月 | 42099 | |
| 14 | 170108 | 产品06 | 1155 | | | 合计 | 485215 | |
| 15 | 170109 | 产品01 | 1148 | | | | | |
| 16 | 170109 | 产品06 | 441 | | | | | |

图 23-11　原始数据的 A 列数据不是日期

```
=SUMPRODUCT((TEXT(MID($A$2:$A$1000,3,2),"0 月")=F2)*1,$C$2:$C$1000)
```

在这个公式中，诀窍就是利用 MID 函数从 A 列的六位数字中把中间的代表月份的两位数字取出来，然后利用 TEXT 函数把这个两位数字转换为中文月份名称，再与汇总表的标题进行比较判断。

## 23.3.2 多条件求和

**案例 23–8**

在上面的案例中，如果要计算每个产品、每个月的销售额，制作如图 23-12 所示的汇总表，如何设置公式？道理很简单，再增加一个产品判断的条件即可。

单元格 G2 的公式为：

```
=SUMPRODUCT((TEXT(MID($A$2:$A$1000,3,2),"0 月")=G$1)*1,
          ($B$2:$B$1000=$F2)*1,
          $C$2:$C$1000)
```

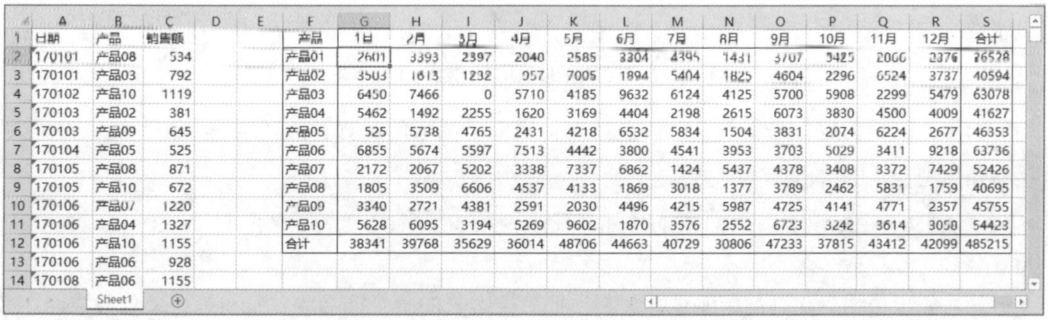

| | A | B | C | D | E | F | G | H | I | J | K | L | M | N | O | P | Q | R | S |
|---|---|---|---|---|---|---|---|---|---|---|---|---|---|---|---|---|---|---|---|
| 1 | 日期 | 产品 | 销售额 | | | 产品 | 1月 | 2月 | 3月 | 4月 | 5月 | 6月 | 7月 | 8月 | 9月 | 10月 | 11月 | 12月 | 合计 |
| 2 | 170101 | 产品08 | 534 | | | 产品01 | 2601 | 3393 | 2397 | 2040 | 2585 | 3304 | 4395 | 1431 | 3707 | 3425 | 2066 | 2376 | 36528 |
| 3 | 170101 | 产品03 | 792 | | | 产品02 | 3503 | 1813 | 1232 | 957 | 7005 | 1894 | 5404 | 1825 | 4604 | 2296 | 6524 | 3737 | 40594 |
| 4 | 170102 | 产品10 | 1119 | | | 产品03 | 6450 | 7466 | 0 | 5710 | 4185 | 9632 | 6124 | 4125 | 5700 | 5908 | 2299 | 5479 | 63078 |
| 5 | 170103 | 产品02 | 381 | | | 产品04 | 5462 | 1492 | 2255 | 1620 | 3169 | 4404 | 2198 | 2615 | 6073 | 3830 | 4500 | 4009 | 41627 |
| 6 | 170103 | 产品09 | 645 | | | 产品05 | 525 | 5738 | 4765 | 2431 | 4218 | 6532 | 5834 | 1504 | 3831 | 2074 | 6224 | 2677 | 46353 |
| 7 | 170104 | 产品05 | 525 | | | 产品06 | 6855 | 5674 | 5597 | 7513 | 4442 | 3800 | 4541 | 3953 | 3703 | 5029 | 3411 | 9218 | 63736 |
| 8 | 170105 | 产品08 | 871 | | | 产品07 | 2172 | 2067 | 5202 | 3338 | 7337 | 6862 | 1424 | 5437 | 4378 | 3408 | 3372 | 7429 | 52426 |
| 9 | 170105 | 产品10 | 672 | | | 产品08 | 1805 | 3509 | 6606 | 4537 | 4133 | 1869 | 3018 | 1377 | 3789 | 2462 | 5831 | 1759 | 40695 |
| 10 | 170106 | 产品07 | 1220 | | | 产品09 | 3340 | 2721 | 4381 | 2591 | 2030 | 4496 | 4215 | 5987 | 4725 | 4141 | 4771 | 2357 | 45755 |
| 11 | 170106 | 产品04 | 1327 | | | 产品10 | 5628 | 6095 | 3194 | 5269 | 9602 | 1870 | 3576 | 2552 | 6723 | 3242 | 3614 | 3058 | 54423 |
| 12 | 170106 | 产品10 | 1155 | | | 合计 | 38341 | 39768 | 35629 | 36014 | 48706 | 44663 | 40729 | 30806 | 47233 | 37815 | 43412 | 42099 | 485215 |
| 13 | 170106 | 产品06 | 928 | | | | | | | | | | | | | | | | |
| 14 | 170108 | 产品06 | 1155 | | | | | | | | | | | | | | | | |

图 23-12　制作每个产品每个月的销售额汇总表

**案例 23–9**

再返回到本节开头的那个例子数据，单元格 G5 的公式如下：

```
=SUMPRODUCT((LEFT($B$2:$B$1000,2)=$F5)*1,
            (TEXT(MID($A$2:$A$1000,3,2),"0 月")=G$4)*1,
            $C$2:$C$1000)
```

在这个公式中，各个条件解释如下。

第 1 个条件：(LEFT($B$2:$B$1000,2)=$F5)*1，先用 LEFT 函数从产品编码数据中的左边取出 2 位字母（即产品类别），然后与报告中的指定类别名称进行比较。

第 2 个条件：(TEXT(MID($A$2:$A$1000,3,2),“0 月”)=G$4)*1，先用 MID 函数把日期数据的中间两位数字取出来（即月份），再用 TEXT 函数把取出的这个数字转变成报告月份标题文字形式，最后再与报告中的月份名称进行比较。

## 23.4 其他应用

SUMPRODUCT 函数还有很多的奇妙用途，这些应用的核心是构建数组，利用数组相乘相加的原理进行计算。

### 23.4.1 计算全部产品的销售额

**案例 23–10**

图 23-13 是这样的一种结构表格，每个产品下有两列，分别保存单价和销售量，现在要计算每个客户的销售总额。

| 客户 | 销售总额 | 产品1 | | 产品2 | | 产品3 | | 产品4 | | 产品5 | | 产品6 | | 产品7 | | 产品8 | | 产品9 | |
|---|---|---|---|---|---|---|---|---|---|---|---|---|---|---|---|---|---|---|---|
| | | 单价 | 销售量 | 单价 | 销售量 | 单价 | 销售量 | 单价 | 销售量 | 单价 | 销售量 | 单价 | 销售量 | 单价 | 销售量 | 单价 | 销售量 | 单价 | 销售量 |
| 客户1 | 12072 | 19 | 45 | 22 | 16 | 21 | 44 | 48 | 37 | 23 | 20 | 42 | 39 | 50 | 22 | 14 | 11 | 13 | 50 |
| 客户2 | 9923 | | | 27 | 20 | 7 | 46 | 31 | 8 | 35 | 44 | | | 46 | 46 | 46 | 18 | 39 | 20 |
| 客户3 | 8083 | 46 | 43 | | | 20 | 32 | | | 34 | 12 | 25 | 9 | 45 | 29 | 31 | 22 | 12 | 16 |
| 客户4 | 7825 | 10 | 25 | 9 | 40 | 14 | 49 | 16 | 13 | 25 | 37 | 26 | 30 | | | 32 | 17 | 23 | 38 |
| 客户5 | 7536 | | | 17 | 23 | 6 | 20 | 31 | 28 | | | 27 | 14 | | | 27 | 31 | 38 | 23 |
| 客户6 | 9676 | 29 | 35 | 16 | 45 | 36 | 43 | | | 46 | 27 | 50 | 19 | 11 | 43 | 19 | 15 | 7 | 44 |
| 客户7 | 6982 | 39 | 35 | | | | | 16 | 30 | 25 | 12 | 48 | 24 | 19 | 8 | 37 | 8 | 7 | 45 |
| 客户8 | 7871 | 35 | 9 | 22 | 8 | 13 | 30 | 20 | 16 | | | 48 | 13 | 36 | 41 | 32 | 27 | 8 | 15 |
| 客户9 | 9123 | 30 | 27 | 21 | 34 | 33 | 21 | 12 | 10 | 6 | 6 | 42 | 14 | | | 33 | 35 | 38 | 21 |
| 客户10 | 8368 | 20 | 6 | 32 | 9 | 8 | 30 | 31 | 47 | 15 | 43 | 28 | 12 | | | 45 | 8 | 42 | 34 |
| 客户11 | 6885 | | | | | 21 | 25 | 45 | 25 | 21 | 15 | 37 | 7 | 35 | 28 | 44 | 33 | 41 | 30 |
| 客户12 | 6693 | 40 | 24 | 14 | 13 | 13 | 28 | | | 25 | 17 | | | 11 | 34 | 33 | 12 | 28 | 14 |

应用之1

图 23-13 SUMPRODUCT 函数的奇妙用法

乍一看，这个问题似乎很复杂，一般人会使用以下烦琐的计算公式（这种方法不仅工作量大，也极易操作失误，制造出错误的公式）：

```
=C3*D3+E3*F3+G3*H3+I3*J3+K3*L3+M3*N3+O3*P3+Q3*R3+S3*T3+U3*V3+W3*X3+Y3*Z
3+AA3*AB3+AC3*AD3
```

但是，如果根据第 2 行的标题进行判断，把每个客户的各个产品的单价和销售量分开成两组数据，再把两组数据相乘、相加，不就是想要的结果吗？此时，计算公式可以简化为：

```
=SUMPRODUCT(($C$2:$AD$2="单价")*C3:AD3,($D$2:$AE$2="销售量")*D3:AE3)
```

公式含义解释如下：

表达式 ($C$2:$AD$2="单价")*C3:AD3，就是根据第 2 行的标题，把每个客户所有产品的单价数据提取出来，生成一个单价数组（如果不是单价，就处理为 0）：

```
{19,0,22,0,21,0,48,0,23,0,42,0,50,0,14,0,13,0,30,0,16,0,7,0,32,0,27,0}
```

表达式 ($D$2:$AE$2="销售量")*D3:AE3，就是根据第 2 行的标题，把每个客户所有产品的销售量数据提取出来，生成一个销售量数组（如果不是销售量，就处理为 0）。需要特别注意的是，单价数据和销售量数据正好错开一列，此部分表达式的数据区域就要从第一个销售量所在列（即 D 列）开始选。此数组结果为：

```
{45,0,16,0,44,0,37,0,20,0,39,0,22,0,11,0,50,0,48,0,30,0,47,0,48,0,14,0}
```

最后把这两组相乘再相加，就是各个产品的单价乘以销售量，得到的就是销售总额。

### 23.4.2　多条件查找数据

当给定多个条件查找数据，而查找的数据又是数字时，不妨换个思路，使用 SUMIFS 函数或者 SUMPRODUCT 函数。

**案例 23–11**

图 23-14 是一个简单的例子，需要把指定国家、指定产品的数据查找出来，可以使用下面的公式：

```
=SUMPRODUCT((B3:B6=K2)*(C2:H2=K3)*C3:H6)
```

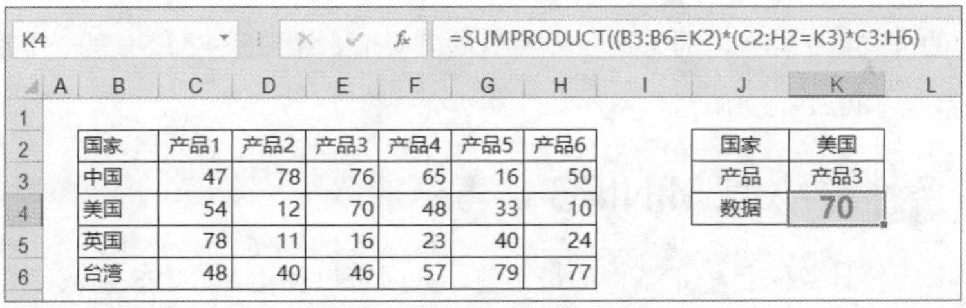
K4
=SUMPRODUCT((B3:B6=K2)*(C2:H2=K3)*C3:H6)

| 国家 | 产品1 | 产品2 | 产品3 | 产品4 | 产品5 | 产品6 |
|---|---|---|---|---|---|---|
| 中国 | 47 | 78 | 76 | 65 | 16 | 50 |
| 美国 | 54 | 12 | 70 | 48 | 33 | 10 |
| 英国 | 78 | 11 | 16 | 23 | 40 | 24 |
| 台湾 | 48 | 40 | 46 | 57 | 79 | 77 |

| 国家 | 美国 |
|---|---|
| 产品 | 产品3 |
| 数据 | 70 |

**图 23-14　多条件查找数据**

说明：这个是二维表格数据的查找问题，联合使用 VLOOKUP 函数和 MATCH 函数的原理和公式是最简单、最好理解的：

```
=VLOOKUP(K2,$B$2:$H$6,MATCH(K3,$B$2:$H$2,0),0)
```

## 23.5　SUMPRODUCT 函数：爱恨交加

SUMPRODUCT 函数用起来非常灵活，可以解决各种条件下的计数与求和问题，可以替代 COUNTIF 函数、COUNTIFS 函数、SUMIF 函数、SUMIFS 函数等，甚至还可以替代查找函数进行数据复杂条件下的数据查找。有人说，对 SUMPRODUCT 函数爱得死去活来。

SUMPRODUCT 函数最大的缺点是计算速度慢，尤其是数据量大时速度慢得尤为折磨人。在应用 SUMPRODUCT 函数时，还需要熟练使用条件表达式，以及熟练使用文本函数或者日期函数对数据进行处理。

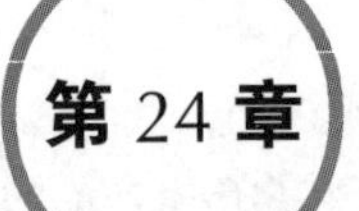

# 第 24 章 函数应用：极值计算

最大值、最小值、平均值，是数据统计中常常要计算的数据。这三个数据的计算并不难，因为可以通过相应的函数来计算，包括：

- 最小值：MIN、MINIFS
- 最大值：MAX、MAXIFS
- 平均值：AVERAGE、AVERAGEIF、AVERAGEIFS

## 24.1 计算最小值

### 24.1.1 单条件最小值 MIN

一般情况下，最小值的计算是无条件的，此时直接使用 MIN 函数即可。与 SUM 函数一样，MIN 函数忽略单元格区域内的空单元格、文本、逻辑值，但如果逻辑值直接作为参数进行计算，则逻辑值会分出真假。

例如，下面的公式结果是 0，因为这四个数的最小值是 FALSE（FALSE 就是 0）：

```
=MIN(100,20,800,FALSE)
```

### 24.1.2 多条件最小值 MINIFS

在有些情况下，会计算满足一定条件的最小值，此时可以使用 MINIFS 函数，其用法如下：

```
=MINIFS(求最小值区域,
        判断区域 1，条件值 1,
        判断区域 2，条件值 2,
        判断区域 3，条件值 3，……)
```

可以看到，MINIFS 函数与 SUMIFS 函数的语法结构一样，因此，在使用这个函数时，同样也要牢记以下几点：

（1）求最小值区域与所有的判断区域必须是表格里真实存在的单元格区域。

（2）所有的条件值，既可以是一个精确的具体值，也可以是大于或小于某个值的条件，或者是诸如开头是、结尾是、包含等这样的模糊匹配。

（3）所有的条件必须是与条件，而不能是或条件。

在输入 MINIFS 函数时，好习惯是打开函数参数对话框，一个一个参数的点选或键入输入，这样不容易出错。

MINIFS 仅仅在 Excel 2016 中才能使用，在其他版本中，要计算多个条件下的最小值，需要使用数组公式。

**案例 24-1**

图 24-1 是计算一个工资表，现在要求计算各个部门的最低工资、最高工资和人均工资（后两个我们在下面讨论）。

每个部门的人数用 COUNTIF 函数计算，单元格 N3 公式如下：

```
=COUNTIF(B:B,M3)
```

每个部门最低工资用 MINIFS 函数计算，单元格 O3 公式如下：

```
=MINIFS(G:G,B:B,M3)
```

总公司的最低工资用 MIN 函数计算，单元格 O16 公式如下：

```
=MIN(G:G)
```

| | A | B | C | D | E | F | G | H | I | J | K |
|---|---|---|---|---|---|---|---|---|---|---|---|
| 1 | 姓名 | 部门 | 基本工资 | 津贴 | 加班工资 | 考勤扣款 | 应税所得 | 社保 | 公积金 | 个税 | 实得工资 |
| 2 | A001 | HR | 11000 | 814 | 0 | 0 | 11814 | 997.6 | 635 | 781.28 | 10200.12 |
| 3 | A002 | HR | 4455 | 1524.6 | 1675.86 | 0 | 7655.49 | 836.4 | 532 | 173.71 | 7013.38 |
| 4 | A003 | HR | 5918 | 737 | 0 | 0 | 6655 | 1125.7 | 0 | 97.93 | 6331.37 |
| 5 | A004 | HR | 4367 | 521 | 0 | 0 | 4888 | 563.8 | 359 | 13.96 | 4921.24 |
| 6 | A005 | HR | 9700 | 132 | 0 | -453.56 | 9378.44 | 1285.8 | 818 | 272.46 | 24213.98 |
| 7 | A006 | HR | 5280 | 613 | 0 | 0 | 5893 | 617.6 | 393 | 41.47 | 5749.16 |
| 8 | A007 | HR | 4422 | 1533.9 | 369.66 | 0 | 6325.54 | 603.8 | 0 | 117.17 | 6504.57 |
| 9 | A008 | 总经办 | 3586 | 1511.6 | 299.77 | 0 | 5397.39 | 609.8 | 388 | 26.99 | 5314.63 |
| 10 | A009 | 总经办 | 3663 | 787 | 0 | 0 | 4450 | 482.3 | 0 | 14.03 | 4923.67 |
| 11 | A010 | 总经办 | 4455 | 1547.8 | 1117.24 | 0 | 7120.03 | 668.9 | 0 | 190.11 | 7161.02 |
| 12 | A011 | 总经办 | 3520 | 1335.6 | 1360.92 | 0 | 6216.53 | 583.3 | 371 | 71.22 | 6091.01 |
| 13 | A012 | 总经办 | 7700 | 614 | 0 | 0 | 8314 | 735.2 | 0 | 302.88 | 8118.04 |
| 14 | A013 | 总经办 | 4730 | 1358 | 395.4 | 0 | 6483.4 | 751.7 | 478 | 70.37 | 6083.33 |
| 15 | A014 | 设备部 | 5280 | 1809.7 | 165.52 | -236.6 | 7018.63 | 761.6 | 485 | 122.2 | 6549.83 |
| 16 | A015 | 设备部 | 5922.4 | 440 | 0 | 0 | 6362.4 | 551.6 | 351 | 90.98 | 6268.82 |
| 17 | A016 | 设备部 | 3487 | 1383.4 | 291.49 | 0 | 5161.9 | 600.5 | 382 | 20.38 | 5116.46 |

| M | N | O | P | Q |
|---|---|---|---|---|
| 成本中心 | 人数 | 最低工资 | 最高工资 | 人均工资 |
| HR | 7 | 4888 | 11814 | 7516 |
| 总经办 | 6 | 4450 | 8314 | 6330 |
| 设备部 | 11 | 3477 | 7019 | 5049 |
| 信息部 | 7 | 3848 | 7206 | 4800 |
| 维修 | 15 | 3395 | 5346 | 4020 |
| 一分厂 | 43 | 623 | 8226 | 3859 |
| 二分厂 | 67 | 1235 | 74093 | 8032 |
| 三分厂 | 31 | 1767 | 31518 | 8323 |
| 北京分公司 | 52 | 182 | 44644 | 6420 |
| 上海分公司 | 69 | 673 | 15359 | 5116 |
| 苏州分公司 | 40 | 2629 | 20711 | 6386 |
| 天津分公司 | 136 | 860 | 163799 | 10031 |
| 武汉分公司 | 23 | 3137 | 90965 | 13975 |
| 合计 | 507 | 182 | 163799 | 7554 |

图 24-1　工资统计分析

> **说明：** 对于除 Excel 2016 以外的其他版本，各个部门最低工资的计算需要使用数组公式，如下所示。

```
=MIN(IF($B$2:$B$508=M3,$G$2:$G$508,” ”))
```

# 24.2 计算最大值

## 24.2.1 单条件最大值 MAX

一般情况下，最大值的计算是无条件的，此时直接使用 MAX 函数即可。与 SUM 函数和 MIN 函数一样，MAX 函数忽略单元格区域内的空单元格、文本、逻辑值，但如果逻辑值直接作为参数进行计算，则逻辑值会分出真假。

例如下面的公式结果是 1，因为这三个数的最大值是 TRUE（TRUE 就是 1）：

```
=MAX(-100,0,TRUE)
```

## 24.2.2 多条件最大值 MAXIFS

在有些情况下，会要求计算满足一定条件下的最大值，此时使用 MAXIFS 函数，其用法如下：

```
=MAXIFS(求最大值区域,
```

```
判断区域 1, 条件值 1,
判断区域 2, 条件值 2,
判断区域 3, 条件值 3, ……)
```

可以看到，MAXIFS 函数与 MINIFS 函数的语法结构是一样的，使用注意事项也是一样的。

在上面的案例 24-1 中，每个部门的最高工资计算公式（单元格 P3）如下：

```
=MAXIFS(G:G,B:B,M3)
```

总公司的最高工资（单元格 P16）公式如下：

```
=MAX(K:K)
```

MAXIFS 仅仅在 Excel 2016 中才能使用，在其他版本中，要计算多个条件下的最大值，需要使用数组公式，此时，各个部门最高工资的计算公式为

```
=MAX(IF($B$2:$B$508=M3,$G$2:$G$508,” ”))
```

# 24.3 计算平均值

## 24.3.1 无条件平均值 AVERAGE

如果对数据区域的所有数据直接求平均值，使用 AVERAGE 函数，此函数使用方法和注意事项与 SUM、MIN、MAX 是一样的。

## 24.3.2 单条件平均值 AVERAGEIF

如果要对数据区域先判断，再把满足某个指定条件的数据求平均值，可以使用 AVERAGEIF 函数。AVERAGEIF 函数是单条件求平均值，用法如下：

```
=AVERAGEIF(判断区域, 条件值, 求平均值区域)
```

AVERAGEIF 函数的用法和注意事项，与前面介绍的 SUMIF 函数完全一样。

## 24.3.3 多条件平均值 AVERAGEIFS

当给定了多个条件时，计算满足这些条件下的平均值，可以使用 AVERAGEIFS 函数。

AVERAGEIFS 函数是多条件求平均值，用法如下：

```
=AVERAGEIFS(求平均值区域,
            判断区域 1, 条件值 1,
            判断区域 2, 条件值 2,
            判断区域 3, 条件值 3, ……)
```

可以看到，AVERAGEIFS 与 SUMIFS、MINIFS、MAXIFS 函数的语法结构一样，使用注意事项也是一样的。

在上面的案例 24-1 中，每个部门的人均工资计算公式（单元格 Q3）如下：

```
=AVERAGEIF(B:B,M3,G:G)
```

或者

```
=AVERAGEIFS(G:G,B:B,M3)
```

总公司的人均工资（单元格 16）公式如下：

```
=AVERAGE(G:G)
```

图 24-2 是所有数据的计算结果。

| 成本中心 | 人数 | 最低工资 | 最高工资 | 人均工资 |
|---|---|---|---|---|
| HR | 7 | 4921 | 24214 | 9276 |
| 总经办 | 6 | 4924 | 8118 | 6282 |
| 设备部 | 11 | 4015 | 6550 | 5281 |
| 信息部 | 7 | 3987 | 6667 | 5133 |
| 维修 | 15 | 3899 | 5365 | 4543 |
| 一分厂 | 43 | 623 | 8124 | 4326 |
| 二分厂 | 67 | 1482 | 54891 | 7599 |
| 三分厂 | 31 | 1767 | 24691 | 7620 |
| 北京分公司 | 52 | 1182 | 34283 | 6299 |
| 上海分公司 | 69 | 673 | 12620 | 5343 |
| 苏州分公司 | 40 | 3489 | 16699 | 6290 |
| 天津分公司 | 136 | 1010 | 104562 | 8698 |
| 武汉分公司 | 23 | 3508 | 65661 | 11725 |
| 合计 | 507 | 623 | 104562 | 7094 |

图 24-2　各部门工资统计分析报表

# 第 25 章 函数应用：数字舍入计算

经常有同学问：为什么单元格看起来的百分比数字相加不等于 100%？为什么各期的折旧额相加并与残值合计后，不等于原值？

此时，我会问他们一个问题：试试这个公式“=6.1-6.2+1”的结果是不是 0.9？回答是一致的，是！我再问，比比看：=6.1-6.2+1=0.9，这个公式的结果是 TRUE 吗？回答：怎么是 FALSE 了？明明是算出来的 0.9！

在本书的前面我就说过，单元格显示出来的不一定是真实的，眼见不一定为实，因为单元格显示的是一回事（单元格格式），实际计算结果是另一回事（数据）。尤其是数字，经过计算后，会产生误差，但经过设置单元格格式后，实际值与显示的值并不一样。

直接计算的误差，称之为浮点计算误差，一般情况下，这个误差可以使用有关的舍入函数进行处理，比如四舍五入函数 ROUND。

但是，如果四舍五入后的结果又进行了相加减，此时还会造成舍入误差，你舍多一点，我舍多一点，积少成多，误差就积累起来了，这种误差称之为舍入误差，这样的误差处理起来比较麻烦，需要根据实际情况来处理。

数字的舍入是常见的计算，常用的舍入函数有：

- 四舍五入：ROUND
- 向上舍入：ROUNDUP
- 向下舍入：ROUNDDOWN
- 向上按指定基数的倍数舍入：CEILING、CEILING.MATH
- 向下按指定基数的倍数舍入：FLOOR、FLOOR.MATH
- 按指定基数舍入：MROUND
- 获取除法的整数部分：QUOTIENT
- 获取数字的整数部分：INT

## 25.1 普通的四舍五入：ROUND

ROUND 就是把计算结果数字进行四舍五入，用法如下：

```
=ROUND(数字或表达式，小数位数)
```

例如（请仔细观察正数和负数在舍入时的区别）：

```
ROUND(3.578931,2) = 3.58
ROUND(1/3,2) = 0.33
ROUND(20/3,4) = 6.6667
ROUND(-20/3,4) = -6.6667
ROUND(-20/3,0) = -7
```

```
ROUND(-20/3,-1) = -10
ROUND(20/3,-1) = 10
```

## 25.2　向上舍入：ROUNDUP

ROUNDUP 函数是朝着远离 0 的方向，将数字进行向上按照指定的位数舍入，用法如下：

```
=ROUNDUP(数字或表达式，位数)
```

例如：

```
ROUNDUP(2338.5868,2) = 2338.59
ROUNDUP(2338.5868,0) = 2339
ROUNDUP(2338.5868,-1) = 2340
ROUNDUP(2338.5868,-2) = 2400
ROUNDUP(-2338.5868,2) = -2338.59
ROUNDUP(-2338.5868,0) = -2339
ROUNDUP(-2338.5868,-1) = -2340
ROUNDUP(-2338.5868,-2) = -2400
```

在有些城市中，社保的计算是见分进角，比如计算出的社保额为 285.82，要处理为 285.9，批量处理的公式如下：

```
= ROUNDUP(285.82,1)
```

一个学生问我：数字小数点在 0.5（含）以上的，进位 1；小数点在 0.5 以下的，进位到 0.5，该如何设置公式？比如，8.49 进位成 8.5，8.53 进位到 9。

此时，可以使用下面的公式进行计算（B2 是要进位的数字）：

```
=ROUNDUP(B2*2+0.000001,0)/2
```

在这个公式中，将要进位的数字加上一个很小的小数（0.000001），目的是为了处理当原始数字是 0.5 时的进位。

## 25.3　向下舍入：ROUNDDOWN

ROUNDDOWN 函数是朝着 0 的方向，将数字进行向下按照指定的位数舍入，用法如下：

```
=ROUNDDOWN(数字或表达式，位数)
```

例如：

```
ROUNDDOWN(2338.5868,2) = 2338.58
ROUNDDOWN(2338.5868,0) = 2338
ROUNDDOWN(2338.5868,-1) = 2330
ROUNDDOWN(2338.5868,-2) = 2300
ROUNDDOWN(-2338.5868,2) = -2338.58
ROUNDDOWN(-2338.5868,0) = -2338
ROUNDDOWN(-2338.5868,-1) = -2330
ROUNDDOWN(-2338.5868,-2) = -2300
```

有一次去菜市场买菜，菜价是 4.07 元，就跟菜贩说：ROUNDDOWN，4 元吧。菜贩瞪了我一眼，其实，这个问题就是抹掉所有的小数点，公式如下：

```
=ROUNDDOWN(4.07,0)
```

## 25.4 向上按指定基数的倍数舍入：CEILING、CEILING.MATH

CEILING 函数是将数字向上舍入（沿绝对值增大的方向）为最接近的指定基数的倍数。用法如下：

=CEILING(数字或表达式，倍数)

例如，出售商品的价格以 5 分为基本单位，不够 5 分的要向上进位到 5 角。现在计算出折扣后的价格是 357.27，要换算成 357.5，公式如下：

=CEILING(357.27,0.5)

CEILING 函数总是沿绝对值增大的方向舍入，因此正负数的舍入方向是不一样的，如下：

=CEILING(485.28,0.5)，结果是 485.5

=CEILING(-485.28,0.5)，结果是 -485

对于负数来说，如果想控制负数是朝向 0 方向还是远离 0 的方向舍入，此时可以使用 CEILING.MATH 函数，用法如下：

=CEILING.MATH(数字或表达式，倍数，负数的舍入方向)

例如：

=CEILING.MATH(-485.28,0.5,-1)，结果是 -485.5

=CEILING.MATH(-485.28,0.5,1)，结果是 -485

=CEILING.MATH(485.28,0.5,1)，结果是 485.5

## 25.5 向下按指定基数的倍数舍入：FLOOR、FLOOR.MATH

FLOOR 函数是将数字向下舍入（沿绝对值减小的方向）为最接近的指定基数的倍数。用法如下：

=FLOOR(数字或表达式，倍数)

例如，出售商品的价格以 5 分为基本单位，不够 5 分的舍掉。现在计算出折扣后的价格是 357.77，要换算成 357.5，公式如下：

=FLOOR(357.77,0.5)

FLOOR 函数总是沿绝对值减小的方向舍入，因此正负数的舍入方向是不一样的，如下：

= FLOOR(485.88,0.5)，结果是 485.5

= FLOOR(-485.88,0.5)，结果是 -486

对于负数来说，如果想控制负数是朝向 0 方向还是远离 0 的方向舍入，此时可以使用 FLOOR.MATH 函数，用法如下：

= FLOOR.MATH(数字或表达式，倍数，负数的舍入方向)

例如：

= FLOOR.MATH(-485.88,0.5,-1)，结果是 -485.5

= FLOOR.MATH(-485.88,0.5,1)，结果是 -485.5

= FLOOR.MATH(-485.88,0.5,0)，结果是 -486

## 25.6　按指定基数舍入：MROUND

有这样的一个问题：如果想把 10 舍入为最接近的 3 的倍数（也就是 9），用什么函数？MROUND 函数就可以解决这个问题，函数的用法如下：

```
= MROUND(数字或表达式，倍数)
```

例如：

```
=MROUND(10, 3)，结果是 9
=MROUND(-10, -3)，结果是 -9
=MROUND(1.3, 0.2)，结果是 1.4
```

## 25.7　获取除法的整数部分：QUOTIENT

如果有一个除法计算，只想要除法的整数部分，可以使用 QUOTIENT 函数，用法如下：

```
=QUOTIENT(被除数，除数)
```

例如：

```
=QUOTIENT(50,3)，结果 16
=QUOTIENT(-50,3)，结果 -16
```

## 25.8　获取数字的整数部分：INT

如果要对一个有小数点的数字，取出整数部分来，就是用 INT 函数。INT 函数就是将数字向下舍入到最接近的整数，用法如下：

```
=INT(数字)
```

例如：

```
=INT(359.285)，结果是 359
=INT(-359.285) ，结果是 -360
```

如果是正数，直接抓取整数部分；如果是负数，会朝着远离 0 的方向将数字舍入到整数。

# 第 26 章 函数应用：数据排序

数据排序，是实际数据处理和数据分析中常见的一种分析方法，比如客户排名，产品排名，业务员排名，等等。一般的排序就是执行排序命令，但是在数据分析中，需要制作自动化的数据排序模板，通过函数进行排名，所使用的函数主要有：

- 降序排序：LARGE
- 升序排序：SMALL
- 排名：RANK、RANK.AVG、RANK.EQ

下面我们介绍这几个函数在自动化数据排序中的应用实例。

## 26.1 降序排序：LARGE

LARGE 是把一组数按照降序（从大到小）进行排序，语法如下：

=LARGE(一组数字或单元格引用，k 值)

这里要注意几点：

（1）要排序的数据必须是数字，忽略单元格的文本和逻辑值，不允许有错误值单元格。

（2）要排序的数字必须是一维数组，或一列或一行区域

（3）k 值是一个自然数，1 表示第 1 个最大，2 表示第 2 个最大，依此类推。

利用 LARGE 函数对一组数进行排序，关键的是 k 值怎么设置，此时可以联合使用 ROW 函数或者 COLUMN 函数来自动输入 k 值。

**案例 26-1**

图 26-1 是对一列数据进行降序排序的简单例子，单元格 D2 公式如下：

```
=LARGE($B$2:$B$10,ROW(A1))
```

D2 =LARGE($B$2:$B$10,ROW(A1))

| | A | B | C | D | E | F | G |
|---|---|---|---|---|---|---|---|
| 1 | | 原始数据 | | 排序后 | | | |
| 2 | | 348 | | 603 | | | |
| 3 | | 122 | | 599 | | | |
| 4 | | 599 | | 400 | | | |
| 5 | | 188 | | 348 | | | |
| 6 | | 28 | | 199 | | | |
| 7 | | 69 | | 188 | | | |
| 8 | | 199 | | 122 | | | |
| 9 | | 603 | | 69 | | | |
| 10 | | 400 | | 28 | | | |
| 11 | | | | | | | |

图 26-1 在一列里进行降序排序

图 26-2 是对一行数字进行降序排序，单元格 C4 公式为：

```
=LARGE($C$2:$K$2,COLUMN(A1))
```

C4　=LARGE($C$2:$K$2,COLUMN(A1))

| | A | B | C | D | E | F | G | H | I | J | K |
|---|---|---|---|---|---|---|---|---|---|---|---|
| 1 | | | | | | | | | | | |
| 2 | | 原始数据 | 348 | 122 | 599 | 188 | 28 | 69 | 199 | 603 | 400 |
| 3 | | | | | | | | | | | |
| 4 | | 排序后 | 603 | 599 | 400 | 348 | 199 | 188 | 122 | 69 | 28 |
| 5 | | | | | | | | | | | |
| 6 | | | | | | | | | | | |

图 26-2　在一行里进行降序排序

## 26.2　升序排序：SMALL

SMALL 是把一组数按照升序（从小到大）进行排序，语法如下：

= SMALL(一组数字或单元格引用，k 值)

SMALL 函数的注意事项与 LARGE 函数是一样的，这里不再赘述。

### 案例 26-2

图 26-3 是对一列数据进行升序排序的简单例子，单元格 D2 公式如下：

```
=SMALL($B$2:$B$10,ROW(A1))
```

图 26-4 是对一行数字进行降序排序，单元格 C4 公式如下：

```
=SMALL($C$2:$K$2,COLUMN(A1))
```

D2　=SMALL($B$2:$B$10,ROW(A1))

| | A | B | C | D | E | F | G |
|---|---|---|---|---|---|---|---|
| 1 | | 原始数据 | | 排序后 | | | |
| 2 | | 348 | | 28 | | | |
| 3 | | 122 | | 69 | | | |
| 4 | | 599 | | 122 | | | |
| 5 | | 188 | | 188 | | | |
| 6 | | 28 | | 199 | | | |
| 7 | | 69 | | 348 | | | |
| 8 | | 199 | | 400 | | | |
| 9 | | 603 | | 599 | | | |
| 10 | | 400 | | 603 | | | |
| 11 | | | | | | | |

图 26-3　在一列里进行升序降序排序

C4　=SMALL($C$2:$K$2,COLUMN(A1))

| | A | B | C | D | E | F | G | H | I | J | K |
|---|---|---|---|---|---|---|---|---|---|---|---|
| 1 | | | | | | | | | | | |
| 2 | | 原始数据 | 348 | 122 | 599 | 188 | 28 | 69 | 199 | 603 | 400 |
| 3 | | | | | | | | | | | |
| 4 | | 排序后 | 28 | 69 | 122 | 188 | 199 | 348 | 400 | 599 | 603 |
| 5 | | | | | | | | | | | |
| 6 | | | | | | | | | | | |

图 26-4　在一行里进行升序排序

## 26.3　排位：RANK、RANK.AVG、RANK.EQ

如果不改变原始数据次序，而仅仅是标注每个数字的排名情况，可以使用 RANK、RANK.AVG、RANK.EQ 函数

RANK 函数用于判断某个数值在一组数中的排名位置，语法如下：

=RANK(要排位的数字，一维数组或单元格引用，排位方式)

这里要注意：

（1）要排位的数据必须是数字，忽略单元格的文本和逻辑值，不允许有错误值单元格。

（2）要排位的数字必须是一维数组，或一列或一行区域

（3）如果排位方式忽略或者输入 0，按降序排位；如果是 1，按升序排位。

（4）对相同的数字的排位是一个，但紧邻后面的数字会跳跃。比如，两个600，排位都是5，但其后面的数字假如是620（这里按降序排位），其排位是7，排位缺了6。

RANK.AVG函数是对RANK函数的修订，就是如果多个值具有相同的排位，将返回平均排位。RANK.AVG函数的用法与RANK函数完全相同。

RANK.EQ函数也是对RANK函数的修订，就是如果多个值具有相同的排位，则返回该组值的最高排位。RANK.EQ函数的用法与RANK函数完全相同。

**案例 26-3**

图26-5是对各个业务员业绩的排位，公式如下所示：

单元格C2：=RANK(B2,$B$2:$B$10,0)

单元格D2：=RANK.AVG(B2,$B$2:$B$10,0)

单元格E2：=RANK.EQ(B2,$B$2:$B$10,0)

| | A | B | C | D | E |
|---|---|---|---|---|---|
| 1 | 业务员 | 销售额 | RANK | RANK.AVG | RANK.EQ |
| 2 | A001 | 254 | 9 | 9 | 9 |
| 3 | A002 | 1098 | 2 | 2 | 2 |
| 4 | A004 | 1109 | 1 | 1 | 1 |
| 5 | A005 | 800 | 6 | 6.5 | 6 |
| 6 | A006 | 892 | 5 | 5 | 5 |
| 7 | A007 | 1042 | 3 | 3 | 3 |
| 8 | A008 | 800 | 6 | 6.5 | 6 |
| 9 | A009 | 629 | 8 | 8 | 8 |
| 10 | A010 | 1010 | 4 | 4 | 4 |
| 11 | | | | | |

图 26-5　使用 RANK、RANK.AVG、RANK.EQ 进行排位

## 26.4　综合应用案例：客户排名分析模板

了解了常用的几个排序函数后，下面我们介绍一个综合应用案例：客户排名分析模板，以期对这几个函数以及其他几个函数之间的综合运用有一个具体了解。

**案例 26-4**

图26-6是一个各个业务员销售产品的汇总数据，现在要制作一个动态的排名分析表，可以选择任意月份的当月数或累计数进行降序或升序排序，并能准确识别数据相同的业务员（注意，业务员名字可能有重名的）。

| | A | B | C | D | E | F | G | H | I | J | K | L | M |
|---|---|---|---|---|---|---|---|---|---|---|---|---|---|
| 1 | 业务员 | 1月 | 2月 | 3月 | 4月 | 5月 | 6月 | 7月 | 8月 | 9月 | 10月 | 11月 | 12月 |
| 2 | A01 | 583 | 452 | 764 | 101 | 263 | 831 | 192 | 614 | 562 | 525 | 450 | 538 |
| 3 | A02 | 718 | 650 | 615 | 401 | 373 | 631 | 175 | 1066 | 155 | 674 | 642 | 1107 |
| 4 | A03 | 1098 | 756 | 812 | 314 | 629 | 800 | 611 | 904 | 1017 | 445 | 852 | 977 |
| 5 | A04 | 196 | 243 | 464 | 1004 | 746 | 599 | 986 | 342 | 358 | 494 | 624 | 808 |
| 6 | A05 | 1156 | 650 | 828 | 913 | 713 | 917 | 637 | 1106 | 425 | 257 | 102 | 301 |
| 7 | A06 | 210 | 824 | 383 | 879 | 574 | 800 | 110 | 147 | 820 | 288 | 843 | 426 |
| 8 | A07 | 721 | 157 | 522 | 337 | 1191 | 988 | 1045 | 921 | 979 | 1133 | 328 | 408 |
| 9 | A08 | 393 | 206 | 269 | 790 | 930 | 414 | 1140 | 744 | 496 | 458 | 168 | 213 |
| 10 | A09 | 892 | 1170 | 617 | 1196 | 1174 | 224 | 149 | 868 | 300 | 773 | 478 | 521 |
| 11 | A10 | 894 | 395 | 582 | 1066 | 599 | 800 | 483 | 1059 | 409 | 807 | 1051 | 741 |
| 12 | A11 | 974 | 770 | 256 | 877 | 199 | 137 | 166 | 719 | 1079 | 253 | 835 | 157 |
| 13 | A12 | 1078 | 359 | 641 | 278 | 687 | 697 | 462 | 212 | 969 | 1093 | 618 | 767 |
| 14 | | | | | | | | | | | | | |

汇总表　排名分析

图 26-6　各个业务员的汇总数据

这个模板的制作并不复杂和困难，只要熟练掌握了前面介绍的函数，用不到5分钟就能做出来。这个图表是通过辅助区域的一系列计算得到的，辅助区域的设计如下，如图26-7、图26-8所示。

单元格C7，查找计算每个业务员的数据：

```
=IF($C$3="当月",
     VLOOKUP(B7,汇总表!$A$1:$M$13,MATCH($C$2,汇总表!$A$1:$M$1,0),0),
```

SUM(OFFSET(汇总表!B2,,,1,MATCH($C$2,汇总表!$B$1:$M$1,0))))

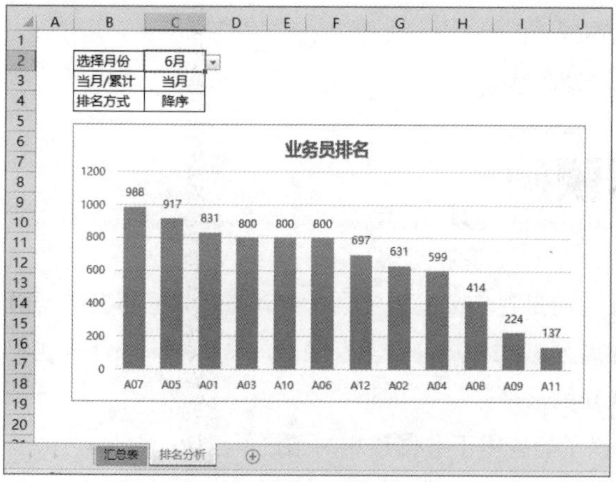

选择月份　6月
当月/累计　当月
排名方式　降序
业务员排名
988 917 831 800 800 800 697 631 599 414 224 137
A07 A05 A01 A03 A10 A06 A12 A02 A04 A08 A09 A11
汇总表　排名分析


图 26-7　排名效果图

| | A | B | C | D | E | F | G | H |
|---|---|---|---|---|---|---|---|---|
| 1 | | | | | | | | |
| 2 | | 选择月份 | 6月 | | | | | |
| 3 | | 当月/累计 | 当月 | | | | | |
| 4 | | 排名方式 | 降序 | | | | | |
| 5 | | | | | | | | |
| 6 | | 业务员 | 查找数据 | 处理相同 | | 匹配姓名 | 排序后 | |
| 7 | | A01 | 831 | 831 | | A07 | 988 | |
| 8 | | A02 | 631 | 631 | | A05 | 917 | |
| 9 | | A03 | 800 | 800 | | A01 | 831 | |
| 10 | | A04 | 599 | 599 | | A03 | 800 | |
| 11 | | A05 | 917 | 917 | | A10 | 800 | |
| 12 | | A06 | 800 | 800 | | A06 | 800 | |
| 13 | | A07 | 988 | 988 | | A12 | 697 | |
| 14 | | A08 | 414 | 414 | | A02 | 631 | |
| 15 | | A09 | 224 | 224 | | A04 | 599 | |
| 16 | | A10 | 800 | 800 | | A08 | 414 | |
| 17 | | A11 | 137 | 137 | | A09 | 224 | |
| 18 | | A12 | 697 | 697 | | A11 | 137 | |
| 19 | | | | | | | | |

图 26-8　辅助区域

单元格 D4，利用随机数 RAND 函数处理查找出来的数据，以便于在后面处理业务员重名的问题：

=C7+RAND()/1000000

单元格 G7，进行排序：

=IF($C$4="降序",LARGE($D$7:$D$18,ROW(A1)),SMALL($D$7:$D$18,ROW(A1)))

单元格 F7，匹配姓名：

=INDEX($B$7:$B$18,MATCH(G7,$D$7:$D$18,0))

# 第 27 章 函数应用：数据预测

企业老板最关心的并不是过去，也不是现在，而是将来会发生什么，这就需要根据历史数据对未来的趋势进行预测。尽管预测是一个估计，但有预测，总归是心里有底的，总比对未来什么也不清楚得好。人类感到恐怖的并不是现在，而是未知的未来。

预测有线性预测和非线性预测，Excel 也提供了一些用于数据预测的函数，包括：

- 相关分析：CORREL
- 线性预测：INTERCEPT、SLOPE、FORECAST、LINEST
- 指数预测：GROWTH、LOGEST

## 27.1 一元线性预测

一元线性预测的方程是：y=a+bx

通过对历史数据进行拟合分析，得出相关系数、方程系数，从而可以对未来进行预测。

**案例 27–1**

图 27-1 左侧是 2017 年各月的销售量与销售成本的数据汇总，现在已经对 2018 年各月的销售量进行估计，要求对每个月的销售成本进行预测。

首先对 2017 年数据绘制 XY 散点图，观察销售成本与销售量的关系。图表绘制后，添加趋势线，并显示方程和 R 平方，如图 27-2 所示。可以看出，销售成本与销售量呈显著的线性相关，因此可以使用相关的函数进行预测计算，如图 27-3 所示。

| | A | B | C | D | E | F | G |
|---|---|---|---|---|---|---|---|
| 1 | 2017年月度统计 | | | | 2018年预测 | | |
| 2 | 月份 | 销售量 | 销售成本 | | 月份 | 预计销售量 | 成本预测 |
| 3 | 1月 | 438 | 701 | | 1月 | 624 | |
| 4 | 2月 | 249 | 609 | | 2月 | 900 | |
| 5 | 3月 | 343 | 625 | | 3月 | 834 | |
| 6 | 4月 | 372 | 631 | | 4月 | 1006 | |
| 7 | 5月 | 443 | 698 | | 5月 | 987 | |
| 8 | 6月 | 288 | 714 | | 6月 | 890 | |
| 9 | 7月 | 486 | 736 | | 7月 | 905 | |
| 10 | 8月 | 509 | 756 | | 8月 | 936 | |
| 11 | 9月 | 673 | 938 | | 9月 | 1105 | |
| 12 | 10月 | 726 | 894 | | 10月 | 851 | |
| 13 | 11月 | 279 | 508 | | 11月 | 1034 | |
| 14 | 12月 | 766 | 938 | | 12月 | 992 | |
| 15 | | | | | | | |

图 27-1 历史数据与预测数据

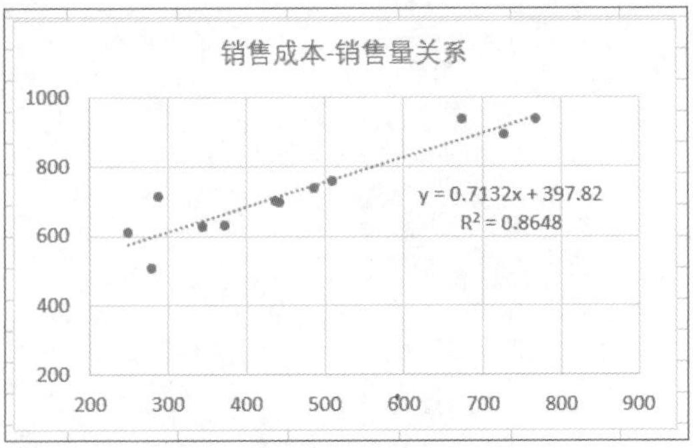
销售成本-销售量关系
1000
800
600
400
200
200
300
400
500
600
700
800
900
y = 0.7132x + 397.82
R² = 0.8648

图 27-2 对历史数据绘制 XY 散点图，显示趋势线选项

（1）CORREL 函数

用于计算两组数的相关系数（R），用法如下：

```
=CORREL(数组 1, 数组 2)
```

（2）INTERCEPT 函数

用于计算线性方程的斜率，也就是系数 a，用法如下：

=INTERCEPT（因变量 y 数组，自变量 x 数组）

（3）SLOPE 函数

用于计算线性方程的斜率，也就是系数 b，用法如下：

=SLOPE（因变量 y 数组，自变量 x 数组）

（4）FORECAST 函数

用于线性方程的预测值计算，用法如下：

= FORECAST（未来的自变量估计值，因变量 y 数组，自变量 x 数组）

这样，设计预测表格，各单元格公式如下。

单元格 J2：=CORREL(B3:B14,C3:C14)

单元格 J3：=INTERCEPT(C3:C14,B3:B14)

单元格 J4：=SLOPE(C3:C14,B3:B14)

单元格 G3：=FORECAST(F3,$C$3:$C$14,$B$3:$B$14)，或者：=$J$3+$J$4*F3

| | A | B | C | D | E | F | G | H | I | J |
|---|---|---|---|---|---|---|---|---|---|---|
| 1 | 2017年月度统计 | | | | 2018年预测 | | | | | |
| 2 | 月份 | 销售量 | 销售成本 | | 月份 | 预计销售量 | 成本预测 | | 相关系数 | 0.9299 |
| 3 | 1月 | 438 | 701 | | 1月 | 624 | 842.88 | | 截距a | 397.8205 |
| 4 | 2月 | 249 | 609 | | 2月 | 900 | 1039.73 | | 斜率b | 0.7132 |
| 5 | 3月 | 343 | 625 | | 3月 | 834 | 992.66 | | | |
| 6 | 4月 | 372 | 631 | | 4月 | 1006 | 1115.34 | | | |
| 7 | 5月 | 443 | 698 | | 5月 | 987 | 1101.78 | | | |
| 8 | 6月 | 288 | 714 | | 6月 | 890 | 1032.60 | | | |
| 9 | 7月 | 486 | 736 | | 7月 | 905 | 1043.30 | | | |
| 10 | 8月 | 509 | 756 | | 8月 | 936 | 1065.41 | | | |
| 11 | 9月 | 673 | 938 | | 9月 | 1105 | 1185.95 | | | |
| 12 | 10月 | 726 | 894 | | 10月 | 851 | 1004.78 | | | |
| 13 | 11月 | 279 | 508 | | 11月 | 1034 | 1135.31 | | | |
| 14 | 12月 | 766 | 938 | | 12月 | 992 | 1105.35 | | | |
| 15 | | | | | | | | | | |

图 27-3　未来预测值计算

## 27.2 多元线性预测

多元线性预测的方程是：

y=a+b1x1+ b2x2+ b3x3+ b4x4+……

多元线性预测，要使用 LINEST 函数，其用法如下：

=LINEST（因变量 y 数组，自变量 x 数组，是否要常数 a，是否返回附加回归统计值）

**案例 27–2**

图 27-4 是销售量与居民收入和广告投放的数据，现在要建立一个预测方程，并预测 2018 年销售量。

根据历史经验，假设预测模型为：

销售量 = b1× 居民收入 + b2× 广告投入

选择单元格区域 F9:G11，输入以下数组公

| | A | B | C | D | E | F | G |
|---|---|---|---|---|---|---|---|
| 1 | 历年数据统计 | | | | | 预计 | |
| 2 | 年份 | 销售量 | 居民收入 | 广告投放 | | 年份 | 2018年 |
| 3 | 2005年 | 293 | 38 | 24 | | 居民收入 | 482 |
| 4 | 2006年 | 399 | 65 | 76 | | 广告投放 | 358 |
| 5 | 2007年 | 496 | 89 | 87 | | 销售量预测： | |
| 6 | 2008年 | 639 | 78 | 54 | | | |
| 7 | 2009年 | 588 | 98 | 113 | | | |
| 8 | 2010年 | 815 | 110 | 93 | | | |
| 9 | 2011年 | 652 | 102 | 128 | | | |
| 10 | 2012年 | 792 | 139 | 159 | | | |
| 11 | 2013年 | 947 | 196 | 131 | | | |
| 12 | 2014年 | 1048 | 218 | 165 | | | |
| 13 | 2015年 | 1258 | 286 | 198 | | | |
| 14 | 2016年 | 1688 | 335 | 174 | | | |
| 15 | 2017年 | 1599 | 327 | 211 | | | |

图 27-4　历史数据

式，就得到回归结果，如图 27-5 所示。

```
=LINEST($B$3:$B$15,$C$3:$D$15,0,1)
```

然后从这个回归数据区域中，提取必要参数：

单元格 J2，相关系数：=SQRT(F11)

单元格 J3，系数 2：=F9

单元格 J4，系数 1：=G9

这样，就可以计算 2018 年的预测销售量了，单元格 G5 公式为：

```
=J5*G3+J4*G4
```

| | A | B | C | D | E | F | G | H | I | J |
|---|---|---|---|---|---|---|---|---|---|---|
| 1 | 历年数据统计 | | | | | 预计 | | | | |
| 2 | 年份 | 销售量 | 居民收入 | 广告投放 | | 年份 | 2018年 | | | |
| 3 | 2005年 | 293 | 38 | 24 | | 居民收入 | 482 | | 相关系数： | 0.988907 |
| 4 | 2006年 | 399 | 65 | 76 | | 广告投放 | 358 | | 系数2： | 3.102066 |
| 5 | 2007年 | 496 | 108 | 123 | | 销售量预测： | 2389.203 | | 系数1： | 2.652829 |
| 6 | 2008年 | 639 | 78 | 54 | | | | | | |
| 7 | 2009年 | 588 | 98 | 113 | | | | | | |
| 8 | 2010年 | 815 | 110 | 93 | | 回归结果： | | | | |
| 9 | 2011年 | 652 | 102 | 128 | | 3.102066415 | 2.652829 | | | |
| 10 | 2012年 | 792 | 139 | 159 | | 1.123739143 | 0.852503 | | | |
| 11 | 2013年 | 947 | 196 | 131 | | 0.977937893 | 146.8707 | | | |
| 12 | 2014年 | 1048 | 183 | 165 | | | | | | |
| 13 | 2015年 | 1258 | 286 | 198 | | | | | | |
| 14 | 2016年 | 1288 | 335 | 174 | | | | | | |
| 15 | 2017年 | 1599 | 294 | 211 | | | | | | |
| 16 | | | | | | | | | | |

图 27-5　多元线性回归

## 27.3 指数预测

指数预测方程是：

```
y = b·mx
```

指数预测可以使用 GROWTH、LOGEST 函数。

GROWTH 函数的语法如下：

= GROWTH(因变量 y 数组，自变量 x 数组，自变量预估值，逻辑值)

**案例 27–3**

图 27-6 是一个简单的示例数据，现在要求预测销售成本。

单元格 E3 的预测公式为：

```
=GROWTH(B2:B10,A2:A10,E2)
```

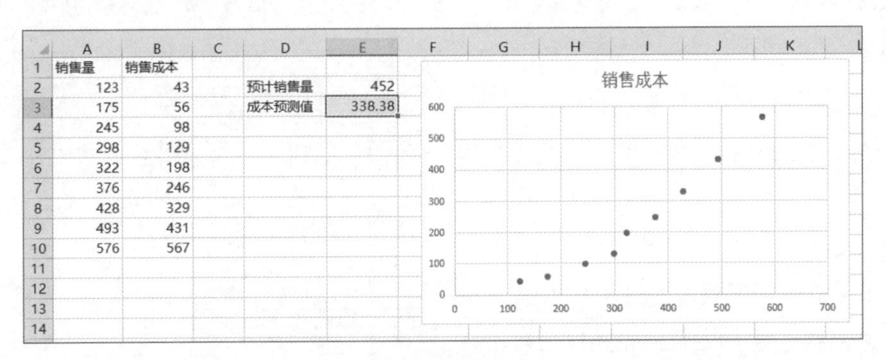

| | A | B | C | D | E |
|---|---|---|---|---|---|
| 1 | 销售量 | 销售成本 | | | |
| 2 | 123 | 43 | | 预计销售量 | 452 |
| 3 | 175 | 56 | | 成本预测值 | 338.38 |
| 4 | 245 | 98 | | | |
| 5 | 298 | 129 | | | |
| 6 | 322 | 198 | | | |
| 7 | 376 | 246 | | | |
| 8 | 428 | 329 | | | |
| 9 | 493 | 431 | | | |
| 10 | 576 | 567 | | | |
| 11 | | | | | |
| 12 | | | | | |
| 13 | | | | | |
| 14 | | | | | |

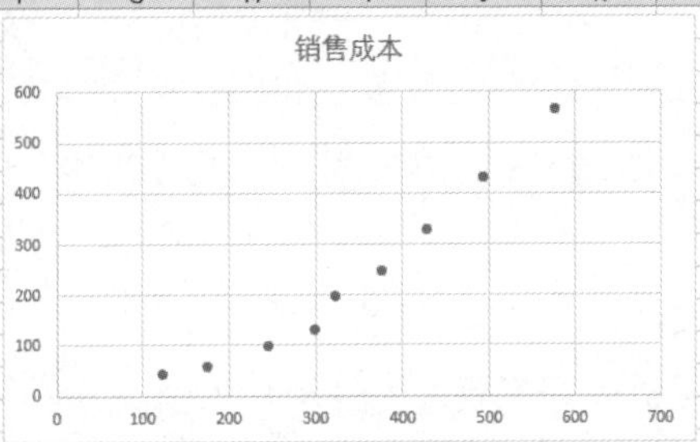
销售成本
600
500
400
300
200
100
0
0
100
200
300
400
500
600
700

图 27-6　指数预测

# 08

# 第 8 部分

# 彻底掌握函数和公式应用：数据查找与引用

经常会有学生问：老师，我如何从一个表格里把满足条件的数据查找出来，保存到第二个表格中？

查找引用函数是Excel最常用、又非常重要的函数。在实际工作中，经常要根据一定的条件从一个或者多个数据区域中把满足条件的数据查找出来，此时就需要使用查找引用函数。

Excel提供了近20个查找引用函数，其中最常用的有以下几个，这几个函数贯穿了日常的数据处理和数据分析模板的制作：

- 匹配取数：LOOKUP、VLOOKUP、HLOOKUP
- 定位数据：MATCH
- 根据位置取数：INDEX
- 间接引用：INDIRECT
- 获取动态区域：OFFSET

很多人对这些函数并不陌生，甚至几乎每天都在使用。然而，你是否真正了解这些函数的基本原理和逻辑？你是否能够灵活地使用这些函数？你是否能够把这些函数综合起来，创建高效自动化数据分析模板？

# 第 28 章 函数应用：使用最频繁的 VLOOKUP

说起 VLOOKUP 函数，大多数人都会说，我用过。在很多人的应聘简历中，也都写着精通 Excel，面试时也信心十足地说会用 VLOOKUP 函数。然而在每次的培训课上，都会遇到咨询 VLOOKUP 函数的，说这个老是用不好，不知道为什么总是出现问题。

那么，VLOOKUP 到底是什么呢？如何才能正确使用它？

## 28.1 基本应用与注意事项

### 28.1.1 基本原理

VLOOKUP 函数是根据指定的一个条件，在指定的数据列表或区域内，在第一列里匹配是否满足指定的条件，然后从右边某列取出该项目的数据，使用方法如下：

```
=VLOOKUP(匹配条件，查找列表或区域，取数的列号，匹配模式)
```

该函数的四个参数说明如下。

- 匹配条件：就是指定的查找条件。
- 查找列表区域：是一个至少包含一列数据的列表或单元格区域，并且该区域的第一列必须含有要匹配的数据，也就是说谁是匹配值，就把谁选为区域的第一列。
- 取数的列号：是指定从单元格区域的哪列取数。
- 匹配模式：是指做精确定位单元格查找和模糊定位单元格查找（当为 TRUE 或者 1 或者忽略时做模糊定位单元格查找，当为 FALSE 或者 0 时做精确定位单元格查找）。

### 28.1.2 适用场合

VLOOKUP 函数的应用是有条件的，并不是任何查询问题都可以使用 VLOOKUP 函数。要使用 VLOOKUP 函数，必须满足五个条件：

- 查询区域必须是列结构的，也就是数据必须按列保存（这就是为什么该函数的第一个字母是 V 的原因了，V 就是英文单词 Vertical 的缩写）。
- 匹配条件必须是单条件的。
- 查询方向是从左往右，也就是说，匹配条件在数据区域的左边某列，要取的数在匹配条件的右边某列。
- 在查询区域中，匹配条件不允许有重复数据。
- 匹配条件不区分大小写。

把 VLOOKUP 函数的第一个参数设置为具体的值，从查询表中数出要取数的列号，并且第四个参数设置为 FALSE 或者 0，这是最常见的用法。

## 28.1.3 基本应用举例

**案例 28–1**

图 28-1 是要从工资表中根据姓名，查找该员工的实发合计。那么，VLOOKUP 的查找数据的逻辑描述如下。

（1）姓名“马超”是条件，是查找的依据（匹配条件），因此 VLOOKUP 的第 1 个参数是 A2 指定的具体姓名。

（2）搜索的方法是从“工资清单”表格的 B 列里从上往下依次匹配哪个单元格是“马超”，如果是，就不再往下搜索，转而向右到 G 列里取出马超的实发合计，因此 VLOOKUP 函数的第 2 个参数从“工资清单”表格的 B 列开始到 G 列结束的区域。

（3）我们是取“实发合计”这列的数，从姓名这列算起，往右数到第 6 列是要提取的数据，因此 VLOOKUP 函数的第 3 个参数是 6。

（4）因为是要在“工资清单”的 B 列里精确定位到有“马超”姓名的单元格，所以 VLOOKUP 函数的第 4 个参数要输入 FALSE 或者 0。

这样，“发放单”工作表 C2 单元格的查找公式如下：

```
=VLOOKUP(A2, 工资清单 !B:G,6,0)
```

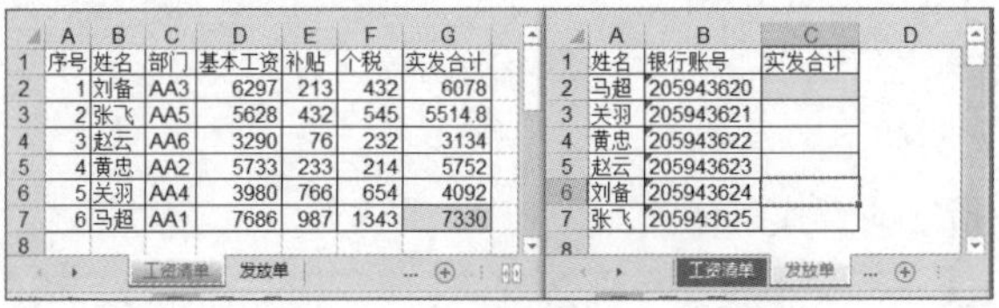

| 序号 | 姓名 | 部门 | 基本工资 | 补贴 | 个税 | 实发合计 |
|---|---|---|---|---|---|---|
| 1 | 刘备 | AA3 | 6297 | 213 | 432 | 6078 |
| 2 | 张飞 | AA5 | 5628 | 432 | 545 | 5514.8 |
| 3 | 赵云 | AA6 | 3290 | 76 | 232 | 3134 |
| 4 | 黄忠 | AA2 | 5733 | 233 | 214 | 5752 |
| 5 | 关羽 | AA4 | 3980 | 766 | 654 | 4092 |
| 6 | 马超 | AA1 | 7686 | 987 | 1343 | 7330 |

| 姓名 | 银行账号 | 实发合计 |
|---|---|---|
| 马超 | 205943620 | |
| 关羽 | 205943621 | |
| 黄忠 | 205943622 | |
| 赵云 | 205943623 | |
| 刘备 | 205943624 | |
| 张飞 | 205943625 | |

工资清单
发放单

**图 28-1 根据姓名查找实发合计**

了解了 VLOOKUP 函数的基本用法，我们可以在很多表格中使用这个函数，快速准确地查找满足条件的数据。

**案例 28–2**

图 28-2 是要从员工基本信息表里查出指定员工的基本信息，制作信息查询表。要查询的员工姓名及各个信息数据如图 28-3 所示。

| 工号 | 姓名 | 出生日期 | 入职日期 | 专业 | 学历 | 联系电话 | 教育经历 | 工作经历 |
|---|---|---|---|---|---|---|---|---|
| 0001 | 李瑞华 | 1972-1-2 | 2000-6-8 | 经济管理 | 本科 | 010-62383645 | 1、1989.8-1993.7 北京科技大学 本科<br>2、1993.8-1996.7 北京经济管理技术大学 研究生 | 1、1996.8-2000.5 北京莫斯经济管理技术公司<br>2、2006.6-至今 北京易赛尔管理咨询有限公司 |
| 0002 | 王晓瑜 | 1981-12-24 | 2006-9-17 | 行政管理 | 本科 | 010-83450932 | 1、1999.8-2003.7 北京经贸大学 本科<br>2、2003.8-2006.7 北京师范大学 研究生 | 1、2006.8-至今 北京易赛尔管理咨询有限公司 |
| 0003 | 萧梅花 | 1978-8-8 | 2002-12-25 | 机械制造 | 本科 | 010-69477474 | 1、1996.8-2000.7 北京经济技术大学 本科 | 1、2000.8-2004.5 上海易发企业管理咨询有限公司<br>2、2004.9-2007.9 天津北辰经济研究院<br>3、2007.12-至今 北京易赛尔管理咨询有限公司 |
| 0004 | 王静远 | 1975-10-12 | 2000-9-12 | 信息技术 | 硕士 | 010-82375555 | 1、1993.9-1997.8 广州中山大学 本科<br>2、1998.9-2001.9 上海电子技术大学 研究生 | 1、2001.10-2005.12 北京百思信息技术公司<br>2、2006.1-至今 北京易赛尔管理咨询有限公司 |
| 0005 | 张丽莉 | 1977-10-12 | 2005-11-28 | 制冷 | 本科 | | | |
| 0006 | 孟欣然 | 1982-6-15 | 2005-3-9 | 汽车 | 本科 | | | |

信息查询
基本信息

**图 28-2 员工基本信息**

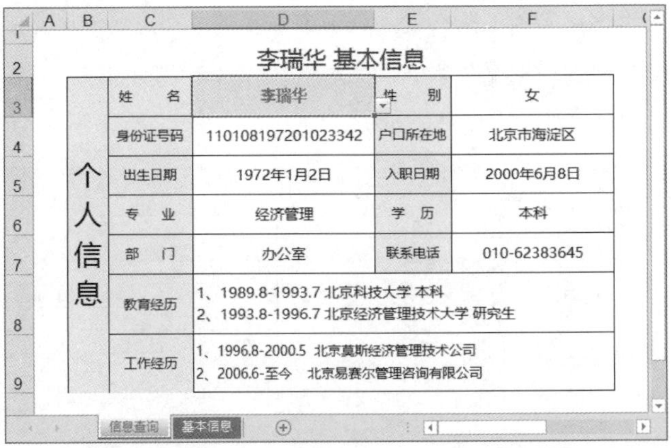
李瑞华 基本信息
个人信息
姓　名
李瑞华
性　别
女
身份证号码
110108197201023342
户口所在地
北京市海淀区
出生日期
1972年1月2日
入职日期
2000年6月8日
专　业
经济管理
学　历
本科
部　门
办公室
联系电话
010-62383645
教育经历
1、1989.8-1993.7 北京科技大学 本科
2、1993.8-1996.7 北京经济管理技术大学 研究生
工作经历
1、1996.8-2000.5 北京莫斯经济管理技术公司
2、2006.6-至今　北京易赛尔管理咨询有限公司
信息查询
基本信息

图 28-3　要查询的员工姓名，下面的各个格子里是查询出来的各个信息数据。

在基本信息表中，员工姓名在 B 列，右边各列是要查取的该员工的各个信息数据，因此本案例的查找问题，首选函数是 VLOOKUP 函数，各个单元格公式就很简单了，如下所示：

性别：=VLOOKUP($D$3, 基本信息 !$B:$M,2,0)

身份证号码：=VLOOKUP($D$3, 基本信息 !$B:$M,4,0)

出生日期：=VLOOKUP($D$3, 基本信息 !$B:$M,6,0)

专业：=VLOOKUP($D$3, 基本信息 !$B:$M,8,0)

部门：=VLOOKUP($D$3, 基本信息 !$B:$M,3,0)

户口所在地：=VLOOKUP($D$3, 基本信息 !$B:$M,5,0)

入职日期：=VLOOKUP($D$3, 基本信息 !$B:$M,7,0)

学历：=VLOOKUP($D$3, 基本信息 !$B:$M,9,0)

联系电话：=VLOOKUP($D$3, 基本信息 !$B:$M,10,0)

教育经历：=VLOOKUP($D$3, 基本信息 !$B:$M,11,0)

工作经历：=VLOOKUP($D$3, 基本信息 !$B:$M,12,0)

## 28.2　灵活应用

VLOOKUP 函数的应用是非常灵活的，而不仅仅限于大家普遍了解的基本用法。通过灵活设置函数的四个参数，可以将 VLOOKUP 函数的应用发挥到极致。

### 28.2.1　使用通配符匹配条件

VLOOKUP 函数的第 1 个参数是匹配的条件，这个条件可以是精确的完全匹配，也可以是模糊的大致匹配。如果条件值是文本，就可以使用通配符（*）来匹配关键词，VLOOKUP 函数的这种用法更加强大。

**案例 28–3**

图 28-4 是一个快递公司的例子，希望在 D 列输入某个目的地后，E 列自动从价目表里匹配出价格来。但是，价目表里的地址并不是一个单元格就只保存一个省份名称，而是把价格相同的省份

保存在一个单元格内，此时，查找的条件就是从某个单元格里查找是否含有指定的省份名称了，在这种情况下，在查找条件里使用通配符即可。单元格 E2 的公式如下。

```
=VLOOKUP("*"&D2&"*",$I$3:$J$9,2,0)
```

| | A | B | C | D | E | F |
|---|---|---|---|---|---|---|
| 1 | 日期 | 接单人 | 件数 | 目的地 | 单价 | 金额 |
| 2 | 2017-9-10 | A | 1 | 河北 | 6.5 | 6.5 |
| 3 | 2017-9-11 | B | 1 | 上海 | 4 | 4 |
| 4 | 2017-9-12 | A | 2 | 云南 | 9 | 18 |
| 5 | 2017-9-13 | D | 5 | 重庆 | 9 | 45 |
| 6 | 2017-9-14 | C | 1 | 上海 | 4 | 4 |
| 7 | 2017-9-15 | C | 3 | 江苏 | 4 | 12 |
| 8 | 2017-9-16 | A | 6 | 江苏 | 4 | 24 |
| 9 | 2017-9-17 | B | 8 | 天津 | 6 | 48 |
| 10 | 2017-9-18 | A | 2 | 山东 | 6 | 12 |
| 11 | 2017-9-19 | B | 1 | 广东 | 6 | 6 |
| 12 | 2017-9-20 | C | 10 | 安徽 | 5 | 50 |
| 13 | 2017-9-21 | C | 1 | 广西 | 7.5 | 7.5 |
| 14 | 2017-9-22 | B | 2 | 山西 | 6.5 | 13 |
| 15 | | | | | | |

| | I | J |
|---|---|---|
| 1 | 价目表 | |
| 2 | 地址 | 价格 |
| 3 | 江苏、浙江、上海 | 4 |
| 4 | 安徽 | 5 |
| 5 | 北京，天津，广东、福建、山东、湖北、湖南 | 6 |
| 6 | 江西、河南、河北、山西 | 6.5 |
| 7 | 广西 | 7.5 |
| 8 | 陕西、辽宁 | 8 |
| 9 | 吉林、黑龙江、云南、贵州、四川、重庆、海南 | 9 |

图 28-4　VLOOKUP 的第 1 个参数使用通配符

## 28.2.2　从不同的区域里查找数据

VLOOKUP 函数的第 2 个参数是查找区域，这个区域可以是多个不同的区域，只要使用相关的函数（比如 IF 函数）进行判断即可。

**案例 28-4**

图 28-5 是 4 个地区的销售数据，现在要分析指定产品在指定地区的各个季度的销售情况，制作一个动态图表。

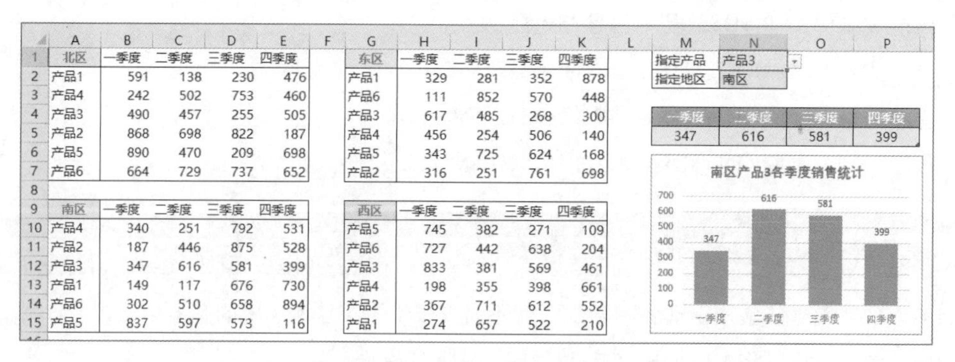

| | A | B | C | D | E | F | G | H | I | J | K |
|---|---|---|---|---|---|---|---|---|---|---|---|
| 1 | 北区 | 一季度 | 二季度 | 三季度 | 四季度 | | 东区 | 一季度 | 二季度 | 三季度 | 四季度 |
| 2 | 产品1 | 591 | 138 | 230 | 476 | | 产品1 | 329 | 281 | 352 | 878 |
| 3 | 产品4 | 242 | 502 | 753 | 460 | | 产品6 | 111 | 852 | 570 | 448 |
| 4 | 产品3 | 490 | 457 | 255 | 505 | | 产品3 | 617 | 485 | 268 | 300 |
| 5 | 产品2 | 868 | 698 | 822 | 187 | | 产品4 | 456 | 254 | 506 | 140 |
| 6 | 产品5 | 890 | 470 | 209 | 698 | | 产品5 | 343 | 725 | 624 | 168 |
| 7 | 产品6 | 664 | 729 | 737 | 652 | | 产品2 | 316 | 251 | 761 | 698 |
| 8 | | | | | | | | | | | |
| 9 | 南区 | 一季度 | 二季度 | 三季度 | 四季度 | | 西区 | 一季度 | 二季度 | 三季度 | 四季度 |
| 10 | 产品4 | 340 | 251 | 792 | 531 | | 产品5 | 745 | 382 | 271 | 109 |
| 11 | 产品2 | 187 | 446 | 875 | 528 | | 产品6 | 727 | 442 | 638 | 204 |
| 12 | 产品3 | 347 | 616 | 581 | 399 | | 产品3 | 833 | 381 | 569 | 461 |
| 13 | 产品1 | 149 | 117 | 676 | 730 | | 产品4 | 198 | 355 | 398 | 661 |
| 14 | 产品6 | 302 | 510 | 658 | 894 | | 产品2 | 367 | 711 | 612 | 552 |
| 15 | 产品5 | 837 | 597 | 573 | 116 | | 产品1 | 274 | 657 | 522 | 210 |

| | M | N | O | P |
|---|---|---|---|---|
| 1 | 指定产品 | 产品3 | | |
| 2 | 指定地区 | 南区 | | |
| 3 | | | | |
| 4 | 一季度 | 二季度 | 三季度 | 四季度 |
| 5 | 347 | 616 | 581 | 399 |

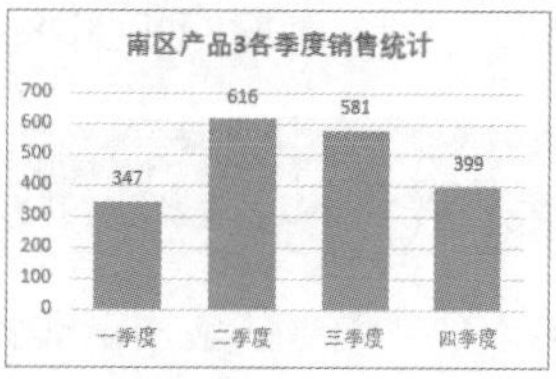
南区产品3各季度销售统计
700
600
500
400
300
200
100
0
347
616
581
399
一季度
二季度
三季度
四季度

图 28-5　从多个区域查找数据

问题分析：

对于每个区域表格来说，结构是一样的，首列是产品名称（尽管次序不一样），要取的各个季度的数据在产品名称的右侧，因此在每个地区表格内部来说，满足 VLOOKUP 函数的使用条件。

但是由于指定的地区是不同的，因此 VLOOKUP 函数的第 2 个参数是要根据指定的地区而设置为不同的查找区域，这个可以使用 IF 函数来判断。这个参数是本问题的核心，也是难点。

此外，由于要向往右复制公式，为了快速得到各个季度数据的查找公式，VLOOKUP 函数的第 3 个参数可以使用 COLUMN 函数来快速输入序号（这个问题，我们将在下面讨论）。

这样，我们可以绘制如下的逻辑思路图，如图 28-6 所示。根据这个思路，单元格 M5 的查找公式如下：

```
=VLOOKUP($N$1,
        IF($N$2="北区",$A$1:$E$7,
        IF($N$2="东区",$G$1:$K$7,
        IF($N$2="南区",$A$9:$E$15,$G$9:$K$15))),
        COLUMN(B1),
        0)
```

也可以使用 IFS 函数简化公式，如下：

```
=VLOOKUP($N$1,
        IFS($N$2="北区",$A$1:$E$7,
        $N$2="东区",$G$1:$K$7,
        $N$2="南区",$A$9:$E$15,
        $N$2="西区",$G$9:$K$15),
        COLUMN(B1),0)
```

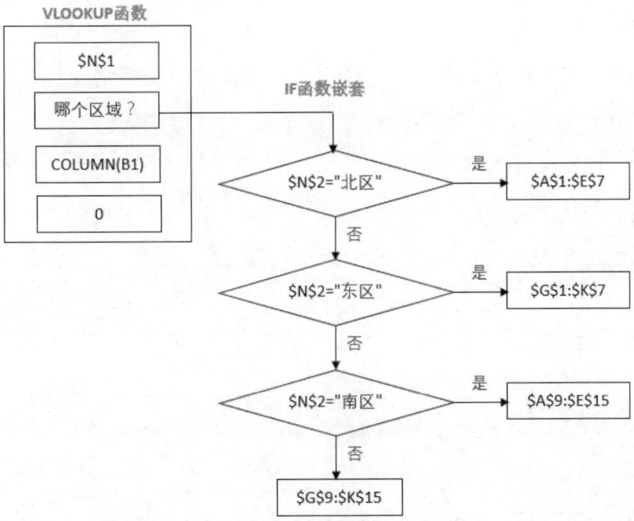
VLOOKUP函数
$N$1
哪个区域？
COLUMN(B1)
0
IF函数嵌套
$N$2="北区"
是
$A$1:$E$7
否
$N$2="东区"
是
$G$1:$K$7
否
$N$2="南区"
是
$A$9:$E$15
否
$G$9:$K$15

图 28-6　联合使用 VLOOKUP+IF 函数从多个区域查找数据

## 28.2.3　自动定位取数列号

在上面的例子中，VLOOKUP 函数的第 3 个参数使用了 COLUMN 函数来自动定位取数的列号。其实，在实际工作中，我们往往要把做好的 VLOOKUP 公式向右或者向下复制，此时希望能自动定位出取数的列号来，而不是用手工修改列号。

另外，对于大型表格来说，有很多列，用眼睛去数位置，总不是一个好方法。很多人在做表时也有一个坏毛病，动不动就删列插列的，这样的话，取数的列号还是原来数出来的那个列号吗？

所以，实际应用中，除非工作表的列位置完全固定死了，取数的列号也固定死了，否则眼睛数出取数的列号，总是让人感觉不踏实的。

VLOOKUP 函数的第 3 个参数，其实也可以用很多的函数来自动匹配列号，包括 COLUMN 函数，IF 函数，MATCH 函数等。

COLUMN 函数用于获取指定单元格的所在列号。比如，公式“=COLUMN(D12)”的结果就是得到单元格 D12 的列号 4。如果忽略 COLUMN 函数的参数，该函数得到的就是公式所在单元格的列号。例如，如果在单元格 H5 输入公式“=COLUMN()”，那么该公式的结果就是 8。

当需要向右复制公式，而且查询表的列次序与基础表的列次序一样时，可以使用 COLUMN 函数作为 VLOOKUP 的第 3 个参数，这样方便公式向右复制。正如上面介绍的例子。

如果查询表的列仅仅是基础表的某几列数据，并且次序不一样，此时如何来快速定位列号？MATCH 函数为我们提供了便利。

MATCH 函数是用来从一列或一行中或者从一个一维数组中，把指定数据所在的位置确定出来。该函数得到的结果不是单元格的数据，是指定数据的单元格位置。其语法如下：

```
=MATCH(查找值，查找区域，匹配模式)
```

这里的查找区域只能是一列、一行或者是一个一维数组。

匹配模式是一个数字 -1、0 或者 1。如果是 1 或者忽略，查找区域的数据必须做升序排序。如果是 -1，查找区域的数据必须做降序排序。如果是 0，则可以是任意顺序。一般情况下，我们设置成 0，做精确匹配查找。

MATCH 函数也不能查找重复数据，也不区分大小写，这点要特别注意。

例如，在图 28-7 中，查找字母“C”的位置都是 5，公式分别为：

左图：=MATCH(“C”,B3:B9,0)

右图：=MATCH(“C”,B3:H3,0)

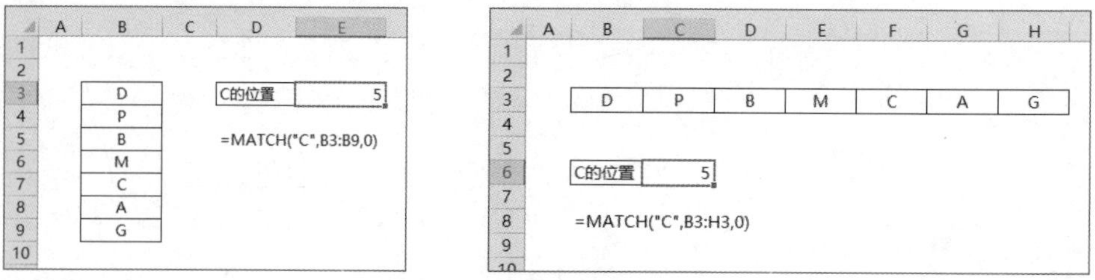
C的位置
5
=MATCH("C",B3:B9,0)
D
P
B
M
C
A
G
C的位置
5
=MATCH("C",B3:H3,0)

图 28-7　MATCH 函数基本应用

MATCH 函数的第 2 个参数也可以是一个一维数组，因此该函数还可以用来在数组数据中查找定位，解决复杂的数据处理问题。

例如，公式“=MATCH(“A”,{“B”,“D”,“A”,“M”,“P”},0) 的结果是 3，因为字母 A 在数组 {“B”,“D”,“A”,“M”,“P”} 的第 3 个位置。

下面举例说明，如何联合使用 VLOOKUP+MATCH 函数做更加灵活的查找。

**案例 28–5**

图 28-8 是一个工资表，希望做一个查询表，查询指定员工的主要工资项目，结果如图 28-9 所示。

工资清单上的列数达 26 列。但我们仅仅需要取出 9 列数据出来，而这 9 列数据分布在不同的位置，此时，如果做 9 个公式，在每个公式里数数位置，那么你就会有点儿想不开了，因为你没想到有 MATCH 函数，脑袋里净想着数数了。何不让 MATCH 替你自动数数呢？

单元格 C5 的公式如下，向下复制就能得到各个项目的数据来：

```
=VLOOKUP($C$2, 工资清单 !$B:$Z,MATCH(B5, 工资清单 !$B$1:$Z$1,0),0)
```

这里 MATCH(B5, 工资清单 !$B$1:$Z$1,0) 就是自动从工资清单的标题里定位出某个项目的位置。

由于 VLOOKUP 函数是从 B 列开始数数的，所以 MATCH 函数也必须从 B 列开始定位。有些人不知想什么了，在 MATCH 函数里直接就选第一行了，说实话，这是坏习惯在作怪！

| | A | B | C | D | E | F | G | H | U | V | W | X | Y | Z |
|---|---|---|---|---|---|---|---|---|---|---|---|---|---|---|
| 1 | 工号 | 姓名 | 性别 | 所属部门 | 级别 | 基本工资 | 岗位工资 | 工龄工资 | 医疗保险 | 失业保险 | 社保合计 | 个人所得税 | 应扣合计 | 实发合计 |
| 2 | 0001 | 刘晓晨 | 男 | 办公室 | 1级 | 1581 | 1000 | 360 | 67.2 | 33.6 | 369.6 | 211.38 | 1169.88 | 4031.12 |
| 3 | 0004 | 祁正人 | 男 | 办公室 | 5级 | 3037 | 800 | 210 | 48.2 | 24.1 | 265.1 | 326.42 | 1026.92 | 4683.08 |
| 4 | 0005 | 张丽莉 | 女 | 办公室 | 3级 | 4376 | 800 | 150 | 45 | 22.5 | 247.5 | 469.68 | 1104.18 | 5494.82 |
| 5 | 0006 | 孟欣然 | 女 | 行政部 | 1级 | 6247 | 800 | 300 | 56 | 28 | 308 | 821.78 | 1585.88 | 7162.12 |
| 6 | 0007 | 毛利民 | 男 | 行政部 | 4级 | 4823 | 600 | 420 | 40.4 | 20.2 | 222.2 | 570.8 | 1162.1 | 6067.9 |
| 7 | 0008 | 马一晨 | 男 | 行政部 | 1级 | 3021 | 1000 | 330 | 52.6 | 26.3 | 289.3 | 439.18 | 1237.98 | 5322.02 |
| 8 | 0009 | 王浩忌 | 男 | 行政部 | 1级 | 6859 | 1000 | 330 | 58.6 | 29.3 | 322.3 | 1107.66 | 1952.36 | 8305.64 |
| 9 | 0013 | 王玉成 | 男 | 财务部 | 6级 | 4842 | 600 | 390 | 45.8 | 22.9 | 251.9 | 666.16 | 1386.36 | 6539.64 |
| 10 | 0014 | 蔡齐豫 | 女 | 财务部 | 5级 | 7947 | 1000 | 360 | 67.2 | 33.6 | 369.6 | 1354.1 | 2312.6 | 9291.4 |
| 11 | 0015 | 秦玉邦 | 男 | 财务部 | 6级 | 6287 | 800 | 270 | 51.4 | 25.7 | 282.7 | 910.74 | 1653.04 | 7517.96 |

工资清单　灵活查找

图 28-8　工资清单

你也可能遇到这样的情况，取数的列既不能用 COLUMN 来自动匹配，也不能使用 MATCH 函数来定位，遇到这种情况，很多人又“晕”了，不知怎么办了。其实，根据具体表格来分析，一般情况下可以使用 IF 函数来判断解决。

| | A | B | C |
|---|---|---|---|
| 1 | | | |
| 2 | | 指定姓名 | 孟欣然 |
| 3 | | | |
| 4 | | 项目 | 金额 |
| 5 | | 基本工资 | 6247 |
| 6 | | 加项合计 | 8896 |
| 7 | | 扣项合计 | 148 |
| 8 | | 应发合计 | 8748 |
| 9 | | 住房公积金 | 456.1 |
| 10 | | 社保合计 | 308 |
| 11 | | 个人所得税 | 821.78 |
| 12 | | 应扣合计 | 1585.88 |
| 13 | | 实发合计 | 7162.12 |
| 14 | | | |

工资清单　灵活查找

图 28-9　查询指定员工的工资主要项目

**案例 28–6**

图 28-10 是另外一个例子，每个地区、不同工龄的津贴标准是不同的，现在要求计算每个人的津贴，怎么做公式？

右侧的津贴标准表中，最左边是地区，而员工工资表中，B 列是工作地区，因此可以根据地区从津贴表中查询数据。问题是：从哪列里取数？不同的工龄有不同的津贴，在不同的列里。这个没关系，使用嵌套 IF 就可以解决？图 28-11 是这个问题的逻辑思路图。

| | A | B | C | D |
|---|---|---|---|---|
| 1 | 姓名 | 地区 | 工龄 | 津贴 |
| 2 | A001 | 北京 | 6 | 800 |
| 3 | A002 | 上海 | 21 | 1020 |
| 4 | A003 | 苏州 | 14 | 850 |
| 5 | A004 | 北京 | 8 | 800 |
| 6 | A005 | 南京 | 2 | 300 |
| 7 | A006 | 苏州 | 7 | 600 |
| 8 | A007 | 南京 | 10 | 400 |
| 9 | A008 | 南京 | 22 | 570 |
| 10 | A009 | 上海 | 1 | 500 |
| 11 | A010 | 上海 | 0 | 50 |
| 12 | A011 | 苏州 | 12 | 850 |
| 13 | A012 | 北京 | 23 | 1200 |
| 14 | A013 | 天津 | 8 | 350 |
| 15 | A014 | 天津 | 16 | 550 |
| 16 | | | | |

津贴标准

| 地区 | 工龄 | | | | |
|---|---|---|---|---|---|
| | 不满1年 | 1-5年 | 6-10年 | 11-20年 | 21年以上 |
| 北京 | 30 | 600 | 800 | 1000 | 1200 |
| 上海 | 50 | 500 | 700 | 900 | 1020 |
| 苏州 | 60 | 450 | 600 | 850 | 980 |
| 天津 | 10 | 280 | 350 | 550 | 640 |
| 南京 | 20 | 300 | 400 | 480 | 570 |

图 28-10　计算每个人的津贴

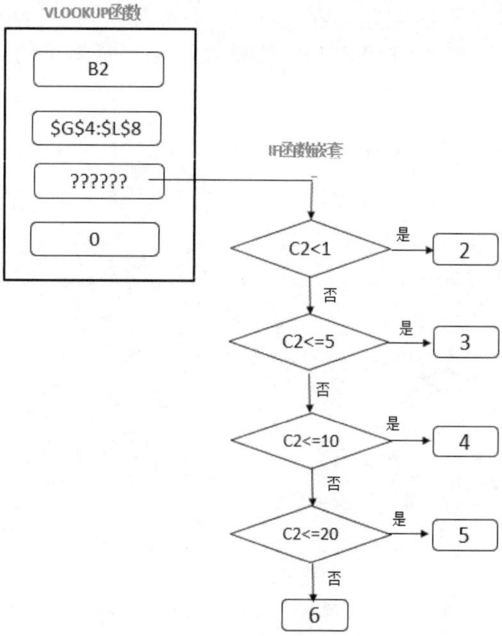
VLOOKUP函数
B2
$G$4:$L$8
??????
0
IF函数嵌套
C2<1
是
2
否
C2<=5
是
3
否
C2<=10
是
4
否
C2<=20
是
5
否
6

**图 28-11 逻辑思路图**

这样，我们就可以创建如下的查找公式：

```
=VLOOKUP(B2,$G$4:$L$8,IF(C2<1,2,IF(C2<=5,3,IF(C2<=10,4,IF(C2<=20,5,6)))),0)
```

## 28.2.4 模糊匹配查找

**案例 28–7**

当 VLOOKUP 函数的第 4 个参数留空，或者输入 TRUE，或者输入 1，此时函数就是模糊匹配定位查找了。这是什么意思。比如，以图 28-12 中的数据为例，要计算业务员的提成，不同的达成率有不同的提成比例。就说业务员 A001，他的达成率是 110.31%，但在提成标准表里是找不到这个比例数字的，它只是在 100% ～ 110% 这个区间内，对应的提成比例是 12%。很多人会立刻想到用嵌套 IF，但是套来套去多麻烦。

如果在提成标准的左边做一个辅助列，输入达成率区间的下限值，并做升序排序，那么使用下面的查找公式，就会非常方便的找出每个人的提成比例：

```
=VLOOKUP(D2,$I$2:$K$15,3)
```

此时，VLOOKUP 函数的查找原理如下：现在命令它去 I 列里搜索 110.31%，找了一圈没找到，它就会问：怎么办？好了，你现在把第 4 个参数留空了，就是在命令它：往回找，去找小于或等于 110.31% 的最大值（就是在小于等于 110.31% 的所有数据中，那个最接近 110.31% 的数），它说，好吧，这个值是 110%，它对应的提成比例是 12%，你说，就是它了。

所以，当 VLOOKUP 函数的第 4 个参数留空，或者输入 TRUE，或者输入 1 时，这个函数就是寻找最接近与指定条件值的最大数据，此时必须满足下面的条件：

（1）查找条件必须是数字；

（2）必须在查询的左边做一个辅助列，输入区间的下限值，并升序排序；

| 业务员 | 目标 | 实际销售额 | 达成率 | 提成比例 | 提成额 |
|---|---|---|---|---|---|
| A001 | 2250 | 2482 | 110.31% | 12% | 297.84 |
| A002 | 390 | 612 | 156.92% | 20% | 122.4 |
| A003 | 1240 | 857 | 69.11% | 6% | 51.42 |
| A004 | 560 | 1410 | 251.79% | 30% | 423 |
| A005 | 1010 | 711 | 70.40% | 7% | 49.77 |
| A006 | 2420 | 2558 | 105.70% | 10% | 255.8 |
| A007 | 1180 | 1826 | 154.75% | 20% | 365.2 |
| A008 | 810 | 2533 | 312.72% | 45% | 1139.85 |
| A009 | 2860 | 1684 | 58.88% | 4% | 67.36 |
| A010 | 580 | 981 | 169.14% | 20% | 196.2 |
| A011 | 1700 | 1276 | 75.06% | 7% | 89.32 |
| A012 | 750 | 231 | 30.80% | 1% | 2.31 |
| A013 | 990 | 1263 | 127.58% | 15% | 189.45 |
| A014 | 2110 | 1967 | 93.22% | 9% | 177.03 |

| 提成标准 | | |
|---|---|---|
| 下限值 | 达成率 | 提成比率 |
| 0 | 40%以下 | 1% |
| 40% | 40-50% | 3% |
| 50% | 50-60% | 4% |
| 60% | 60-70% | 6% |
| 70% | 70-80% | 7% |
| 80% | 80-90% | 8% |
| 90% | 90-100% | 9% |
| 100% | 100-110% | 10% |
| 110% | 110-120% | 12% |
| 120% | 120-150% | 15% |
| 150% | 150-200% | 20% |
| 200% | 200-300% | 30% |
| 300% | 300%以上 | 45% |

图 28-12　计算业务员的提成

这种模糊定位查找，可以替代嵌套 IF 函数，让公式更加简单，也更加高效，同时，如果提成标准变化了，公式是不需要改动的。

## 28.2.5　与文本函数联合应用

有时候，VLOOKUP 函数的第 1 个参数不是一个具体的单元格中的数，而是需要从一个字符串中先提取一部分出来，以此作为查询条件值，此时可以先用 MID 函数、LEFT 函数、RIGHT 函数取数，再用 VLOOKUP 函数查找即可。

**案例 28–8**

图 28-13 是一个从身份证号码里提取户口所在地，身份证号码的前 6 位数字是地区码，可以从国家统计局网站下载，进行整理。此时，单元格 F2 的公式为。

```
=VLOOKUP(1*LEFT(B2,4),地区编码!A:B,2,0) & VLOOKUP(1*LEFT(B2,6),地区编码!A:B,2,0)
```

在这个公式中，由于 LEFT 函数取出的结果是文本数字，而地区编码表 A 列的编码是数字，因此需要在公式里把文本型数字转换为纯数字，这里使用了乘以 1 这个小技巧。

| 姓名 | 身份证号码 | 出生日期 | 年龄 | 性别 | 户口所在地 |
|---|---|---|---|---|---|
| AA1 | 110108198011232395 | 1980-11-23 | 36 | 男 | 北京市海淀区 |
| AA2 | 31010519860312238x | 1986-3-12 | 31 | 女 | 上海市长宁区 |
| AA3 | 310108198805012384 | 1988-5-1 | 29 | 女 | 上海市闸北区 |
| AA6 | 32050419570521101x | 1957-5-21 | 60 | 男 | 江苏省苏州市金阊区 |
| AA7 | 321111198611084239 | 1986-11-8 | 30 | 男 | 江苏省镇江市润州区 |

| 编码 | 户口地 |
|---|---|
| 1101 | 北京市 |
| 1102 | 北京市 |
| 110000 | 北京市 |
| 110100 | 市辖区 |
| 110101 | 东城区 |
| 110102 | 西城区 |
| 110103 | 崇文区 |
| 110104 | 宣武区 |
| 110105 | 朝阳区 |
| 110106 | 丰台区 |
| 230904 | 茄子河区 |
| 230921 | 勃利县 |
| 2310 | 黑龙江省牡丹江市 |
| 231001 | 市辖区 |
| 231002 | 东安区 |
| 231003 | 阳明区 |

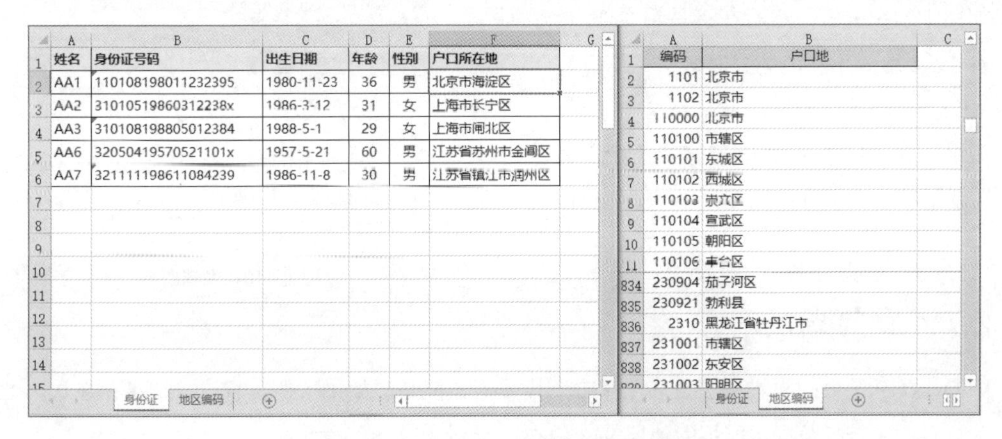

图 28-13　从身份证号码里提取户口所在地

### 28.2.6 通过辅助列解决

在某些情况下，条件比较复杂，无法在现有的表格里使用 VLOOKUP 函数查找数据，此时不妨设计一个辅助列，把这些条件整合成一个复合条件，这样就把复杂问题简单化了，而公式也要简单容易得多了。

**案例 28–9**

图 28-14 是一个要填写各个城市对应地区的例子，城市列表在另外一个工作表上，被弄成了一个一个单元格保存的样子，如图 28-15 所示。

这样的问题，你会如何做？不可能用眼睛一个一个地找吧？或者用复杂的数组公式来解决？或者不做了？

| 序号 | 日期 | 地区 | 运单号码 | 对方城市 | 产品类型 | 付款方式 | 费用(元) |
|---|---|---|---|---|---|---|---|
| 1 | 11-03 | | 133568794829 | 广州 | 省外标准 | 到付 | 22 |
| 2 | 11-03 | | 203229961302 | 杭州 | 市区件 | 寄付 | 12 |
| 3 | 11-03 | | 203229961311 | 台州 | 省内件 | 寄付 | 12 |
| 4 | 11-03 | | 203774788507 | 海口 | 省外标准 | 寄付 | 22 |
| 5 | 11-04 | | 203774788516 | 岳阳 | 省外标准 | 寄付 | 22 |
| 6 | 11-04 | | 203774788525 | 上海 | 省外标准 | 寄付 | 12 |
| 7 | 11-04 | | 203774788534 | 衢州 | 省内件 | 寄付 | 14 |
| 8 | 11-06 | | 203774788543 | 宜宾 | 省外标准 | 寄付 | 22 |
| 9 | 11-06 | | 203774788570 | 宁波 | 省内件 | 寄付 | 12 |
| 10 | 11-10 | | 203774788589 | 杭州 | 市区件 | 寄付 | 12 |
| 11 | 11-10 | | 203774788598 | 石家庄 | 省外标准 | 寄付 | 22 |
| 12 | 11-10 | | 203774788604 | 福州 | 省外标准 | 寄付 | 22 |
| 13 | 11-10 | | 203774788613 | 攀枝花 | 省外标准 | 寄付 | 22 |
| 14 | 11-11 | | 088144747427 | 曲靖 | 省外标准 | 到付 | 22 |
| 15 | 11-11 | | 203229961320 | 北京 | 省外标准 | 寄付 | 22 |
| 16 | 11-11 | | 203774788561 | 杭州 | 市区件 | 寄付 | 12 |
| 17 | 11-11 | | 203774788622 | 玉溪 | 省外标准 | 寄付 | 22 |
| 18 | 11-12 | | 028824092551 | 成都 | 省外标准 | 到付 | 22 |

图 28-14 准备把每个城市归属的地区折腾出来

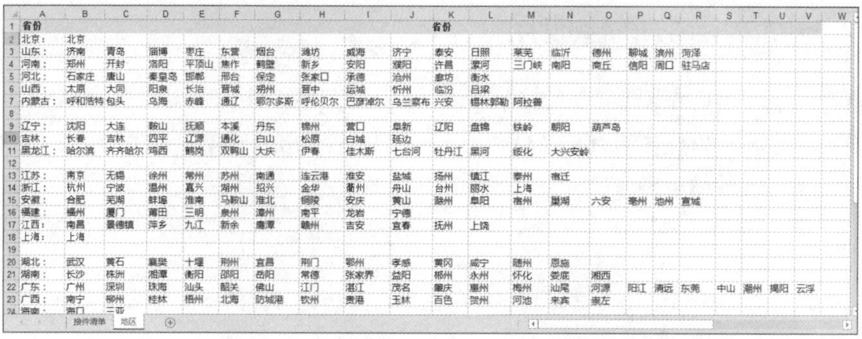

图 28-15 城市保存在了一个一个的单元格里

其实，这个问题没你想象的那么复杂，在城市列表的邮编做一个辅助列，用 CONCAT 函数把各个单元格的城市连成一串，输入对应的地区名称，如图 28-16 所示，然后在接件清单工作表的单元格 C2 中输入下面的公式即可：

=VLOOKUP("*"&E2&"*",地区!Y:Z,2,0)

这里，在 VLOOKUP 函数的第 1 个参数里，使用了通配符做关键词的匹配。

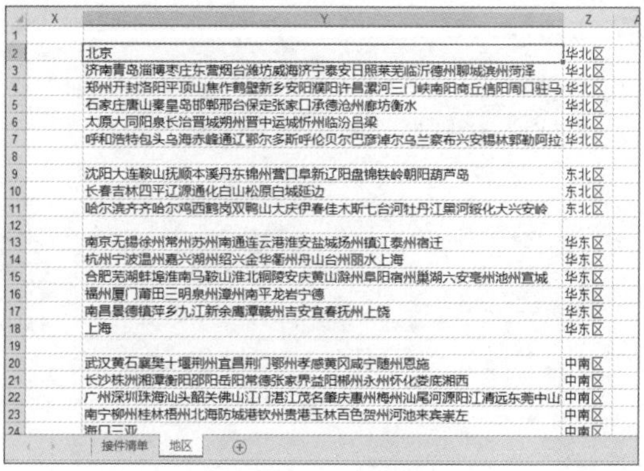

图 28-16 做辅助列

### 28.2.7 反向查找

VLOOKUP 函数的根本用法是从左往右查找数据。但是，如果条件在右边，结果在左边，此时变成了从右往左查找数据，能不能使用 VLOOKUP 函数？

直接使用 VLOOKUP 函数是不行的，因为它违背了函数的基本规则。有人说，把条件调到左边就可以使用 VLOOKUP 了。但是，如果原始数据表格列不允许挪动呢？

其实，我们可以构建一个判断数组，在公式中把条件列和结果列互调位置，从而实现 VLOOKUP 函数的反向查找。

**案例 28–10**

图 28-17 是一个例子，现在要把指定姓名的社保号找出来，但是姓名在右边，社保号在左边。下面的公式即可实现反向查找：

```
=VLOOKUP(G2,IF({1,0},C2:C9,B2:B9),2,0)
```

| | A | B | C | D | E | F | G |
|---|---|---|---|---|---|---|---|
| 1 | 序号 | 社保号 | 姓名 | 社保额 | | | |
| 2 | 1 | 5096619 | 张三 | 123 | | 查找姓名： | 马六 |
| 3 | 2 | 5318155 | 李四 | 367 | | 社保号： | 4185999 |
| 4 | 3 | 5832757 | 王五 | 568 | | | |
| 5 | 4 | 4185999 | 马六 | 150 | | | |
| 6 | 5 | 4554482 | 赵七 | 710 | | | |
| 7 | 6 | 5432243 | 孙大 | 656 | | | |
| 8 | 7 | 5749967 | 周八 | 150 | | | |
| 9 | 8 | 4488828 | 郑九 | 711 | | | |
| 10 | | | | | | | |

**图 28-17　根据姓名查找社保号：姓名在右边，社保号在左边**

在这个公式中，IF({1,0},C2:C9,B2:B9) 的作用实际上是在公式中重新排列组合数据，把姓名列数据和社保号列数据调了个位置，其效果如图 28-18 所示，这样 VLOOKUP 就可以正常查找数据了。要特别注意的是，这种方法并不是 VLOOKUP 真正用来从右往左查找数据。

L2　{=IF({1,0},C2:C9,B2:B9)}

| | J | K | L | M | N | O |
|---|---|---|---|---|---|---|
| 1 | | | | | | |
| 2 | | | 张三 | 5096619 | | |
| 3 | | | 李四 | 5318155 | | |
| 4 | | | 王五 | 5832757 | | |
| 5 | | | 马六 | 4185999 | | |
| 6 | | | 赵七 | 4554482 | | |
| 7 | | | 孙大 | 5432243 | | |
| 8 | | | 周八 | 5749967 | | |
| 9 | | | 郑九 | 4488828 | | |
| 10 | | | | | | |

**图 28-18　IF({1,0},C2:C9,B2:B9) 的作用：调换条件列和结果列的位置**

# 28.3　解惑答疑

## 28.3.1　找不到数据是怎么回事

经常有人会问，明明表格里有这个数的，怎么就查找不出来呢？查找不到数据或者出现错误值是什么原因？

原因 1：自认为会 Excel 了，自认为会用 VLOOKUP 了，说实话根本就不会用。

原因 2：第四个参数留空了；应输入 TRUE 或者 1，而你却要做精确定位查找。

原因 3：查找依据和数据源中的数据格式不匹配（比如一个是文本型数字，另一个却是纯数字）。

原因 4：数据源中存在空格或者眼睛看不见的特殊字符。

## 28.3.2 牢记函数的原理和用法

VLOOKUP 函数的基本语法如下：

=VLOOKUP(查找依据，查找区域，取数的列号，定位模式)

（1）查找依据：就是查找的对象，比如要从工资表中查找张三的补贴，张三就是查找依据。这个查找依据是一个具体值，也可以是一个带有通配符的模糊值。注意：这个查找依据不是一个单元格区域！

（2）查找区域：就是从哪个单元格区域中根据查找依据，把该对象的某个字段数据查找出来。这个区域的第一列必须是查找依据所在的列。

（3）取数的列号：就是从该指定区域内，取出哪列字段的数据。比如，在工资表中，姓名在 C 列，补贴在 M 列，那么从 C 列算，往右数到 11 列就是补贴字段位置，取数的列号就是 11。

（4）定位模式：是指当查不到数据时，如何定位依据（对象）单元格，是否强制取数。当定位依据是精确值时，这个参数要设置为 FALSE 或者 0。如果要做模糊的匹配定位，则可以留空，或者输入 TRUE，或者输入 1。

# 第 29 章 函数应用：应用于水平结构表格的 HLOOKUP

VLOOKUP 函数只能用在列结构表格中，从左往右查询数据。如果表格是行结构的，从上往下查找数据，那该怎办呢？使用 HLOOKUP 函数即可。

## 29.1 基本应用与注意事项

### 29.1.1 基本原理

HLOOKUP 函数用于行结构表格，也就是指定的查找条件（查找依据）在上面一行，而需要提取的结果在下面的某行，所谓从上往下找数（VLOOKUP 是查找的条件在左边，需要提取的结果在右边某列，从左往右取数）。

HLOOKUP 的用法及注意事项与 VLOOKUP 函数一模一样，其语法如下：

=HLOOKUP(查找依据，查找区域，取数的行号，匹配模式)

这里的查找依据、匹配模式，与 VLOOKUP 函数是一样的。

查找区域，必须包含条件所在的行以及结果所在的行，选择区域的方向是从上往下（VLOOKUP 函数选择区域的方向是从左往右）。

取数的行号，是指从上面的条件所在行往下数，第几行是要取数。

请细心区别首字母 V 和 H：

VLOOKUP 函数中，第一个字母 V 表示垂直方向的意思（Vertical）。

HLOOKUP 函数中，第一个字母 H 表示水平方向的意思（Horizental）。

### 29.1.2 适用场合

与 VLOOKUP 函数一样，HLOOKUP 函数也不是任何表格都可以使用的，必须满足以下条件：

- 查询区域必须是行结构的，也就是数据必须按行保存。
- 匹配条件必须是单条件的。
- 查询方向是从上往下的，也就是说，匹配条件在数据区域的上面某行，要取的数在匹配条件的下面某行。
- 在查询区域中，匹配条件不允许有重复数据。
- 匹配条件不区分大小写。

### 29.1.3 基本应用

了解了 HLOOKUP 函数的基本原理和适用场合，下面我们介绍一个简单例子来说明 HLOOKUP 的使用方法。

**案例 29–1**

图 29-1 是管理费用汇总表，现在要查询各个月的管理费用总额，如图 29-2 所示。分析各月变化。单元格 C3 的公式如下：

```
=HLOOKUP(B3,原始数据!$B$1:$M$16,16,0)
```

| | A | B | C | D | E | F | G | H | I | J | K | L | M | N |
|---|---|---|---|---|---|---|---|---|---|---|---|---|---|---|
| 1 | 项目 | 1月 | 2月 | 3月 | 4月 | 5月 | 6月 | 7月 | 8月 | 9月 | 10月 | 11月 | 12月 | 合计 |
| 2 | 工资 | 141.46 | 120.15 | 162.58 | 213.75 | 209.74 | 260.49 | 326.47 | 463.73 | 237.30 | 249.28 | 265.42 | 278.27 | 2,928.64 |
| 3 | 办公费 | 4.33 | 24.46 | 22.77 | 38.82 | 64.95 | 46.58 | 39.84 | 43.03 | 35.60 | 39.50 | 41.38 | 43.71 | 444.96 |
| 4 | 职工福利费 | 23.19 | 15.89 | 8.78 | 21.97 | 50.73 | 16.05 | 22.29 | 24.40 | 22.91 | 22.88 | 23.75 | 25.62 | 278.46 |
| 5 | 社保 | 9.22 | 9.20 | 12.73 | 20.71 | 24.88 | 24.55 | 28.78 | 35.32 | 20.67 | 22.11 | 23.72 | 25.09 | 256.98 |
| 6 | 出差 | 4.16 | 19.39 | 19.09 | 20.42 | 16.19 | 17.32 | 35.63 | 24.64 | 19.61 | 21.54 | 21.80 | 22.14 | 241.95 |
| 7 | 房租费 | 1.33 | 8.38 | 23.41 | 26.20 | 6.49 | 8.60 | 17.10 | 72.65 | 20.52 | 22.92 | 24.74 | 24.90 | 257.23 |
| 8 | 汽车费 | 5.62 | 9.51 | 9.14 | 9.47 | 9.55 | 9.12 | 11.48 | 9.91 | 9.23 | 9.68 | 9.70 | 9.77 | 112.18 |
| 9 | 利息支出 | 7.34 | 7.34 | 6.87 | 7.34 | 7.65 | 10.56 | 12.89 | 57.07 | 14.63 | 15.55 | 16.57 | 17.78 | 181.61 |
| 10 | 运输费 | 5.38 | 2.95 | 5.88 | 1.30 | 7.25 | 9.38 | 29.55 | 4.78 | 8.31 | 8.68 | 9.39 | 9.83 | 102.68 |
| 11 | 水电费 | 1.49 | 3.78 | 5.64 | 12.20 | 7.62 | 11.66 | 12.37 | 19.74 | 9.31 | 10.29 | 11.11 | 11.79 | 117.01 |
| 12 | 交际费 | 2.65 | 3.95 | 5.19 | 3.62 | 1.96 | 9.36 | 13.48 | 2.12 | 5.29 | 5.62 | 5.83 | 5.91 | 64.96 |
| 13 | 通讯费 | 1.01 | 1.73 | 1.92 | 1.94 | 2.49 | 3.51 | 3.22 | 3.29 | 2.39 | 2.56 | 2.67 | 2.76 | 29.50 |
| 14 | 税费 | 1.94 | 0.95 | 0.96 | 1.91 | 2.06 | - | 6.68 | 6.66 | 2.64 | 2.73 | 2.96 | 3.21 | 32.70 |
| 15 | 其他 | -0.18 | 1.37 | 9.02 | 14.53 | 8.20 | 46.17 | 17.07 | 45.27 | 17.68 | 19.91 | 22.23 | 23.88 | 225.16 |
| 16 | 合计 | 208.93 | 229.06 | 293.99 | 394.18 | 419.77 | 473.36 | 576.85 | 812.62 | 426.09 | 453.24 | 481.26 | 504.67 | 5,274.02 |

图 29-1 管理费用汇总表

| 月份 | 管理费用 |
|---|---|
| 1月 | 208.93 |
| 2月 | 229.06 |
| 3月 | 293.99 |
| 4月 | 394.18 |
| 5月 | 419.77 |
| 6月 | 473.36 |
| 7月 | 576.85 |
| 8月 | 812.62 |
| 9月 | 426.09 |
| 10月 | 453.24 |
| 11月 | 481.26 |
| 12月 | 504.67 |

2017年各月管理费用统计
900
800
700
600
500
400
300
200
100
-
1月
2月
3月
4月
5月
6月
7月
8月
9月
10月
11月
12月

图 29-2 各月管理费用分析

上面的数据查找还可以使用 VLOOKUP 函数，公式如下：

```
=VLOOKUP("合计",原始数据!$A$1:$N$16,ROW(A2),0)
```

## 29.2 灵活应用举例

通过灵活设置 HLOOKUP 的 4 个参数，可以解决很多看似复杂的数据查找问题，例如：

（1）第 1 个参数可以使用通配符。

（2）第 2 个参数可以设置多个区域查找。

（3）第 3 个参数可以使用 IF 或者 MATCH 自动定位。

（4）第 4 个参数可以留空，做模糊查找。

下面简单举几个例子进行练习。

### 29.2.1　自动定位查找

**案例 29-2**

图 29-3 所示的案例中，我们给出了使用 VLOOKUP 函数和 HLOOKUP 函数查找指定地区各个产品的数据，公式分别如下，请仔细研究两个公式之间的差别。

单元格 J4（VLOOKUP 函数）：

```
=VLOOKUP($J$2,$B$4:$G$10,MATCH(J3,$B$3:$G$3,0),0)
```

单元格 J5（HLOOKUP 函数）：

```
=HLOOKUP(J3,$C$3:$G$10,MATCH($J$2,$B3:$B10,0),0)
```

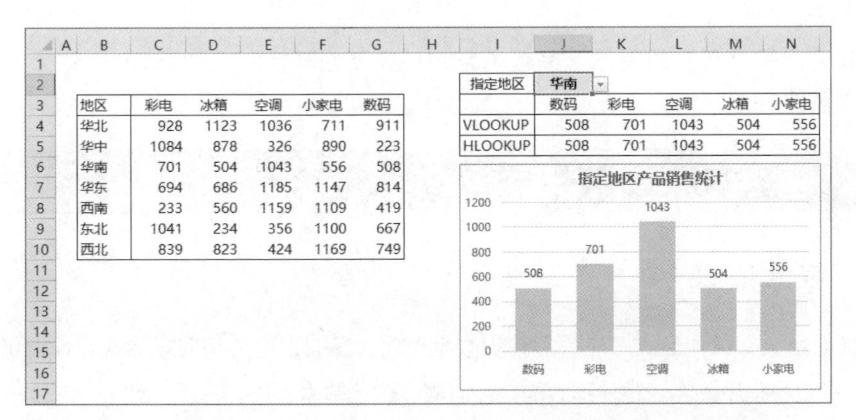

| 地区 | 彩电 | 冰箱 | 空调 | 小家电 | 数码 |
|---|---|---|---|---|---|
| 华北 | 928 | 1123 | 1036 | 711 | 911 |
| 华中 | 1084 | 878 | 326 | 890 | 223 |
| 华南 | 701 | 504 | 1043 | 556 | 508 |
| 华东 | 694 | 686 | 1185 | 1147 | 814 |
| 西南 | 233 | 560 | 1159 | 1109 | 419 |
| 东北 | 1041 | 234 | 356 | 1100 | 667 |
| 西北 | 839 | 823 | 424 | 1169 | 749 |

| 指定地区 | 华南 | | | | |
|---|---|---|---|---|---|
| | 数码 | 彩电 | 空调 | 冰箱 | 小家电 |
| VLOOKUP | 508 | 701 | 1043 | 504 | 556 |
| HLOOKUP | 508 | 701 | 1043 | 504 | 556 |

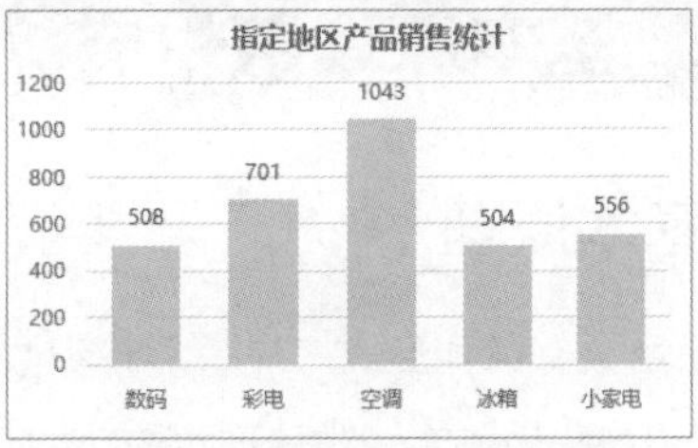
指定地区产品销售统计
1200
1000
800
600
400
200
0
508
701
1043
504
556
数码
彩电
空调
冰箱
小家电

图 29-3　VLOOKUP 函数和 HLOOKUP 函数查找数据

### 29.2.2　反向查找

**案例 29-3**

如果条件在下面一行，但要取的结果在上面一行，此时，可以仿照 VLOOKUP 反向查找的方法，实现从下往上查找数据。图 29-4 所示就是一个例子，要找出销售总额最大的商品名称。

```
=HLOOKUP(J2,IF({1;0},C10:G10,C2:G2),2,0)
```

| 地区 | 彩电 | 冰箱 | 空调 | 小家电 | 数码 |
|---|---|---|---|---|---|
| 华北 | 928 | 1123 | 1036 | 711 | 911 |
| 华中 | 1084 | 878 | 326 | 890 | 223 |
| 华南 | 701 | 504 | 1043 | 556 | 508 |
| 华东 | 694 | 686 | 1185 | 1147 | 814 |
| 西南 | 233 | 560 | 1159 | 1109 | 419 |
| 东北 | 1041 | 234 | 356 | 1100 | 667 |
| 西北 | 839 | 823 | 424 | 1169 | 749 |
| 合计 | 5520 | 4808 | 5529 | 6682 | 4291 |

| | |
|---|---|
| 最大销售额： | 6682 |
| 销售额最大商品： | 小家电 |

图 29-4　使用 HLOOKUP 从下往上查找

这里要注意数组的构建方法。在 VLOOKUP 函数中，我们要调换列的左右位置，因此数组是 {1,0}。在 HLOOKUP 函数中，我们要调换行的上下位置，因此数组是 {1;0}。在这两个数组中，一个是用逗号隔开，一个是用分号隔开。

# 第 30 章 函数应用：用得不多却又很强大的 LOOKUP

很多人很少关注 LOOKUP 函数，甚至都不知道有这么个函数，因为大部分人一说学习 Excel 查找函数，马上就会想到 VLOOKUP 函数，很多公司在招聘人时，如果要考试 Excel 操作的话，VLOOKUP 是必考函数之一。

LOOKUP 函数自有它的用途，尽管不常用。在某些场合，VLOOKUP 函数无法解决，而 LOOKUP 会快速解决。

## 30.1 基本原理与用法

### 30.1.1 基本原理

LOOKUP 函数有两种形式：向量形式和数组形式。我们常用的是向量形式，而数组形式是为了与其他电子表格程序兼容，这种形式的功能有限，因此基本不用。

LOOKUP 的向量形式是在第一个单行区域或单列区域（称为“向量”）中搜索指定的条件值，然后从第二个单行区域或单列区域中相同的位置取出对应的数据。其语法如下：

```
=LOOKUP(条件值，条件值所在单行区域或单列区域，结果所在单行区域或单列区域)
```

其中，

**条件值：**是必需参数，指定要搜索的条件，可以包含通配符，与 VLOOKUP 函数的第 1 个参数是一样的。

**搜索条件值所在单行区域或单列区域：**是一行或一列的区域，该区域是要搜索的条件值区域。要特别注意的是，这个区域的数据必须按**升序**排列。这个参数也可以是键入的数组。

**结果所在单行区域或单列区域：**可选参数，是一行或一列的区域，是要提取结果的区域。如果省略，就从第一个区域抓数。这个参数也可以是键入的数组。

这个函数查找的原理就是：如果在第一个区域内找到了指定的条件，就直接去第二个区域里对应的位置抓数；如果找不到指定的条件，就去跟小于或等于条件值的最大值进行匹配，类似于 VLOOKUP 函数第 4 个参数留空的情况。

特别要注意的是，这句话“如果找不到指定的条件，就去跟小于或等于条件值的最大值进行匹配”，并不是数学上的大小，而是指已经按照升序排序后的这个数组中的数据位置。例如，下面的公式结果是 -1000，因为在这个数组中找不到 0，而小于或等于 0 的第一个数是 -1000，它离 0 最近：

```
=LOOKUP(0,{-1,-10,-100,-1000,1,10,100})
```

下面的公式结果是 5，同样因为在这个数组中找不到 10，而小于或等于 0 的第一个数是 5，它离 10 最近：

```
=LOOKUP(10,{1,2,3,5,100,1000})
```

这种查找，并不是按照数学里的数字大小查找的，而是按照数组元素的位置查找的。

## 30.1.2　基本用法

**案例 30–1**

图 30-1、图 30-2 是 LOOKUP 函数的两个典型应用。

示例 1 中，A 列的材料编码已经升序排序，根据编码提取价格的公式为：

```
=LOOKUP(G2,$A$3:$A$7,$C$3:$C$7)
```

G3　=LOOKUP(G2,$A$3:$A$7,$C$3:$C$7)

| | A | B | C | D | E | F | G |
|---|---|---|---|---|---|---|---|
| 1 | 示例1: | | | | | | |
| 2 | 材料编码 | 材料名称 | 材料价格 | 入库时间 | | 指定材料编码 | A003 |
| 3 | A001 | 水箱盖 | 3959 | 2017-9-3 | | 材料价格 | 1042 |
| 4 | A002 | 电线插头 | 94 | 2017-9-15 | | | |
| 5 | A003 | 点火器 | 1042 | 2017-9-23 | | | |
| 6 | A004 | 旋转按钮 | 23 | 2017-9-27 | | | |
| 7 | A005 | 电线 | 68 | 2017-10-4 | | | |

图 30-1　LOOKUP 函数的基本应用

示例 2 中，要根据件重来确定单价，而单价取决于件重是哪个区间的值，这是一种模糊查找。在件重的左边做辅助列，输入下限值，升序排序，则 D 列的单价公式为：

```
=LOOKUP(C13,$F$13:$F$17,$H$13:$H$17)
```

D3　=LOOKUP(C3,$F$3:$F$7,$H$3:$H$7)

| | A | B | C | D | E | F | G | H |
|---|---|---|---|---|---|---|---|---|
| 1 | 示例2 | | | | | | | |
| 2 | 日期 | 件数 | 件重（克） | 单价 | | 下限值 | 件重 | 价格 |
| 3 | 2017-10-1 | 3 | 68 | 6 | | 0 | 100克以下 | 6 |
| 4 | 2017-10-2 | 2 | 360 | 8 | | 100 | 100-500克 | 8 |
| 5 | 2017-10-3 | 8 | 800 | 12 | | 500 | 500-1000克 | 12 |
| 6 | 2017-10-4 | 4 | 500 | 12 | | 1000 | 1000-2000克 | 20 |
| 7 | 2017-10-5 | 10 | 2058 | 30 | | 2000 | 2000克以上 | 30 |
| 8 | 2017-10-6 | 7 | 1174 | 20 | | | | |

图 30-2　LOOKUP 函数的基本应用

# 30.2　灵活应用举例

LOOKUP 函数应用起来非常灵活，能解决很多看起复杂烦琐的实际问题，例如，获取最后不为空的数据，获取最新的余额，获取每个材料的最新采购日期和采购价格，等等。下面介绍几个典型的例了。

## 30.2.1　获取某列最后一个不为空的数据

在有些表格中，我们会根据需要，把最后一个不为空的单元格数据提取出来，比如资金管理表的余额数，材料采购表的最新采购日期和价格，等等。此时，使用 LOOKUP 函数就非常方便了。

**案例 30-2**

图 30-3、图 30-4 就是这样的一个例子，是某个材料的采购流水，按照日期记录的，日期已经排序。现在要求获取最新的采购日期和采购价格。

这个问题看起来很复杂，因为数据行会不断增加，要取的最新数据也在不断往下移动，怎么办？

所谓最新的数据，就是最后一行数据，这样我们可以对 A 列进行判断，哪些单元格不为空，然后构建一个数组向量，然后利用 LOOKUP 函数即可完成数据查找。

单元格 E2 公式为：=LOOKUP(1,0/(A2:A100<>"" ),A2:A100)

单元格 E3 公式为：=LOOKUP(1,0/(B2:B100<>"" ),B2:B100)

| | A | B | C | D | E |
|---|---|---|---|---|---|
| 1 | 日期 | 采购量 | | | |
| 2 | 2017-2-15 | 49 | | 最近一次的采购日期 | 2017-9-26 |
| 3 | 2017-3-3 | 299 | | 最近一次的采购数量 | 89 |
| 4 | 2017-3-11 | 154 | | | |
| 5 | 2017-3-13 | 48 | | | |
| 6 | 2017-5-18 | 60 | | | |
| 7 | 2017-8-9 | 291 | | | |
| 8 | 2017-8-28 | 28 | | | |
| 9 | 2017-9-8 | 135 | | | |
| 10 | 2017-9-26 | 89 | | | |
| 11 | | | | | |

图 30-3　获取某列最后一个不为空的数据

| | A | B | C | D | E |
|---|---|---|---|---|---|
| 1 | 日期 | 采购量 | | | |
| 2 | 2017-2-15 | 49 | | 最近一次的采购日期 | 2017-10-4 |
| 3 | 2017-3-3 | 299 | | 最近一次的采购数量 | 111 |
| 4 | 2017-3-11 | 154 | | | |
| 5 | 2017-3-13 | 48 | | | |
| 6 | 2017-5-18 | 60 | | | |
| 7 | 2017-8-9 | 291 | | | |
| 8 | 2017-8-28 | 28 | | | |
| 9 | 2017-9-8 | 135 | | | |
| 10 | 2017-9-26 | 89 | | | |
| 11 | | | | | |
| 12 | 2017-10-4 | 111 | | | |
| 13 | | | | | |

图 30-4　单元格区域内的空单元格不影响取数

以第一个公式为例，查找公式的逻辑原理解释如下：

首先选取一个区域 A2:A100，判断哪些单元格不为空 A2:A100<>""，这个条件表达式的结果要么是 TRUE（就是 1），要么是 FALSE（就是 0），然后以此作为分母，与数字 0 做除法，就得到一个由 0 和 #DIV/0! 构成的数组向量（单元格有数的是 0，没数的是 #DIV/0!，当某个单元格后面都没有数据时，就是 #DIV/0! 了），再从这个数组中查找 1，这个肯定是找不到的，既然找不到，那就去匹配最后一个 0 吧！因为 0 就是小于或等于 1 的最大值，这样就把最后一个不为空的单元格数据提取出来了。

这种查找对数据区域内是否有空单元格没有限制，它总是寻找最后一个非空的单元格。

## 30.2.2　获取某行最后一个不为空的数据

LOOKUP 函数的本质是从一维向量数组中搜索取数，因此，无论是列，还是行，只要是一维数组就可以了。

这样，我们也可以使用 LOOKUP 在工作表的行上取最后一列不为空的单元格数据，比如取当前月份的累计值。

**案例 30-3**

图 30-5 就是一个例子，查找公式如下：

```
=LOOKUP(1,0/(C3:Z3<>" "),C3:Z3)
```

| | A | B | C | D | E | F | G | H | I | J | K | L | M | N | O | P | Q | R | S | T | U | V |
|---|---|---|---|---|---|---|---|---|---|---|---|---|---|---|---|---|---|---|---|---|---|---|
| 1 | 项目 | 当前累计数 | 1月 | | 2月 | | 3月 | | 4月 | | 5月 | | 6月 | | 7月 | | 8月 | | 9月 | | 10月 | |
| 2 | | | 当月数 | 累计数 | 当月数 | 累计数 | 当月数 | 累计数 | 当月数 | 累计数 | 当月数 | 累计数 | 当月数 | 累计数 | 当月数 | 累计数 | 当月数 | 累计数 | 当月数 | 累计数 | 当月数 | 累计数 |
| 3 | 项目01 | 376 | 14 | 14 | 46 | 60 | 15 | 75 | 45 | 120 | 101 | 221 | 40 | 261 | 70 | 331 | 13 | 344 | 32 | 376 | | |
| 4 | 项目02 | 604 | 14 | 14 | 79 | 93 | 49 | 142 | 104 | 246 | 60 | 306 | 97 | 403 | 38 | 441 | 61 | 502 | 102 | 604 | | |
| 5 | 项目03 | 519 | 44 | 44 | 14 | 58 | 18 | 76 | 107 | 183 | 21 | 204 | 110 | 314 | 101 | 415 | 56 | 471 | 48 | 519 | | |
| 6 | 项目04 | 1526 | 39 | 39 | 56 | 95 | 84 | 179 | 543 | 722 | 93 | 815 | 91 | 906 | 55 | 961 | 321 | 1282 | 244 | 1526 | | |
| 7 | 项目05 | 599 | 96 | 96 | 43 | 139 | 74 | 213 | 43 | 256 | 91 | 347 | 53 | 400 | 54 | 454 | 78 | 532 | 67 | 599 | | |
| 8 | 项目06 | 455 | 103 | 103 | 27 | 130 | 22 | 152 | 35 | 187 | 55 | 242 | 21 | 263 | 44 | 307 | 55 | 362 | 93 | 455 | | |
| 9 | 项目07 | 495 | 37 | 37 | 31 | 68 | 96 | 164 | 45 | 209 | 104 | 313 | 44 | 357 | 14 | 371 | 101 | 472 | 23 | 495 | | |
| 10 | 项目08 | 608 | 57 | 57 | 104 | 161 | 60 | 221 | 43 | 264 | 94 | 358 | 92 | 450 | 48 | 498 | 61 | 559 | 49 | 608 | | |
| 11 | 项目09 | 529 | 51 | 51 | 77 | 128 | 72 | 200 | 88 | 288 | 33 | 321 | 73 | 394 | 25 | 419 | 34 | 453 | 76 | 529 | | |
| 12 | 项目10 | 447 | 53 | 53 | 59 | 112 | 13 | 125 | 73 | 198 | 31 | 229 | 20 | 249 | 87 | 336 | 25 | 361 | 86 | 447 | | |
| 13 | 项目11 | 497 | 106 | 106 | 13 | 119 | 60 | 179 | 31 | 210 | 91 | 301 | 13 | 314 | 12 | 326 | 77 | 403 | 94 | 497 | | |
| 14 | 项目12 | 476 | 66 | 66 | 43 | 109 | 103 | 212 | 73 | 285 | 38 | 323 | 43 | 366 | 27 | 393 | 44 | 437 | 39 | 476 | | |
| 15 | | | | | | | | | | | | | | | | | | | | | | |
| 16 | | | | | | | | | | | | | | | | | | | | | | |

Sheet1

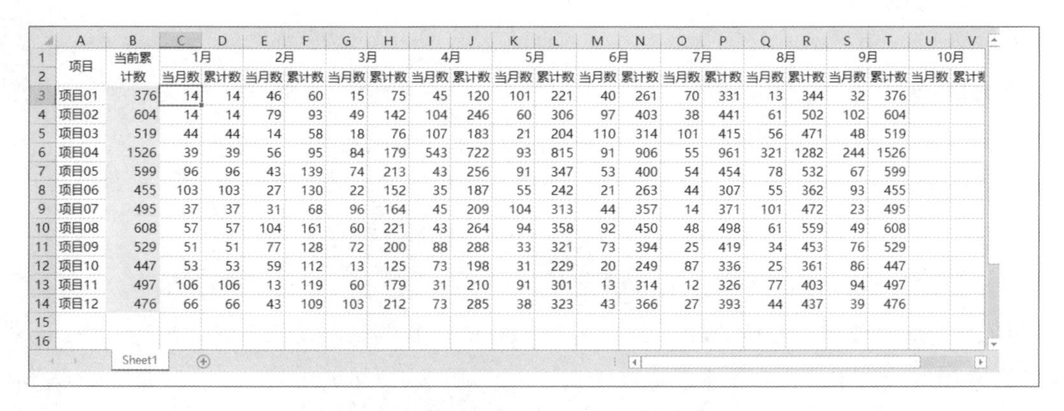

图 30-5　获取最后一列不为空的单元格数据

## 30.2.3　获取满足多个条件下最后一个不为空的数据

前面介绍的是在单列或单行里取数，条件是一个。其实，我们也可以使用条件表达式来组合多个条件，从而实现多条件查找最后一个数据。

**案例 30-4**

图 30-6 是一个多个材料的采购流水，现在要求把每个材料的最新采购日期、最新采购价格、最新采购数量提取出来，那么查找公式分别如下。

单元格 I2：=LOOKUP(1,0/(($B$2:$B$1000<>”” )*($B$2:$B$1000=H2)),$A$2:$A$1000)

单元格 J2：=LOOKUP(1,0/(($B$2:$B$1000<>”” )*($B$2:$B$1000=H2)),$D$2:$D$1000)

单元格 K2：=LOOKUP(1,0/(($B$2:$B$1000<>”” )*($B$2:$B$1000=H2)),$C$2:$C$1000)

公式中，条件表达式 ($B$2:$B$1000<>”” )*($B$2:$B$1000=H2) 就是构建了两个条件同时满足的数组向量。

| | A | B | C | D | E | F | G | H | I | J | K |
|---|---|---|---|---|---|---|---|---|---|---|---|
| 1 | 日期 | 材料 | 数量 | 单价 | 金额 | | | 材料 | 最新采购时间 | 最新采购价格 | 最新采购数量 |
| 2 | 2017-1-3 | 材料02 | 219 | 127 | 27,813 | | | 材料01 | 2017-12-29 | 28 | 492 |
| 3 | 2017-1-6 | 材料01 | 193 | 39 | 7,527 | | | 材料02 | 2017-11-30 | 403 | 762 |
| 4 | 2017-1-13 | 材料05 | 878 | 185 | 162,430 | | | 材料03 | 2017-12-29 | 419 | 1322 |
| 5 | 2017-1-16 | 材料01 | 800 | 44 | 35,200 | | | 材料04 | 2017-11-14 | 140 | 983 |
| 6 | 2017-1-22 | 材料10 | 1235 | 35 | 43,225 | | | 材料05 | 2017-12-21 | 62 | 202 |
| 7 | 2017-2-4 | 材料11 | 1619 | 110 | 178,090 | | | 材料06 | 2017-10-22 | 404 | 1101 |
| 8 | 2017-2-7 | 材料08 | 1582 | 418 | 661,276 | | | 材料07 | 2017-12-9 | 553 | 1401 |
| 9 | 2017-2-11 | 材料03 | 1463 | 322 | 471,086 | | | 材料08 | 2017-11-15 | 190 | 894 |
| 10 | 2017-2-16 | 材料12 | 1245 | 311 | 387,195 | | | 材料09 | 2017-11-1 | 228 | 70 |
| 11 | 2017-2-26 | 材料08 | 1779 | 450 | 800,550 | | | 材料10 | 2017-10-12 | 31 | 1472 |
| 12 | 2017-3-1 | 材料04 | 1863 | 326 | 607,338 | | | 材料11 | 2017-12-12 | 72 | 1533 |
| 13 | 2017-3-3 | 材料01 | 1969 | 24 | 47,256 | | | 材料12 | 2017-9-4 | 236 | 1278 |
| 14 | 2017-3-7 | 材料12 | 1025 | 716 | 733,900 | | | | | | |
| 15 | 2017-3-13 | 材料01 | 1203 | 45 | 54,135 | | | | | | |
| 16 | 2017-3-14 | 材料04 | 582 | 93 | 54,126 | | | | | | |
| 17 | 2017-3-15 | 材料07 | 1500 | [illegible] | [illegible] | | | | | | |
| 18 | 2017-3-16 | 材料11 | 1242 | 277 | 344,034 | | | | | | |
| 19 | 2017-3-20 | 材料03 | 434 | 181 | 78,554 | | | | | | |
| 20 | 2017-4-1 | 材料07 | 865 | 804 | 695,460 | | | | | | |

Sheet1

图 30-6　获取满足多个条件的最后一行不为空的单元格数据

## 30.2.4　从数字和文本组成的字符串中提取数字和文本

这个问题的本质是数据分列。但当数字和文本之间没有任何分隔符号时，采用一般的方法进行就比较麻烦了。如果数字的第 1 位不是 0，那么可以使用 LOOKUP 函数提取数字和文字了。

**案例 30-5**

图 30-7 是数字和英文字母组合的科目名称，现在要将编码和名称分成两列，各单元格公式如下。

单元格 B2：=TEXT(-LOOKUP(0,-LEFT(A2,ROW($1:$100))),“0”)

单元格 C2：=MID(A2,LEN(B2)+1,100)

单元格 B2 的公式中，核心部分是使用 LOOKUP 函数取数，其原理是：先用 LEFT 函数从左边开始取数，第一次取 1 个，第二次取 2 个，第三次取 3 个，……，依此类推（表达式 ROW($1:$100) 就是指定每次取数的个数），以 A2 的字符串为例，这样取数的结果就是一个数组：

{“1”;“11”;“111”;“111c”;“111ca”;“111cas”;“111cash”;……}

将这个数组乘以 -1，得到如下的数组：

{-1;-11;-111;#VALUE!;#VALUE!;#VALUE!;#VALUE!;……}

再用 LOOKUP 从这组数中查找最接近 0 的数字，就是 -111，因为 -111 是挨着 0 最近的数字。

由于取出来的是负数，因此再乘以 -1 将其转换为正数。

由于科目编码必须是文本型数字，因此可以使用 TEXT 将其进行转换。

B2 =TEXT(-LOOKUP(0,-LEFT(A2,ROW($1:$100))),"0")

| | A | B | C | D |
|---|---|---|---|---|
| 1 | 科目名称 | 编码 | 名称 | |
| 2 | 111cash and cash equivalents | 111 | cash and cash equivalents | |
| 3 | 1111cash on hand | 1111 | cash on hand | |
| 4 | 1112petty cash/revolving funds | 1112 | petty cash/revolving funds | |
| 5 | 1113cash in banks | 1113 | cash in banks | |
| 6 | 1116cash in transit | 1116 | cash in transit | |
| 7 | 112short-term investment | 112 | short-term investment | |
| 8 | 1121short-term investments-stock | 1121 | short-term investments-stock | |

图 30-7 分列数字编码和英文名称：数字在左，字母在右

如果数字在右，文字在左，取数公式又会如何呢？图 30-8 就是这样的情况，此时，需要使用 RIGHT 函数来构建数组，公式如下。

单元格 C2：=-LOOKUP(0,-RIGHT(A2,ROW($1:$100)))

单元格 B2：=LEFT(A2,LEN(A2)-LEN(C2))

C2 =-LOOKUP(0,-RIGHT(A2,ROW($1:$100)))

| | A | B | C | D | E | F | G |
|---|---|---|---|---|---|---|---|
| 1 | Item | Name | Value | | | | |
| 2 | Cash300000 | Cash | 300000 | | | | |
| 3 | Quantity2800 | Quantity | 2800 | | | | |
| 4 | Sales90285 | Sales | 90285 | | | | |

图 30-8 分列数字和英文名称：数字在右，字母在左

# 第 31 章 函数应用：查找函数的定海神针 MATCH

MATCH 函数，显得是那么低调，很多表格的数据查找可谓是 VLOOKUP 函数出尽了风头，而 MATCH 函数总是默默的坐在一边。就像东汉开国皇帝刘秀手下的大树将军冯异，打完仗就默默的坐在树下，没有任何张扬，更没有抢功劳。MATCH 函数，就是 Excel 里的冯异，它在公式中并不起眼，但作用却是一箭定天山。

## 31.1 基本原理与注意事项

### 31.1.1 基本原理

MATCH 函数的功能是从一个数组中，把指定元素的存放位置找出来。就像一个实际生活中的例子：大家先排成一队，喊号，问张三排在了第几个？ MATCH 函数就是这个意思。

由于必须是一组数，因此在定位时，只能选择工作表的一列区域或者一行区域，当然了，也可以是自己创建的一维数组。

MATCH 函数得到的结果不是数据本身，而是该数据的位置。其语法如下：

```
=MATCH(查找值，查找区域，匹配模式)
```

各个参数说明如下。

- 查找值：要查找位置的数据，可以是精确的一个值，也可以是一个要匹配的关键词。
- 查找区域：要查找数据的一组数，可以是工作表的一列区域，或者是工作表的一行区域，或者一个数组。
- 匹配模式：是一个数字 -1、0 或者 1。

如果是 1 或者忽略，查找区域的数据必须做升序排序。

如果是 -1，查找区域的数据必须做降序排序。

如果是 0，则可以是任意顺序。

一般情况下，数据的次序是乱的，因为我们常常把第 3 个参数“匹配模式”设置成 0。

要特别注意的是：MATCH 函数也不能查找重复数据，也不区分大小写。

例如，下面的公式结果是 3，因为字母 A 在数组 {“B”,”D”,”A”,”M”,”P”} 的第 3 个位置：

```
=MATCH(“A”,{“B”,”D”,”A”,”M”,”P”},0)
```

图 31-1 就是 MATCH 在工作表中的应用。

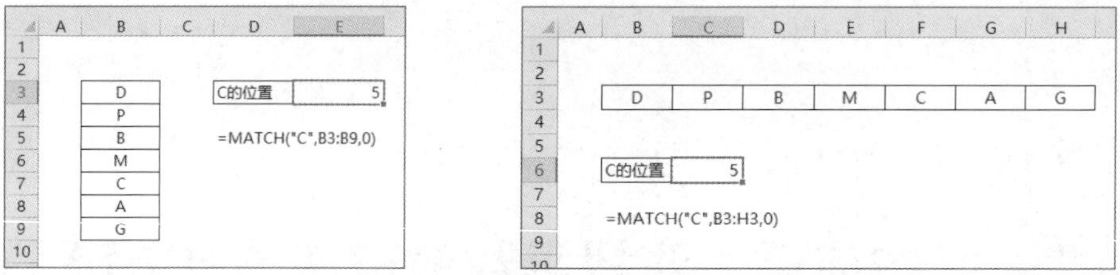
D
P
B
M
C
A
G
C的位置 5
=MATCH("C",B3:B9,0)
D P B M C A G
C的位置 5
=MATCH("C",B3:H3,0)

图 31-1　MATCH 函数的基本原理

## 31.1.2　精确定位

### 案例 31–1

图 31-2 是两个名单表，现在想使用函数查找每个表格里的名字，在另一个表里是否存在，如果存在，是在哪行。查找公式如下。

表 1 的单元格 B2：=MATCH(A2, 表 2!A:A,0)

表 2 的单元格 B2：=MATCH(A2, 表 1!A:A,0)

如果公式的结果是数字，这个数字就是该名字保存的位置（第几行），如果公式的结果是错误值，表明该名字在另外一个表格中不存在，找不到。

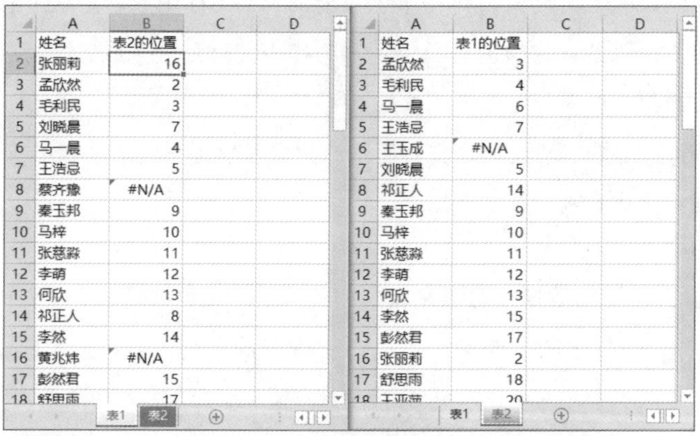
姓名 表2的位置
张丽莉 16
孟欣然 2
毛利民 3
刘晓晨 7
马一晨 4
王浩忌 5
蔡齐豫 #N/A
秦玉邦 9
马梓 10
张慈淼 11
李萌 12
何欣 13
祁正人 8
李然 14
黄兆炜 #N/A
彭然君 15
表1 表2
姓名 表1的位置
孟欣然 3
毛利民 4
马一晨 6
王浩忌 7
王玉成 #N/A
刘晓晨 5
祁正人 14
秦玉邦 9
马梓 10
张慈淼 11
李萌 12
何欣 13
李然 15
彭然君 17
张丽莉 2
舒思雨 18
表1 表2

图 31-2　确定每个姓名在另外一个表格中的位置

## 31.1.3　关键词定位

MATCH 函数的第一个参数是要在数组中查找的数据，它可以是精确值匹配，也可以是使用通配符（*）做关键词匹配，没必要对数据分列得到严格匹配的精确值了。

### 案例 31–2

图 31-3 就是根据关键词定位查找的一个简单例子。在 A 列里，富士康保存在第 5 行，查找公式如下：

```
=MATCH("*富士康*",A:A,0)
```

D2
=MATCH("*富士康*",A:A,0)
客户名称
北京明华科技股份公司
上海明辉科技
苏州大湖集团
广东富士康集团
上海益康眼镜店
苏州辉瑞动保
北京世辉环保
富士康在第几行?
5

图 31-3　关键词定位查找

### 31.1.4　模糊定位

其实，MATCH 函数还可以做模糊查找，也就是说，如果找不到指定的数据，就找最接近的数据，就像 VLOOKUP 函数的模糊查找一样。

**案例 31–3**

图 31-4 是一个温度与导热系数的测试数据，现在要预估指定温度下的导热系数。

这个问题可以通过数学里的插值计算来解决（因为这个测试数据无法回归成一个经验公式，所以放弃了这样的做法），而要做插值计算，就要找出指定数据前一个和后一个的数值，然后才能计算。

幸运的是，A 列的温度是升序排列的，这样就可以使用 MATCH 函数做模糊定位，然后再利用 INDEX 函数取出数值来。相关单元格公式如下。

单元格 E7：=INDEX(A2:A16,MATCH(E3,A2:A16))

单元格 F7：=INDEX(B2:B16,MATCH(E3,A2:A16))

单元格 E8：=INDEX(A2:A16,MATCH(E3,A2:A16)+1)

单元格 F7：=INDEX(B2:B16,MATCH(E3,A2:A16)+1)

单元格 E4：=F7+(F8-F7)/(E8-E7)*(E3-E7)

| | A | B | C | D | E | F |
|---|---|---|---|---|---|---|
| 1 | 温度 | 导热系数 | | | | |
| 2 | -18 | 1.5874 | | 预测计算： | | |
| 3 | -17 | 2.2999 | | 指定温度 | 20 | |
| 4 | -14 | 3.8854 | | 预测导热系数 | 36.84335 | |
| 5 | -3 | 6.7574 | | | | |
| 6 | 5 | 13.9472 | | 辅助计算： | | |
| 7 | 9 | 22.2199 | | 20前一个值 | 17 | 33.7451 |
| 8 | 10 | 31.6705 | | 20后一个值 | 23 | 39.9416 |
| 9 | 17 | 33.7451 | | | | |
| 10 | 23 | 39.9416 | | | | |
| 11 | 32 | 31.4762 | | | | |
| 12 | 36 | 26.8644 | | | | |
| 13 | 38 | 15.2562 | | | | |
| 14 | 42 | 11.4053 | | | | |
| 15 | 44 | 9.4191 | | | | |
| 16 | 50 | 5.0822 | | | | |

图 31-4　利用 MATCH 模糊查找功能做插值计算

## 31.2　与其他函数联合运用

MATCH 单个使用的场合不是很多，更多的是与其他函数联合使用，此时，MATCH 函数犹如定海神针，起着极其重要的作用，在制作高效数据分析模板时，MATCH 是必不可少的核心函数之一。

### 31.2.1　与 VLOOKUP 联合应用

前面我们已经介绍了 MATCH 函数与 VLOOKUP 函数的联合使用，做灵活的数据查找，不清楚的往回看书，继续练习。下面再举一个练习例子。

**案例 31–4**

图 31-5 是一月份工作表，现在要制作一个工资查询表，指定任意的员工姓名，就能得到该员

工的工资数据，效果如图 31-6 所示。单元格 D4 的公式如下：

```
=VLOOKUP($C$2,'1月'!B:Q,MATCH(C4,'1月'!$B$1:$Q$1,0),0)
```

在这个公式中，使用了 MATCH 函数确定取数的项目位置，并将其作为 VLOOKUP 函数的第 3 个参数。

| 工号 | 姓名 | 成本中心 | 基本工资 | 津贴 | 其他项目 | 加班工资 | 考勤扣款 | 应税所得 | 社保个人 | 公积金个人 | 计税基数 | 个税 | 实得工资 | 社保企业 | 公积金企业 | 人工成本 |
|---|---|---|---|---|---|---|---|---|---|---|---|---|---|---|---|---|
| G031 | A001 | HR | 11000.00 | 814.00 | 1000.00 | 0.00 | 0.00 | 12814.00 | 997.60 | 635.00 | 11181.40 | 981.28 | 10200.12 | 3400.01 | 635.00 | 16849.01 |
| G032 | A002 | HR | 4455.00 | 1524.63 | 1000.00 | 1675.86 | 0.00 | 8655.49 | 836.40 | 532.00 | 7287.09 | 273.71 | 7013.38 | 2850.60 | 532.00 | 12038.09 |
| G033 | A003 | HR | 5918.00 | 737.00 | 1000.00 | 0.00 | 0.00 | 7655.00 | 1125.70 | 0.00 | 6529.30 | 197.93 | 6331.37 | 3836.90 | 0.00 | 11491.90 |
| G034 | A004 | HR | 4367.00 | 521.00 | 1000.00 | 0.00 | 0.00 | 5888.00 | 563.80 | 359.00 | 4965.20 | 43.96 | 4921.24 | 1921.70 | 359.00 | 8168.70 |
| G035 | A005 | HR | 29700.00 | 132.00 | 2504.00 | 0.00 | (453.56) | 31882.44 | 1285.80 | 818.00 | 29778.64 | 5564.66 | 24213.98 | 4383.10 | 818.00 | 37083.54 |
| G036 | A006 | HR | 5280.00 | 613.00 | 1000.00 | 0.00 | 0.00 | 6893.00 | 617.60 | 393.00 | 5882.40 | 133.24 | 5749.16 | 2104.90 | 393.00 | 9390.90 |
| G037 | A007 | HR | 4422.00 | 1533.88 | 1000.00 | 369.66 | 0.00 | 7325.54 | 603.80 | 0.00 | 6721.74 | 217.17 | 6504.57 | 2058.20 | 0.00 | 9383.74 |
| G038 | A008 | 总经办 | 3586.00 | 1511.62 | 1000.00 | 299.77 | 0.00 | 6397.39 | 609.80 | 388.00 | 5399.59 | 84.96 | 5314.63 | 2078.10 | 388.00 | 8863.49 |
| G039 | A009 | 总经办 | 3663.00 | 787.00 | 1000.00 | 0.00 | 0.00 | 5450.00 | 482.30 | 0.00 | 4967.70 | 44.03 | 4923.67 | 1808.41 | 233.00 | 7491.41 |
| G040 | A010 | 总经办 | 4455.00 | 1547.79 | 1000.00 | 1117.24 | 0.00 | 8120.03 | 668.90 | 0.00 | 7451.13 | 290.11 | 7161.02 | 2507.90 | 654.00 | 11281.93 |
| G041 | A011 | 总经办 | 3520.00 | 1335.61 | 1000.00 | 1360.92 | 0.00 | 7216.53 | 583.30 | 371.00 | 6262.23 | 171.22 | 6091.01 | 1987.60 | 371.00 | 9575.13 |
| G042 | A012 | 总经办 | 7700.00 | 614.00 | 1000.00 | 0.00 | 0.00 | 9314.00 | 735.20 | 0.00 | 8578.80 | 460.76 | 8118.04 | 2756.70 | 654.00 | 12724.70 |
| G043 | A013 | 总经办 | 4730.00 | 1358.00 | 1000.00 | 395.40 | 0.00 | 7483.40 | 751.70 | 478.00 | 6253.70 | 170.37 | 6083.33 | 2562.20 | 478.00 | 10523.60 |
| G044 | A014 | 设备部 | 5280.00 | 1809.71 | 1000.00 | 165.52 | (236.60) | 8018.63 | 761.60 | 485.00 | 6772.03 | 222.20 | 6549.83 | 2595.70 | 485.00 | 11099.33 |
| G045 | A015 | 设备部 | 5922.40 | 440.00 | 1000.00 | 0.00 | 0.00 | 7362.40 | 551.60 | 351.00 | 6459.80 | 190.98 | 6268.82 | 1879.90 | 351.00 | 9593.30 |
| G046 | A016 | 设备部 | 3487.00 | 1383.41 | 1000.00 | 291.49 | 0.00 | 6161.90 | 600.50 | 382.00 | 5179.40 | 62.94 | 5116.46 | 2047.00 | 321.00 | 8529.90 |

图 31-5　工资明细

| 查找姓名 | A008 | |
|---|---|---|
| 类别 | 项目 | 金额 |
| 加项 | 基本工资 | 3586.00 |
| | 津贴 | 1511.62 |
| | 其他项目 | 1000.00 |
| | 加班工资 | 299.77 |
| 减项 | 考勤扣款 | 0.00 |
| | 社保个人 | 609.80 |
| | 公积金个人 | 388.00 |
| 应税所得 | 应税所得 | 6397.39 |
| 个税项 | 计税基数 | 5399.59 |
| | 个税 | 84.96 |
| 实发项 | 实得工资 | 5314.63 |
| 公司成本 | 社保企业 | 2078.10 |
| | 公积金企业 | 388.00 |
| | 人工成本 | 8863.49 |

图 31-6　查询指定员工的工资项目

## 31.2.2　与 INDEX 联合应用

先利用 MATCH 分别在行方向和列方向定位出两个条件值的位置，然后再使用 INDEX 把该行该列交叉单元格的数据提取出来，这种查找更加灵活，应用更加广泛。

**案例 31-5**

图 31-7 是一个简单的例子，来说明如何使用 MATCH 函数与 INDEX 函数查找数据。这里我们要查找指定地区、指定产品的数据，可以使用下面的公式。

```
=INDEX($C$3:$H$6,MATCH(B10,$B$3:$B$6,0),MATCH(C10,$C$2:$H$2,0))
```

原始数据

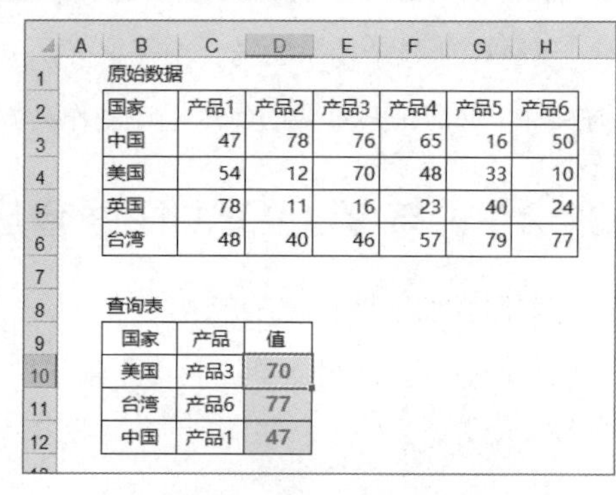

| 国家 | 产品1 | 产品2 | 产品3 | 产品4 | 产品5 | 产品6 |
|---|---|---|---|---|---|---|
| 中国 | 47 | 78 | 76 | 65 | 16 | 50 |
| 美国 | 54 | 12 | 70 | 48 | 33 | 10 |
| 英国 | 78 | 11 | 16 | 23 | 40 | 24 |
| 台湾 | 48 | 40 | 46 | 57 | 79 | 77 |

查询表

| 国家 | 产品 | 值 |
|---|---|---|
| 美国 | 产品3 | 70 |
| 台湾 | 产品6 | 77 |
| 中国 | 产品1 | 47 |

图 31-7　两个条件的查找

公式中：

MATCH(B10,$B$3:$B$6,0) 是确定指定国家的行位置；

MATCH(C10,$C$2:$H$2,0) 是指定产品的列位置。

当然，更简单的公式是联合使用 MATCH 函数和 VLOOKUP 函数，或者联合使用 MATCH 函数和 HLOOKUP 函数来解决，公式如下：

```
=VLOOKUP(B10,$B$3:$H$6,MATCH(C10,$B$2:$H$2,0),0)
=HLOOKUP(C10,$C$2:$H$6,MATCH(B10,$B$2:$B$6,0),0)
```

**案例 31–6**

图 31-8 的左侧是各个分公司的各个项目的数据，每个分公司的项目是一样的，现在要求制作右侧的分析指定类别下各个客户的对比情况。

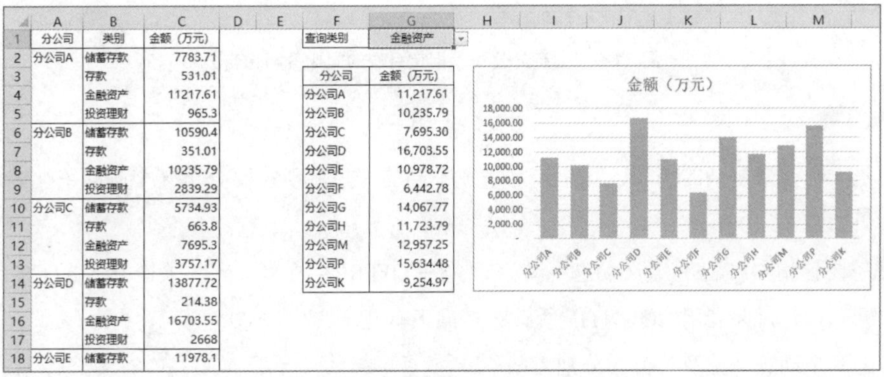

| 分公司 | 类别 | 金额（万元） |
|---|---|---|
| 分公司A | 储蓄存款 | 7783.71 |
| | 存款 | 531.01 |
| | 金融资产 | 11217.61 |
| | 投资理财 | 965.3 |
| 分公司B | 储蓄存款 | 10590.4 |
| | 存款 | 351.01 |
| | 金融资产 | 10235.79 |
| | 投资理财 | 2839.29 |
| 分公司C | 储蓄存款 | 5734.93 |
| | 存款 | 663.8 |
| | 金融资产 | 7695.3 |
| | 投资理财 | 3757.17 |
| 分公司D | 储蓄存款 | 13877.72 |
| | 存款 | 214.38 |
| | 金融资产 | 16703.55 |
| | 投资理财 | 2668 |
| 分公司E | 储蓄存款 | 11978.1 |

| 查询类别 | 金融资产 |
|---|---|
| 分公司 | 金额（万元） |
| 分公司A | 11,217.61 |
| 分公司B | 10,235.79 |
| 分公司C | 7,695.30 |
| 分公司D | 16,703.55 |
| 分公司E | 10,978.72 |
| 分公司F | 6,442.78 |
| 分公司G | 14,067.77 |
| 分公司H | 11,723.79 |
| 分公司M | 12,957.25 |
| 分公司P | 15,634.48 |
| 分公司K | 9,254.97 |


金额（万元）
18,000.00
16,000.00
14,000.00
12,000.00
10,000.00
8,000.00
6,000.00
4,000.00
2,000.00
分公司A
分公司B
分公司C
分公司D
分公司E
分公司F
分公司G
分公司H
分公司M
分公司P
分公司K


图 31-8　指定类别下各个客户对比分析

单元格 G4 的查找公式如下：

```
=INDEX(C:C,MATCH(F4,A:A,0)+MATCH($G$1,$B$2:$B$5,0)-1)
```

在这个公式中，先用 MATCH 函数从 A 列里定位指定分公司的位置，再用 MATCH 函数从 B 列的类别区域中定位类别的位置，两个位置计算得到要提取数据的真正位置（行数），最后用 INDEX 从 C 列中把该行的数据提取出来。

## 31.2.3　与 OFFSET 联合应用

在对企业经营进行分析时，经常要计算指定月份的累计值，或者分析某个时间区间内的销售收入，或者要设计特殊的自动化数据分析模板，此时在汇总计算中，OFFSET 函数就是一个必不可少的函数，为了获取指定数据区域，利用 MATCH 函数来定位就显得非常重要。

**案例 31–7**

图 31-9 就是要对指定月份、指定项目做两年同比分析，包括当月分析和累计分析。此时，相关公式如下。

2016 年当月数：=VLOOKUP(S5,B4:N10,MATCH(S4,B3:N3,0),0)

2016 年累计数：=SUM(OFFSET(C3,MATCH(S5,B4:B10,0),,1,MATCH(S4,C3:N3,0)))

2017 年当月数：=VLOOKUP(S5,B15:N21,MATCH(S4,B14:N14,0),0)

2017 年累计数：=SUM(OFFSET(C14,MATCH(S5,B15:B21,0),,1,MATCH(S4,C14:N14,0)))

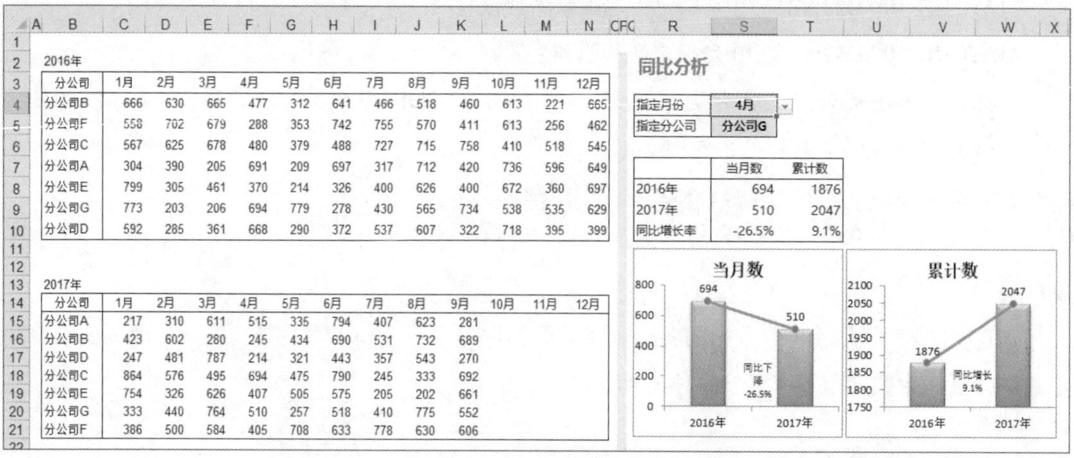

2016年

| 分公司 | 1月 | 2月 | 3月 | 4月 | 5月 | 6月 | 7月 | 8月 | 9月 | 10月 | 11月 | 12月 |
|---|---|---|---|---|---|---|---|---|---|---|---|---|
| 分公司B | 666 | 630 | 665 | 477 | 312 | 641 | 466 | 518 | 460 | 613 | 221 | 665 |
| 分公司F | 558 | 702 | 679 | 288 | 353 | 742 | 755 | 570 | 411 | 613 | 256 | 462 |
| 分公司C | 567 | 625 | 678 | 480 | 379 | 488 | 727 | 715 | 758 | 410 | 518 | 545 |
| 分公司A | 304 | 390 | 205 | 691 | 209 | 697 | 317 | 712 | 420 | 736 | 596 | 649 |
| 分公司E | 799 | 305 | 461 | 370 | 214 | 326 | 400 | 626 | 400 | 672 | 360 | 697 |
| 分公司G | 773 | 203 | 206 | 694 | 779 | 278 | 430 | 565 | 734 | 538 | 535 | 629 |
| 分公司D | 592 | 285 | 361 | 668 | 290 | 372 | 537 | 607 | 322 | 718 | 395 | 399 |

2017年

| 分公司 | 1月 | 2月 | 3月 | 4月 | 5月 | 6月 | 7月 | 8月 | 9月 | 10月 | 11月 | 12月 |
|---|---|---|---|---|---|---|---|---|---|---|---|---|
| 分公司A | 217 | 310 | 611 | 515 | 335 | 794 | 407 | 623 | 281 | | | |
| 分公司B | 423 | 602 | 280 | 245 | 434 | 690 | 531 | 732 | 689 | | | |
| 分公司D | 247 | 481 | 787 | 214 | 321 | 443 | 357 | 543 | 270 | | | |
| 分公司C | 864 | 576 | 495 | 694 | 475 | 790 | 245 | 333 | 692 | | | |
| 分公司E | 754 | 326 | 626 | 407 | 505 | 575 | 205 | 202 | 661 | | | |
| 分公司G | 333 | 440 | 764 | 510 | 257 | 518 | 410 | 775 | 552 | | | |
| 分公司F | 386 | 500 | 584 | 405 | 708 | 633 | 778 | 630 | 606 | | | |

同比分析

| | |
|---|---|
| 指定月份 | 4月 |
| 指定分公司 | 分公司G |

| | 当月数 | 累计数 |
|---|---|---|
| 2016年 | 694 | 1876 |
| 2017年 | 510 | 2047 |
| 同比增长率 | -26.5% | 9.1% |


当月数
694
510
同比下降
-26.5%
2016年
2017年
累计数
1876
2047
同比增长
9.1%
2016年
2017年


图 31-9　指定分公司、指定月份的同比分析报告

**案例 31–8**

下面是一个稍微复杂的例子，每个产品销往不同的客户，现在要分析某个产品销往客户的结构比较，效果如图 31-10 所示。

此时需要使用 OFFSET 定义动态名称，但是在 OFFSET 函数中，必须嵌套 MATCH 来确定指定产品的开始位置，并利用 COUNTIF 统计该产品下有几个客户。

定义的两个动态名称及其公式分别为：

客户：=OFFSET( 示例 !$B$2,MATCH( 示例 !$G$2, 示例 !$A$2:$A$15,0)-1,,
COUNTIF( 示例 !$A$2:$A$15, 示例 !$G$2),1)

销售额：=OFFSET( 示例 !$C$2,MATCH( 示例 !$G$2, 示例 !$A$2:$A$15,0)-1,,
COUNTIF( 示例 !$A$2:$A$15, 示例 !$G$2),1)

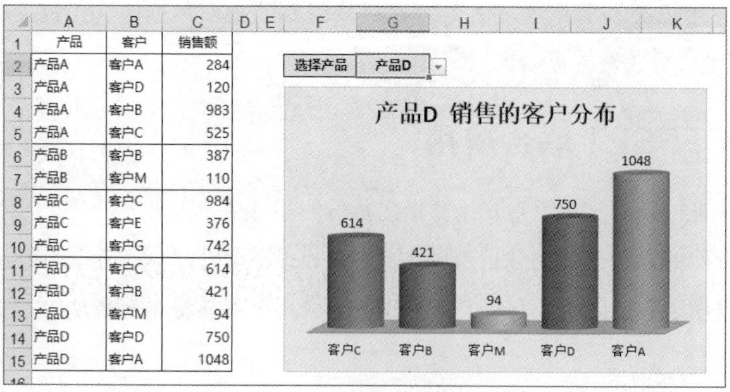

| 产品 | 客户 | 销售额 |
|---|---|---|
| 产品A | 客户A | 284 |
| 产品A | 客户D | 120 |
| 产品A | 客户B | 983 |
| 产品A | 客户C | 525 |
| 产品B | 客户B | 387 |
| 产品B | 客户M | 110 |
| 产品C | 客户C | 984 |
| 产品C | 客户E | 376 |
| 产品C | 客户G | 742 |
| 产品D | 客户C | 614 |
| 产品D | 客户B | 421 |
| 产品D | 客户M | 94 |
| 产品D | 客户D | 750 |
| 产品D | 客户A | 1048 |


选择产品
产品D
产品D 销售的客户分布
614
421
94
750
1048
客户C
客户B
客户M
客户D
客户A


图 31-10　分析指定产品下的客户分布

**案例 31–9**

下面是另外一个看起来很复杂的例子，上面的表格是原始数据，每个月两列数据（产品名称和销售额），现在要把这个表格整理成下面的二维汇总表，如图 31-11 所示。你会如何做？

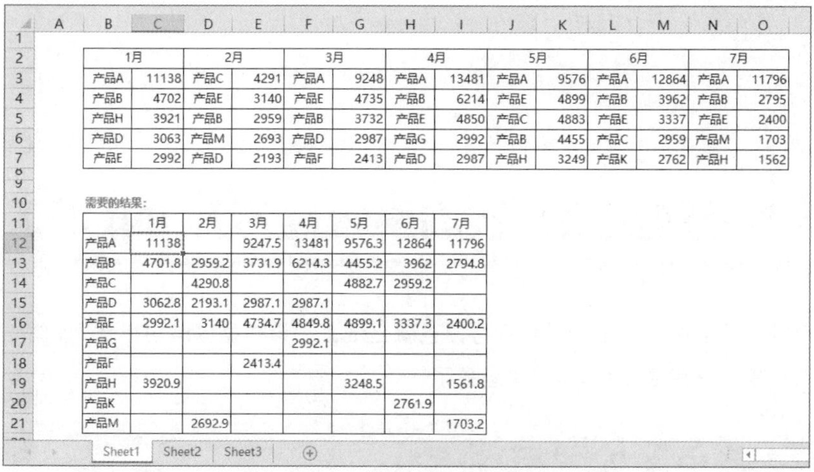

| 1月 | | 2月 | | 3月 | | 4月 | | 5月 | | 6月 | | 7月 | |
|---|---|---|---|---|---|---|---|---|---|---|---|---|---|
| 产品A | 11138 | 产品C | 4291 | 产品A | 9248 | 产品A | 13481 | 产品A | 9576 | 产品A | 12864 | 产品A | 11796 |
| 产品B | 4702 | 产品E | 3140 | 产品E | 4735 | 产品B | 6214 | 产品E | 4899 | 产品B | 3962 | 产品B | 2795 |
| 产品H | 3921 | 产品B | 2959 | 产品B | 3732 | 产品E | 4850 | 产品C | 4883 | 产品E | 3337 | 产品E | 2400 |
| 产品D | 3063 | 产品M | 2693 | 产品D | 2987 | 产品G | 2992 | 产品B | 4455 | 产品C | 2959 | 产品M | 1703 |
| 产品E | 2992 | 产品D | 2193 | 产品F | 2413 | 产品D | 2987 | 产品H | 3249 | 产品K | 2762 | 产品H | 1562 |

需要的结果：

| | 1月 | 2月 | 3月 | 4月 | 5月 | 6月 | 7月 |
|---|---|---|---|---|---|---|---|
| 产品A | 11138 | | 9247.5 | 13481 | 9576.3 | 12864 | 11796 |
| 产品B | 4701.8 | 2959.2 | 3731.9 | 6214.3 | 4455.2 | 3962 | 2794.8 |
| 产品C | | 4290.8 | | | 4882.7 | 2959.2 | |
| 产品D | 3062.8 | 2193.1 | 2987.1 | 2987.1 | | | |
| 产品E | 2992.1 | 3140 | 4734.7 | 4849.8 | 4899.1 | 3337.3 | 2400.2 |
| 产品G | | | | 2992.1 | | | |
| 产品F | | | 2413.4 | | | | |
| 产品H | 3920.9 | | | | 3248.5 | | 1561.8 |
| 产品K | | | | | | 2761.9 | |
| 产品M | | 2692.9 | | | | | 1703.2 |

**图 31-11　整理每个产品每个月的销售额**

其实，这个问题没你想象的那么复杂，对于每个月的数据而言，就是两列数据的区域，第一列是产品名称，第二列是要提取的销售额。

这样，我们能不能想象一下：利用月份名称的定位，把某个月的两列数据区域先做出来，然后使用 VLOOKUP 函数从这个区域里查找数据？答案是肯定的，联合使用 OFFSET 函数和 MATCH 函数即可做出这个区域来。

单元格 C12 的公式如下，往右往下复制，即可得到每个产品每个月的数据来。

```
=IFERROR(VLOOKUP($B12,OFFSET($B$3,,MATCH(C$11,$B$2:$O$2,0)-1,5,2),2,0),"")
```

## 31.2.4　与 INDIRECT 联合应用

INDIRECT 函数的核心，是构建单元格引用字符串，然后把此字符串转换为引用。如果要引用动态指定列的数据，如何做呢？此时，联合使用 INDIRECT 函数和 MATCH 函数即可：用 MATCH 函数定位，用 INDIRECT 函数转换，再用其他函数做进一步处理。

**案例 31–10**

以“案例 31-4”的工资数据为例，现在要求计算指定工资项目的各个部门的合计数，如图 31-12 所示。要分析的项目通过单元格 C2 指定。

| 指定项目： | 加班工资 |
|---|---|
| 成本中心 | 金额 |
| HR | 2,045.52 |
| 总经办 | 3,173.33 |
| 设备部 | 638.15 |
| 信息部 | 1,356.33 |
| 维修 | 1,359.06 |
| 一分厂 | 3,066.30 |
| 二分厂 | 8,975.82 |
| 三分厂 | 3,192.75 |
| 北京分公司 | 9,449.49 |
| 上海分公司 | 12,077.62 |
| 苏州分公司 | 10,513.47 |
| 天津分公司 | 18,578.32 |
| 武汉分公司 | 3,497.80 |

**图 31-12　汇总每个部门指定项目的合计数**

C5 的查找公式如下：

```
=SUMIF('1月'!C:C,B5,INDIRECT("1月!C"&MATCH($C$2,'1月'!$A$1:$Q$1, 0),FALSE))
```

在这个例子中，我们还可以使用联合使用 OFFSET 函数和 MATCH 函数，通过偏移得到要汇总的列，从而使用 SUMIF 函数进行求和，此时公式如下：

```
=SUMIF('1月'!$C$1:$C$1000,B5,
        OFFSET('1月'!$C$1,,MATCH($C$2,'1月'!$D$1:$Q$1,0),1000,1))
```

# 第 32 章 函数应用：按图索骥离不开 INDEX

当在一个数据区域中给定了行号和列号，也就是准备把该数据区域中指定列和指定行的交叉单元格数据提取出来，就需要使用 INDEX 函数了。

## 32.1 基本原理和用法

INDEX 函数有两种使用方法，区别在于查询区域是一个还是多个。

### 32.1.1 从一个区域内查询数据

此时，函数的用法如下：

=INDEX(取数的区域，指定行号，指定列号)

例如：

公式“=INDEX(A:A,6)”就是从 A 列里取出第 6 行的数据，也就是单元格 A6 的数据。

公式“=INDEX(2:2,,6)”就是从第 2 行里取出第 6 列的数据，也就是单元格 F2 的数据。

公式“=INDEX(C2:H9,5,3)”就是从单元格区域 C2:H9 的第 5 行、第 3 列交叉的单元格取数，也就是单元格 E6 的数据。

取数的区域也可以是一个数组，比如公式

=INDEX({“B”,“D”,“A”,“M”,“P”},2)

就是从数组{“B”,“D”,“A”,“M”,“P”}中取第 2 个数据，结果是字母 D。

**案例 32-1**

图 32-1 是 INDEX 函数从单元格区域内，根据指定行、指定列及取数的原理说明。

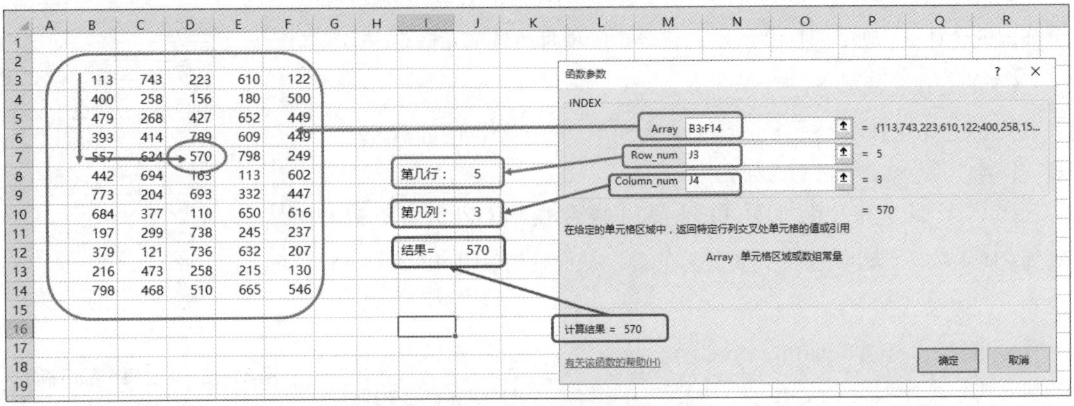

第几行： 5
第几列： 3
结果= 570
函数参数
INDEX
Array B3:F14
Row_num J3
Column_num J4
= {113,743,223,610,122;400,258,15...
= 5
= 3
= 570
在给定的单元格区域中，返回特定行列交叉处单元格的值或引用
Array 单元格区域或数组常量
计算结果 = 570
有关该函数的帮助(H)
确定
取消


图 32-1 INDEX 从一个区域内取数原理

## 32.1.2　从多个区域内查询数据

此时函数的用法如下：

=INDEX（一个或多个单元格区域，指定行号，指定列号，区域的序号）

这里，多个区域的引用，要用逗号隔开，同时要用小括号把这些区域括起来。

例如，下面给定了 3 个单元格区域 A1:D9、G1:J9、L1:O9，那么：

公式“=INDEX((A1:D9,G1:J9,L1:O9),6,3,2)”就是从第 2 个数据区域 G1:J9 的第 6 行和第 3 列的交叉单元格取数，即单元格 I6 的数据。

公式“=INDEX((A1:D9,G1:J9,L1:O9),6,3,1)”就是从第 1 个数据区域 A1:D9 的第 6 行和第 3 列的交叉单元格取数，即单元格 C6 的数据。

图 32-2 是 INDEX 第二种使用的原理图。请打开“案例 32-1”练习研究。

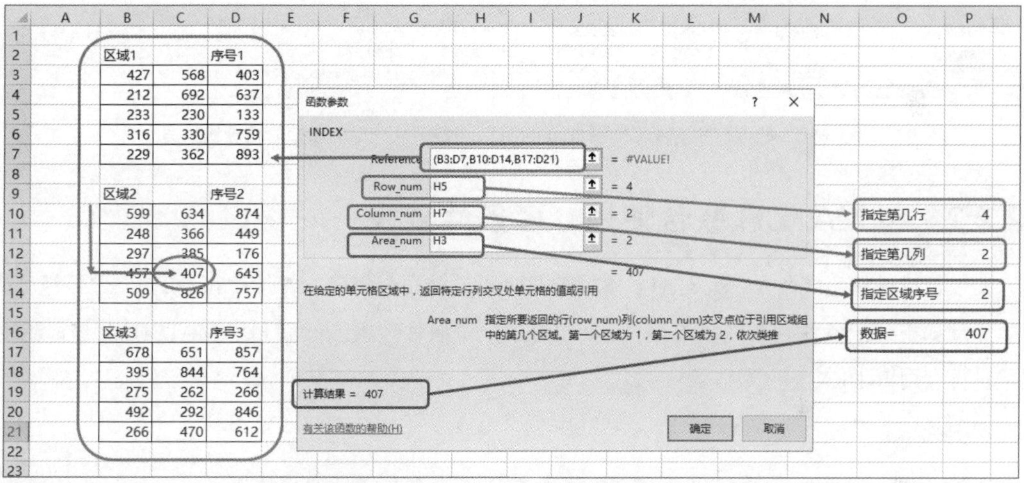

图 32-2　INDEX 从多个区域内取数原理

# 32.2　综合应用

大多数情况下，INDEX 函数需要联合使用 MATCH 函数一起构建公式，先定位后取数。另外一些情况下，可以联合使用控件做动态图表，因为某些控件返回值就是选择项目的位置，相当于 MATCH 函数。

## 32.2.1　与 MATCH 联合使用，单条件查找

只有明确了从一个区域的什么位置取数，才能使用 INDEX 函数，因此该函数经常与 MATCH 函数联合使用：先用 MATCH 定位，再用 INDEX 函数取数。

**案例 32–2**

图 32-3 是从 K3 导出的各个产品成本数据，现在要将各个产品的单位成本取出，做成一个各个产品的单位成本汇总表。

仔细观察表格结构，每个产品下都有 5 个成本项目，最后一个项目就是单位成本，这样，只要

我们能够在 B 列里确定某产品的位置，在此位置上加上 4 行，就是该产品单位成本数据所在的行，这样，单元格 L2 的公式为：

```
=INDEX(H:H,MATCH(K2,B:B,0)+4)
```

| | A | B | C | D | E | F | G | H | I | J | K | L |
|---|---|---|---|---|---|---|---|---|---|---|---|---|
| 1 | 产品代码 | 产品名称 | 规格型号 | 实际产量 | 成本项目代码 | 成本项目名称 | 实际成本 | 单位实际成本 | | | 产品名称 | 单位实际成本 |
| 2 | H204.12 | 产品A | AR252 | 230 | 4001 | 直接材料 | 70,631.07 | 321.05 | | | 产品A | 446.26 |
| 3 | | | | 0 | 4002 | 直接人工 | 4,041.45 | 18.37 | | | 产品B | 135.34 |
| 4 | | | | 0 | 4003 | 制造费用 | 18,533.02 | 84.24 | | | 产品D | 439.64 |
| 5 | | | | 0 | 4004 | 模具费用 | 4,972.00 | 22.60 | | | 产品E | 446.50 |
| 6 | 小计 | | | 230 | | | 98,177.54 | 446.26 | | | 产品F | 464.52 |
| 7 | H204.14 | 产品B | YHRP1 | 210 | 4001 | 直接材料 | 14,120.88 | 70.60 | | | 产品G | 91.61 |
| 8 | | | | 0 | 4002 | 直接人工 | 2,174.45 | 10.87 | | | 产品H | 86.75 |
| 9 | | | | 0 | 4003 | 制造费用 | 9,971.41 | 49.86 | | | 产品P | 558.27 |
| 10 | | | | 0 | 4004 | 模具费用 | 802.00 | 4.01 | | | 产品Y | 285.60 |
| 11 | 小计 | | | 210 | | | 27,068.74 | 135.34 | | | | |
| 12 | H204.16 | 产品D | AR257 | 500 | 4001 | 直接材料 | 156,715.53 | 313.43 | | | | |
| 13 | | | | 0 | 4002 | 直接人工 | 8,997.71 | 18.00 | | | | |
| 14 | | | | 0 | 4003 | 制造费用 | 41,260.96 | 82.52 | | | | |
| 15 | | | | 0 | 4004 | 模具费用 | 12,845.00 | 25.69 | | | | |
| 16 | 小计 | | | 500 | | | 219,819.20 | 439.64 | | | | |
| 17 | H204.17 | 产品E | UOPW25 | 950 | 4001 | 直接材料 | 286,952.75 | 302.06 | | | | |
| 18 | | | | 0 | 4002 | 直接人工 | 18,520.29 | 19.50 | | | | |

图 32-3　联合使用 MATCH 函数和 INDEX 函数，从导出的原始表格查找数据

## 32.2.2　与 MATCH 联合使用，多条件查找

如果查找条件超过两个，此时的多条件查找问题需要联合使用 MATCH 和 INDEX 做数组公式，基本原理如下：把条件判断区域连接（&）组合成一个条件数组，然后利用 MATCH 从这个数组中定位，再利用 INDEX 从取数区域中抓数。

**案例 32-3**

图 32-4 是一个根据指定的供货商和指定的商品，要查取商品型号的例子，这是两个条件的查询，是没有办法直接使用 VLOOKUP 函数做，除非先做一个辅助列，把目前的两列合并成一列。现在要求用一个公式直接抓数，怎么办？

既然不允许在表格里做合并辅助列，那就把这个合并辅助列做到公式里好了，下面就是查找公式，是一个数组公式，因为你在公式里做了“辅助列”，它就是数组 A2:A13&B2:B13。

```
=INDEX(C2:C13,MATCH(F1&F2,A2:A13&B2:B13,0))
```

| | A | B | C | D | E | F |
|---|---|---|---|---|---|---|
| 1 | 供货商 | 商品 | 型号 | | 指定供货商→ | 环宇公司 |
| 2 | 华美公司 | 个人电脑 | HM-394 | | 指定商品名称→ | 服务器 |
| 3 | 华美公司 | 服务器 | HM-F-02 | | 商品型号 | HY-F-409 |
| 4 | 华美公司 | 打印机 | HM-P029 | | | |
| 5 | 环宇公司 | 个人电脑 | HY-300 | | | |
| 6 | 环宇公司 | 服务器 | HY-F-409 | | | |
| 7 | 环宇公司 | 打印机 | HY-P-566 | | | |
| 8 | 南海公司 | 个人电脑 | NH-K-20 | | | |
| 9 | 南海公司 | 服务器 | NH-F0019 | | | |
| 10 | 南海公司 | 打印机 | NH-PR03 | | | |
| 11 | 瑞丰公司 | 个人电脑 | RF-3-H4 | | | |
| 12 | 瑞丰公司 | 服务器 | RF-FHG-8 | | | |
| 13 | 瑞丰公司 | 打印机 | RF-PR-39 | | | |

图 32-4　联合 MATCH 和 INDEX 做多条件查找

这种通过组合的方法做数组公式来实现多条件查找是非常有用的，也适合于任意多的条件。图 32-5 是一个模拟例子，三个条件的查询，数组公式如下：

```
=INDEX(D2:D37,MATCH(H2&H3&H4,A2:A37&B2:B37&C2:C37,0))
```

| | A | B | C | D | E | F | G | H |
|---|---|---|---|---|---|---|---|---|
| 1 | 分公司 | 客户 | 产品 | 销量 | | | | |
| 2 | 分公司1 | 客户3 | 产品4 | 515 | | | 分公司 | 分公司2 |
| 3 | 分公司3 | 客户3 | 产品2 | 460 | | | 客户 | 客户1 |
| 4 | 分公司2 | 客户2 | 产品2 | 401 | | | 产品 | 产品3 |
| 5 | 分公司3 | 客户1 | 产品1 | 209 | | | | |
| 6 | 分公司2 | 客户3 | 产品3 | 668 | | | 销量= | 657 |
| 7 | 分公司3 | 客户3 | 产品1 | 380 | | | | |
| 8 | 分公司1 | 客户1 | 产品1 | 246 | | | | |
| 9 | 分公司1 | 客户1 | 产品2 | 421 | | | | |
| 10 | 分公司1 | 客户3 | 产品1 | 453 | | | | |
| 11 | 分公司1 | 客户2 | 产品4 | 298 | | | | |
| 12 | 分公司3 | 客户2 | 产品2 | 372 | | | | |
| 13 | 分公司3 | 客户3 | 产品3 | 287 | | | | |
| 14 | 分公司1 | 客户2 | 产品3 | 659 | | | | |
| 15 | 分公司3 | 客户1 | 产品4 | 306 | | | | |
| 16 | 分公司2 | 客户1 | 产品4 | 324 | | | | |
| 17 | 分公司3 | 客户1 | 产品3 | 100 | | | | |

Sheet1　Sheet2

图 32-5　联合 MATCH 和 INDEX 做多条件查找

## 32.2.3　与控件联合使用，制作动态图表

在制作动态图表时，如果使用组合框或者列表框，与之配合的查找函数基本上就是 INDEX 了，因为这两种控件的返回值是一个序号（选择控件的第 N 个项目，控件返回值就是数字 N）。因此，可以使用 INDEX 函数把指定位置的数据提取出来，然后画图，得到的图表就会随着控件的变化而变化，动态图就产生了。

**案例 32–4**

图 32-6 是一个利用组合框控件来控制图表的动态图表，这个图表的具体制作步骤如下。而关于各种表单控件的使用方法，将在后面的章节里进行详细介绍。

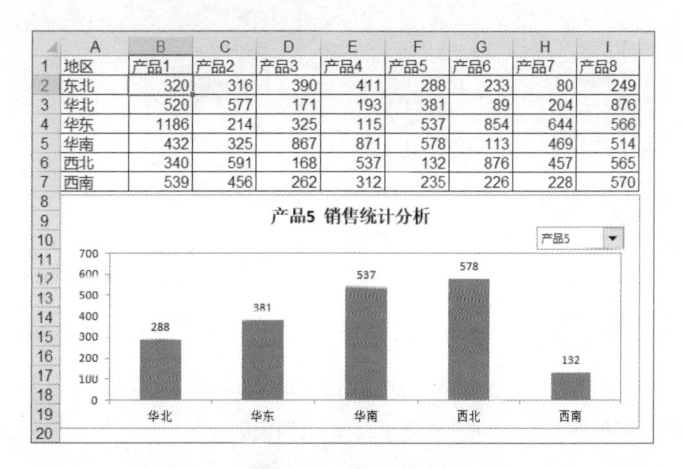

| | A | B | C | D | E | F | G | H | I |
|---|---|---|---|---|---|---|---|---|---|
| 1 | 地区 | 产品1 | 产品2 | 产品3 | 产品4 | 产品5 | 产品6 | 产品7 | 产品8 |
| 2 | 东北 | 320 | 316 | 390 | 411 | 288 | 233 | 80 | 249 |
| 3 | 华北 | 520 | 577 | 171 | 193 | 381 | 89 | 204 | 876 |
| 4 | 华东 | 1186 | 214 | 325 | 115 | 537 | 854 | 644 | 566 |
| 5 | 华南 | 432 | 325 | 867 | 871 | 578 | 113 | 469 | 514 |
| 6 | 西北 | 340 | 591 | 168 | 537 | 132 | 876 | 457 | 565 |
| 7 | 西南 | 539 | 456 | 262 | 312 | 235 | 226 | 228 | 570 |

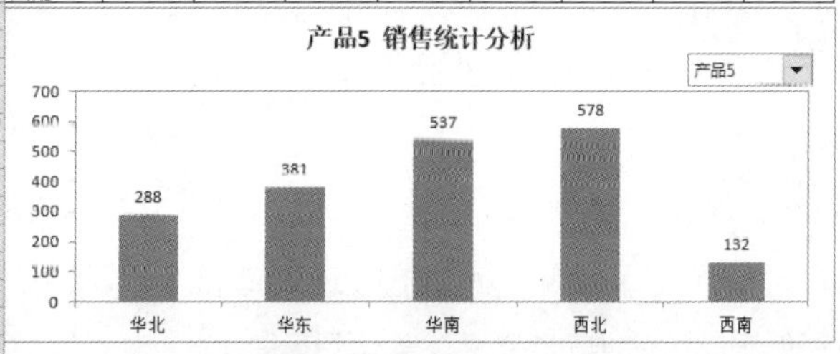
产品5 销售统计分析
产品5
700
600
500
400
300
200
100
0
288
381
537
578
132
华北
华东
华南
西北
西南

图 32-6　动态图表

**步骤 01**　首先确定哪个单元格保存组合框的返回值，这里为单元格 B10。

**步骤02** 在单元格输入任意一个正整数，比如输入5。

**步骤03** 将单元格区域A11:B16作为绘图辅助区域，在单元格B11输入数据查询公式，并往下复制，将要用于绘图的产品数据查询出来：

```
=INDEX(B1:I1,,$B$10)
```

**步骤04** 用数据区域A11:B16绘制图表。

**步骤05** 在单元格的适当位置做一个产品名称列表，以备为组合框设置数据源之用。这里是单元格区域F9:F16。

**步骤06** 在单元格的某个单元格设置显示动态图表标题的公式，这里为单元格E18：

```
=B11&"销售统计分析"
```

整个的辅助绘图区域如图32-7所示。

| | A | B | C | D | E | F | G | H | I |
|---|---|---|---|---|---|---|---|---|---|
| 1 | 地区 | 产品1 | 产品2 | 产品3 | 产品4 | 产品5 | 产品6 | 产品7 | 产品8 |
| 2 | 东北 | 320 | 316 | 390 | 411 | 288 | 233 | 80 | 249 |
| 3 | 华北 | 520 | 577 | 171 | 193 | 381 | 89 | 204 | 876 |
| 4 | 华东 | 1186 | 214 | 325 | 115 | 537 | 854 | 644 | 566 |
| 5 | 华南 | 432 | 325 | 867 | 871 | 578 | 113 | 469 | 514 |
| 6 | 西北 | 340 | 591 | 168 | 537 | 132 | 876 | 457 | 565 |
| 7 | 西南 | 539 | 456 | 262 | 312 | 235 | 226 | 228 | 570 |
| 8 | | | | | | | | | |
| 9 | | | | | 产品名称列表→ | 产品1 | | | |
| 10 | 控件返回值 | 5 | | | | 产品2 | | | |
| 11 | 东北 | 产品5 | | | | 产品3 | | | |
| 12 | 华北 | 288 | | | | 产品4 | | | |
| 13 | 华东 | 381 | | | | 产品5 | | | |
| 14 | 华南 | 537 | | | | 产品6 | | | |
| 15 | 西北 | 578 | | | | 产品7 | | | |
| 16 | 西南 | 132 | | | | 产品8 | | | |
| 17 | | | | | | | | | |
| 18 | | | | 图表标题→ | 产品5 销售统计分析 | | | | |
| 19 | | | | | | | | | |

图32-7 绘制动态图表的辅助绘图区域

**步骤07** 下面是插入控件并设置控件格式：

（1）在图表上插入组合框。

（2）选中该控件，右击，执行快捷菜单的"设置控件格式"命令。

（3）打开"设置控件格式"对话框，切换到"控制"选项卡。

（4）在"数据源区域"输入框中输入单元格区域F9:F16（鼠标点选即可），在"单元格链接"输入框中输入单元格B10（鼠标点选即可），如图32-8所示。

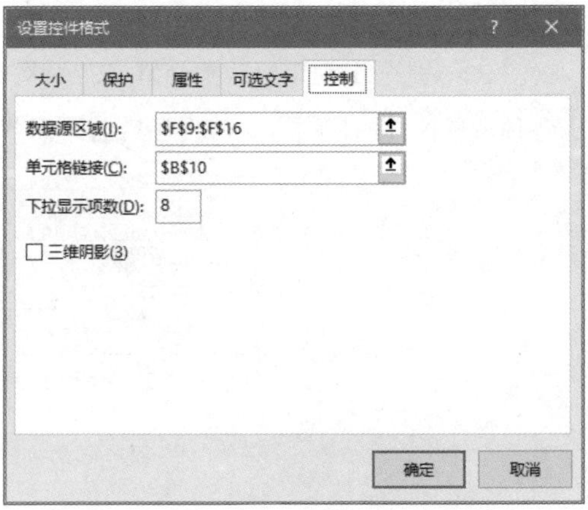
设置控件格式
大小
保护
属性
可选文字
控制
数据源区域(I): $F$9:$F$16
单元格链接(C): $B$10
下拉显示项数(D): 8
三维阴影(3)
确定
取消

图32-8 设置组合框的控制属性

（5）设置完毕后，单击"确定"按钮。

**步骤08** 为图表插入图表标题，并将其与单元格E18连接起来。

**步骤09** 最后将图表拖放到工作表的适当位置，美化图表。

**步骤10** 选择组合框，将其拖到图表的适当位置。

# 第 33 章 函数应用：借力打力 INDIRECT

很多人没听说过 INDIRECT，更谈不上应用了。因为这些人还纠结在 VLOOKUP 函数以及 IF 嵌套中。

INDIRECT 函数的强大程度是你无法想象的。我的很多学生，一开始对这个函数也是望而却步，但是现在使用这个函数的频率反而比 VLOOKUP 还高，因为在预算分析、成本分析、费用分析、经营分析中，经常要进行滚动跟踪分析，这些分析就需要实现工作表的滚动汇总，追踪数据的变化，分析数据的偏差，所有这些工作，使用 INDIRECT 函数再联合其他几个常用的函数就够了。

## 33.1 基本原理与用法

### 33.1.1 函数基本语法

INDIRECT 的功能是把一个字符串表示的单元格地址转换为引用，语法如下：

=INDIRECT(字符串表示的单元格地址, 引用方式)

这里需要注意的几点是：

- INDIRECT 转换的对象是一个字符串（文本）
- 这个字符串（文本）必须是表达为单元格或单元格区域的地址，比如“C5”，“一季度 !C5”，如果这个字符串不能表达为单元格地址，就会出现错误，比如一季度 C5（少了一个感叹号）。
- 这个字符串是我们自己连接（&）起来的。
- INDIRECT 转换的结果是这个字符串所代表的单元格或单元格区域的引用，如果是一个单元格，会得到该单元格的值；如果是一个单元格区域，结果会莫名其妙，可能是一个值，也可能是错误值，不要感到奇怪。
- 函数的第 2 个参数如果忽略或者输入 TRUE，表示的是 A1 引用方式（就是常规的方式，列标是字母，行号是数字，比如 C5 就是 C 列第 5 行）；如果输入 FALSE，表示的是 R1C1 引用方式（此时的列标是数字，行号是数字，比如 R5C3 表示第 5 行第 3 列，也就是常规的 C5 单元格）。
- 大多数的情况下，第 2 个参数忽略即可，个别情况需要设置为 FALSE，这样可以简化公式，解决移动取数的问题。

### 33.1.2 函数基本逻辑和原理

几个注意事项说完了，下面来解释一下 INDIRECT 函数的基本原理和用法。

图 33-1 是我们要做的一个查询表，希望得到指定工作表、指定单元格的引用（取数），现在是指定了工作表 Sheet3 和单元格 E5，因此鼠标直接引用过来的公式是：=Sheet3!E5。

指定工作表：
Sheet3
指定单元格：
E5
直接引用结果：
366
直接引用公式为：=Sheet3!E5
查询表
Sheet1
Sheet2
Sheet3
Sheet4
Sheet5
Sheet6
Sheet7
Sheet8

**图 33-1　直接引用**

但是，想法改变了，不想从 Sheet3 里取数，也不想从 E5 里取数，想变为从 Sheet5 的 B2 单元格取数，你会怎么做？你会重新鼠标点选，还是直接去修改公式里的工作表名称和单元格地址？

想法真奇妙，现在开始念叨："我想从 Sheet1、Sheet2、Sheet3、……的单元格 A1、A2、B1、C5、M100、……里取数"，这个可以是变化多样，想法每变一次，就修改一次公式？估计没有人会去这么做，那怎么办呢？

仔细阅读下面这段话：

先看一下直接引用单元格的公式字符串（就是扔掉等号，剩下的称为公式字符串）结构：公式字符串是由 3 部分组成的：**工作表名称 + 感叹号（！）+ 单元格地址**，（如果是引用当前的工作表，就没有工作表名称和感叹号，公式直接是 =E5，公式字符串就是 E5），而这个字符串中，工作表名称不就是单元格 D3 里指定的工作表名称字符吗？单元格地址不就是单元格 D4 里指定的单元格名称字符吗？

那么，想法出来了（有想法就是好啊！）：能不能用单元格 D3 和 D4 里的字符分别代替引用公式里的工作表名称和单元格名称，这样，只要改变单元格 D3 的工作表名字和 D4 的单元格地址，不就变成了从不同工作表、不同单元格里取数了吗？

想法有了，就能想办法实现。首先连接一个字符串：

```
=D3&"!"&D4
```

它得到的结果是一个字符串"Sheet3!E5"，这个字符串恰好就是工作表 Sheet3 的单元格 E5 的地址。那么，能不能把这个字符串的双引号去掉变成引用的效果呢？完全是可以的，该 INDIRECT 函数出场亮相了：INDIRECT 变成引用，公式如下：

```
=INDIRECT(D3&"!"&D4)
```

在这个公式中，并没有直接去找哪个工作表、哪个单元格，而是借助单元格 D3 里的工作表名称和 D4 里的单元格名称，借力打力，间接引用了指定的工作表、指定的单元格！这样，以不变应万变，只要改变单元格 D3 里的工作表名称和 D4 里的单元格名称，就立马抓取该工作表、该单元格的数据，公式永远是这个公式，结果千变万化。效果如图 33-2 所示。

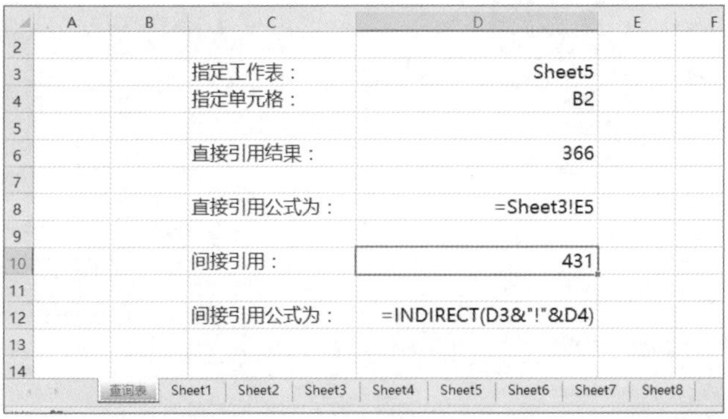

指定工作表：
Sheet5
指定单元格：
B2
直接引用结果：
366
直接引用公式为：
=Sheet3!E5
间接引用：
431
间接引用公式为：
=INDIRECT(D3&"!"&D4)
查询表
Sheet1
Sheet2
Sheet3
Sheet4
Sheet5
Sheet6
Sheet7
Sheet8


图 33-2　直接引用和间接引用比较：直接引用的结果不变，间接引用的结果变化了

INDIRECT 函数称为间接引用函数，这个“间接”两字的含义，就是这么来的（英语单词翻译过来就是“间接”）。

INDIRECT 函数的功能非常强大，实际工作中的很多复杂问题，使用 INDIRECT 函数就像变魔术一样，问题就不是问题了。

需要强调一点：工作表名称的规范命名是非常重要的，如果工作表名称里有空格或者运算符号，在做间接引用字符串时，必须用单引号把工作表名称括起来，如下所示：

```
=INDIRECT(“ ‘Jan Sales’ !E5”)
=INDIRECT(“ ‘A+C’ !E5”)
```

# 33.2　综合应用

下面我们介绍几个非常实用的实际应用案例。需要注意的是，在有些情况下，单独使用 INDIRECT 函数就可以解决，在有些情况下，需要把 INDIRECT 函数作为其他函数的参数，比如 VLOOKUP、MATCH、INDEX、SUMIF、SUMIFS 等，凡是函数的参数是 Range 或 Array 的，都可以使用 INDIRECT 做间接引用。

## 33.2.1　快速汇总大量结构相同的工作表

**案例 33–1**

图 33-3 是各个分公司各个月的销售数据，每个工作表结构完全一样，在实际工作中，这样的工作表有可能是上百个甚至上千个，怎么汇总起来呢？

在单元格 B2 输入下面的公式，往右往下复制，即可得到需要的汇总表，如图 33-4 所示。

```
=INDIRECT(B$1&“!B”&ROW(A2))
```

这个公式中，B$1 指定要查询的工作名，“!B”表示从该工作表的 B 列里取数，ROW(A2) 的结果是 2，这样表达式 B$1&“!B”&ROW(A2) 就是字符串“分公司 A!B2”，而这个字符串又恰好是工作表“分公司 A”的单元格 B2 的地址，因此 INDIRECT 的作用就是把这个字符串转换为引用，也就是获取了工作表“分公司 A”的单元格 B2 的数据。

案例7-52.xlsx:3

| 月份 | 销售额 |
|---|---|
| 1月 | 471 |
| 2月 | 384 |
| 3月 | 468 |
| 4月 | 316 |
| 5月 | 370 |
| 6月 | 486 |
| 7月 | 348 |
| 8月 | 576 |
| 9月 | 402 |
| 10月 | 581 |
| 11月 | 208 |
| 12月 | 273 |
| 合计 | 4883 |

分公司A 分公司B 分公司C 分公司

案例7-52.xlsx:2

| 月份 | 销售额 |
|---|---|
| 1月 | 478 |
| 2月 | 537 |
| 3月 | 590 |
| 4月 | 538 |
| 5月 | 323 |
| 6月 | 426 |
| 7月 | 205 |
| 8月 | 203 |
| 9月 | 186 |
| 10月 | 139 |
| 11月 | 300 |
| 12月 | 200 |
| 合计 | 4125 |

分公司B 分公司C 分公司D 分公司

案例7-52.xlsx:1

| 月份 | 销售额 |
|---|---|
| 1月 | 252 |
| 2月 | 590 |
| 3月 | 406 |
| 4月 | 466 |
| 5月 | 245 |
| 6月 | 358 |
| 7月 | 508 |
| 8月 | 359 |
| 9月 | 436 |
| 10月 | 337 |
| 11月 | 185 |
| 12月 | 215 |
| 合计 | 4357 |

分公司F 分公司

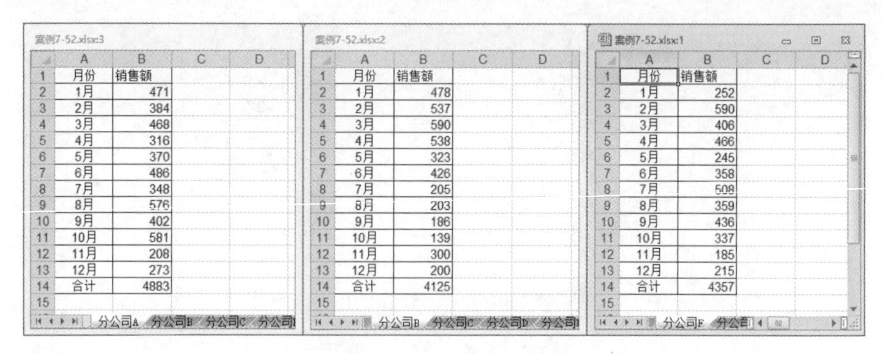

图 33-3 各个分公司数据

| 月份 | 分公司A | 分公司B | 分公司C | 分公司D | 分公司E | 分公司F | 分公司G | 分公司H | 分公司K | 分公司M |
|---|---|---|---|---|---|---|---|---|---|---|
| 1月 | 471 | 478 | 341 | 593 | 367 | 252 | 290 | 370 | 220 | 172 |
| 2月 | 384 | 537 | 285 | 574 | 551 | 590 | 596 | 588 | 640 | 512 |
| 3月 | 468 | 590 | 271 | 227 | 152 | 406 | 274 | 179 | 720 | 753 |
| 4月 | 316 | 538 | 561 | 380 | 178 | 466 | 180 | 142 | 786 | 632 |
| 5月 | 370 | 323 | 487 | 149 | 521 | 245 | 565 | 339 | 593 | 994 |
| 6月 | 486 | 426 | 240 | 261 | 435 | 358 | 462 | 380 | 510 | 932 |
| 7月 | 348 | 205 | 471 | 593 | 342 | 508 | 337 | 274 | 555 | 504 |
| 8月 | 576 | 203 | 563 | 174 | 206 | 359 | 253 | 340 | 931 | 315 |
| 9月 | 402 | 186 | 461 | 104 | 594 | 436 | 286 | 208 | 129 | 147 |
| 10月 | 581 | 139 | 422 | 143 | 307 | 337 | 398 | 349 | 655 | 196 |
| 11月 | 208 | 300 | 200 | 235 | 549 | 185 | 339 | 572 | 913 | 223 |
| 12月 | 273 | 200 | 139 | 545 | 242 | 215 | 198 | 374 | 798 | 591 |
| 合计 | 4883 | 4125 | 4441 | 3978 | 4444 | 4357 | 4178 | 4115 | 7450 | 5971 |

汇总 分公司A 分公司B 分公司C 分公司D 分公司E 分公司F 分公司G 分公司H 分公司I ...

图 33-4 各个分公司的汇总数据

对于这个例子，如果将汇总表设计成如下的结构，又该如何汇总？

此时，单元格 B2 的公式可以设计为：

```
=INDIRECT($A2&“!B”&COLUMN(B1))
```

因为往右复制，所以使用了 COLUMN 函数来自动获取数字 1、2、3、……，如图 33-5 所示。

| 月份 | 1月 | 2月 | 3月 | 4月 | 5月 | 6月 | 7月 | 8月 | 9月 | 10月 | 11月 | 12月 | 合计 |
|---|---|---|---|---|---|---|---|---|---|---|---|---|---|
| 分公司A | 471 | 384 | 468 | 316 | 370 | 486 | 348 | 576 | 402 | 581 | 208 | 273 | 4883 |
| 分公司B | 478 | 537 | 590 | 538 | 323 | 426 | 205 | 203 | 186 | 139 | 300 | 200 | 4125 |
| 分公司C | 341 | 285 | 271 | 561 | 487 | 240 | 471 | 563 | 461 | 422 | 200 | 139 | 4441 |
| 分公司D | 593 | 574 | 227 | 380 | 149 | 261 | 593 | 174 | 104 | 143 | 235 | 545 | 3978 |
| 分公司E | 367 | 551 | 152 | 178 | 521 | 435 | 342 | 206 | 594 | 307 | 549 | 242 | 4444 |
| 分公司F | 252 | 590 | 406 | 466 | 245 | 358 | 508 | 359 | 436 | 337 | 185 | 215 | 4357 |
| 分公司G | 290 | 596 | 274 | 180 | 565 | 462 | 337 | 253 | 286 | 398 | 339 | 198 | 4178 |
| 分公司H | 370 | 588 | 179 | 142 | 339 | 380 | 274 | 340 | 208 | 349 | 572 | 374 | 4115 |
| 分公司K | 686 | 179 | 569 | 812 | 245 | 407 | 909 | 230 | 279 | 766 | 373 | 457 | 5912 |
| 分公司M | 600 | 197 | 172 | 687 | 995 | 190 | 166 | 569 | 324 | 787 | 713 | 599 | 5999 |

图 33-5 汇总表结构与分表不一样

## 33.2.2 快速汇总大量结构不同的工作表

如果每个工作表的结果不同，但是要汇总的数据是每个工作表都有的某列或者某行数据，此时可以使用 INDIRECT 联合其他的查找函数来解决。

**案例 33–2**

图 33-6 是各个账户的资金往来数据，现在要求把每个账户的收入合计、支出合计、当前余额汇总到一个工作表上。

这些账户工作表，列结构是一样的，但是行有多有少，这样的汇总如何做？

| 日期 | 凭证 | 项目 | 摘要 | 收入 | 支出 | 余额 | 备注 |
|---|---|---|---|---|---|---|---|
| 2017-1-1 | | | 年初余额 | | | 3,214.02 | |
| 2017-2-1 | | 项目A | AUQFL | - | 645.00 | 2,569.02 | |
| 2017-2-5 | | 项目D | DDDDD | 4,324.09 | - | 6,893.11 | |
| 2017-2-8 | | 项目A | WWWW | - | 3,454.00 | 3,439.11 | |
| 2017-5-5 | | 项目B | QQQQQ | 5,433.00 | - | 8,872.11 | |
| 2017-4-2 | | 项目C | YYYYYY | 7,532.00 | - | 16,404.11 | |
| 2017-3-8 | | 项目D | PPPPPP | - | 6,432.00 | 9,972.11 | |
| 2017-1-1 | | 项目B | RRRRRRRRR | 20,000.00 | - | 29,972.11 | |
| 2017-5-6 | | 项目E | SSSSS | 3,757.88 | 4,755.00 | 28,974.99 | |

图 33-6 各个账户工作表结构

收入合计和支出合计很简单，用 SUM 函数即可解决，只不过是要分别计算每个工作表的 F 列和 G 列的合计数。

当前余额就是从每个工作表的 H 列取最后一行不为空的数据，使用 LOOKUP 函数即可。

这样，汇总公式如下：

单元格 B2：=SUM(INDIRECT($A2&"!F:F"))

单元格 C2：=SUM(INDIRECT($A2&"!G:G"))

单元格 D2：

```
=LOOKUP(1,0/(INDIRECT($A2&"!H2:H100")<>""),INDIRECT($A2&"!H2:H100"))
```

这几个公式中，我们在 SUM 函数和 LOOKUP 函数中都嵌套使用了 INDIRECT 函数，来间接引用某个账户工作表，如图 33-7 所示。

| 账户 | 收入合计 | 支出合计 | 当前余额 |
|---|---|---|---|
| 现金 | 60,343.00 | 14,580.00 | 51,084.19 |
| 工行 | 41,046.97 | 15,286.00 | 28,974.99 |
| 中行 | 6,454.00 | 4,959.87 | 3,928.11 |
| 农行 | 77,534.72 | 5,736.37 | 77,330.71 |
| 招行 | 8,762.27 | 13,757.86 | 2,062.98 |
| 浦发 | 45,311.12 | - | 49,899.36 |
| 建行 | 6,343.23 | 13,269.00 | 3,728.60 |

图 33-7 各个账户的汇总表

## 33.2.3 建立滚动汇总表

在前面我们介绍了个数不定工作表的滚动汇总问题，其核心就是利用 INDIRECT 函数做间接引用，忘记的朋友请往前翻书阅读练习。滚动汇总是一种非常有用的技能，可以建立企业的自动化分析模板，跟踪数据的变化，尤其是在预算分析中是极其有用的。

**案例 33-3**

下面是另外一个例子，要求把每个员工的各个月的指定工资项目查出来，做一个查询表。工资表结构和查询表结构如图 33-8、图 33-9 所示。

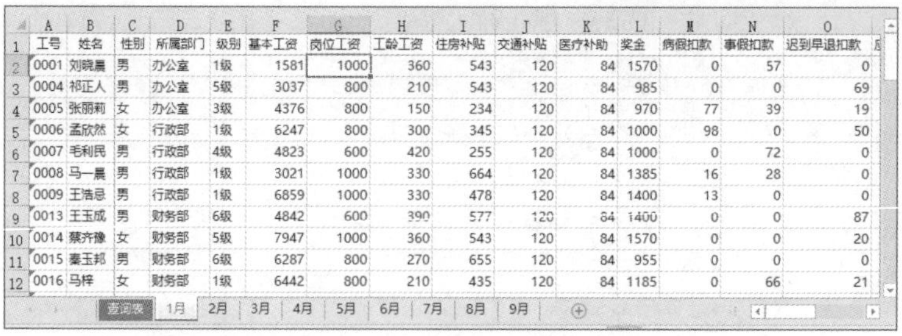

| 工号 | 姓名 | 性别 | 所属部门 | 级别 | 基本工资 | 岗位工资 | 工龄工资 | 住房补贴 | 交通补贴 | 医疗补助 | 奖金 | 病假扣款 | 事假扣款 | 迟到早退扣款 |
|---|---|---|---|---|---|---|---|---|---|---|---|---|---|---|
| 0001 | 刘晓晨 | 男 | 办公室 | 1级 | 1581 | 1000 | 360 | 543 | 120 | 84 | 1570 | 0 | 57 | 0 |
| 0004 | 祁正人 | 男 | 办公室 | 5级 | 3037 | 800 | 210 | 543 | 120 | 84 | 985 | 0 | 0 | 69 |
| 0005 | 张丽莉 | 女 | 办公室 | 3级 | 4376 | 800 | 150 | 234 | 120 | 84 | 970 | 77 | 39 | 19 |
| 0006 | 孟欣然 | 女 | 行政部 | 1级 | 6247 | 800 | 300 | 345 | 120 | 84 | 1000 | 98 | 0 | 50 |
| 0007 | 毛利民 | 男 | 行政部 | 4级 | 4823 | 600 | 420 | 255 | 120 | 84 | 1000 | 0 | 72 | 0 |
| 0008 | 马一晨 | 男 | 行政部 | 1级 | 3021 | 1000 | 330 | 664 | 120 | 84 | 1385 | 16 | 28 | 0 |
| 0009 | 王浩忌 | 男 | 行政部 | 1级 | 6859 | 1000 | 330 | 478 | 120 | 84 | 1400 | 13 | 0 | 0 |
| 0013 | 王玉成 | 男 | 财务部 | 6级 | 4842 | 600 | 390 | 577 | 120 | 84 | 1400 | 0 | 0 | 87 |
| 0014 | 蔡齐豫 | 女 | 财务部 | 5级 | 7947 | 1000 | 360 | 543 | 120 | 84 | 1570 | 0 | 0 | 20 |
| 0015 | 秦玉邦 | 男 | 财务部 | 6级 | 6287 | 800 | 270 | 655 | 120 | 84 | 955 | 0 | 0 | 0 |
| 0016 | 马梓 | 女 | 财务部 | 1级 | 6442 | 800 | 210 | 435 | 120 | 84 | 1185 | 0 | 66 | 21 |

查询表
1月
2月
3月
4月
5月
6月
7月
8月
9月

图 33-8　各月的工资表

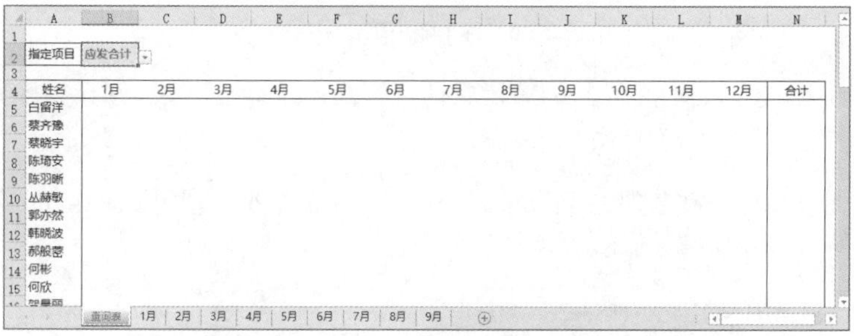

| 指定项目 | 应发合计 |
|---|---|

| 姓名 | 1月 | 2月 | 3月 | 4月 | 5月 | 6月 | 7月 | 8月 | 9月 | 10月 | 11月 | 12月 | 合计 |
|---|---|---|---|---|---|---|---|---|---|---|---|---|---|
| 白留洋 | | | | | | | | | | | | | |
| 蔡齐豫 | | | | | | | | | | | | | |
| 蔡晓宇 | | | | | | | | | | | | | |
| 陈琦安 | | | | | | | | | | | | | |
| 陈羽晰 | | | | | | | | | | | | | |
| 丛赫敏 | | | | | | | | | | | | | |
| 郭亦然 | | | | | | | | | | | | | |
| 韩晓波 | | | | | | | | | | | | | |
| 郝般蕾 | | | | | | | | | | | | | |
| 何彬 | | | | | | | | | | | | | |
| 何欣 | | | | | | | | | | | | | |

查询表
1月
2月
3月
4月
5月
6月
7月
8月
9月

图 33-9　需要制作的查询汇总表

这个问题看起来很复杂，但是仔细研究一下，就会觉得其实并不难。

首先，从某个月中，查询某个人、某个工资项目，每个月工作表中，姓名在左边，某个工资项目在右边，因此首先函数是 VLOOKUP 函数，而要提取的项目位置可以使用 MATCH 函数来搞定。

其次，从各个月查询数据，往右复制公式，可以借用第 4 行的月份名称标题做间接引用，在 MATCH 函数和 VLOOKUP 函数中，都使用间接引用区域。

因为查询表是所有员工的汇总，某些员工在某些月份可能没有，这样公式就会出现错误值，此时可以使用 IFERROR 函数来处理。

同样，目前的月份工作表只是到了 9 月份，10 月以后的工作表暂时还没有，这样公式复制 1 月公式到以后各月份列时，也会出现错误，同样也可以使用 IFERROR 函数来处理，得到如图 33-10 所示的查询汇总表。

这样分析下来，你还觉得难吗？

单元格 B5 的公式如下：

```
=IFERROR(VLOOKUP($A5,INDIRECT(B$4& “!B:W” ),MATCH($B$2,INDIRECT(B$4& “!B1:W1” ),0),0),” ” )
```

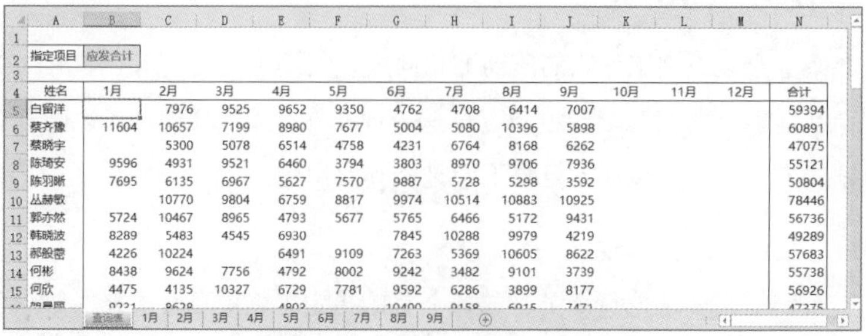

| 指定项目 | 应发合计 |
|---|---|

| 姓名 | 1月 | 2月 | 3月 | 4月 | 5月 | 6月 | 7月 | 8月 | 9月 | 10月 | 11月 | 12月 | 合计 |
|---|---|---|---|---|---|---|---|---|---|---|---|---|---|
| 白留洋 | | 7976 | 9525 | 9652 | 9350 | 4762 | 4708 | 6414 | 7007 | | | | 59394 |
| 蔡齐豫 | 11604 | 10657 | 7199 | 8980 | 7677 | 5004 | 5080 | 10396 | 5898 | | | | 60891 |
| 蔡晓宇 | | 5300 | 5078 | 6514 | 4758 | 4231 | 6764 | 8168 | 6262 | | | | 47075 |
| 陈琦安 | 9596 | 4931 | 9521 | 6460 | 3794 | 3803 | 8970 | 9706 | 7936 | | | | 55121 |
| 陈羽晰 | 7695 | 6135 | 6967 | 5627 | 7570 | 9887 | 5728 | 5298 | 3592 | | | | 50804 |
| 丛赫敏 | | 10770 | 9804 | 6759 | 8817 | 9974 | 10514 | 10883 | 10925 | | | | 78446 |
| 郭亦然 | 5724 | 10467 | 8965 | 4793 | 5677 | 5765 | 6466 | 5172 | 9431 | | | | 56736 |
| 韩晓波 | 8289 | 5483 | 4545 | 6930 | | 7845 | 10288 | 9979 | 4219 | | | | 49289 |
| 郝般蕾 | 4226 | 10224 | | 6491 | 9109 | 7263 | 5369 | 10605 | 8622 | | | | 57683 |
| 何彬 | 8438 | 9624 | 7756 | 4792 | 8002 | 9242 | 3482 | 9101 | 3739 | | | | 55738 |
| 何欣 | 4475 | 4135 | 10327 | 6729 | 7781 | 9592 | 6286 | 3899 | 8177 | | | | 56926 |

查询表
1月
2月
3月
4月
5月
6月
7月
8月
9月

图 33-10　得到的查询汇总表（1）

从单元格 B2 任选工资项目，得到相应的汇总表，如图 33-11 所示。

| 指定项目 | 基本工资 | | | | | | | | | | |
|---|---|---|---|---|---|---|---|---|---|---|---|
| 姓名 | 1月 | 2月 | 3月 | 4月 | 5月 | 6月 | 7月 | 8月 | 9月 | 10月 | 11月 | 12月 |
| 白留洋 | | 4906 | 6477 | 6612 | 6244 | 1727 | 1727 | 3364 | 3991 | | | |
| 蔡齐豫 | 7947 | 7083 | 3686 | 5425 | 4011 | 1470 | 1562 | 6825 | 2240 | | | |
| 蔡晓宇 | | 2603 | 2402 | 3734 | 1991 | 1513 | 3930 | 5334 | 3461 | | | |
| 陈琦安 | 7256 | 2452 | 7117 | 3981 | 1397 | 1324 | 6491 | 7256 | 5462 | | | |
| 陈羽晰 | 4990 | 3459 | 4284 | 2959 | 4863 | 7206 | 3119 | 2693 | 1029 | | | |
| 丛赫敏 | | 7559 | 6679 | 3553 | 5448 | 6709 | 7145 | 7560 | 7694 | | | |
| 郭亦然 | 2575 | 7318 | 5866 | 1644 | 2632 | 2616 | 3317 | 2097 | 6328 | | | |
| 韩晓波 | 5664 | 2925 | 1953 | 4237 | | 5248 | 7652 | 7332 | 1648 | | | |
| 郝般蕾 | 1242 | 7053 | | 3333 | 5987 | 4149 | 2270 | 7502 | 5492 | | | |
| 何彬 | 6006 | 7240 | 5364 | 2374 | 5699 | 6763 | 1212 | 6707 | 1278 | | | |
| 何欣 | 1926 | 1567 | 7779 | 4080 | 5132 | 7025 | 3694 | 1408 | 5597 | | | |

图 33-11　得到的查询汇总表（2）

## 33.2.4　制作自动化明细表

制作明细表，最常见的方法是筛选—复制—插入新工作表—粘贴，很是麻烦。我们可以使用 INDIRECT 函数来制作动态明细表，这种方法克服了普通筛选方法的烦琐，也解决了 VBA 的专业枯燥，更加灵活和实用。这种方法的核心是利用 INDIRECT 函数构建一个不断往下滚动查找的单元格区域，利用 MATCH 依次找出满足条件的各个数据位置，最后用 INDEX 函数取出数据。

**案例 33–4**

有 HR 同学问我，如何从一个加班表中，把那些加班时间超过一定小时数的员工筛选出来？想看几月的就看几月的，想看什么时间以上的就看什么时间以上的，如图 33-12、图 33-13 所示。

| 工号 | 姓名 | 部门 | 平时加班 | 双休日加班 | 节假日加班 | 加班总时间 |
|---|---|---|---|---|---|---|
| G001 | A001 | 部门A | 69 | 55 | | 124 |
| G002 | A002 | 部门A | 71 | 35 | | 106 |
| G003 | A003 | 部门B | 52 | 36 | | 88 |
| G004 | A004 | 部门C | 28 | 12 | | 40 |
| G005 | A005 | 部门D | 16 | 24 | 12 | 52 |
| G006 | A006 | 部门D | 32 | 0 | | 32 |
| G007 | A007 | 部门D | 64 | 36 | | 100 |
| G008 | A008 | 部门D | 52 | 36 | | 88 |
| G009 | A009 | 部门D | 52 | 24 | 6 | 82 |
| G010 | A010 | 部门E | 20 | 0 | | 20 |
| G011 | A011 | 部门E | 58 | 42 | | 100 |
| G012 | A012 | 部门E | 82 | 30 | | 112 |
| G013 | A013 | 部门E | 70 | 30 | | 100 |
| G014 | A014 | 部门E | 70 | 42 | | 112 |

图 33-12　每个月的员工加班时间表

| 加班总时数超过 100小时 的员工名单 | | | | | | |
|---|---|---|---|---|---|---|
| 指定时数 | 100 | | 查询月份 | 3月 | | 共 0 人 |
| | | | | | | 占总人数 0.00% |
| 工号 | 姓名 | 部门 | 平时加班 | 双休日加班 | 节假日加班 | 加班总时间 |

图 33-13　需要制作的查询统计表

这个明细表模板，实际上就是从某个指定的工作表里查找满足指定条件的所有明细数据。从某个工作表是间接引用；查询满足指定条件是滚动查找技术。两者都需要使用 INDIRECT 函数。

下面是具体的制作步骤。

**步骤 01** 在 M 列做辅助列，其中 M2 单元格输入下面的公式，并往下复制一定的行数，如图 33-14 所示。（比如 1000 行）：

```
=INDIRECT($F$3&"!G"&ROW(A2))>$B$3
```

**步骤 02** 在 N 列做滚动查找定位，就是从 M 列里查找哪些单元格是 TRUE，其中：

```
N7 单元格公式：=MATCH(TRUE,M:M,0)
```

N8 单元格公式：=MATCH(TRUE,INDIRECT(“M”&N7+1&“:M1000”),0)+N7

然后将单元格 N8 往下复制到一定的行。

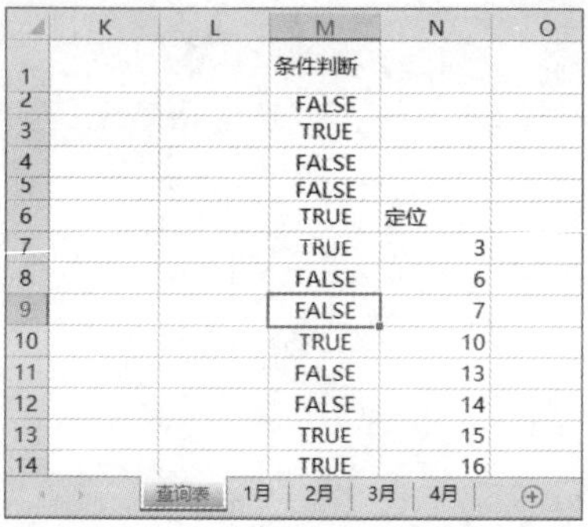

K L M N O
条件判断
FALSE
TRUE
FALSE
FALSE
TRUE 定位
TRUE 3
FALSE 6
FALSE 7
TRUE 10
FALSE 13
FALSE 14
TRUE 15
TRUE 16
查询表 1月 2月 3月 4月


图 33-14 辅助查找区域

**步骤 03** 设置查找取数公式，各个单元格公式如下：

单元格 A7：=IFERROR(INDEX(INDIRECT($E$3&“!A:A“),$N7),“”)

单元格 B7：=IFERROR(INDEX(INDIRECT($E$3&“!B:B“),$N7),“”)

单元格 C7：=IFERROR(INDEX(INDIRECT($E$3&“!C:C“),$N7),“”)

单元格 D7：=IFERROR(INDEX(INDIRECT($E$3&“!D:D”),$N7),“”)

单元格 E7：=IFERROR(INDEX(INDIRECT($E$3&“!E:E”),$N7),“”)

单元格 F7：=IFERROR(INDEX(INDIRECT($E$3&“!F:F”),$N7),“”)

单元格 G7：=IFERROR(INDEX(INDIRECT($E$3&”!G:G”),$N7),“”)

**步骤 04** 选择单元格区域 A7:A1000，设置条件格式，根据是否有数据自动设置边框，如图 33-15 所示。

新建格式规则
选择规则类型(S):
► 基于各自值设置所有单元格的格式
► 只为包含以下内容的单元格设置格式
► 仅对排名靠前或靠后的数值设置格式
► 仅对高于或低于平均值的数值设置格式
► 仅对唯一值或重复值设置格式
► 使用公式确定要设置格式的单元格
编辑规则说明(E):
为符合此公式的值设置格式(O):
=$A7<>""
预览:
微软卓越 AaBbCc
格式(F)...
确定
取消


图 33-15 设置条件格式，自动加边框

**步骤 05** 统计人数及其占比情况：

单元格 G3 公式：

=“共“&SUMPRODUCT((A7:A1001<>””)*1)&“人”

单元格 G4 公式：

=“占总人数“&TEXT(SUMPRODUCT((A7:A1001<>””)*1)/COUNTA(INDIRECT(E3&“!B2:B1000”)),“0.00%”)

**步骤 06** 最后隐藏 M 列和 N 列，取消工作表的网格线，不显示单元格的零值。

OK，统计汇总表大功告成，如图 33-16、图 33-17 所示。

加班总时数超过 100小时 的员工名单

| | | | | | | |
|---|---|---|---|---|---|---|
| 指定时数 | 100 | | 查询月份 | 3月 | | 共 356 人 |
| | | | | | | 占总人数 50.42% |
| 工号 | 姓名 | 部门 | 平时加班 | 双休日加班 | 节假日加班 | 加班总时间 |
| G003 | A003 | 部门B | 81 | 58 | | 139 |
| G007 | A007 | 部门D | 41 | 72 | | 113 |
| G008 | A008 | 部门D | 32 | 75 | | 107 |
| G011 | A011 | 部门E | 64 | 91 | | 155 |
| G015 | A015 | 部门E | 61 | 92 | | 153 |
| G016 | A016 | 部门A | 70 | 99 | | 169 |
| G017 | A017 | 部门A | 83 | 20 | | 103 |
| G018 | A018 | 部门A | 92 | 81 | | 173 |
| G019 | A019 | 部门B | 81 | 66 | | 147 |
| G021 | A021 | 部门B | 32 | 83 | | 115 |
| G024 | A024 | 部门B | 86 | 51 | | 137 |
| G025 | A025 | 部门B | 42 | 97 | | 139 |

图 33-16 月份加班总时数超过 100 小时的统计表

加班总时数超过 160小时 的员工名单

| 指定时数 | 160 | | 查询月份 | 4月 | | 共 12 人 |
|---|---|---|---|---|---|---|
| | | | | | | 占总人数 2.09% |

| 工号 | 姓名 | 部门 | 平时加班 | 双休日加班 | 节假日加班 | 加班总时间 |
|---|---|---|---|---|---|---|
| G004 | A004 | 部门C | 87 | 89 | | 176 |
| G061 | A061 | 部门G | 77 | 87 | | 164 |
| G081 | A081 | 部门A | 84 | 79 | | 163 |
| G119 | A119 | 部门B | 82 | 86 | | 168 |
| G181 | A181 | 部门D | 76 | 88 | | 164 |
| G298 | A298 | 部门H | 84 | 89 | | 173 |
| G347 | A347 | 部门B | 90 | 83 | | 173 |
| G441 | A441 | 部门B | 83 | 90 | | 173 |
| G503 | A503 | 部门D | 77 | 85 | | 162 |
| G526 | A526 | 部门D | 87 | 88 | | 175 |
| G533 | A533 | 部门D | 83 | 85 | | 168 |
| G570 | A570 | 部门G | 81 | 88 | | 169 |

查询表　1月　2月　3月　4月

图 33-17　月份加班总时数超过 160 小时的统计表

## 33.2.5　跨工作表计算累计值：联合用 INDIRECT 和 CELL

如果每天一张工作表，一年下来就有 365 张（366 张）工作表，但是每个工作表中都有一列当日累计值计算，你会怎么做？用这样的公式“= 本日数 + 上一个工作表的累计数”？

这样的问题没必要搞那么复杂，为什么你会这样一个一个的加，是因为你不了解 Excel 还有一个 CELL 函数提取工作表名称，以及再配合 MID 函数、FIND 函数、INDIRECT 函数来联合使用。

**案例 33–5**

图 33-18 就是这样的问题，每天的工作表名字分别是 1、2、3……这样的数字，结构是要完全相同的，但是要自动计算每天的累计数。第 1 天的累计数计算比较容易，第 2 天开始的累计数就要在前一天的累计数上加本日数了。

工作表 1：

| 项目 | 本日数 | 累计数 |
|---|---|---|
| 项目01 | 52 | 52 |
| 项目02 | 31 | 31 |
| 项目03 | 200 | 200 |
| 项目04 | 195 | 195 |
| 项目05 | 198 | 198 |
| 项目06 | 79 | 79 |
| 项目07 | 153 | 153 |
| 项目08 | 86 | 86 |
| 项目09 | 25 | 25 |
| 项目10 | 52 | 52 |

工作表 2：

| 项目 | 本日数 | 累计数 |
|---|---|---|
| 项目01 | 187 | |
| 项目02 | 155 | |
| 项目03 | 179 | |
| 项目04 | 129 | |
| 项目05 | 125 | |
| 项目06 | 158 | |
| 项目07 | 25 | |
| 项目08 | 42 | |
| 项目09 | 38 | |
| 项目10 | 42 | |

图 33-18　按天计算累计数

仔细分析每个工作表的名字，分别是数字 1、2、3……这样的数字，如果把某个工作表名字取出来，比如 4，将其减去 1，就得到前一天的工作表名字，比如 3，这样就可以利用 INDIRECT 函数构建动态引用前一天工作表的累计数了。

这里问题的关键时候如何获取当前工作表名字，还好 Excel 提供了 CELL 函数，它可以获取当前工作簿的基本信息（包括路径、工作簿名称、工作表名称），下面的公式就是获取当前工作簿信息的：

=CELL( "Filename" ,$A$1)

下面的公式是获取当前工作表名称：

=MID(CELL( "Filename" ,$A$1),FIND( "]" ,CELL( "Filename" ,$A$1))+1,100)

这样，把当前工作表名字的数字减去 1，就是上一天工作表的名字：

=MID(CELL( "Filename" ,$A$1),FIND( "]" ,CELL( "Filename" ,$A$1))+1,100)-1

这样，第 2 天工作表中引用第 1 天累计数单元格的公式就是：

=INDIRECT(MID(CELL( "Filename" ,$A$1),FIND( "]" ,CELL( "Filename" ,$A$1))+1,100)-1& "!C" &ROW())

而从第 2 天开始，单元格 C2 的公式就是通用的公式了：

=B2+INDIRECT(MID(CELL( "Filename" ,$A$1),FIND( "]" ,CELL( "Filename" ,$A$1))+1,100)-1& "!C" &ROW())

这样，只要把某天的工作表复制一份，将工作表名改为某天的数字，就自动得到该天的累计数。

## 33.2.6 趣味应用：制作翻页效果

**案例 33-6**

介绍了几个严肃的企业数据处理分析的例子，下面我们放松一下，介绍一个 INDIRECT 函数趣味应用的例子：制作翻页效果。请先打开该文件，观看效果，然后再看下面的步骤进行练习。页面效果如下所示。

**步骤 01** 先在一个工作表里把要翻页的目录一行一行的输入保存，如图 33-19、图 33-20 所示。

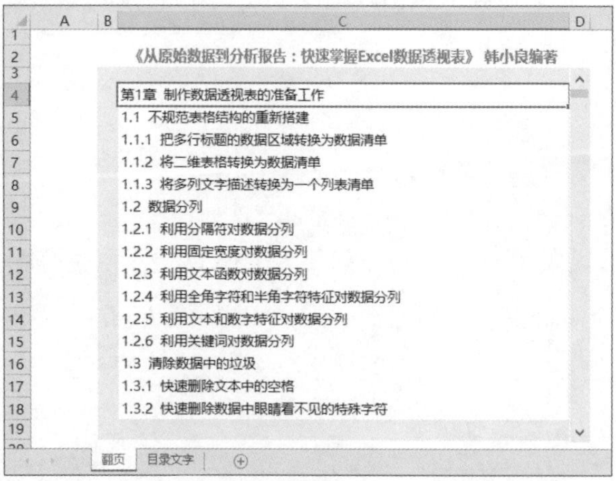
《从原始数据到分析报告：快速掌握Excel数据透视表》 韩小良编著
第1章 制作数据透视表的准备工作
1.1 不规范表格结构的重新搭建
1.1.1 把多行标题的数据区域转换为数据清单
1.1.2 将二维表格转换为数据清单
1.1.3 将多列文字描述转换为一个列表清单
1.2 数据分列
1.2.1 利用分隔符对数据分列
1.2.2 利用固定宽度对数据分列
1.2.3 利用文本函数对数据分列
1.2.4 利用全角字符和半角字符特征对数据分列
1.2.5 利用文本和数字特征对数据分列
1.2.6 利用关键词对数据分列
1.3 清除数据中的垃圾
1.3.1 快速删除文本中的空格
1.3.2 快速删除数据中眼睛看不见的特殊字符
翻页
目录文字

图 33-19 通过点击或拖动滚动条，实现翻页效果

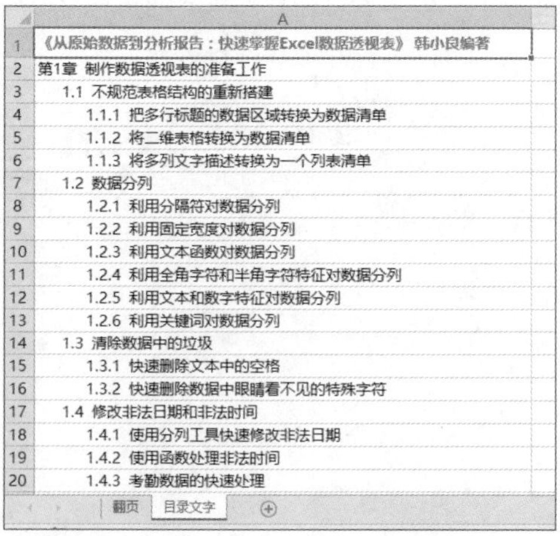
《从原始数据到分析报告：快速掌握Excel数据透视表》 韩小良编著
第1章 制作数据透视表的准备工作
1.1 不规范表格结构的重新搭建
1.1.1 把多行标题的数据区域转换为数据清单
1.1.2 将二维表格转换为数据清单
1.1.3 将多列文字描述转换为一个列表清单
1.2 数据分列
1.2.1 利用分隔符对数据分列
1.2.2 利用固定宽度对数据分列
1.2.3 利用文本函数对数据分列
1.2.4 利用全角字符和半角字符特征对数据分列
1.2.5 利用文本和数字特征对数据分列
1.2.6 利用关键词对数据分列
1.3 清除数据中的垃圾
1.3.1 快速删除文本中的空格
1.3.2 快速删除数据中眼睛看不见的特殊字符
1.4 修改非法日期和非法时间
1.4.1 使用分列工具快速修改非法日期
1.4.2 使用函数处理非法时间
1.4.3 考勤数据的快速处理
翻页
目录文字

图 33-20 在一个工作表上保存目录文字

**步骤 02** 设计翻页工作表结构，并在 D 列处插入滚动条，如图 33-21 所示。

**步骤 03** 设置滚动条控制格式，如图 33-22 所示，这里最小值为 1，最大值为 187（就是目录的行数，自己根据具体情况来设置），步长为 1，页步长为 15，单元格链接 G3。

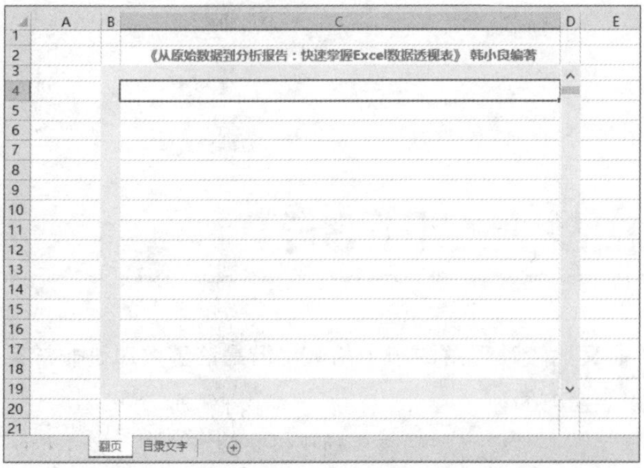

图 33-21　设计翻页工作表

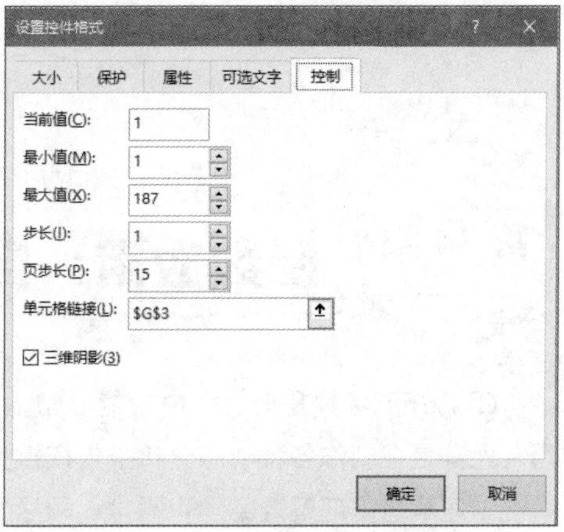

图 33-22　设置滚动条的控制属性

**步骤 04** 单元格 C4 输入下面的公式，并复制到单元格 C18：

```
=INDIRECT("目录文字!A"&$G$3+ROW(A1))
```

**步骤 05** 隐藏 G 列，不显示工作表的网格线和零值。

最后，大功告成！

## 第 34 章 函数应用：自由战士 OFFSET

OFFSET 函数是 Excel 中功能非常强大而又比较难理解的一个函数，但是该函数却是非常有用，尤其是在制作各种动态分析报告模板和仪表盘方面。

难理解也得理解，难学也得学，领导发话了，必须建立起一套自动化经营分析模板，这个模板又离不开 OFFSET 函数。下面我就带着你去探索这个神秘的函数吧！

## 34.1 基本原理与用法

### 34.1.1 基本原理

OFFSET 函数的功能是从一个基准单元格出发，向下（向上）偏移一定的行、向右（向左）偏移一定的列，到达一个新的单元格，然后引用这个单元格，或者引用一个以这个单元格为顶点、指定行数、指定列数的新单元格区域。OFFSET 函数的语法如下：

```
=OFFSET(基准单元格，偏移行数，偏移列数，新区域行数，新区域列数)
```

这里需注意以下几点。

- 如果省略的是最后两个参数（新区域行数，新区域列数），OFFSET 就只是引用一个单元格，得到的结果就是该单元格的数值。
- 如果设置了最后两个参数（新区域行数，新区域列数），OFFSET 引用的是一个新单元格区域。
- 偏移的行数如果是正数，是往下偏移；如果是负数，是往上偏移。
- 偏移的列数如果是正数，是往右偏移；如果是负数，是往左偏移。

例如，以 A1 单元格为基准，向下偏移 5 行，向右偏移 2 列，就到达单元格 C6，如果没有忽略最后两个参数，或者设置为 1，那么 OFFSET 函数的结果就是单元格 C6 的数值了，如图 34-1 所示，此时 OFFSET 公式为：

```
=OFFSET(A1,5,2) 或者 =OFFSET(A1,5,2,1,1)
```

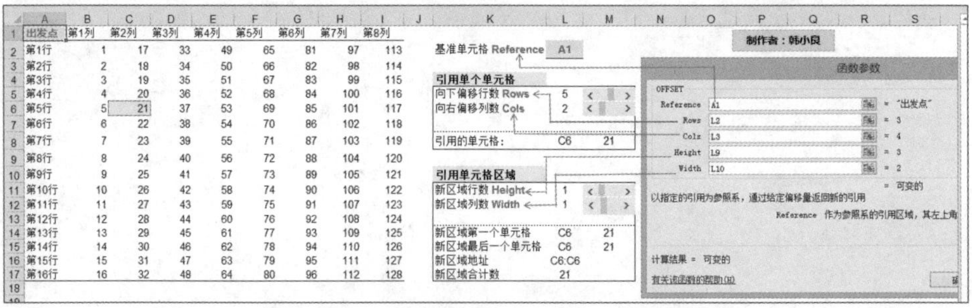

图 34-1　OFFSET 原理：通过偏移引用某个单元格

以 A1 单元格为基准，向下偏移 5 行，向右偏移 2 列，就到达单元格 C6，这里再给定第四个参数是 3，第五个参数是 5。那么 OFFSET 函数的结果就是新的单元格区域 C6:G8，它以偏移到达的单元格 C6 为左上角单元格，扩展了 3 行高、5 列宽，是一个新的单元格区域，如图 34-2 所示。此时 OFFSET 公式为：

```
=OFFSET(A1,5,2,3,5)
```

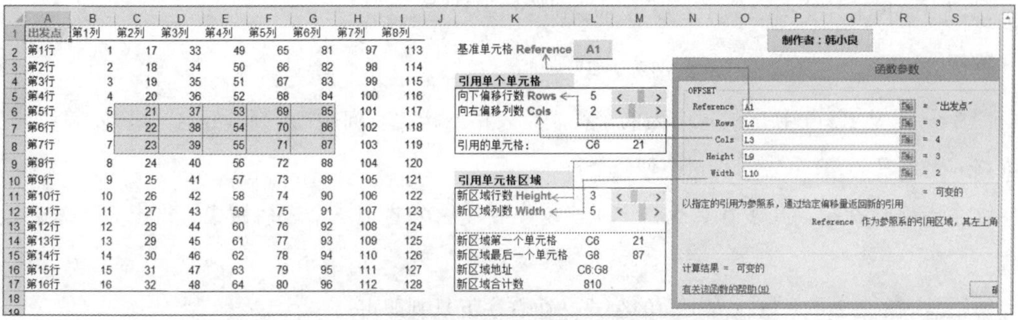

出发点 第1列 第2列 第3列 第4列 第5列 第6列 第7列 第8列
第1行 1 17 33 49 65 81 97 113
第2行 2 18 34 50 66 82 98 114
第3行 3 19 35 51 67 83 99 115
第4行 4 20 36 52 68 84 100 116
第5行 5 21 37 53 69 85 101 117
第6行 6 22 38 54 70 86 102 118
第7行 7 23 39 55 71 87 103 119
第8行 8 24 40 56 72 88 104 120
第9行 9 25 41 57 73 89 105 121
第10行 10 26 42 58 74 90 106 122
第11行 11 27 43 59 75 91 107 123
第12行 12 28 44 60 76 92 108 124
第13行 13 29 45 61 77 93 109 125
第14行 14 30 46 62 78 94 110 126
第15行 15 31 47 63 79 95 111 127
第16行 16 32 48 64 80 96 112 128
基准单元格 Reference A1
引用单个单元格
向下偏移行数 Rows 5
向右偏移列数 Cols 2
引用的单元格： C6 21
引用单元格区域
新区域行数 Height 3
新区域列数 Width 5
新区域第一个单元格 C6 21
新区域最后一个单元格 G8 87
新区域地址 C6:G8
新区域合计数 810
制作者：韩小良
函数参数
OFFSET
Reference A1 = "出发点"
Rows L2 = 5
Cols L3 = 4
Height L9 = 3
Width L10 = 2
= 可变的
以指定的引用为参照系，通过给定偏移量返回新的引用
Reference 作为参照系的引用区域，其左上角
计算结果 = 可变的
有关该函数的帮助(H)


图 34-2　OFFSET 原理：通过偏移引用某个新的单元格区域

如果想得到一个以 A1 单元格为第一个单元格，10 行高，1 列宽的区域，也就是单元格区域 A1:A10，公式如下：

```
=OFFSET(A1,,,10,1)
```

如果想得到一个以 A1 单元格为第一个单元格，1 行高，10 列宽的区域，也就是单元格区域 A1:J1，公式如下：

```
=OFFSET(A1,,,1,10)
```

如果想得到一个以 A1 单元格为第一个单元格，10 行高，5 列宽的区域，也就是单元格区域 A1:E10，公式如下：

```
=OFFSET(A1,,,10,5)
```

## 34.1.2　小技巧：验证 OFFSET 函数的结果是否正确

**小技巧 1：**

为了验证 OFFSET 函数的结果是否正确，当做好公式后，把 OFFSET 部分复制一下（比如上面的“OFFSET(A1,,,10,5)”），然后单击名称框，按 Ctrl+V 组合键，将此公式字符串复制到名称框里，按 Enter 键，就可以看到是否自动选择了某个单元格或单元格区域，如果是，说明 OFFSET 函数使用正确，否则就是做错了。

**小技巧 2：**

偏移的行数或偏移的列数，以及新单元格区域的行高和列宽，可以使用 MATCH 函数来确定（比如计算任意指定月份的累计值），在制作动态图时，也可以由控件来确定（比如绘制前 N 个数据）。

## 34.1.3　基本应用：引用一个单元格

在数据分析中，我们会经常使用控件来制作动态图表，此时使用 OFFSET 函数查找数据，比普

通的 VLOOKUP 函数、INDEX 函数更加方便。

例如，在第 32 章的“案例 32-4”介绍的动态图表制作中，我们使用了 INDEX 做公式“=INDEX(B1:I1,,$B$10)”，其实，使用 OFFSET 函数做公式更简单：=OFFSET(A2,,$B$10)。

在一般的数据查找中，如果要使用 OFFSET 函数，一般需要 MATCH 函数来配合：先用 MATCH 函数定位，再用 OFFSET 函数偏移。

我们下面再来介绍两个例子，以巩固学到的知识技能。

**案例 34–1**

图 34-3 是从 K3 里导出的每个人的个税表，表格结构很有问题：A 列是姓名（只是 1 月对应的单元格才是姓名），B 列是月份，C 列是个税。

这个表格很别扭，几乎什么也做不了，现在要使用公式把这个表格做成二维报表，怎么做公式呢？

在汇总表的 B2 单元格输入下面的公式，往右往下复制即可：

```
=OFFSET(源数据!$B$1,MATCH($A2,源数据!$A:$A,0)-1+COLUMN(A$1)-1,1)
```

| | A | B | C | D |
|---|---|---|---|---|
| 1 | 姓名 | 月份 | 个税 | |
| 2 | 张三 | 1月 | 11 | |
| 3 | | 2月 | 12 | |
| 4 | | 3月 | 13 | |
| 5 | | 4月 | 14 | |
| 6 | | 5月 | 15 | |
| 7 | | 6月 | 16 | |
| 8 | | 7月 | 17 | |
| 9 | | 8月 | 18 | |
| 10 | | 9月 | 19 | |
| 11 | | 10月 | 20 | |
| 12 | | 11月 | 21 | |
| 13 | | 12月 | 22 | |
| 14 | 李四 | 1月 | 101 | |
| 15 | | 2月 | 102 | |
| 16 | | 3月 | 103 | |
| 17 | | 4月 | 104 | |
| 18 | | 5月 | 105 | |
| 19 | | 6月 | 106 | |
| 20 | | 7月 | 107 | |
| 21 | | 8月 | 108 | |
| 22 | | 9月 | 109 | |
| 23 | | 10月 | 110 | |
| 24 | | 11月 | 111 | |
| 25 | | 12月 | 112 | |
| 26 | 王五 | 1月 | 201 | |
| 27 | | 2月 | 202 | |

源数据　汇总表

| | A | B | C | D | E | F | G | H | I | J | K | L | M |
|---|---|---|---|---|---|---|---|---|---|---|---|---|---|
| 1 | 姓名 | 1月 | 2月 | 3月 | 4月 | 5月 | 6月 | 7月 | 8月 | 9月 | 10月 | 11月 | 12月 |
| 2 | 张三 | 11 | 12 | 13 | 14 | 15 | 16 | 17 | 18 | 19 | 20 | 21 | 22 |
| 3 | 李四 | 101 | 102 | 103 | 104 | 105 | 106 | 107 | 108 | 109 | 110 | 111 | 112 |
| 4 | 王五 | 201 | 202 | 203 | 204 | 205 | 206 | 207 | 208 | 209 | 210 | 211 | 212 |
| 5 | 马六 | 375 | 54 | 150 | 202 | 222 | 202 | 382 | 120 | 317 | 236 | 301 | 12 |
| 6 | 赵琦 | 145 | 87 | 73 | 96 | 86 | 83 | 184 | 71 | 92 | 140 | 90 | 74 |
| 7 | | | | | | | | | | | | | |

**图 34-3　将左侧的乱表掰扭成右侧的标准二维报表**

## 34.1.4　基本应用：引用一个区域

**案例 34–2**

图 34-4 是从 K3 里导出的管理费用余额表，现在要把这个表格汇总成标准的二维报告，如图 34-5 所示。如何设置公式？

思路：利用 MATCH 在 B 列里定位某个项目的位置，再利用 OFFSET 获取该项目的数据区域，最后用 VLOOKUP 函数从这个区域里取数。公式如下：

```
=VLOOKUP("*"&$A2,
         OFFSET(源数据!$B$1,MATCH("*"&B$1&"*",源数据!$B$2:$B$97,0),,8,2)
```

```
,2,
0)
```

在这个公式中，核心就是使用 OFFSET 获取某个项目的数据区域，该数据区域有 8 行高、2 列宽：

```
OFFSET(源数据!$B$1,MATCH("*"&B$1&"*",源数据!$B$2:$B$97,0),,8,2)
```

例如，工资的数据区域就是 B3:C10，个人所得税的数据区域是 B11:C18，等等。

| | A | B | C | D |
|---|---|---|---|---|
| 1 | 科目代码 | 科目名称 | 发生额 | |
| 2 | 6602 | 管理费用 | 132,542.02 | |
| 3 | 6602.4110 | 工资 | 72,424.62 | |
| 4 | | [01]总经办 | 8,323.24 | |
| 5 | | [02]人事行政部 | 12,327.29 | |
| 6 | | [03]财务部 | 11,362.25 | |
| 7 | | [04]采购部 | 9,960.67 | |
| 8 | | [05]生产部 | 12,660.18 | |
| 9 | | [06]信息部 | 10,864.87 | |
| 10 | | [07]贸易部 | 6,926.12 | |
| 11 | 6602.4140 | 个人所得税 | 3,867.57 | |
| 12 | | [01]总经办 | 1,753.91 | |
| 13 | | [02]人事行政部 | 647.60 | |
| 14 | | [03]财务部 | 563.78 | |
| 15 | | [04]采购部 | 167.64 | |
| 16 | | [05]生产部 | 249.33 | |
| 17 | | [06]信息部 | 193.70 | |
| 18 | | [07]贸易部 | 291.61 | |
| 19 | 6602.4150 | 养老金 | 3,861.90 | |
| 20 | | [01]总经办 | 643.25 | |

源数据　报告

图 34-4　导出的管理费用余额表

| | A | B | C | D | E | F | G | H | I |
|---|---|---|---|---|---|---|---|---|---|
| 1 | 部门 | 工资 | 个人所得税 | 养老金 | 医疗保险 | 其他福利费 | 失业金 | 差旅费 | 办公费用 |
| 2 | 总经办 | 8323.24 | 1753.91 | 643.25 | 1099.90 | 1068.00 | 401.66 | 3332.00 | 901.81 |
| 3 | 人事行政部 | 12327.29 | 647.60 | 516.56 | 686.66 | 1777.00 | 1038.09 | 3878.00 | 835.09 |
| 4 | 财务部 | 11362.25 | 563.78 | 798.42 | 683.42 | 1646.00 | 1099.42 | 4928.00 | 544.29 |
| 5 | 采购部 | 9960.67 | 167.64 | 422.58 | 928.75 | 682.00 | 704.24 | 1299.00 | 1544.25 |
| 6 | 生产部 | 12660.18 | 249.33 | 472.75 | 836.92 | 4410.00 | 624.65 | 3702.00 | 2616.00 |
| 7 | 信息部 | 10864.87 | 193.70 | 394.18 | 768.13 | 4539.00 | 449.31 | 1380.00 | 988.00 |
| 8 | 贸易部 | 6926.12 | 291.61 | 614.16 | 998.75 | 4829.00 | 772.59 | 5435.00 | 390.00 |

图 34-5　要求制作的二维汇总报表

## 34.2 综合应用：获取动态的数据区域

如何引用一个数据区域大小随时会变化的单元格区域，以便在设置数据验证、制作动态数据源透视表、制作随时更新数据的动态图表，等等。此时，OFFSET 函数就离不开一个得力的助手了。

### 34.2.1 获取 A 列动态区域

例如，客户名称保存在 A 列，第一个单元格就是客户名称，但是客户数目会增减，此时可以用 OFFSET 函数定义一个动态名称，以便在基础表单中随时更新数据验证中的序列。OFFSET 函数公式如下：

```
=OFFSET($A$1,,,COUNTA($A:$A),1)
```

这个公式不允许 A 列数据区域内存在空单元格，因为使用了 COUNTA 函数统计 A 列不为空的单元格个数，而这个统计出来的个数就是实际数据区域的行数。

利用这个公式定义动态名称，可以制作数据源变动的数据验证序列。

### 34.2.2 获取一个矩形区域

要获取以 A1 为顶点、实际行数和列数的单元格区域，OFFSET 函数公式如下：

```
=OFFSET($A$1,,,COUNTA($A:$A),COUNTA($1:$1))
```

这里，利用 COUNTA 统计 A 列有多少个非空单元格，就得到数据区域有多少行；利用 COUNTA 统计第 1 行（假如第 1 行是标题）有多少个非空单元格，就得到数据区域有多少列。

## 34.3 综合应用：绘制动态图表

很多分析图表需要做成动态的，也就是说，任选要分析的项目进行动态分析。在这种分析报告中，OFFSET 函数就是一个必不可少的工具了。

### 34.3.1 绘制指定月份的当月和累计预算执行分析图

**案例 34-3**

本案例的原始数据是各个项目各个月的预算执行情况，现在要分析某个指定项目各个月的执行情况（各月的当月执行，以及各月的累计执行），首先要把该项目各个月的数据（当月数、累计数）提取出来，做成如图 34-6 所示的查询表。

| | A | B | C | D | E | F | G | H | I | J | K | L | M | N | O | P | Q |
|---|---|---|---|---|---|---|---|---|---|---|---|---|---|---|---|---|---|
| 1 | 项目 | 1月 | | | 2月 | | | 3月 | | | 4月 | | | 5月 | | | 6月 |
| 2 | | 预算 | 实际 | 差异 | 预算 | 实际 | 差异 | 预算 | 实际 | 差异 | 预算 | 实际 | 差异 | 预算 | 实际 | 差异 | 预算 |
| 3 | 项目01 | 825 | 970 | 145 | 674 | 916 | 242 | 333 | 483 | 150 | 471 | 662 | 191 | 1045 | 991 | -54 | 465 |
| 4 | 项目02 | 641 | 343 | -298 | 649 | 556 | -93 | 1077 | 1027 | -50 | 627 | 790 | 163 | 1088 | 616 | -472 | 630 |
| 5 | 项目03 | 1085 | 785 | -300 | 943 | 508 | -435 | 894 | 421 | -473 | 776 | 744 | -32 | 795 | 398 | -397 | 871 |
| 6 | 项目04 | 650 | 696 | 46 | 334 | 469 | 135 | 865 | 957 | 92 | 706 | 708 | 2 | 618 | 666 | 48 | 1052 |
| 7 | 项目05 | 1080 | 883 | -197 | 448 | 773 | 325 | 513 | 455 | -58 | 983 | 686 | -297 | 1035 | 629 | -406 | 937 |
| 8 | 项目06 | 617 | 442 | -175 | 309 | 432 | 123 | 469 | 847 | 378 | 399 | 527 | 128 | 658 | 518 | -140 | 544 |
| 9 | 项目07 | 724 | 316 | -408 | 948 | 976 | 28 | 942 | 784 | -158 | 445 | 809 | 364 | 493 | 708 | 215 | 866 |
| 10 | 项目08 | 699 | 975 | 276 | 1050 | 322 | -728 | 878 | 949 | 71 | 377 | 640 | 263 | 891 | 574 | -317 | 1082 |
| 11 | | | | | | | | | | | | | | | | | |
| 12 | | | | | | | | | | | | | | | | | |
| 13 | 分析项目 | 项目05 | | 分析类别 | 累计数 | | | | | | | | | | | | |
| 14 | | | | | | | | | | | | | | | | | |
| 15 | | 1月 | 2月 | 3月 | 4月 | 5月 | 6月 | 7月 | 8月 | 9月 | 10月 | 11月 | 12月 | | | | |
| 16 | 预算 | | | | | | | | | | | | | | | | |
| 17 | 实际 | | | | | | | | | | | | | | | | |
| 18 | 差异 | | | | | | | | | | | | | | | | |
| 19 | | | | | | | | | | | | | | | | | |

Data

图 34-6 分析指定项目各个月的预算执行情况

当月数计算比较简单，联合使用 VLOOKUP 函数和 MATCH 函数即可。以 1 月份为例，当月数的计算公式如下：

预算：=VLOOKUP($B$13,$A$3:$AK$10,MATCH(B$15,$A$1:$AK$1,0),0)

实际：=VLOOKUP($B$13,$A$3:$AK$10,MATCH(B$15,$A$1:$AK$1,0)+1,0)

差异：=VLOOKUP($B$13,$A$3:$AK$10,MATCH(B$15,$A$1:$AK$1,0)+2,0)

累计数计算就比较复杂一些了，当计算到某个月时，累计数的计算区域是截止到该月的一段区域，需要使用 OFFSET 函数获取这段区域，然后使用 SUMIF 函数进行条件求和。

无论是计算预算数，还是实际数，或者是差异数，SUMIF 函数的判断区域是用 OFFSET 函数获取的：

```
OFFSET($B$2,,,1,MATCH(B$15,$B$1:$AK$1,0)+2)
```

SUMIF 函数的求和区域也是使用 OFFSET 获取的动态区域：

```
OFFSET($B$2,MATCH($B$13,$A$3:$A$10,0),,1,MATCH(B$15,$B$1:$AK$1,0)+2)
```

这样，累计数计算公式如下。

预算：

```
=SUMIF(OFFSET($B$2,,,1,MATCH(B$15,$B$1:$AK$1,0)+2),“预算”,
OFFSET($B$2,MATCH($B$13,$A$3:$A$10,0),,1,MATCH(B$15,$B$1:$AK$1,0)+2))
```

实际：

```
=SUMIF(OFFSET($B$2,,,1,MATCH(B$15,$B$1:$AK$1,0)+2),“实际”,
OFFSET($B$2,MATCH($B$13,$A$3:$A$10,0),,1,MATCH(B$15,$B$1:$AK$1,0)+2))
```

差异：

```
=SUMIF(OFFSET($B$2,,,1,MATCH(B$15,$B$1:$AK$1,0)+2),“差异”,
OFFSET($B$2,MATCH($B$13,$A$3:$A$10,0),,1,MATCH(B$15,$B$1:$AK$1,0)+2))
```

再用 IF 函数进行判断，分析是当月数还是累计数，最后的公式综合为：

预算：

```
=IF($E$13=“当月数”,
VLOOKUP($B$13,$A$3:$AK$10,MATCH(B$15,$A$1:$AK$1,0),0),
SUMIF(OFFSET($B$2,,,1,MATCH(B$15,$B$1:$AK$1,0)+2),“预算”,
OFFSET($B$2,MATCH($B$13,$A$3:$A$10,0),,1,MATCH(B$15,$B$1:$AK$1,0)+2)))
```

实际：

```
=IF($E$13=“当月数”,
VLOOKUP($B$13,$A$3:$AK$10,MATCH(B$15,$A$1:$AK$1,0)+1,0),
SUMIF(OFFSET($B$2,,,1,MATCH(B$15,$B$1:$AK$1,0)+2),“实际”,
OFFSET($B$2,MATCH($B$13,$A$3:$A$10,0),,1,MATCH(B$15,$B$1:$AK$1,0)+2)))
```

差异：

```
=IF($E$13=“当月数”,
VLOOKUP($B$13,$A$3:$AK$10,MATCH(B$15,$A$1:$AK$1,0)+2,0),
SUMIF(OFFSET($B$2,,,1,MATCH(B$15,$B$1:$AK$1,0)+2),“差异”,
OFFSET($B$2,MATCH($B$13,$A$3:$A$10,0),,1,MATCH(B$15,$B$1:$AK$1,0)+2)))
```

利用查询出来的数据绘制分析图表，就可以分析指定项目的预算执行情况，如图 34-7、图 34-8 所示。

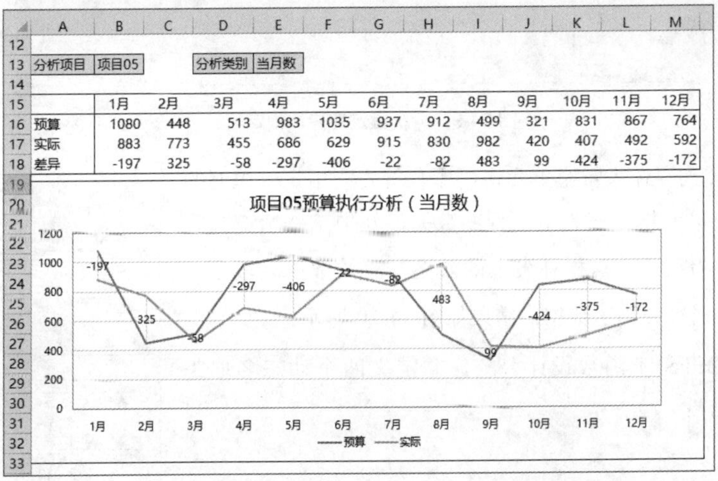
分析项目 项目05
分析类别 当月数
1月 2月 3月 4月 5月 6月 7月 8月 9月 10月 11月 12月
预算 1080 448 513 983 1035 937 912 499 321 831 867 764
实际 883 773 455 686 629 915 830 982 420 407 492 592
差异 -197 325 -58 -297 -406 -22 -82 483 99 -424 -375 -172
项目05预算执行分析（当月数）
预算
实际

图 34-7　分析指定项目各个月的当月预算执行情况

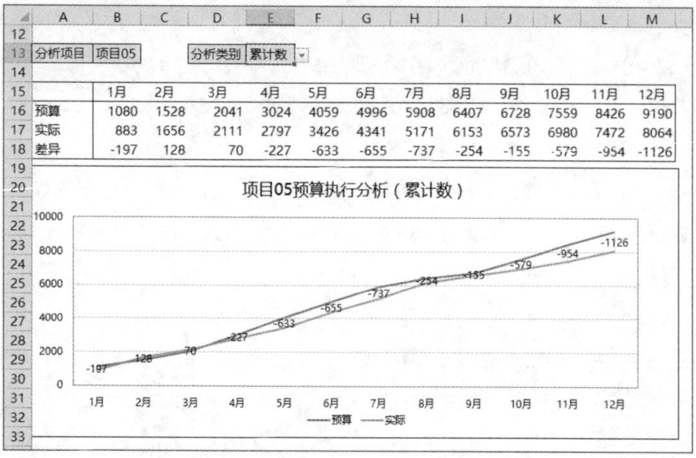

分析项目 项目05
分析类别 累计数
项目05预算执行分析（累计数）
预算
实际


| | 1月 | 2月 | 3月 | 4月 | 5月 | 6月 | 7月 | 8月 | 9月 | 10月 | 11月 | 12月 |
|---|---|---|---|---|---|---|---|---|---|---|---|---|
| 预算 | 1080 | 1528 | 2041 | 3024 | 4059 | 4996 | 5908 | 6407 | 6728 | 7559 | 8426 | 9190 |
| 实际 | 883 | 1656 | 2111 | 2797 | 3426 | 4341 | 5171 | 6153 | 6573 | 6980 | 7472 | 8064 |
| 差异 | -197 | 128 | 70 | -227 | -633 | -655 | -737 | -254 | -155 | -579 | -954 | -1126 |

图 34-8 分析指定项目各个月的累计预算执行情况

## 34.3.2 绘制指定客户下的各个产品销售情况动态图

OFFSET 函数的应用，往往是跟其他的函数一起工作的，复习这个函数，也就算复习了其他函数。这个函数，在每次的培训课上，我都要带着学生练习不下 3 个例子。

**案例 34–4**

图 34-9 是要分析指定客户下各个产品的销售情况（销售量、销售额、毛利）。

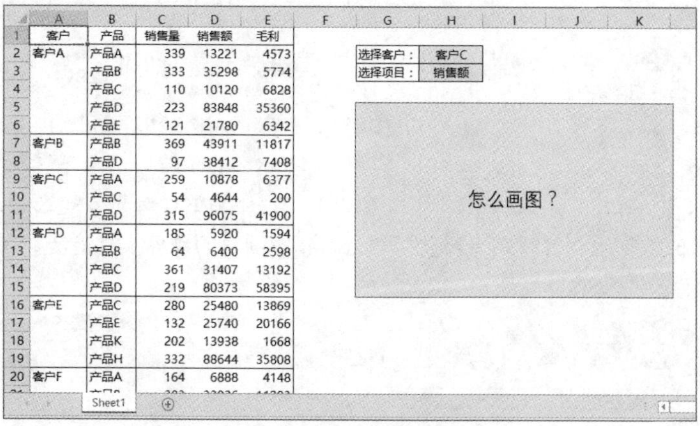

选择客户： 客户C
选择项目： 销售额
怎么画图？
Sheet1


| 客户 | 产品 | 销售量 | 销售额 | 毛利 |
|---|---|---|---|---|
| 客户A | 产品A | 339 | 13221 | 4573 |
| | 产品B | 333 | 35298 | 5774 |
| | 产品C | 110 | 10120 | 6828 |
| | 产品D | 223 | 83848 | 35360 |
| | 产品E | 121 | 21780 | 6342 |
| 客户B | 产品B | 369 | 43911 | 11817 |
| | 产品D | 97 | 38412 | 7408 |
| 客户C | 产品A | 259 | 10878 | 6377 |
| | 产品C | 54 | 4644 | 200 |
| | 产品D | 315 | 96075 | 41900 |
| 客户D | 产品A | 185 | 5920 | 1594 |
| | 产品B | 64 | 6400 | 2598 |
| | 产品C | 361 | 31407 | 13192 |
| | 产品D | 219 | 80373 | 58395 |
| 客户E | 产品C | 280 | 25480 | 13869 |
| | 产品E | 132 | 25740 | 20166 |
| | 产品K | 202 | 13938 | 1668 |
| | 产品H | 332 | 88644 | 35808 |
| 客户F | 产品A | 164 | 6888 | 4148 |

图 34-9 分析指定客户、指定项目

**步骤 01** 由于 A 列存在大量空单元格，所有首先利用定位填充的方法，把 A 列空单元格填充为上一行的数据，并把这些填充公式单元格字体设置为白色，这样外表上的效果与原始数据区域是一样的，但是 A 列已经充满了数据，结果如图 34-10 所示。

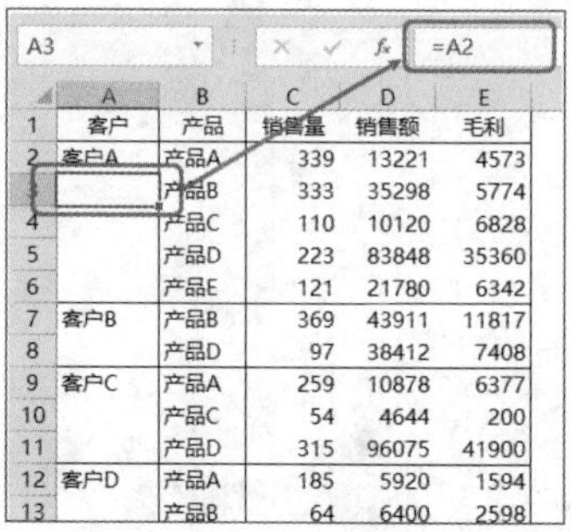

A3
=A2


| 客户 | 产品 | 销售量 | 销售额 | 毛利 |
|---|---|---|---|---|
| 客户A | 产品A | 339 | 13221 | 4573 |
| | 产品B | 333 | 35298 | 5774 |
| | 产品C | 110 | 10120 | 6828 |
| | 产品D | 223 | 83848 | 35360 |
| | 产品E | 121 | 21780 | 6342 |
| 客户B | 产品B | 369 | 43911 | 11817 |
| | 产品D | 97 | 38412 | 7408 |
| 客户C | 产品A | 259 | 10878 | 6377 |
| | 产品C | 54 | 4644 | 200 |
| | 产品D | 315 | 96075 | 41900 |
| 客户D | 产品A | 185 | 5920 | 1594 |
| | 产品B | 64 | 6400 | 2598 |

图 34-10 处理 A 列

**步骤 02** 使用 OFFSET 函数设计公式，并定义两个动态名称为“产品”和“项目”：

名称“产品”：

```
=OFFSET($B$1,MATCH($H$2,$A$2:$A$31,0),,COUNTIF
```

($A$2:$A$31,$H$2),1)

名称“项目”：

=OFFSET($B$1,MATCH($H$2,$A$2:$A$31,0),MATCH($H$3,$C$1:$E$1,0),COUNTIF($A$2:$A$31,$H$2),1)

**步骤 03** 利用这两个名称绘制柱形图，即可的如图 34-11 所示的动态分析图表。

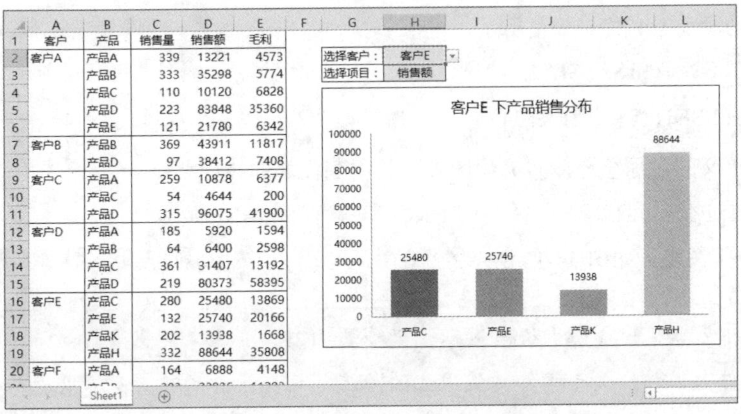
客户 产品 销售量 销售额 毛利
客户A 产品A 339 13221 4573
产品B 333 35298 5774
产品C 110 10120 6828
产品D 223 83848 35360
产品E 121 21780 6342
客户B 产品B 369 43911 11817
产品D 97 38412 7408
客户C 产品A 259 10878 6377
产品C 54 4644 200
产品D 315 96075 41900
客户D 产品A 185 5920 1594
产品B 64 6400 2598
产品C 361 31407 13192
产品D 219 80373 58395
客户E 产品C 280 25480 13869
产品E 132 25740 20166
产品K 202 13938 1668
产品H 332 88644 35808
客户F 产品A 164 6888 4148
选择客户： 客户E
选择项目： 销售额
客户E 下产品销售分布
25480 25740 13938 88644
产品C 产品E 产品K 产品H
Sheet1

图 34-11　可以查看指定客户、指定项目的动态分析图表

## 34.3.3　制作查看任意数据个数的排名分析图

**案例 34-5**

图 34-12 是 50 个业务员销售额数据汇总，现在要求制作一个可以查看销售额前 N 大业务员的业绩排名情况，单元格 E2 是指定的前 N 大的数字，比如现在图表就是查看销售额前十大业务员的排名情况。

这个图表要联合使用以下几个函数来解决

LARGE 函数和 ROW 函数：数据排序

INDEX 函数和 MATCH 函数：查找匹配数据

OFFSET 函数：获取动态区域

下面介绍这个排名分析图表的制作方法。

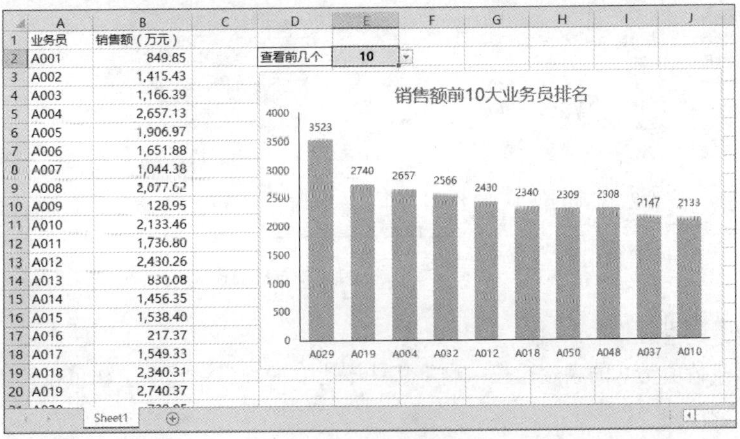
业务员 销售额（万元）
A001 849.85
A002 1,415.43
A003 1,166.39
A004 2,657.13
A005 1,906.97
A006 1,651.88
A007 1,044.38
A008 2,077.62
A009 128.95
A010 2,133.46
A011 1,736.80
A012 2,430.26
A013 830.08
A014 1,456.35
A015 1,538.40
A016 217.37
A017 1,549.33
A018 2,340.31
A019 2,740.37
查看前几个 10
销售额前10大业务员排名
3523 2740 2657 2566 2430 2340 2309 2308 2147 2133
A029 A019 A004 A032 A012 A018 A050 A048 A037 A010
Sheet1

图 34-12　可以查看前 N 大业务员的动态分析图表

**步骤01** 假若每个业务员的销售额没有相同的（如果有相同的，可以先使用随机数RAND进行处理）。

设计辅助列，计算公式如下：

S2单元格，排序：=LARGE($B$2:$B$51,ROW(A1))

T2单元格，匹配业务员名称：=INDEX(A:A,MATCH(S2,B:B,0))

**步骤02** 定义两个动态名称，如下所示：

业务员：=OFFSET($T$2,,,$E$2,1)

销售额：=OFFSET($S$2,,,$E$2,1)

**步骤03** 利用定义的名称绘图，并美化图表，就得到需要的排名分析模板。通过在单元格E2选择不同的数字，就得到前N大业务员排名分析图表，如图34-13所示。

| | R | S | T | U |
|---|---|---|---|---|
| 1 | | 排序 | 业务员 | |
| 2 | | 3522.61 | A029 | |
| 3 | | 2740.37 | A019 | |
| 4 | | 2657.13 | A004 | |
| 5 | | 2566.28 | A032 | |
| 6 | | 2430.26 | A012 | |
| 7 | | 2340.31 | A018 | |
| 8 | | 2308.99 | A050 | |
| 9 | | 2307.93 | A048 | |
| 10 | | 2146.65 | A037 | |
| 11 | | 2133.46 | A010 | |
| 12 | | 2095.52 | A027 | |

图34-13　设计辅助列，进行排序处理

> **说明**：在排名分析中，很少使用数据验证序列的方法来选择变量，更多的是利用数值调节钮或滚动条控件来操作，关于控件的使用方法，我们将在后面的有关章节里进行介绍，此处仅仅是介绍这类排名分析图表的制作原理。

## 34.3.4　绘制不含数值0的图表

**案例34–6**

图34-14是一个要查看指定月份的费用结构分析表，绘制的是饼图。由于某些项目在某个月不见得发生，因此数据是0，这样绘制的图表就显得非常凌乱，那么，能不能只画有数的项目，凡是0的都剔除出去呢？

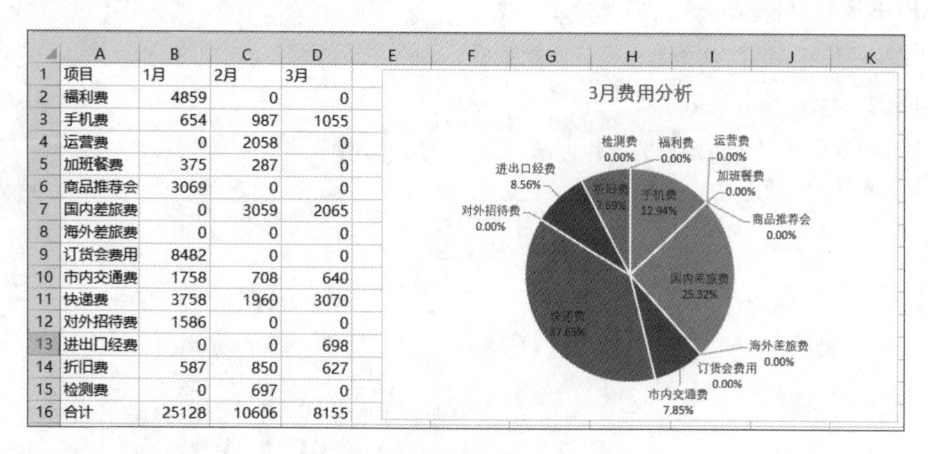

| | A | B | C | D |
|---|---|---|---|---|
| 1 | 项目 | 1月 | 2月 | 3月 |
| 2 | 福利费 | 4859 | 0 | 0 |
| 3 | 手机费 | 654 | 987 | 1055 |
| 4 | 运营费 | 0 | 2058 | 0 |
| 5 | 加班餐费 | 375 | 287 | 0 |
| 6 | 商品推荐会 | 3069 | 0 | 0 |
| 7 | 国内差旅费 | 0 | 3059 | 2065 |
| 8 | 海外差旅费 | 0 | 0 | 0 |
| 9 | 订货会费用 | 8482 | 0 | 0 |
| 10 | 市内交通费 | 1758 | 708 | 640 |
| 11 | 快递费 | 3758 | 1960 | 3070 |
| 12 | 对外招待费 | 1586 | 0 | 0 |
| 13 | 进出口经费 | 0 | 0 | 698 |
| 14 | 折旧费 | 587 | 850 | 627 |
| 15 | 检测费 | 0 | 697 | 0 |
| 16 | 合计 | 25128 | 10606 | 8155 |

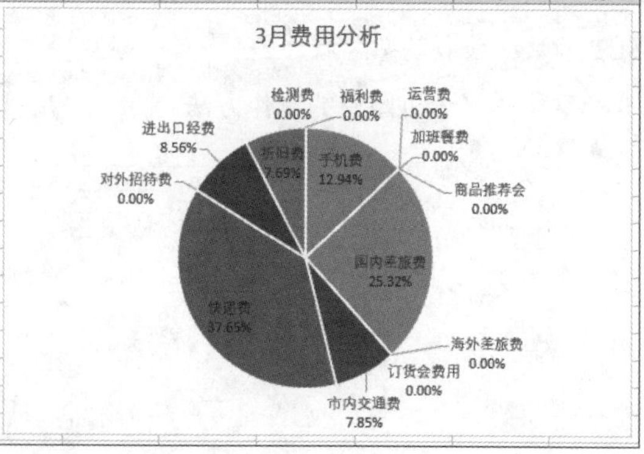
3月费用分析
检测费 0.00%
福利费 0.00%
运营费 0.00%
加班餐费 0.00%
进出口经费 8.56%
折旧费 7.69%
手机费 12.94%
对外招待费 0.00%
商品推荐会 0.00%
国内差旅费 25.32%
快递费 37.65%
海外差旅费 0.00%
订货会费用 0.00%
市内交通费 7.85%

图34-14　大量零值导致很乱的饼图

这个问题的解决思路是：

首先，将那些数值是0的剔除出去，剩下那些不为0的项目，这个工作可以使用INDIRECT函数做滚动查找来解决。

其次，对处理后的数据区域，使用OFFSET函数来引用，并制作饼图。

下面是主要步骤介绍。

**步骤 01** 在单元格 G1 设置数据验证，以便选择要绘图分析的月份。

**步骤 02** 设计辅助区域，查找指定月份的数据，并判断是否不为 0：

单元格 K2：

```
=AND(INDEX(B2:D2,,MATCH($G$1,$B$1:$D$1,0))<>0,
    INDEX(B2:D2,,MATCH($G$1,$B$1:$D$1,0))<> “”)
```

**步骤 03** 定位不为 0 的数据所在位置（行）：

单元格 L2：=MATCH(TRUE,K:K,0)

单元格 L3：=MATCH(TRUE,INDIRECT(“K”&L2+1&“:K15”),0)+L2

**步骤 04** 根据定位出的位置，从从原始数据区域内取出项目名称及其金额：

单元格 N2：=IFERROR(INDEX(A:A,L2),””)

单元格 O2：=IFERROR(INDEX($B$1:$D$15,L2,MATCH($G$1,$B$1:$D$1,0)),””)

辅助区域的效果如图 34-15 所示。

| | F | G | H | I | J | K | L | M | N | O |
|---|---|---|---|---|---|---|---|---|---|---|
| 1 | 选择月份 | 3月 | | | | 不为0 | 所在行 | | 项目 | 金额 |
| 2 | | | | | | FALSE | 3 | | 手机费 | 1055 |
| 3 | | | | | | TRUE | 7 | | 国内差旅费 | 2065 |
| 4 | | | | | | FALSE | 10 | | 市内交通费 | 640 |
| 5 | | | | | | FALSE | 11 | | 快递费 | 3070 |
| 6 | | | | | | FALSE | 13 | | 进出口经费 | 698 |
| 7 | | | | | | TRUE | 14 | | 折旧费 | 627 |
| 8 | | | | | | FALSE | #N/A | | | |
| 9 | | | | | | FALSE | #N/A | | | |
| 10 | | | | | | TRUE | #N/A | | | |
| 11 | | | | | | TRUE | #N/A | | | |
| 12 | | | | | | FALSE | #N/A | | | |
| 13 | | | | | | TRUE | #N/A | | | |
| 14 | | | | | | TRUE | #N/A | | | |

图 34-15　设计辅助区域，剔除 0 值的项目

**步骤 05** 定义如下两个动态名称：

项目：=OFFSET($N$2,,,SUMPRODUCT(($N$2:$N$14<>”” )*1),1)

金额：=OFFSET($O$2,,,SUMPRODUCT(($O$2:$O$14<>”” )*1),1)

**步骤 06** 用这两个名称画饼图，美化图表。

**步骤 07** 最后再把这个辅助区域字体设置为白色。

最终的分析图表如图 34-16 所示。

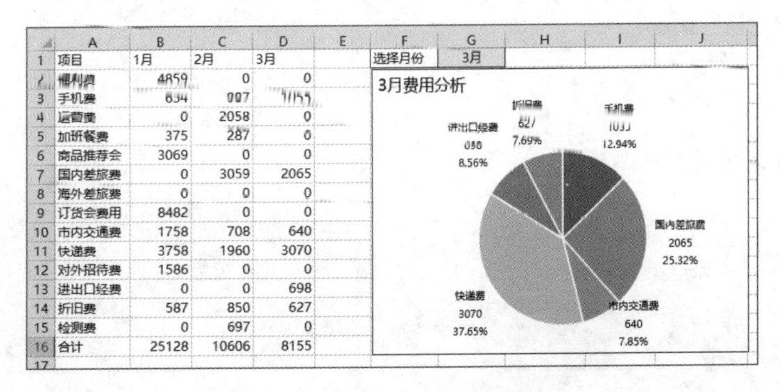

| | A | B | C | D | E | F | G |
|---|---|---|---|---|---|---|---|
| 1 | 项目 | 1月 | 2月 | 3月 | | 选择月份 | 3月 |
| 2 | 福利费 | 4859 | 0 | 0 | | | |
| 3 | 手机费 | 634 | 997 | 1055 | | | |
| 4 | 运营费 | 0 | 2058 | 0 | | | |
| 5 | 加班餐费 | 375 | 287 | 0 | | | |
| 6 | 商品推荐会 | 3069 | 0 | 0 | | | |
| 7 | 国内差旅费 | 0 | 3059 | 2065 | | | |
| 8 | 海外差旅费 | 0 | 0 | 0 | | | |
| 9 | 订货会费用 | 8482 | 0 | 0 | | | |
| 10 | 市内交通费 | 1758 | 708 | 640 | | | |
| 11 | 快递费 | 3758 | 1960 | 3070 | | | |
| 12 | 对外招待费 | 1586 | 0 | 0 | | | |
| 13 | 进出口经费 | 0 | 0 | 698 | | | |
| 14 | 折旧费 | 587 | 850 | 627 | | | |
| 15 | 检测费 | 0 | 697 | 0 | | | |
| 16 | 合计 | 25128 | 10606 | 8155 | | | |

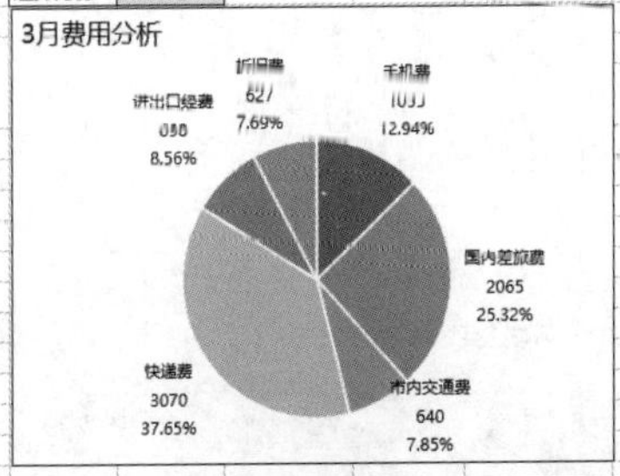
3月费用分析
折旧费
627
7.69%
手机费
12.94%
进出口经费
8.56%
国内差旅费
2065
25.32%
市内交通费
640
7.85%
快递费
3070
37.65%

图 34-16　查看 3 月份费用结构

# 34.4 制作关键词的下拉菜单（数据验证）

如果要输入的项目很多，名称也很长，当利用这些项目列表制作数据验证下拉菜单时，从中选择输入某个项目是非常费劲的。那么，能不能制作一个只要输入关键词就可以缩小选择范围的数据验证下拉菜单呢？答案是肯定的。

## 34.4.1 含关键词项目已经排序在一起的情况

**案例 34–7**

图 34-17 是一个这样解决问题的简单例子，前提是把相同关键词的项目先排列在一起，使用效果如下所示。请打开文件仔细练习。

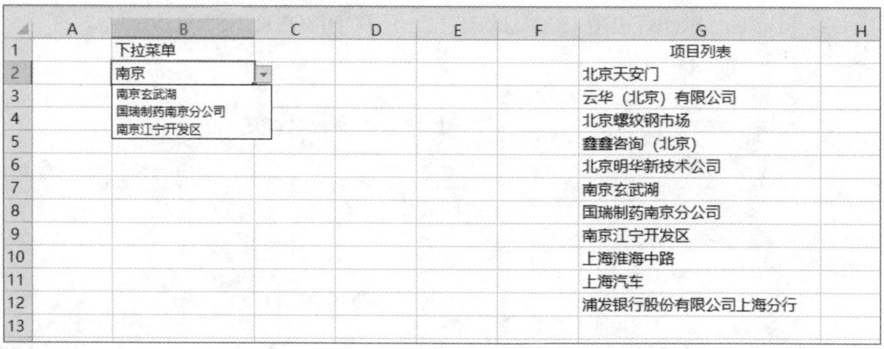
A
B
C
D
E
F
G
H
下拉菜单
南京
南京玄武湖
国瑞制药南京分公司
南京江宁开发区
项目列表
北京天安门
云华（北京）有限公司
北京螺纹钢市场
鑫鑫咨询（北京）
北京明华新技术公司
南京玄武湖
国瑞制药南京分公司
南京江宁开发区
上海淮海中路
上海汽车
浦发银行股份有限公司上海分行

图 34-17　根据关键词快速选择输入的下拉菜单

这个问题解决并不复杂，在数据验证对话框里做两个设置即可：

（1）在“序列”选项中，输入下面的公式，如图 34-18 所示。

```
=OFFSET($G$2,MATCH(“*”&B2&“*”,$G$2:$G$100,0)-1,,
        COUNTIF($G$2:$G$100,“*”&B2&“*”),1)
```

（2）在“出错警告”选项卡中，取消“输入无效数据时显示出错警告”复选框，如图 34-19 所示。

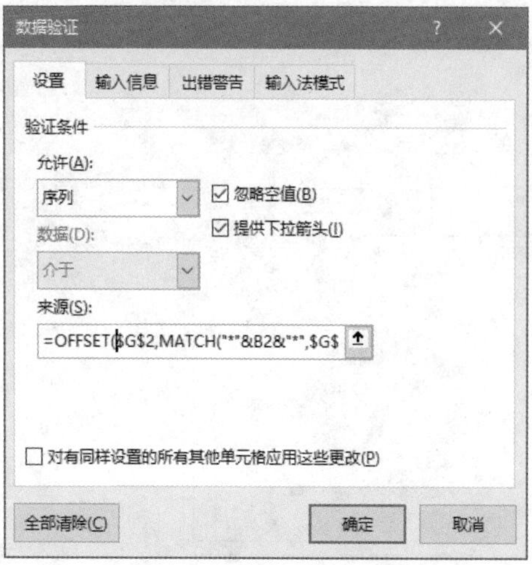
数据验证
设置
输入信息
出错警告
输入法模式
验证条件
允许(A):
序列
忽略空值(B)
提供下拉箭头(I)
数据(D):
介于
来源(S):
=OFFSET($G$2,MATCH("*"&B2&"*",$G$
对有同样设置的所有其他单元格应用这些更改(P)
全部清除(C)
确定
取消

图 34-18　设置序列公式

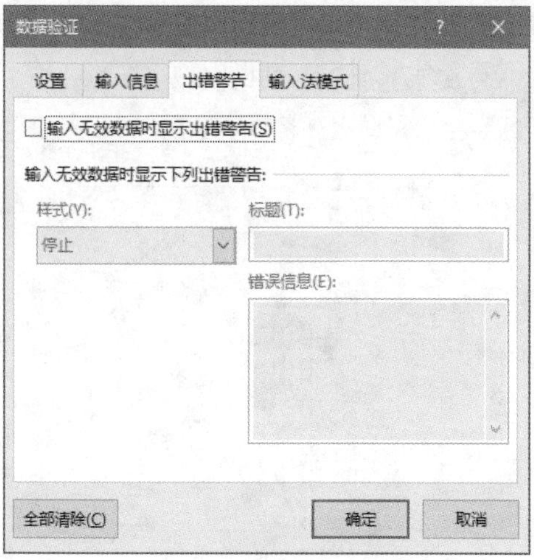
数据验证
设置
输入信息
出错警告
输入法模式
输入无效数据时显示出错警告(S)
输入无效数据时显示下列出错警告:
样式(Y):
停止
标题(T):
错误信息(E):
全部清除(C)
确定
取消

图 34-19　取消出错警告

## 34.4.2　含关键词项目未做排序处理

**案例 34–8**

上述的关键词数据验证下拉菜单并不是多见的，因为需要先按照关键词进行排序。

在实际工作中，这些含有关键词的项目名称是分散保存的，顺序很乱，那么如何进行这样的关键词下拉菜单呢？此时，需要设置辅助区域了。图 34-20 就是一个这样的例子。

下拉菜单
北京
北京天安门
北京螺纹钢市场
北京明华新技术公司
鑫鑫咨询（北京）
云华（北京）有限公司
项目列表
北京天安门
浦发银行股份有限公司上海分行
北京螺纹钢市场
上海汽车
北京明华新技术公司
南京玄武湖
鑫鑫咨询（北京）
南京江宁开发区
云华（北京）有限公司
国瑞制药南京分公司
上海淮海中路
关键词位置
2
4
6
8
10
#N/A
#N/A
#N/A
#N/A
#N/A
#N/A
取数
北京天安门
北京螺纹钢市场
北京明华新技术公司
鑫鑫咨询（北京）
云华（北京）有限公司


图 34-20　根据关键词快速选择输入的下拉菜单

**步骤 01** 首先定义一个名称“关键词”，其引用位置为“=CELL(“contents”)”，如图 34-21 所示。

**步骤 02** 先在单元格 B2 输入一个关键词，比如“北京”。

**步骤 03** 在 H 列和 I 列进行滚动循环查找，把含有关键词的项目的位置找出来，如图 34-22 所示。提示：输入公式时，如果出现了循环错误的提醒，不要管它，继续往下做。

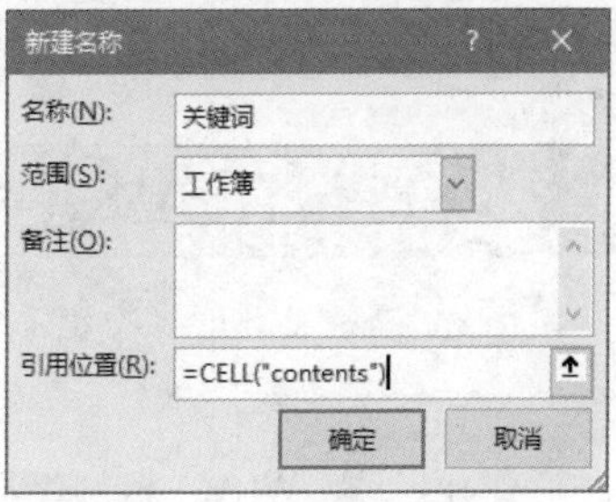

新建名称
名称(N):
关键词
范围(S):
工作簿
备注(O):
引用位置(R):
=CELL("contents")
确定
取消


图 34-21　定义名称“关键词”

其中，各单元格公式如下：

单元格 H2：=MATCH(“*”& 关键词 &“*”,G:G,0)

单元格 H3：=MATCH(“*”& 关键词 &“*”,INDIRECT(“G”& H2+1&“:G20”),0)+H2

单元格 I2：=IFERROR(INDEX(G:G,H2),””)

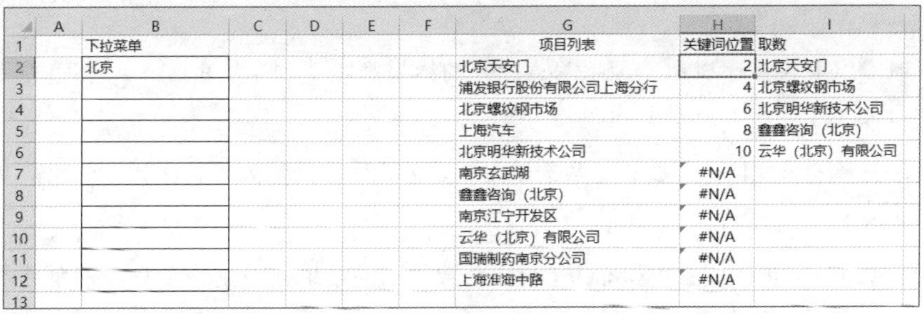

下拉菜单
北京
项目列表
北京天安门
浦发银行股份有限公司上海分行
北京螺纹钢市场
上海汽车
北京明华新技术公司
南京玄武湖
鑫鑫咨询（北京）
南京江宁开发区
云华（北京）有限公司
国瑞制药南京分公司
上海淮海中路
关键词位置
2
4
6
8
10
#N/A
#N/A
#N/A
#N/A
#N/A
#N/A
取数
北京天安门
北京螺纹钢市场
北京明华新技术公司
鑫鑫咨询（北京）
云华（北京）有限公司


图 34-22　做辅助区域，查找含有关键词的项目

**步骤 04** 定义一个动态名称“项目”，引用公式为：

```
=OFFSET($I$2,,,SUMPRODUCT(($I$2:$I$12<>” ” )*($I$2:$I$12<>0)),1)
```

**步骤 05** 利用这个名称“项目”做数据验证，并注意取消“输入无效数据时显示出错警告”复选框。

这样就得到了根据关键词快速选择输入项目的数据验证。

# 第 35 章 函数应用：不常用，有时候又很有用的其他查找函数

前面章节介绍的是几个非常重要、又非常常用的查找引用函数，但也有几个常用的辅助查找引用函数，包括：

- COLUMN 函数
- ROW 函数
- HYPERLINK 函数
- GETPIVOTDATA 函数
- CHOOSE 函数
- FORMULATEXT 函数

这些函数，有的单独使用，有的经常与其他函数联合使用，尽管这些函数不是很常用，但是在某些场合还是比较有用的。

## 35.1 ROW 函数和 COLUMN 函数

ROW 函数是获取某个单元格的行号，其用法如下：

```
=ROW(单元格)
```

例如，=ROW(A5) 和 =ROW(E5) 的结果都是 5，因为单元格 A5 和单元格 E5 都是第 5 行。

如果省略具体的单元格，那么该函数的结果就是公式所在行的行号。比如在单元格 B10 输入公式“=ROW()”，其结果是 10。

COLUMN 函数是获取某个单元格的行号，其用法如下：

```
=COLUMN(单元格)
```

例如，=COLUMN(A5) 和 =COLUMN(A100) 的结果都是 1，因为单元格 A5 和单元格 A100 都是 A 列（第 1 列）。

如果省略具体的单元格，那么该函数的结果就是公式所在列的列号。比如在单元格 B10 输入公式“=COLUMN()”，其结果是 2。

特别要注意的是，ROW 函数和 COLUMN 函数得到的结果并不是一个真正的单独的数值，而是一个数组。例如，公式 =ROW(A1:A5) 的结果就是数组 {1;2;3;4;5}，它由 1 ～ 5 这 5 个数字组成；公式 =ROW(A1) 结果是 {1}，它也是一个数组，只不过就一个数字 1。

在有些情况下（例如在 INDIRECT 函数里），公式里不能直接使用 ROW(A1) 这样的表达方式，否则就会出现错误，此时可以使用 INDEX 来处理：INDEX(ROW(A1),1)，这样的结果才是一个真正的数字，而不是数组。

ROW 函数和 COLUMN 函数常用的场合有：

（1）与 HLOOKUP 函数和 VLOOKUP 函数联合使用，进行数据查找。

（2）与 LARGE 函数和 SMALL 函数联合使用，进行数据排序。

（3）与 INDIRECT 函数联合使用，构建自然数数组，例如，在一些比较复杂的问题中，我们需要在公式中构建常量数组 {1;2;3;4;…n}，以便于进行高效数据处理，例如，ROW(INDIRECT(“1:10”)) 的结果就是得到一个常量数组 {1;2;3;4;5;6;7;8;9;10}。

## 35.2 CHOOSE 函数

CHOOSE 函数的功能，是根据一个指定的索引序号，从一个参数列表中，取出对应序号的值。语法如下：

```
=CHOOSE(索引序号，参数 1，参数 2，参数 3…….)
```

这里的索引序号是 1、2、3、4……，参数就是对应的值。当序号是 1 时，就取参数 1 的值，当序号是 2 时，就取参数 2 的值，当序号是 3 时，就取参数 3 的值，依此类推。

在某些情况下，使用CHOOSE函数比嵌套IF要简单得多。例如，对员工进行考核排名，发放奖励：

第 1 名奖励 2000 元

第 2 名奖励 1200 元

第 3 名奖励 800 元

第 4 名奖励 500 元

第 5 名奖励 200 元

假设排名名次序号保存在 B2 单元格，那么如何设计公式进行计算？

如果使用嵌套 IF，公式是这样的：

```
=IF(B2=1,2000,IF(B2=2,1200,IF(B2=3,800,IF(B2=4,500,200))))
```

而如果使用 CHOOSE 函数，公式是这样的：

```
=CHOOSE(B2,2000,1200,800,500,200)
```

CHOOSE 函数里的参数 1、参数 2、参数 3 等。除了可以是具体的常量外，还可以是单元格或单元格区域的引用。

**案例 35-1**

图 35-1 是一个利用选择按钮来选择要排名分析的项目，对客户从大到小排名。

由于选项按钮的返回值是序号 1、2、3，因此可以使用 CHOOSE 根据这个序号来选择要排序的区域，如图 35 2 所示。

选项按钮返回值单元格是 K2，那么 H 列排序的公式以及 G 列匹配名称的公式分别如下：

单元格 H2：

```
=LARGE(CHOOSE($K$2,$B$2:$B$12,$C$2:$C$12,$D$2:$D$12),ROW(A1))
```

单元格 G2：

```
=INDEX($A$2:$A$12,MATCH(H2,CHOOSE($K$2,$B$2:$B$12,$C$2:$C$12,$D$2:
$D$12),0))
```

这里，巧妙使用 CHOOSE 函数选取不同的单元格区域，用来作为 LARGE 函数和 MATCH 函数的区域，比使用嵌套 IF 要简单得多。

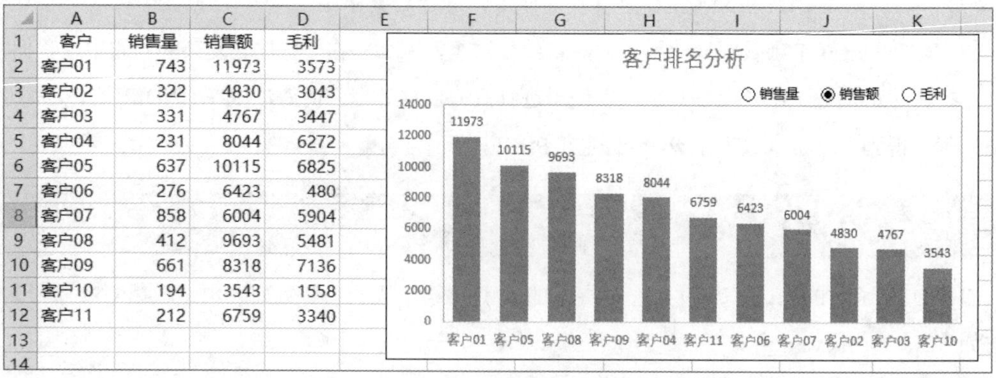

| | A | B | C | D |
|---|---|---|---|---|
| 1 | 客户 | 销售量 | 销售额 | 毛利 |
| 2 | 客户01 | 743 | 11973 | 3573 |
| 3 | 客户02 | 322 | 4830 | 3043 |
| 4 | 客户03 | 331 | 4767 | 3447 |
| 5 | 客户04 | 231 | 8044 | 6272 |
| 6 | 客户05 | 637 | 10115 | 6825 |
| 7 | 客户06 | 276 | 6423 | 480 |
| 8 | 客户07 | 858 | 6004 | 5904 |
| 9 | 客户08 | 412 | 9693 | 5481 |
| 10 | 客户09 | 661 | 8318 | 7136 |
| 11 | 客户10 | 194 | 3543 | 1558 |
| 12 | 客户11 | 212 | 6759 | 3340 |

客户排名分析
销售量
销售额
毛利
14000
12000
10000
8000
6000
4000
2000
0
11973
10115
9693
8318
8044
6759
6423
6004
4830
4767
3543
客户01 客户05 客户08 客户09 客户04 客户11 客户06 客户07 客户02 客户03 客户10

图 35-1　客户排名分析：选项按钮选择要排名的项目

| | A | B | C | D | E | F | G | H | I | J | K | L |
|---|---|---|---|---|---|---|---|---|---|---|---|---|
| 1 | 客户 | 销售量 | 销售额 | 毛利 | | | 客户 | 排序后 | | | | |
| 2 | 客户01 | 743 | 11973 | 3573 | | | 客户01 | 11973 | | 选择按钮值 | 2 | |
| 3 | 客户02 | 322 | 4830 | 3043 | | | 客户05 | 10115 | | | | |
| 4 | 客户03 | 331 | 4767 | 3447 | | | 客户08 | 9693 | | | | |
| 5 | 客户04 | 231 | 8044 | 6272 | | | 客户09 | 8318 | | ○销售量 | ◉销售额 | ○毛利 |
| 6 | 客户05 | 637 | 10115 | 6825 | | | 客户04 | 8044 | | | | |
| 7 | 客户06 | 276 | 6423 | 480 | | | 客户11 | 6759 | | | | |
| 8 | 客户07 | 858 | 6004 | 5904 | | | 客户06 | 6423 | | | | |
| 9 | 客户08 | 412 | 9693 | 5481 | | | 客户07 | 6004 | | | | |
| 10 | 客户09 | 661 | 8318 | 7136 | | | 客户02 | 4830 | | | | |
| 11 | 客户10 | 194 | 3543 | 1558 | | | 客户03 | 4767 | | | | |
| 12 | 客户11 | 212 | 6759 | 3340 | | | 客户10 | 3543 | | | | |
| 13 | | | | | | | | | | | | |

图 35-2　绘图的辅助区域

## 35.3　GETPIVOTDATA 函数

当创建一个数据透视表，想以这个透视表为数据源，从这个透视表里提取汇总数据时，可以使用 GETPIVOTDATA 函数，该函数的用法如下：

```
=GETPIVOTDATA(要提取数据的字段名称,
              数据透视表区域内的某一个单元格,
              字段 1 名称，字段 1 下的某个项目,
              字段 2 名称，字段 2 下的某个项目
              字段 3 名称，字段 3 下的某个项目
              ……)
```

注意，这里的字段名称，既可以是原始字段名称，也可以是修改后的字段名称。

如果忽略了具体的行标签和列标签的具体字段名及其项目，那么 GETPIVOTDATA 函数得到的结果是值字段的总计数。

**案例 35–2**

这个函数的语法有点儿抽象。下面通过一个做好的数据透视表，来看看这个函数怎么使用。

在工作表的任何一个空白单元格，输入等号（=），然后单击透视表内的某个单元格，得到下面的公式：

=GETPIVOTDATA(“销售额”,$A$2,“地区”,“华东”,“性质”,“加盟”)

在这个公式中：

第 1 个参数是“销售额”，因为你单击的是销售额这个字段下的某个单元格；

第 2 个参数是“$A$2”，是自动选取的透视表区域的第一个单元格，这个参数可以是透视表内的任意单元格引用，比如 $A$3、$A$5、$C$2 等。但是，选择透视表区域左上角的第一个单元格是最安全的；

| | A | B | C | D | E |
|---|---|---|---|---|---|
| 1 | | | | | |
| 2 | 性质 | 地区 | 指标 | 销售额 | 成本 |
| 3 | ⊟加盟 | | 16200000 | 4365766.8 | 1571900.08 |
| 4 | | 东北 | 1230000 | 455200 | 162939.16 |
| 5 | | 华北 | 3380000 | 993480.6 | 356156.69 |
| 6 | | 华东 | 7010000 | 1570575.7 | 564101.38 |
| 7 | | 华南 | 1680000 | 606835.5 | 231801.03 |
| 8 | | 华中 | 740000 | 195725.5 | 70315.45 |
| 9 | | 西北 | 1910000 | 374845.5 | 134355.43 |
| 10 | | 西南 | 250000 | 169104 | 52230.94 |
| 11 | ⊟自营 | | 30800000 | 12660822.14 | 4536332.46 |
| 12 | | 东北 | 1890000 | 1066907.5 | 247491.13 |
| 13 | | 华北 | 4070000 | 1493425 | 542104.51 |
| 14 | | 华东 | 18060000 | 7754810.04 | 2890375.9 |
| 15 | | 华南 | 1910000 | 655276 | 254637.39 |
| 16 | | 华中 | 1540000 | 335864 | 122056.81 |
| 17 | | 西北 | 1190000 | 514350.3 | 171212.24 |
| 18 | | 西南 | 2140000 | 840189.3 | 308454.48 |
| 19 | 总计 | | 47000000 | 17026588.94 | 6108232.54 |

图 35-3　做好的数据透视表

第 3 个参数和第 4 个参数是一对，表示从字段“地区”里选择“华东”；

第 5 个参数和第 6 个参数是一对，表示从字段“性质”里选择“加盟”。

因此，这个公式就是从数据透视表里，把“华东”地区“加盟”店的“销售额”取出来，如图 35-4 所示。

在某个空白单元格输入等号（=），然后单击透视表内的总计行的某个单元格，就会得到下面的公式：

=GETPIVOTDATA(“销售额”,$A$2)

这个公式的函数就是把透视表的“销售额”字段的总计数取出来。现在你明白了 GETPIVOTDATA 函数是怎么用的吧？

下面是从这个透视表里提取指定店铺性质的各个地区的销售额。

单元格 I6：=GETPIVOTDATA(“销售额”,$A$2,“性质”,$I$3,“地区”,H6)

单元格 I6 往下复制就会得到各个地区的数据。

单元格 I13：=GETPIVOTDATA(“销售额”,$A$2)

| | A | B | C | D | E | F | G | H | I |
|---|---|---|---|---|---|---|---|---|---|
| 1 | | | | | | | | | |
| 2 | 性质 | 地区 | 指标 | 销售额 | 成本 | | | | |
| 3 | ⊟加盟 | | 16200000 | 4365766.8 | 1571900.08 | | | 指定性质 | 自营 |
| 4 | | 东北 | 1230000 | 455200 | 162939.16 | | | | |
| 5 | | 华北 | 3380000 | 993480.6 | 356156.69 | | | 地区 | 销售额 |
| 6 | | 华东 | 7010000 | 1570575.7 | 564101.38 | | | 东北 | 1066907.5 |
| 7 | | 华南 | 1680000 | 606835.5 | 231801.03 | | | 华北 | 1493425 |
| 8 | | 华中 | 740000 | 195725.5 | 70315.45 | | | 华东 | 7754810.04 |
| 9 | | 西北 | 1910000 | 374845.5 | 134355.43 | | | 华南 | 655276 |
| 10 | | 西南 | 250000 | 169104 | 52230.94 | | | 华中 | 335864 |
| 11 | ⊟自营 | | 30800000 | 12660822.14 | 4536332.46 | | | 西北 | 514350.3 |
| 12 | | 东北 | 1890000 | 1066907.5 | 247491.13 | | | 西南 | 840189.3 |
| 13 | | 华北 | 4070000 | 1493425 | 542104.51 | | | 总计 | 17026588.9 |
| 14 | | 华东 | 18060000 | 7754810.04 | 2890375.9 | | | | |
| 15 | | 华南 | 1910000 | 655276 | 254637.39 | | | | |
| 16 | | 华中 | 1540000 | 335864 | 122056.81 | | | | |
| 17 | | 西北 | 1190000 | 514350.3 | 171212.24 | | | | |
| 18 | | 西南 | 2140000 | 840189.3 | 308454.48 | | | | |
| 19 | 总计 | | 47000000 | 17026588.94 | 6108232.54 | | | | |

图 35-4　从透视表里提取数据

将透视表进行重新布局，那么提取各个地区数据的公式是不变的，但是提取总计的公式就会出现错误，因为这个透视表里没有店铺性质的总计数了（本透视表的布局情况下，就是内有行总计），如图 35-5 所示。

| | A | B | C | D | E | F | G | H | I |
|---|---|---|---|---|---|---|---|---|---|
| 1 | | | | | | | | | |
| 2 | | 值 | 性质 | | | | | | |
| 3 | | 指标 | | 销售额 | | | | 指定性质 | 自营 |
| 4 | 地区 | 加盟 | 自营 | 加盟 | 自营 | | | | |
| 5 | 东北 | 1230000 | 1890000 | 455200 | 1066907.5 | | | 地区 | 销售额 |
| 6 | 华北 | 3380000 | 4070000 | 993480.6 | 1493425 | | | 东北 | 1066907.5 |
| 7 | 华东 | 7010000 | 18060000 | 1570575.7 | 7754810.04 | | | 华北 | 1493425 |
| 8 | 华南 | 1680000 | 1910000 | 606835.5 | 655276 | | | 华东 | 7754810.04 |
| 9 | 华中 | 740000 | 1540000 | 195725.5 | 335864 | | | 华南 | 655276 |
| 10 | 西北 | 1910000 | 1190000 | 374845.5 | 514350.3 | | | 华中 | 335864 |
| 11 | 西南 | 250000 | 2140000 | 169104 | 840189.3 | | | 西北 | 514350.3 |
| 12 | 总计 | 16200000 | 30800000 | 4365766.8 | 12660822.14 | | | 西南 | 840189.3 |
| 13 | | | | | | | | 总计 | #REF! |
| 14 | | | | | | | | | |

图 35-5 “性质”字段从行标签调整到列标签

而如果显示出来“行总计”，那么查询表的总计公式就会有具体的数值，如图 35-6 所示。

| | A | B | C | D | E | F | G | H | I | J | K |
|---|---|---|---|---|---|---|---|---|---|---|---|
| 1 | | | | | | | | | | | |
| 2 | | 值 | 性质 | | | | | | | | |
| 3 | | 指标 | | 销售额 | | 指标汇总 | 销售额汇总 | | | 指定性质 | 自营 |
| 4 | 地区 | 加盟 | 自营 | 加盟 | 自营 | | | | | | |
| 5 | 东北 | 1230000 | 1890000 | 455200 | 1066907.5 | 3120000 | 1522107.5 | | | 地区 | 销售额 |
| 6 | 华北 | 3380000 | 4070000 | 993480.6 | 1493425 | 7450000 | 2486905.6 | | | 东北 | 1066907.5 |
| 7 | 华东 | 7010000 | 18060000 | 1570575.7 | 7754810.04 | 25070000 | 9325385.7 | | | 华北 | 1493425 |
| 8 | 华南 | 1680000 | 1910000 | 606835.5 | 655276 | 3590000 | 1262111.5 | | | 华东 | 7754810.04 |
| 9 | 华中 | 740000 | 1540000 | 195725.5 | 335864 | 2280000 | 531589.5 | | | 华南 | 655276 |
| 10 | 西北 | 1910000 | 1190000 | 374845.5 | 514350.3 | 3100000 | 889195.8 | | | 华中 | 335864 |
| 11 | 西南 | 250000 | 2140000 | 169104 | 840189.3 | 2390000 | 1009293.3 | | | 西北 | 514350.3 |
| 12 | 总计 | 16200000 | 30800000 | 4365766.8 | 12660822.14 | 47000000 | 17026589 | | | 西南 | 840189.3 |
| 13 | | | | | | | | | | 总计 | 17026588.9 |
| 14 | | | | | | | | | | | |

图 35-6 显示行总计和列总计，能够提取指定的结果

## 35.4 HYPERLINK 函数

当一个工作簿中有数十个上百个工作表，这样一个一个地切换是非常麻烦的，可以建立一个目录工作表，然后建立与各个工作表的超链接。

但是，很多人建立这样的超链接，是用手工的办法一个一个地设置，这样的工作量是比较大的，也很累人。此时，可以使用 HYPERLINK 函数来快速完成这样的超链接。

HYPERLINK 函数的功能是创建超链接，其使用方法如下：

=HYPERLINK(链接文档位置，显示名称)

下面的示例是打开搜狐网站主页：

=HYPERLINK("http://www.sohu.com")

下面的示例是创建指向另一个外部工作簿 Mybook.xls 中名为 Totals 区域的超链接：

=HYPERLINK("[C:\My Documents\Mybook.xls]Totals")

下面的示例是在工作表 Sheet1 内创建超链接，以便从当前的单元格跳转到单元格 A100：

=HYPERLINK("#Sheet1!A100","sss")

**案例 35–3**

图 35-7 是一个简单的例子，利用 HYPERLINK 函数自动建立指向各个工作表 A1 单元格的超链接，工作表名保存在 A 列。这种方法在建立档案目录时是非常有用的。单元格 A2 的公式为（其他单元格复制公式即可）。

=HYPERLINK("#"&A2&"!A1",A2)

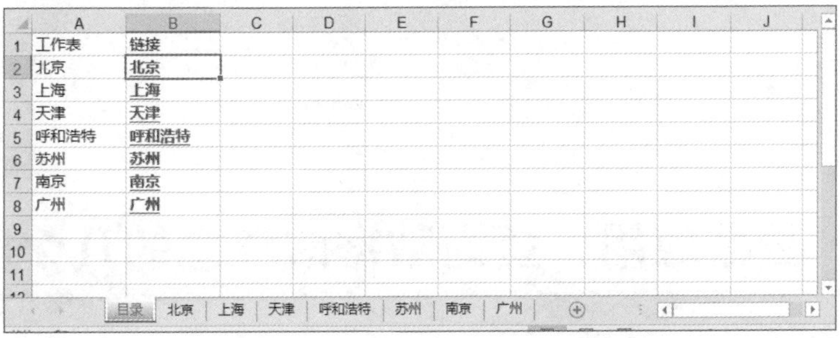
A
B
C
D
E
F
G
H
I
J
工作表
链接
北京
北京
上海
上海
天津
天津
呼和浩特
呼和浩特
苏州
苏州
南京
南京
广州
广州
目录
北京
上海
天津
呼和浩特
苏州
南京
广州

图 35-7　自动建立指向对应工作表的超链接

**案例 35-4**

我们也可以利用 HYPERLINK 函数设计一个产品图片查看系统。图 35-8 是一个示例数据情况，这里我们假设产品图片保存在当前工作簿所在的文件夹，并且产品图片名称分别为 A 列的书名，比如“高效财务管理应用 .jpg”。

在单元格 D2 中输入如下的公式，并向下复制到需要的行：

```
=HYPERLINK(LEFT(CELL("filename"),FIND("[",CELL("filename"))-1)&A2&".jpg","查看图片")
```

这样，只要单击 D 列的各个单元格，就会打开对应的产品图片。

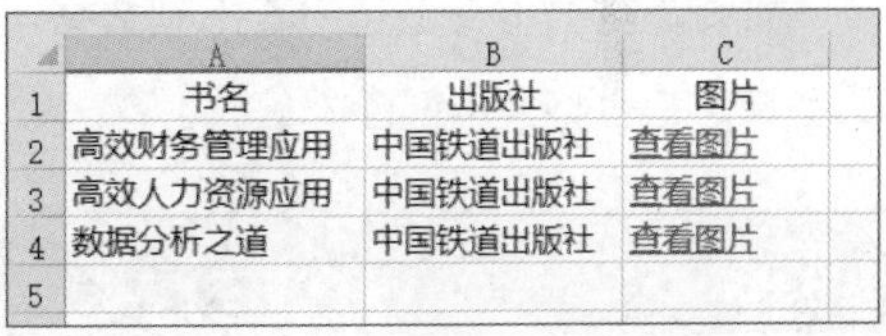
A
B
C
书名
出版社
图片
高效财务管理应用
中国铁道出版社
查看图片
高效人力资源应用
中国铁道出版社
查看图片
数据分析之道
中国铁道出版社
查看图片

图 35-8　产品图片查看系统

## 35.5 FORMULATEXT 函数

单元格输入公式，按 Enter 键后，得到的是一个计算结果，表面上是看不到公式字符串结构的。要看公式字符串，需要单击该单元格，在单元格里或者编辑栏里查看，很不方便。

Excel 2016 提供了一个 FORMULATEXT 函数，可以在公式单元格的旁边另找一个单元格显示计算公式文本，如图 35-9 所示。

FORMULATEXT 函数很简单，用法如下：

```
=FORMULATEXT(单元格)
```

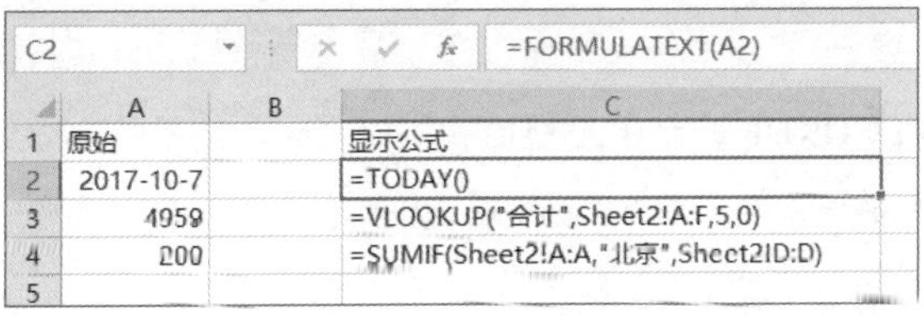
C2
=FORMULATEXT(A2)
A
B
C
原始
显示公式
2017-10-7
=TODAY()
4959
=VLOOKUP("合计",Sheet2!A:F,5,0)
200
=SUMIF(Sheet2!A:A,"北京",Sheet2!D:D)

图 35-9　显示公式文本

# 第 36 章 函数应用：查询数据应注意的几个问题

## 36.1 查找数据出现错误怎么办

在利用函数进行精确查询数据时，如果没有完全匹配的数据，那么就会返回错误值 #N/A。为了当查询不到数据时在单元格中出现错误值 #N/A，此时可以使用 IFERROR 函数，或者联合使用 IF 函数和 ISERROR 函数进行处理。前面的很多案例中，我们就是使用 IFERROR 函数来处理公式的错误值。

如果是数据本身引起的查不到数据，那么就需要认真检查数据本身了，是否有空格？是否有特殊字符？是否格式不匹配？等等。

## 36.2 为什么会查不到数据

查不到数据的原因很多，比如没有匹配的数据，设置的条件不匹配。

但是在有些情况下，眼睛看明明是有要查找的数据，但就是查不出来，这个原因可能就是查找条件和源数据的格式不一样，比如数字格式不同（一个是文本，一个是数字），存在有空格，存在有特殊字符，等等。

还有的原因就是函数的参数设置有问题。

## 36.3 如何区别对待零值与空值

无论使用什么函数查找数据，当查询出的数据是空值时，就会显示一个零值而非空值，如图 36-1 所示，在原始数据中，DDD 对应的 B 列数据为空单元格，但 VLOOKUP 函数的结果是 0 值，并不是空值。

很是奇怪，如果用 VLOOKUP 的结果与空值和零值判断，结果是 0，不是空值。但是如果用原始的 VLOOKUP 与空值和零值判断，结果既是 0，也是空值。

| | A | B | C | D | E | F |
|---|---|---|---|---|---|---|
| 1 | 项目 | 数值 | | | | 公式 |
| 2 | AAA | 432 | | 查询项目 | DDD | |
| 3 | BBB | 654 | | 查询结果 | 0 | =VLOOKUP(E2,A:B,2,0) |
| 4 | CCC | 12 | | | | |
| 5 | DDD | | | 验证1：用查找结果判断 | FALSE | =E3="" |
| 6 | EEE | 122 | | | TRUE | =E3=0 |
| 7 | FFF | 7656 | | | | |
| 8 | | | | 验证2：直接用VLOOKUP判断 | TRUE | =VLOOKUP(E2,A:B,2,0)="" |
| 9 | | | | | TRUE | =VLOOKUP(E2,A:B,2,0)=0 |
| 10 | | | | | | |

图 36-1 查询出的空值为零值

在有些情况下，我们需要严格区分零值和空值，这样就必须对查询公式进行处理。可以使用下面的任何一种处理方式进行零值与空值的区别处理：

```
=IF(VLOOKUP(E2,A:B,2,0)= "",""", VLOOKUP(E2,A:B,2,0))
=IF(LEN(VLOOKUP(E2,A:B,2,0))=0, "" , VLOOKUP(E2,A:B,2,0))
```

第一个公式是判断查询出的结果是否为空值，如果是，就不在单元格显示结果，否则就显示结果。

第二个公式是判断查询出的结果的长度是否为 0（因为空单元格的字符长度是 0，而零值单元格的字符长度是 1），如果是，就不在单元格显示结果，否则就显示结果。

要特别注意，一般不能使用下面的公式来判断，因为这样区分不出源数据是空单元格还是零值单元格：

```
=IF(VLOOKUP(E2,A:B,2,0)=0, "" , VLOOKUP(E2,A:B,2,0))
```

# 09

# 第 9 部分

# 彻底掌握函数和公式应用：财务计算与分析

老板说，公司现金太多了，找个银行，做理财吧！测算一下，目前的利率下，1 年后资金价值会变为多少。

同事说，今天正式成为房奴，每个月要为还贷生活了，我现在就要做一个还贷计划表，以做到心中有数。

接到银行发来的短信：本月还款额为 7909.56 元，建议分 12 期还款，每期仅需还款 659.13 元，手续费低至每月 78.52 元，那么，你会采纳银行的建议吗？

财务小白说，每个月的折旧表算起来真费劲，怎样才能高效地计算折旧呢？

尽管 Excel 提供了大量的财务函数，包括资金时间价值计算，债券计算，贷款计算、投资计算、固定资产折旧计算，等等，在实际中，使用的财务函数并不多，除非你是从事金融工作。因此，常用的财务函数需要了解并会使用，其他的财务函数，则无须过多关注。

# 第 37 章 函数应用：基本财务计算

Excel 提供了 50 多个财务函数，包括资金时间价值计算、债券计算、投资计算、利率计算、本息偿还、折旧计算等。这些函数对于企业财务管理工作者的日常数据处理用途不大，但是对于某些问题，则是比较有用的，比如投资决策、本息偿还、固定资产折旧等。

## 37.1 资金时间价值计算

资金时间价值计算中，常见的是现值计算和终值计算，分别用 PV 函数和 FV 函数表示。

PV 函数用于根据固定利率计算贷款或投资的现值，FV 函数用于根据固定利率计算投资的未来值，其用法如下：

=PV（各期利率，总投资或贷款期数，各期的投资或贷款额，终值，0 或 1）

=FV（各期利率，总投资或贷款期数，各期的投资或贷款额，现值，0 或 1）

这里 0 或忽略表示期末，1 表示期初。

例如，约定年利率 6%，期限 20 年，每个月的月初希望能够得到 8000 元的收入，那么现在应该一次性投资多少？

公式：=PV(6%/12,20*12,8000,,1)，结果为 -1,122,229.40，也就是现在应投资 1122229.40 元。

又如，约定年利率 6%，期限 20 年，从现在开始，每个月的月初投资 8000 元，那么 20 年后的资金变为了多少？

公式：=FV(6%/12,20*12,-8000,,1)，结果为 3714808.80，也就是 20 年后可以一次性拿到 3714808.80 元。

## 37.2 利率计算

利率计算，就是给定了初始投资（贷款）、各个投资（收益）、最终价值来计算各期利率。例如，今天投入资金 20 万元，并在 10 年内的每个月初投资 2000 元，期望能在 10 年后得到总账面价值 100 万元，那么预期的年利率是多少。

这个问题可以使用 RATE 函数来计算，RATE 函数的用法是：

=RATE(总期数，每月投资或收益，当前投资或贷款，终值，0 或 1)

本问题的公式为：

=RATE(10*12,-2000,-200000,1000000,1)*12，结果为 10.57%。

使用这个函数时，要注意区分投资和收益数字的输入：收益为正数，投资为负数。

接到这样的一个短信：“你本月的信用卡应还 8573.41 元，建议分 12 个月还款，每期还款

714.45 元，每个月手续费仅 32.56 元”。

这个还款内含的实际年利率是多少？下面的公式可以让你一目了然：

```
=12*RATE(12,-(32.56+714.45),8573.41)
```

年利率为：8.31%

## 37.3 贷款本息偿还

小王说，我要贷款买房了，采用等额摊还法（又称等额本息法）还本付息，贷款 30 万元，期限 20 年，年利率是 5.11%，从 2017 年 10 月 1 日起，每月初还款，那么我每个月的月供是多少？

在等额本息偿还计算中，常用的有 3 个函数：PMT、IPMT、PPMT。

PMT 用于计算各期的本息偿还额，也就是月供，其用法如下：

=PMT(各期利率，总贷款期数，贷款额，终值，0 或 1)

IPMT 用于计算各期的偿还利息额，其用法如下

=IPMT(各期利率，期次，总贷款期数，贷款额，终值，0 或 1)

PPMT 用于计算各期的偿还本金额，其用法如下

=PPMT(各期利率，期次，总贷款期数，贷款额，终值，0 或 1)

对小王的问题分析如下：

月供 =PMT(5.11%/12,20*12,300000,,1)，即 1989.67 元

也可以使用上面的 3 个函数制作还款计划表，以做到心中有数，如图 37-1 所示。感兴趣的朋友，可以自己动手设计一个贷款偿还表格。

| | A | B | C | D | E |
|---|---|---|---|---|---|
| 1 | 期数 | 还款日 | 每月还款额 | 每月利息额 | 每月本金额 |
| 2 | 1 | 2017-10-1 | 1,989.67 | - | 1,989.67 |
| 3 | 2 | 2017-11-1 | 1,989.67 | 1,269.03 | 720.64 |
| 4 | 3 | 2017-12-1 | 1,989.67 | 1,265.96 | 723.71 |
| 5 | 4 | 2018-1-1 | 1,989.67 | 1,262.88 | 726.79 |
| 6 | 5 | 2018-2-1 | 1,989.67 | 1,259.78 | 729.89 |
| 7 | 6 | 2018-3-1 | 1,989.67 | 1,256.67 | 733.00 |
| 8 | 7 | 2018-4-1 | 1,989.67 | 1,253.55 | 736.12 |
| 9 | 8 | 2018-5-1 | 1,989.67 | 1,250.42 | 739.25 |
| 233 | 232 | 2037-1-1 | 1,989.67 | 74.66 | 1,915.01 |
| 234 | 233 | 2037-2-1 | 1,989.67 | 66.50 | 1,923.17 |
| 235 | 234 | 2037-3-1 | 1,989.67 | 58.31 | 1,931.36 |
| 236 | 235 | 2037-4-1 | 1,989.67 | 50.09 | 1,939.58 |
| 237 | 236 | 2037-5-1 | 1,989.67 | 41.83 | 1,947.84 |
| 238 | 237 | 2037-6-1 | 1,989.67 | 33.53 | 1,956.14 |
| 239 | 238 | 2037-7-1 | 1,989.67 | 25.20 | 1,964.47 |
| 240 | 239 | 2037-8-1 | 1,989.67 | 16.84 | 1,972.83 |
| 241 | 240 | 2037-9-1 | 1,989.67 | 8.44 | 1,981.23 |

图 37-1　贷款偿还表

## 37.4 期限计算

如果给定了利率、现值或终值以及每期等额分期付款的金额，就可以计算出每期利率来，此时可以使用 NPER 函数，其用法为：

=NPER(利率，每期等付金额，现值，终值，0 或 1)

例如，现在银行账户余额为 10 万元，预计每月初往账户存入 2000 元，按复利计息，年利率为 3.85%，期望若干年后账户金额达到 100 万元，那么需要连续存多少年（或者多少个月）？

计算公式如下：

```
=NPER(3.85%/12,-2000,100000,1000000,1)
```

结果是 352.58 个月，算整数，应连续存 353 个月，也就是连续存 29 年零 5 个月。

## 37.5 折旧计算

固定资产折旧，是固定资产由于使用耗损、自然侵蚀、科技进步和劳动生产率提高所引起的价值损耗。决定固定资产折旧的基本因素有：固定资产的原始价值、固定资产报废的残值和清理费用、固定资产的经济寿命及折旧计算方法。

（1）固定资产原始价值，也称为折旧基数。计提折旧是以固定资产账面原值为依据，原值大小决定了每期计提折旧的数额。

（2）净残值等于固定资产处置时回收的价款减去清理费用的余额。

（3）固定资产的经济寿命，即固定资产的折旧年限，决定了每期固定资产折旧数额的相对数。

（4）固定资产折旧计算方法，决定了每期折旧额的分布情况，同时也影响每期应交纳所得税的情况。常用的折旧方法有平均年限法（又称直线法）、工作量法、余额递减法和年数总和法。

在 Excel 中，计算固定资产的函数有：SLN、DDB、SYD。

SLN 用于直线折旧计算，语法是：

```
=SLN(原值,残值,使用寿命)
```

DDB 用于余额递减法计算折旧，语法是：

```
=DDB(原值,残值,使用寿命,期次,余额递减速率)
```

SYD 用于年数总和法计算折旧，语法是：

```
=SLN(原值,残值,使用寿命,期次)
```

利用固定资产原值是 240000 元，残值是 3000 元，使用年限为 10 年，则上述函数计算的折旧如图 37-2 所示。计算公式分别如下：

单元格 B6：=SLN($B$1,$B$2,$B$3)

单元格 B7：=DDB($B$1,$B$2,$B$3,B5,2)

单元格 B8：=SYD($B$1,$B$2,$B$3,B5)

| | A | B | C | D | E | F | G | H | I | J | K |
|---|---|---|---|---|---|---|---|---|---|---|---|
| 1 | 固定资产原值 | 24,000.00 | | | | | | | | | |
| 2 | 残值 | 3,000.00 | | | | | | | | | |
| 3 | 使用寿命(年) | 10 | | | | | | | | | |
| 4 | | | | | | | | | | | |
| 5 | 期次 | 1 | 2 | 3 | 4 | 5 | 6 | 7 | 8 | 9 | 10 |
| 6 | SLN | 2,100.00 | 2,100.00 | 2,100.00 | 2,100.00 | 2,100.00 | 2,100.00 | 2,100.00 | 2,100.00 | 2,100.00 | 2,100.00 |
| 7 | DDB | 4,800.00 | 3,840.00 | 3,072.00 | 2,457.60 | 1,966.08 | 1,572.86 | 1,258.29 | 1,006.63 | 805.31 | 221.23 |
| 8 | SYD | 3,818.18 | 3,436.36 | 3,054.55 | 2,672.73 | 2,290.91 | 1,909.09 | 1,527.27 | 1,145.45 | 763.64 | 381.82 |
| 9 | | | | | | | | | | | |

图 37-2　固定资产折旧计算

## 37.6 固定资产投资计算

固定资产投资，首先要预测各期的现金流，然后计算净现值和内部收益率，这两个指标分别使用 NPV 函数和 IRR 函数来计算，其使用方法如下：

=NPV(贴现率或投资报酬率，净现金流序列)

=IRR(净现金流序列，内部报酬率的预估值)

图 37-3 是一个简单的计算净现值和内部报酬率的例子。计算公式如下：

净现值：=NPV(B4,C2:L2)+B2

内部收益率：=IRR(B2:L2)

需要注意的是，在计算净现值时，初始投资（就是第 0 年的投资）不能作为 NPV 的参数，因为它就是现在时刻点的价值，不需要往前贴现计算了。

| | A | B | C | D | E | F | G | H | I | J | K | L |
|---|---|---|---|---|---|---|---|---|---|---|---|---|
| 1 | | 初始投资 | 第1年 | 第2年 | 第3年 | 第4年 | 第5年 | 第6年 | 第7年 | 第8年 | 第9年 | 第10年 |
| 2 | 净现金流量 | (3000000) | 904817 | 745965 | 874675 | 996386 | 783800 | 744122 | 955202 | 938511 | 833994 | 973865 |
| 3 | | | | | | | | | | | | |
| 4 | 要求的投资报酬率 | 15% | | | | | | | | | | |
| 5 | | | | | | | | | | | | |
| 6 | 净现值NPV | 1,350,740.05 | | | | | | | | | | |
| 7 | 内部报酬率 | 25.90% | | | | | | | | | | |

图 37-3 净现值和内部报酬率

# 第 38 章 函数应用：固定资产管理与统计

固定资产是指使用期限超过一年，单位价值在规定的标准以上，并且在使用过程中保持原有物质形态的资产，包括房屋及建筑物、机器设备、运输设备以及达到标准的工具和器具等。固定资产是企业经营不可或缺的条件，合理有效地组织固定资产的管理和核算工作，对于保证其完整性并充分发挥其效能，具有重要的意义。

本章我们将介绍一个动态的固定资产管理模板，使固定资产的管理、折旧计算、费用分配等实现自动化，还可以自动生产指定固定资产卡片。

## 38.1 建立动态固定资产管理表格

动态固定资产管理表格，就是固定资产的管理、核算等，实现所有项目的自动计算和归类，并根据需要生成需要的财务报表。

### 38.1.1 表单结构设计

固定资产管理表格结构如图 38-1 所示，详细的表格结构请参阅案例文件。

单元格 B1 设置了有效性，用于选择要查看固定资产折旧表的月份，比如选择“2013-12-31”就是要制作 2013 年 12 月份的折旧表。

固定资产折旧统一采用平均年限法。

第 3 行是标题，从第 4 行开始是每个固定资产的基本数据和折旧数据，基本信息数据由人工进行输入和管理，其他的数据（比如月折旧、累计折旧等），由已经设计好了的公式自动计算。

| | A | B | C | D | E | F | G | H | I | J | K | L | M | |
|---|---|---|---|---|---|---|---|---|---|---|---|---|---|---|
| 1 | 计算月份 | 2013年12月 | 折旧方法：平均年限法 | | | | | | | | | | | |
| 2 | | | | | | | | | | | | | | |
| 3 | 编码 | 名称 | 型号 | 类别 | 使用部门 | 增加方式 | 购入日期 | 预计使用月份 | 开始计提日期 | 到期日期 | 已计提月数 | 剩余月数 | 原值 | 预计 |
| 4 | 011016 | 厂房 | 100万平米 | 房屋 | 一分公司 | 自建 | 2001-6-18 | 360 | 2001-7-1 | 2031-6-30 | 150 | 210 | 16,000,000.00 | 80 |
| 5 | 011019 | 仓库 | 60万平米 | 房屋 | 销售部 | 自建 | 2002-3-26 | 300 | 2002-4-1 | 2027-3-31 | 141 | 159 | 2,000,000.00 | 10 |
| 6 | 021031 | 吊车 | QH-20S | 生产设备 | 一分公司 | 购入 | 2002-6-17 | 12 | 2002-7-1 | 2003-6-30 | 已提足月数 | 已提足月数 | 1,200,000.00 | 6 |
| 7 | 011023 | 办公楼 | 10万平米 | 房屋 | 信息部 | 自建 | 2003-5-22 | 360 | 2003-6-1 | 2033-5-31 | 127 | 233 | 5,000,000.00 | 25 |
| 8 | 041006 | 货车 | 20吨 | 运输工具 | 销售部 | 购入 | 2003-10-8 | 96 | 2003-11-1 | 2011-10-31 | 已提足月数 | 已提足月数 | 300,000.00 | 1 |
| 9 | 071056 | 机床 | JC-GH65 | 生产设备 | 二分公司 | 购入 | 2006-10-16 | 120 | 2006-11-1 | 2016-10-31 | 86 | 34 | 650,000.00 | 3 |
| 10 | 071057 | 机床 | JC-GH68 | 生产设备 | 二分公司 | 购入 | 2006-10-16 | 120 | 2006-11-1 | 2016-10-31 | 86 | 34 | 456,000.00 | 2 |
| 11 | 051055 | 笔记本电脑 | IBM | 办公设备 | 信息部 | 购入 | 2009-3-21 | 60 | 2009-4-1 | 2014-3-31 | 57 | 3 | 12,000.00 | |
| 12 | 051066 | 笔记本电脑 | IBM | 办公设备 | 后勤部 | 购入 | 2009-3-21 | 60 | 2009-4-1 | 2014-3-31 | 57 | 3 | 12,000.00 | |
| 13 | 051066 | 传真机 | 松下 | 办公设备 | 办公室 | 购入 | 2010-2-19 | 60 | 2010-3-1 | 2015-2-28 | 46 | 14 | 6,000.00 | |
| 14 | 051077 | 复印机 | 佳能 | 办公设备 | 后勤部 | 购入 | 2012-8-15 | 60 | 2012-9-1 | 2017-8-31 | 16 | 44 | 15,000.00 | |
| 15 | 051078 | 传真机 | 松下 | 办公设备 | 信息部 | 购入 | 2013-4-11 | 60 | 2013-5-1 | 2018-4-30 | 8 | 52 | 6,000.00 | |

固定资产折旧表 / 折旧费用分配表 / 记账凭证清单 / 固定资产卡片 / 部门固定资产查询表

图 38-1 固定资产管理表格

## 38.1.2　基础数据输入

很多基础数据可以使用数据有效性快速找到数据，比如使用部门、增加方式、折旧费用类别等，详细设置这里就不再具体介绍了。

## 38.1.3　创建计算公式

从 I 列开始，基本上都是由公式计算得出结果（M 列的原值除外，需要手工输入每个固定资产的原值），如图 38-2 所示。这些单元格的公式分别介绍如下。

| | A | B | I | J | K | L | M | N | O | P | Q | R | |
|---|---|---|---|---|---|---|---|---|---|---|---|---|---|
| 1 | 计算月份 | 2013年12月 | | | | | | | | | | | |
| 2 | | | | | | | | | | | | | |
| 3 | 编码 | 名称 | 开始计提日期 | 到期日期 | 已计提月数 | 剩余月数 | 原值 | 预计净残值 | 本月折旧额 | 本年度累计折旧额 | 累计折旧额 | 本月末账面净值 | 折旧 |
| 4 | 011016 | 厂房 | 2001-7-1 | 2031-6-30 | 150 | 210 | 16,000,000.00 | 800,000.00 | 42,222.22 | 506,666.67 | 6,333,333.33 | 8,866,666.67 | 管 |
| 5 | 011019 | 仓库 | 2002-4-1 | 2027-3-31 | 141 | 159 | 2,000,000.00 | 100,000.00 | 6,333.33 | 76,000.00 | 893,000.00 | 1,007,000.00 | 制 |
| 6 | 021031 | 吊车 | 2002-7-1 | 2003-6-30 | 已提足月数 | 已提足月数 | 1,200,000.00 | 60,000.00 | 0.00 | - | 1,140,000.00 | - | 制 |
| 7 | 011023 | 办公楼 | 2003-6-1 | 2033-5-31 | 127 | 233 | 5,000,000.00 | 250,000.00 | 13,194.44 | 158,333.33 | 1,675,694.44 | 3,074,305.56 | 营 |
| 8 | 041006 | 货车 | 2003-11-1 | 2011-10-31 | 已提足月数 | 已提足月数 | 300,000.00 | 15,000.00 | 0.00 | - | 285,000.00 | - | 管 |
| 9 | 021056 | 机床 | 2006-11-1 | 2016-10-31 | 86 | 34 | 650,000.00 | 32,500.00 | 5,145.83 | 61,750.00 | 442,541.67 | 174,958.33 | 管 |
| 10 | 021057 | 机床 | 2006-11-1 | 2016-10-31 | 86 | 34 | 456,000.00 | 22,800.00 | 3,610.00 | 43,320.00 | 310,460.00 | 122,740.00 | 管 |
| 11 | 051055 | 笔记本电脑 | 2009-4-1 | 2014-3-31 | 57 | 3 | 12,000.00 | 600.00 | 190.00 | 2,280.00 | 10,830.00 | 570.00 | 制 |
| 12 | 051056 | 笔记本电脑 | 2009-4-1 | 2014-3-31 | 57 | 3 | 12,000.00 | 600.00 | 190.00 | 2,280.00 | 10,830.00 | 570.00 | 制 |
| 13 | 051066 | 传真机 | 2010-3-1 | 2015-2-28 | 46 | 14 | 6,000.00 | 300.00 | 95.00 | 1,140.00 | 4,370.00 | 1,330.00 | 制 |
| 14 | 051077 | 复印机 | 2012-9-1 | 2017-8-31 | 16 | 44 | 15,000.00 | 750.00 | 237.50 | 2,850.00 | 3,800.00 | 10,450.00 | 营 |
| 15 | 051078 | 传真机 | 2013-5-1 | 2018-4-30 | 8 | 52 | 6,000.00 | 300.00 | 95.00 | 760.00 | 760.00 | 4,940.00 | 管 |

固定资产折旧表 / 折旧费用分配表 / 记账凭证清单 / 固定资产卡片 / 部门固定资产查询表

**图 38-2　设置公式的单元格**

单元格 I4，根据购入日期和预计使用月份，自动计算开始计提折旧日期：

```
=EOMONTH(G4,0)+1
```

单元格 J4，根据购入日期和预计使用月份，自动计算到期日：

```
=EOMONTH(G4,H4)
```

单元格 K4，根据开始计算日期和计算折旧日期（单元格 B1），自动计算已计提月数：

```
=IF(DATEDIF(I4,$B$1+1,“m”)>H4,“已提足月数”,DATEDIF(I4,$B$1+1,“m”))
```

单元格 L4：计算还可以计提折旧的剩余月份：

```
=IF(K4=“已提足月数”,K4,H4-K4)
```

单元格 N4，计算预计净残值，这里假设净残值率是 5%：

```
=ROUND(M4*0.05,2)
```

单元格 O4，计算本月折旧额：

```
=IF(OR(K4=“已提足月数”,K4=0),0,ROUND(SLN(M4,N4,H4),2))
```

单元格 P4，本年度累计折旧额：

```
=ROUND(SLN(M4,N4,H4),2)
  *IF(K4=“已提足月数”,IF(YEAR(J4)=YEAR($B$1),MONTH(J4),0),
  IF(YEAR($B$1)=YEAR(I4),DATEDIF(I4,$B$1+1,“m”),MONTH($B$1)))
```

这个公式稍微复杂一些，主要是要判断固定资产的使用状况，用来计算本年度累计折旧。有三种情况要考虑：

第 1 种情况是，如果是以前年度购置的固定资产，并且在上年度已经计提完毕，那么本年度累计折旧就是 0。

第 2 种情况是，如果是以前年度购置的固定资产，并且在本年度某个月已经计提完毕，那么本年度累计折旧就从一月份开始，计算到该月的累计折旧额。

第 3 种情况是，如果是当年度购置的固定资产，那么本年度累计折旧就从开始计提日期开始，截止到指定月份的累计折旧额。

单元格 Q4，计算固定资产从投入使用开始，截止到指定月份的总累计折旧：

```
=IF(K4="已提足月数",M4-N4,K4*O4)
```

单元格 R4：计算本月末账面净值：

```
=M4-N4-Q4
```

### 38.1.4　将普通区域转换为智能表格

上面建立的是一个普通的数据区域。为了能够自动往下复制单元格已经设置好的数据有效性、公式和格式，需要将这个普通数据区域转换为表（表格），方法是：单击数据区域的某个单元格，然后单击“插入”→“表格”命令。

### 38.1.5　固定资产管理表格的使用

至此，固定资产管理表格已经设计完毕，可以正常使用了。在每行的基本信息单元格输入基本信息，其他单元格的数据就会自动计算出来，表格的格式和公式也自动扩展。感兴趣的读者可自行练习。

## 38.2　制作折旧费用分配表和记账凭证清单

### 38.2.1　制作折旧费用分配表

企业应设置“累计折旧”科目以核算固定资产折旧数额。企业按月计提固定资产折旧时，应根据固定资产的受益对象（部门），借记有关的成本费用科目，贷记“累计折旧”科目。由于固定资产的受益对象（部门）不同，固定资产折旧费的借记科目也不同，因此需要对固定资产的折旧按受益对象（部门）进行分配汇总，即编制固定资产折旧费用分配表。

由于对基础表已经建立了表格，在此表格基础上，制作一个数据透视表并进行布局，得到折旧费用分配表，如图 38-3 所示。

如果基础表格中固定资产增加了，或者核算的月份改变了，那么只要刷新数据透视表，该月的折旧费用分配表就会自动完成。

折旧费用分配表

| 折旧费用类别 | 原值 | 本年度累计折旧额 | 累计折旧额 | 本月末账面净值 | 本月折旧额 |
|---|---|---|---|---|---|
| 管理费用 | 17412000 | 612,496.67 | 7,372,095.00 | 9,169,305.00 | 51,073.06 |
| 营业费用 | 5015000 | 161,183.33 | 1,679,494.44 | 3,084,755.56 | 13,431.94 |
| 制造费用 | 3230000 | 81,700.00 | 2,059,030.00 | 1,009,470.00 | 6,808.33 |
| 总计 | 25657000 | 855,380.00 | 11,110,619.44 | 13,263,530.56 | 71,313.33 |

图 38-3　折旧费用分配表

### 38.2.2 制作记账凭证清单

记账凭证清单就是按受益对象（部门）的不同，将固定资产折旧费用分别借记到不同的科目中，其中：企业管理部门使用的固定资产，其折旧费借记到“管理费用”科目；生产经营部门使用的固定资产，其折旧费根据行业的特点，借记到相应的成本费用科目中。例如，工业企业的生产部门使用的固定资产，其折旧费借记到“制造费用”科目，附营业务所使用的固定资产，其折旧费借记到“其他业务支出”科目，专设销售机构使用的固定资产，其折旧费借记到“营业费用”科目。

在上面建立的折旧费用分配表的基础上，可以很方便地编制记账凭证清单。记账凭证清单工作表的结构如图 38-4 所示。单元格公式如下。

单元格 E4：=VLOOKUP(D4, 折旧费用分配表 !A:F,6,0)

单元格 E5：=VLOOKUP(D5, 折旧费用分配表 !A:F,6,0)

单元格 E6：=VLOOKUP(D6, 折旧费用分配表 !A:F,6,0)

单元格 F7：=VLOOKUP( “总计” , 折旧费用分配表 !A:F,6,0)

| | A | B | C | D | E | F | G | H | I |
|---|---|---|---|---|---|---|---|---|---|
| 1 | 记账凭证清单 | | | | | | | | |
| 2 | | | | | | | | | |
| 3 | 日期 | 附件 | 摘要 | 科目名称 | 借方金额 | 贷方金额 | 制单人 | 审核人 | 记账人 |
| 4 | 12月31日 | 1 | 计提折旧 | 管理费用 | 51073.06 | | | | |
| 5 | 12月31日 | 1 | 计提折旧 | 营业费用 | 13431.94 | | | | |
| 6 | 12月31日 | 1 | 计提折旧 | 制造费用 | 6808.333 | | | | |
| 7 | 12月31日 | 1 | 计提折旧 | 累计折旧 | | 71313.33 | | | |
| 8 | | | | | | | | | |

图 38-4 记账凭证清单

## 38.3 制作固定资产卡片

固定资产卡片是指按固定资产项目开设，用于进行固定资产明细核算的账簿。在固定资产卡片中，要列明固定资产编号、名称、规格、技术特征、建造年份、建造单位、验收日期、原值、预计残值、折旧年限、月折旧率、月折旧额等。

根据企业的具体情况，固定资产卡片的格式依企业不同而有所不同。这里我们假设某固定资产卡片格式就是从基础表中查询指定编码的固定资产，将其参数全部查询到此表上，如图 38-5 所示。

单元格 D4 是要查询的固定资产编码，此单元格设置了一个动态数据列表的数据有效性，有效性的序列来源是动态名称“编码”，其引用位置为：

```
=OFFSET(固定资产折旧表!$A$4,,,COUNTA(固定资产折旧表!$A$4:$A$10000)-1,1)
```

单元格 D5 的公式是一个通用公式，如下：

```
=VLOOKUP($D$4,固定资产折旧表!$A:$S,MATCH(C5,固定资产折旧表!$3:$3,0),0)
```

将单元格 D5 的公式复制到其他单元格，得到该固定资产的各个数据。

但是，单元格 G8 的公式是一个特殊公式：

```
=固定资产折旧表!B1
```

固定资产卡片

| | | | | |
|---|---|---|---|---|
| | | | 制作日期： | 2013-12-20 |
| 基本信息 | 编码 | 011023 | 外形照片 | 照片 |
| | 名称 | | | |
| | 型号 | 1[illegible] | | |
| | 类别 | 房屋 | | |
| | 使用部门 | 信息部 | 目前状况 | 折旧计算月份 | 2013年12月 |
| | 增加方式 | 自建 | | 已计提月数 | 127 |
| | 购入日期 | 2003-5-22 | | 剩余月数 | 233 |
| | 预计使用月份 | 360 | | 本月折旧额 | 13,194.44 |
| | 开始计提日期 | 2003-6-1 | | 本年度累计折旧额 | 158,333.33 |
| | 到期日期 | 2033-5-31 | | 累计折旧额 | 1,675,694.44 |
| | 原值 | 5,000,000.00 | | 本月末账面净值 | 3,074,305.56 |
| | 预计净残值 | 250,000.00 | | 折旧费用类别 | 营业费用 |

请选择输入编码

图 38-5　制作固定资产卡片

# 38.4 制作部门固定资产清单

基础表格是公司全部固定资产清单。在实际工作中，有时候需要把指定部门的所有固定资产查询出来，制作部门固定资产主要参数的清单列表，此时就可以利用第 1 章介绍的滚动循环查找技术，制作动态的明细查询表。

部门固定资产查询表如图 38-6 所示。单元格 B3 是指定要查询的部门。第 6 行开始就是该部门的固定资产清单了。

辅助列定位查询在 P 列，请自行打开文件查看。单元格 A6 的公式如下，往右往下复制，即得所有公式：

```
=IFERROR(INDEX(固定资产折旧表!$A:$S,$P6,MATCH(A$5,固定资产折旧表!$3:$3,0)),"")
```

设置好公式后，为查询公式区域设置条件格式，自动美化查询表。

部门固定资产查询表

查询部门　信息部

| 编码 | 名称 | 型号 | 类别 | 使用部门 | 增加方式 | 购入日期 | 预计使用月份 | 到期日期 | 原值 | 已计提月数 | 剩余月数 |
|---|---|---|---|---|---|---|---|---|---|---|---|
| 011023 | 办公楼 | 10万平米 | 房屋 | 信息部 | 自建 | 2003-5-22 | 360 | 2033-5-31 | 5,000,000.00 | 127 | 233 |
| 051055 | 笔记本电脑 | IBM | 办公设备 | 信息部 | 购入 | 2009-3-21 | 60 | 2014-3-31 | 12,000.00 | 57 | 3 |
| 051078 | 传真机 | 松下 | 办公设备 | 信息部 | 购入 | 2013-4-11 | 60 | 2018-4-30 | 6,000.00 | 8 | 52 |

图 38-6　部门固定资产查询表

# 10

# 第 10 部分

## 综合测验练习，检查一下自己掌握了多少

经过前面各章的学习，从Excel基本规则到表单数据规范化；从函数公式的基本逻辑，到常用函数的应用练习，我们走过了一个不算漫长的过程。

学习Excel的目的，是为了解决数据的处理和分析问题，这要使用已经学到的很多知识和技能，更重要的是，如何寻找有效的逻辑思路，快速制作出有说服力的报告来。

本书的最后一章将给大家布置一个综合测验，检查自己究竟掌握了多少，并尝试做一个数据分析模板。

# 第 39 章 本书综合测验

本章出的综合测验题，仅仅给出了原始数据和要求的结果，详细过程没有介绍。对本测验感兴趣的朋友，可以加 QQ 群一起研究探讨 QQ 群号：580115086。

## 39.1 原始数据

基础数据是从系统软件导入的两年销售明细数据，以及手工设计的各个产品今年的预算表。注意，去年销售明细是全年 12 个月的，今年销售明细仅仅是到某个月的数据。

### 39.1.1 去年销售明细

| 客户简称 | 业务员 | 月份 | 存货编码 | 存货名称 | 销量 | 销售额 | 销售成本 | 毛利 |
|---|---|---|---|---|---|---|---|---|
| 客户03 | 业务员01 | 1月 | CP001 | 产品01 | 15185 | 691975.68 | 253608.32 | 438367.36 |
| 客户05 | 业务员14 | 1月 | CP002 | 产品02 | 26131 | 315263.81 | 121566.87 | 193696.94 |
| 客户05 | 业务员18 | 1月 | CP003 | 产品03 | 6137 | 232354.58 | 110476.12 | 121878.46 |
| 客户07 | 业务员02 | 1月 | CP002 | 产品02 | 13920 | 65818.58 | 43685.2 | 22133.38 |
| 客户07 | 业务员27 | 1月 | CP003 | 产品03 | 759 | 21852.55 | 8810.98 | 13041.57 |
| 客户07 | 业务员20 | 1月 | CP004 | 产品04 | 4492 | 91258.86 | 21750.18 | 69508.68 |
| 客户09 | 业务员21 | 1月 | CP002 | 产品02 | 1392 | 11350.28 | 6531.22 | 4819.06 |
| 客户69 | 业务员20 | 1月 | CP002 | 产品02 | 4239 | 31441.58 | 23968.33 | 7473.25 |
| 客户69 | 业务员29 | 1月 | CP001 | 产品01 | 4556 | 546248.53 | 49785.11 | 496463.42 |
| 客户69 | 业务员11 | 1月 | CP003 | 产品03 | 1898 | 54794.45 | 30191.47 | 24602.98 |
| 客户69 | 业务员13 | 1月 | CP004 | 产品04 | 16957 | 452184.71 | 107641.82 | 344542.89 |
| 客户15 | 业务员30 | 1月 | CP002 | 产品02 | 12971 | 98630.02 | 62293.01 | 36337.01 |
| 客户15 | 业务员26 | 1月 | CP001 | 产品01 | 506 | 39008.43 | 7147.37 | 31861.06 |
| 客户86 | 业务员03 | 1月 | CP003 | 产品03 | 380 | 27853.85 | 5360.53 | 22493.32 |
| 客户61 | 业务员35 | 1月 | CP002 | 产品02 | 38912 | 155185.72 | 134506.07 | 20679.65 |
| 客户61 | 业务员01 | 1月 | CP001 | 产品01 | 759 | 81539.37 | 15218.96 | 66320.41 |
| 客户61 | 业务员34 | 1月 | CP004 | 产品04 | 823 | 18721.44 | 3142.38 | 15579.06 |

今年预算　去年销售明细　今年销售明细

图 39-1　去年销售明细

### 39.1.2 今年销售明细

| 客户简称 | 业务员 | 月份 | 存货编码 | 存货名称 | 销量 | 销售额 | 销售成本 | 毛利 |
|---|---|---|---|---|---|---|---|---|
| 客户01 | 业务员16 | 1月 | CP001 | 产品01 | 34364 | 3391104.7 | 419180.28 | 2971924.42 |
| 客户02 | 业务员13 | 1月 | CP002 | 产品02 | 28439 | 134689.44 | 75934.81 | 58754.63 |
| 客户02 | 业务员06 | 1月 | CP003 | 产品03 | 3518 | 78956.36 | 51064 | 27892.36 |
| 客户02 | 业务员21 | 1月 | CP004 | 产品04 | 4245 | 50574.5 | 25802.04 | 24772.46 |
| 客户03 | 业务员23 | 1月 | CP002 | 产品02 | 107406 | 431794.75 | 237103.1 | 194691.65 |
| 客户03 | 业务员15 | 1月 | CP001 | 产品01 | 1676 | 122996.02 | 20700.43 | 102295.59 |
| 客户04 | 业务员28 | 1月 | CP002 | 产品02 | 42032 | 114486.98 | 78619.98 | 35867 |
| 客户05 | 业务员10 | 1月 | CP002 | 产品02 | 14308 | 54104.93 | 30947.31 | 23157.62 |
| 客户06 | 业务员20 | 1月 | CP002 | 产品02 | 3898 | 10284.91 | 7223.49 | 3061.42 |
| 客户06 | 业务员06 | 1月 | CP001 | 产品01 | 987 | 69982.55 | 16287.54 | 53695.01 |
| 客户06 | 业务员22 | 1月 | CP003 | 产品03 | 168 | 5392.07 | 2285.28 | 3106.79 |
| 客户06 | 业务员05 | 1月 | CP004 | 产品04 | 653 | 10016.08 | 4388.18 | 5627.9 |
| 客户07 | 业务员25 | 1月 | CP002 | 产品02 | 270235 | 1150726.33 | 696943.4 | 453782.93 |
| 客户07 | 业务员05 | 1月 | CP001 | 产品01 | 13963 | 1009455.7 | 202277.98 | 807177.72 |
| 客户07 | 业务员17 | 1月 | CP003 | 产品03 | 1407 | 40431.45 | 12396.97 | 28034.48 |
| 客户07 | 业务员07 | 1月 | CP004 | 产品04 | 3411 | 57944.38 | 17055 | 40889.38 |
| 客户08 | 业务员21 | 1月 | CP002 | 产品02 | 74811 | 271060.46 | 215481.04 | 55579.42 |

今年预算　去年销售明细　今年销售明细

图 39-2　今年销售明细

### 39.1.3 今年各产品预算表

今年预算

| 项目 | 1月 | 2月 | 3月 | 4月 | 5月 | 6月 | 7月 | 8月 | 9月 | 10月 | 11月 |
|---|---|---|---|---|---|---|---|---|---|---|---|
| 产品01 | | | | | | | | | | | |
| 销量 | 52,000 | 43,000 | 32,098 | 48,000 | 42,000 | 51,000 | 45,000 | 48,000 | 53,000 | 53,000 | 54,000 |
| 单价 | 49.8931 | 58.1200 | 53.5767 | 49.6729 | 49.9833 | 55.4434 | 53.8250 | 55.5500 | 54.9934 | 61.8106 | 51.2800 |
| 销售额 | 2,594,441.20 | 2,499,160.00 | 1,719,704.92 | 2,384,299.20 | 2,099,298.60 | 2,827,613.40 | 2,422,125.00 | 2,666,400.00 | 2,914,650.20 | 3,275,961.80 | 2,769,120.00 |
| 单位成本 | 16.3754 | 18.3296 | 19.2746 | 21.4942 | 22.3349 | 22.7823 | 22.9345 | 22.8881 | 22.9236 | 23.6698 | 23.6596 |
| 销售成本 | 851,521.77 | 788,171.40 | 618,676.11 | 1,031,722.03 | 938,067.18 | 1,161,898.05 | 1,032,052.39 | 1,098,630.98 | 1,214,949.31 | 1,254,500.43 | 1,277,616.98 |
| 毛利 | 1,742,919.43 | 1,710,988.60 | 1,101,028.81 | 1,352,577.17 | 1,161,231.42 | 1,665,715.35 | 1,390,072.61 | 1,567,769.02 | 1,699,700.89 | 2,021,461.37 | 1,491,503.02 |
| 产品02 | | | | | | | | | | | |
| 销量 | 1,270,000 | 1,310,000 | 1,220,000 | 1,290,000 | 1,030,000 | 1,260,000 | 1,260,000 | 1,060,000 | 1,150,000 | 1,370,000 | 1,030,000 |
| 单价 | 2.7006 | 2.6494 | 2.7630 | 2.5613 | 2.4638 | 2.5769 | 2.5647 | 2.4609 | 2.5823 | 2.7485 | 2.2938 |
| 销售额 | 3,429,762.00 | 3,470,714.00 | 3,370,860.00 | 3,304,077.00 | 2,537,714.00 | 3,246,894.00 | 3,231,522.00 | 2,608,554.00 | 2,969,645.00 | 3,765,445.00 | 2,362,614.00 |
| 单位成本 | 2.2814 | 2.2156 | 2.2858 | 2.4663 | 2.1823 | 2.2944 | 2.2357 | 2.0351 | 2.2174 | 2.5324 | 1.8506 |
| 销售成本 | 2,897,424.64 | 2,902,395.91 | 2,788,672.91 | 3,181,571.00 | 2,247,785.77 | 2,890,893.17 | 2,817,019.35 | 2,157,219.72 | 2,549,999.31 | 3,469,370.72 | 1,906,124.64 |
| 毛利 | 532,337.36 | 568,318.09 | 582,187.09 | 122,506.00 | 289,928.23 | 356,000.83 | 414,502.65 | 451,334.28 | 419,645.69 | 296,074.28 | 456,489.36 |
| 产品03 | | | | | | | | | | | |
| 销量 | 8,250 | 7,000 | 13,000 | 8,250 | 7,000 | 7,475 | 8,250 | 7,000 | 9,500 | 8,250 | 7,000 |
| 单价 | 21.8836 | 22.2200 | 21.8823 | 20.4327 | 20.5100 | 28.4749 | 20.4327 | 20.5100 | 18.2500 | 18.9818 | 18.8000 |
| 销售额 | 180,539.70 | 155,540.00 | 284,469.90 | 168,569.78 | 143,570.00 | 212,849.88 | 168,569.78 | 143,570.00 | 173,375.00 | 156,599.85 | 131,600.00 |
| 单位成本 | 10.8095 | 12.4252 | 11.7579 | 11.3005 | 9.7358 | 24.7573 | 9.7323 | 8.9451 | 8.0625 | 9.0951 | 9.1550 |
| 销售成本 | 89,178.20 | 86,976.71 | 152,852.91 | 93,229.43 | 68,150.42 | 185,060.72 | 80,291.89 | 62,615.91 | 76,593.75 | 75,034.76 | 64,085.20 |
| 毛利 | 91,361.50 | 68,563.29 | 131,616.99 | 75,340.35 | 75,419.58 | 27,789.15 | 88,277.89 | 80,954.09 | 96,781.25 | 81,565.09 | 67,514.80 |
| 产品04 | | | | | | | | | | | |
| 销量 | 78,000 | 65,000 | 70,000 | 72,040 | 80,000 | 73,000 | 87,000 | 81,200 | 79,000 | 82,000 | 68,000 |
| 单价 | 11.4885 | 12.0384 | 12.0943 | 11.0353 | 11.6500 | 11.6286 | 11.9353 | 11.2857 | 11.6286 | 11.3565 | 12.5500 |
| 销售额 | 896,103.00 | 782,496.00 | 846,601.00 | 794,983.01 | 932,000.00 | 848,887.80 | 1,038,371.10 | 916,398.84 | 918,659.40 | 931,233.00 | 853,400.00 |

图 39-3 今年各个产品预算表

## 39.2 测试要求

### 39.2.1 制作去年各个产品汇总表

这个汇总表结构与预算表完全一样，请设计公式，进行汇总，如图 39-4 所示。

去年实际

| 项目 | 1月 | 2月 | 3月 | 4月 | 5月 | 6月 | 7月 | 8月 | 9月 | 10月 | 11月 |
|---|---|---|---|---|---|---|---|---|---|---|---|
| 产品01 | | | | | | | | | | | |
| 销量 | | | | | | | | | | | |
| 单价 | | | | | | | | | | | |
| 销售额 | | | | | | | | | | | |
| 单位成本 | | | | | | | | | | | |
| 销售成本 | | | | | | | | | | | |
| 毛利 | | | | | | | | | | | |
| 产品02 | | | | | | | | | | | |
| 销量 | | | | | | | | | | | |
| 单价 | | | | | | | | | | | |
| 销售额 | | | | | | | | | | | |
| 单位成本 | | | | | | | | | | | |
| 销售成本 | | | | | | | | | | | |
| 毛利 | | | | | | | | | | | |
| 产品03 | | | | | | | | | | | |
| 销量 | | | | | | | | | | | |
| 单价 | | | | | | | | | | | |
| 销售额 | | | | | | | | | | | |
| 单位成本 | | | | | | | | | | | |
| 销售成本 | | | | | | | | | | | |
| 毛利 | | | | | | | | | | | |
| 产品04 | | | | | | | | | | | |
| 销量 | | | | | | | | | | | |
| 单价 | | | | | | | | | | | |
| 销售额 | | | | | | | | | | | |

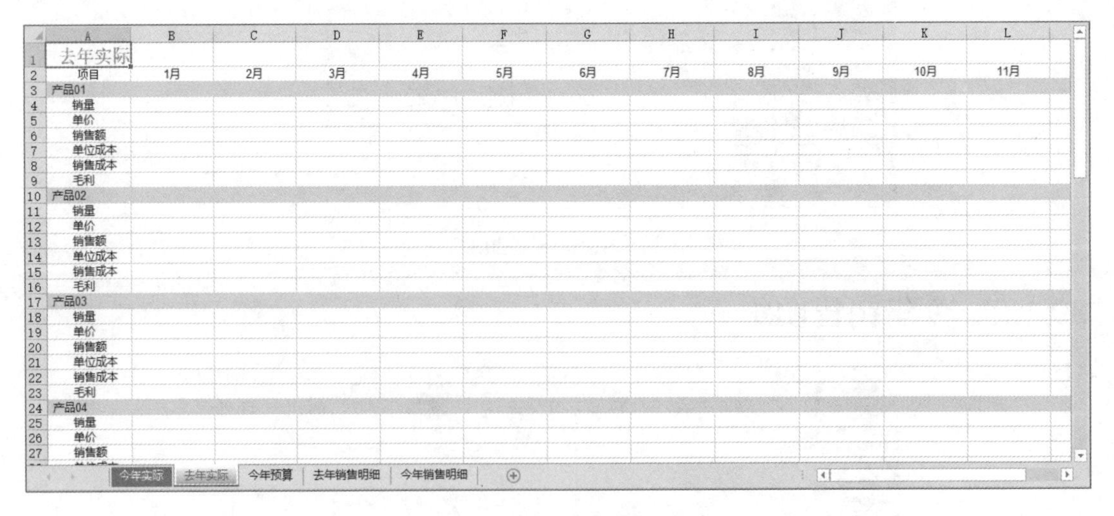

图 39-4 去年各个产品销售汇总表

### 39.2.2 制作今年各个产品汇总表

这个汇总表结构与预算表完全一样，请设计公式，进行汇总，如图 39-5 所示。

今年实际

| 项目 | 1月 | 2月 | 3月 | 4月 | 5月 | 6月 | 7月 | 8月 | 9月 | 10月 | 11月 |
|---|---|---|---|---|---|---|---|---|---|---|---|
| 产品01 | | | | | | | | | | | |
| 销量 | | | | | | | | | | | |
| 单价 | | | | | | | | | | | |
| 销售额 | | | | | | | | | | | |
| 单位成本 | | | | | | | | | | | |
| 销售成本 | | | | | | | | | | | |
| 毛利 | | | | | | | | | | | |
| 产品02 | | | | | | | | | | | |
| 销量 | | | | | | | | | | | |
| 单价 | | | | | | | | | | | |
| 销售额 | | | | | | | | | | | |
| 单位成本 | | | | | | | | | | | |
| 销售成本 | | | | | | | | | | | |
| 毛利 | | | | | | | | | | | |
| 产品03 | | | | | | | | | | | |
| 销量 | | | | | | | | | | | |
| 单价 | | | | | | | | | | | |
| 销售额 | | | | | | | | | | | |
| 单位成本 | | | | | | | | | | | |
| 销售成本 | | | | | | | | | | | |
| 毛利 | | | | | | | | | | | |
| 产品04 | | | | | | | | | | | |
| 销量 | | | | | | | | | | | |
| 单价 | | | | | | | | | | | |
| 销售额 | | | | | | | | | | | |

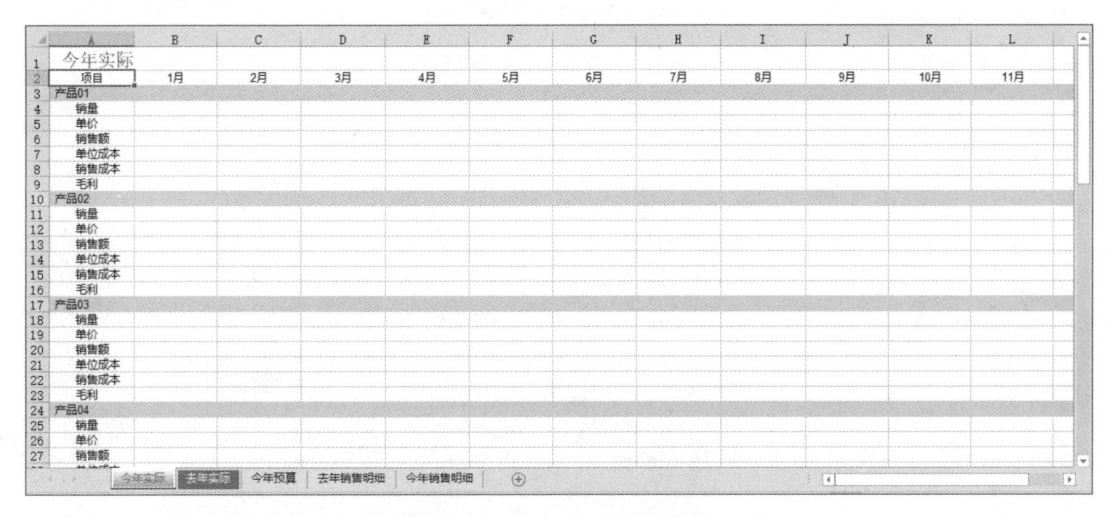

图 39-5　今年各个产品销售汇总表

## 39.2.3　制作指定月份、指定项目的各个产品当月和累计预算执行汇总表

| 分析指标 | 销售额 |
|---|---|
| 分析月份 | 5月 |

当月

| 产品 | 预算 | 实际 | 差异 | 完成率 |
|---|---|---|---|---|
| 产品01 | | | | |
| 产品02 | | | | |
| 产品03 | | | | |
| 产品04 | | | | |
| 产品05 | | | | |
| 产品06 | | | | |
| 产品07 | | | | |
| 产品08 | | | | |
| 产品09 | | | | |
| 产品10 | | | | |
| 合计 | | | | |

| 分析指标 | 销售额 |
|---|---|
| 分析月份 | 5月 |

累计

| 产品 | 预算 | 实际 | 差异 | 完成率 |
|---|---|---|---|---|
| 产品01 | | | | |
| 产品02 | | | | |
| 产品03 | | | | |
| 产品04 | | | | |
| 产品05 | | | | |
| 产品06 | | | | |
| 产品07 | | | | |
| 产品08 | | | | |
| 产品09 | | | | |
| 产品10 | | | | |
| 合计 | | | | |

图 39-6　指定月份、指定项目的各个产品当月和累计预算执行汇总表

## 39.2.4　制作指定产品、指定项目的各月预算执行汇总表

| 分析指标 | 销售额 |
|---|---|
| 分析产品 | 产品05 |

总体分析

| | 预算 | 实际 | 差异 | 执行率 |
|---|---|---|---|---|
| 本月数 | | | | |
| 累计数 | | | | |

各月分析

| 月份 | 预算 | 实际 | 差异 | 执行率 |
|---|---|---|---|---|
| 1月 | | | | |
| 2月 | | | | |
| 3月 | | | | |
| 4月 | | | | |
| 5月 | | | | |
| 6月 | | | | |
| 7月 | | | | |
| 8月 | | | | |
| 9月 | | | | |
| 10月 | | | | |
| 11月 | | | | |
| 12月 | | | | |

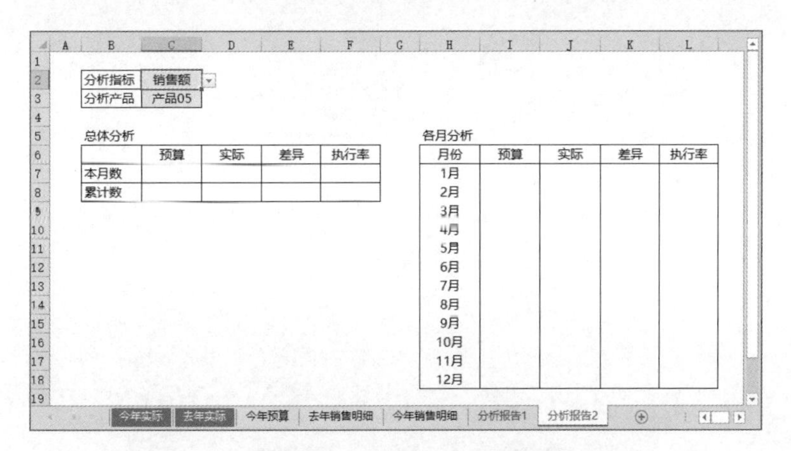

图 39-7　指定产品、指定项目的各月预算执行汇总表